AUTOMATEN

Die konstruktive Durchbildung
die Werkzeuge, die Arbeitsweise und der Betrieb
der selbsttätigen Drehbänke

Ein Lehr- und Nachschlagebuch

von

Ph. Kelle

Oberingenieur in Berlin

Zweite
umgearbeitete und vermehrte Auflage

Mit 823 Figuren im Text und auf
11 Tafeln sowie 37 Arbeitsplänen
und 8 Leistungstabellen

Berlin
Verlag von Julius Springer
1927

ISBN 978-3-642-89939-3   ISBN 978-3-642-91796-7 (eBook)
DOI 10.1007/978-3-642-91796-7

Vorwort zur ersten Auflage.

Die heutige, zum Teil durch den Krieg verursachte Lage der deutschen Industrie zwingt dieselbe, den selbsttätigen Maschinen noch mehr wie bisher erhöhte Beachtung zu schenken. Steigerung der Produktion, möglichst unter Verringerung der Herstellungskosten, ist heute die Losung. Um beides zu erreichen, muß sich die deutsche Werkstatt so viel wie möglich der selbsttätigen Maschinen bedienen.

Die Grundlagen für den Betrieb derselben — Normalisierung, Spezialisierung, Massenfertigung — sind gegeben, ihre Verwirklichung wird seit Jahren als notwendig erachtet und angestrebt, nicht zuletzt durch die mit Eifer betriebene Arbeit des Normenausschusses der deutschen Industrie. Mehr denn je wird sich der deutsche Konstrukteur, der deutsche Betriebsleiter mit dem Wesen der Automaten zu befassen haben.

Sollen wir uns nach wie vor von Amerika führen lassen? Die in den letzten Jahren entstandenen deutschen Maschinen beweisen, daß dies nicht nötig ist, wir können allein auf der gewonnenen Grundlage weiterentwickeln. Dem deutschen Konstrukteur dabei ein Hilfsmittel an die Hand zu geben, ist der Grund, daß ich dieses Buch schrieb, in Anbetracht dessen, daß eine zusammenfassende Behandlung dieses Stoffes bisher nicht gegeben war, mit Ausnahme des im Jahre 1913 im Verlag von Julius Springer erschienenen Buches von Dr.-Ing. Herbert Kienzle über Arbeitsweise der selbsttätigen Drehbänke, Kritik und Versuche, das die erste zusammenfassende Arbeit über Automaten und deren Wirkungsweise darstellt.

Als Stoffquellen dienten außer meinen eigenen langjährigen Erfahrungen im Automatenbau das von den deutschen Firmen bereitwilligst zur Verfügung gestellte Material, wofür denselben an dieser Stelle besonderer Dank ausgesprochen sei. Zur Ergänzung sind die ausländischen Maschinen teils durch eigenes Studium, teils aus der einschlägigen Fachliteratur hinzugefügt.

Da nach meiner Ansicht heute auch in der Fachliteratur eine Spezialisierung geboten erscheint, so ist bei den Erläuterungen der Konstruktionen auf allgemeine Elemente wie Lagerungen, Führungen, Getriebe usw. nur soweit eingegangen, als dies zum Verständnis des Automaten notwendig ist, um eine unerwünschte Anhäufung des schon umfangreichen Stoffes zu vermeiden. Es ist vielmehr bei dem

Leser die Kenntnis des allgemeinen Werkzeugmaschinenbaues vorausgesetzt. Das Kapitel Werkzeuge ist vorläufig nur kurz und beschreibend behandelt.

Nach längerer Überlegung habe ich es für richtig gehalten, die Einteilung des Stoffes nicht nach Maschinentypen vorzunehmen, da in diesem Falle Wiederholungen unvermeidlich gewesen wären. Dabei habe ich die in ·dem umseitig genannten Kienzleschen Buch wie auch bereits in Hülle, „Die Werkzeugmaschinen" angewandte Einteilung nach Konstruktionselementen im wesentlichen beibehalten, ebenso die von Kienzle auf Grund einer eingehenden Patentforschung gegebene geschichtliche Entwicklung. Aus technischen Gründen sind nicht für alle Figuren neue Druckstöcke angefertigt, sondern zum Teil die von den betreffenden Firmen zur Verfügung gestellten benutzt worden. In diesen letzteren befinden sich vereinzelt Bezeichnungen und Hinweise, welche zwar richtig, aber für den vorliegenden Zweck überflüssig und daher im Text nicht erwähnt sind.

Wenn ich es auch für durchaus möglich halte, daß derjenige Fachmann, der auf diesem Gebiete bereits zu Hause ist, noch auf Lücken stoßen wird, so hoffe ich doch, daß dieses Buch mit der Zeit das werden wird, was es sein soll: dem Anfänger auf diesem Gebiete ein Lehrbuch, dem das Gebiet bereits beherrschenden Fachmann ein wertvolles Hilfs- und Nachschlagewerk.

Berlin, im Februar 1921.

Ph. Kelle.

Vorwort zur zweiten Auflage.

Die gute Aufnahme, welche die erste Auflage des Buches sowohl beim Leserkreise in der Industrie, als auch besonders einmütig bei der Fachkritik gefunden hat, sowie ferner die für ein Werk über ein Spezialgebiet verhältnismäßig kurze Zeit, in der die erste Auflage vergriffen wurde, ist wohl als ein Beweis dafür zu betrachten, daß das Buch über Automaten tatsächlich eine Lücke in der Fachliteratur ausfüllt.

Dies, sowie die weitere Entwicklung des Automatenbaues in der letzten Zeit gaben mir Veranlassung, eine Erweiterung und teilweise Neubearbeitung vorzunehmen.

Bei dieser Gelegenheit war festzustellen, daß der deutsche Automatenbau im Vergleich zur ausländischen, insbesondere amerikanischen Konkurrenz in den letzten Jahren ganz bedeutende Fortschritte gemacht hat und zum mindesten in einzelnen Typen bereits an der Spitze marschiert. Die vereinzelt aufgetretenen Wünsche der Kritik sind berücksichtigt, indessen konnte ich mich nicht entschließen, das Kapitel Werkzeuge wesentlich weiter auszubauen, da dasselbe heute noch mehr als früher das, in der Hauptsache für den Konstrukteur, Lehrer und Schüler gedachte Buch nicht unerheblich belasten und verteuern würde.

Es muß vielmehr meiner Ansicht nach dieses, heute sehr ausgedehnte, in erster Linie den Betriebsmann und Einrichter interessierende Gebiet einer besonderen Bearbeitung vorbehalten bleiben.

Die Neubearbeitung erstreckte sich auf die Einfügung der zahlreichen neuen deutschen und ausländischen Maschinen und die Ausmerzung der dadurch überholten Konstruktionen, wobei nur diejenigen von den letzteren, die besonders charakteristische Merkmale aufweisen, wieder aufgenommen sind.

Erweitert ist ferner das Kapitel der Kurvenberechnung, die Anzahl der Arbeitspläne ist vermehrt und mit teilweisen Leistungsangaben versehen, außerdem sind einige Leistungstabellen sowie eine Anleitung über Leistungsberechnung angefügt.

Zum Schluß sei den deutschen Automatenfirmen, die mir diesmal besonders weitgehend ihr Material zur Verfügung stellten, sowie der Verlagsbuchhandlung, die die Einführung des Buches durch eine technisch einwandfreie Herstellung wirksam unterstützt hat, Dank ausgesprochen.

Berlin, im September 1927.

Ph. Kelle.

Quellennachweis.

Es sind entnommen:

Die Figuren 78—80, 267—273, 332—338, 448—449 aus Hülle, Werkzeugmaschinen.

Die Figuren 65—67, 146, 431—435, 489—491 aus Sonderheft Revolverbänke und Automaten. Werkstattstechnik, Juni 1919.

Die Figuren 128, 292, 359 aus Werkstattstechnik, Bericht von Professor Schlesinger, Weltausstellung Brüssel.

Die Figuren 4, 7, 133, 410, 411, 413, 414 und 504—508 aus Kienzle, Arbeitsweise der selbsttätigen Drehbänke.

Inhaltsverzeichnis.

Seite

Einleitung   1

Erstes Kapitel.

Die Einteilung der Automaten nach ihrem Arbeitszweck.

A. Vollautomaten   4
   I. Stangenautomaten   4
   II. Magazinautomaten   6
B. Halbautomaten   7

Zweites Kapitel.

Die verschiedenen Automatensysteme.

A. Vollautomaten   8
   I. Einspindlige Stangenautomaten   8
      1. Das System Spencer 10
      2. Das System Brown & Sharpe 13
      3. Das System Cleveland 17
      4. Das System Gridley 20
      5. Die Schraubenautomaten 22
   II. Mehrspindlige Stangenautomaten 23
      1. Das System Acme 23
      2. Das System Gridley 29
      3. Das System Davenport 29
      4. Das System New Britain 31
      5. Das System Lester 31
B. Halbautomaten 33
   I. Einspindlige Halbautomaten 33
      1. Stangenautomaten mit selbsttätiger Stillsetzung 35
      2. Das System Potter & Johnston 35
      3. Das System Fay 35
   II. Mehrspindlige Halbautomaten 37
      1. Das System Prentice 37
      2. Das System Wanner 41
      3. Das System Bullard 42

Drittes Kapitel.

Die Konstruktionselemente des Automaten.

Seite

A. Der Hauptantrieb 46

I. Die Anzahl der Spindelgeschwindigkeiten 46

II. Der Drehungssinn der Arbeitsspindel 47

1. Beim Drehen 48

2. Beim Gewindeschneiden 48

   a) Mit laufendem selbstöffnendem Schneidkopf 48

   b) Mit laufendem Schneideisen 48

   c) Mit stehendem selbstöffnendem Schneidkopf 49

   d) Mit stehendem Schneideisen 50

III. Das Schalten der Spindelgeschwindigkeit 51

IV. Die Ausführung des Hauptantriebes 51

1. Einspindlige Vollautomaten 51

   a) Mit einfachem Rechtslauf 51

   b) Mit mehrfachem Rechtslauf oder mit Rechts- und Links-

     lauf 53

     α) Schaltung durch Riemenverschiebung 53

     β) Schaltung durch Kupplung 60

     γ) Einscheibenantrieb 67

2. Mehrspindlige Vollautomaten 76

   a) Der Hauptantrieb des Gildemeister-Fünfspindelauto-

     maten 79

   b) Der Hauptantrieb des Schütte-Vierspindler 82

   c) Der Hauptantrieb des Acme-Automaten 83

   d) Der Hauptantrieb des Hasse & Wrede-Vierspindelauto-

     maten 83

   e) Der Hauptantrieb des Davenport-Fünfspindelautomaten 86

3. Einspindlige Halbautomaten 87

   a) Vollautomaten mit automatischer Stillsetzung 88

   b) Der Hauptantrieb des Schroers-Halbautomaten 92

   c) Der Hauptantrieb des Pittler-Halbautomaten 94

   d) Der Hauptantrieb des Magdeburger Halbautomaten . . . 96

4. Mehrspindlige Halbautomaten 101

   a) Der Hauptantrieb des Gildemeister-Vierspindel-Halb-

     automaten 101

   b) Der Hauptantrieb des Wanner-Achtspindel-Halbauto-

     maten 101

   c) Der Bullard-Mehrspindler 102

5. Der elektrische Antrieb und die Flüssigkeitsgetriebe 102

B. Die Materialspannung 110

I. Patronenspannfutter mit Spannrohr 111

II. Patronenspannfutter ohne Spannrohr 113

III. Spannung bei mehrspindligen Automaten 117

IV. Spannfutter für die zweite Aufspannung 118

C. Die Materialzuführung 121

I. Stangenzuführung 122

1. Vorschub am hinteren Spindelende 122

   a) Mit Vorschubrohr 122

     α) Patronenvorschub durch Kurven 122

     β) Einstellung der Vorschublänge 123

Seite

γ) Auslösung des Vorschubes 124
δ) Vorschub von Stangenresten 128
ε) Patronenvorschub durch Gewinde 129
ζ) Patronenvorschub bei mehrspindligen Automaten . . . 131
b) Ohne Vorschubrohr 131
α) Rollenvorschub 131
β) Gewichtsvorschub 132
γ) Klemmhebelvorschub 132
2. Vorschub am vorderen Spindelende 133
II. Magazin-Zuführung 134
1. Kanal-Magazine 135
a) Zuführung von hinten 135
b) Zuführung von vorn 136
2. Scheiben- oder Ketten-Magazine 141
3. Topf-Magazine 142
4. Revolver-Magazine 146
5. Abfall-Magazine 147
6. Greifer und Ausstoßer 148
D. Der Steuerungsantrieb und das Kurvensystem 151
I. Das Einkurvensystem 152
II. Das Mehrkurvensystem 154
III. Das Hilfskurvensystem 158
IV. Die Art des Antriebes der Steuerung 160
V. Die Ausführung des Steuerungsantriebes 161
1. Einspindlige Vollautomaten 161
a) Nach dem Einkurvensystem 161
b) Nach dem Mehrkurvensystem 169
α) Bei den selbsttätigen Fassondrehbänken 169
β) Bei den selbsttätigen Revolverdrehbänken 170
γ) Schaltung durch Riemenverschiebung 170
δ) Schaltung durch Kupplung 174
ε) Schaltung durch Kupplung und Reguliergetriebe . . . 178
ζ) Schaltung durch Reguliergetriebe und verstellbare Kurven 182
c) Nach dem Hilfskurvensystem 184
α) Die Steuerung des Brown & Sharpe-Automaten 184
β) Die Steuerung des Loewe-Automaten 187
2. Mehrspindlige Vollautomaten 190
a) Die Steuerung des Gildemeister-Fünfspindelautomaten . . 190
b) Die Steuerung des Schütte-Vierspindelautomaten 194
c) Die Steuerung des Hasse & Wrede-Vierspindelautomaten . . 195
d) Die Steuerung des Davenport-Fünfspindelautomaten 198
3. Einspindlige Halbautomaten 201
a) Die Steuerung des Schroers-Halbautomaten 202
b) Die Steuerung des Pittler-Halbautomaten 205
c) Die Steuerung des Magdeburger Halbautomaten 209
d) Die Steuerung des Potter & Johnston-Halbautomaten . 217
e) Die Steuerung des Herbert-Halbautomaten 221
4. Mehrspindlige Halbautomaten . . . .
a) Die Steuerung des Wanner-Achtspindel-Halbautomaten . . 221
b) Der Conradson-Sechsspindel-Halbautomat 224
5. Neuere Umlaufgetriebe 224

Inhaltsverzeichnis. IX

Seite

VI. Das Berechnen und Aufzeichnen der Kurven 227
  1. Bei dem Mehrkurvensystem 227
  2. Bei dem Hilfskurvensystem 245
    a) Das Berechnen 245
    b) Das Aufzeichnen 254
VII. Die Ausführung der Kurven 261
  1. Trommelkurven 263
  2. Plankurven 263
  3. Die Anlage der Rolle 264
  4. Die Einstellung der Kurven 264
  5. Vor- und Rückzugkurven 265
  6. Doppelseitige Kurven 265
  7. Übergang von Vorschubkurve zu Rückzugkurve 266
  8. Die Verstellung des Hubes 266
    a) Durch Veränderung des Kurvenweges 266
    b) Durch Veränderung des Kurvenwinkels 267
    c) Durch Veränderung der Übertragungsübersetzung . . . 268
  9. Schaltkurven, Nocken und Anschläge 269

E. Der Revolverkopf und seine Schaltung 271
  I. Vergleich der verschiedenen Revolverkopfsysteme . . . 271
    1. Der Revolverkopf 271
      a) Der Sternrevolver 272
      b) Der Trommelrevolver 272
    2. Die Verriegelung 274
    3. Die Schaltung 277
      a) Die Klinkenschaltung 277
      b) Schaltung durch Malteserkreuz 278
      c) Schaltung durch Zahngetriebe 278
  II. Die Ausführung des Revolverkopfes und der Schaltung . 280
    1. Bei den Sternrevolvern 280
      a) Einfache Ausführung 280
      b) Ausführung mit Spreizriegel 280
      c) Ein- oder mehrfache Schaltung 282
      d) Mit Bremsvorrichtung 284
    2. Bei den Trommelrevolvern 287
      a) Bei Einspindelautomaten 287
        α) Beim Einkurvensystem 287
          Einfache Schaltung 287
        β) Beim Mehrkurvensystem 287
          Schaltung von der Steuerwelle aus 287
          Unabhängige Schaltung 292
          Schaltung mit Bremse 297
        γ) Beim Hilfskurvensystem 298
          Ohne Veränderlichkeit des Rücklaufes 298
          Mit Veränderlichkeit des Rücklaufes 300
      b) Bei Mehrspindelautomaten 301
        α) Die Klinkenschaltung 303
        β) Schaltung durch Malteserkreuz 306
        γ) Schaltung durch Zahngetriebe 308

X Inhaltsverzeichnis.

Seite

F. Die Querschlitten 309
  I. Querschlitten mit geradliniger radialer Bewegung . . . 309
  II. Querschlitten mit schwingender Bewegung 311
G. Kritik der Konstruktion und Vorschläge für die Weiterentwicklung 312

Viertes Kapitel.

Sondervorrichtungen.

  I. Gewindeschneid-Vorrichtungen 315
    1. Vorrichtungen für Schneideisen und Gewindebohrer 315
      a) Mit stillstehendem Schneidzeug 315
      b) Mit laufendem Schneidzeug 317
    2. Vorrichtungen für selbstöffnende Schneidköpfe 320
    3. Vorrichtungen für Gewindestähle und Strähler 323
    4. Vorrichtungen für Gewinderoller 328
  II. Bohrvorrichtungen 328
    1. Schnellbohrvorrichtungen 328
    2. Querbohrvorrichtungen 332
      a) Mit Stillsetzen der Arbeitsspindel 332
      b) Ohne Stillsetzen der Arbeitsspindel 335
  III. Langdreh-, Plandreh- und Kopiervorrichtungen 337
  IV. Schlitzvorrichtungen 339
  V. Verschiedene Vorrichtungen 342
    1. Vierkantfräsvorrichtungen 342
    2. Hinterbohr- und Abfasevorrichtung 343
    3. Schraubenrad-Fräsvorrichtung 343
    4. Zentrale Ölzuführung 344
  VI. Abstechvorrichtungen 345
  VII. Materialanschläge 345

Fünftes Kapitel.

Automatische Sondermaschinen.

A. Magazin-Automaten 347
  Magazin-Halbautomat 347
  Kolben-Halbautomat 350
B. Schrauben-Automaten 351
  I. Der Hau-Automat 352
  II. Der Schmidt-Automat 358
  III. Der Schwerdtfeger-Automat 358
  IV. Der Wuttig-Automat 359
  V. Der Thiel-Schraubenautomat 362
  VI. Der Samson-Automat 364
  VII. Der Index-Schraubenautomat 366
  VIII. Der de Fries-Schraubenautomat 373
C. Der Fay-Spitzenhalbautomat 374

Sechstes Kapitel.

Die Automaten-Werkzeuge.

  I. Spannwerkzeuge 380
    1. Für Stangenarbeit 380
    2. Für Futterarbeit 382

Seite

II. Langdrehwerkzeuge 383
  1. Stahlhalter ohne Lünetten 383
  2. Stahlhalter mit Lünetten 383
  3. Pendelnde Stahlhalter 386
  4. Stahlhalter für Fräs- und Bohrwerkzeuge 386
  5. Tangential-Stahlhalter 388
III. Form- und Abstechwerkzeuge 389
  1. Flache Formstähle und Stahlhalter 390
  2. Tangential-Formstähle und Stahlhalter 391
    a) Ihre Berechnung 391
    b) Ihre Herstellung 391
  3. Kreisrunde Formstähle und Halter 394
    a) Ihre Berechnung 394
    b) Ihre Herstellung 395
  4. Flache Abstechstähle 397
  5. Mehrfache Abstechstähle 398
  6. Kreisrunde Abstechstähle 398
IV. Gewindeschneid-Werkzeuge 399
  1. Schneideisen und Halter 399
  2. Gewindebohrer und Halter 401
  3. Gewindeschneidköpfe 401
V. Werkzeuge für verschiedene Zwecke 406
  1. Innendreh- und Einstechwerkzeuge 406
  2. Kordierwerkzeuge 407
  3. Sonderwerkzeuge 410

Siebentes Kapitel.

Einrichtung und Betrieb der Automaten.

I. Allgemeine Gesichtspunkte 414
II. Wahl des richtigen Automatensystems 416
III. Fingerzeige beim Einrichten 417

Leistungsberechnungen und Arbeitspläne 423
Leistungstabellen 458

Einleitung.

Die heutigen wirtschaftlichen Verhältnisse machen es zur unbedingten Notwendigkeit, die Kosten zur Herstellung eines Arbeitsstückes auf das möglichste Mindestmaß herabzusetzen. Da man bezüglich der Materialkosten an bestimmte Marktpreise innerhalb gewisser Grenzen gebunden ist, da ferner die Arbeitslöhne pro Stunde ebenfalls durch Tarifverträge festgelegt sind, so bleibt fast als das einzige Mittel zur Erreichung des oben bezeichneten Zieles die Beschränkung der Bearbeitungszeit für das herzustellende Stück.

Es darf zunächst als selbstverständlich vorausgesetzt werden, daß dieses Ziel schon bei der Konstruktion und Formgebung des betreffenden Teiles im Auge zu behalten ist; die dann noch unumgänglich notwendige Bearbeitung muß auf solchen Maschinen vorgenommen werden, welche eine Gewähr für schnellmöglichste Bearbeitung durch ihre Konstruktion bieten.

Es ist klar, daß man in dieser Beziehung am meisten erreicht, wenn man mehrere Werkzeuge gleichzeitig arbeiten läßt und wenn ferner das Auswechseln der Werkzeuge, welche zur Bearbeitung eines Teiles notwendig sind, möglichst wenig Zeit in Anspruch nimmt. Am besten ist es, wenn dieses Auswechseln gar nicht nötig ist.

Diese Erkenntnis hat zur Konstruktion der Revolverdrehbänke geführt, bei welchen sämtliche Werkzeuge im Revolverkopf vereinigt sind und durch schnelle Schaltung nacheinander in Arbeitsstellung gebracht werden können.

Die Revolverdrehbänke sind daher als Vorläufer der Automaten zu betrachten, oder mit anderen Worten: Automaten sind ganz oder halb selbsttätig arbeitende Revolverdrehbänke.

Es sei hier gleich bemerkt, daß daher Automaten nur dann leistungsfähiger wie Revolverdrehbänke sind, wenn sie mit mehreren Arbeitsspindeln gleichzeitig arbeiten, d. h. die gleichzeitige Bearbeitung mehrerer Arbeitsstücke ermöglichen. Ein einspindliger Automat arbeitet in der Regel nicht viel schneller wie eine Revolverdrehbank, da die eigentliche, zur Spanabnahme dienende Arbeitszeit bei beiden Maschinengattungen die gleiche ist. Die während der übrigen Zeit, der sogenannten Totzeit vorzunehmenden Bewegungen und Schaltungen werden bei der Revolverdrehbank durch den bedienenden Arbeiter von Hand, bei dem Automaten durch die Maschine selbsttätig vorgenommen.

Es ist erwiesen, daß das letztere nicht viel schneller geschieht, wie das erstere, man kann sogar häufig beobachten, daß der Arbeiter infolge seiner Intelligenz und Aufmerksamkeit diese Schaltungen schneller ausführt als der tote, auf eine bestimmte Geschwindigkeit eingestellte Automat.

Wenn trotzdem die Bearbeitung eines gleichen Teiles auch auf dem einspindligen Automaten billiger wird, wie auf der Revolverdrehbank, so liegt der Grund dafür nicht in der schnelleren Arbeitsweise des ersteren, sondern darin, daß der Automat keine Bedienung benötigt, bzw. daß ein Arbeiter bis zu sechs Automaten gleichzeitig beaufsichtigen kann.

Es folgt aus dem Gesagten ferner, daß die Leistungsfähigkeit eines Automaten nicht nach der Gesamtarbeitszeit für ein bestimmtes Arbeitsstück, auch nicht nach der eigentlichen Arbeitszeit, sondern nach der Totzeit beurteilt werden kann. Je geringer die Totzeit im Verhältnis zur eigentlichen Arbeitszeit und damit zur Gesamtarbeitszeit ist, desto leistungsfähiger ist der Automat.

Diese Leistungsfähigkeit steigt also proportional mit der Größe des Bruches:

$$\frac{\text{eigentliche Arbeitszeit}}{\text{Gesamtarbeitszeit}} = \frac{\text{Gesamtarbeitszeit} - \text{Totzeit}}{\text{Gesamtarbeitszeit}}.$$

Was dabei alles unter die Totzeit zu rechnen ist, wird nachstehend in den betreffenden Kapiteln näher erläutert.

Da das vorliegende Werk ein Lehrbuch zur Einführung in das Wesen und die Konstruktion der Automaten sein soll, so sei an dieser Stelle besonders folgendes hervorgehoben:

Der Automat ist trotz seines scheinbar komplizierten Aufbaues eine Maschine, bei dessen Konstruktion es in der Hauptsache auf einen praktischen Blick, dagegen nicht unbedingt auf eine umfassende technisch wissenschaftliche Bildung des Konstrukteurs ankommt.

Während die letztere unter Umständen und zweifellos immer dann, wenn sie nicht durch weitgehende Praxis unterstützt wird, den Konstrukteur dazu verleiten kann, eine zu komplizierte und daher nicht genügend betriebssichere Maschine zu schaffen, ist von erheblich größerem Vorteil die Fähigkeit, einfache, früher von Hand vorgenommene Verrichtungen auf die Maschine zu übertragen. Mit welchen zum Teil verblüffend einfachen Mitteln dies letztere geschehen kann, beweisen die amerikanischen Automaten, die nach Aussage der Fachleute, welche die amerikanische Industrie aus eigener Anschauung kennen, mehr in der Werkstatt als im Konstruktionsbüro entstanden sind und die noch bis heute als Vorbild für fast alle in Deutschland gebauten Automaten benutzt worden sind.

Es kann daher dem deutschen Konstrukteur, an den die Aufgabe herantreten wird, nicht nur diese amerikanischen Maschinen nachzubauen, sondern sie weiter zu entwickeln und aus ihnen neue deutsche Originalsysteme zu schaffen, nicht dringend genug geraten werden, diese Aufgabe in innigster Berührung mit der praktischen Werkstatt zu lösen.

Nicht der Ehrgeiz, theoretisch schön durchdachte und neue Mechanismen zur Ausführung zu bringen, sondern die Anwendung der einfachsten, möglichst in ähnlichen Fällen schon praktisch erprobter und bewährter Mittel führt hier zum Ziel.

Der Automat soll keine komplizierte Maschine sein, es darf aus ihm nicht eine sogenannte Universalmaschine gemacht werden, wozu den deutschen Konstrukteur vermutlich zuweilen die bekannte deutsche Gründlichkeit verleiten wird. Der Automat soll vielmehr eine einfache und übersichtliche Maschine sein, denn nur eine solche ist imstande, ohne Beaufsichtigung und ohne dauernde Betriebsstörungen zu arbeiten.

Noch einige Bemerkungen über den Betrieb der Automaten. Trotz guter und brauchbarer Konstruktionen sind im Betriebe zuweilen Mißerfolge zu verzeichnen. Sie haben verschiedene, aber fast immer einen der nachstehenden Gründe.

1. Es ist nicht die genügende Stückzahl an Werkstücken vorhanden und das häufige Umrichten verleidet die Lust am Automatenbetrieb.

2. Es ist keine gute Werkzeugmacherei vorhanden, die Werkzeuge werden vorzeitig stumpf und verursachen Störungen.

3. Es sind keine geeigneten Einrichter vorhanden, der Automat wird Leuten anvertraut, die nichts davon verstehen.

4. Der Meister oder Betriebsleiter hat ein Vorurteil gegen die ihm neue Maschine, er kümmert sich nicht genügend darum.

In all diesen Fällen wird keine rechte Freude am Automatenbetrieb aufkommen; ist es aber umgekehrt, wird der Erfolg nicht ausbleiben.

Zum Beweis soll ein dem Verfasser aus eigener Praxis bekanntes Beispiel angeführt werden.

Die den Automaten liefernde Firma hatte Bedenken wegen des Werkstückes und der verlangten Genauigkeit und war auf einen Mißerfolg gefaßt. Dieser trat auch zunächst ein, denn Meister und Arbeiter brachten nicht die Energie auf, die Schwierigkeiten zu überwinden. Der technische Direktor, selbst ein guter Praktiker und Automatenfreund, setzte mit einer systematischen Erziehung des Betriebes zur Automatenbehandlung ein, er sorgte dafür, daß die oben erwähnten Übelstände beseitigt wurden und der Erfolg war, daß das betreffende Werkstück in störungsfreiem Dauerbetrieb mit einer Genauigkeit von $\pm\ 0{,}01$ mm bearbeitet werden konnte, ein Resultat, welches weder der Lieferant noch der Besteller vorher zu garantieren gewagt hätten.

Erstes Kapitel

Die Einteilung der Automaten nach ihrem Arbeitszweck.

Es ist nicht ohne weiteres möglich, eine streng und sachlich durchgeführte Gruppierung der einzelnen Automaten vorzunehmen da sie bezüglich ihres Arbeitszwecks vielfach ineinander übergreifen und teilweise zu verschiedenen Arbeitszwecken benutzt werden können. Es lassen sich jedoch in der Hauptsache folgende Gruppen unterscheiden:

A. Vollautomaten

sind solche, bei denen alle Operationen einschließlich des Spannens und Zuführens der Arbeitsstücke selbsttätig geschehen. Die Zuführung der Arbeitsstücke ist zweifellos diejenige Operation, welche am schwierigsten selbsttätig auszuführen ist und sie hat daher in der Hauptsache die Gruppierung der Automatensysteme beeinflußt. Die einfachste Art der Zuführung ist möglich, wenn die Form der Arbeitsstücke gestattet, die Letzteren von einer langen Materialstange abzuarbeiten. In diesem Falle ist nur ein periodisches Weitervorschieben der Materialstange erforderlich.

I. Stangenautomaten.

Die Mehrzahl aller Vollautomaten sind daher Stangenautomaten. Sie werden ausgeführt als

1. Einspindlige Stangenautomaten und 2. Mehrspindlige Stangenautomaten.

Der einspindlige Automat bearbeitet in einer Arbeitsspindel ein Arbeitsstück, an welchem die erforderlichen Bearbeitungsoperationen nacheinander vorgenommen werden (Fig. 1). Er arbeitet also wie eine normale, nicht automatische Revolverdrehbank und hat ungefähr dieselbe Leistungsfähigkeit wie diese. Er besitzt einen Revolverkopf, welcher die Werkzeuge nacheinander in Arbeitsstellung schaltet.

Der mehrspindlige Automat dagegen bearbeitet in mehreren Arbeitsspindeln mehrere Arbeitsstücke gleichzeitig. Hat er z. B. vier Arbeitsspindeln, so stehen denselben vier Werkzeugspindeln gegenüber, welche gleichzeitig vorgehen und an den vier, in den Arbeitsspindeln eingespannten Materialstangen je eine der vier erforderlichen Bearbeitungsoperationen gleichzeitig vornehmen (Fig. 2).

Die Mitten der Arbeits- und Werkzeugspindeln liegen auf der Mantelfläche eines Zylinders. Nach erfolgtem Rückgang der vier Werkzeugspindeln schaltet die Trommel, in welcher die Arbeitsspindeln gelagert sind, um 90° weiter. Jede Materialstange, bzw. jedes Arbeitsstück wandert also von der ersten bis zur vierten Werkzeugspindel und nach jedem Vor- und Rückgang der Werkzeugspindeln fällt ein mit allen vier Arbeitsoperationen bearbeitetes

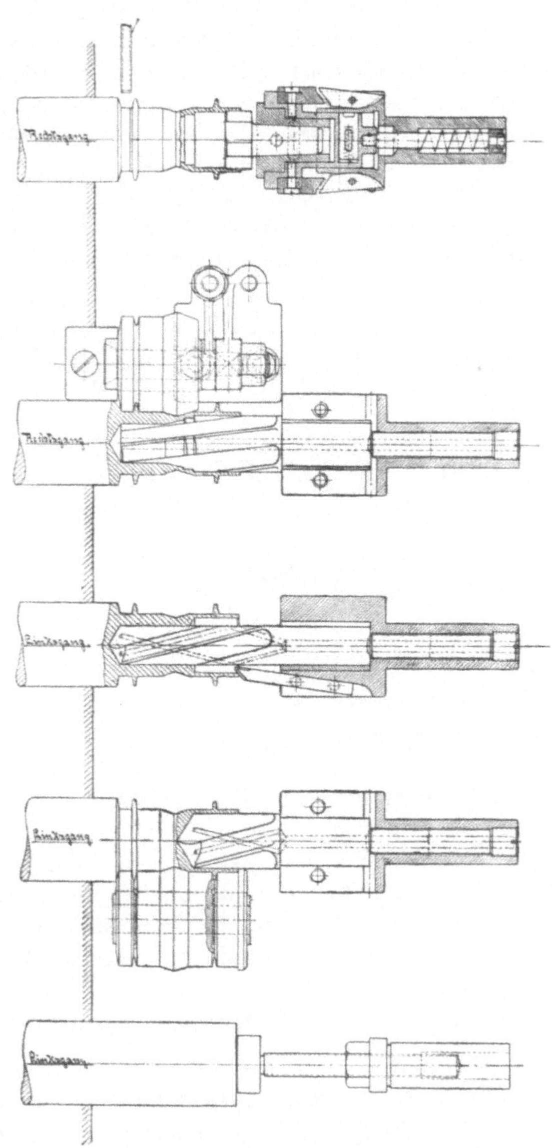
Fig. 1. Arbeitsplan eines Einspindelautomaten.
(Pittler.)

Arbeitsstück von der Maschine. Nur die, in derjenigen Arbeitsspindel steckende Materialstange, welche jeweils dem die erste Operation ausführenden Werkzeug gegenübersteht, wird nach dem Schalten der Arbeitsspindeln vorgeschoben.

Obwohl nun bei der Bearbeitung des gleichen Arbeitsstückes auf einem einspindligen Automaten ein viermaliger Vor- und Rücklauf der Werkzeuge nacheinander erforderlich wäre, beträgt die Leistung des vierspindligen Automaten nicht das Vierfache des einspindligen Automaten. Da die Werkzeugspindeln des vierspindligen Automaten den durch die längste der vier Operationen bedingten Weg stets alle zurücklegen müssen, so entsteht für die übrigen Werkzeuge ein gewisser Zeitverlust. Man rechnet daher nicht die 4fache, sondern die $2\,^1/_2$—3fache Leistung je nach Form des Arbeitsstückes.

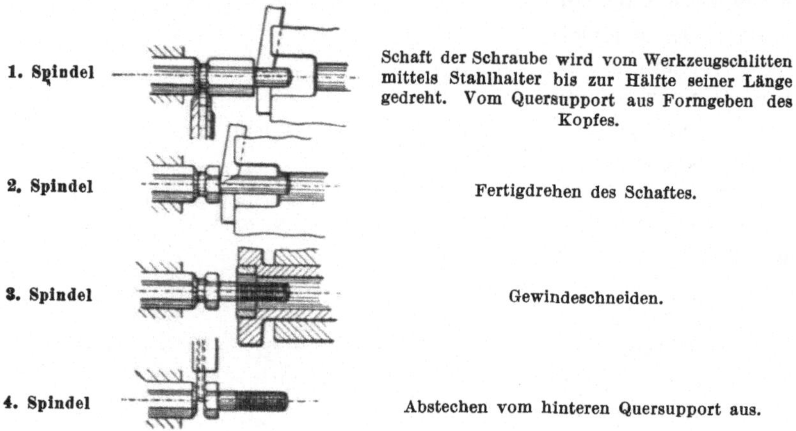

Fig. 2. Arbeitsplan eines Mehrspindelautomaten (Pittler).

Gestattet die Form des Arbeitsstückes nicht das Abarbeiten von einer Materialstange, wie dies bei Teilen unregelmäßiger Form, bei gegossenen Teilen und bei solchen Teilen, welche bereits von der Stange gearbeitet sind und nun in einer zweiten Aufspannung weiter bearbeitet werden sollen, der Fall ist, so erfolgt die Zuführung des Materials durch ein Magazin auf sogenannten

II. Magazinautomaten.

Das Magazin ist ein Gehäuse, in welches eine gewisse Anzahl Arbeitsstücke eingelegt werden können. In der Regel das unterste der Arbeitsstücke wird von einer im Revolverkopf sitzenden Zange automatisch erfaßt und dem Spannfutter der Arbeitsspindel zugeführt, worauf die oben darauf liegenden Arbeitsstücke nachrutschen.

Es ist daher klar, daß der Form und Größe der Arbeitsstücke, welche in ein Magazin eingelegt werden sollen, gewisse Grenzen gezogen sind.

B. Halbautomaten.

Werden diese Grenzen überschritten, so ist eine ganzautomatische Bearbeitung des betreffenden Arbeitsstückes nicht mehr möglich, sondern die Zuführung und Spannung des Letzteren muß von Hand erfolgen. Die Halbautomaten arbeiten daher in der Weise, daß sie nach erfolgter Bearbeitung selbsttätig ausrücken, worauf das Auswechseln der Arbeitsstücke von Hand erfolgen kann. Sie werden ausgeführt als

1. Einspindlige Halbautomaten und 2. Mehrspindlige Halbautomaten.

Es können ferner fast sämtliche Vollautomaten auch als Halbautomaten eingerichtet werden, indem sie mit einer selbsttätigen Ausrückvorrichtung versehen werden können.

Zweites Kapitel

Die verschiedenen Automatensysteme.

Zur leichten und schnellen Orientierung über Wesen und Bau der Automaten ist zweifellos am geeignetsten eine Gegenüberstellung und Kritik der bereits bestehenden Automatensysteme. Der Verfasser hat sich jedoch in vorliegendem Buche nicht darauf beschränkt, sondern versucht, aus der Kritik heraus Wege und Fingerzeige für die Weiterentwicklung der bestehenden Automaten zu geben.

Die nachstehende Gruppierung ist von dem Gesichtspunkte des Arbeitsgebietes aus gesehen vorgenommen. Es ist ferner die amerikanische Originalbezeichnung derjenigen Systeme, welche aus amerikanischen Vorbildern entstanden sind, beibehalten worden, da sie unter dieser Bezeichnung auch in der deutschen Industrie allgemein bekannt sind. Ausgenommen sind diejenigen Automaten, welche entweder in Deutschland selbst entstanden oder so weiterentwickelt sind, daß sie als deutsche Konstruktionen angesehen werden können. Es sind ferner bei jedem System die Firmen angegeben, welche dasselbe bauen, wodurch gleichzeitig eine Übersicht über die hauptsächlichsten deutschen Fabrikanten von Automaten gegeben ist.

A. Vollautomaten.

I. Einspindlige Stangenautomaten.

Der Weg für die Automaten war geebnet, als im Jahre 1871 der Amerikaner Parkhurst ein Patent (U. St. P. 118481) anmeldete auf eine Einrichtung, durch welche man Stangenmaterial gleichzeitig vorschieben und spannen konnte.

Diese in Fig. 3 dargestellte, heute noch an fast allen Revolverbänken bekannte Einrichtung ließ sich fast ohne Änderung auf eine selbsttätig arbeitende Maschine übertragen, womit eine Lösung für die schwierigste Operation des Automaten gefunden war.

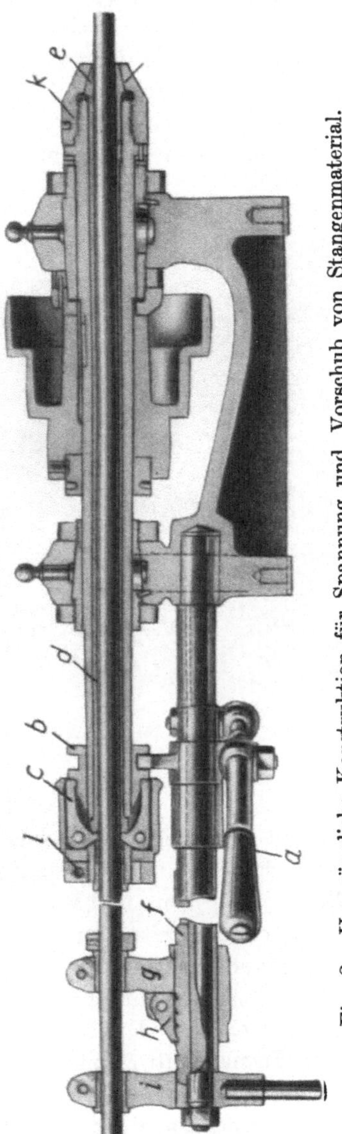

Fig. 3. Ursprüngliche Konstruktion für Spannung und Vorschub von Stangenmaterial.

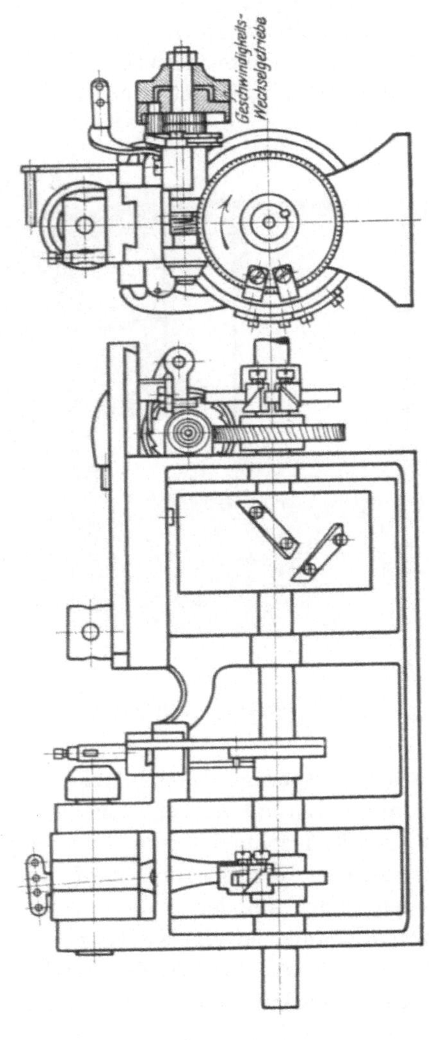

Fig. 4. Älteste Automatenkonstruktion (Bauart Spencer).

1. Das System Spencer.

Indessen erst im Jahre 1880 schuf Spencer nach mehrfachen Versuchen und Änderungen die eigentliche Bauart Spencer (Fig. 4, S. 9). Dieselbe hat den Aufbau einer normalen Revolverdrehbank, bestehend aus Spindelstock, Revolver- und Querschlitten. Sie ist ferner gekennzeichnet durch eine, mitten unter dem Spindelstock und Revolverschlitten liegende Steuerwelle, von welcher aus alle Bewegungen und Schaltungen eingeleitet werden und welche während der ganzen

Fig. 5. Selbsttätige Fassondrehbank (Loewe).

Bearbeitungsperiode eines Arbeitsstückes eine Umdrehung macht. Sie läuft während der eigentlichen Arbeitszeit langsam und während der Totzeiten schnell (siehe Einleitung). Nach jedem Vor- und Rücklauf schaltet der Revolverkopf um ein Werkzeug weiter und es müssen daher auf der großen, unter dem Revolverschlitten liegenden Kurventrommel so viel Kurvenpaare (Vor- und Rücklaufkurven) vorhanden sein, als der Revolverkopf Werkzeuglöcher hat. Die Bauart Spencer wurde zunächst in Amerika von der Firma Pratt & Whitney ausgeführt, später von Alfr. Herbert in Coventry und in Deutschland von den Firmen Ludw. Löwe A.-G., Berlin, und Leipziger Werkzeugmaschinenfabrik Pittler aufgenommen. Die Maschine wird in zwei Ausführungen gebaut, ohne und mit Revolverkopf. Die Erstere, welche in Fig. 5 dargestellt ist, dient hauptsächlich zur Bearbeitung einfacher Teile mittelst je eines Werkzeuges im Längsschlitten

und den beiden Querschlitten. Von den letzteren dient das vordere
zum Einstechen und Fassondrehen, das hintere zum Abstechen.
Gewindeschneiden ist nicht ohne weiteres möglich, da die Arbeits-

Fig. 6. Selbsttätige Revolverdrehbank (Loewe).

spindel nur eine oder bei den größeren Maschinen mehrere Geschwindigkeiten, aber keinen Linkslauf hat. Jedoch sind sowohl für das
Gewindeschneiden als auch für eine Reihe weiterer Sonderarbeiten
eine Anzahl Sondervorrichtungen anzubringen, welche weiter hinten

in dem betreffenden Kapitel näher erläutert sind. In dieser Ausführung werden die Maschinen allgemein als

a) selbsttätige Fassondrehbänke

bezeichnet.

Die zweite Ausführungsart weist einen Revolverkopf auf gleich der ursprünglichen Bauart Spencer (Fig. 6, S. 11). Diese Maschinen, allgemein als

Fig. 7. Der Stehli-Automat.

b) selbsttätige Revolverbänke

bezeichnet, wurden insbesondere von der Firma Ludw. Löwe sehr eingehend durchentwickelt. Sie werden ferner mit bemerkenswerten Einzelheiten von Alfr. Herbert, Coventry, gebaut.

Die Mechanismen dieser Maschinen sind ebenfalls in den betreffenden Kapiteln eingehend behandelt.

Unter die Bauart Spencer fällt auch der Stehli-Automat (Fig. 7) bei welchem der Spindelstock auf dem Bett in der Längsrichtung verschiebbar ist, um verschiedene Arbeitslängen einstellen zu können, ferner auch der Samson-Automat, Fig. 21 (wesentlich verbessert).

2. Das System Brown & Sharpe.

Wesentlich abweichend von dem System Spencer ist das System Brown & Sharpe. Dasselbe ist entstanden aus dem Worsley-Patent (U. St. P. 424527) aus dem Jahre 1890. Der Revolverkopf ist gekennzeichnet durch seine senkrechte Lage. Er hat eine wagerechte Drehachse und die Werkzeuge schwingen nicht in einer wagerechten Ebene wie bei Spencer, sondern in einer senkrechten Ebene. Es wird durch diese Anordnung vor allem erreicht, daß die Werkzeuge nicht an die Querschlitten stoßen. Das wichtigste Merkmal des

Fig. 8. Der Brown & Sharpe-Automat.

Brown & Sharpe-Automaten ist jedoch der Steuerungsmechanismus. Während bei Spencer alle Bewegungen und Schaltungen von einer Steuerwelle abgeleitet werden, welche langsam und schnell rotiert, ist bei Brown & Sharpe außer der Steuerwelle noch eine Hilfssteuerwelle vorhanden. Von der Steuerwelle direkt werden nur die zur Spanabnahme während der eigentlichen Bearbeitungszeit nötigen Vorschubbewegungen des Revolver- und der Querschlitten betätigt. Alle anderen Schaltungen während der Totzeit bewirkt die Hilfssteuerwelle, indem sie zur Betätigung irgendeiner Schaltung eine einzige, sehr schnelle Umdrehung ausführt. Eingeleitet werden diese periodischen schnellen Umdrehungen der Hilfssteuerwelle durch Nocken und Anschläge auf der Steuerwelle. Zwischen den einzelnen Schaltungen steht die Hilfssteuerwelle still.

Es können daher diese Schaltungen während der Totzeit erheblich schneller ausgeführt werden, als wenn sie direkt von der dauernd umlaufenden Steuerwelle ausgeführt würden. Im übrigen zeichnet sich der Brown & Sharpe-Automat außer durch seine schnellen Schaltungen durch die vorzüglich durchgearbeiteten Mechanismen sowie durch einen universellen Einscheibenantrieb aus. Fig. 8 und 9 zeigen das

Fig. 9. Der Brown & Sharpe-Automat.

Fig. 10. Der Loewe-Automat (mit Hilfssteuerwelle).

amerikanische Original, Fig. 10 die Ausführung der Firma Ludw. Löwe, Berlin.

Fig. 11. Der Steinhäuser-Automat.

Fig. 12. Einspindelautomat (Pittler).

Die Maschine wird ferner noch von den Samsonwerken, Berlin, und von den Indexwerken Eßlingen, gebaut. Ferner arbeitet der

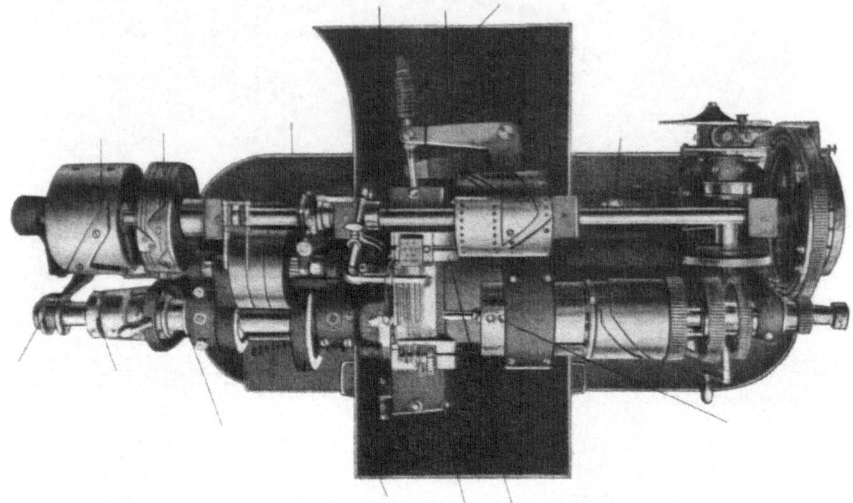

Fig. 13. Einspindelautomat (Pittler), Aufsicht auf Fig. 11.

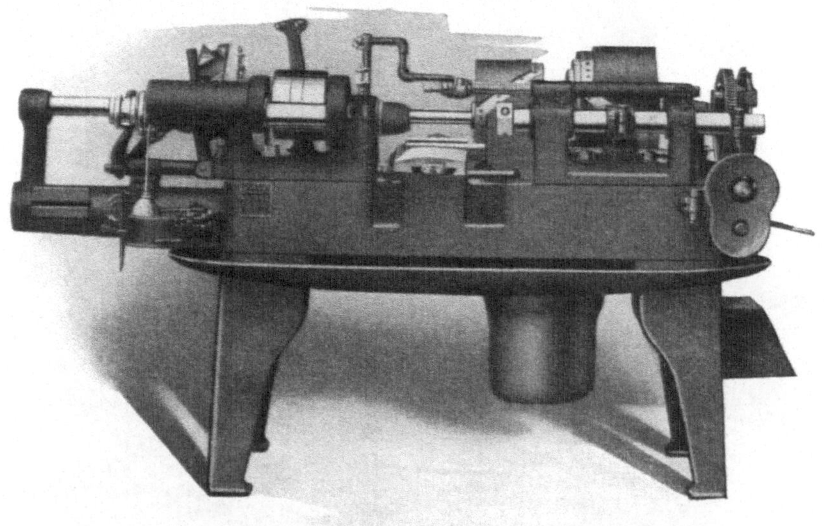

Fig. 14. Einspindelautomat ohne Revolverkopf.

Steinhäuser-Automat (Fig. 11) ebenfalls mit Hilfssteuerwellen, gehört also auch gewissermaßen zum Brown- & Sharpe-System.

3. Das System Cleveland.

Die Cleveland Automatic Machine Company schuf dieses System. Es ist in Fig. 12 in der Bauart der Firma Pittler, Leipzig, dargestellt. Die Steuerwelle liegt hinter der Maschine, wodurch die Durchbrüche im Bett für die Kurventrommeln vermieden werden und die Stabilität der Maschine erhöht wird. In seinem Aufbau ist dieses System

Fig. 15. Doppelseitiger Automat ohne Revolverkopf.

dem System Spencer verwandt, es weicht jedoch insofern von letzterem ab, als die Kurventrommel zur Bewegung des Revolverkopfes von der Steuerwelle abgezweigt und hinter den Revolverkopf gelegt ist. Diese Kurventrommel macht bei jedem Vor- und Rückgang des Revolverkopfes eine Umdrehung, während die Steuerwelle eine Umdrehung während der ganzen Bearbeitungsperiode eines Arbeitsstückes ausführt. Es folgt daraus, daß zwischen der Steuerwelle und der Revolverkopf-Vorschubtrommel eine Übersetzung liegt, deren Verhältnis sich nach der Anzahl der Werkzeuglöcher im Revolverkopf bestimmt, und daß ferner eine feste Kurve zum Vorschub sämt-

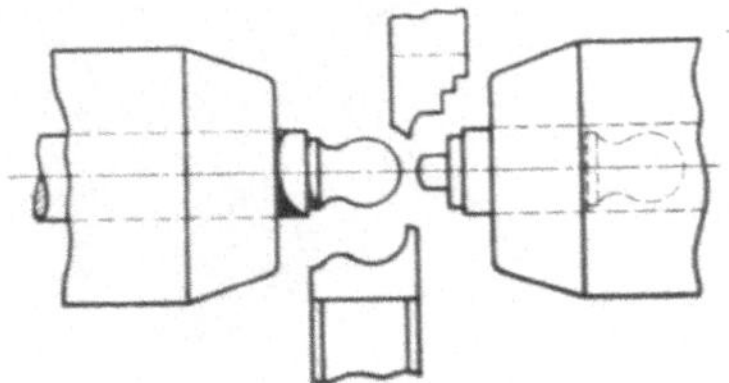

Fig. 16. Arbeitsschema des Automaten Fig. 15.

licher Werkzeuge dient. Diese Anordnung ist aus Fig. 13, welche eine Aufsicht auf die Ausführung der Leipziger Werkzeugmaschinenfabrik Pittler darstellt, deutlich ersichtlich, ihre Vor- und Nachteile sind besonders in dem Kapitel „Der Steuerungsantrieb und das Kurvensystem" eingehend erläutert.

Für Arbeitsstücke mit wenigen Operationen wird dieser Automat auch mit einer einzigen Steuerwelle, von welcher alle Bewegungen und Schaltungen ausgehen, ausgeführt (Fig. 47). Vermindert sich die

Fig. 17. Einspindelautomat (Boehringer).

Anzahl der Operationen noch weiter, so tritt an Stelle des Revolverkopfes nur eine einfache Stange für ein Werkzeug (Fig. 14). Sind nur Queroperationen erforderlich, so fällt auch dieses Werkzeug fort und die

Maschine wird doppelt, d. h. mit 2 Arbeitsspindeln ausgeführt. Es arbeiten nur die Quersupporte (Fig. 15). Ein Arbeitsbeispiel zeigt Fig. 16 in der Herstellung eines Knopfes mit einem hinteren Zapfen. Die Materialstange wird in der linken Spannpatrone ge-

halten und von dem vorderen Quersupport der vordere runde Kopf bearbeitet, hierauf wird das Material vorgeschoben, von der rechten Spannpatrone gefaßt und von dem hinteren Quersupport der hintere Zapfen bearbeitet und abgestochen.

4. Das System Gridley.

Die weitere Entwicklung führte zum System Gridley. Dasselbe weist wiederum die, unter der Maschine liegende Steuerwelle auf von welcher alle Bewegungen und Schaltungen betätigt werden mit

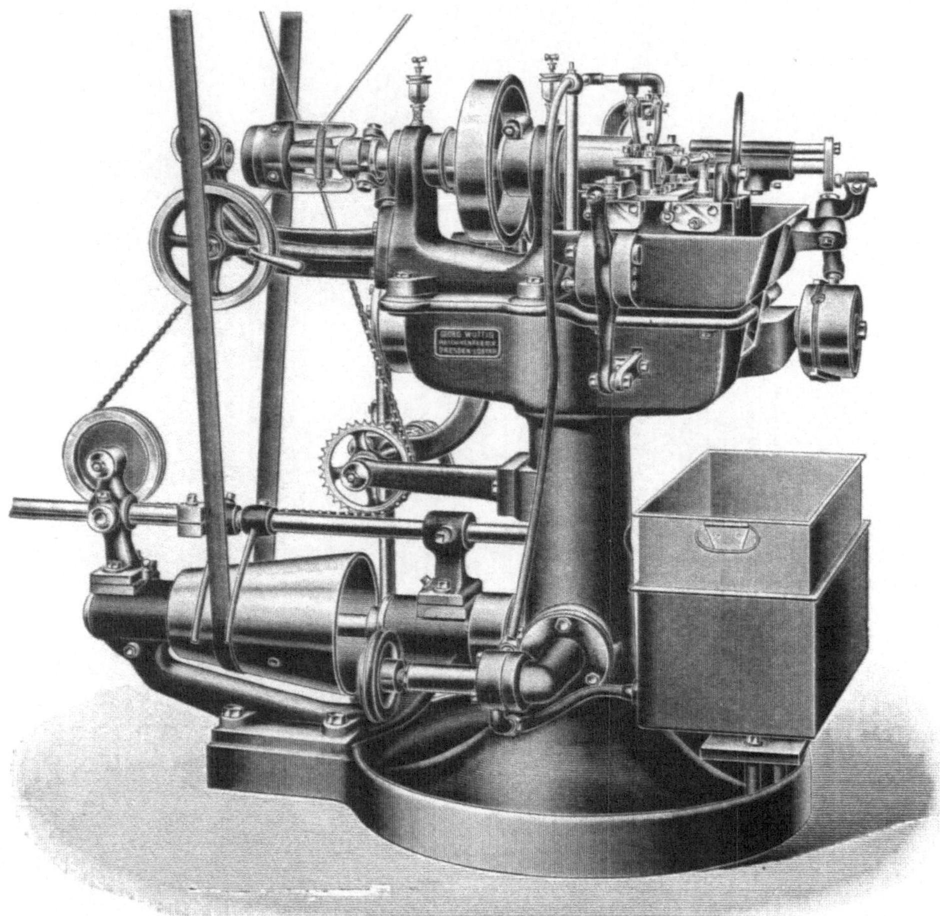

Fig. 19. Der Wuttig-Schraubenautomat.

Ausnahme der Revolverkopfschaltung, welche gesondert vom Deckenvorgelege aus erfolgt. Der Revolverkopf selbst ist durchaus eigenartig. Er besteht aus einem vierseitigen prismatischen Körper, welcher nur eine drehende Schaltbewegung ausführt. Die vier Seiten sind mit Führungen versehen, in denen als eigentliche Werkzeugträger vier Schieber gleiten und den Vor- und Rücklauf ausführen. Es verschiebt sich nur der, gerade in Arbeitsstellung befindliche Schieber, während die übrigen in der Anfangsstellung stehen bleiben.

Fig. 20. Der Hau-Schraubenautomat.

Fig. 21. Der Hau-Schraubenautomat (Aufsicht).

Die Vorteile dieser Anordnung sind in den betreffenden Kapiteln eingehend erläutert. Fig. 17 zeigt die Ausführung der Firma Gebr. Böhringer, Göppingen. Die Maschine wird ferner noch gebaut von der Firma: Hasse & Wrede, Berlin.

5. Die Schraubenautomaten.

Für besondere Zwecke, hauptsächlich zur Fabrikation von
Schrauben und ähnlichen Teilen sind eine Anzahl Automaten ent-

Fig. 22.   Der Samson-Schraubenautomat.

standen, die kein einheitliches System darstellen. Sie sind für
Stangenarbeit bestimmt und es ist ihnen gemeinsam das Vorhanden-

sein einer Arbeitsspindel und einer Anzahl von Werkzeugen, die sich teils in der Längsrichtung der Arbeitsspindel, teils senkrecht

Fig. 23. Der Index-Automat.

zu dieser bewegen. Die hauptsächlichsten sind in den Fig. 18—23 dargestellt und weiter hinten an geeigneter Stelle beschrieben.

II. Mehrspindlige Stangenautomaten.

1. Das System Acme.

Um die Leistung zu erhöhen, entstanden aus den einspindligen Automaten die mehrspindligen Automaten. Der Unterschied dieser Maschinen gegenüber den einspindligen ist bereits im ersten Kapitel kurz erläutert (siehe Fig. 1—2). Der erste, etwa Anfang der 90er Jahre

entstandene mehrspindlige Automat ist der Acme-Automat der National
Acme Manufacturing Co in Cleveland. Er stellt die Weiterentwicklung

Fig. 24. Sechsspindelautomat (Gildemeister).

einer schwedischen, jedoch nicht recht in die Praxis gelangten Konstruktion dar. Er hat vier Arbeitsspindeln, denen vier Werkzeugspindeln

Fig. 25. Rückansicht zu Fig. 24.

gegenüberstehen. Die Schaltung wird von den Arbeitsspindeln ausgeführt, während die Werkzeugspindeln nach jeder Schaltung gleich-

zeitig vor- und zurückgehen. Der Arbeitsspindelstock und der Werkzeugspindelschlitten sind getrennt geführt. Die Steuerwelle, von der alle Bewegungen und Schaltungen betätigt werden, liegt mitten unter Spindelstock und Werkzeugschlitten.

Fig. 26. Vierspindelautomat (Schütte).

Fig. 24 und 25 zeigen die Ausführung der Firma Gildemeister & Co. A. G., Fig. 26 diejenige der Firma Alfred H. Schütte. Fig. 27 zeigt den neuen amerikanischen Acme-Automaten. Es ist dabei bemerkenswert, daß bei dieser Maschine der früher vorhandene Werkzeugschlitten in

Wegfall gekommen und durch einen Werkzeugkopf nach dem System
Gridley (Fig. 33) ersetzt worden ist, dessen Vorteile unter Kapitel E
näher erläutert sind. Weiterhin ist die Maschine mit 5 Arbeitsspindeln
ausgerüstet. Die Anordnung und
Führung des Werkzeugkopfes geht aus
Fig. 28 hervor. Die Verschiebung des
Kopfes *a*, der durch Führungsarm *e*
gegen Verdrehung gesichert ist, erfolgt durch Stange *b*, Rollenhalter *c*
und Kurventrommel *d*.

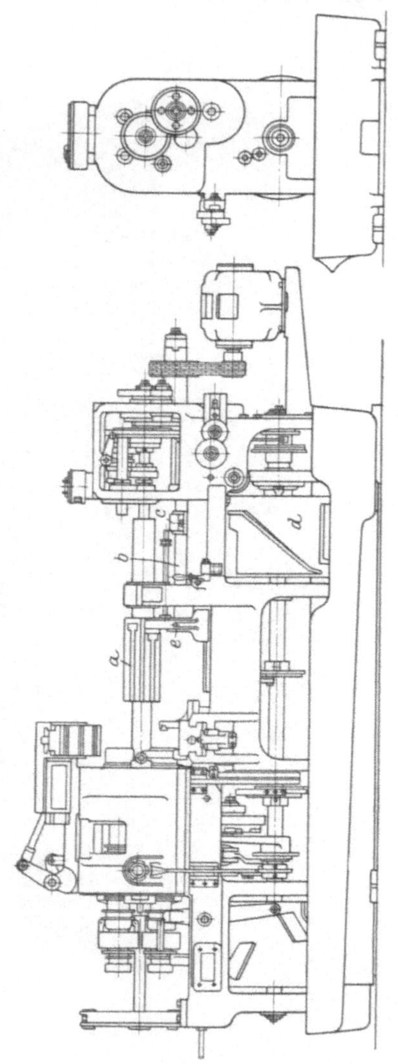

Fig. 28. Acme-Automat.

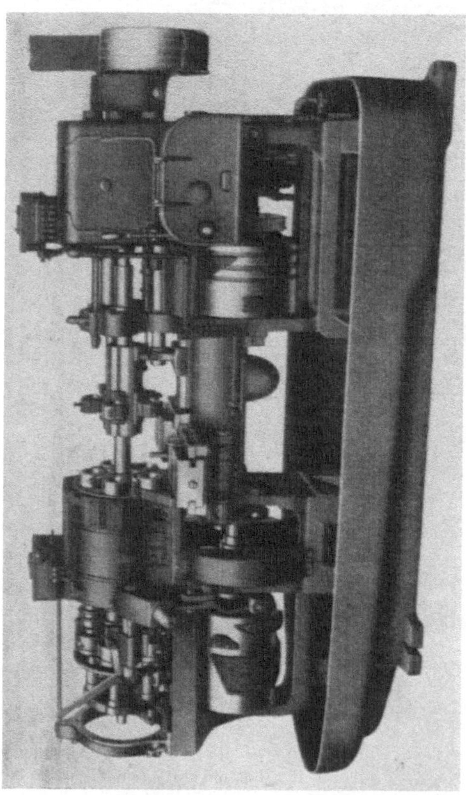

Fig. 27. Acme-Automat.

Weitere amerikanische Ausführungen dieses Systems sind in
den Fig. 29—32 dargestellt. Sie zeigen keine wesentliche Weiterentwicklung, sind jedoch durch Einzelheiten bemerkenswert. Bei
der Maschine Fig. 29 ist die Steuerwelle oberhalb von Spindel-
und Werkzeugschlitten angeordnet, wodurch zweifellos eine gute

Übersicht und Zugänglichkeit derselben beim Einrichten der Maschine erreicht, die Beobachtung der Werkzeuge jedoch erschwert ist. Die Maschine Fig. 30 hat statt der üblichen auf der Steuerwelle rotierenden Rundkurven Flachschieber für die Schlittenbewegungen. Sie ist mit 5 Arbeitsspindeln versehen. Bei der Maschine Fig. 31 ist die axiale Verschiebung in den Arbeitsspindelschlitten verlegt.

Eine endgültige Beurteilung dieser meines Wissens in Deutschland bis jetzt nicht vorhandenen Maschinen kann später erst erfolgen,

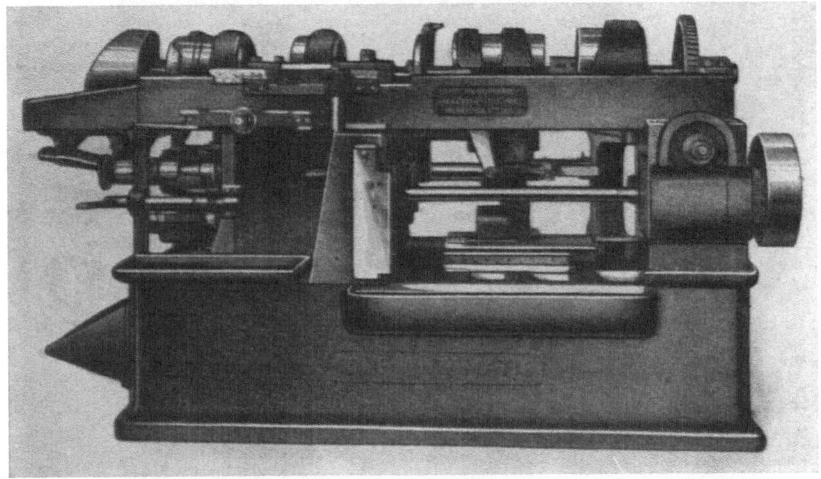

Fig. 29. Amerikanischer Vierspindelautomat mit obenliegender Steuerwelle.

doch ist schon jetzt zu ersehen, daß auch in den letzten Jahren eine Überholung des deutschen Automatenbaues durch den amerikanischen nicht stattgefunden hat.

Es bestätigt dies die Ansicht des Verfassers, daß es dem deutschen Konstrukteur bei Beachtung des in der Einleitung Gesagten gelingen wird, selbständige, den amerikanischen mindestens gleichwertige Maschinen auf den Markt zu bringen. Aus Fig. 32, welche einen mehrspindligen Stangenautomaten von 100 mm Materialdurchlaß zeigt, ist ersichtlich, daß durch kräftige Ausführung die Arbeitsgrenze dieser Maschine nach oben zu erweitern ist.

Die Maschine ist eine Acme-Maschine mit einem Gridley-Revolverkopf.

Fig. 30. Amerikanischer Vierspindelautomat.

Fig. 31. Amerikanischer Vierspindelautomat.

2. Das System Gridley

hat ebenfalls vier Arbeitsspindeln. Auf einer schaftartigen Verlängerung der Spindeltrommel verschiebt sich ein prismatischer Körper,
ähnlich dem Revolverkopf des einspindlichen Gridley-Automaten.
Auf den Flächen dieses Körpers werden die Werkzeuge befestigt.
Diese Anordnung, welche weiter hinten näher erläutert ist, hat den
Vorteil einer guten Unterstützung der Werkzeuge. Sie bietet ferner
eine bessere Gewähr für dauernd zentrische Stellung der Werkzeuge
zu den Arbeitsspindeln, als der auf getrennter Führung gleitende
Werkzeugschlitten des Acme-Automaten. Fig. 33 zeigt die Ausführung der Firma Carl Hasse & Wrede, Berlin.

Fig. 32. Schwerer amerikanischer Vierspindelautomat
(100 mm Materialdurchlaß).

3. Das System Davenport

zeigt die neueste Entwicklung der Mehrspindler. Während bei
Acme und Gridley sämtliche Werkzeuge gemeinsam vorgeschoben
werden und daher alle den, für die längste Operation erforderlichen
Arbeitsweg zurücklegen müssen, wird bei Davenport jede Werkzeugspindel unabhängig durch eine besondere, dem Arbeitsweg des betreffenden Werkzeuges angepaßte Kurve verschoben. Der bei Acme
und Gridley entstehende Zeitverlust, welcher sich darin äußert, daß
diese 4 spindligen Automaten nicht das 4 fache, sondern nur das $2\,^1/_2$
bis 3 fache eines 1 spindligen Automaten leisten, wird bei Davenport

wesentlich vermindert. Ferner arbeitet die letztgenannte Maschine nach dem Prinzip der schon bei Brown & Sharpe angewendeten,

a

b

Fig. 33. Vierspindelautomat (Hasse & Wrede). a Vorder-, b Rückansicht.

schnellrotierenden Hilfssteuerwelle, wodurch auch die Schaltungen während der Totzeit auf ein Minimum reduziert werden. Die Maschine hat 5 Arbeitsspindeln, 5 Werkzeugspindeln und wie bei Acme außerdem 4 Seitenwerkzeuge auf Querschlitten und Schwinghebeln.

Fig. 34. Der New Britain-Sechsspindelautomat.

4. Das System New Britain

ist ähnlich dem Arme-System. Der in Fig. 34 dargestellte Automat hat jedoch 6 Arbeitsspindeln, was natürlich die Anzahl der gleichzeitig vorzunehmenden Arbeitsoperationen erhöht.

5. Das System Lester

der Davis Sewing Machine Co., Dayton, U.S.A., hat 3 Arbeitsspindeln und 6 Werkzeugspindeln (Fig. 35). Die Arbeitsspindeln können entweder $^1/_6 = 60^0$ oder $^1/_3 = 120^0$ weitergeschaltet werden, wodurch sie entweder von einem Werkzeug zum nächsten geschaltet werden, oder jedesmal ein Werkzeug überspringen. Das erstere ist der Fall bei komplizierten Teilen, deren Bearbeitung viele Werkzeuge erfordert, das letztere bei einfachen Teilen, wie Schrauben u. dgl.

Es können ferner mehrere, bis zu 3 gleiche Arbeitsstücke gleichzeitig bearbeitet werden, indem die 3 Arbeitsspindeln vorgehen, nach erfolgtem Rücklauf um $^1/_6$ weiterschalten und wieder vorgehen. Auf diese Weise kann jedes der 3 Arbeitsstücke durch 2 Werkzeuge mittelst einer Schrupp- und einer Schlichtoperation bearbeitet werden. Es stehen ferner zum Fassonieren und Abstechen 3 Querschlitten zur Verfügung.

Das besondere Kennzeichen der Maschine ist also die Möglichkeit vielfacher Kombinationen in der Bearbeitungsweise der Arbeitsstücke.

Fig. 35.   Der Lester-Mehrspindelautomat.

Es sind folgende Kombinationen möglich:

A. Gleichzeitige Bearbeitungsweise.

1. Ein fertiges Stück wird von jeder der drei Materialstangen gleichzeitig abgestochen, nachdem dasselbe in einer Stel-

lung bearbeitet worden ist (Spindeltrommel steht fest). Die drei Stücke können gleich oder verschieden sein.

2. Ein fertiges Stück wird von jeder der drei Materialstangen gleichzeitig abgestochen, nachdem dasselbe in zwei Stellungen bearbeitet worden ist (Spindeltrommel schaltet um $^1/_6$ Umdrehung weiter).

B. Fortschreitende Bearbeitungsweise.

3. Ein fertiges Stück wird von jeder Materialstange nacheinander abgestochen, nachdem dasselbe in drei Stellungen bearbeitet worden ist (Spindeltrommel schaltet um $^1/_3$ Umdrehung weiter).

4. Ein fertiges Stück wird von jeder Materialstange nacheinander abgestochen, nachdem dasselbe in sechs Stellungen bearbeitet worden ist (Spindeltrommel schaltet um $^1/_6$ Umdrehung weiter).

Bei anderen mehrspindligen Stangenautomaten ist nur die Bearbeitungsweise unter 3. möglich.

Der Lester-Automat ist daher auch für kleinere und mittlere Stückzahlen geeignet, vorausgeseszt, daß die Form des Arbeitsstückes nicht die Anfertigung teurer Sonderwerkzeuge erforderlich macht.

B. Halbautomaten.

I. Einspindlige Halbautomaten.

Die Halbautomaten dienen zur Ausführung von Futterarbeiten. Als Arbeitsstücke kommen in der Hauptsache gegossene oder geschmiedete Teile in Frage, deren Form und Größe ein Einspannen in das Spannfutter von Hand erforderlich macht. Da diese Teile häufig erhebliche Unterschiede im Drehdurchmesser aufweisen, so sind die Halbautomaten mit einer größeren Anzahl von Spindel- und Vorschubgeschwindigkeiten ausgestattet, die während des Arbeitens selbsttätig gesteuert werden. Die Maschinen sind entsprechend ihrem Arbeitszweck erheblich kräftiger gebaut wie die für Stangenarbeit bestimmten Vollautomaten. Insbesondere ist der Revolverkopf für schwerere Werkzeuge bestimmt, daher sehr solide gelagert und vielfach noch durch einen Führungsarm oben abgestützt. Für kleinere und mittlere Arbeitsstücke lassen sich jedoch unter Benutzung einer Ausrückvorrichtung verwenden die

Fig. 36. Einspindliger Halbautomat (Pittler).

1. Stangenautomaten mit selbsttätiger Stillsetzung.

2. Das System Potter & Johnston

ist eines der ältesten Systeme. Fig. 36 zeigt die Ausführung der Leipziger Werkzeugmaschinenfabrik Pittler.

Der Spindelstock hat Einscheibenantrieb, der Vorschub des Revolverschlittens wird durch einen Räderkasten für zahlreiche Vorschübe eingeleitet. Alle Spindelgeschwindigkeiten und Vorschübe

Fig. 37. Der Potter & Johnston-Halbautomat.

erfolgen zwangläufig. Ferner sind zwei unabhängig voneinander arbeitende Querschlitten vorhanden. Die Maschine wird außerdem von den Firmen Schroers, Crefeld; Alfr. Herbert, Coventry; Magdeburger Werkzeugmaschinenfabrik und einigen anderen gebaut.

Das amerikanische Original zeigt Fig. 37.

3. Das System Fay

stellt einen Halbautomaten für Arbeiten zwischen den Spitzen dar. Der Automat ist gewissermaßen eine selbsttätige Spitzendrehbank, die zu bearbeitenden Bolzen werden nach dem Einspannen von Hand durch eine größere Anzahl von Werkzeugen, welche in einem vorderen und einem hinteren Support eingespannt sind, bearbeitet. Die Werkzeuge können sowohl selbsttätige Längsbewegung als auch Querbewegung ausführen, es kann ferner konisch gedreht werden. Fig. 38 zeigt die amerikanische Originalmaschine. Aus dem älteren Fay-Halbautomaten sind weiterhin entwickelt worden der Pratt & Withney-

Halbautomat (Fig. 39) und der Le Blond-Halbautomat (Fig. 40).

Fig. 38. Der Fay-Halbautomat.

Fig. 39. Der Pratt & Withney-Halbautomat.

Beide sind für Spitzenarbeiten bestimmt, bei Pratt & Withney kann die Maschine durch Anwendung eines Magazins für die Werkstücke auch vollautomatisch benutzt werden. Der Le Blond-Halbautomat stellt in seiner Konstruktion und besonders in der Anordnung der Werkzeugschlitten eine Automatisierung der in den letzten Jahren aufgetauchten Vielstahlbänke (Multicuts) dar.

Fig. 40. Der Le Blond-Halbautomat.

Arbeitsstücke von kleiner und mittlerer Größe können auf mehrspindligen Halbautomaten bearbeitet werden.

II. Mehrspindlige Halbautomaten.

1. Das System Prentice

der Firma Prentice & Comp. in New Haven, U.S.A., wird einseitig und doppelseitig ausgeführt. Fig. 41 zeigt die doppelseitige Ausführung des Originals, Fig. 42 die deutsche einseitige Ausführung der Firma Carl Hasse & Wrede.

Einer Anzahl rotierender Werkzeugspindeln steht ein Revolverkopf gegenüber, dessen Flächen Aufspannvorrichtungen aufnehmen, deren Zahl um eine größer ist, wie die Zahl der Werkzeugspindeln. Sind z. B. 4 Werkzeugspindeln vorhanden, so ist der Revolverkopf 5teilig. Vier der im Revolverkopf eingespannten Arbeitsstücke stehen den 4 Werkzeugspindeln gegenüber, die 5. Aufspannvorrichtung dient zum Auswechseln der Arbeitsstücke von Hand. Bei der doppelseitigen Ausführung steht der Revolverkopf bei dem Arbeiten fest, während sich die Werkzeugspindeln von beiden Seiten axial vorschieben.

Bei der einseitigen Ausführung stehen die Werkzeugspindeln fest und der Revolverkopf schiebt sich axial gegen die ersteren.

Die letztere Ausführung verdient den Vorzug, weil sich dabei die Spindeln nicht in ihren Lagern verschieben und ein genaueres Arbeiten gewährleisten. Nach jedem Vor- und Rücklauf wird der Revolverkopf weitergeschaltet, so daß jedes Arbeitsstück nacheinander

Fig. 41. Doppelseitiger Prentice-Halbautomat.

vor alle Werkzeugspindeln gebracht wird. Das Auswechseln der Arbeitsstücke wird laufend während des Bearbeitens der übrigen Stücke in der jeweils freien Aufspannvorrichtung vorgenommen, wodurch die Zeit für das Auswechseln die Leistung der Maschine nicht beeinflußt.

Nach dem gleichen Prinzip arbeitet der New Britain Futterautomat (Fig. 43). Bemerkenswert ist dabei, daß die Spannfutter des Revolverkopfes nicht von Hand, sondern durch Preßluft geöffnet und geschlossen werden. In Fig. 44 ist der Revolverkopf F mit den 4 Spannfuttern, der Preßluftzylinder G und das Schaltkreuz H ersichtlich.

Der größere, in Fig. 45 dargestellte New Britain Futterautomat arbeitet zwar auch nach dem gleichen Prinzip, jedoch ist ein Unterschied gegenüber den vorbeschriebenen Maschinen vorhanden dadurch, daß nicht die Werkzeuge, sondern die Arbeitsstücke rotieren. Er nähert sich also der Acme-Konstruktion, die Spindeln sind jedoch nicht für Stangenvorschub, sondern zur Aufnahme von Spannfuttern eingerichtet. Es stehen 6 Arbeitsspindeln mit Werkstücken 5 Werkzeugspindeln

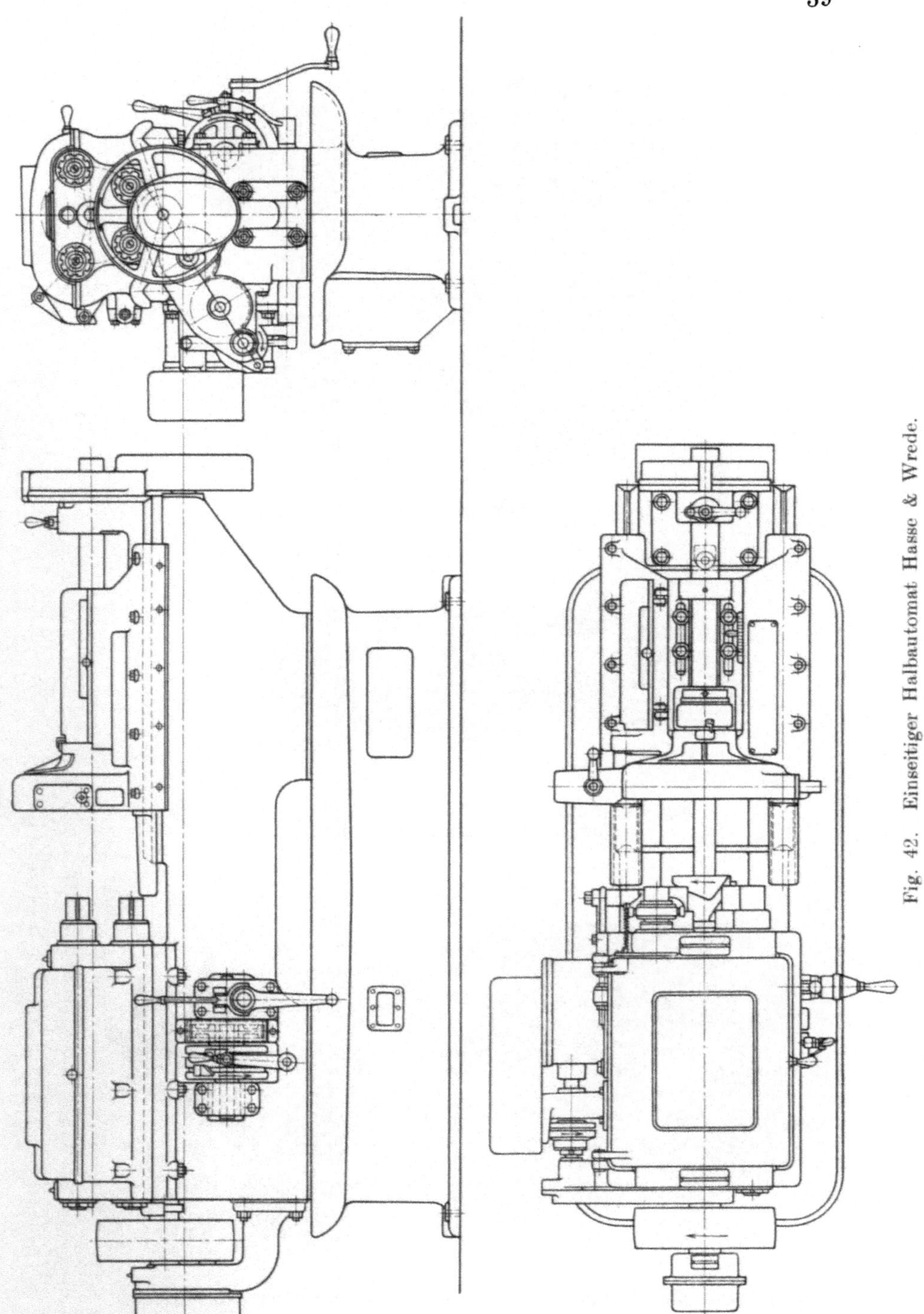

Fig. 42. Einseitiger Halbautomat Hasse & Wrede.

Fig. 43. Der New Britain-Futter-Automat

Fig. 44. Revolverkopf mit Preßluftzylinder des
New Britain-Futter-Automaten.

Fig. 45. Der New Britain-Futter-Automat mit rotierenden Arbeitsstücken.

gegenüber. Hat ein Arbeitsstück die vordere, als Ladestelle zu betrachtende Spindelstellung erreicht, so kann das Spannfutter durch Preßluft betätigt werden.

Die Konstruktion hat zweifellos den Vorteil, daß man nicht nur axial arbeitende Werkzeuge, sondern auch Quersupporte anwenden und damit die Vielseitigkeit der Operationen erhöhen kann, was bei rotierenden Werkzeugen natürlich nicht möglich ist.

2. Das System Wanner

ist wesentlich abweichend von allen anderen Automatensystemen. Die Maschine ist vertikal angeordnet und hat 8 Arbeitsspindeln, welche um eine Säule angeordnet sind und sich gleich Bohrspindeln vertikal verschieben zur Vornahme von Bohroperationen. Jedoch können die einzelnen Spindeln bei Planarbeiten auch wagerecht und zwar auf einem Kreisbogen um den Mittelpunkt der Säule verschoben werden.

Unter den 8 Werkzeugspindeln, welche nicht rotieren, befinden sich 8 Spannfutter zur Aufnahme der Arbeitsstücke. Diese werden von einem Zentralantrieb aus in Umdrehung versetzt. Sie können ferner gemeinschaftlich horizontal im Kreise weitergeschaltet werden, so daß jedes Arbeitsstück nacheinander sämtlichen Werkzeugen zugeführt werden kann.

Die Maschine ist mit einer großen Zahl von Schnitt- und Vorschubgeschwindigkeiten ausgerüstet und konstruktiv gut durchgearbeitet. Alle Vorschübe und Schaltungen erfolgen hydraulisch.

Fig. 46. Der Bullard-Halbautomat.

Obwohl die zum ersten Male auf der Weltausstellung in Brüssel vorgeführte Maschine dort im Betrieb einwandfreie Arbeit lieferte, hat man seit dieser Zeit fast nichts mehr von ihr gehört. Es ist daher fraglich, ob sie sich bewährt hat und es liegt die Vermutung nahe, daß ihre Konstruktion bereits über die Grenze hinausgeht, welche die Praxis durch ihre Forderung der Einfachheit und Betriebssicherheit eines Automaten dem Konstrukteur vorschreibt.

3. Das System Bullard

(Fig. 46) ist für größere Arbeitsstücke nach dem gleichen Prinzip gebaut.

Zum Schluß dieses Kapitels sei bemerkt, daß in demselben zunächst eine kurze Übersicht und Charakterisierung der einzelnen Automatensysteme gegeben ist. Die einzelnen Mechanismen der beschriebenen Maschinen sind in den nachstehenden Kapiteln eingehend erläutert. Sie sind gruppiert nach der im nächsten Kapitel angegebenen Einteilung der Konstruktionselemente.

Auf Grund vorstehender Übersicht läßt sich nachstehende Einteilung der verschiedenen Automatensysteme vornehmen:

Einteilung der Automaten-Systeme.

A. Vollautomaten.

I. Einspindlige Stangenautomaten.

1. Das System Spencer, für kleine und mittlere Arbeitsstücke.
   a) Selbsttätige Fassondrehbänke für kleinere einfache Arbeitsstücke.
   b) Selbsttätige Revolverbänke für mittlere Arbeitsstücke.
2. Das System Brown & Sharpe, für kleinere Arbeitsstücke (schnell arbeitend).
3. Das System Cleveland, für mittlere und große Arbeitsstücke.
4. Das System Gridley, für mittlere und große Arbeitsstücke (starke Spanabnahme).
5. Schraubenautomaten, für Schrauben u. dgl.

II. Mehrspindlige Stangenautomaten.

1. Das System Acme, für mittlere Arbeitsstücke (geeignet für Sonderapparate).
2. Das System Gridley, für mittlere Arbeitsstücke.
3. Das System Davenport, für kleinere Arbeitsstücke.
4. Das System New Britain, für mittlere Arbeitsstücke.
5. Das System Lester, für mittlere Arbeitsstücke (auch kleine Stückzahlen).

III. Magazinautomaten, für kleine und mittlere Arbeitsstücke.

1. Die meisten der unter I genannten Maschinen bei Anwendung eines Magazins.
2. Magazinautomaten für Sonderzwecke.

B. Halbautomaten.

I. **Einspindlige Halbautomaten.**

1. Für kleinere und mittlere Arbeitsstücke, die unter A I genannten Systeme Spencer, Cleveland, Gridley, eingerichtet als Halbautomaten mit selbsttätiger Stillsetzung.

2. Das System Potter & Johnston, für mittlere und größere Arbeitsstücke.

3. Das System Fay, für mittlere Spitzenarbeiten.

II. **Mehrspindlige Halbautomaten.**

1. Das System Prentice, für kleinere und mittlere Arbeitsstücke.

2. Das System Wanner, für kleine und mittlere Arbeitsstücke.

3. Das System Bullard, für größere Arbeitsstücke.

Drittes Kapitel.

Die Konstruktionselemente
des Automaten.

Da, wie schon erwähnt, Automaten selbsttätige Revolverbänke sind, ähneln sie denselben im Aufbau und in den einzelnen Konstruktionselementen. Sie lehnen sich sogar in der Mehrzahl der langjährig bewährten Form der gewöhnlichen Drehbänke an, d. h. sie besitzen ein **Untergestell (Bett)**, auf welchem in der Regel links ein **Spindelstock** mit der **Arbeitsspindel** fest und rechts ein **Werkzeugschlitten** verschiebbar angeordnet ist. Zwischen beiden befinden sich meistens ein oder mehrere **Querschlitten** zur Aufnahme weiterer Werkzeuge.

Die Arbeitsspindel ist meistens, bei Stangenautomaten stets hohl. Auf dem vorderen Ende derselben sitzt das **Spannfutter**, welches teils von diesem vorderen Ende aus, teils vom hinteren Ende durch die hohle Arbeitsspindel hindurch betätigt wird. Auf dem hinteren Ende sitzt ferner die **Materialvorschubeinrichtung**.

Die Arbeitsspindel wird angetrieben entweder direkt oder durch Vermittlung von Rädervorgelegen und zwar so, daß sie die nötigen Geschwindigkeiten sowohl für Rechts- als auch für Linkslauf erhält. Diese verschiedenen Geschwindigkeiten und Drehungsrichtungen müssen selbsttätig geschaltet werden können.

In oder auf dem Werkzeugschlitten ist der **Revolverkopf** gelagert. Derselbe erhält einen **Vorlauf** und einen **Rücklauf** sowie eine am Ende des Rücklaufes eintretende **Schaltung (Drehung)** um seine Achse. Der Vorlauf muß teils langsam, teils schnell, der ganze Rücklauf sowie die Schaltung schnell ausgeführt werden können. Der Übergang vom langsamen Vorlauf bzw. Rücklauf muß selbsttätig erfolgen. Das gleiche gilt für den Vor- und Rücklauf der Querschlitten.

Das wichtigste Element ist der **Steuerungsantrieb**. Derselbe besteht in der Regel aus einer oder auch mehreren Steuerwellen, welche mit verschiedenen Geschwindigkeiten angetrieben werden. Diese Geschwindigkeiten müssen selbsttätig geschaltet werden können.

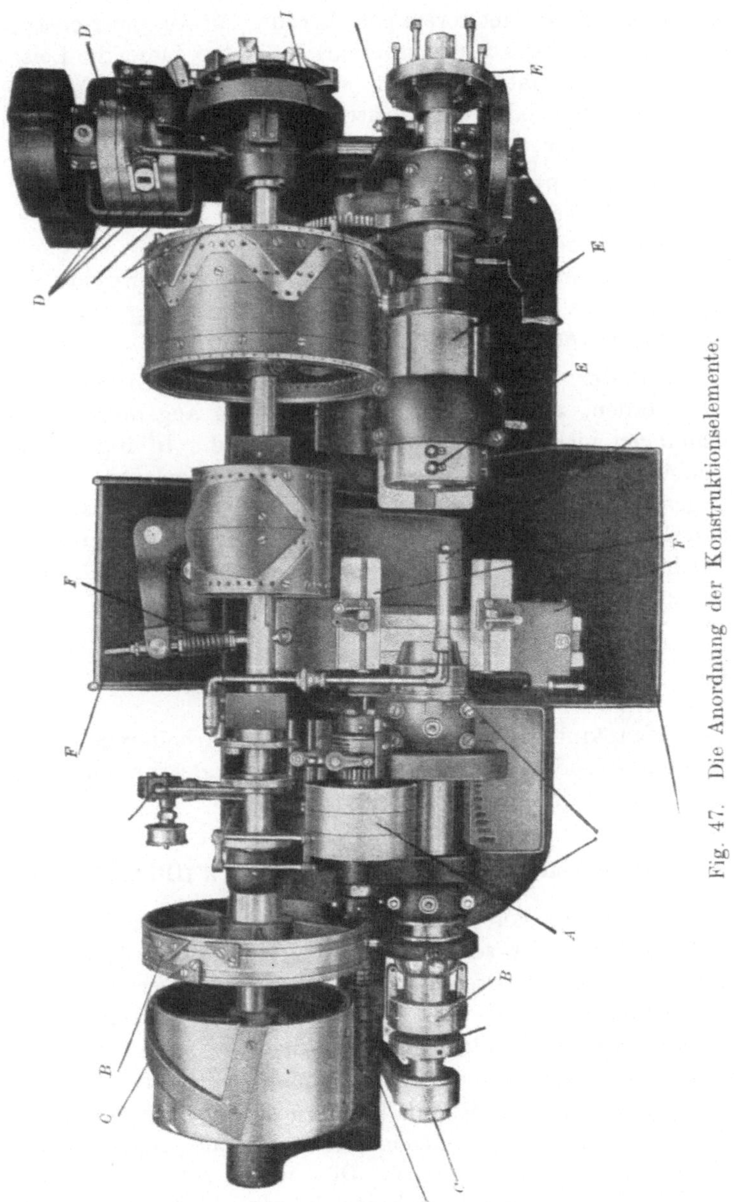

Fig. 47. Die Anordnung der Konstruktionselemente.

Auf der Steuerwelle sitzt das Kurvensystem, bestehend aus Kurvenstücken, Nocken, Daumen, Anschlägen und ähnlichen Elementen, mittelst welcher sowohl die, während der eigentlichen Bearbeitungszeit erforderlichen Werkzeugbewegungen, als auch die, in die Totzeit fallenden Schaltungen ausgeführt werden.

Insbesondere aus letzterem geht hervor, daß von der Konstruktion der Steuerung und des Kurvensystems in erster Linie die Leistungsfähigkeit des Automaten abhängt (siehe Einleitung).

Es lassen sich daher die Konstruktionselemente eines Automaten gruppieren wie folgt:

A. Der Hauptantrieb.
B. Die Materialspannung.
C. Die Materialzuführung.
D. Der Steuerungsantrieb und das' Kurvensystem.
E. Der Revolverkopf und seine Schaltung.
F. Die Querschlitten.

Es soll der besseren Übersicht wegen diese Gruppierung eingehalten werden, wobei jedoch aus weiter oben angeführten Gründen Abweichungen nicht immer zu vermeiden sind. In Fig. 47, welche die Aufsicht auf einen einspindligen Vollautomaten der Firma Aktiengesellschaft Pittler, Leipzig darstellt, ist der Zusammenhang der einzelnen Konstruktionselemente des Automaten veranschaulicht. Die Buchstaben in der Figur entsprechen der obigen Gruppierung der Konstruktionselemente.

A. Der Hauptantrieb.

Der Hauptantrieb hat die Aufgabe, der Arbeitsspindel, welche das zu bearbeitende Stück aufnimmt, die zur Bearbeitung erforderlichen Drehgeschwindigkeiten zu erteilen.

I. Die Anzahl der Spindelgeschwindigkeiten

ist dabei abhängig von dem Arbeitsbereich der Maschine. Unter dem Arbeitsbereich ist zu verstehen der Unterschied zwischen dem kleinsten und größten Drehdurchmesser, sowie ferner dem Material, der Härte und Festigkeit der zu bearbeitenden Stücke. Je nachdem dieser Unterschied kleiner oder größer ist, genügt eine Spindelgeschwindigkeit oder es müssen deren mehrere vorhanden sein. Es muß jedoch bemerkt werden, daß man diese Angelegenheit nicht vom Gesichtspunkte der gewöhnlichen Drehbank aus, welche eine Universalmaschine ist, ansehen darf. Dies würde für einen Automaten zu komplizierten Antriebmechanismen führen. Verlangt werden muß, daß die für das augenblicklich zu bearbeitende Stück notwendigen Geschwindigkeiten eingestellt werden können.

Daraus folgt, daß bei Stangenautomaten, bei denen der Unterschied des Drehdurchmessers durch die Bohrung der Arbeitsspindel begrenzt ist, nur wenig Spindelgeschwindigkeiten erforderlich sind. In der Regel sind bei diesen Maschinen nur eine oder zwei Geschwindigkeiten vorhanden.

Bei Magazinautomaten, oder gar bei Halbautomaten, bei welchen die Größe der von Hand im Futter einzuspannenden Arbeitsstücke sehr verschieden sein kann, ist daher eine größere Zahl von Spindelgeschwindigkeiten am Platze, um so mehr als die Drehdurchmesser an einem Arbeitsstück (Bohrung und Außendurchmesser) sehr verschieden sein können.

II. Der Drehungssinn der Arbeitsspindel.

Für Dreharbeiten ist im allgemeinen, wie bei der gewöhnlichen Drehbank, ein Rechtslauf der Arbeitsspindel erforderlich, da normalerweise die Schneidwerkzeuge rechtsschneidend sind, d. h. sich gewöhnlich vor dem Arbeitsstück befinden und von oben schneiden (Fig. 48). Im Falle sich die Werkzeuge bei rechtslaufendem Arbeits-

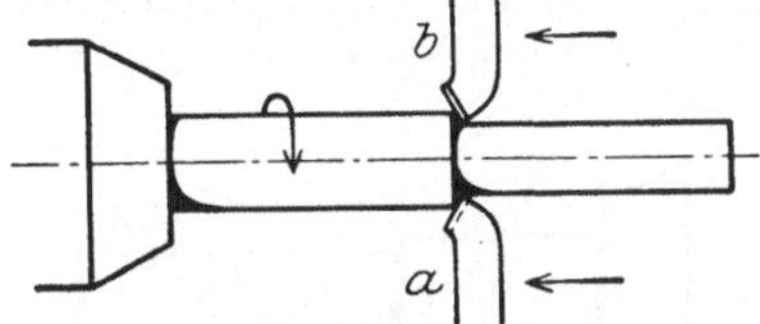

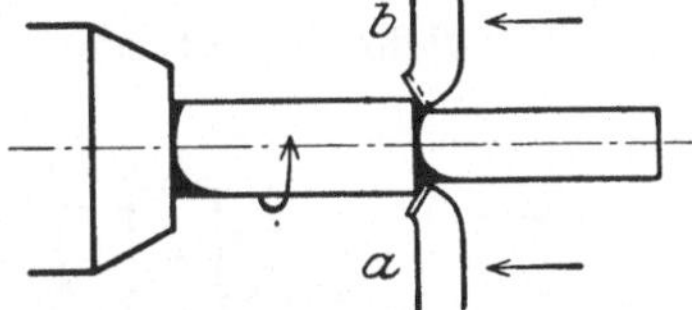

Fig. 48. Arbeitsstück: Rechtslauf schnell.   Fig. 49. Arbeitsstück: Linkslauf schnell.
Werkzeuge: vorn oben a, hinten unten b.   Werkzeuge: vorn unten a, hinten oben b.

stück hinter demselben befinden, müssen sie naturgemäß von unten schneiden (Fig. 49). Bei linkslaufendem Arbeitsstück ist es natürlich umgekehrt.

Da der Drehungssinn des Arbeitsstückes und die Stellung und Schnittrichtung der Werkzeuge eine wesentliche Rolle im Automatenbetrieb spielen, so seien hier für alle vorkommenden Fälle die auch in der Praxis meist üblichen Bezeichnungen festgelegt: Bei rechtslaufendem Arbeitsstück ist die Stellung und Schnittrichtung der Werkzeuge: vorne oben oder hinten unten, bei linkslaufendem Arbeitsstück dagegen: vorne unten oder hinten oben. Hierbei kennzeichnet das erste Wort z. B. „vorne" die Stellung des Werkzeuges zum Arbeitsstück, das zweite Wort z. B. „oben" die Lage der Schneide am Werkzeug.

Ob die Arbeitsspindel auch Linkslauf haben muß, hängt davon ab, ob und auf welche Weise auf dem Automaten Gewinde geschnitten werden soll.

In den Fig. 50—61 sind die vorkommenden Gewindeschneidoperationen dargestellt und es ist nachstehend erläutert, welche Geschwindigkeiten und welcher Drehungssinn für die verschiedenen Fälle für die Arbeitsspindel in Frage kommen.

1. Beim Drehen

ist nur ein (oder auch mehrere) Rechtsläufe erforderlich, und zwar schnell (d. h. mit Schnittgeschwindigkeit zum Drehen) (Fig. 48). Es ist immer möglich, die Werkzeuge wie in Fig. 48 zu stellen, so daß der in Fig. 49 dargestellte Fall für reine Drehoperationen wohl nie notwendig ist.

2. Beim Gewindeschneiden

sind die Fälle Fig. 50—61 möglich. In den Fällen Fig. 50—52 kommt man noch mit einem schnellen Rechtslauf der Spindel aus.

a) **Mit laufendem selbstöffnendem Schneidkopf:** Wenn sich die Arbeitsspindel schnell rechts dreht, so muß sich der Schneidkopf ebenfalls rechts drehen, aber etwas langsamer als die Arbeitsspindel (Fig. 50). Es entsteht dann zwischen Schneidkopf und Arbeitsspindel eine Relativbewegung im Sinne des punktierten Pfeiles. Der Schneidkopf schraubt sich mit Rechtsgewinde auf. Der

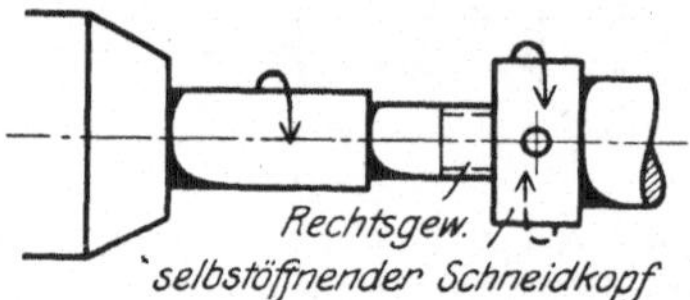

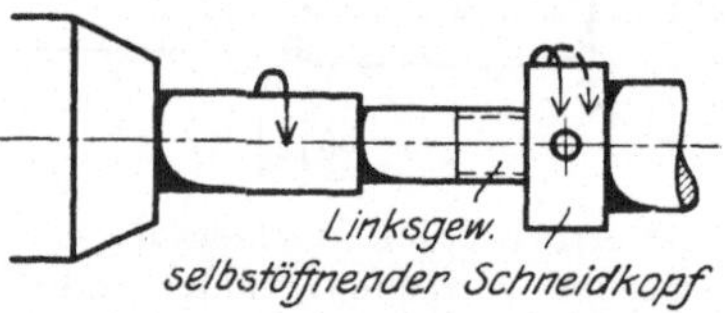

Fig. 50. Arbeitsstück: Rechtslauf schnell. Schneidkopf: Rechtslauf etwas langsamer.

Fig. 51. Arbeitsstück: Rechtslauf schnell. Schneidkopf: Rechtslauf etwas schneller.

Unterschied oder die Differenz der beiden Geschwindigkeiten ergibt die Schnittgeschwindigkeit beim Gewindeschneiden. Diese Art des Gewindeschneidens wird daher als **Differentialschneiden** oder **Schneiden mit Überholung** oder **Nacheilung** bezeichnet. Nach dem Öffnen des Schneidkopfes ist ein Ablaufen desselben und daher ein Linkslauf der Arbeitsspindel nicht erforderlich.

Dementsprechend ist beim Schneiden von Rechtsgewinde (Fig. 50) eine Nacheilung, beim Schneiden von Linksgewinde (Fig. 51) eine Überholung des Schneidkopfes erforderlich.

b) **Mit laufendem Schneideisen** oder Gewindebohrer läßt sich ebenfalls Gewinde schneiden mit nur schnellem Rechtslauf der Arbeitsspindel. Der Schneideisenhalter erhält jedoch zwei verschiedene Geschwindigkeiten. Beim Schneiden von Rechtsgewinde (Fig. 52) ist beim Vorlauf eine Nacheilung, beim Rücklauf eine Überholung des Schneideisens erforderlich. Beim Schneiden von Linksgewinde dagegen (Fig. 53) tritt beim Vorlauf eine Überholung, beim Rücklauf eine Nacheilung ein. In Fig. 54—55 läuft das Schneideisen beim Vorlauf mit Nacheilung, beim Rücklauf steht es still, während das Arbeitsstück entgegengesetzt rotiert. In Fig. 56—57 läuft das

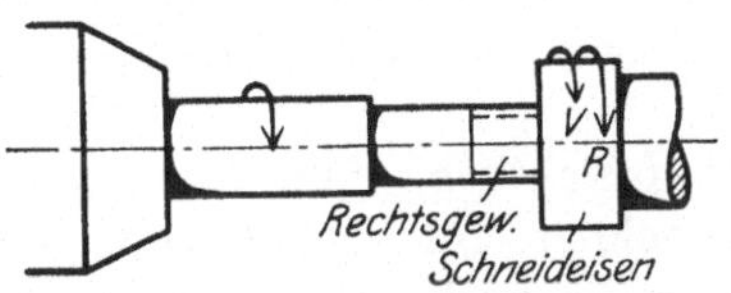

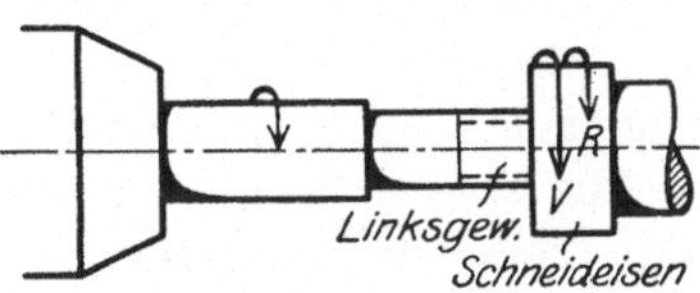

Fig. 52. Arbeitsstück: Rechtslauf schnell. Schneideisen: Rechtslauf etwas langsamer (Vorlauf), Rechtslauf etwas schneller (Rücklauf).

Fig. 53. Arbeitsstück: Rechtslauf schnell. Schneideisen: Rechtslauf etwas schneller (Vorlauf), Rechtslauf etwas langsamer (Rücklauf).

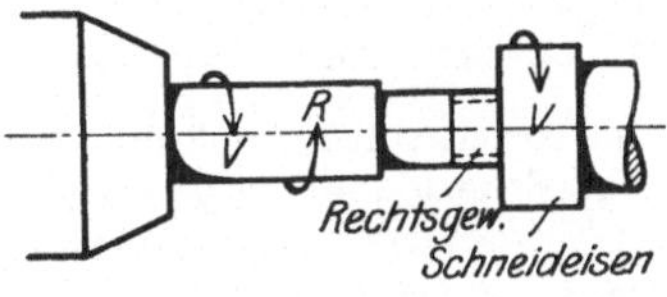

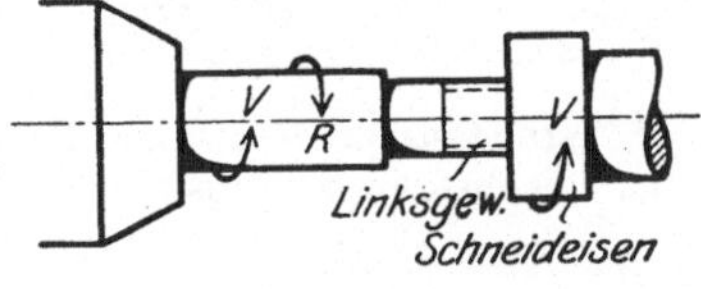

Fig. 54. Arbeitsstück: Rechtslauf schnell (Vorlauf), Linkslauf schnell (Rücklauf). Schneideisen: Rechtslauf etwas langsamer (Vorlauf), Rücklauf stillstehend.

Fig. 55. Arbeitsstück: Linkslauf schnell (Vorlauf), Rechtslauf schnell (Rücklauf). Schneideisen: Linkslauf etwas langsamer (Vorlauf), Rücklauf stillstehend.

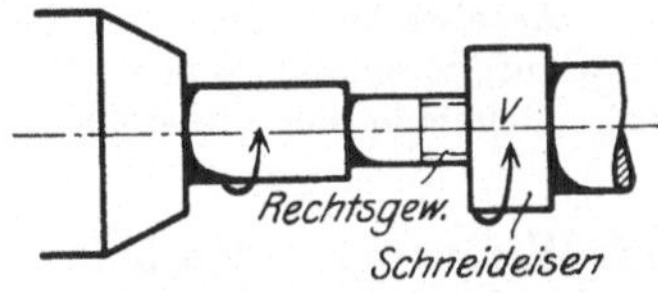

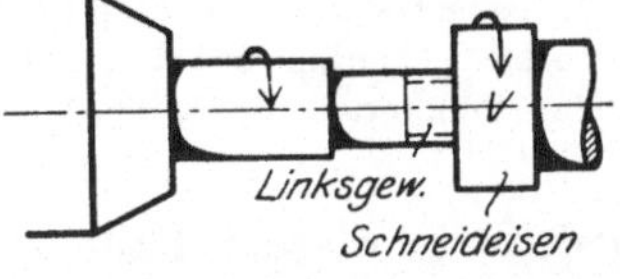

Fig. 56. Arbeitsstück: Linkslauf schnell. Schneideisen: Linkslauf etwas schneller (Vorlauf), Rücklauf stillstehend.

Fig. 57. Arbeitsstück: Rechtslauf schnell. Schneideisen: Rechtslauf etwas schneller (Vorlauf), Rücklauf stillstehend.

Schneideisen mit Überholung beim Vorlauf, beim Rücklauf steht es still, während das Arbeitsstück in gleicher Richtung weiterläuft.

Tritt zu dem schnellen Rechtslauf der Arbeitsspindel noch ein langsamer Rechtslauf derselben, so vereinfacht sich die Sache in bezug auf das Werkzeug. Dasselbe kann stillstehen.

c) **Mit stehendem selbstöffnendem Schneidkopf:** Die Arbeitsspindel läuft beim Schneiden von Rechtsgewinde mit langsamem Rechtslauf (Fig. 58), beim Schneiden von Linksgewinde mit langsamem Linkslauf (Fig. 59).

In letzterem Falle ist also außerdem ein langsamer Linkslauf erforderlich.

Hat die Spindel ferner noch einen schnellen Linkslauf, so läßt sich auch Gewinde mit feststehendem Schneideisen schneiden.

d) Mit stehendem Schneideisen: Die Arbeitsspindel erhält beim Schneiden von Rechtsgewinde: langsamen Rechtslauf beim Vorlauf und schnellen Linkslauf beim Rücklauf (Fig. 60), beim Schneiden von Linksgewinde: langsamen Linkslauf beim Vorlauf und schnellen Rechtslauf beim Rücklauf (Fig. 61).

Aus diesen möglichen Fällen ist ersichtlich, daß man, wenn nötig, zum Drehen und Gewindeschneiden mit einem schnellen Rechtslauf der Arbeitsspindel auskommt (Fig. 50—53). Bedingung

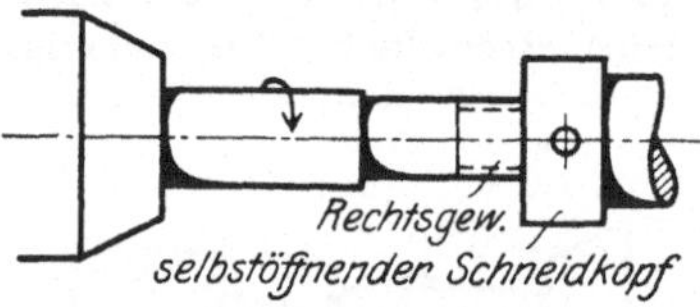

Fig. 58. Arbeitsstück: Rechtslauf langsam. Schneidkopf: stillstehend.

Fig. 59. Arbeitsstück: Linkslauf langsam. Schneidkopf: stillstehend.

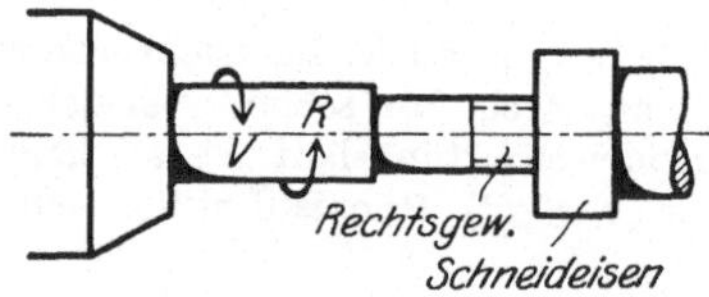

Fig. 60. Arbeitsstück: Rechtslauf langsam (Vorlauf), Linkslauf schnell (Rücklauf). Schneideisen: stillstehend.

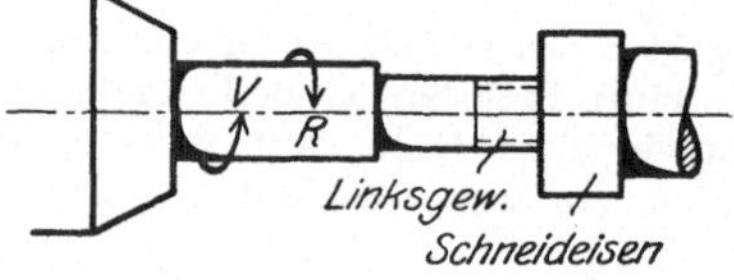

Fig. 61. Arbeitsstück: Linkslauf langsam (Vorlauf), Rechtslauf schnell (Rücklauf). Schneideisen: stillstehend.

ist jedoch in diesem Falle ein rotierendes Werkzeug, welches in der Regel in einem besonderen Gewindeschneidapparat befestigt ist. Diese Apparate sind in dem Kapitel „Sondereinrichtungen" behandelt. Normalerweise arbeiten aber die Automaten mit stillstehenden Werkzeugen (Fig. 58—61). Schaltet man die Fälle für Linksgewinde (Fig. 59 u. 61) aus, weil seltener vorkommend, so bleiben die Fälle für Rechtsgewinde (Fig. 58 u. 60). Für diese ist erforderlich ein langsamer Rechtslauf und ein schneller Linkslauf der Arbeitsspindel.

Um mit diesen beiden Geschwindigkeiten auszukommen, wird daher bei Automaten meistens mit linksschneidenden Drehwerkzeugen gearbeitet (Fig. 49) und es wird der schnelle Linkslauf zum Drehen und zum Gewinderücklauf, der langsame Rechtslauf zum Gewindevorlauf benutzt.

III. Das Schalten der Spindelgeschwindigkeiten.

Da der Automat selbsttätig arbeiten soll, so muß natürlich der Übergang von einer Geschwindigkeit zur anderen oder von einem Drehungssinn zum anderen selbsttätig erfolgen.

Dieser Übergang muß stoßfrei erfolgen, er wird daher entweder durch Verschiebung des Antriebriemens oder durch Reibungskupplungen bewirkt. Da er außerdem genau arbeiten muß, insbesondere beim Übergang vom Gewindevorlauf zum Rücklauf, weil davon die genaue Länge des Gewindes abhängt, so ist den Reibungskupplungen der Vorzug zu geben.

IV. Die Ausführung des Hauptantriebes.

1. Einspindlige Vollautomaten.

a) Mit einfachem Rechtslauf. Bei kleineren Maschinen (Stangenautomaten), bei denen der Materialdurchmesser nicht sehr verschieden ist, ist in der Regel nur ein schneller Rechtslauf der Arbeitsspindel erforderlich. Die Maschinen arbeiten mit rechtsschneidenden Drehwerkzeugen. Das Gewindeschneiden erfolgt mit rotierendem Werkzeug (Fig. 50—57) mittelst besonderer Apparate. So zeigt Fig. 62 den Antrieb einer selbsttätigen Fassondrehbank durch eine einfache Riemscheibe vom Deckenvorgelege. Eine Veränderung für verschiedene Arbeitsstücke und Materialien ist möglich durch eine auf dem Deckenvorgelege befindliche Stufenscheibe, welcher eine Stufenscheibe auf der Transmission entspricht. Diese Anordnung bedingt eine geteilte Ausführung der letzteren Stufenscheibe, auch ist eine Ausrückung des Deckenvorgeleges ohne Anwendung eines Zwischenvorgeleges nicht möglich. Weitgehender ist die Ausführung Fig. 63 durch Anwendung von drei Los- und Festscheiben auf dem Deckenvorgelege, oder die Anwendung einer Stufenscheibe mit Reibungskupplung (Fig. 64).

Ein Deckenvorgelege, bei welchem zwei verschiedene Geschwindigkeiten durch Räder und Reibungskupplung erzielt werden, ist in Fig. 65—66 dargestellt. Die Fest- und Losscheiben F und L werden von der Transmission oder von einem Elektromotor angetrieben. Von Welle I erfolgt die Übertragung durch Räder a, b auf Welle II und von dieser durch Räder $c—d$ und $e—f$ auf Welle III. Zwischen d und f sitzt eine Reibungskupplung. Alle Wellen und losen Scheiben laufen in Kugellagern und in Öl, da das ganze Gehäuse geschlossen ist. Die beiden Scheiben A, B treiben die Arbeitsspindel der Maschine. Den Deckenvorgelegen im allgemeinen soll

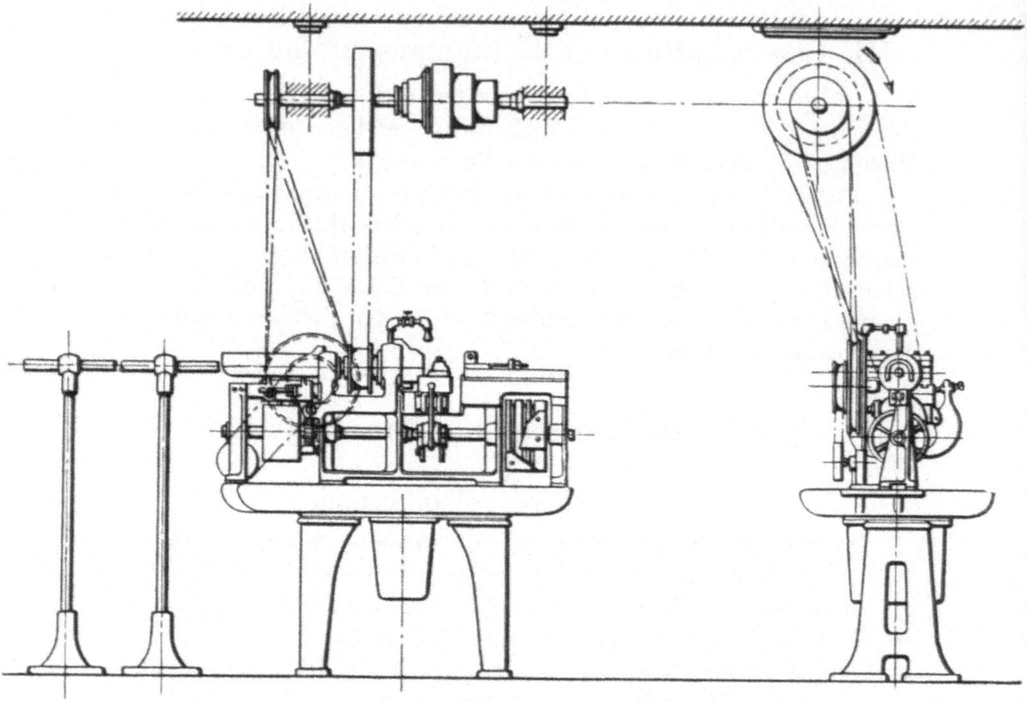

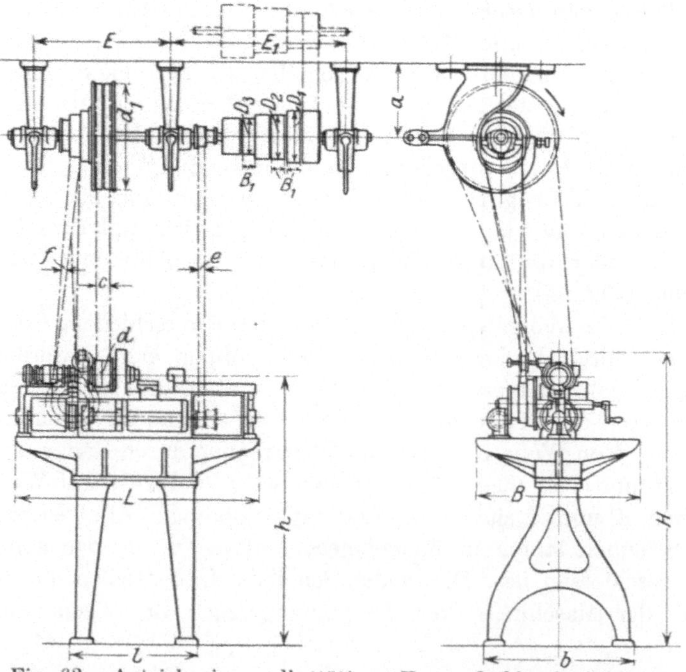

Fig. 62. Antrieb einer selbsttätigen Fassondrehbank (Loewe).

Fig. 63. Antrieb einer selbsttätigen Fassondrehbank (Pittler).

bei Automaten erhöhte Sorgfalt schon in der Konstruktion zugewendet werden. Es ist richtig, sie stets mit Kugellagern und kleinerem Durchmesser der Losscheibe zum Zwecke der Riemenentspannung auszuführen, wie z. B. in Fig. 67.

Bei größeren Spindelbohrungen für stärkeres Material ist die Ausführung am Platze, bei welcher die Arbeitsspindel durch eine Stufenscheibe mit Rädervorgelege angetrieben wird. Hierdurch wird gleichzeitig eine Erhöhung der Durchzugskraft des Antriebes erreicht.

Ein mehrfach veränderlicher Rechtslauf wird ebenfalls erzielt durch die Anbringung einer Stufenscheibe direkt auf der Arbeitsspindel (Fig. 11).

Bei dem Fay-Automaten, bei welchem eine große Anzahl von Stählen gleichzeitig schneiden, erfolgt der Antrieb zur Erzielung der

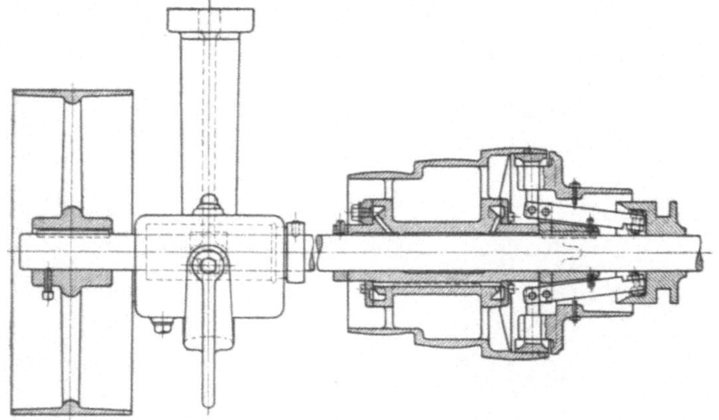

Fig. 64. Antriebsstufenscheibe mit Reibungskupplung.

erforderlichen Durchzugskraft durch eine schnellaufende Stufenscheibe und ein Schneckengetriebe (Fig. 38).

Ein Schalten der Geschwindigkeit während des Arbeitens ist bei den vorstehend beschriebenen Antrieben nicht möglich.

b) Mit mehrfachem Rechtslauf oder mit Rechts- und Linkslauf. α) Schaltung durch Riemenverschiebung. Sind die Drehdurchmesser eines Arbeitsstückes schon wesentlich verschieden, so sind mehrere während des Arbeitens schaltbare Rechtsläufe erforderlich zur Erzielung der passenden Schnittgeschwindigkeit. Soll ferner mit feststehenden Gewindewerkzeugen gearbeitet werden, so muß auch der Drehungssinn des Antriebes selbsttätig während des Arbeitens geschaltet werden können. Eine sehr einfache Schaltung des Rechtslaufes erfolgt durch die Verschiebung des Antriebriemens auf einer konischen Trommel (Fig. 19). Zwei gleiche Geschwindigkeiten können

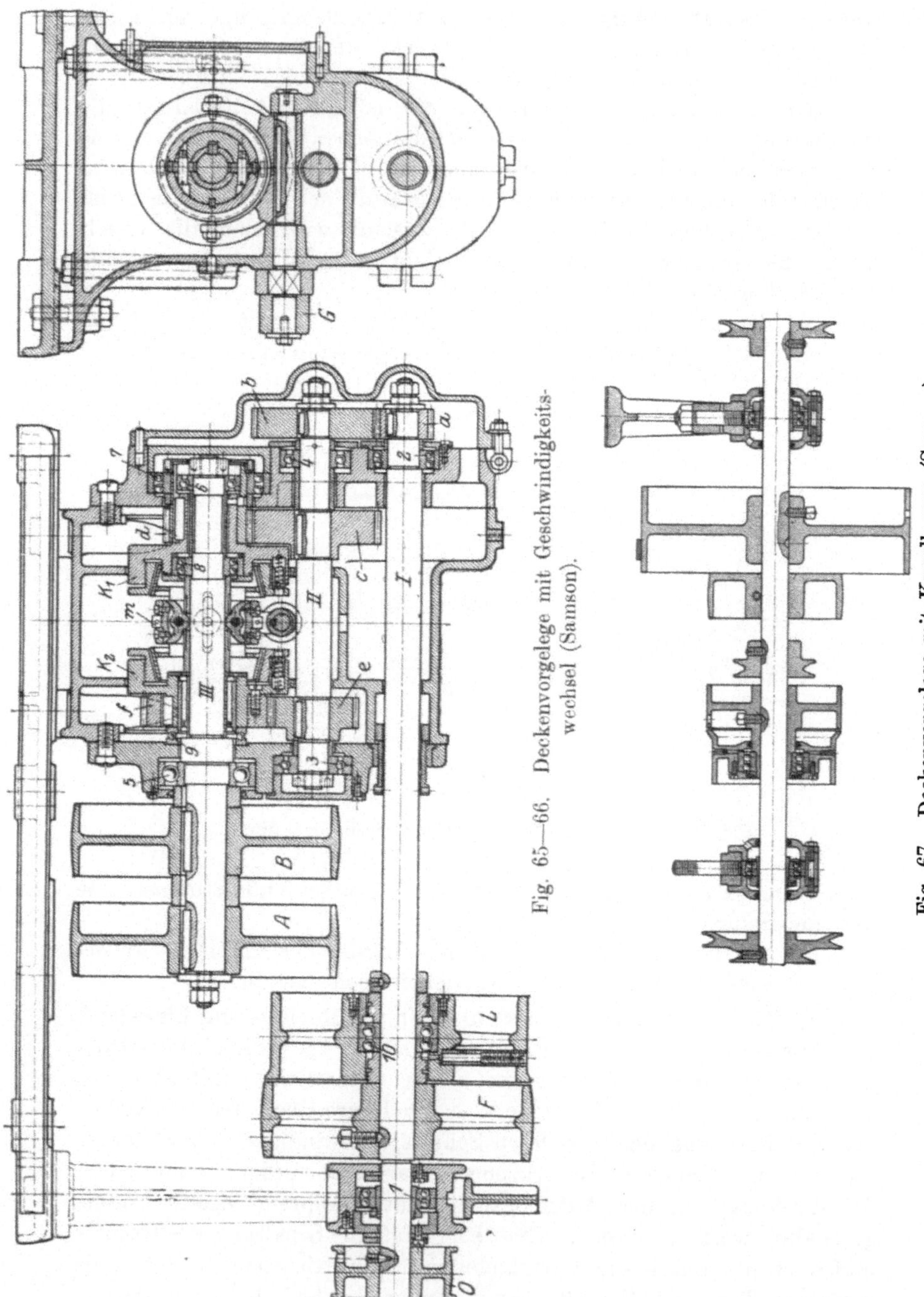

Fig. 65—66. Deckenvorgelege mit Geschwindigkeitswechsel (Samson).

Fig. 67. Deckenvorgelege mit Kugellagern (Samson).

geschaltet werden durch die Anordnung einer festen und zwei doppelt-breiten losen Riemscheiben nach Fig. 7. Es sind dazu zwei Riemen, von denen der eine offen und der andere gekreuzt laufen, und zwei von der Steuerwelle geschaltete Riemgabeln erforderlich. Die beiden Geschwindigkeiten sind gleich für Rechts- und Linkslauf. Werden die Riemscheiben getrennt angeordnet, wie in Fig. 20, so können zwei verschiedene Geschwindigkeiten erzielt werden, die entweder beide für Rechtslauf, oder die eine für Rechts-, die andere für Linkslauf benutzt werden können.

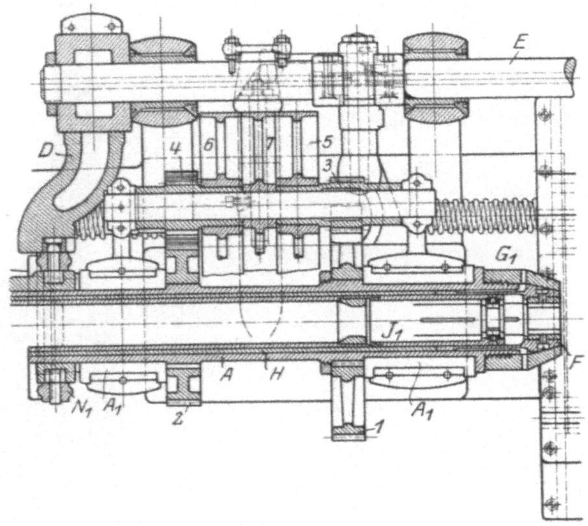

Fig. 68. Antrieb beim Cleveland-System.

Konstruktiver durchgearbeitet ist der Antrieb und die Riemen-schaltung des Cleveland-Systems (Fig. 12). Auf der Arbeitsspindel sitzen zwei Stirnräder (Fig. 68) 1, 2 von verschiedener Größe, welche angetrieben werden durch zwei auf einer Vorgelegewelle sitzende Räder 3, 4, und zwar 1 von 3 direkt mit Rechtslauf und 2 von 4 über ein Zwischenrad mit Linkslauf. Mit 3 ist fest verbunden die Riemscheibe 5, mit 4 die Riemscheibe 6, während die Riemscheibe 7 lose auf der Welle läuft. Vom Deckenvorgelege treibt nur ein Riemen entweder über Scheibe 5, Rad 3 auf Rad 1 oder über Scheibe 6, Rad 4, Zwischenrad, auf Rad 2. Die Verschiebung des Riemens erfolgt durch eine Riemgabel 8 (Fig. 69) auf folgende Weise: Auf der Steuerwelle sitzen die Nocken 9, welche abwechselnd zu-nächst die Federbolzen D (Fig. 70) spannen und durch die festen Bolzen C die Gabel drehen. Dabei hebt sich der Federbolzen A

aus der Rastenplatte *B* und schnappt nach erfolgter Drehung in die nächste Raste ein. Durch diese Anordnung wird also ein langsamer Rechtslauf und ein schneller Linkslauf der Arbeitsspindel geschaltet. Läuft der Riemen auf der mittleren Scheibe 7, so steht die Arbeitsspindel still (Fig. 68).

Zum Schneiden von Gewinde mit größerem Durchmesser und starker Steigung ist häufig die Anwendung eines zweiten noch langsameren Rechtslaufes erwünscht. Eine

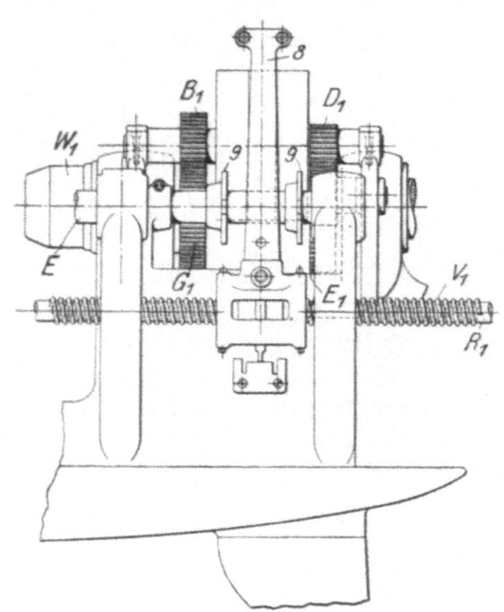

Fig. 69. Riemenschaltung beim Cleveland-System.

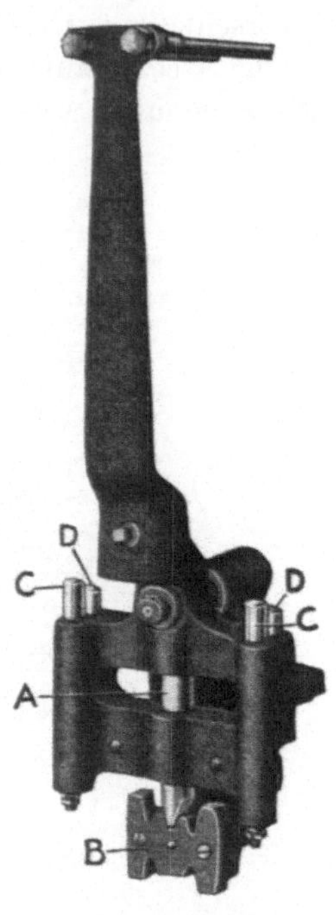

Fig. 70. Riemgabel beim Cleveland-System.

Lösung dieser Aufgabe zeigt Fig. 71. In die mittlere Scheibe 7 ist ein Umlaufgetriebe eingebaut. Von den beiden Zentralrädern ist Rad 10 fest mit Rad 3 verbunden, während Rad 11 lose auf der Welle 12 läuft. Die Umlaufräder 13, 14 sind in der Scheibe 7 gelagert. Wenn der Riemen auf 5 läuft, erfolgt der normale langsame Rechtslauf, wenn der Riemen auf 6 läuft der schnelle Linkslauf der Arbeitsspindel. In diesen beiden Fällen läuft das Umlaufgetriebe einflußlos mit, da die Scheibe 7 durch die Bremsbolzen 15 von Scheibe 5 mitgenommen wird. Die fest auf Welle 12 sitzende Kupplung 16 wird durch einen Bolzen 17 nach links geschoben, und zwar von einer auf der Steuerwelle sitzenden Kurvenscheibe 18.

Soll das Umlaufgetriebe in Tätigkeit treten, so wird der Riemen auf Scheibe 7 geschaltet. Gleichzeitig wird infolge eines Ausschnittes in der Kurvenscheibe der Bolzen 17 frei und dadurch die Kupplung 16 mittelst einer Spiralfeder 19 nach rechts in das Rad 11

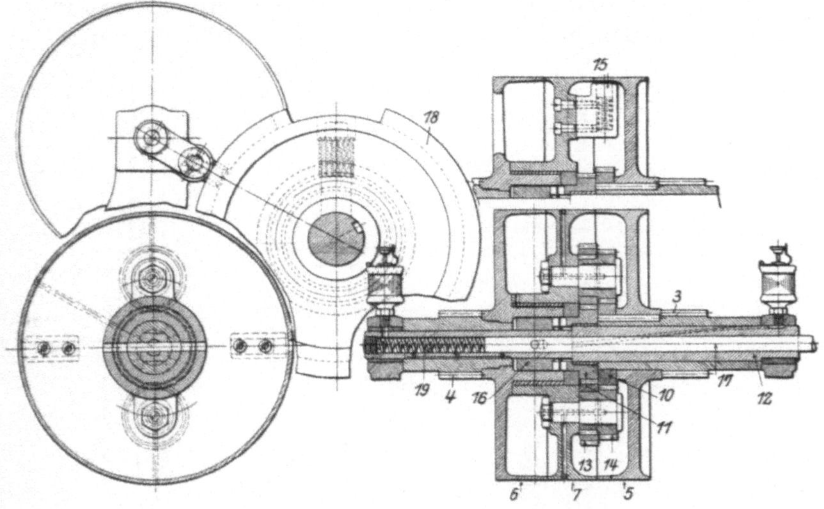

Fig. 71. Antrieb durch Umlaufgetriebe.

geschoben. Dasselbe wirkt jetzt als feststehendes Zentralrad, auf welchem die Räder 13 abrollen und durch die Räder 14 dem Rad 10 und damit über die Räder 3, 1 der Arbeitsspindeln eine ganz langsamen Rechtslauf erteilen. Unter Benutzung dieser Einrichtung,

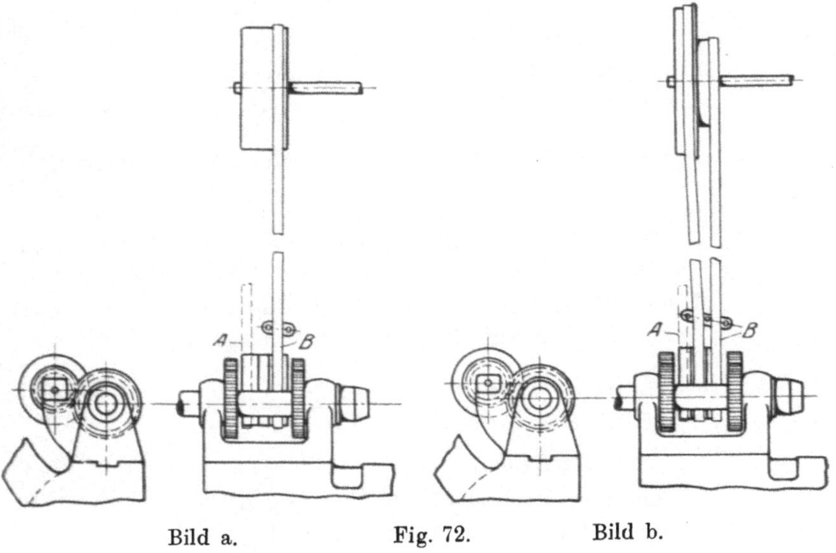

Bild a.   Fig. 72.   Bild b.

sowie verschiedener Riemen, Riemgabeln und Scheiben auf dem Deckenvorgelege lassen sich die mannigfachsten Kombinationen für die Spindelgeschwindigkeiten entsprechend den verschiedenen zu bearbeitenden Teilen und Materialien ausführen (siehe Fig. 72).

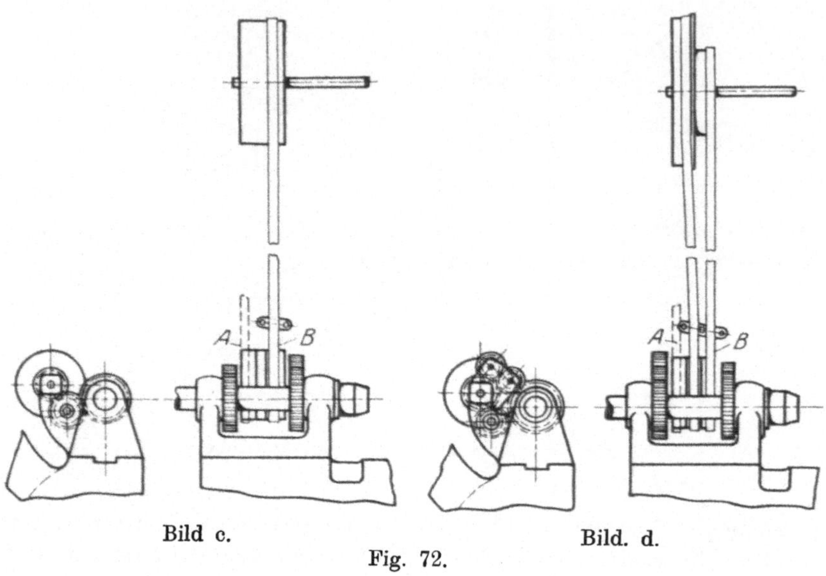

Fig. 72.

Bild a: 1 Riemen, 2 Rädervorgelege ohne Zwischenrad.

Es ist möglich:

1 langsamer Rechtslauf, Riemen auf *B*
1 schneller Rechtslauf, Riemen auf *A*.

Bild b: 2 Riemen, 2 Rädervorgelege ohne Zwischenrad.

Es ist möglich:

1 langsamer Rechtslauf, Riemen auf *B* und Mittelscheibe,
1 schneller Rechtslauf, Riemen auf *A* und Mittelscheibe.
(Die Geschwindigkeitsgrenzen sind durch verschieden große
Scheiben auf dem Deckenvorgelege erweitert).

Bild c: 1 Riemen, 1 Rädervorgelege ohne Zwischenrad,
1 Rädervorgelege mit Zwischenrad.

Es ist möglich:

1 langsamer Rechtslauf, Riemen auf *B*,
1 schneller Linkslauf, Riemen auf *A*.

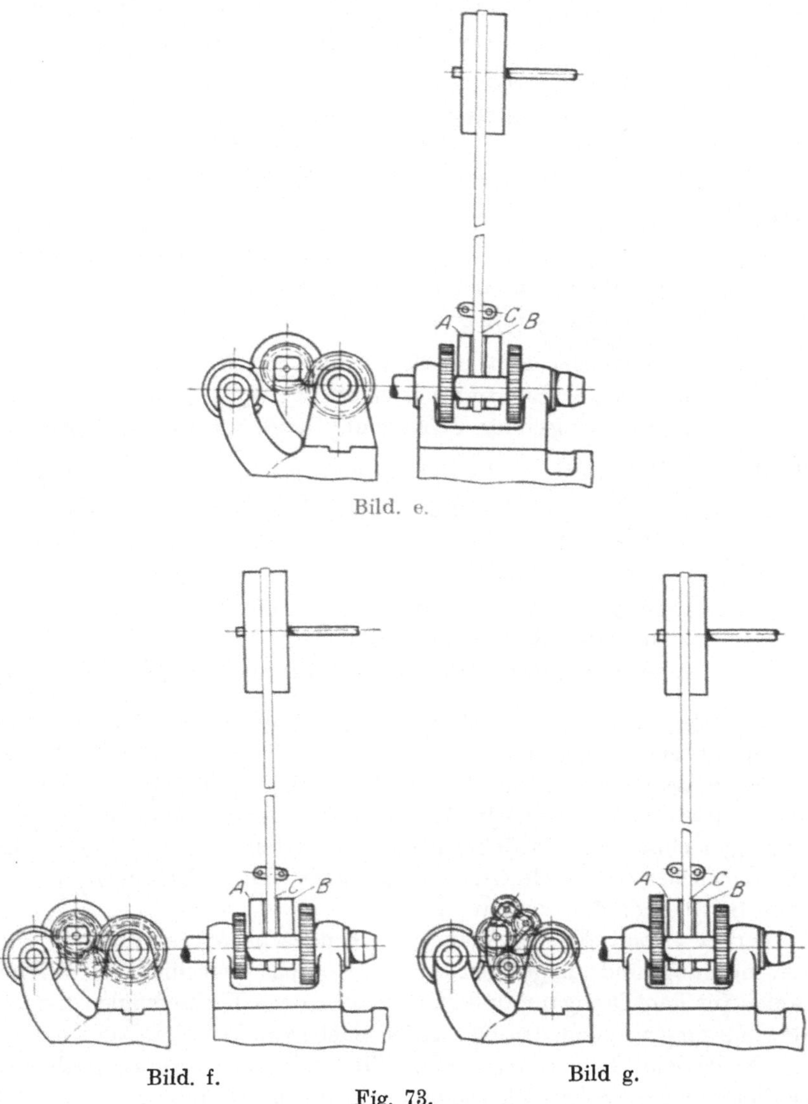

Fig. 73.

Bild d: 2 Riemen, 1 Rädervorgelege ohne Zwischenrad, 1 Rädervorgelege mit Wendeherz.

Es ist möglich:

1 langsamer Rechtslauf, Riemen auf B und Mittelscheibe,
1 schneller Rechts- oder Linkslauf, Riemen auf A und Mittelscheibe.

Bild e: 1 Riemen, 2 Rädervorgelege ohne Zwischenrad,
1 Umlaufgetriebe in der Mittelscheibe (Fig. 71).

Es ist möglich:

1 langsamer Rechtslauf, Riemen auf B,
1 schneller Rechtslauf, Riemen auf A,
1 ganz langsamer Rechtslauf, Riemen auf Mittelscheibe C,

Bild f: 1 Riemen, 1 Rädervorgelege ohne Zwischenrad.
1 Rädervorgelege mit Zwischenrad, 1 Umlaufgetriebe in der Mittelscheibe.

Es ist möglich:

1 langsamer Rechtslauf, Riemen auf B,
1 schneller Linkslauf, Riemen auf A,
1 ganz langsamer Rechtslauf, Riemen auf Mittelscheibe C,

Bild g: 1 Riemen, 1 Rädervorgelege ohne Zwischenrad,
1 Rädervorgelege mit Wendeherz, 1 Umlaufgetriebe in der Mittelscheibe.

Es ist möglich:

1 langsamer Rechtslauf, Riemen auf B,
1 schneller Rechts- oder Linkslauf, Riemen auf A,
1 ganz langsamer Rechtslauf, Riemen auf Mittelscheibe C.

β) Schaltung durch Kupplung. Eine neuere Konstruktion
dieses Systems, bei der vor allen Dingen die verschiedenen Riemen
fortfallen, zeigen Fig. 74 u. 75. Das Wesentliche dabei ist, daß sowohl
der Antrieb der Arbeitsspindel, als auch der Vorschubantrieb von
einer gemeinsamen Antriebsscheibe aus erfolgt; der Antrieb wird
übersichtlicher und einfacher und gestattet, den elektrischen Antrieb
ohne Schwierigkeiten anzuwenden.

Ferner erfolgt der Drehgang der Arbeitsspindel unabhängig vom
Gewindegang und umgekehrt. Es sind sechs verschiedene Umlauf-
zahlen für den Drehgang und fünf verschiedene Umlaufzahlen für den
Gewindegang in geometrischer Reihe nacheinander schaltbar.

Nach dem Getriebeschema Fig. 76 erfolgt der Hauptantrieb vom
Deckenvorgelege oder Elektromotor aus auf die Hauptantriebscheibe 2
der Welle 1. Auf der Welle 1 sind fliegend gelagert die Antriebscheiben 3
und 4. Scheibe 3 vermittelt den Antrieb des Gewindeganges, während
von der Stufenscheibe 4 der Drehgang eingeleitet wird.

Von Stufenscheibe 4 erfolgt der Antrieb mittels Riemen auf
Stufenscheibe 5, die im Fuß des Gestelles fliegend auf der Fußwelle 6
gelagert ist. Auf dieser Welle ist ferner das Stirnrad 7 angeordnet,
das auf Stirnrad 8 treibt. Die beiden Räder 7 und 8 können vertauscht
werden, so daß eine Verdoppelung der Umlaufzahlen erreicht wird.

Mit Stirnrad 8 sitzt auf Welle 9 die Riemenscheibe 10. Von Scheibe 10 erfolgt der Antrieb auf Scheibe 11 auf der Drehspindel 12.

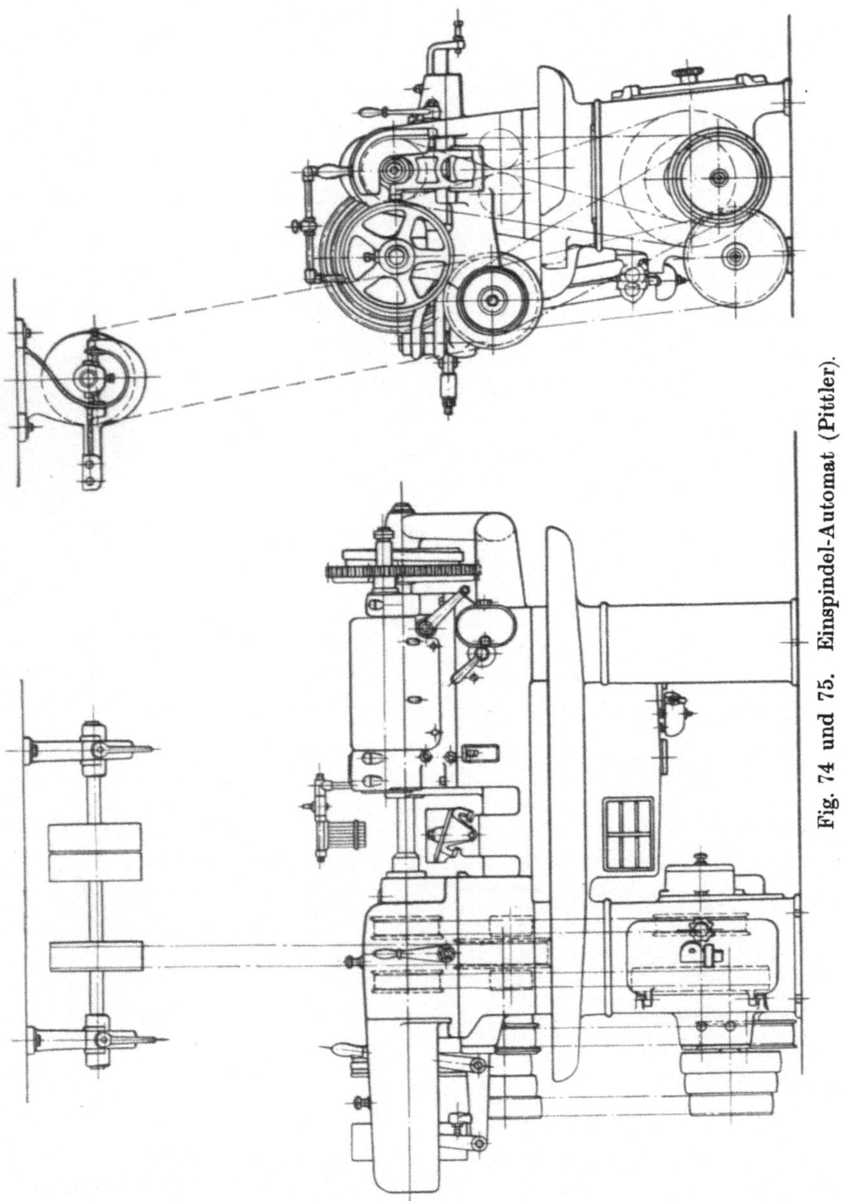

Fig. 74 und 75. Einspindel-Automat (Pittler).

Der Antrieb des Gewindeganges erfolgt von Riemenscheibe 3 auf Riemenscheibe 13 auf Welle 14. Von hier geht der Antrieb über die

Zwischenräder 15, 16, 17, 18 auf die Wechselräder 19 und 20, die viermal umgewechselt werden können. Wechselrad 20 ist auf der Fußwelle 21 angeordnet, auf der die Riemenscheibe 22 fliegend gelagert ist, von der

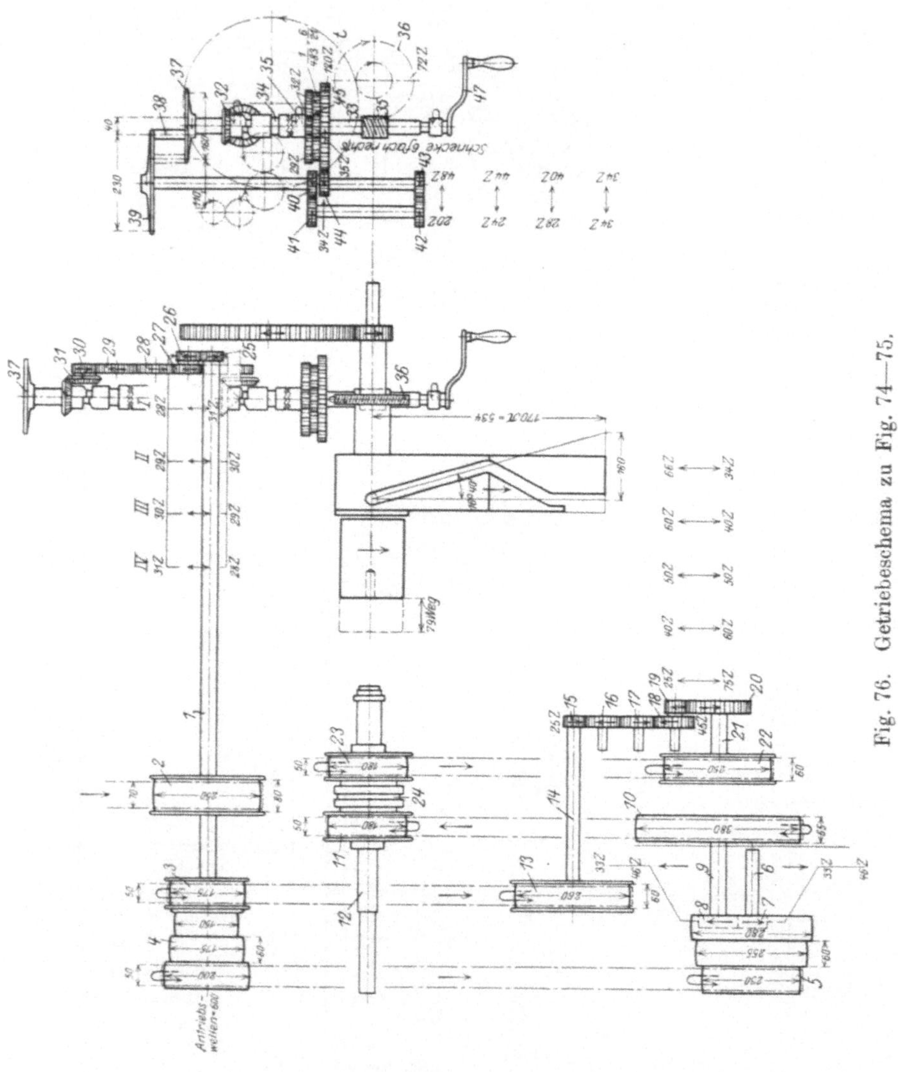

Fig. 76. Getriebeschema zu Fig. 74—75.

der Antrieb mittels Riemen auf Scheibe 23 erfolgt. Die Scheiben 11 und 23 sind als Doppel-Kegelreibkupplungen ausgebildet und können wechselseitig mit der Kupplungsmuffe 24 in Eingriff gebracht werden. Die Betätigung der Muffe 24 erfolgt selbsttätig durch Nocken. Zur

Spannung der beiden Antriebsriemen für den Dreh- und Gewindegang sind Spannrollen 49 und 50 angeordnet.

Die einzelnen Umläufe der Antriebsspindel beim Drehgang und Gewindegang sind aus folgenden Tabellen zu ersehen.

Umläufe der Arbeitsspindel für Drehgang.

$$n_1 = \frac{600 \cdot 150 \cdot 33 \cdot 380}{280 \cdot 46 \cdot 180} = 490; \quad \text{Wechselräder } 33:46$$

$$n_2 = \frac{600 \cdot 175 \cdot 33 \cdot 380}{255 \cdot 46 \cdot 180} = 625; \quad \text{\textquotedblright} \quad 33:46$$

$$n_3 = \frac{600 \cdot 200 \cdot 33 \cdot 380}{230 \cdot 46 \cdot 180} = 790; \quad \text{\textquotedblright} \quad 33:46$$

$$n_4 = \frac{600 \cdot 150 \cdot 46 \cdot 380}{280 \cdot 33 \cdot 180} = 950; \quad \text{\textquotedblright} \quad 46:33$$

$$n_5 = \frac{600 \cdot 175 \cdot 46 \cdot 380}{255 \cdot 33 \cdot 180} = 1210; \quad \text{\textquotedblright} \quad 46:33$$

$$n_6 = \frac{600 \cdot 200 \cdot 46 \cdot 380}{230 \cdot 33 \cdot 180} = 1530; \quad \text{\textquotedblright} \quad 46:33$$

Umläufe der Arbeitsspindel für Gewindeschneiden.

$$n_1 = \frac{600 \cdot 175 \cdot 25 \cdot 25 \cdot 250}{260 \cdot 45 \cdot 75 \cdot 180} = 104; \quad \text{Wechselräder } 25:75$$

$$n_2 = \frac{600 \cdot 175 \cdot 25 \cdot 40 \cdot 250}{260 \cdot 45 \cdot 60 \cdot 180} = 208; \quad \text{\textquotedblright} \quad 40:60$$

$$n_3 = \frac{600 \cdot 175 \cdot 25 \cdot 50 \cdot 250}{260 \cdot 45 \cdot 50 \cdot 180} = 312; \quad \text{\textquotedblright} \quad 50:50$$

$$n_4 = \frac{600 \cdot 175 \cdot 25 \cdot 60 \cdot 250}{260 \cdot 45 \cdot 40 \cdot 180} = 466; \quad \text{\textquotedblright} \quad 60:40$$

$$n_5 = \frac{600 \cdot 175 \cdot 25 \cdot 66 \cdot 250}{260 \cdot 45 \cdot 34 \cdot 180} = 604; \quad \text{\textquotedblright} \quad 66:34$$

Bei der in Fig. 77 dargestellten selbsttätigen Revolverbank erfolgt die Schaltung ebenfalls durch Reibungskupplung.

Der Antrieb erfolgt durch zwei auf der Arbeitsspindel lose laufende Riemscheiben, denen zwei Riemscheiben von verschiedenem Durchmesser auf dem Deckenvorgelege entsprechen. Die Scheiben haben verschiedene Durchmesser zur Erzielung verschiedener Spindelgeschwindigkeiten. Für zwei Rechtsläufe laufen beide Riemen offen, soll außerdem ein Linkslauf erzielt werden, so läuft der eine Riemen gekreuzt. Der Antrieb ist in Fig. 78—80 im Schnitt dargestellt. Zwischen den beiden Riemscheiben a und b befindet sich fest auf der Arbeitsspindel eine Kupplung mit zwei Reibkegeln, welche in bekannter Weise durch Verschiebung einer Muffe über zwei Spannhebel in a oder b ein- und ausgerückt wird. Die Verschiebung der Muffe erfolgt durch einen Hebel h von der

Steuerwelle aus, indem die Nocken b_1, welche auf der Scheibe B einstellbar sind, auf eine Rolle c_1 des Hebels h wirken. Diese Anordnung gewährleistet ein stoßfreies und ziemlich genaues Schalten,

Fig. 77. Selbsttätige Revolverdrehbank (Loewe).

was insbesondere bei dem Übergang vom Gewindevorlauf (langsam rechts) zum Rücklauf (schnell links) von Wichtigkeit ist. Durch zwei neben den Riemscheiben befindliche Muttern kann ein Verschleiß der Spannhebel und Kegelflächen der Kupplung ausgeglichen werden.

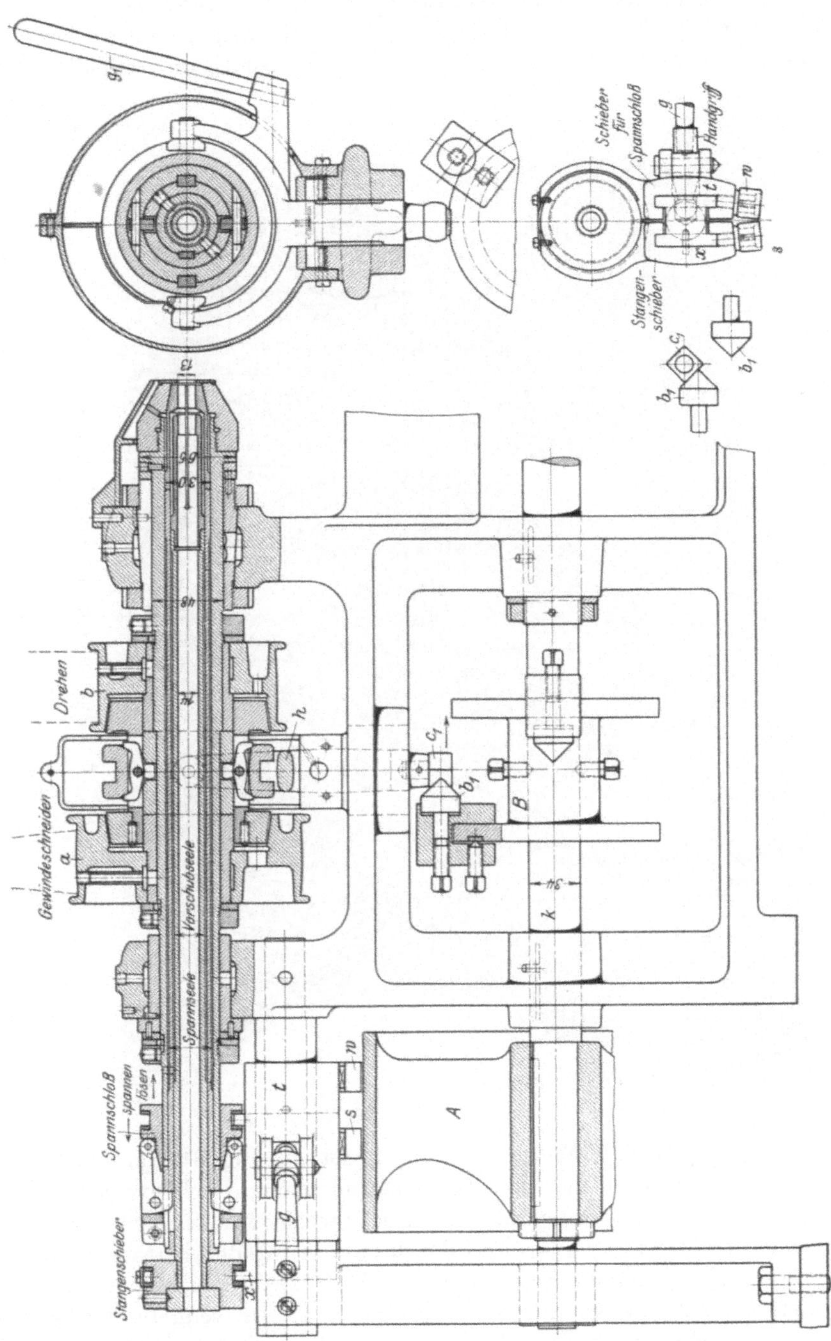

Fig. 78—80. Schnitt durch den Spindelstock der Maschine Fig. 77 (Loewe).

Die Veränderlichkeit der Geschwindigkeit für verschiedene Arbeitsstücke und Materialien wird durch eine Stufenscheibe auf dem Deckenvorgelege und eine Gegenscheibe auf der Transmission ermöglicht.

Fig. 81. Aufsicht auf die Maschine Fig. 6 (Loewe).

Der Antrieb der Maschine (Fig. 6) ist in Fig. 81 dargestellt
Derselbe erfolgt durch dreifache Stufenscheiben vom Deckenvorgelege
auf eine hinter der Arbeitsspindel liegende Vorgelegewelle. Von dieser
Vorgelegewelle erfolgt der Antrieb durch zwei Stirnräderübersetzungen
auf die Arbeitsspindel. Der langsame Rechtsgang zum Gewindeschneiden wird bewirkt durch die Räder 3, 4, der schnelle Linksgang zum Drehen und Gewinderücklauf durch die Räder 5, 6 unter

Vermittelung eines Zwischenrades. Zwischen den Rädern 4 und 6 liegt eine Reibungskupplung 2, welche von der Steuerwelle 14 aus durch die Anschläge 7 betätigt wird.

γ) **Einscheibenantrieb.** Ein ähnlicher Antrieb ist in Fig. 82 gezeigt. Der Riemen treibt eine auf der Vorgelegewelle 99 sitzende Einscheibe 75, wodurch die Welle eine stets gleichbleibende Geschwindigkeit erhält und wodurch ferner ein einfacher Elektromotor zum Antrieb benutzt werden kann. Die Welle 99 treibt durch

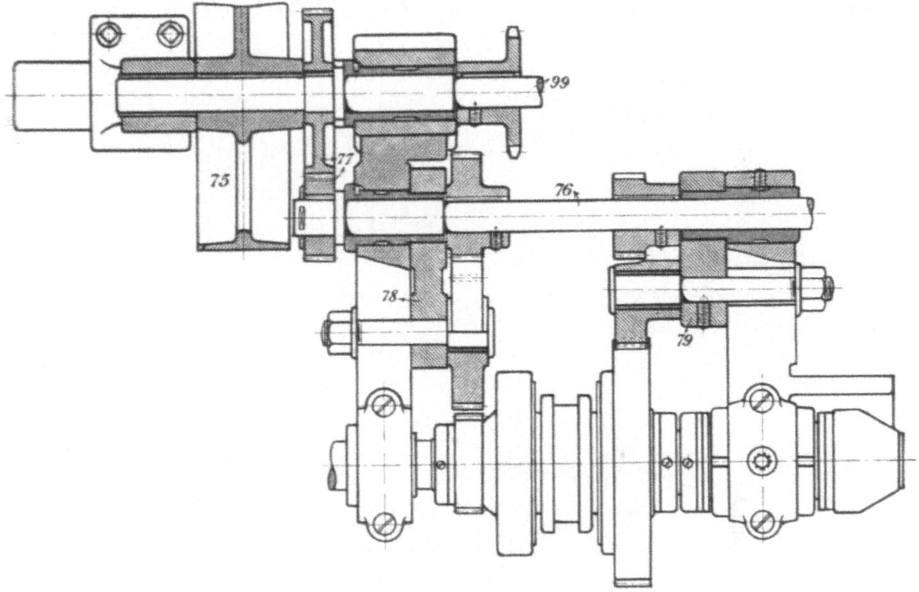

Fig. 82. Einscheibenantrieb (Loewe).

auswechselbare Stirnräder 77 die Welle 76. Die Räder 77 ersetzen die Stufenscheibe und ermöglichen verschiedene Geschwindigkeiten für verschiedene Arbeitsstücke und Materialien. Von der Welle 76 wird der Antrieb durch 2 Stirnräderübersetzungen auf die Arbeitsspindel geleitet. Die Stirnräder sind in den Räderschwingen 78, 79 gelagert, ähnlich dem sog. Wendeherz bei Drehbänken. Man kann also mittelst derselben der Arbeitsspindel 4 verschiedene Geschwindigkeiten, je 2 für Rechts- und Linkslauf erteilen. Zwischen den Rädern auf der Arbeitsspindel sitzt eine Reibungskupplung, welche in gleicher Weise, wie weiter oben beschrieben, betätigt wird.

Einen ebenfalls konstanten **Antrieb** durch **Einscheibe** besitzt der in Fig. 8 dargestellte Brown & Sharpe-Automat. Die Antriebscheibe A (Fig. 83) läuft lose auf Kugellagern auf der Vorgelegewelle G. Sie kann durch eine Reibungskupplung W mittelst des Gabelhebels Y mit dem Stirnrad B verbunden werden. Diese Kupplung ermöglicht mithin jederzeit ein stoßfreies Ein- und Ausrücken der ganzen Maschine. Das Stirnrad B treibt in eingerücktem Zustande das Stirnrad C und damit die Welle D. Von Welle D aus wird die Welle G angetrieben und zwar durch die auswechselbaren Räder E, F mit 6 verschiedenen Geschwindigkeiten. Diese Räder ermöglichen also den Geschwindigkeitsausgleich für verschiedene Arbeitsstücke und Materialien. Auf Welle G sitzt fest die Reibungskupplung U

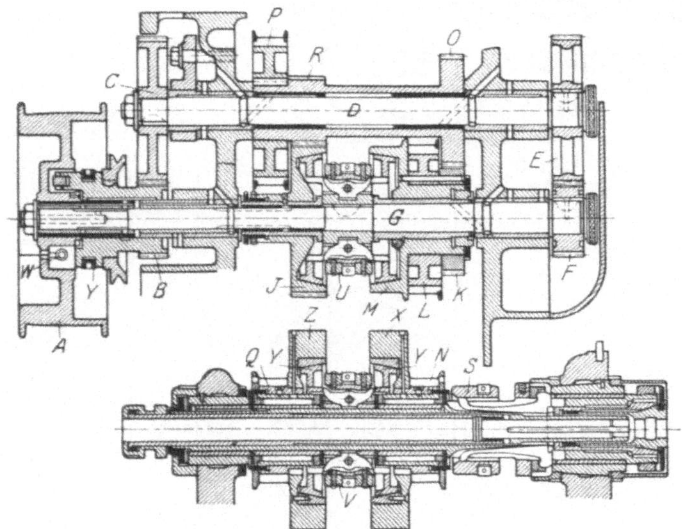

Fig. 83 u. 84. Einscheibenantrieb des Automaten (Fig. 8).

mit den beiden Kupplungskegeln. Die Kupplung kann eingerückt werden wechselseitig in die beiden Räder J und K. Das Rad J treibt das Rad R und das Rad K treibt das Rad O. Die beiden Räder R, O bilden eine gemeinsame, lose auf der Welle D laufende Hülse. Fest auf dieser Hülse sitzt das Kettenrad P. Mit dem Rad K ist das Kettenrad L fest verbunden.

Es ist aus dieser Anordnung ersichtlich, daß sich die beiden Kettenräder P, L in entgegengesetzter Richtung drehen und zwar langsam, d. h. mit der Geschwindigkeit der Welle G, wenn die Kupplung U in Rad K eingerückt ist, da die beiden Räder K, O gleich groß sind. Ist dagegen U in J eingerückt, so drehen sich die Kettenräder schnell im Übersetzungsverhältnis der Räder J, R.

Auf der Arbeitsspindel laufen lose auf Kugellagern die beiden Kettenräder Q, N, sie können wechselseitig durch die Reibungskupplung V mit der Arbeitsspindel gekuppelt werden. Um die Übertragungsketten zu entlasten und die Umschaltung bei der hohen Umdrehungsgeschwindigkeit der Arbeitsspindel stoßfrei zu gestalten, sind die Kettenräder Q, N mit Schwungscheiben X, Z versehen. Es ergibt sich aus dieser Anordnung, daß die Arbeitsspindel 4 verschiedene Geschwindigkeiten erhält, je 2 links und rechts. Die Kupplung U dient zum Schalten der Geschwindigkeit (schnell oder langsam), die Kupplung V zum Schalten des Drehungssinnes (rechts oder links). Beide Kupplungen werden während des Arbeitens selbsttätig gesteuert, durch Hebel und Anschläge von der Steuerwelle aus und zwar in folgender Weise.

Der Automat von Brown & Sharpe hat eine Steuerwelle und eine Hilfssteuerwelle. Auf der Steuerwelle A (Fig. 85) sitzt die Kurvenscheibe B, auf welcher die Knaggen C einstellbar sind. Diese Knaggen berühren den Daumen D auf dem Hebel E, dessen hinteres Ende die Schraube F trägt; ihre zylindrische Spitze tritt in eine Kurvennut der Kupplung G, die lose auf der Hilfssteuerwelle H sitzt. Wenn der Zapfen F durch den Knaggen C aus der Nut gehoben wird, so drückt die Feder N die Kupplung G in eine fest auf der Welle H sitzende Gegenkupplung. Die Kupplung G dreht sich und zwar so lange, bis eine schräge Stirnfläche der Nute in G an dem inzwischen wieder eingefallenen Stift F gleitet. Ist dies der Fall, so wird infolge dieser schrägen Fläche die Kupplung G wieder ausgerückt und zwar nach einer halben Umdrehung. Auf G sitzt fest die Kurve P. Diese gelangt in Berührung mit der Rolle Q am Ende des Hebels K. Dadurch wird K verschoben bzw. gedreht und schaltet die Kupplung V auf der Arbeitsspindel (Fig. 84). Eine gleiche Einrichtung ist für die Schaltung der Kupplung U vorhanden. Da die Welle H im Mittel 120 Umdrehungen in der Minute macht, so dauert eine halbe Umdrehung und damit die ganze Schaltung nur $^1/_4$ Sekunde. Diese schnellen Schaltungen sind ein besonderes Kennzeichen des Brown & Sharpe-Automaten. Es kann der Fall

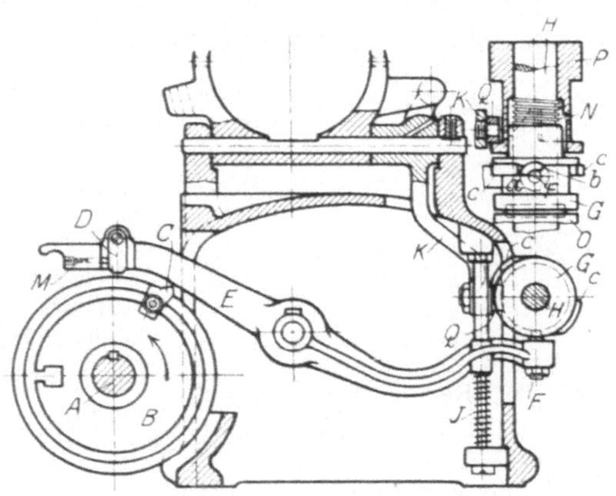

Fig. 85. Schaltung des Automaten (Fig. 8).

eintreten, daß bei einer bestimmten Operation die Welle A und damit die Scheibe B nicht schnell genug läuft und den Daumen D nicht freigibt, wenn die Kupplung G eine halbe Umdrehung gemacht hat. Der Stift F würde also nicht früh genug in die Nute von G einfallen können. Um dies zu vermeiden, ist der Daumen D drehbar befestigt. Er wird zunächst durch die Knagge C nach links gedreht, bis er anliegt, da die starke Feder J ein Heben des Hebels E verhindert. Liegt D links an, so erfolgt die Hebung von E und der Beginn der Drehung der Kupplung G. An letzterer befindet sich eine Kurve C, welche den Stift F noch tiefer und den Daumen D so hoch drückt, daß er frei über C hinweggeht, durch die Feder M nach rechts geschwenkt wird und sofort wieder hinter der Knagge D nach unten fällt. Dies ermöglicht aber auch ein sofortiges Einfallen des Stiftes F in die Nute der Kupplung G nach dem Beginn der Drehung.

Die Ausführung der Kupplung W (Fig. 83) ist in Fig. 86 dargestellt, sie ermöglicht eine durchaus stoßfreie Einrückung mit sehr geringem Kraftaufwand. Die Antriebscheibe A trägt einen 2 teiligen Reibring S, S_1; dieser wird expandiert durch 2 gehärtete Rollen R, R_1, welche in dem Rad B (Fig. 83) gelagert sind. Die Rollen gleiten auf den gehärteten Schuhen U, U_1, welche kreisbogenförmig gewölbt sind. Beim Einrücken werden die Rollen gegen die Schuhe gedrückt bis über die Mitte derselben, wodurch sie gleichzeitig verriegelt sind. Durch die Schraube W kann der Spannring nachgestellt werden.

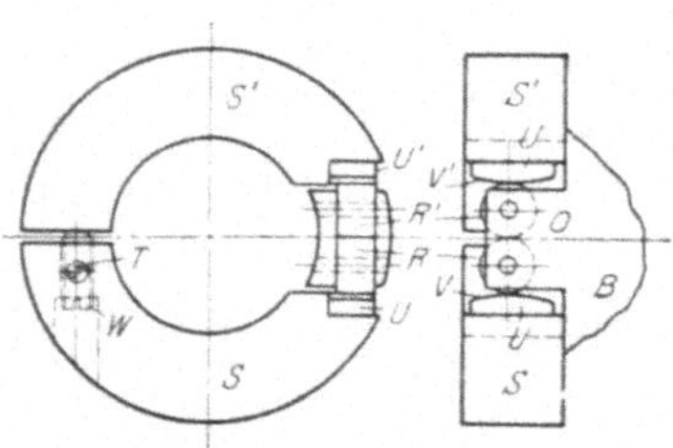

Fig. 86. · Reibungskupplung (W) zu Fig. 83.

Der vorstehend beschriebene Antrieb zeigt eine sehr gute konstruktive Durchbildung, er wird allen Anforderungen der Praxis gerecht, unerwünscht ist jedoch die durch die Anordnung des ganzen Getriebes im Spindelstock bedingte schwere Ausführung des letzteren, welche bei hohen Umdrehungszahlen der vielen Räder Vibrationen beim Arbeiten wahrscheinlich erscheinen läßt. In dieser Beziehung vollkommener ist der Antrieb des Automaten Fig. 10.

Der Antrieb erfolgt auf die Einscheibe am Fuß der Maschine 15 (Fig. 87), weiter über Wechselräder 16, 17, ein doppeltes Rädervorgelege 18, 19, 20, 21 auf Welle 22. Auf Welle 22 sitzen die Riemscheiben 23, 24, die durch zwei über Spannrollen laufende Riemen die Arbeitsspindel antreiben. Von der Scheibe 24 wird durch gekreuzten Riemen der Linksgang (Drehgang), von der Scheibe 23 der Rechtsgang (Gewindeschneidgang) abgeleitet. Die Schaltung der Spindelgeschwindigkeiten erfolgt durch die Reibungskupplung 25, die von einer Umschaltkurve 26 mittels Gestänges gesteuert wird. Beim Einschalten der Räder 20/21 erhält man das Übersetzungsverhältnis 1 : 5, für den Gewindeschneidgang, bei Einschalten der Räder 18/19 das Verhältnis 1 : 2. Durch den Griff 27 wird die Kupplung von Hand betätigt. Das Ein- und Ausrücken der Maschine geschieht durch Hebel 28 und Kupplung 29.

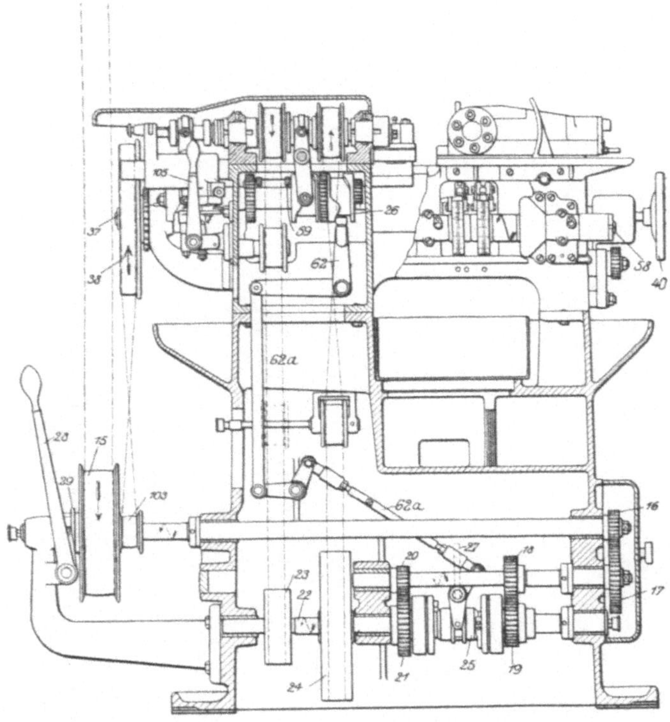

Fig. 87. Einscheiben-Antrieb des Automaten Fig. 10 (Loewe).

In Fig. 88 ist der Hauptantrieb des in Fig. 90 dargestellten Indexautomaten veranschaulicht. Der Antrieb erfolgt von der Transmission oder dem Elektromotor auf die Einscheibe 1, welche durch eine, mittels Handhebel 2 betätigte Reibungskupplung die Welle 3 antreibt. Ein in der Antriebscheibe sitzender Abscheerstift 4 verhindert eine Überlastung der Maschine. Durch Auswechselung von 8 Wechselrädern 5, 6, von denen jeweils 2 auf die konischen Zapfen der Wellen 3 und 7 aufgesteckt werden, können der Arbeitsspindel 16 Rechts- und Linksläufe erteilt werden. Durch das Rädervorgelege 8, 9, 10, 11 und die Reibungskupplung 12 können jeweils 2 Rechts- und 2 Linksgeschwindigkeiten wahlweise durch selbsttätige Schaltung eingerückt werden. Der An-

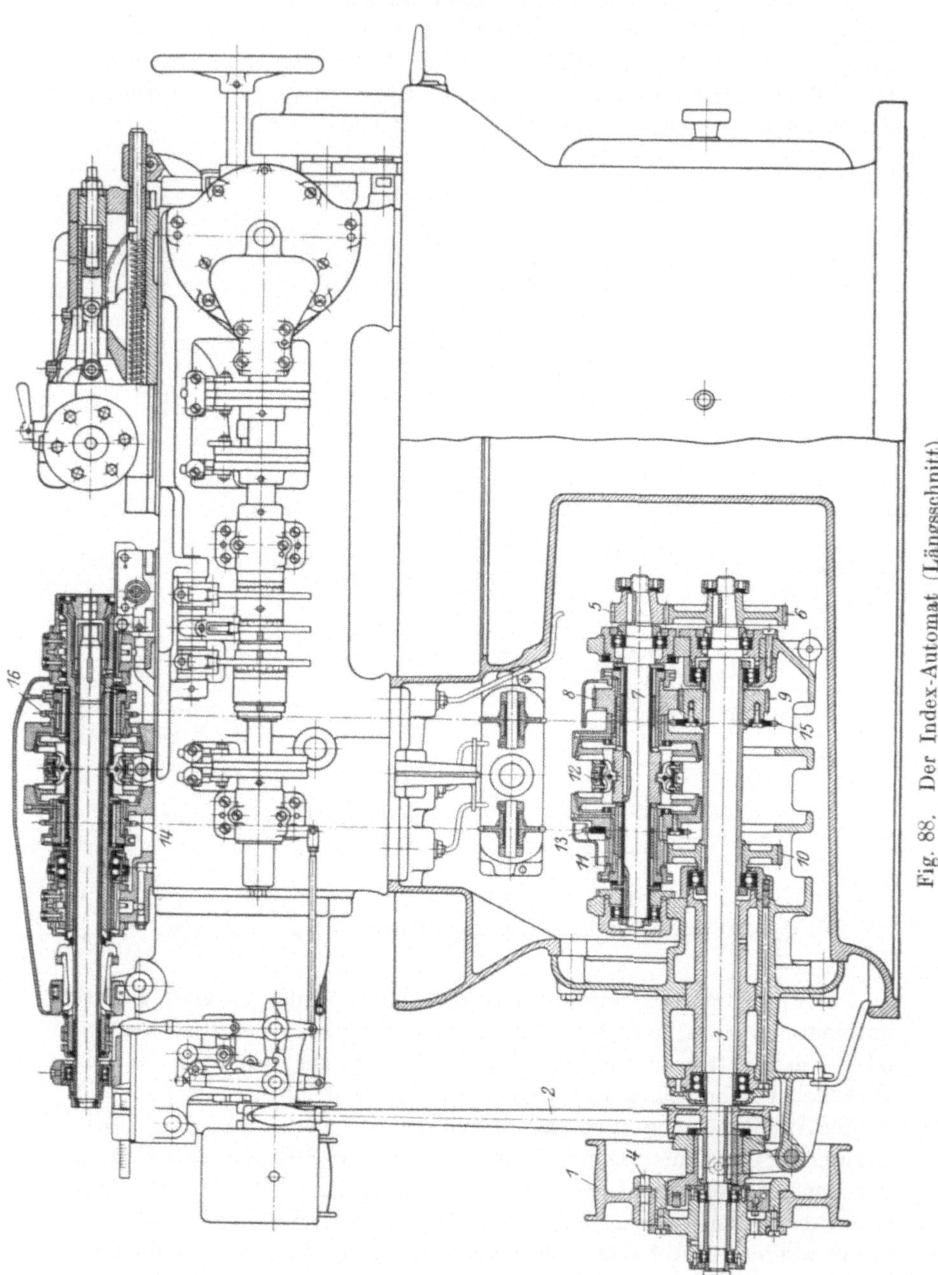

Fig. 88. Der Index-Automat (Längsschnitt).

trieb der Arbeitsspindel erfolgt durch Ketten, und zwar über die Kettenräder 13, 14 und 15, 16.

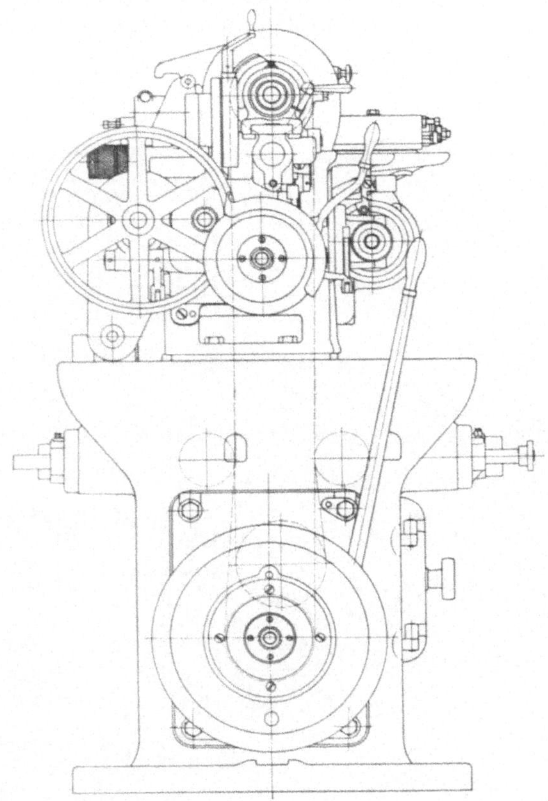

Fig. 89. Seitenansicht zu Fig. 88.

Einen Einscheibenantrieb besitzt ferner der in Fig. 286 dargestellte Automat (System Gridley) der Firma Carl Hasse & Wrede, Berlin. Die Konstruktion desselben ist aus Fig. 91 ersichtlich. Von der Einscheibe 1 wird zunächst die Welle I angetrieben und von dieser über die Räder 2, 5 oder 3, 6 oder 4, 7 die Welle II. Von Welle II wird der Antrieb auf Welle III geleitet, und zwar entweder mit langsamem Rechtslauf durch die Räder 6, 8 oder mit schnellem Rechtslauf durch die Räder 9, 10 oder mit schnellem Linkslauf durch die Räder 9, 10 unter Vermittlung eines darüber liegenden (in der Figur nicht sichtbaren) schwenkbaren Zwischenrades. Von Welle III geht der Antrieb über die Räder 11, 12 auf die Arbeitsspindel IV. Der letzteren können also 9 Geschwindigkeiten, 6 für Rechtslauf und 3 für Linkslauf erteilt werden für die verschiedenen Arbeitsstücke und Materialien.

Zwei von diesen Geschwindigkeiten, und zwar entweder 2 Rechtsläufe oder 1 Rechtslauf und 1 Linkslauf, können innerhalb eines Arbeitsstückes automatisch geschaltet werden. Zu diesem Zwecke ist zwischen den Rädern 8, 10 eine Reibungskupplung eingebaut, welche von der Steuerwelle geschaltet wird.

Fig. 90.   Der Index-Automat (Hahn & Kolb).

Diese Reibungskupplung liegt nicht, wie bei den vorbeschriebenen Antrieben, auf der Arbeitsspindel, sondern auf der Welle III, d. h. vor dem Rädervorgelege 11, 12. Es ist daher eine hohe Durchzugskraft und große Spanleistung gewährleistet, was bei diesem Automaten, welcher Stangenmaterial bis zu 110 mm verarbeitet, erforderlich ist.

Einen bezüglich der Anzahl' der Spindelgeschwindigkeiten weitergehenderen Antrieb zeigt Fig. 92.

Die Einscheibe 1 treibt die Welle 2, durch 4 Räderpaare die Welle 15 und durch 2 weitere Räder die Arbeitsspindel 16. Durch Schalten

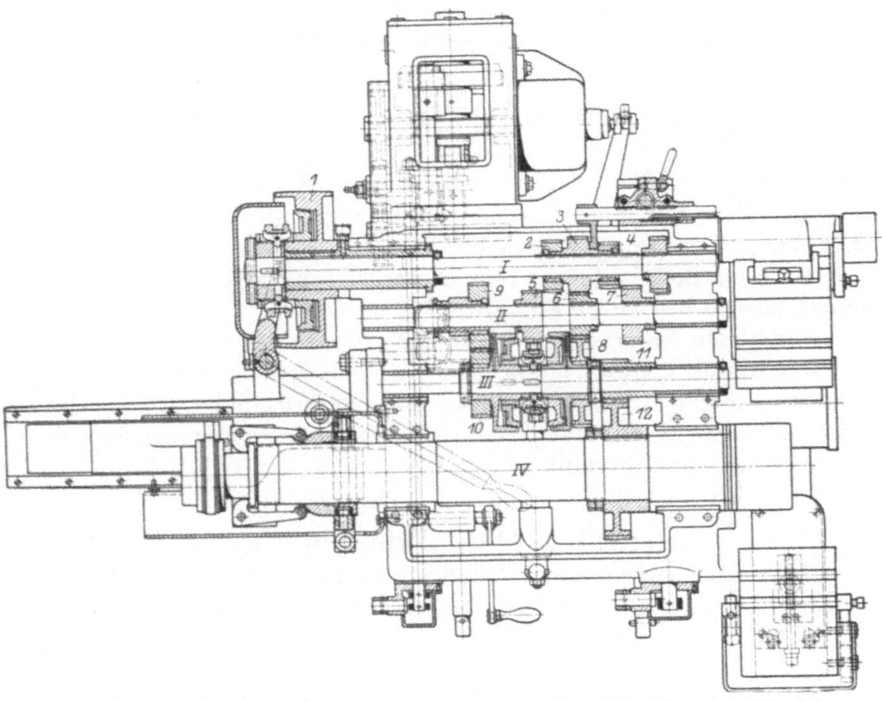

Fig. 91. Einscheibenantrieb des Automaten Fig. 286 (Hasse & Wrede).

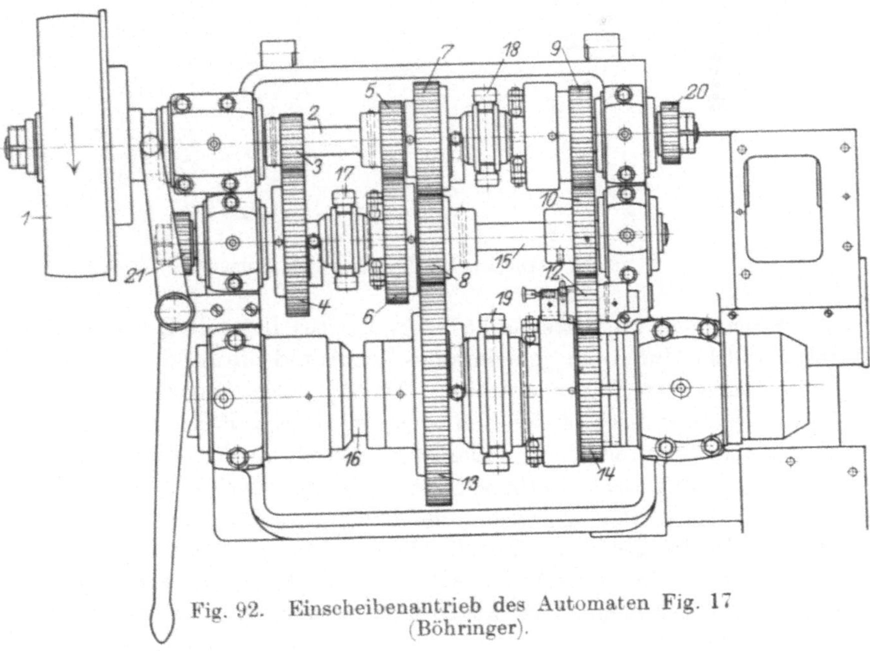

Fig. 92. Einscheibenantrieb des Automaten Fig. 17
(Böhringer).

der Reibungskupplungen 17, 18, 19 können automatisch 4 Rechts-
und 4 Linksläufe für die Arbeitsspindel eingestellt werden. Es ergeben
sich folgende Übertragungswege:

1. Räder 3—4—8—13, Kupplung 17 links, Kupplung 19 links, Kupplung 18 Mitte
2.   „   5—6—8—13,   „   17 rechts,   „   19 „   „   18 „
3.   „   7—8—13,   „   17 Mitte,   „   19 „   „   18 links
4.   „   9—10—8—13,   „   17 Mitte,   „   19 „   „   18 rechts

Dieselben Geschwindigkeiten ergeben sich als Linksläufe, wenn
Kupplung 19 nach rechts geschaltet ist.

Falls ein Linkslauf nicht benutzt werden soll, kann Zwischenrad 12
durch Verschieben außer Eingriff gebracht werden.

Die beiden Kettenräder 20, 21 dienen zum Antrieb der Steuerung.

Diese größere Anzahl automatisch einstellbarer Spindelgeschwindigkeiten hat zweifellos den Vorteil, daß jedes Werkzeug mit der möglichst
richtigen Schnittgeschwindigkeit arbeiten kann, wodurch die Arbeitszeit günstig beeinflußt wird.

2. Mehrspindlige Vollautomaten.

Bei den mehrspindligen Stangenautomaten sind die Arbeitsspindeln im Kreise angeordnet; es ist daher gegeben, daß der An-

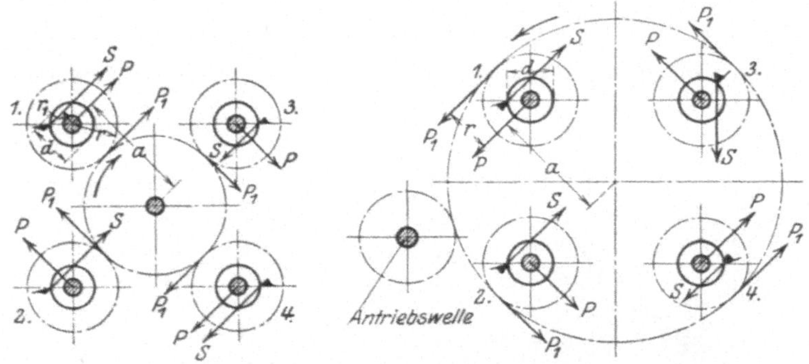

Fig. 93 u. 94. Antrieb bei Mehrspindelautomaten.

trieb durch eine, im Mittelpunkt dieses Kreises liegende Zentralwelle
erfolgt, welche durch ein gemeinsames Zentralrad die auf den Arbeitsspindeln sitzenden Räder antreibt (Fig. 93). Die Antriebwelle läßt
sich jedoch auch nach außen verlegen, in diesem Falle werden die
Arbeitsspindeln durch einen außen und innen verzahnten Zahnkranz
angetrieben (Fig. 94). Bezüglich der Wirkung, welche der Stahl-
widerstand der Werkzeuge ausübt, liefert die erstgenannte Ausführung
günstigere Ergebnisse. Eine Untersuchung darüber ist von Hermann
Fischer in Werkstatttechnik 1912 vom 15. August veröffentlicht,
welche des Zusammenhanges wegen hier auszugsweise erläutert ist.

„Während des Schaltens, wenn nicht gearbeitet wird, bestehen die von dem Zahndruck zu überwindenden Widerstände lediglich in der Reibung der Spindeln in ihren Lagern, und dieser Zahndruck P_1 ist die einzige Kraft, welche als Zapfendruck P die Spindeltrommel mit dem Moment $M = P \cdot a$ zu drehen versucht. Gleiche Spindeln und gleiche Durchmesser der angetriebenen Räder vorausgesetzt, ist dieses Moment $P \cdot a$ bei beiden Antriebsarten das gleiche; es kann also bei beiden in gleicher Weise für das Schalten der Spindeltrommel verwendet werden, wenn man beachtet, daß dieses Schalten die Richtung des treibenden Rades hat.

Es treten aber Unterschiede auf, sobald einseitig angreifende Werkzeuge arbeiten. Hat z. B. ein Drehwerkzeug die in Fig. 94,1 angedeutete Lage, so ist, wenn S den am Halbmesser r_1 wirkenden Stichelwiderstand, d den Drehdurchmesser und M jenes von Reibungswiderständen herrührende Moment bezeichnet: $P_1 \cdot r = M - S \cdot r_1$, und da die Lage des Stichelwiderstandes S gegen den zugehörigen Werkstückhalbmesser etwa 45^0 beträgt: $r_1 = 0{,}7 \cdot \dfrac{d}{2}$, sonach $P = P_1 - S$

$$= \frac{11}{a} - \left(0{,}35 \cdot \frac{d}{r} + 1 \right) S \,.$$

Es kann sonach P positiv oder negativ ausfallen, d. h. es liegt die Gefahr vor, daß versucht wird, die Spindeltrommel zeitweise in dem einen, zeitweise in dem entgegengesetzten Sinne zu drehen. Bei der Stichellage Fig. 94, 2 liefert S kein Drehmoment für die Spindeltrommel. Aus Fig. 94, 3 geht ohne weiteres hervor, daß, da der auf den Lagerkörper drehend wirkende Zweig von S dem von P_1 herrührenden Moment entgegengesetzt wirkt, ähnliche Unsicherheit vorliegt, wie bei dem durch Fig. 94, 1 dargestellten Fall. Das gleiche ist über die in Fig. 94, 4 gezeichnete Stichellage zu sagen.

Die andere Antriebsart, Fig. 93, liefert bei den gleichen Stichellagen, wie aus der Fig. ohne weiteres erkannt werden kann, für das Beanspruchen der Spindeltrommel bzw. ihres Riegels in demselben Sinne wie der antreibende Zahndruck P_1 weit günstigere Ergebnisse. Hierbei muß bemerkt werden, daß bei beiden Antriebsarten andere Stichellagen teilweise andere Wirkungen hervorbringen. So findet man bei Ausdehnung jener Untersuchungen, daß der Antrieb von außen, d. h. mittelst eines verzahnten Ringes, bei innen liegenden Werkzeugen zu ähnlicher Riegelbeanspruchung führt, wie bei dem Antrieb von innen, wenn die Werkzeuge außen liegen.

Derselbe Schluß geht übrigens aus einer einfachen Überlegung hervor: Greifen die Kräfte P_1 uud S entgegengesetzt liegende Punkte der Spindeln an, so entspricht dem Druck auf das Spindellager die Summe von $P_1 + S$; liegen dagegen die Angriffspunkte auf derselben

Seite, so ist dieser Druck gleich dem Unterschiede von P_1 und S. Man soll demnach beim Außenantrieb (Fig. 94) die einseitig angreifenden Werkzeuge nach innen legen, beim Innenantriebe (Fig. 93) dagegen nach außen, wenn man den Riegel stets in demselben Sinne beanspruchen lassen will.

Verwendet man Werkzeuge, welche nur Drehmomente hervorbringen, z. B. Lochbohrer, Gewindeschneidzeuge usw., so ist der Zahndruck P_1 im vorliegenden Sinne allein wirksam, d. h. es wird die Spindeltrommel immer im Drehsinn des Antriebsrades beansprucht.

Danach bietet jede der beiden Antriebsarten die Möglichkeit einer sicheren Verriegelung, indem bei geeigneter Anordnung der Werkzeuge der Riegel stets in derselben Richtung gedrückt wird.“

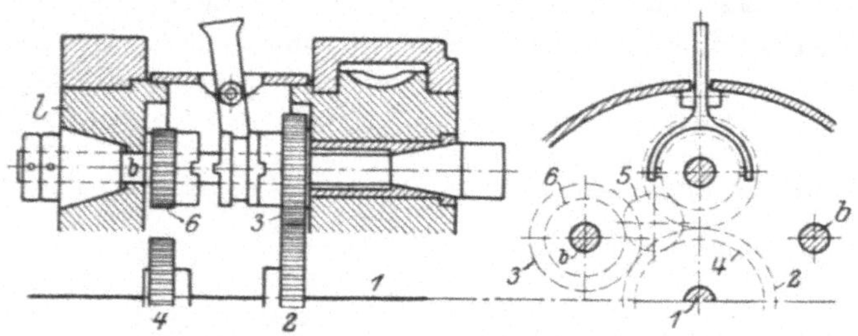

Fig. 95. Antrieb des Blanke-Automaten.

Da die Spindeln durch das Schalten nacheinander vor die einzelnen Werkzeugspindeln gebracht werden, also jede Spindel die verschiedenen Arbeitsoperationen durchläuft, so müßte daher auch jede Spindel die für diese Operationen nötigen Rechts- und Linksläufe besitzen. Es müßte z. B. (wie bei den Einspindlern) mindestens ein Rechtslauf für das Gewindeschneiden und ein (besser mehrere) Linksläufe für das Drehen vorhanden sein und diese Geschwindigkeiten müßten während des Arbeitens geschaltet werden können.

Da dieser Mechanismus jedoch für jede Spindel vorhanden sein müßte und daher die Maschine sehr wesentlich verteuern würde, hat man davon abgesehen, den Antrieb so weitgehend wie bei den Einspindlern auszubilden, um so mehr, als die Vierspindler selten für Stangenmaterial über ca. 60 mm ϕ benutzt werden.. Das letztere verbietet sich schon aus dem Grunde von selbst, weil 4 oder gar 5 solche schwere Stangen von 2—3 m Länge den Spindelstock beim Schalten sehr belasten und eine große Beanspruchung der Spindellager und deren vorzeitige Abnutzung verursachen würden.

Die Mehrspindler haben daher fast durchweg nur eine Arbeitsgeschwindigkeit, die allerdings bei stillstehender Maschine durch Auswechseln von Wechselrädern den verschiedenen zu bearbeitenden Durchmessern und Materialien angepaßt werden kann.

Eine Ausnahme macht der Automat von Blanke (Fig. 95), bei welchem jede Arbeitsspindel mit Rechts- und Linkslauf geschaltet werden kann. Die Zentralwelle 1 treibt jede Spindel mit den Rädern 2, 3 direkt und mit 4, 6 durch das Zwischenrad 5. Die zwischen 3 und 6 liegende Kupplung wird durch einen Hebel geschaltet, dessen konische Flächen durch Kurven oder Anschläge gesteuert werden, wenn die Spindeltrommel beim Schalten in die betreffende Lage z. B. zum Gewindeschneiden gebracht wird.

Außer dieser Möglichkeit, beim Gewindeschneiden einen Rechts- und Linkslauf zu haben, erleichtert diese Einrichtung die Verwendung der Maschine als Halbautomat. In diesem Falle wird die Spindel bei der ersten Stellung der Spindeltrommel durch Schalten der Kupplung auf Mitte stillgesetzt, so daß das Auswechseln der Arbeitsstücke von Hand erfolgen kann.

Die Geschwindigkeit ist meist ein Linkslauf, d. h. es wird bei diesen Maschinen mit linksschneidenden Drehwerkzeugen geschnitten. Da ein langsamer Rechtslauf nicht vorhanden ist, so erfolgt das Gewindeschneiden mit rotierendem Schneideisen oder Schneidkopf durch Überholung oder Nacheilung.

Da zu diesem Zwecke der das Schneideisen tragenden Werkzeugspindel häufig eine sehr hohe Geschwindigkeit zufällt, ist der Acme-Automat mit einer Einrichtung versehen, durch welche die jeweils vor dem Schneideisen stehende Spindel während des Auflaufens des letzteren automatisch stillgesetzt wird. Beim Ablauf dagegen bleibt das Schneideisen stehen und die Arbeitsspindel läuft links weiter.

Außer der Gewindeschneidspindel wird in der Regel noch eine weitere Werkzeugspindel angetrieben, und zwar in entgegengesetzter Richtung wie die Arbeitsspindeln. Die Summe der Geschwindigkeiten dieser Werkzeugspindel und der Arbeitsspindeln ergibt dann eine besonders hohe Schnittgeschwindigkeit für kleine Bohroperationen.

a) **Der Hauptantrieb der Arbeitsspindeln.** Fig. 96 zeigt einen Längsschnitt durch den Gildemeister-Fünfspindelautomaten (Fig. 24—25). Am rechten Ende der Maschine sitzt die abnehmbare und durch einen Lagerarm abgestützte Einscheibe 1, sie treibt die Welle 2, und über die Wechselräder 3, 4 die Welle 5. Die letztere geht durch die Mitte der Maschine und treibt durch das Zentralrad 6 auf ihrem linken Ende die Spindeltriebräder 7. Den Arbeitsspindeln können durch die Wechselräder nachstehende Umläufe p. Min. erteilt werden.

Die Arbeitsspindeln sind in der Spindeltrommel in vorderen und hinteren nachstellbaren Bronzelagern gelagert, vor dem letzteren ist ein Kugellager zur Aufnahme des Axialdrucks angeordnet. Eine Arbeitsspindel mit ihren einzelnen Teilen zeigt Fig. 97.

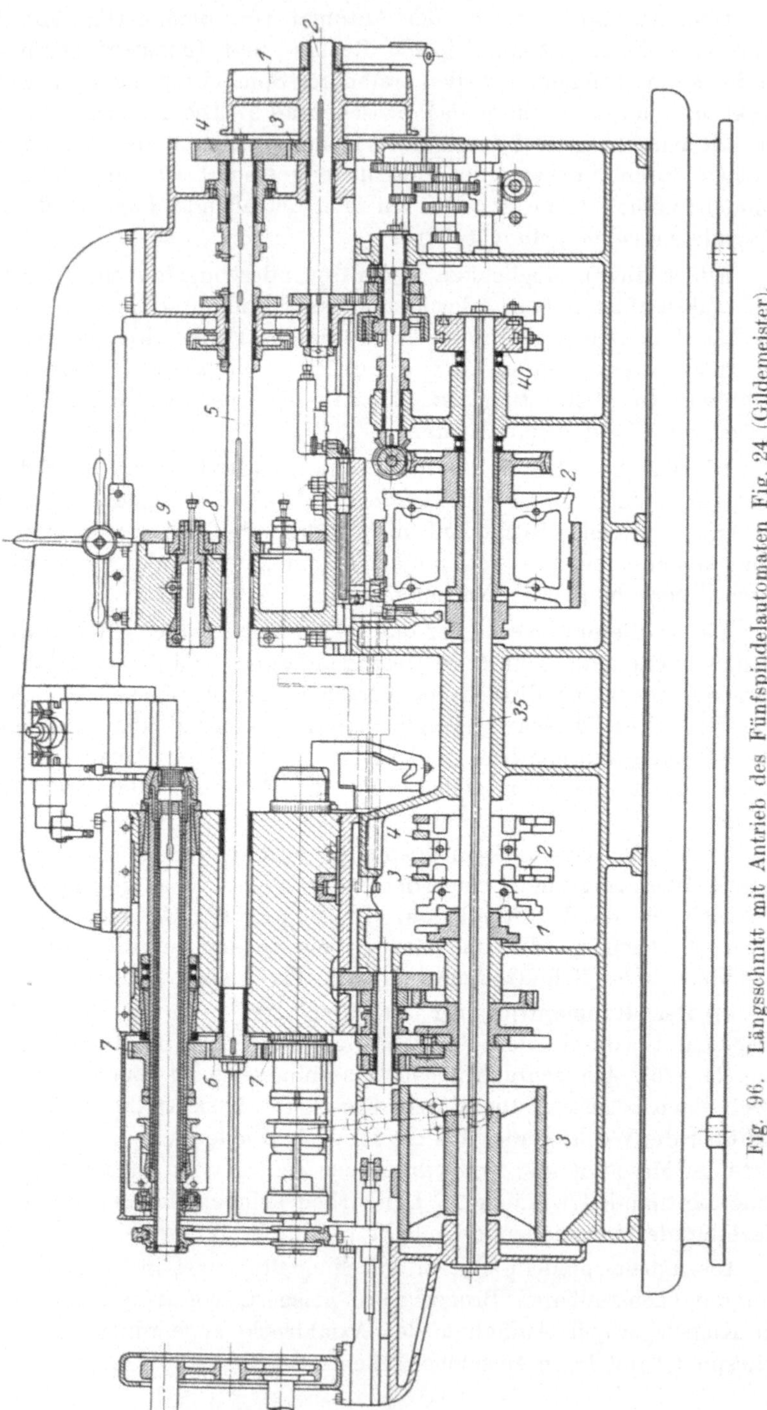

Fig. 96. Längsschnitt mit Antrieb des Fünfspindelautomaten Fig. 24 (Gildemeister).

Räder		Umläufe der
3	4	Spindeln pro Min.
62	32	533
56	38	410
50	44	318
44	50	246
38	56	190
32	62	144
24	70	100

Der Antrieb der Gewinde-Werkzeugspindel (patentiert) (Fig. 98) erfolgt von der Zentralantriebwelle 1 aus, welche ihrerseits durch die Hauptantriebwelle 2 und die Wechselräder 3, 4 angetrieben wird. Das Doppelstirnrad 5 treibt die Stirnräder 6 oder 7, je nach

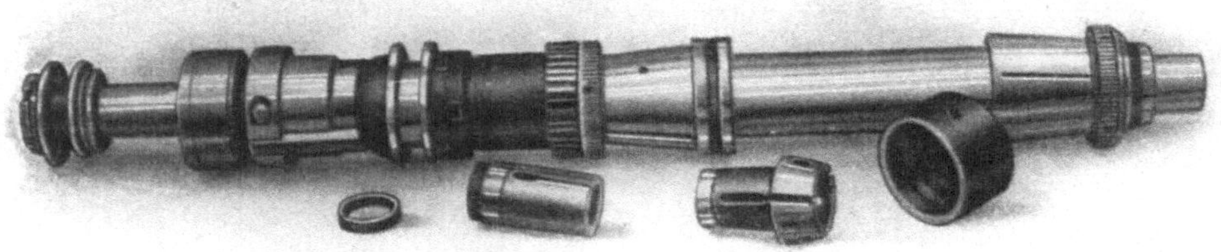

Fig. 97. Arbeitsspindel eines Mehrspindlers.

dem zu schneidenden Gewindedurchmesser mit $^1/_3$ bzw. $^1/_5$ der Umdrehungszahl der Arbeitsspindeln. Die Kupplung der, auf einer losen Büchse 8 sitzenden Räder mit der Zwischenwelle 9 geschieht durch die Kupplung 12, welche beim vorhergehenden Arbeitsgang durch den zurückgehenden Werkzeugträger eingerückt wurde. Das durch die Zwischenwelle 9 mitgenommene Zahnrad 16 treibt über Zwischenrad 17 das, auf der Gewindespindel 18 sitzende Zahnrad 19. Das Gewindespindelrohr 20 ist auf der Gewindespindel 18 aufgekeilt und in der Längsrichtung durch Klemmring 21 festgestellt. Durch den Nocken 22 wird Gewindehalter 23 von 20 mitgenommen. Das Andrücken des Gewindeschneidwerkzeuges an das Arbeitsstück geschieht durch Stange 24 mit Gabel 25 und verstellbarem Anschlagbolzen 26, der durch Hebel 13 vorgedrückt wird, und zwar mittels Kurve 15 auf Kurvenscheibe 14 der Hauptsteuerwelle, bis der durch die Gewindesteigung vorgezogene Halter 23 von Nocken 22 abgelaufen ist. Beim Rücklauf wird die Zwischenwelle 9 nach Auslösen der Kupplung 12 aus Büchse 8 mit dem auf der Zahnradbüchse 28 sitzenden Zahnrad 11 gekuppelt, das seinen Antrieb durch Wechselrad 10 erhält. Die Gewindespindel ändert dadurch ihre vorherige Umlaufzahl, und zwar läuft sie bei Rechtsgewinde langsamer, bei Linksgewinde schneller als die

Arbeitsspindel, wodurch das Gewindeschneidwerkzeug infolge der Gewindegänge vom Arbeitsstück abläuft.

Beim Rückgang des Werkzeugträgers bringt derselbe die Kupplung 12 mit den Rädern 6 oder 7 wieder für den nächsten Arbeitsgang in Eingriff.

Der Antrieb der Werkzeugspindeln erfolgt durch Zentral-

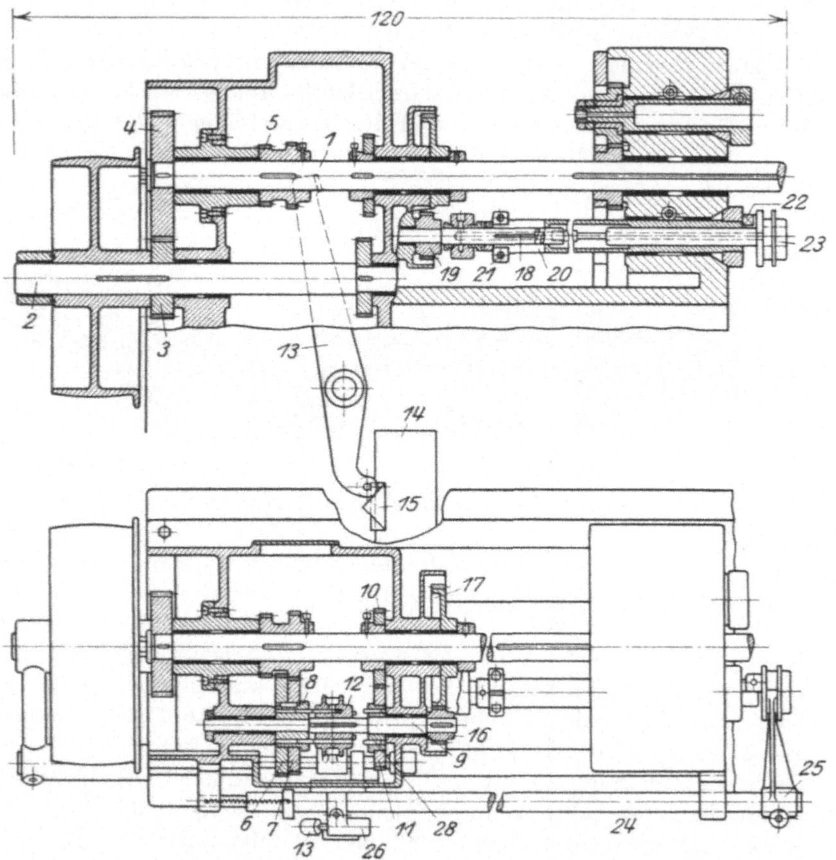

Fig. 98.   Gewindeschneid-Einrichtung des Gildemeister-Mehrspindlers.

rad 8 (Fig. 96) auf die Antriebräder 9. Es können demnach alle 4 Werkzeugspindeln angetrieben und als Schnellbohrspindeln benutzt werden. Sie erhalten eine, den Arbeitsspindeln entgegengesetzte Drehrichtung zur Erzielung einer, auch für kleinere Löcher genügenden Schnittgeschwindigkeit.

b) Der in dasselbe System gehörige **Schütte-Vierspindler** hat einen ähnlichen Hauptantrieb, er ist in Fig. 99—100 dargestellt. Die Einscheibe 1 läuft auf einer Flanschbüchse 2 und treibt durch Mitnehmerscheibe 3 die Welle 4. Auf der letzteren sitzt Wechselrad 5, welches über die Räder 6, 7 auf Welle 8 das Rad 9 auf der durch die Mitte der Maschine hindurchgehenden Hauptantriebwelle 10 antreibt. Es ergeben sich folgende Umläufe.

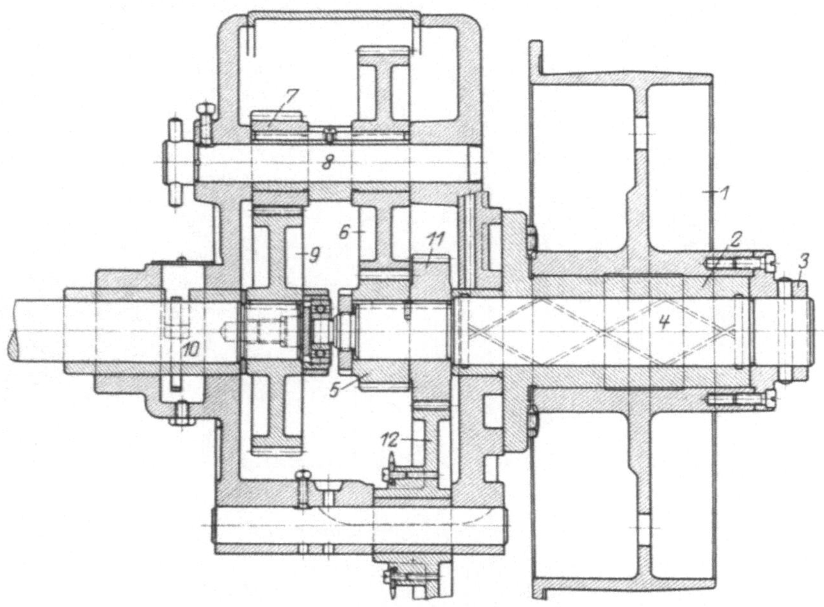

Fig. 99. Antrieb des Mehrspindlers Fig. 26 (Schütte).

Wechselräder				Umläufe der Arbeitsspindeln pro Min.	Umläufe der Schnellbohreinrichtung
5	6	7	9		
21	63	24	60	53	53
24	60	24	60	64	64
28	56	24	60	80	80
34	50	24	60	110	106
34	50	28	56	135	133
42	42	24	60	160	160
42	42	28	56	200	200
50	34	24	60	235	240
50	34	28	56	295	300
56	28	24	60	320	320

c) Der Antrieb des amerikanischen Acme-Automaten ist aus Fig. 101 ersichtlich, die Antriebräder der Arbeitsspindeln liegen zwischen den beiden Spindellagern im Gehäuse und sind zur Erzielung geräuschlosen Laufes mit schrägen Zähnen versehen.

d) Der Hauptantrieb des Hasse & Wrede-Vierspindel-Automaten. Die Konstruktion des Antriebes ist die gleiche, wie bei dem

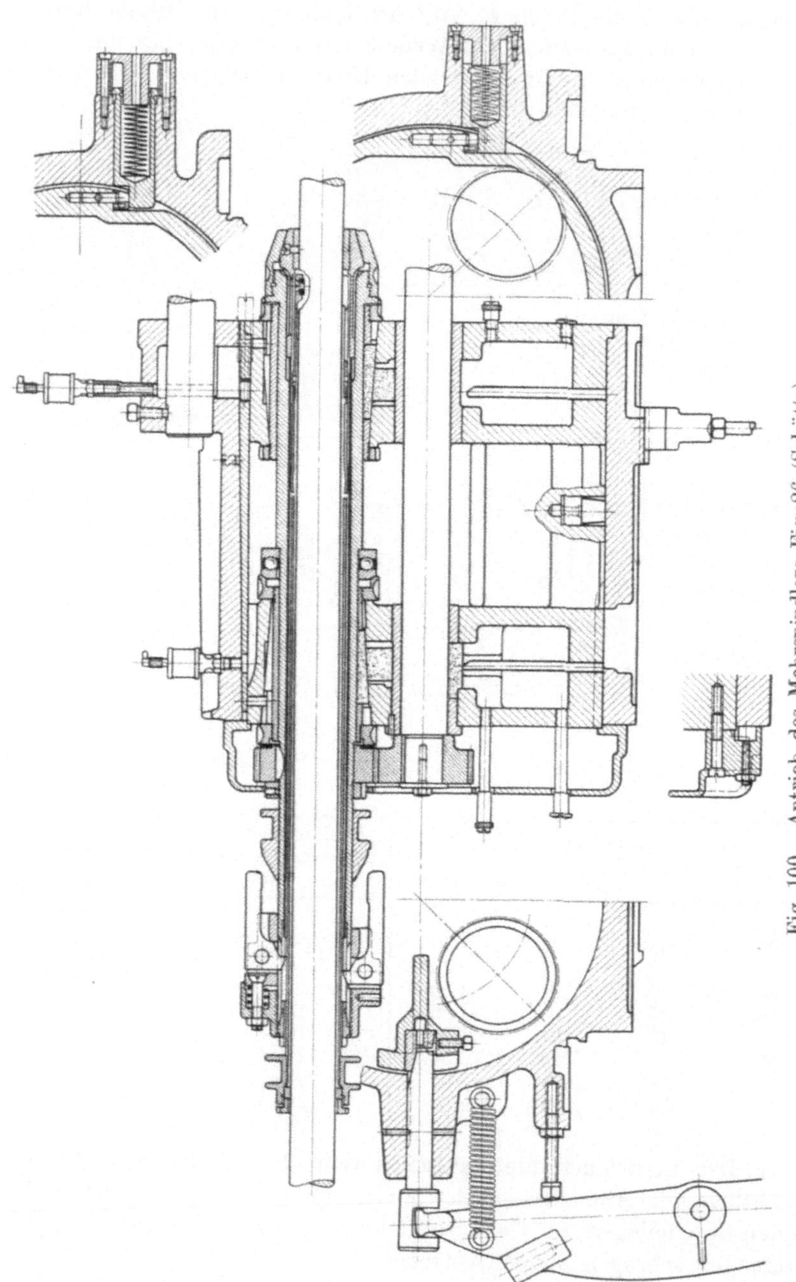

Fig. 100. Antrieb des Mehrspindlers Fig. 26 (Schütte).

Fig. 101. Antrieb des Acme-Automaten.

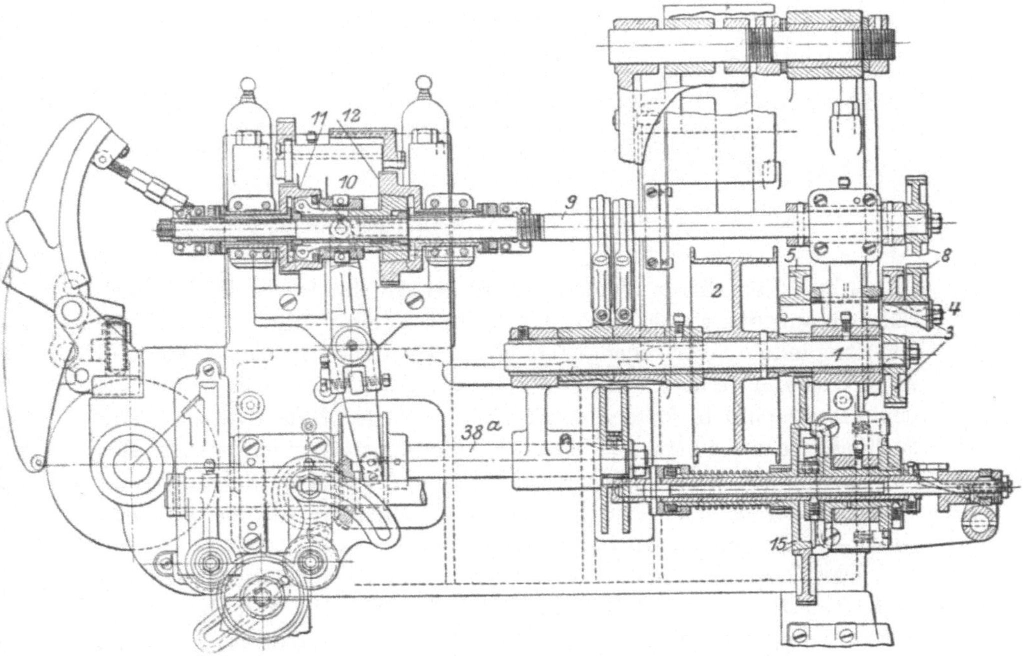

Fig. 102. Antrieb des Davenport-Fünfspindelautomaten.

vorstehend beschriebenen Automaten. Die an dem rechten Maschinen-
ende (Fig. 33) befindliche Riemscheibe treibt durch auswechselbare
Räder (Fig. 313) eine lange Welle, welche mitten durch die ganze
Maschine, d. h. durch die Mitte des Revolverschlittens und des
Spindelzylinders geht und auf ihrem linken Ende ein Zentralrad trägt.
Dieses Zentralrad treibt die im Kreise angeordneten Antriebräder
der Arbeitsspindeln.

e) Der Hauptantrieb des Davenport-Fünfspindel-Automaten
erfolgt durch ein außen und innen verzahntes Rad. Die Maschine hat Einscheibenantrieb und es wird zunächst die auf der
hinter der Maschine liegenden Welle 1 sitzende Scheibe 2 angetrieben

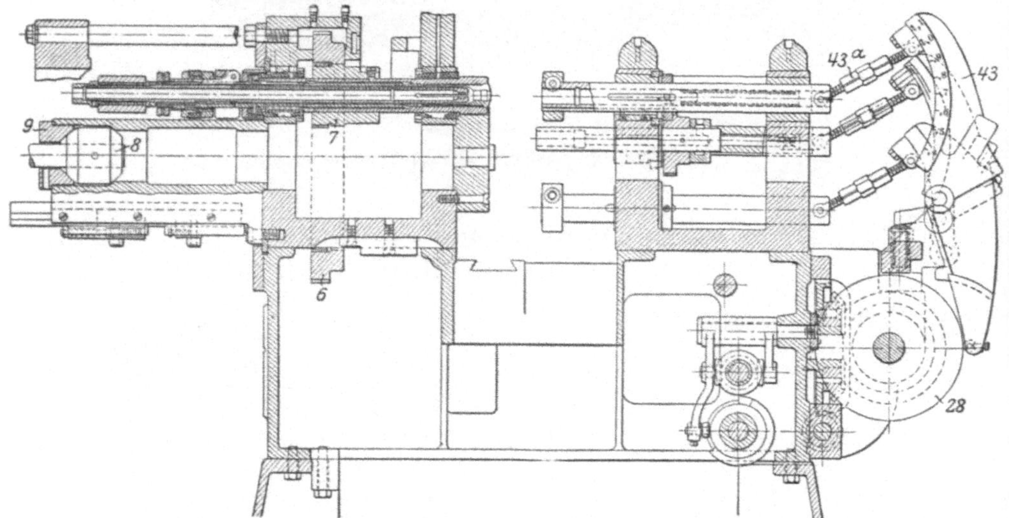

Fig. 103. Antrieb des Davenport-Fünfspindelautomaten.

(Fig. 102). Von dieser Welle aus wird der Antrieb durch die Wechselräder 3 auf die kurze Welle 4 und durch die Räder 5, 6 auf die
Arbeitsspindeln übertragen (Fig. 103). Das Rad 6 ist außen und
innen verzahnt und greift sowohl in das Rad 5 als auch in die auf
den Arbeitsspindeln sitzenden Räder 7. Auf den Naben dieser Räder
läuft es wie auf einem Rollenlager. Die Arbeitsspindeln haben also
nur einen Rechtslauf, welcher bei Stillstand der Maschine durch die
Wechselräder 3 dem Durchmesser und Material des betreffenden
Arbeitsstückes angepaßt werden kann.

Das Gewindeschneiden muß daher, da auch keine Einrichtung
zum Stillsetzen der Arbeitsspindeln vorhanden ist, mit laufendem
Schneidzeug erfolgen. Es liegt der in Fig. 52 erläuterte Fall vor,
d. h. die Gewindeschneidspindel mit dem Werkzeug läuft in gleicher

Richtung wie die Arbeitsspindel, jedoch etwas langsamer wie diese beim Auflaufen und etwas schneller beim Ablaufen. Der Antrieb der Gewindeschneidspindel erfolgt von der Welle 4 aus durch die Wechselräder 8 auf die Welle 9. Auf dieser sitzt die Doppelkegel-Reibungskupplung 10, welche wechselseitig mit den Rädern 11, 12 in Eingriff gebracht wird. Die Räder 11, 12 treiben durch 2 Gegenräder die Gewindeschneidspindel (Fig. 102).

Die Schaltung der Kupplung erfolgt durch einen Hebel von der Steuerwelle aus.

Eine im Prinzip gleiche Ausführung zeigt Fig. 104—105. Der Spindelstock ist jedoch axial verschiebbar, d. h. er führt die Vorschubbewegung aus, während der Werkzeugschlitten fest steht. Auf der

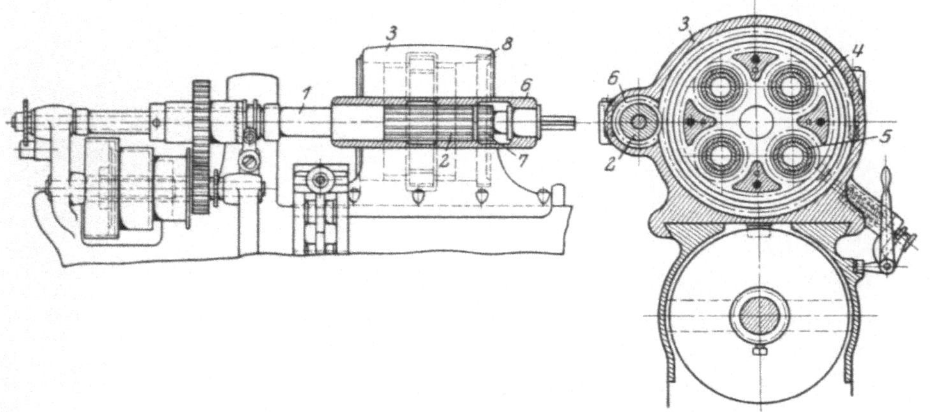

Fig. 104—105. Antrieb eines Mehrspindelautomaten.

Antriebwelle 1 sitzt das Ritzel 2 fest, dessen Länge der Vorschublänge angepaßt ist. Dasselbe kämmt mit dem außen und innen verzahnten Rad 4, welches wieder mit den auf den Arbeitsspindeln sitzenden Rädern 5 in Eingriff steht. An dem Spindelstock 3 befindet sich das Gehäuse 6, welches sich über das Ritzel 2 schiebt. In diesem Gehäuse ist auch das Rad 7 gelagert, welches sich mit dem Gehäuse verschiebt und mit dem auf dem Spindelzylinder sitzenden Rade 8 in Eingriff bleibt. Dieses Räderpaar bewirkt das Schalten des Spindelzylinders.

3. Einspindlige Halbautomaten.

Der Hauptantrieb bei Halbautomaten muß von wesentlich anderen Gesichtspunkten aus entworfen und betrachtet werden, wie derjenige der Vollautomaten. Während bei Letzteren ein geringer Unterschied der Drehdurchmesser vorhanden ist (Stangenmaterial)

und ferner fast stets die gleiche Materialart verarbeitet wird, ist bei
Halbautomaten zu berücksichtigen, daß die Arbeitsstücke von erheblich schwankendem Durchmesser und sehr verschiedenem Material
sind. Es kommt hier sowohl weiches Gußeisen und Messing als
auch harter Stahl zur Verarbeitung und es ist klar, daß die Maschine
diesen Punkten Rechnung tragen muß, indem eine erheblich größere
Anzahl von Spindelgeschwindigkeiten (Schnittgeschwindigkeiten) vorhanden sein muß.

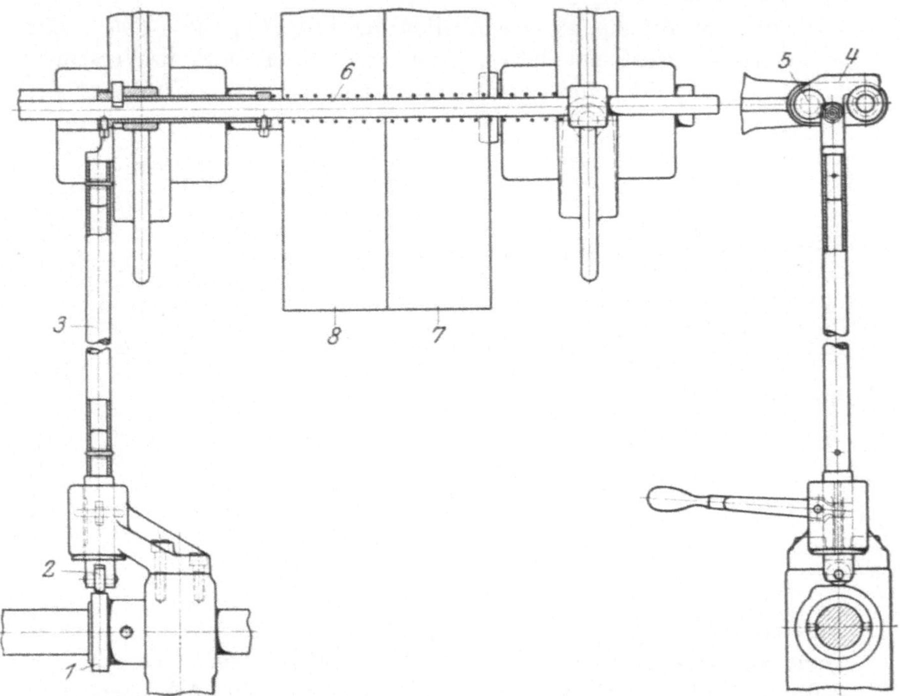

Fig. 106—107. Automatische Ausrückung bei Halbautomaten.

Da ferner an ein und demselben Arbeitsstück diese Schwan-
kungen fast stets vorkommen dadurch, daß sowohl die kleine Bohrung, als auch der große Außendurchmesser bearbeitet werden müssen,
so folgt, daß eine größere Anzahl dieser Geschwindigkeiten während
des Arbeitens automatisch geschaltet werden müssen. Diese Schaltung
führt logischerweise zum Einscheibenantrieb.

a) **Vollautomaten mit automatischer Stillsetzung.** Für kleine
und mittlere Arbeitsstücke können Vollautomaten, eigentlich bestimmt
für Stangenarbeit, eingerichtet werden. Der Materialvorschub, sowie
die selbsttätige Materialspannung fallen dann fort und es wird auf
das vordere Ende der Arbeitsspindel ein Spannfutter aufgesetzt, in

welchem die Arbeitsstücke von Hand ausgewechselt werden können. Zu diesem Zweck muß natürlich nach erfolgter Bearbeitung eines Stückes die automatische Stillsetzung der Maschine erfolgen.

Dieselbe kann abgeleitet werden von der Steuerwelle. Auf derselben sitzt der Daumen 1 (Fig. 106), welcher nach Beendigung einer Arbeitsperiode, d. h. also bei jeder Umdrehung der Steuerwelle die, mit der Rolle 2 versehene Stange 3 hebt. Die letztere führt zum Deckenvorgelege und ist oben an den Hebel 4 angelenkt, welchen sie um den Punkt 5 dreht. Dadurch gibt der Hebel 4, der segmentartig um die Riemenstange 6 greift, die Letztere frei, worauf dieselbe durch eine Feder nach links geworfen wird. Die auf der

Fig. 108. Automatische Ausrückung bei Halbautomaten.

Stange sitzenden Riemgabeln bewirken dabei ein Verschieben des Riemens von der Festscheibe 7 auf die Losscheibe 8.

Eine ähnliche Einrichtung ist in Fig. 108 dargestellt.

Ein auf der Steuerscheibe 1 eingestellter Anschlag zieht mittelst des Hebels 2, der Stange 3 und des Hebels 4, die mit dem Deckenvorgelege in Verbindung stehende Stange 5 nach unten und bewirkt dadurch die Verschiebung des Antriebriemens. Gleichzeitig wird durch die Stange 6 der Hebel 7 betätigt, welcher durch Anschlagen an eine Glocke dem Arbeiter die Beendigung der Arbeitsoperation anzeigt.

Eine weitere Einrichtung zeigt Fig. 109.

Auch mehrspindlige Stangenautomaten können durch eine entsprechende Einrichtung als Halbautomaten eingerichtet werden. In Fig. 110—112 ist eine solche Einrichtung des Schütte-Vierspindlers Fig. 26 dargestellt. Es wird hier nicht der Antrieb der Maschine, sondern nur die von den vier Arbeitsspindeln stillgesetzt, an der das Auswechseln der Werkstücke nach jedem Arbeitsgang erfolgt. Auf jede der vier Arbeitsspindeln (Fig. 110) ist eine Büchse 1 gesteckt und durch einen Keil 4 mit der Spindel verbunden. Das Zahnrad 2, dessen rechte Seite 2^1 die Hälfte einer Spreizringkupplung bildet, läuft lose auf der Büchse 1 und kämmt mit Ritzel 3, das auf der Antriebwelle 5 sitzt. Der Schlußring 10 dient gleichzeitig als zweite Lagerstelle des Rades 2. Mit der Büchse 1 ist die axial verschiebbare Muffe 9, die den Spannkeil 8

Fig. 109. Automatische Ausrückung bei Halbautomaten.

trägt, durch Keil verbunden. Am Ausrückhebel 14 ist der federnd gelagerte Fangstift 16 befestigt.

Wird nun die Schiebemuffe 9 durch den Hebel 14 am Handgriff oder selbsttätig durch Kurve nach rechts bewegt, verläßt der Spannkeil 8 die Spreizungskupplung, der Spannring 6 wird entspannt und die Spindel ausgerückt. Fig. 110 zeigt diese Stellung. Beim Verschieben der Muffe 9 gleitet der Fangstift 16 über den Kegel des Fangringes 12, die Feder 15 wird gespannt und drückt den Stift auf den höchsten Punkt des Kegels in eine, der in Ring 12 eingefrästen Nuten. Anzahl und Lage der Nuten entsprechen den Schlüsselstellen des auf dem vorderen Ende der Arbeitsspindel sitzenden Spannfutters, so daß das letztere zum Bedienen zugänglich ist.

Beim Wiedereinrücken der Spindel wird Muffe 9 nach links bewegt, der Spannkeil 8 spreizt die Finger und diese den Ring 6. Die Spindel ist wieder mit dem Antrieb gekuppelt und die Spindeltrommel kann weitergeschaltet werden.

Sollen kleinere, glatte Arbeitsstücke gespannt werden, so geschieht dies am besten in Spannpatronen.

Am Bettende des Automaten wird der Lagerbock 1 befestigt (Fig. 111), in dem die Muffe 4 drehbar und axial verschiebbar gelagert ist. Die Kupplungswelle 8 ist durch Keil von Muffe 4 mitgenommen. Die Lagerbüchse 5, auf der Handrad 2 verkeilt ist, wird durch Keil mit der Muffe 4 verbunden. In dem Bock 3 ist der Gabelhebel 7, der Muffe 4 verschiebt, doppelt gelagert. Von diesem Gabelhebel geht ein

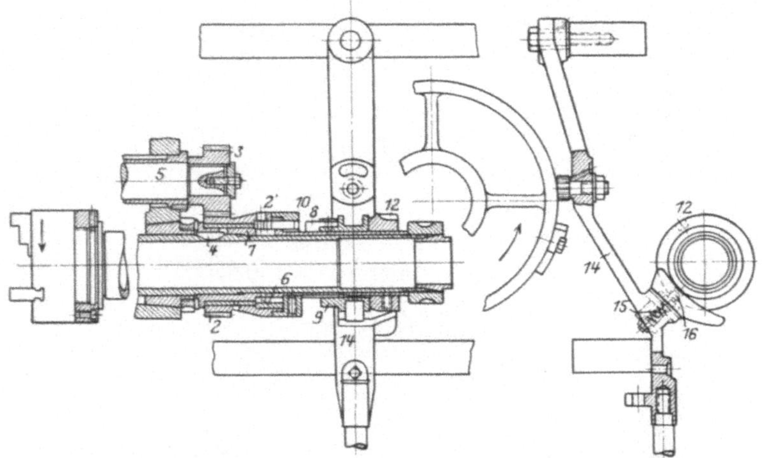

Fig. 110—111. Einrichtung eines Mehrspindlers als Halbautomat (Schütte).

Gestänge zum Ausrückhebel 21. Die in den 4 Spindelenden sitzenden Kupplungsschrauben 9 drücken gegen eine Platte 10, die sich gegen das Spannpatronenrohr legt.

Wird nun durch Kurve oder Handbetätigung die oben erwähnte Spreizringkupplung 2^1 und 9 (Fig. 110) gelöst, so bewegt sich Hebel 21 nach rechts und die Muffe 4 mit der Kupplungswelle 8 durch den Gabelhebel 7 und das Gestänge nach links. Schließlich trifft die Kupplungswelle 8 auf die Kupplungsschraube 9, die Feder 13 wird gespannt und, da die Schraube 9 mit der Spindel nach Lösen der Spreizringkupplung infolge der Schwungkraft nicht augenblicklich stillsteht, kommen die Kupplungszähne in Eingriff. Die Spindel steht still und das Arbeitsstück kann in die Spannpatrone gesteckt und diese durch Drehen des Handrades 2 gespannt werden. Rückt die Spreizringkupplung selbsttätig wieder ein, wird Hebel 21 nach links bewegt und der Gabelhebel 7 bringt die Kupplungszähne außer Eingriff. Nach Fertigstellung jedes Werkstückes wiederholt sich der gleiche Vorgang.

Damit der Arbeiter ohne Gefährdung die Werkstücke auswechseln kann, d. h. ohne Gefahr zu laufen, von den wieder vorgehenden Werkzeugspindeln behindert zu werden, empfiehlt es sich, die Steuerwelle automatisch stillzusetzen (Fig. 112).

Der Lagerbock 1 ist an der vorderen Bettwange der Maschine befestigt, der Hebel 2 ist drehbar in 1 gelagert, der eine Schenkel des Hebels 2 ist gabelförmig und an der Stange 7 angelenkt. Auf der Ausrückstange ist zwischen Gabelhebel 2 und Ausrückhebel 6 eine Spiralfeder 5 angeordnet. Im Innern der Kurventrommel ist die Kurve 8 befestigt, die so eingestellt ist, daß der Auflauf der an dem Hebel 2

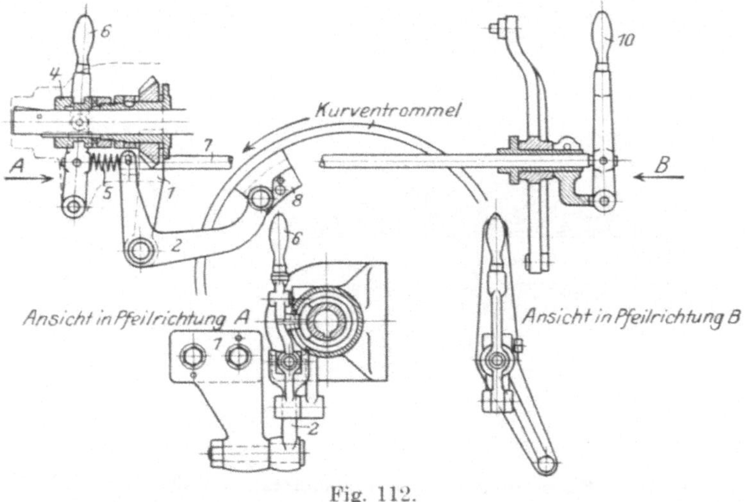

Fig. 112.

befestigten Rolle beginnt, wenn der Werkzeugschlitten seine rückwärtige Endstellung erreicht hat. Hierbei wird Feder 5 gespannt. Durch den Druck, den sie auf den Ausrückhebel ausübt, wird Kupplung 4 außer Eingriff gebracht. Die Kurventrommel steht augenblicklich still. Zum Wiedereinrücken wird Hebel 10 herausgezogen, wobei unter Überwindung des Druckes der Feder 5 die Kupplung 4 eingerückt wird. Die Rolle verläßt Kurve 8 und durch den Druck der Feder 5 wird der Gabelhebel in seine Anfangsstellung gebracht.

b) Der Hauptantrieb des Schroers-Halbautomaten ist in Fig. 113 bis 115 dargestellt.

Der Antrieb erfolgt von der am linken Fußende der Maschine gelagerten Einscheibe aus (Fig. 113—115). Die Scheibe treibt zunächst die untere Antriebwelle und von dieser durch 2 Stirnradübersetzungen die untere Zwischenwelle mit zwei Geschwindigkeiten im

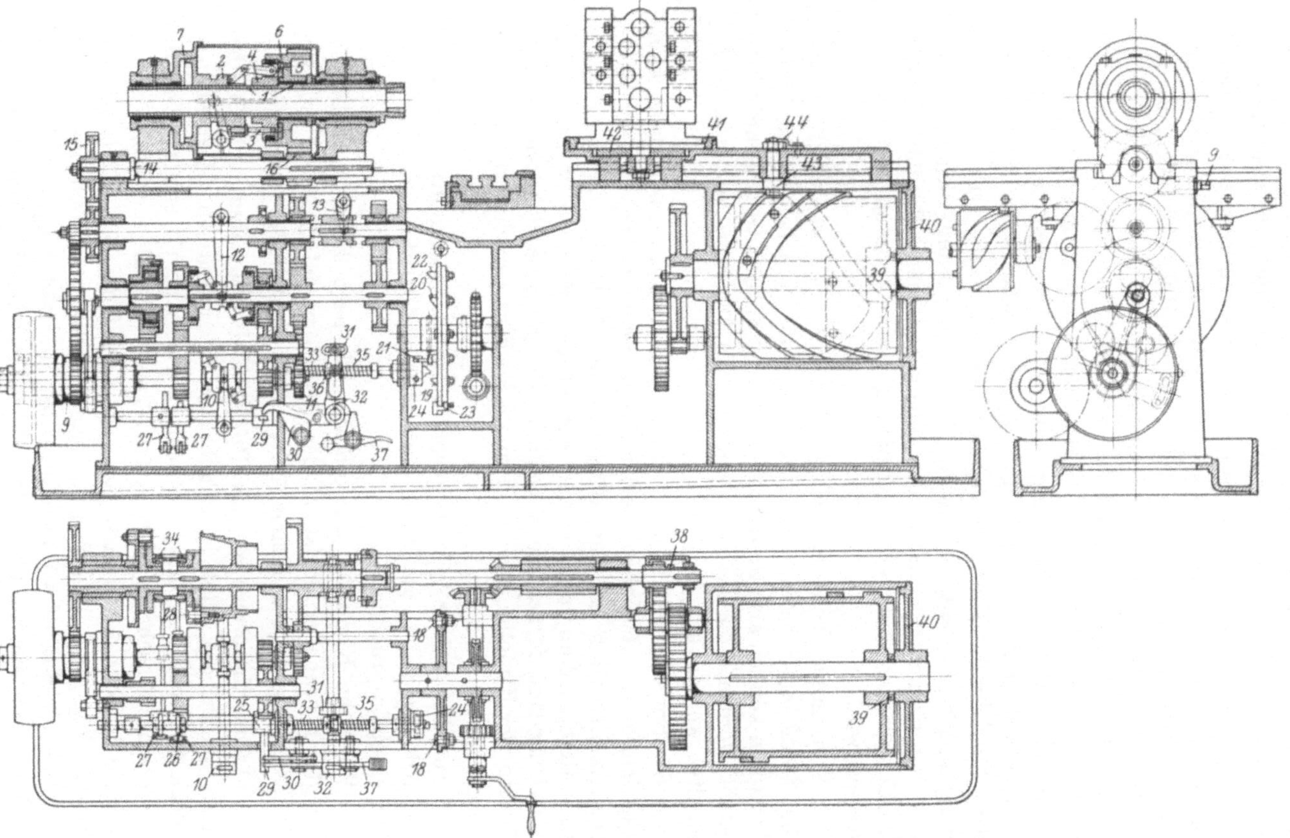

Fig. 113—115. Hauptantrieb und Steuerung des Schroers-Halbautomaten.

Verhältnis $1:2$. Diese beiden Geschwindigkeiten werden durch eine Reibungskupplung mittels Hebel 10 wechselseitig eingeschaltet.

Die untere Zwischenwelle treibt die Kupplungswelle durch 3 Räderpaare an mit 3 Geschwindigkeiten. Auf der Kupplungswelle sitzt eine Kniehebel-Reibkupplung, welche durch Hebel 12 gesteuert wird. Außerdem ist Hebel 12 durch eine Stange mit einem zweiten Hebel verbunden, welcher automatisch von der Steuerwelle aus betätigt werden kann. Für die dritte, langsamste Geschwindigkeit ist links neben der Reibungskupplung eine Freilaufkupplung vorhanden, welche leer läuft, solange die Kupplungswelle schneller läuft wie das Antriebrad, aber automatisch in Tätigkeit tritt, wenn die Kupplungswelle steht, d. h. wenn die Reibkupplung ausgerückt wird. Die Kupplungswelle treibt die obere Zwischenwelle mit weiteren 2 Räderpaaren und einer Kupplung, welche durch Hebel 13 gesteuert wird.

Von dieser Welle endlich wird der Antrieb weiter geleitet auf die Spindelantriebswelle und von da auf die Arbeitsspindel. Der Letzteren können also insgesamt $2 \times 3 \times 2 = 12$ Geschwindigkeiten erteilt werden, von denen 3 während des Arbeitens automatisch geschaltet werden können.

Der Spindelstock, in welchem die Arbeitsspindel gelagert ist, kann auf dem Bett verschoben werden für kurze und lange Arbeitsstücke. Das Antriebrad 5 auf der Arbeitsspindel läuft lose, es kann durch eine Reibungskupplung 1 mit derselben verbunden werden. Zur Sicherung sind ferner die Mitnehmestifte 3 vorhanden, welche beim Gleiten der Kupplung in einen mit 8 Löchern versehenen Stahlring 6 einschnappen.

Auf diese Weise erfolgt sowohl zunächst ein stoßfreies Anlaufen der Arbeitsspindel, als auch eine sichere Mitnahme derselben bei starker Beanspruchung.

Wird die Kupplung ausgerückt, d. h. nach links geschoben, so erfolgt ein schneller Stillstand der Arbeitsspindel dadurch, daß sich die Kupplung in den Konus 7 legt und die Spindel bremst.

c) Der Hauptantrieb des Pittler-Halbautomaten, Fig. 36, hat einen im Prinzip ähnlich aufgebauten Hauptantrieb. Derselbe ist jedoch konstruktiver durchgearbeitet. Der Antrieb erfolgt ebenfalls durch eine Einscheibe E (Fig. 116) zunächst auf die Welle I und von dieser über die Umsteckräder $R_1 R_2$ auf die Welle II (siehe das Schema Fig. 117). Von Welle II wird der Antrieb durch eine Nortonschwinge mit 4 Geschwindigkeiten über die Räder $R_3 R_4 R_5 R_6 R_7$ auf die Welle III und von dieser durch 3 weitere Geschwindigkeitswechsel über die Räder $R_8 R_9 R_{10}$ auf die Welle IV geleitet. Zwischen den Rädern $R_9 R_{10}$ ist eine Reibkupplung k_1 eingebaut, während das

Rad R_8 als Klemmrollenkupplung ausgebildet ist. Von Welle IV endlich wird durch $R_{11} R_{12}$ die Arbeitsspindel D angetrieben. Der letzteren werden demnach $4 \times 3 = 12$ Geschwindigkeiten erteilt, welche durch Umstecken der Räder $R_1 R_2$ auf 24 erhöht werden können.

Drei von diesen Geschwindigkeiten können automatisch während des Arbeitens geschaltet werden durch Steuerung der Kupplung k_1 von der Steuerwelle aus.

Die Kupplung k_1 kann in Rad R_9 oder R_{10} oder auf Mittelstellung gebracht werden. In letzterem Falle schaltet sich automatisch die Klemmrollenkupplung des Rades R_8 ein. Dieselbe ist in Fig. 118 dargestellt. Das Rad R_8 läuft lose auf der fest auf Welle IV verkeilten Nabe b und

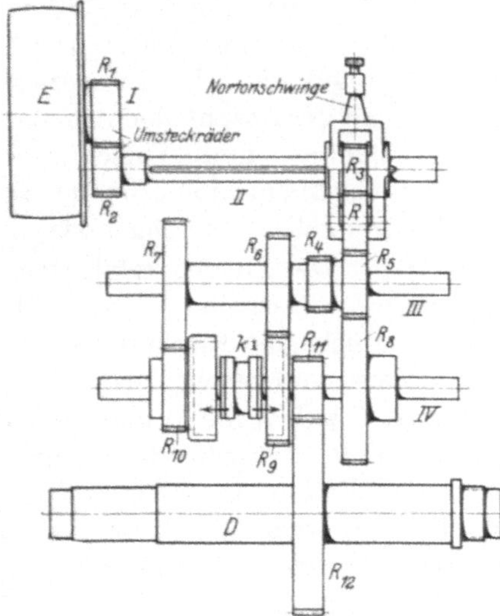

Fig. 116. Antrieb des Pittler-Halbautomaten.

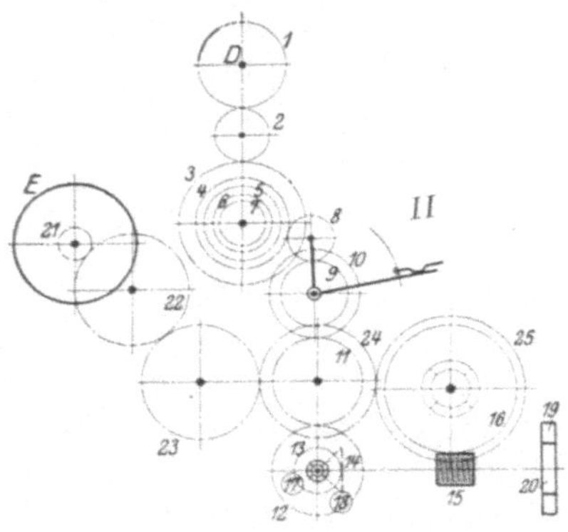

Fig. 117. Schema des Antriebes Fig. 116.

trägt die Klemmbacken X. Ist die Kupplung k_1 in Rad R_9 oder R_{10} eingerückt, so läuft die Welle IV mit Nabe b schneller als Rad R_8. Die Klemmrollen R werden demnach mitgenommen und legen sich in die größere Ecke der durch die Klemmbacken X gebildeten keilförmigen Aussparung, das Rad R_8 läuft lose. Steht die Kupplung k_1 jedoch auf Mitte, so steht die Welle IV mit Nabe b still das Rad R_8 drückt mit den Klemmbacken die Rollen fest gegen die Nabe b und nimmt die Welle IV mit.

Die 3 schaltbaren Übersetzungen erzeugen die Schnittgeschwindigkeiten zum Drehen, Bohren, Aufreiben und Gewindeschneiden, während durch die Nortonschwinge die Geschwindigkeiten für die verschiedenen Arbeitsstücke und Materialien eingestellt werden können.

Um die Arbeitsspindel während des Arbeitens stillsetzen zu können, läuft Rad R_{12} lose und wird durch eine Kupplung mit der Arbeitsspindel verbunden. In eingerückter Stellung wird die Kupplung durch eine Feder gehalten, in ausgerückter Stellung kann sie durch einen Hebel und eine Falle festgestellt werden.

d) Der Hauptantrieb des Magdeburger Halbautomaten ist in den Fig. 119—120 in Vorder- und Hinteransicht dargestellt. Er ist bezüglich der Anzahl der Arbeitsspindel- und Vorschubgeschwindigkeiten besonders weitgehend durchgebildet.

Der Antrieb erfolgt auf die Einscheibe 1, Fig. 121, welche, um Erschütterungen zu vermeiden, nahe am

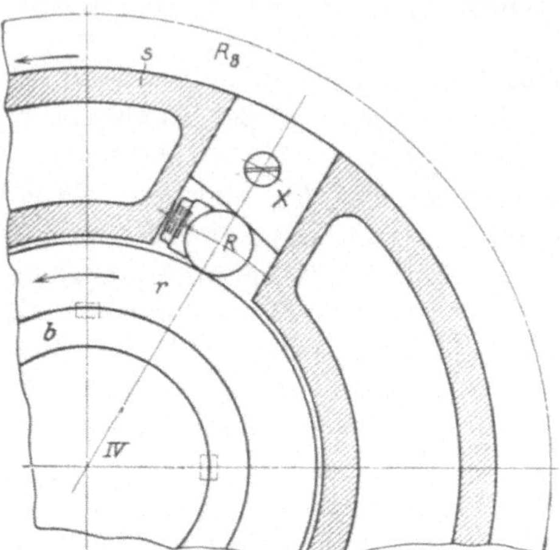

Fig. 118. Klemmrollenkupplung zum Antrieb Fig. 116.

Fuße des Bettes gelagert ist. Sie sitzt fest auf Welle 2 und treibt durch Stirnräder 3—6, 4—7, 5—8 die Welle 9. Zwischen den Rädern 7, 8 sitzt die Kupplung 10, während das Rad 6 als Klemmrollenkupplung ausgebildet ist. Sie wird überholt, wenn die Kupplung 10 im Eingriff ist und tritt automatisch in Wirksamkeit, wenn die Kupplung 10 in Mittelstellung steht.

Der Welle 9 können mithin 3 verschiedene Geschwindigkeiten erteilt werden, welche durch die Wechselräder 11 auf die Welle 12 weitergeleitet werden. Die Wechselräder 11 ermöglichen 5 verschiedene Übersetzungen, so daß die Anzahl der für Welle 12 möglichen Geschwindigkeiten auf 15 erhöht wird. Auf Welle 12 sitzt die Kupplungsscheibe 13 und auf der mit 13 in gleicher Achse gelagerten Welle 14 die Hülse 15 fest. Auf 15 ist die Kupplung 16 verschiebbar, die links als Reibungskegel und rechts als Stirnrad mit Löchern und Büchsen 17 ausgebildet ist. In 16 sind ferner die Spannhebel 18 gelagert, über welche sich die Muffe 19 schiebt und dadurch eine Verschiebung von 16 bewirkt. Die Verschiebung erfolgt durch den Hebel 20. Wird die Muffe nach rechts geschoben, so legt sich zunächst 16 gegen 13 und bewirkt eine leichte Mitnahme. Bei erhöhtem Widerstand werden die Bolzen 21 durch Federn in die Mitnehmerlöcher 22 gedrückt und bewirken die zwangläufige Mitnahme, welche auf diese Weise möglichst stoßfrei erfolgt. Der Antrieb wird

Ergänzendes Material zu diesem Buch finden Sie auf
http://extras.springer.com
EXTRAS ONLINE

Fig. 119. Der Magdeburger Halbautomat.

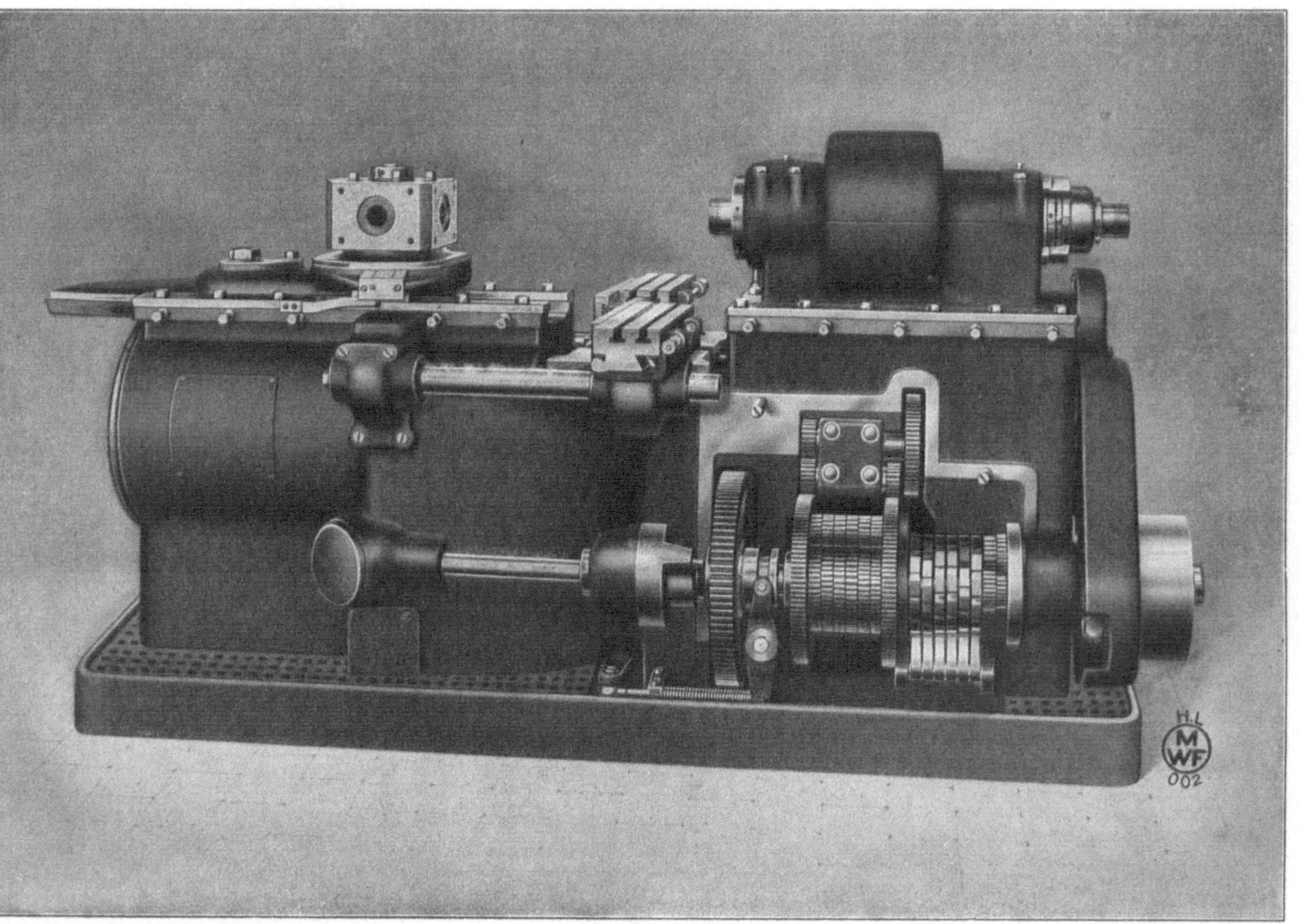

Fig. 120. Der Magdeburger Halbautomat (Hinteransicht).

dann auf Welle 14 übertragen. Wird dagegen die Muffe 19 nach links geschoben, so wird die Mitnahme aufgehoben und gleichzeitig die Kupplung 16 mit ihrem Konus in den Gegenkonus 23 gedrückt, welcher fest auf einer Nabe des Gehäuses sitzt und durch die Mutter 24 eingestellt werden kann. Die Welle 14 und damit die Arbeitsspindel wird dadurch in ihrer Lage festgehalten. Von der Welle 14 wird der Antrieb durch die Stirnräder 25, 26 auf die Nutwelle 27 geleitet, von welcher durch die Stirnräder 28—30 oder 29—31 die

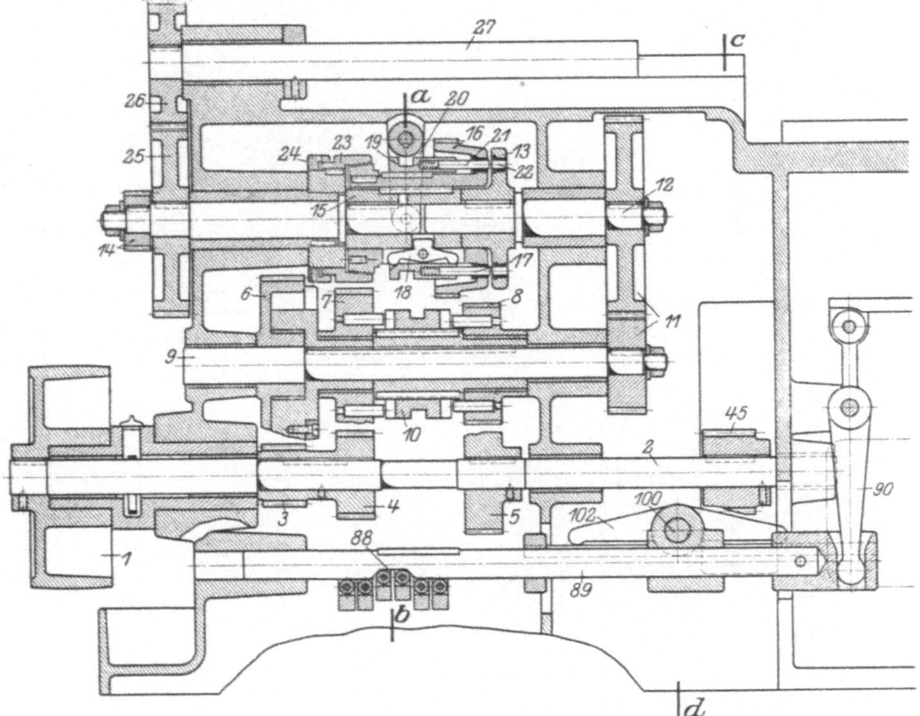

Fig. 121. Antrieb des Magdeburger Halbautomaten.

Arbeitsspindel 33 angetrieben wird (Fig. 122). Der Antrieb für Rechtsgang erfolgt direkt, der Antrieb für Linksgang durch Vermittlung des Zwischenrades 32. Die Arbeitsspindel kann also mit $3 \times 5 = 15$ verschiedenen Geschwindigkeiten angetrieben werden, und zwar sowohl als Rechtsgang, als auch mit $1^1/_2$ erhöhter Geschwindigkeit als Linksgang. Diese Einrichtung ermöglicht es, kleinere Gewinde mit normalen Werkzeugen (Schneideisen, Gewindebohrer) ohne weiteres zu schneiden. Die zwischen den Rädern 30, 31 sitzende Reibungskupplung kann von Hand durch den Hebel 35 betätigt werden, welcher durch die Falle 36 festgestellt werden kann.

7*

Der Spindelstock 37 kann durch die Ritzelwelle 38 axial verstellt und dadurch die Entfernung zwischen Arbeitsstück und Werkzeugen entsprechend der Länge des Ersteren eingestellt werden.

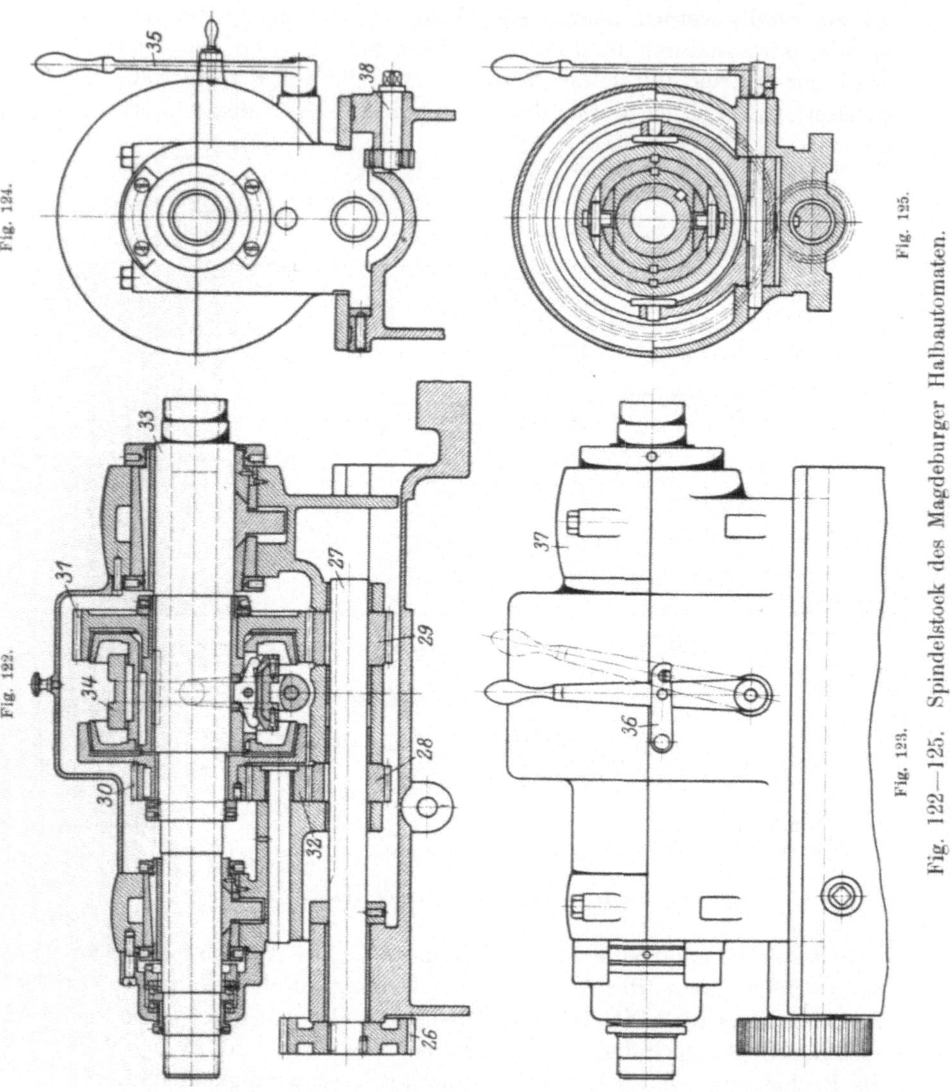

Fig. 122—125. Spindelstock des Magdeburger Halbautomaten.

Die Kupplung 10 kann automatisch gesteuert und dadurch von den 15 Geschwindigkeiten 3 während des Arbeitens verändert werden.

4. Mehrspindlige Halbautomaten.

a) Der Hauptantrieb des Gildemeister-Vierspindel-Halbautomaten.
Bei dieser Maschine sind 4 Werkzeugspindeln im Kreise angeordnet,
welche rotieren. Die Arbeitsstücke dagegen stehen still und wandern
von einer Spindel zur anderen, bis sie zu ihrem Ausgangspunkt zu-
rückgekehrt sind. Dort findet die Auswechselung von Hand statt,
und zwar während des Arbeitens der Maschine. Die Letztere wird

Fig. 126—127. Gildemeister-Halbautomat.

also nicht, wie die einspindligen Halbautomaten, zu diesem Zweck
stillgesetzt. Das Auswechseln der Arbeitsstücke beeinflußt die Leistung der Maschine nicht.

Von den 4 Werkzeugspindeln dienen 3 zum Drehen, Bohren
und Fasen, erhalten also Rechtslauf, die vierte dient zum Gewindeschneiden und erhält daher automatisch schaltbaren Rechts- und
Linkslauf.

Die Anordnung der 4 Werkzeugspindeln und der, diesen gegen-
überstehenden Spannfutter für die Werkstücke ist aus den Fig. 126—127
ersichtlich.

b) Der Hauptantrieb des Wanner-Achtspindel-Halbautomaten. Diese
Maschine weicht sowohl in der Bauart, als auch in der Konstruktion

von den sonst üblichen Automatensystemen ab. In der ersteren insofern, als sie mit vertikal gelagerten Arbeitsspindeln versehen ist, in der letzteren dadurch, daß die Einleitung der Bewegungen nicht auf rein mechanischem Wege, sondern zum Teil hydraulisch erfolgt.

Der Hauptantrieb wird den Arbeitsstücken erteilt, während die Werkzeuge nicht rotieren.

Er ist dadurch bemerkenswert und weitgehender, als andere Automatenantriebe, daß er zwar in der üblichen Weise zentral auf die im Kreise gelagerten Aufspannspindeln erfolgt, im übrigen aber ermöglicht, innerhalb eines Arbeitsstückes die Geschwindigkeit der einzelnen Aufspannspindeln unabhängig zu ändern und der jeweils auszuführenden Operation anzupassen.

Die Konstruktion geht aus der schematischen Zeichnung Fig. 128 (Tafel I) hervor.

Die 8 Aufspannspindeln sind vertikal im Kreise im unteren Maschinengestell gelagert. Der Antrieb erfolgt zunächst durch die Einscheibe a auf die Welle I und von dieser über die Stirnräder bc, de, fg, hi auf die Welle II mit 4 verschiedenen Geschwindigkeiten. Von Welle II wird der Antrieb durch Räder kl oder im auf Welle III geleitet und durch Schnecke n, Schneckenrad o auf die senkrechte Zentralwelle IV. Auf dieser sitzt das Zentralantriebrad p, welches mithin mit 8 verschiedenen, für alle 8 Spindeln gültigen Geschwindigkeiten rotiert. Vom Zentralrad p wird der Antrieb für jede Spindel, also 8 mal weitergeleitet über Räder qr auf die Wellen V und von diesen über die Räder s, $t - uv - wx$ auf die Aufspannspindeln VI. Die letzteren besitzen also $8 \times 3 = 24$ Geschwindigkeiten, von denen 8 für alle Spindeln innerhalb einer Arbeitsperiode gleich sind und nur beim Stillstand der Maschine für verschiedene Arbeitsstücke und Materialien gewechselt werden können, während 3 für jede Spindel automatisch unabhängig während des Arbeitens geschaltet werden können.

c) **Der Bullard-Mehrspindler** ist für größere Arbeitsstücke eingerichtet und in der Bauart dem vorbeschriebenen Wanner-Automaten ähnlich (Fig. 46). Es rotieren gleichfalls die Arbeitsstücke, welche in vertikal gelagerten Aufspannspindeln gehalten werden.

5. Der elektrische Antrieb.

Aus den in vorstehendem Kapitel erläuterten Antriebskonstruktionen geht hervor, daß die für eine absolut richtige und passende Schnittgeschwindigkeit und Vorschubgröße erforderlichen Veränderungsmöglichkeiten der Geschwindigkeiten nicht immer vorhanden sind.

Diese Geschwindigkeiten gelten allerdings nur für die Veränderungen innerhalb eines Arbeitsstückes, während für verschiedene

Arbeitsstücke und Materialien meist noch eine genügende Veränderung durch Wechselräder u. dgl. bei stillstehender Maschine vorgesehen ist.

Es erscheint indessen dem Konstrukteur zuweilen wünschenswert, auch innerhalb eines Arbeitsstückes eine größere Regelbarkeit vorzusehen. Sie würde zweifellos die Leistung der Maschine steigern durch weitgehende Anpassung der Umdrehungszahl für jeden Durchmesser und jedes Werkzeug, als auch die Genauigkeit des Arbeitsproduktes erhöhen durch besseren Schnitt der Werkzeuge.

Diese Forderung bedeutet zunächst den Einbau von Räderkästen und Schaltgetrieben und es ist sehr fraglich, ob abgesehen von der dadurch bedingten Verteuerung der Maschine die erreichten Vorteile im Betriebe nicht illusorisch gemacht werden durch die größere Möglichkeit von Betriebsstörungen, welche bei weitgehenden Getrieben dieser Art nicht ausgeschlossen sind. Es ist ferner das bereits in der Einleitung Gesagte zu berücksichtigen, nämlich daß ein Automat keine Universalmaschine sein soll, sondern daß seine beste Ausnutzung nach den Ergebnissen der Praxis in solchen Betrieben stattfindet, in welchen eine Maschine monate- ja jahrelang auf ein Arbeitsstück eingestellt ist. Dabei finden die geringsten Störungen natürlich dann statt, wenn die Maschine mit den einfachsten Mitteln nur für die, dem betreffenden Arbeitsstück dienenden Zwecke eingerichtet ist.

Es hat sich daher auch die andere Möglichkeit der Regelbarkeit durch regelbare Elektromotoren noch nicht wesentlich eingebürgert. Dieselbe ist zwar vielfach erörtert worden, doch es muß betont werden, daß gerade die Werkstatt diese Forderung am wenigsten erhebt.

Denn diese Antriebsart erfordert vorläufig noch große und teure Motore und es eignet sich ferner nicht jede Stromart gut dazu, sondern hauptsächlich nur Gleichstrom.

Will man ferner die Geschwindigkeit des Motors ändern, z. B. durch Änderung der Spannung oder der Feldstärke, so gehören dazu automatisch von der Steuerwelle zu betätigende Mechanismen, z. B. Schaltwalzen oder gar besondere elektrische Steueraggregate.

Es ist nicht jeder Einrichter in der Lage, diese Einstellungen genau vorzunehmen oder gar Störungen an dem elektrischen Teil der Maschine zu beheben.

Wenn auch in größeren Betrieben dazu geeignete Kräfte vorhanden sein werden, so dürften kleineren Betrieben solche Störungen oft unangenehm sein. Bei Mehrspindelautomaten kommt diese Regelbarkeit vorläufig überhaupt nicht in Frage, da Geschwindigkeit und Vorschub stets einer Operation angepaßt werden und für alle anderen Operationen ebenfalls benutzt werden muß.

Wenn daher beim Kauf eines Automaten elektrischer Antrieb
verlangt wird, so geschieht dies fast nie mit der gleichzeitigen
Forderung größerer Regelbarkeit, sondern deshalb, um durch Einzel-
antrieb den Wegfall der vielen Riemen und Deckenvorgelege zu erzielen.

Fig. 129.   Elektrischer Betrieb (Acme).

Die Forderung des Praktikers, der mit der Maschine arbeitet,
ist daher meistens die folgende:

„Ausreichende, jedoch nicht zu weitgehende Regelbarkeit von
Schnittgeschwindigkeit und Vorschub, Antrieb der Maschine durch
einen einzigen Riemen vom Deckenvorgelege oder einfachen Elektromotor.“

In den Fig. 129—135 sind verschiedene elektrische Antriebe dargestellt. Fig. 129 zeigt den Acme-Automaten.

Durch eine einfache Räderübersetzung wird die Antriebwelle angetrieben, ungünstig ist jedoch die Stellung des Motors auf dem Rahmen der Maschine. Durch diese Anordnung sind Erschütterungen kaum zu vermeiden. Eine Stellung des Motors am Fuße der Maschine würde richtiger sein.

In Fig. 130 erfolgt der Antrieb eines Cleveland-Automaten durch 2 getrennte Motore für Schnitt- und Vorschubgeschwindigkeit. Der erstere ist ein Regelmotor, die Steuerung erfolgt durch eine auf der Steuerwelle sitzende Steuerwalze.

Fig. 130. Elektrischer Antrieb (Cleveland).

Der in Fig. 131—132 dargestellte Gridley-Automat hat ebenfalls zwei getrennte Antriebmotore. Sie sind beide regelbar. Die beiden Anlasser werden durch Zahnsegmente von der mittleren Steuertrommel geschaltet.

Bei dem Brown und Sharpe-Automaten Fig. 133—134 erfolgt der Antrieb durch einen im Fuß der Maschine montierten Regelmotor, dessen Steuerung durch eine auf der Steuerwelle sitzende Kurvenscheibe A unter Vermittlung eines Segments B automatisch betätigt wird.

Die Kurvenscheibe zeigt deutlich die einzelnen Geschwindigkeitsstufen für die verschiedenen Operationen.

Einen guten konstruktiven Antrieb zeigt Fig. 135, hier ist der angeflanschte regelbare Motor mit der Maschine zu einem organischen Ganzen verbunden.

Eine andere Art der Regelbarkeit der Spindelgeschwindigkeiten stellen die Flüssigkeitsgetriebe dar, die zwar nicht neu sind, mit denen aber erst in den letzten Jahren eingehende Versuche angestellt wurden.

Diese Versuche berechtigen zwar noch nicht zu einem abschließenden Urteil, doch haben sie erwiesen, daß die Flüssigkeitsgetriebe bei

Fig. 131 u. 132. Elektrischer Antrieb (Gridley).

erreichter Genauigkeit und Dauerhaftigkeit der Ausführung als Regelgetriebe zweifellos in Frage kommen. Es sei daher an dieser Stelle schon jetzt darauf hingewiesen, daß diese Getriebe unter Umständen berufen sind, gerade beim Antrieb von Automaten eine Rolle zu spielen, da sie die Regelung mit weit einfacheren Mitteln bewirken, als es die jetzt nötigen, aus vielen Teilen bestehenden Räder- und Kupplungsgetriebe vermögen. Es soll damit wiederholt zum Ausdruck gebracht

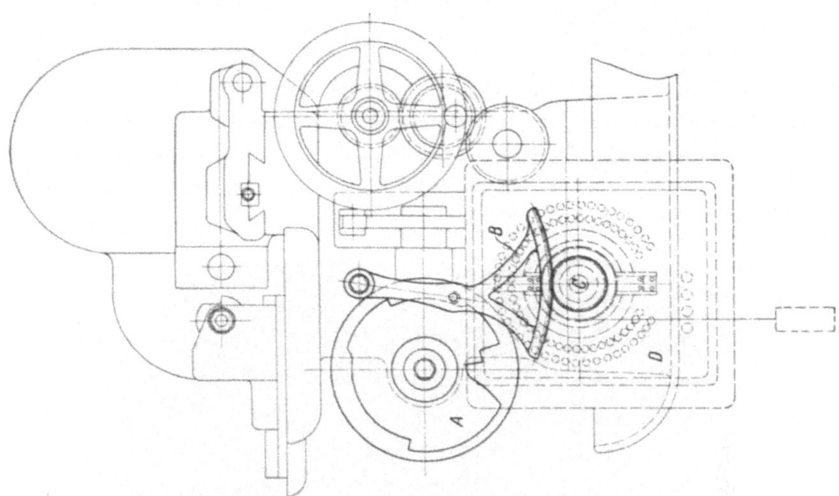

Fig. 134. Elektrischer Antrieb (Brown & Sharpe).

Fig. 133. Elektrischer Antrieb (Brown & Sharpe).

werden, daß bei automatischen Maschinen größte Einfachheit der Mechanismen anzustreben ist.

Aus den verschiedenen schon vorhandenen Konstruktionen ist das Sturm-Getriebe herausgegriffen, welches sich nach eigener Beobachtung des Verfassers bereits in zweijährigem Dauerbetrieb bewährt hat.

Das Getriebe (Fig. 136—138) besteht aus zwei Drehkolbenpumpen, von denen die eine als Flüssigkeitspumpe (Fig. 136), die andere als Flüssigkeitsmotor (Fig. 137) wirkt. Als Treibmittel wird Maschinenöl

Fig. 135.   Index-Automat mit Flanschmotor.

verwendet, das gleichzeitig die bewegten Teile schmiert. Beide Pumpen sind in einem gemeinsamen, zylindrisch ausgebohrten Gehäuse untergebracht, welches als Ölbehälter dient.

Die Regelung der Umlaufzahl der getriebenen Welle erfolgt durch gleichzeitige, aber entgegengesetzte Änderung der Fördermenge der treibenden und der getriebenen Pumpe. Durch Versuche ist festgestellt, daß der zweckmäßigste Regelbereich eine Übersetzungsstufe von $1:8$ umfaßt, weitere Übersetzungen können dann durch Rädervorgelege erzielt werden.   Die Wirkungsweise ist folgende:

Die Flüssigkeitspumpe b (Fig. 136) ist mit der Antriebscheibe d (Fig. 138) gekuppelt, während der Flüssigkeitsmotor c (Fig. 137) mit der Hohlwelle e verbunden ist, von der aus unmittelbar oder durch Rädervorgelege $f\,g$ die Arbeitsspindel h angetrieben wird. Die Pumpen haben verstellbare Förderräume, indem ihre Laufgehäuse unterteilt sind und die Laufgehäusehälften i bzw. k gegen die Rollentrommel der

Pumpen verstellt werden. Die Laufgehäuseteile sind zwischen Segment-
stücken *l* bzw. *m* gelagert. Diese enthalten die Überstromkanäle. Im

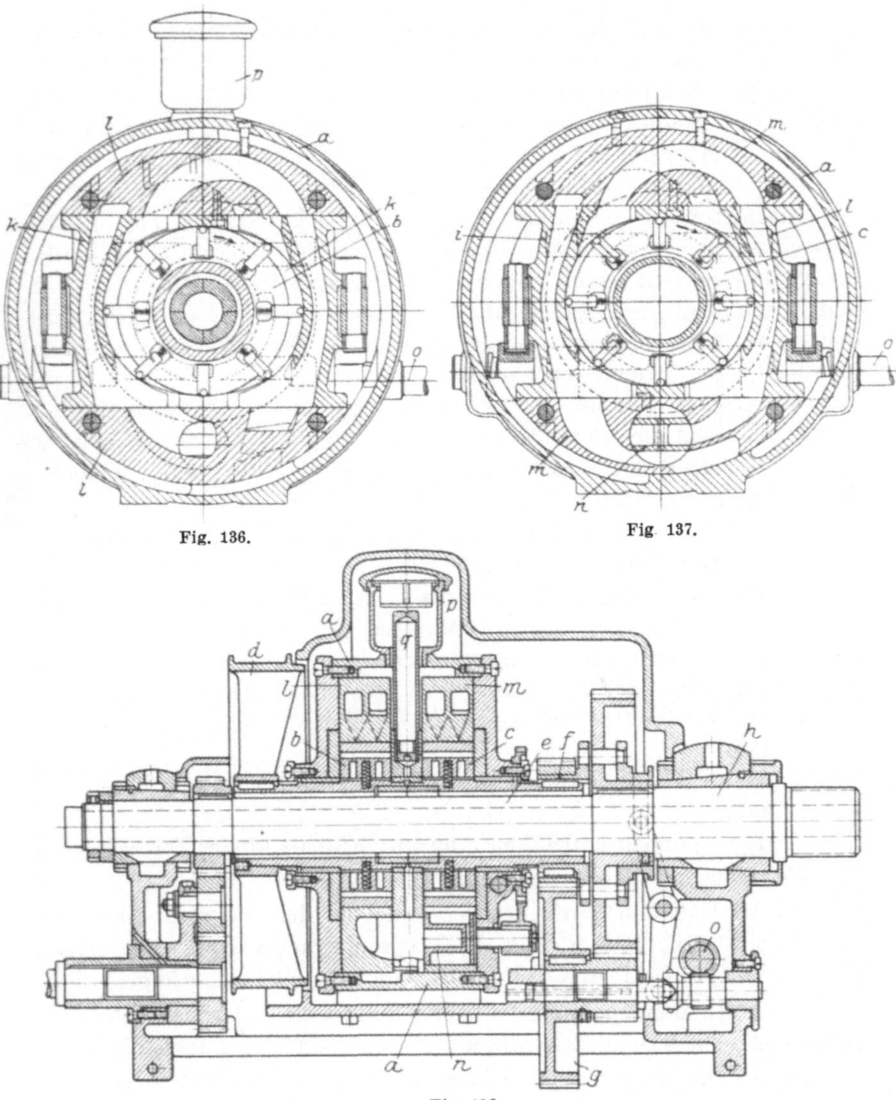

Fig. 136. Fig. 137.

Fig. 138.

Fig. 136—138. Regelbares Flüssigkeitsgetriebe (Sturm-Getriebe).

Segment *m* des Flüssigkeitsmotors *c* ist der Umsteuerschieber *n* eingebaut. Die Verstellung der Laufgehäuse erfolgt durch eine Stell-
spindel *o* gegenläufig zueinander; *p* ist der Einfüllbehälter, *q* ein Wind-
kessel um etwaige Stöße aufzufangen.

B. Die Materialspannung.

Während bei den Halbautomaten die Materialspannung von Hand in einem Backenfutter oder auch in einem dem Arbeitsstück angepaßten Sonderfutter erfolgt, muß bei den Vollautomaten das Öffnen und Schließen des Futters automatisch geschehen. Zwischen diesen beiden Funktionen muß die Zuführung des Materials liegen.

Als einfache und sichere Lösung dieser Aufgabe ist bei den Vollautomaten die Spannpatrone allgemein gebräuchlich. Sie besteht aus einer geschlitzten, daher federnden Hülse mit konischem Ende, welch letzteres in einen Innenkonus gedrückt wird. Dadurch wird ein Zusammenfedern (Schließen) der Patrone bewirkt und die senkrecht zur Materialachse liegende Bewegung des Schließens in eine parallel dazu liegende verwandelt.

Es handelt sich also in der Hauptsache darum, die Spannpatrone selbst oder den sie umschließenden Innenkonus axial in der Arbeitsspindel-Richtung automatisch zu verschieben. Dabei sind folgende Forderungen zu erfüllen:

1. Das Material muß fest und sicher sowohl gegen Verdrehung als auch gegen Verschiebung gehalten sein.

2. Die Spannung muß Toleranzen des zu spannenden Materials und zwar bei blankgezogenem Material bis ca. 0,3 mm, bei rohgewalztem Material bis ca. 0,5 mm zulassen.

3. Der Grad der Spannung muß einstellbar sein.

4. Die Spannung darf keine axiale Verschiebung des Materials hervorrufen.

5. Nach der Spannung muß das Spannfutter gegen Lösen gesichert sein.

6. Das Spannen und Lösen muß in möglichst kurzer Zeit erfolgen.

Es geht aus diesen Forderungen hervor:

Zu 1: Daß ein einfaches Verschieben der Patrone oder des Innenkonus nicht genügt, daß dies vielmehr unter Anwendung einer Übersetzung, sei es durch Keil, Konus oder Hebel, erfolgen muß.

Zu 2: In den Spannmechanismus muß eine federnde Sicherung eingebaut sein, welche den Material-Toleranzen Rechnung trägt.

Zu 3: Die angewendete Übersetzung muß veränderlich sein.

Zu 4: Eine axiale Verschiebung des Materials läßt sich am einfachsten durch Verschiebung des Innenkonus vermeiden.

Zu 5: Nach erfolgter Spannung muß sich das Übersetzungselement (Keil, Hebel) auf einer geraden Fläche (toter Punkt) befinden.

Zu 6: Die Spannung muß durch möglichst schnell laufende Kurven oder Anschläge bewirkt werden.

Die nachfolgenden Ausführungsbeispiele lassen die verschiedenen Mittel zur Erreichung dieses Zieles, sowie die ganze oder teilweise Erfüllung dieser Forderungen erkennen.

I. Patronenspannfutter mit Spannrohr.

Um das Spannfutter am vorderen Ende der Arbeitsspindel möglichst kurz zu halten und die Arbeitsstelle der Werkzeuge möglichst nahe an das Spindellager zu verlegen, ist es vielfach üblich, vorne nur die Spannpatrone selbst anzubringen, den Spannmechanismus dagegen auf das hintere Ende der Arbeitsspindel zu verlegen. Man

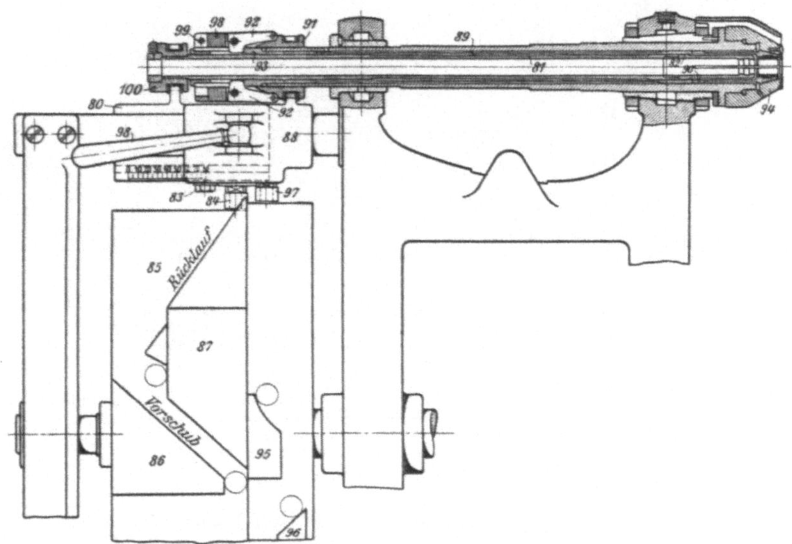

Fig. 139. Spannung am hinteren Spindelende (Loewe).

muß diesen Vorteil jedoch erkaufen durch Anbringung eines langen, durch die hohle Arbeitsspindel hindurchgehenden Spannrohres, welches die Spindelbohrung und damit den Materialdurchlaß verkleinert.

Eine solche Ausführung zeigt Fig. 139. Auf dem vorderen Spindelzapfen ist der Innenkonus 94 aufgeschraubt, in welchen sich die Spannpatrone 90 legt. Hinter der Spannpatrone liegt das Spannrohr 89 und hinter diesem die Muffe 93. Auf dem hinteren Spindel ende sitzt verschiebbar der Spannkonus 91, welcher von einer Gabel des Schiebers 88 umfaßt wird. Ferner sitzt auf der Spindel fest die Muffe 98, in welcher die beiden Spannhebel 92 gelagert sind. Die letzteren liegen mit ihren kurzen Schenkeln hinter der Muffe 93, mit ihren langen Schenkeln gleiten sie auf dem Spannkonus 91. Der Schieber 88 und damit der Spannkonus 91 wird durch die Kurven 95,

96 und Rolle 97 nach links oder rechts verschoben. Bei Verschiebung nach links werden die Spannhebel nach außen und mit ihren kurzen Schenkeln nach vorne gedrückt. Sie drücken die Spannpatrone mittelst Muffe 93 und Spannrohr 89 ebenfalls nach vorne in den Innenkonus 94. Die Patrone schließt sich.

Die Regulierung erfolgt durch Einstellung der Muffe 98 mittelst der Mutter 99. Durch den Hebel 98 kann das Spannfutter von Hand betätigt werden.

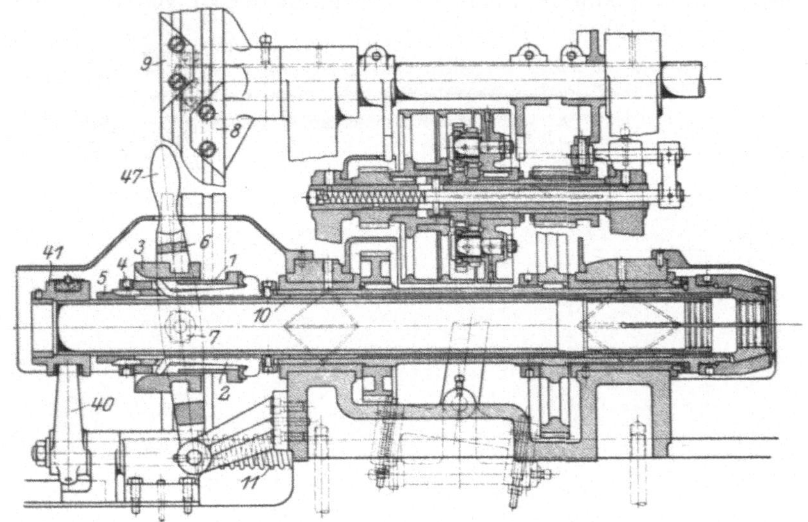

Fig. 140. Spannung am hinteren Spindelende.

Die in Fig. 140 dargestellte Konstruktion ist im Prinzip ähnlich, hat jedoch den Vorteil einer kürzeren Baulänge. Auf dem hinteren Spindelende sitzt die Muffe 1, in welcher die Spannhebel 2 gelagert sind. Über die Muffe 1 schiebt sich der Spannkonus 3, welcher beim Verschieben nach links mit seinem Innenkonus die Spannhebel nach innen drückt. Da dieselben sich mit ihren kurzen Schenkeln gegen die Muffe 1 abstützen, so drücken sie die Muffe 10 und damit Spannrohr und Spannpatrone nach vorn. Die Verschiebung der Muffe 3 erfolgt von Hand durch den Hebel 6 und automatisch durch Kurven 8, 9 und Rolle 7.

Die Regulierung erfolgt durch axiale Einstellung der Muffe 3 mittelst Mutter 4 und Gegenmutter 5.

II. Patronenspannfutter ohne Spannrohr.

Um den Nachteil des Spannrohrs, welches den Materialdurchlaß nicht unwesentlich verkleinert, besonders da noch das Vorschubrohr hinzukommt, zu vermeiden, ist in Fig. 141 der Spann-

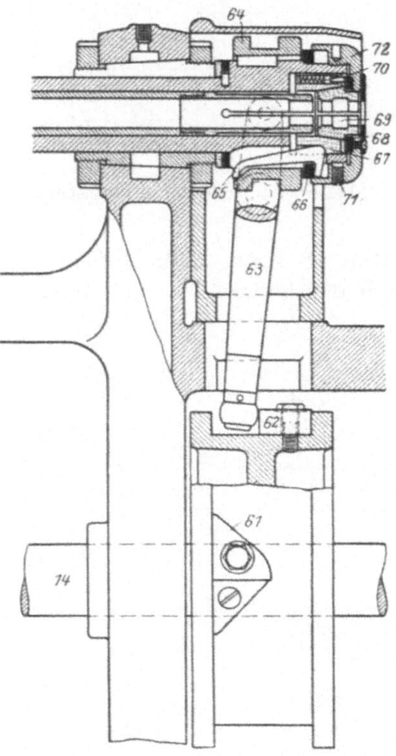

Fig. 141. Spannung am vorderen Spindelende (Loewe).

mechanismus an das vordere Spindelende verlegt, wodurch sich
aber, wie schon erwähnt, die Baulänge des Spannfutters vergrößert. Auf der Spindel ist die Kappe 72 fest aufgeschraubt.
Gegen einen gehärteten Ring 68 dieser Kappe legt sich die 3teilige
Spannpatrone 69 und über dieser ist der Spannkonus 67 verschiebbar. Auf der Spindel sitzt ferner die Muffe 64, in welcher die
Spannhebel 65 gelagert sind. Die Muffe 64 wird durch die Kurven
61, 62 auf der Steuerscheibe 60 nach links und rechts bewegt.
Bei Verschiebung nach links werden die Spannhebel nach innen ge-

drückt und drücken, da sie sich mit ihren kurzen Schenkeln an den Ring 66 abstützen, den Konus 67 nach vorne über die Spannpatrone, wodurch sich die letztere schließt. Eine axiale Verschiebung der Spannpatrone und damit des Materials kann nicht stattfinden, da die

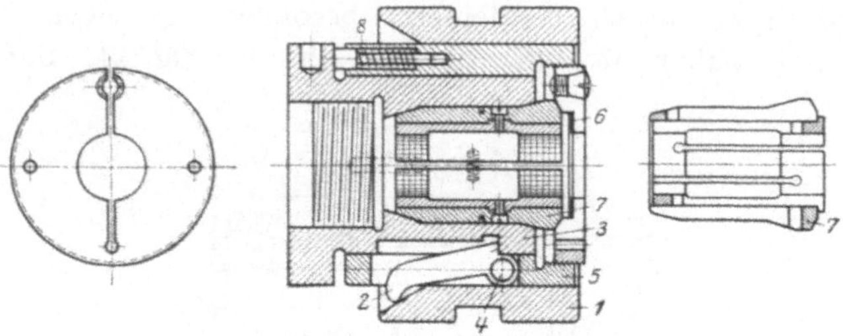

Fig. 142—144. Patronen-Spannfutter.

Patrone gegen den Ring 68 liegt. Beim Öffnen des Futters wird der Spannkonus 67 durch die Federn 70 nach links gedrückt.

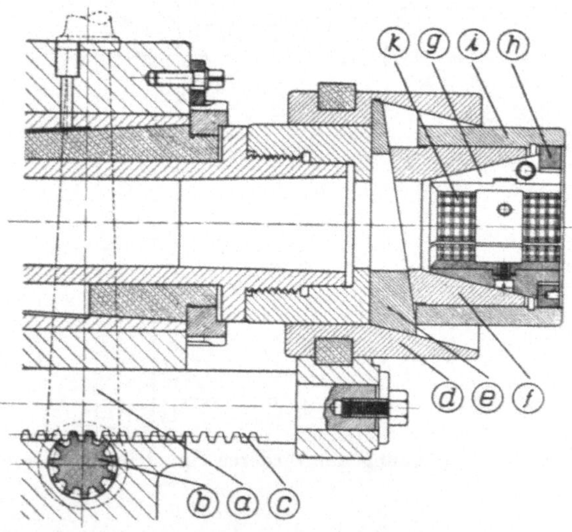

Fig. 145. Keilspannfutter.

Eine in ihrer Wirkung entgegengesetzte Konstruktion zeigt Fig. 142—144. Durch Verschiebung der Muffe 1 werden die Spannhebel 2 nach innen gedrückt. Sie stützen sich dabei mit ihren kurzen Schenkeln ab gegen den, fest auf die Spindel aufgeschraubten Spannkonus 3 und bewirken daher, da sie mit Bolzen 4 an die Muffe 5 angelenkt sind, eine Verschiebung dieser letzteren nach links. Die mit 5 verschraubte Kappe 6 drückt dabei die Spannpatrone 7 in einen doppelten Innenkonus von 3. Die Regulierung erfolgt durch Einstellung der geschlitzten mit Außengewinde versehenen Kappe 6 in der Muffe 5. Beim Öffnen des Futters wird die Muffe 5 durch die Federn 8 wieder nach rechts geschoben.

In Fig. 145 ist das Keilspannfutter dargestellt, das sich bei allerdings etwas langem Spannweg durch besondere Spannkraft infolge seiner Keilwirkung auszeichnet.

Durch den Hebel a von Hand oder durch Kurvenbetätigung von der Steuerwelle aus wird durch Ritzel b und Zahnstange c die Spannmuffe d verschoben. Beim Verschieben der Muffe nach rechts verschiebt sich der Spannkeil e senkrecht zur Futterachse, drückt den Spannkegel f vor und schließt dadurch die dreiteilige Spannpatrone g. Eine einstellbare Ringmutter h in dem Futtergehäuse i reguliert die Spannkraft. Für die verschiedenen Materialdurchmesser wird die Spannpatrone mit Einsatzbacken k versehen.

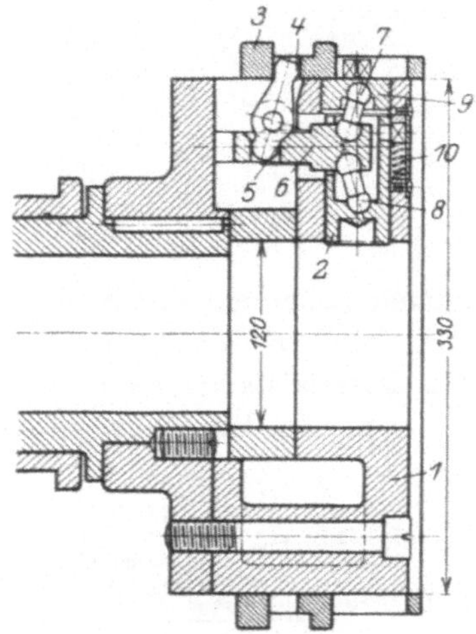

Fig. 146. Kniehebel-Spannfutter.

Für größere Maschinen und besonders starke Spannung ist das Kniehebelfutter Fig. 146 bestimmt. Auf der Arbeitsspindel ist mittelst eines Flansches der Futterkörper 1 befestigt, in welchem die Schieber 2 radial verschiebbar sind. Über den Futterkörper schiebt sich die Muffe 3. Beim Verschieben nach links nimmt sie die Hebel mit, welche mit ihrem unteren Schenkel 5 die Bolzen 6 nach rechts drücken. Dadurch stellen sich die beiden Hebel 7, 8 senkrecht und bewirken eine radiale Verschiebung der Schieber 2 nach innen. An 2 sind mit Zapfen die auswechselbaren Spannbacken eingesetzt.

Die Regulierung erfolgt durch den Gewindebolzen 9, gegen den sich der Hebel 7 abstützt. Beim Öffnen des Futters werden die Schieber 2 durch die Federn 10 wieder nach außen gedrückt.

Beide Vorteile, nämlich den Fortfall des Spannrohrs und eine kurze Baulänge des Futters vereinigt die Konstruktion Fig. 147. Der Spannmechanismus ist dicht hinter dem vorderen Spindellager eingebaut, wodurch sich (besonders in Fig. 147) statt des langen Spannrohres nur eine kurze Hülse erforderlich macht, welche, als Innenkonus ausgebildet, sich über die Spannpatrone schiebt. Die

8*

letztere ist zuweilen als Doppelkonus ausgebildet, verschiebt sich dabei aber beim Spannen. Dies ist bei Fig. 147 nicht der Fall.

Bei der Konstruktion Fig. 148 ist ebenfalls nur eine kurze Hülse 1 vorhanden, welche sich gegen einen Ansatz der Spindel abstützt. Beim Verschieben des Spannkonus 2 nach rechts ziehen die

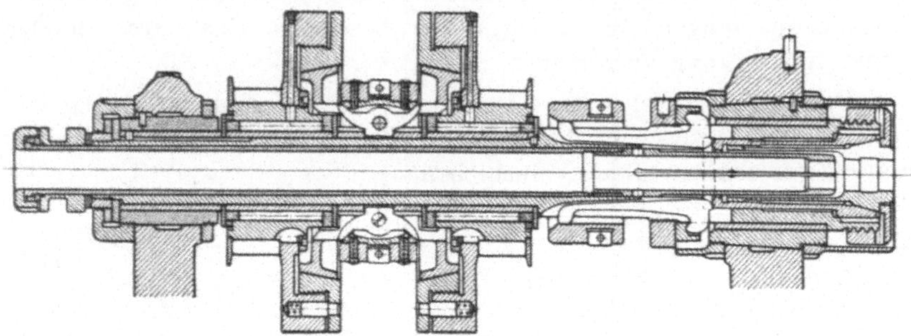

Fig. 147. Patronen-Spannfutter.

kurzen Schenkel der Spannhebel 3 den Spannkonus 4 nach hinten über die Spannpatrone 5. Ein Verschieben derselben und damit der Materialstange kann mithin nicht eintreten.

Um bei Spannfuttern im allgemeinen die Material-Toleranzen auszugleichen, empfiehlt sich der Einbau einer federnden Sicherung, welche entweder z. B. in einer Anzahl Spiral-

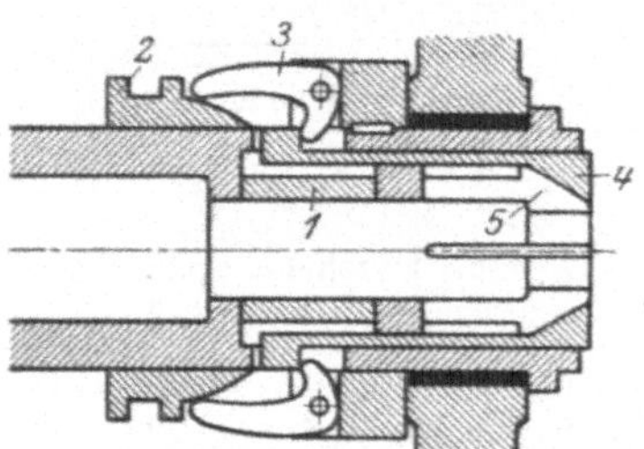

Fig. 148. Patronen-Spannfutter.

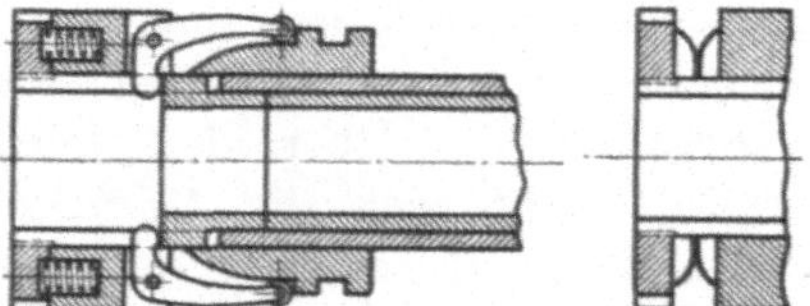

Fig. 149—150. Sicherungsfedern.

federn (Fig. 149) oder 2 gewölbten Tellerfedern (Fig. 150) bestehen kann.

Diese Federn ermöglichen beim Spannen von dickeren Materialstellen ein Zurückfedern der Spannmuffe mit den Spannhebeln, wodurch einem Zerbrechen der Letzteren vorgebeugt wird.

Eine Spannvorrichtung, wie sie bei den sog. Schraubenautomaten gebräuchlich ist, zeigen Fig. 151—152.

Auf dem vorderen Spindelende sitzt der Futterkopf 1, in welchem vier Spannbacken 2 nebst den Spannhebeln 3 gelagert sind. Die letzteren werden in bekannter Weise durch Verschieben der Spannmuffe 4 betätigt.

Die Einrichtung baut sich zwar sehr lang und ist für größere Maschinen daher nicht empfehlenswert, sie hat den Vorteil, daß nicht nur das Spannrohr, sondern auch die Spannzangen in Fortfall kommen, da sich die Spannbacken mittelst der Schrauben 5 in den Spannhebeln für verschiedene Materialdurchmesser einstellen lassen.

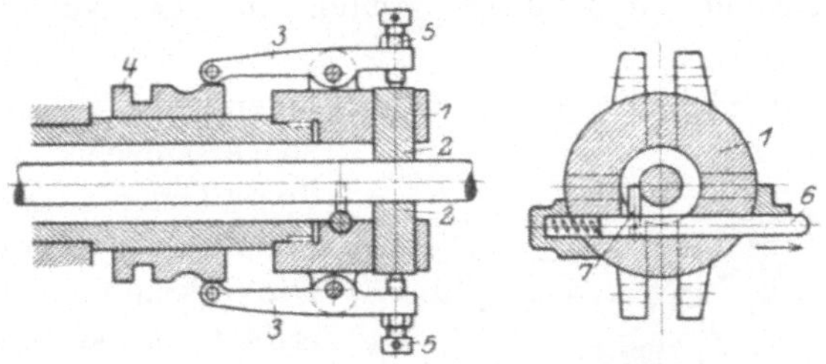

Fig. 151—152. Spannfutter für Schraubenautomaten.

Eine ebenfalls in der Regel bei Schraubenautomaten für leichtes Material gebräuchliche Spannvorrichtung zeigt Fig. 153. Das Spannrohr 1 mit der Spannpatrone 2 wird kurz vor dem Vorschieben des Materials durch eine Kurve 3 unter Vermittlung des Gabelschiebers 4 nach vorn geschoben. Dadurch löst sich die Patrone aus dem Futterkopf 5 und gibt das Material frei. Nach beendigtem Vorschub wird die Rolle von der Kurve 3 freigegeben, die starke Feder 6 drückt die Patrone wieder in den Futterkopf.

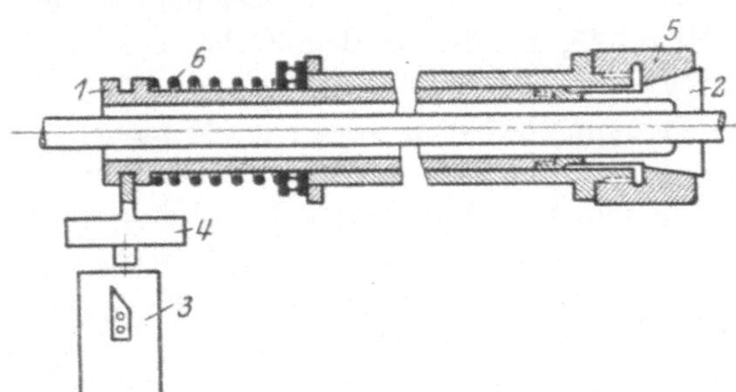

Fig. 153. Spannfutter für leichte Schraubenautomaten.

III. Spannung bei mehrspindligen Automaten.

In der Regel weicht die Spannung der mehrspindligen Automaten von dem Prinzip der Spannung der einspindligen Maschinen nicht ab, da nur das Spannfutter betätigt wird, welches sich jeweils in der ersten Arbeitsstellung befindet. Es gibt jedoch Automaten (z. B. der Lester-Automat, Fig. 35), bei denen wahlweise entweder ein oder alle Spannfutter gleichzeitig betätigt werden können. Eine Lösung dieser Aufgabe zeigt Fig. 154—155.

Auf den Arbeitsspindeln 1 sitzen die Spannkonen 2, welche durch die Spannhebel 3 die Spannfutter in der mehrfach beschriebenen Weise betätigen. Um die Arbeitsspindel faßt das Gehäuse 4 mit der inneren Kreisnut 5. In letztere fassen die Segmente 6, welche mit der Nabe 7 verbunden sind. In den Segmenten 6 sind die Rollen 8 gelagert und diese greifen in die Nut der Spannkonen 2.

Wenn das Gehäuse 4 mit den Segmenten 6 verschoben wird, so verschieben sich sämtliche Spannkonen 2 und sämtliche Spannfutter werden betätigt. Die Verschiebung des Gehäuses erfolgt durch eine auf der Steuerwelle sitzende Kurventrommel 9, welche einen Schieber 10 beeinflußt. In diesen Schieber ist das Gehäuse bei 11 eingelassen. Damit beim Verschieben kein Ecken des Gehäuses eintreten kann, wird dasselbe an drei Punkten gefaßt, indem der Schieber 10 mit Zähnen 12 versehen ist, welche unter Vermittlung der Ritzel 13, 14 die an dem Gehäuse 4 befestigten Zahnstangen 15 bewegen.

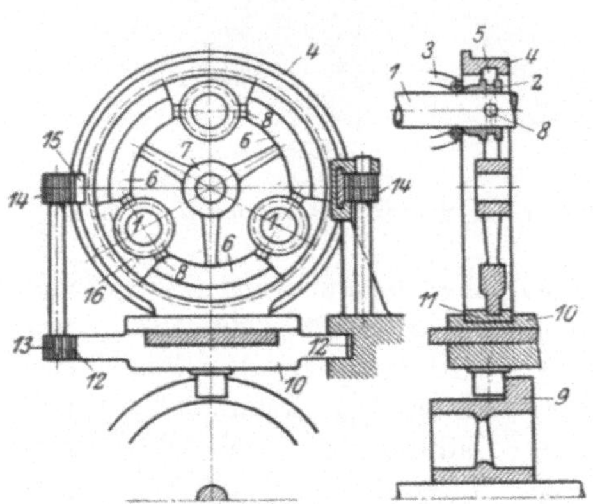

Fig. 154—155. Gleichzeitige Spannung bei Mehrspindelautomaten.

Die Spindeltrommel wird in diesem Falle nicht geschaltet (siehe S. 31). Ist dies jedoch der Fall und soll nur das jeweils in der ersten Arbeitsstellung befindliche Spannfutter betätigt werden, so werden die Segmente 6 entfernt. Statt dessen wird in das Gehäuse 4 ein Segment 16 (strichpunktiert) fest eingeschraubt. In dieses Segment gleitet beim Schalten der Spindeltrommel je ein Spannkonus 2 mit seiner Nute und wird bei der Verschiebung des Gehäuses 4 mitgenommen.

IV. Spannfutter für die zweite Aufspannung.

Es kommt häufig vor, daß ein von der Stange hergestelltes Teil in der ersten Aufspannung (der Stange) nicht ganz fertig bearbeitet werden kann, weil auf der den Werkzeugen entgegengesetzten Seite des Arbeitsstückes Operationen auszuführen sind. Es ist eine zweite Aufspannung erforderlich, welche entweder automatisch durch ein Magazin oder von Hand erfolgen kann.

Da bei dieser Aufspannung die Bearbeitung der zweiten (vorher hinteren) Seite des Arbeitsstückes erfolgt, so werden dabei auch die endgültigen Längenmaße desselben festgelegt und es ist daher erforderlich, das Arbeitsstück gegen einen festen nicht an der Spannpatrone sondern am festen Futterkörper sitzenden Anschlag zu schieben. Es muß gegen diesen Anschlag diejenige in der ersten Aufspannung bereits bearbeitete Fläche liegen, welche in einem bestimmten ge-

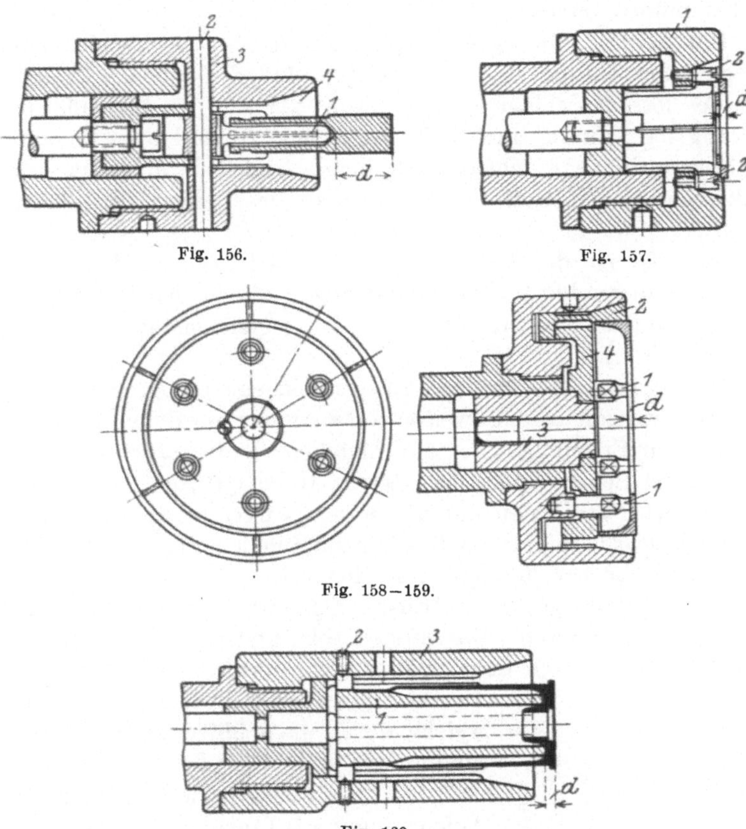

Fig. 156. Fig. 157.

Fig. 158—159.

Fig. 160.

Fig. 156—160. Spannfutter für die zweite Aufspannung.

nauen Abstande von den in der zweiten Aufspannung zu bearbeitenden Flächen liegen soll.

Einige Ausführungsbeispiele zeigen die Fig. 156—160.

Die Spannpatrone muß nach innen gezogen werden, damit sie beim Spannen das Arbeitsstück ebenfalls nach innen, und zwar gegen den vorerwähnten festen Anschlag zieht. Zu diesem Zwecke wird die normale Spannvorrichtung für Stangenmaterial in folgender Weise umgebaut:

Das normale Spannrohr, ebenso das Vorschubrohr werden aus der Spindel entfernt, statt dessen werden Büchse 1 (Fig. 161) und Stange 2 mit Büchse 3 eingesetzt.

Wird jetzt in normaler Weise die Muffe 4 nach links geschoben, so stützen sich die kurzen Schenkel der Spannhebel 5 an der Büchse 1 ab und die ganze Muffe 6 bewegt sich nach links. Büchse 3, Stange 2 und die am vorderen Ende der letzteren verschraubte Spannpatrone werden mitgenommen.

Das in Fig. 156 gezeichnete Arbeitsstück soll in der zweiten Aufspannung ein genau gleichmäßiges Maß d ergeben. Es ist deshalb der feste Anschlagbolzen 1, gegen den sich die Bodenfläche der Bohrung legt, durch einen Stift 2 mit dem Futterkörper 3 verstiftet. Die Spannpatrone 4 schiebt sich beim Schließen über das Arbeitsstück nach innen und drückt dasselbe fest gegen den Anschlagbolzen 1.

Dasselbe ist der Fall in Fig. 157. Hier legt sich die vorher bearbeitete Seite des Arbeitsstückes gegen die in den Futterkörper 1 eingeschraubten Anschlagstifte 2, um eine gleichmäßige Stärke d zu erreichen.

In Fig. 158—159 ist das Arbeitsstück, eine gezogene Blechkappe innen roh, sie soll in der zweiten Aufspannung am Boden plangedreht werden. Zur Erzielung einer gleichmäßigen Bodenstärke legt sich die innere rohe Seite gegen die festen Anschlagstifte 1. Die Spannpatrone 2 wird durch den auf die Stange aufgeschraubten Teil 3 und den mit diesem verbundenen Teil 4 nach innen gezogen. Die Stifte 1 ragen durch Löcher des Teiles 4 hindurch.

Die ebenfalls gezogene Hülse (Fig. 160) soll die gleichmäßige Bodenstärke d erhalten. Der innere, rohe Boden legt sich gegen die Hülse 1, welche durch Schrauben 2 im Futterkörper 3 befestigt ist. Die Schrauben fassen in Ansätze der Hülse 1, welche durch die Schlitze der Spannpatrone hindurchragen.

Bei Arbeitsstücken, welche in der ersten Aufspannung mit Innen- oder Außengewinde versehen sind, kann dieses zum Einschrauben bei der zweiten Aufspannung benutzt werden, welche in diesem Falle natürlich bei stillstehender Arbeitsspindel erfolgen muß.

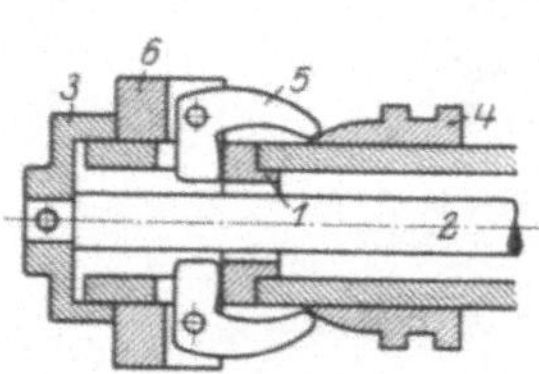

Fig. 161. Spannung der Futter Fig. 156—160.

Würden die Stücke auf einen festen Dorn geschraubt werden, so wäre ein Abschrauben schwierig, weil sich das Stück bei der Bearbeitung unter dem Spandruck sehr fest gezogen hätte.

In Fig. 162 wird das Arbeitsstück 1 in den Futterkörper 2 und gegen den vorgeschobenen Anschlag 3 geschraubt. Der letztere wird durch die normalen Spannhebel auf dem hinteren Spindelende verschoben. Nach erfolgter Bearbeitung wird der Anschlag 3 wieder zurückgezogen und das Arbeitsstück läßt sich leicht von dem Gewinde lösen.

In Fig. 163 bildet die Hülse 1 den Anschlag, welche durch einen Stift mit der Stange verbunden ist.

Teile mit fertig bearbeiteter Bohrung können auf einen Spreizdorn von innen gespannt werden (Fig. 164).

Der auf die Spindel aufgeschraubte Dorn 1 ist an seinem vorderen Ende geschlitzt und wird durch den konischen Bolzen 2 auseinandergespreizt.

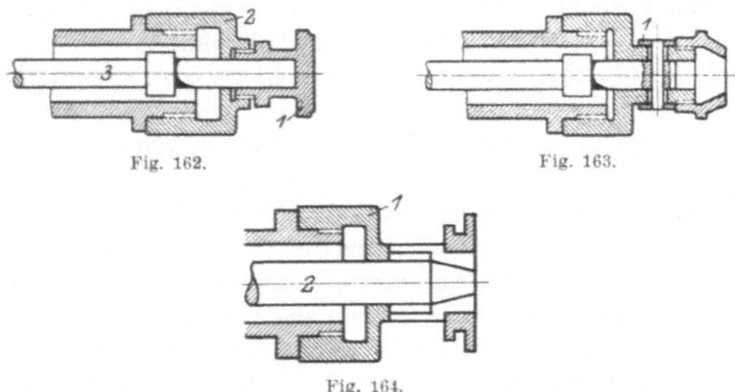

Fig. 162.   Fig. 163.

Fig. 164.

Fig. 162—164. Spannfutter für die zweite Aufspannung.

C. Die Materialzuführung.

Je nach der Form und Größe der Arbeitsstücke ist die Art der Materialzuführung eine verschiedene. In der Hauptsache sind drei Arten zu unterscheiden:

I. Stangenzuführung bei Arbeitsstücken, deren Form und Größe ein Abarbeiten von einer Materialstange gestattet. Die Zuführung besteht in einem periodischen Vorschieben der Stange durch die hohle Arbeitsspindel, und zwar um die Länge des Arbeitsstückes.

II. Magazinzuführung bei Arbeitsstücken, deren Form und Größe ein Einfüllen in ein Magazin gestattet. Die Zuführung besteht in dem automatischen Erfassen eines Arbeitsstückes aus dem Magazin und dessen Einschieben in das Spannfutter.

III. Handzuführung bei Arbeitsstücken, deren Form und Größe nur ein Aus- und Einspannen von Hand in einem stillstehenden oder auch laufenden Spannfutter gestattet.

I. Stangenzuführung.

Das Vorschieben der Materialstange bzw. das Erfassen derselben kann sowohl am vorderen als auch am hinteren Ende der Arbeitsspindel erfolgen. In allen Fällen wird das Material durch eine Patrone oder Backe oder einen hinter der Stange wirkenden Anschlag vorgeschoben. Dabei kann die Verschiebung entweder zwangläufig durch Kurven oder durch den Werkzeugschlitten oder nicht zwangläufig durch Feder- oder Gewichtsdruck erfolgen.

1. Vorschub am hinteren Spindelende.

a) Mit Vorschubrohr. α) Patronenvorschub durch Kurven. Eine federnde, geschlitzte Patrone umfaßt das Material. Sie wird während der Bearbeitung, d. h. bei geschlossenem Spannfutter nach hinten gezogen, wobei sie über das Material schleift. Im Moment zwischen Öffnen und Schließen des Spannfutters wird sie nach vorne geschoben und nimmt das Material mit bis gegen einen Anschlag, worauf sich das Spannfutter schließt. Die Forderung ist also die periodische Vor- und Rückschiebung der Vorschubpatrone.

Um das Material bis auf einen kleinen Stangenrest verarbeiten zu können, muß die Vorschubpatrone dicht hinter der Spannpatrone sitzen. Sie ist auf ein Rohr aufgeschraubt, welches sich in dem Spannrohr verschiebt und an seinem hinteren, aus der Spindel herausragenden Ende eine Muffe trägt. In Fig. 139 ist 82 die Vorschubpatrone, 81 das Vorschubrohr und 100 die Muffe. Die letztere wird von einer Gabel des Schiebers 80 umfaßt und dieser mittelst der auf der Steuertrommel 85 befestigten Kurven 86, 87 und der Rolle 84 vor- und zurückbewegt. Da die Muffe 100 dauernd rotiert, so muß die beiderseitige Reibung zwischen Muffe und Gabel durch Rotguß- oder Fibrescheiben (Fig. 139) oder besser durch Kugellager vermindert werden.

Bei dieser Konstruktion erfolgt Vor- und Rückzug zwangläufig durch die Kurven.

Aus Fig. 17 ist ersichtlich, daß nur der Rückzug des Vorschubrohres zwangläufig durch eine Kurve, dagegen das Vorschieben durch ein an einem Drahtseil befestigtes Gewicht erfolgt. Das Drahtseil ist an der Muffe befestigt und in der Figur ersichtlich. Man ist in der Lage, den Druck durch Auswechseln einzelner Gewichtsscheiben zu ändern und dem Gewicht der Materialstange anzupassen.

In Fig. 140 erfolgt der Vorschub durch eine lange Spiralfeder 11.

Handelt es sich um das Vorschieben kleiner und mittlerer Längen, so läßt sich der Materialvorschub mit der Verschiebung der Spannmuffe für das Spannfutter verbinden.

Ein Beispiel zeigt Fig. 165.

Das auf dem vorderen Spindelende sitzende Spannfutter 1 wird durch Linksschiebung der Muffe 2 geöffnet und durch Rechtsschiebung gespannt. Die Verschiebung erfolgt durch Kurven 3 auf der Steuertrommel unter Vermittlung des Hebels 4. An dem Hebel 4 ist die Stange 5 angelenkt, welche den Hebel 6 betätigt. Der letztere umfaßt die Muffe des Vorschubrohres 7.

Wird das Spannfutter geöffnet, so wird das Material durch die Vorschubpatrone 8 vorgeschoben; wird das Spannfutter geschlossen, so schiebt sich die Vorschubpatrone über das festgespannte Material wieder zurück. In dem Hebelmechanismus muß an einer Stelle, z. B. an den Gelenken oder an der Verbindungsstelle von Hebel 6

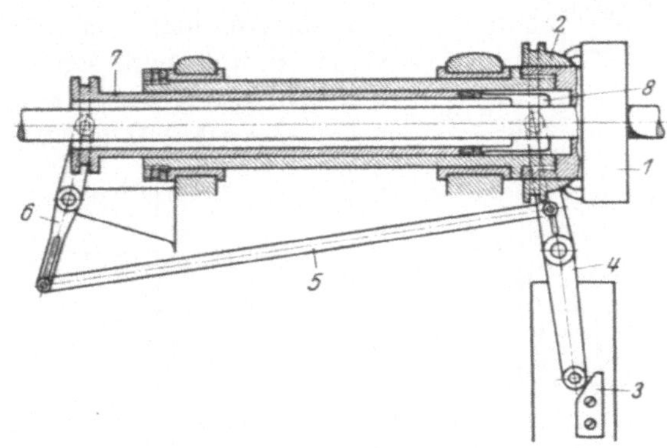

Fig. 165. Gleichzeitige Spannung und Materialvorschub.

und Rohr 7, ein Spielraum eingeschaltet sein, damit einerseits das Vorschubrohr erst dann vorgeschoben wird, wenn das Spannfutter genügend geöffnet ist und andererseits die Rückbewegung des Vorschubrohres erst dann beginnt, wenn das Material genügend festgespannt ist.

Durch Schlitze in den Hebeln kann die Stange verstellt und die Vorschublänge geändert werden.

β) Einstellung der Vorschublänge. Aus Fig. 141 ist ersichtlich, daß die Kurven 86, 87 für die größte Vorschublänge, d. h. die größte Arbeitslänge der betreffenden Maschine eingerichtet sein müssen. Bei kürzeren Arbeitsstücken ist es daher von Nachteil, daß die Vorschubpatrone stets den längsten Weg über die Materialstange gleiten muß, besonders beim Vorschub. Die Patrone wird, nachdem das Material gegen den Materialanschlag gelangt ist, von der Kurve 86 noch weitergeschoben, wobei sich die Vorschubpatrone vorzeitig abnutzt. Dieser Nachteil kann durch die Ausführung Fig. 166—167 beseitigt werden.

Die Rolle 3 ist nicht direkt mit dem Vorschubschieber 5 a fest verbunden, sondern in einem Zwischenschieber 5 gelagert. Die Bewegung dieses letzteren kann durch einen verstellbaren Anschlag 7 begrenzt werden. Während also der Schieber 5 stets den ganzen durch die Kurven 2 bedingten Weg zurücklegt, wird der Schieber 5 a früher oder später mitgenommen, legt also einen größeren oder kleineren Weg zurück, je nachdem der Anschlag 7 mehr oder weniger nach links gestellt wird. Die Vorschubpatrone legt also stets nur den Weg zurück, welcher der jeweiligen Länge des Arbeitsstückes entspricht. Eine Platte 10 des Anschlages ist mit einem Strich versehen, welcher diesen jeweiligen Patronenweg an einer Skala des Schiebers 5 a anzeigt (D. R. P. 226 739, L. Löwe).

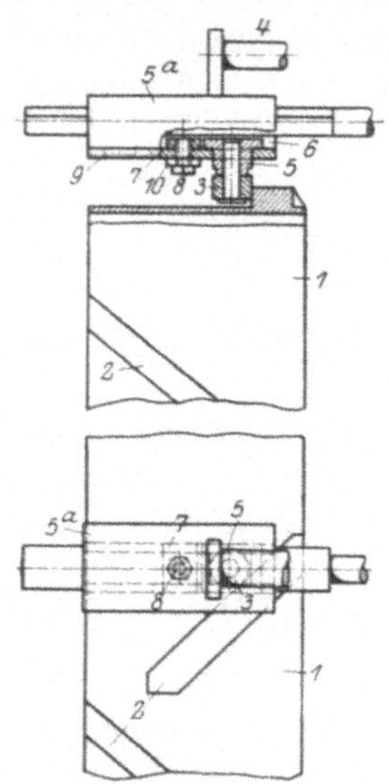

Fig. 166—167. Einstellung der Vorschublänge (Loewe).

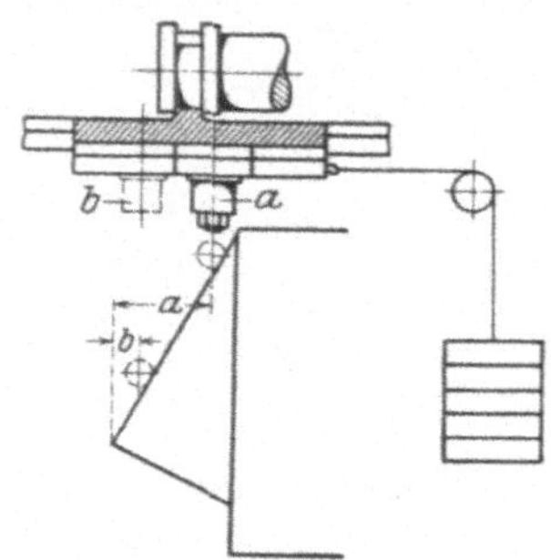

Fig. 168. Einstellung der Vorschublänge (Hasse & Wrede).

Erfolgt der Vorschub nicht zwangläufig, sondern durch Gewicht oder Feder (Fig. 168), so genügt eine einfache Verstellung der Rolle im Vorschubschieber. Der Stellung a würde der Vorschubweg a, der Stellung b der Rolle der Vorschubweg b entsprechen (D. R. G. M Hasse & Wrede).

γ) Auslösung des Vorschubes. Ist die Materialstange aufgearbeitet bis auf einen kleinen Rest, welcher kürzer ist als der Weg der Patrone, so gleitet die letztere beim Rückzuge von der Materialstange herunter. Beim nächsten Vorschube wird dann der Stangenrest aus dem Spannfutter herausgeschoben und es können Beschädigungen der Werkzeuge eintreten. Diesem Übelstand kann durch die Konstruktion (Fig. 169—171) abgeholfen werden (D. R. P. 222 253, L. Löwe).

Die Vorschubkurve 9 ist mit einem federnden Ansatz 9a versehen. Solange die Vorschubpatrone auf dem Material gleitet, ist
die Reibung zwischen diesem und der federnden Patrone stark
genug, um beim Gleiten der Rolle 8 über den Ansatz 9a ein Zurückfedern desselben zu bewirken. Derselbe kommt also gar nicht zur
Wirkung und die Rolle gleitet auf die Fläche 13 der Vorschubkurve 10,

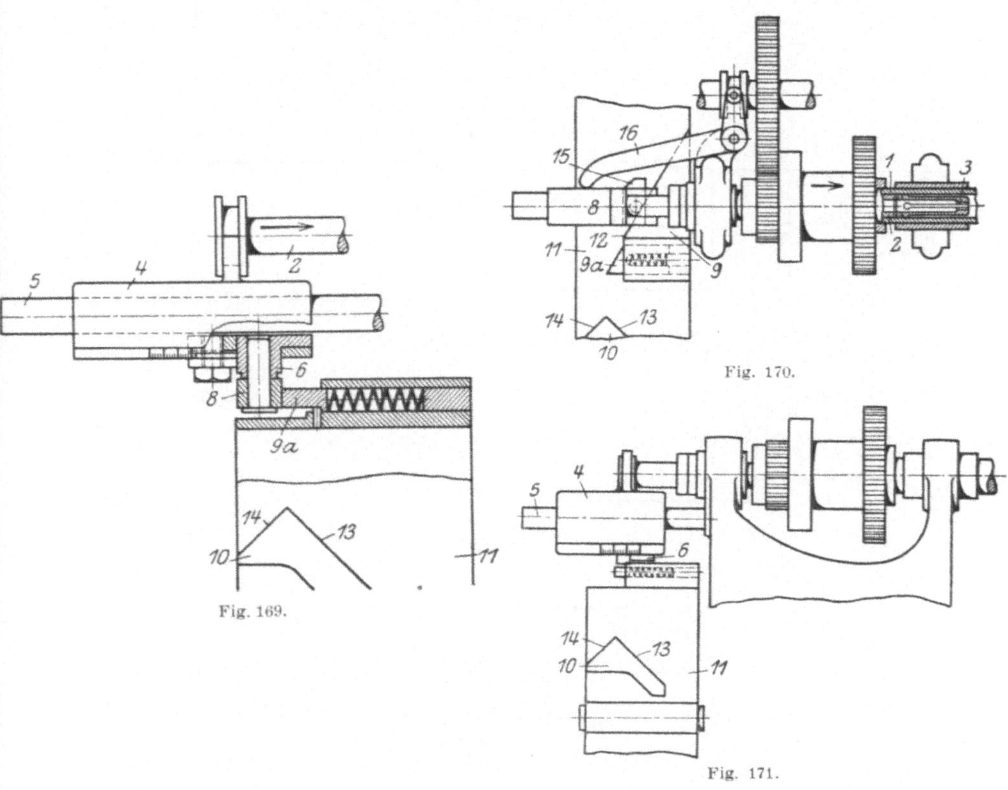

Fig. 170.

Fig. 169.

Fig. 171.

Fig. 169—171. Automatische Auslösung des Materialvorschubes (Loewe).

welche das Wiedervorschieben der Patrone veranlaßt. Ist jedoch die
Vorschubpatrone von dem Material abgerutscht, so ist keine Reibung
mehr vorhanden, die Rolle 8 gleitet an dem Ansatz 9a hinauf und
gelangt infolgedessen auf die Fläche 14 der Kurve 10. Diese bewirkt ein weiteres Zurückschieben der Rolle und des Schiebers 4.
Dabei stößt der Ansatz 15 des Schiebers 4 an den Hebel 16 und
betätigt eine Kupplung, welche in geeigneter Weise den Antrieb der
Maschine stillsetzt.

Dieselbe Einrichtung kann auch auf das Deckenvorgelege einwirken in der Weise, daß der vorerwähnte Hebel 16 mit einem anderen Hebel verbunden ist, welcher sich nach oben bewegen kann. Dieser Hebel ist durch ein Seil mit einem Hebel des Decken-

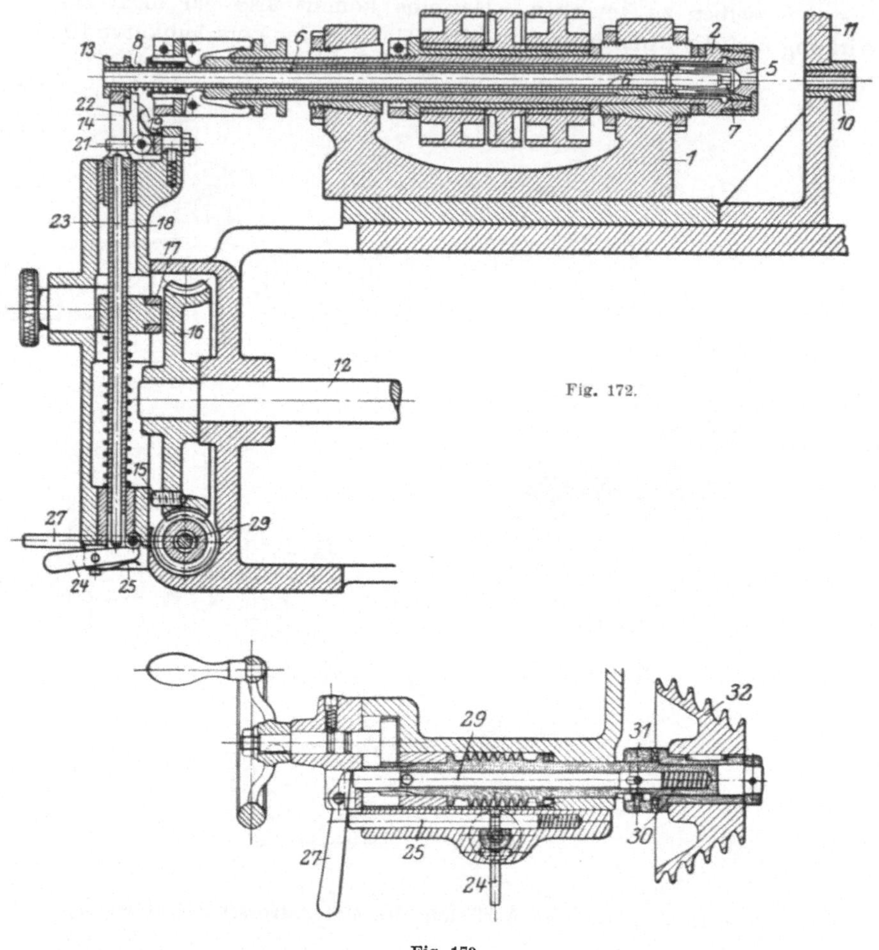

Fig. 172.

Fig. 173.

Fig. 172—173. Automatische Auslösung des Materialvorschubes (Samson).

vorgeleges, welcher durch Einwirkung eines Gewichts fällt und die Riemgabelstange verschiebt, verbunden (Fig. 106—109).

Eine weitere Einrichtung dieser Art zeigen Fig. 172—173. Sie ist für Maschinen bestimmt, bei denen nicht die Vorschubpatrone, sondern die Arbeitsspindel die Vor- und Rückwärtsbewegung ausführt (D.R.P. 279703, Samsonwerk). (Siehe Fig. 22.)

Nach dem Öffnen des Spannfutters bewegt sich der Spindelstock 1 mit der Arbeitsspindel 2 und dem Spannfutter 5 nach rückwärts (in der Abbildung nach links); dabei schiebt sich das in der feststehenden Vorschubpatrone 7 gehaltene Material durch die Spannpatrone hindurch. Nach erfolgtem Rückwärtsgang des Spindelstockes schließt sich das Spannfutter, nimmt bei der jetzt einsetzenden Vorwärtsbewegung (in der Figur nach rechts) des Spindelstockes das Material mit und schiebt es durch die Büchse 10, hinter welcher die Werkzeuge angeordnet sind. Auf der Vorschubhülse 6 sitzt ein Bund 13, in dessen Ringnut ein senkrecht beweglicher Riegel 14 faßt, und eine Verschiebung der Hülse 6 verhindert. Am Ende der Vorwärtsbewegung des Spindelstockes stößt jedoch ein Stift 15 am Schneckenrad 16, welches auf der Steuerwelle 12 sitzt, gegen die Rolle 17. Dadurch wird die Hülse 18 und der mit ihr verbundene Riegel 14 nach unten gezogen und die Vorschubhülse 6 wird frei.

Solange nun die Vorschubpatrone auf der Materialstange durch ihre Klemmung festgehalten wird, tritt eine axiale Verschiebung der Vorschubhülse 6 nicht ein. Ist die Materialstange jedoch verarbeitet und die Patrone hat die Materialstange verlassen, so wirft die Feder 8 die Vorschubhülse nach links; dabei bewegt sich der Hebel 19 ebenfalls nach links und tritt mit seinem Ansatz 22 in einen Schlitz des Riegels 14.

Bei der Abwärtsbewegung von 14 wird 19 mitgenommen und drückt mit dem Zapfen 21 die Stange 23 nach unten. Die letztere bewegt den Hebel 24, welcher nunmehr die Stange 25 freigibt, so daß sich Hebel 27 und Stange 29 nach links bewegen können. Dies geschieht unter dem Druck der Feder 30, wobei die Kupplung 31 aus der Antriebscheibe 32 herausgezogen und der Antrieb der Steuerwelle stillgesetzt wird.

Eine bei Schraubenautomaten gebräuchliche Auslösung ist aus Fig. 151—152 ersichtlich. In dem Futterkopf 1 ist ein Bolzen 6 gelagert, welcher unter dem Druck einer Feder sich nach außen in der Pfeilrichtung bewegt. Solange die Materialstange den in den Bolzen 6 eingeschraubten Stift 7 zurückhält, kann dies nicht geschehen, wohl aber, wenn der letzte Stangenrest den Stift 7 freigegeben hat. Der jetzt weiter vorstehende Bolzen 6 betätigt einen Mechanismus, z. B. einen Hebel, der mit dem Deckenvorgelege in Verbindung steht und die Riemenstange freigibt, z. B. ähnlich wie in Fig. 174.

Eine ähnliche Einrichtung zeigt Fig. 175—177. In dem Futterkopf 1 ist der Doppelhebel 2 gelagert, an welchen an einem Ende der Stift 3 angelenkt ist, während sich am anderen Ende das Gewicht 4 befindet.

Solange sich das Material 5 noch unter dem Stift 3 vorschiebt, muß der Hebel die gezeichnete Stellung Fig. 175 einnehmen. Ist jedoch der letzte Stangenrest vorgeschoben, so kann der Stift nach innen treten und der Hebel wird infolge der Fliehkraft die Stellung Fig. 177 erhalten, dabei stößt er an einen Winkelhebel 5, dieser gibt die Stange 6 frei, welche nach unten fallen kann und in geeigneter Weise die Verschiebung des Riemens auf dem Deckenvorgelege bewirkt (Fig. 174).

δ) **Vorschub von Stangenresten.** Bei den vorstehend beschriebenen Einrichtungen bleibt bekanntlich ein Rest der Materialstange übrig, welcher von der Vorschubpatrone nicht mehr gefaßt wird. Um auch diese kurzen Stücke verarbeiten zu können, kann

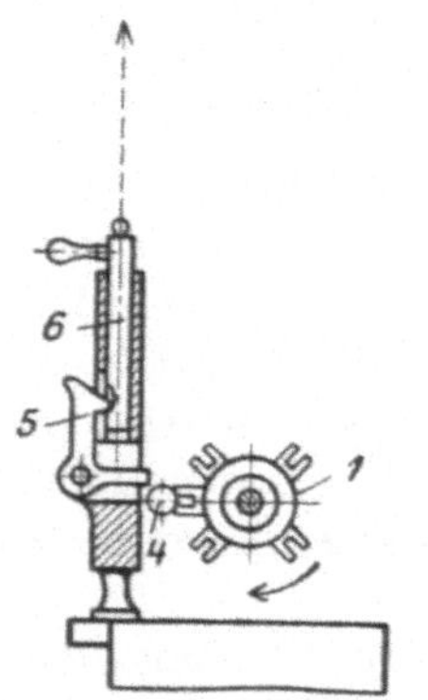

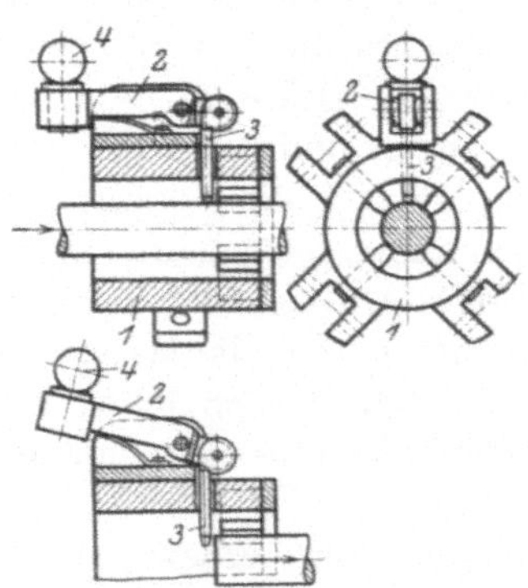

Fig. 174. Materialvorschub-
auslösung.

Fig. 175—177. Materialvorschub-
auslösung.

die in Fig. 178—179 dargestellte Einrichtung benutzt werden, welche sich ohne Schwierigkeit an jedem Stangenautomaten anbringen läßt.

Das normale Vorschubrohr wird herausgenommen. Statt dessen wird eine Stange 1 in die Spindel eingeführt, welche sich hinter das zu verarbeitende Stück legt. Auf die Stange 1 wird die geschlitzte Vorschubpatrone 2 gesetzt und diese durch den normalen Schieber 3, welcher sonst mit seiner Gabel in die Nut des Vorschubrohres faßt, hin und her bewegt. Bei der normalen Materialstange wird diese in dem Spannfutter gehalten, während die normale Vorschubpatrone rückwärts über die Stange gleitet. Bei der lose hinter dem Material liegenden Stange 1 jedoch ist eine besondere Einrichtung nötig, welche nur ein Vorschieben der Stange gestattet, aber ein Rückschieben derselben beim Rückschieben der Patrone 2 verhindert.

Zu diesem Zwecke wird ein, in einem festen Ständer verschraubtes Gehäuse 4 angebracht, in welchem die Hebel 5 gelagert sind. Die letzteren werden durch Federn mit ihren kurzen Schenkeln stets gegen die Stange gedrückt. Der Drehpunkt der Hebel ist so gelegt, daß eine Vor- aber keine Rückschiebung der Stange stattfinden kann. Ist das letzte Stück aus dem Futter gestoßen, so drückt der Konus 6 die Hebel 5 auseinander, damit eine unnötige Reibung der Patrone 2 auf der Stange vermieden wird.

Statt der Hebel kann auch die Einrichtung Fig. 179 benutzt werden.

Ein an der Maschine angeschraubter Bock ist als Gehäuse 1 ausgebildet, auf welchem der Innenkonus 2 aufgeschraubt ist. Die Büchse 3 ist auf dem Umfange mit Löchern versehen, in welchen die Kugeln 4 liegen. Durch eine Feder wird die Büchse 3 und damit die Kugeln in den Konus gedrückt, wobei die letzteren die Stange 5 festklemmen, wenn sich dieselbe rückwärts verschieben will. Eine Vorschiebung derselben ist jedoch möglich, weil dabei die Kugeln

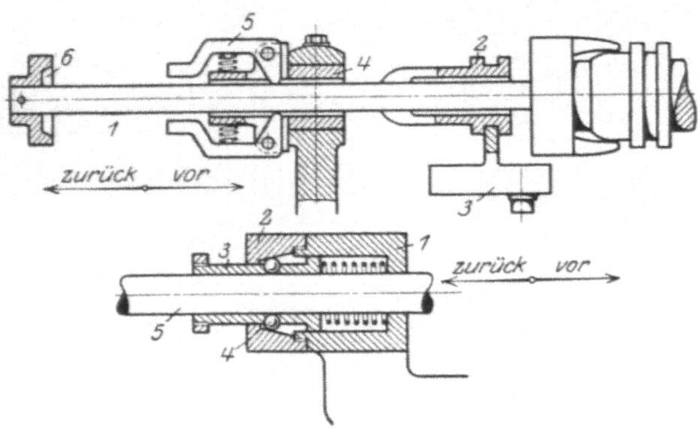

Fig. 178—179. Vorschub von Stangenresten.

von dem Konus abgehoben werden. Drückt man die Büchse 3 nach vorne, so kann die Stange von Hand verschoben werden.

ε) **Patronenvorschub durch Gewinde.** Eine Vorrichtung, bei welcher die Verschiebung der Vorschubhülse nicht durch Kurven sondern durch eine Gewindemutter erfolgt, ist in Fig. 180—181 dargestellt (D.R.P. 246 002, L. Löwe). Sie arbeitet in der Weise, daß die an ihrem hinteren Ende mit Außengewinde versehene Vorschubhülse von einer Mutter umschlossen ist, welch letztere zeitweise mit einer höheren Umlaufgeschwindigkeit wie die mit der Arbeitsspindel rotierende Vorschubhülse angetrieben wird, zeitweise stillgesetzt wird. In ersterem Falle wird der Rücklauf der Vorschubhülse, in letzterem der schnelle Vorschub derselben bewerkstelligt.

Die Vorschubhülse 2, welche von der Drehung der Arbeitsspindel 1 mitgenommen wird, trägt an ihrem hinteren Ende das Außengewinde 2a. Auf der Spindel 1 ist das Gehäuse 3 lose gelagert, welches die beiden Zahnräder 4, 5 trägt. Auf der Spindel 1 ist außerdem noch das

Zahnrad 6 gelagert, das mit dem Rad 4 in Eingriff steht, während das Rad 5 mit dem Zahnkranz 7 der Mutter 8, die auf der Vorschubhülse 2 gelagert ist, kämmt. Das Rad 6 ist mit dem Reibungskegel 10 versehen, der durch die Federn 10 *a* in einen Hohlkegel der Spindel 1 gedrückt wird.

Die Arbeitsweise der Vorrichtung ist nun folgende:

Sobald die Kurve 22 die Gabel 20 und damit den Spannkonus 25 nach links bewegt, wird zunächst durch die Spannhebel 24 in bekannter Weise das Spannfutter 26 geschlossen. Gleichzeitig stößt der Anschlag 18 gegen die Stange 13 und bewegt dieselbe ebenfalls

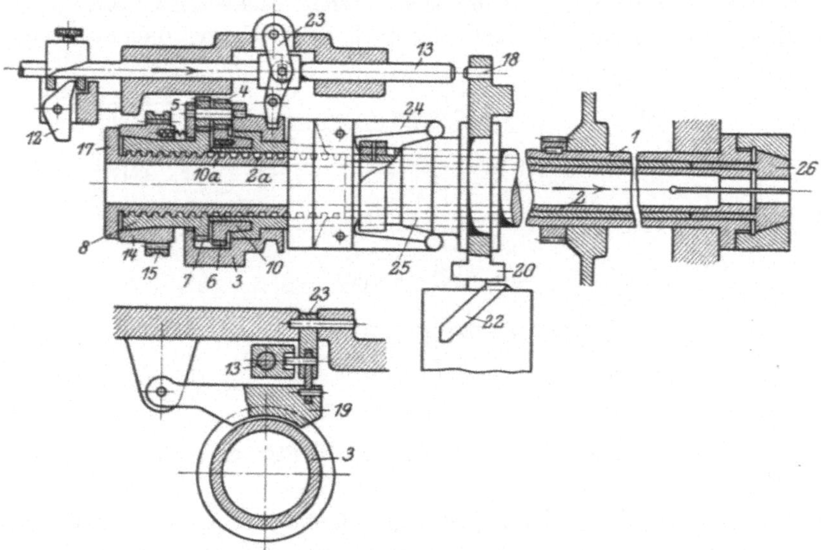

Fig. 180—181.   Patronenvorschub durch Gewinde (Loewe).

nach links, dadurch wird der Kniehebel 23 gestreckt und damit das um einen Punkt drehbare Segment 19 in die Nut des Gehäuses 3 gepreßt. Das letztere wird festgehalten, der Anschlag 18 wird durch die Kurve wieder in die gezeichnete Lage zurückbewegt. Die Mutter 8 wird jetzt durch die Räder 6, 4, 5, 7 angetrieben und zwar durch geeignete Übersetzung der Zähnezahlen etwas schneller als die Vorschubhülse. Durch diese Differentialbewegung zwischen Vorschubhülse und Mutter wird eine Verschiebung der ersteren nach links, d. h. nach rückwärts bewirkt, wobei die Vorschubpatrone über das festgespannte Material gleitet. Soll dieser Rücklauf beendigt werden, so stößt der Bund 17 der Vorschubhülse gegen den Hebel 12, dieser bewegt die Stange 13 nach rechts und bringt den Kniehebel 23 aus seiner gestreckten Lage wieder in die gezeichnete Stellung. Das Gehäuse 3 wird freigegeben und läuft mit den Rädern 4, 5 lose mit.

Nachdem das Spannfutter geöffnet ist, setzt der Vorschub der Vorschubhülse ein und zwar dadurch, daß durch geeignete Mittel, z. B. Hebel, von der Steuerwelle aus die Bandbremse 15 festgehalten wird und damit die Muffe 14, welche durch Federn auf einen Konus der Mutter 8 gedrückt wird. Die Mutter 8 bleibt stehen und die Vorschubhülse schraubt sich durch dieselbe hindurch nach vorne, bis der Bund 17 gegen die Muffe 14 anläuft und diese so weit zurückdrückt, daß die Mutter 8 freigegeben ist.

ζ) **Patronenvorschub bei mehrspindligen Automaten.** Bei den mehrspindligen Stangenautomaten wird nur die jeweils in der ersten Arbeitsstellung befindliche Vorschubhülse verschoben. Die Vorrichtungen dazu sind im Prinzip die gleichen, wie bei den einspindligen Maschinen.

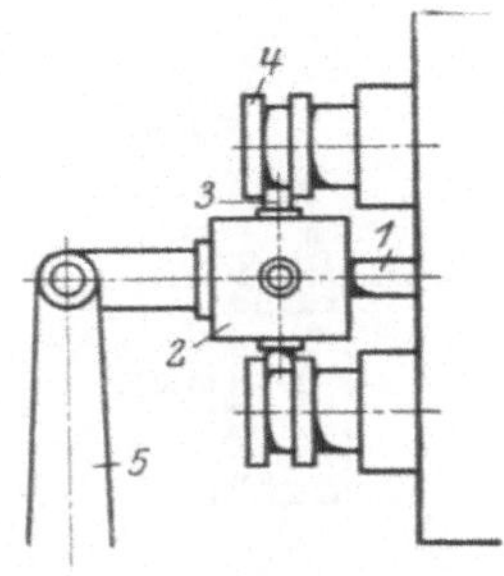

Fig. 182. Gleichzeitiger Materialvorschub bei Mehrspindelautomaten.

Eine Ausnahme macht der Lester-Automat (Fig. 35), bei welchem sowohl eine Stange, als auch drei Stangen gleichzeitig vorgeschoben werden können (siehe Seite 33).

Der Materialvorschub-Mechanismus ist daher zentral zwischen den Arbeitsspindeln angeordnet. Auf einem Zapfen 1 ist die Hülse 2 verschiebbar, welche mit den Rollen 3 in die Nuten der Vorschubhülsen eingreift. Von der Steuerwelle aus wird durch einen Hebel 5 die Hülse 2 und damit alle Vorschubhülsen vor- und zurückgeschoben. Soll nur eine Hülse verschoben werden, so werden die übrigen aus den Spindeln entfernt (Fig. 182).

b) Ohne Vorschubrohr. *a)* **Rollenvorschub.** Um das Vorschubrohr, welches die Spindelbohrung und damit den Materialdurchlaß verkleinert, zu vermeiden, kann der Rollenvorschub (Fig. 183—184) angewendet werden. Auf dem hinteren Ende der Arbeitsspindel 1 sitzt das Gehäuse 2 fest verkeilt. Auf diesem läuft lose das Schraubenrad *a*, welches mit dem Schraubenrad *b* im Eingriff steht. Letzteres treibt das Schraubenrad *c*, welches mit den konischen geriffelten Rollen 4 auf einer Welle 3 sitzt. Diese Anordnung ist doppelt vorhanden. Der ganze Mechanismus läuft lose mit. Wird dagegen durch eine Kurve von der Steuerwelle aus der Stift 6 in ein Loch des Rades *a* gehoben, so wird letzteres festgehalten und wirkt als festes Zentralrad für die Umlaufräder *b*. Diese wälzen sich auf *a* ab und versetzen dabei die Räder *c* mit den Rollen 4 in Drehung Die letzteren werden durch Federn gegen die Materialstange 5 gepreßt und transportieren diese nach vorne, bis der Stift 6 das Rad *a* wieder freigibt.

β) **Gewichtsvorschub.** Auch bei dem in Fig. 185 dargestellten Gewichtsvorschub ist ein Vorschubrohr nicht erforderlich. Die Materialstange wird durch eine feststehende Hülse 1 hindurchgeführt. Hinter der Stange befindet sich ein, durch einen Schlitz der Hülse 1 hindurchragender Anschlag 2, welcher mit einem Seil verbunden ist.

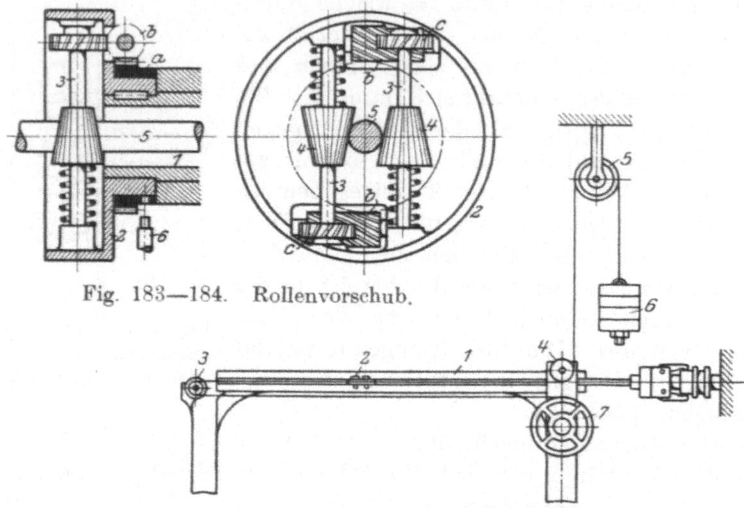

Fig. 183—184.   Rollenvorschub.

Fig. 185.   Gewichtsvorschub.

Das letztere führt über die Rollen 3, 4, 5 und ist mit dem Gewicht 6 belastet. Vor dem Einführen einer neuen Materialstange wird der Anschlag 2 durch Drehen an dem Handrad ganz nach links geschoben. Sobald sich nun das Spannfutter öffnet, drückt der Anschlag 2 das Material nach vorne bis gegen den Materialanschlag.

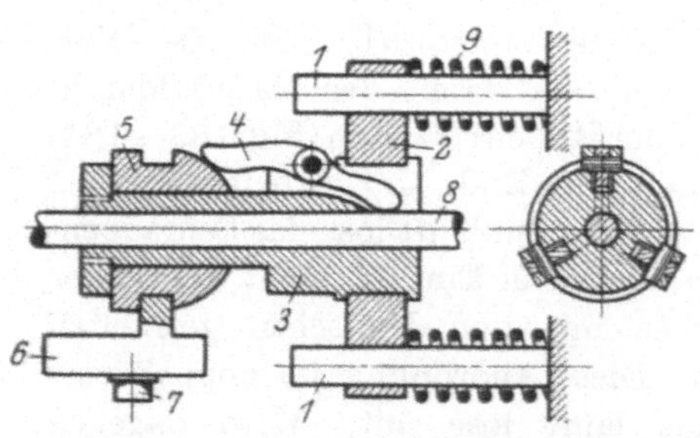

γ) **Klemmhebelvorschub.** An dem hinteren Ende (Fig. 186—187) des festen Spindelstockes sind die beiden Führungsstangen 1 befestigt, auf welchen sich der Träger 2 verschiebt, der letztere umfaßt die Muffe 3 mit den Klemmhebeln 4. Auf der Muffe 3 ist der Konus 5 verschiebbar, in dessen Nute eine Gabel des Schiebers 6 eingreift. Wird der Konus 5 durch eine an der Rolle 7 angreifende Kurve nach rechts bewegt, so werden zunächst die Klemmhebel auf das Material 8 gepreßt, hierauf wird die ganze Muffe 3 mit dem Material entgegen dem Drucke der Federn 9 nach vorne geschoben. Hat sich das

Spannfutter geschlossen, so wird der Konus 5 nach links geschoben, die Klemmhebel geben das Material frei und die Muffe 3 geht durch die Federn in ihre alte Lage zurück.

Die vorbeschriebenen Einrichtungen ohne Vorschubrohr sind zwar einfach, haben aber den Nachteil, daß eine Materialstange nachgeschoben werden muß, ehe die vorherige Stange den Mechanismus zum Vorschieben passiert hat. Die letzte Stange kann trotzdem nicht ganz verarbeitet werden, es bleibt ein langer Rest übrig, welcher durch eine der in Fig. 178—179 dargestellten Vorrichtungen aufgearbeitet werden muß.

2. Vorschub am vorderen Spindelende.

Bei den sog. Schraubenautomaten, von denen Beispiele in den Fig. 18—21 dargestellt sind und welche vielfach mit dem Sammelbegriff „Offenbacher-Automaten" bezeichnet werden, ist ein Materialvorschub nach Art der vorstehend beschriebenen nicht vorhanden. Der Materialvorschub wird vielmehr von dem Werkzeugschlitten be-

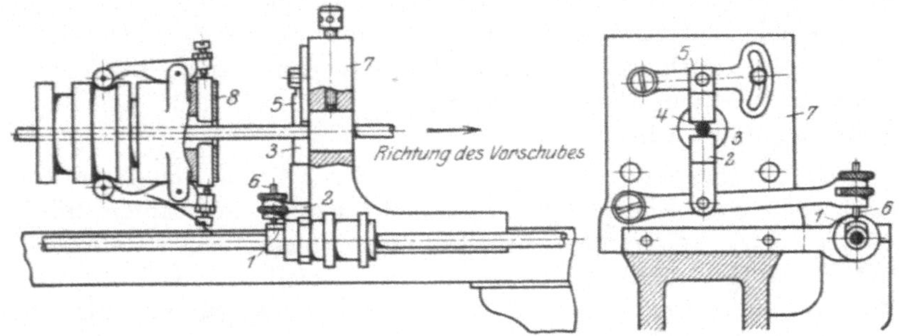

Fig. 188—189. Materialvorschub bei Schraubenautomaten.

wirkt, und zwar bei dem Rückgang desselben. Ein Ausführungsbeispiel zeigt Fig. 188—189.

Nachdem das Material abgestochen ist, öffnet sich das Spannfutter, während gleichzeitig der Antriebriemen auf die lose Scheibe geschoben und die Arbeitsspindel dadurch stillgesetzt wird.

Darauf wird durch die Kurve 1 der Hebel 2 gehoben und mit seiner Spannbacke 3 gegen die Materialstange 4 gedrückt. Die letztere wird von oben durch eine feste, einstellbare Hebelbacke 5 gestützt. Die Schraube 6 dient zum Einstellen der Backe 3 auf die Materialstärke. Hierauf geht der Werkzeugschlitten 7 um die Länge des Arbeitsstückes zurück und nimmt die Materialstange 4 mit. Am Ende dieser Bewegung gleitet die Schraube 6 von der Kurve 1 ab, das Material wird freigegeben und das Spannfutter 8 schließt sich wieder.

Diese Vorrichtung hat den Vorteil, daß sowohl die Vorschubhülse in der Spindel, als auch Kurven und Übertragungshebel fortfallen. Sie kann ferner ohne Auswechseln von Patronen für verschiedene Materialstärken eingerichtet werden. Andererseits ist sie von der Sorgfalt des Einrichters beim Einstellen der verschiedenen zusammenwirkenden Mechanismen abhängig und daher nicht von absoluter Betriebssicherheit.

II. Magazin-Zuführung.

Von der Form und Größe der Arbeitsstücke ist auch die Arbeitsweise und Konstruktion des Magazins abhängig. Die letztere ist daher sehr verschieden, doch lassen sich in der Hauptsache 4 Gruppen unterscheiden.

Bei der einen Gruppe, welche für Arbeitsstücke mittlerer Größe und von solcher Form, welche ein gerades Aneinanderlegen der Stücke gestattet, bestimmt ist, werden die Arbeitsstücke hinter oder nebeneinander in eine Rille oder einen Kanal gelegt. In diesem werden sie entweder zwangläufig oder durch ihr eigenes Gewicht bis zu einer Stelle transportiert, an welcher das erste Stück durch einen, meist im Werkzeugträger befestigten Greifer erfaßt und dem Spannfutter zugeführt wird.

Bei einer zweiten Gruppe werden Stücke, die sich ihrer Form nach nicht zum Einlegen in einen Kanal eignen, auf Zapfen oder in Löcher einer rotierenden Scheibe oder eines Transportelementes, Kette usw. gesteckt. Die Scheibe wird periodisch nach Art eines Revolverkopfes geschaltet und dadurch die Stücke nacheinander dem Greifer zugeführt.

Die dritte Gruppe ist für kleine und kleinste Stücke bestimmt, deren Einlegen in einen Kanal zu zeitraubend im Vergleich zu ihrer Bearbeitungsdauer wäre. Die Stücke werden in einen Topf geschüttet, aus welchem sie automatisch in einen Zuführungskanal befördert werden.

Eine vierte Gruppe endlich ist für Mehrspindelautomaten bestimmt, bei denen das Arbeitsstück nacheinander einer Anzahl von Werkzeugspindeln zugeführt wird. Hier dient der Werkstückträger gleichzeitig als Magazin, in welches an einer Stelle nach jeder Schaltung desselben ein Arbeitsstück automatisch eingesetzt wird.

Man kann demnach in der Hauptsache unterscheiden:

1. Kanal-Magazine
2. Scheiben- oder Ketten-Magazine
3. Topf-Magazine
4. Revolver-Magazine.

1. Kanal-Magazine.

Je nach der Form der Arbeitsstücke ist es richtiger, die Zuführung in das Spannfutter von hinten durch die hohle Arbeitsspindel oder von vorne zu bewerkstelligen.

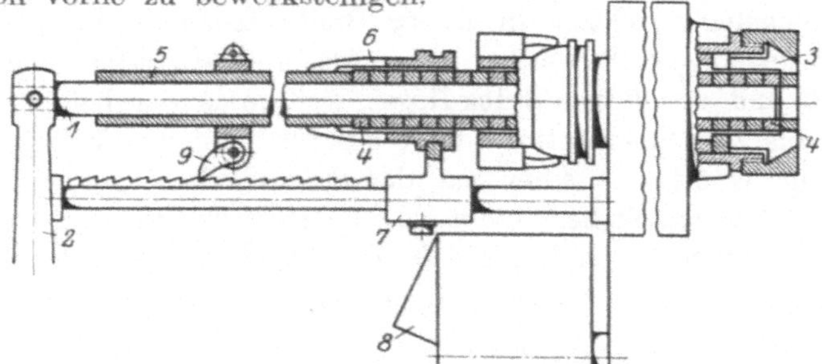

Fig. 190.   Einfaches Magazin.

a) Zuführung von hinten. Ein einfaches Magazin für Arbeitsstücke mit einer Bohrung zeigt Fig. 190. Dasselbe kann an jedem Vollautomaten ohne weiteres angebracht werden. Die normale Vorschubhülse wird herausgenommen und an deren Stelle eine Stange 1 eingesetzt, welche in einem Ständer 2 verschraubt ist und bis dicht hinter die Spannpatrone 3 reicht. Auf diese Stange werden die Arbeitsstücke 4 aufgereiht und hinter dieselben das Rohr 5 geschoben. Das letztere wird von einer federnden Patrone 6 umfaßt, welche an Stelle der normalen Vorschubhülse von dem normalen Vorschubschieber 7 durch die Kurve 8 hin und her bewegt wird. Bei der Rückschiebung der Patrone schiebt sich dieselbe über das Rohr 5, weil dieses

Fig. 191. Kanalmagazin.

durch den Sperrzahn 9 gehalten wird, bei dem Vorschub dagegen wird 5 mitgenommen und schiebt ein Arbeitsstück in die geöffnete

Spannpatrone 3, wodurch gleichzeitig das fertig bearbeitete Stück ausgestoßen wird.

In ähnlicher Weise, jedoch für Teile ohne Bohrung arbeitet das Magazin Fig. 191. Die Arbeitsstücke werden in einen senkrechten Kanal eingelegt, welcher in seiner Breite entsprechend der Länge der Stücke eingestellt werden kann. Das unterste Stück liegt in der Rinne B und vor diesem Stück liegen weitere in der hohlen Arbeitsspindel bis zum Spannfutter. Ist ein Stück fertig bearbeitet, so wird die Stange C mittelst einer auf der Steuerwelle sitzenden Kurventrommel D vorgeschoben, stößt das bearbeitete Stück aus dem geöffneten Spannfutter und das dahinterliegende hinein. Darauf geht die Stange C wieder zurück und es kann ein weiteres Stück in die Rinne B fallen.

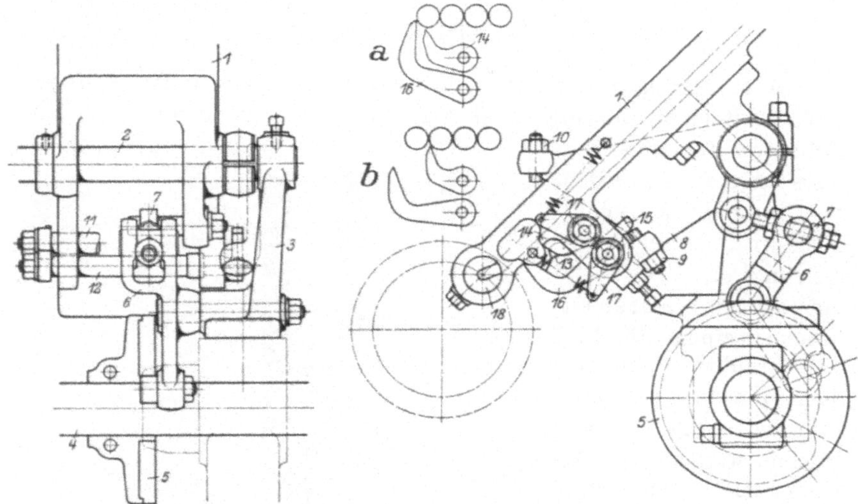

Fig. 192—195. Kanalmagazin.

b) Zuführung von vorne. Ist das Arbeitsstück zum Zuführen durch die hohle Arbeitsspindel nicht geeignet, so muß dasselbe dem Spannfutter von vorne durch einen besonderen Greifer zugeführt werden, und es ist die Aufgabe des Magazins, die Arbeitsstücke diesem Greifer zuzuführen.

Eine der gebräuchlichsten Ausführungen zeigt Fig. 192—195. Die Arbeitsstücke werden in einen schräggestellten Kanal 1 eingelegt, welcher auf dem Schaft 2 drehbar ist. Der letztere ist in zwei Böcken 3 gelagert und auf dem Maschinengestell befestigt. Auf der Steuerwelle 4 sitzt die Kurvenscheibe 5, welche unter Vermittlung des Rollenhebels 6 und der Zugstange 7 das Magazin entweder in die gezeichnete Lage oder in eine wagerechte Lage schwenkt. Auf dem Schaft 2 sitzt ferner fest der Arm 8 mit den beiden Anschlagschrauben 9, 10 und an dem Magazin befinden sich zwei Wellen 11, 12.

Auf Welle 11 sitzen die Hebel 13, 14 und auf Welle 12 die Hebel 15, 16.

Die Arbeitsweise ist folgende:

Während der Bearbeitung eines Stückes befindet sich das Magazin in wagerechter Lage, damit es mit den Werkzeugen nicht kollidiert.

Die beiden Hebel 14, 16 befinden sich in der in Bild a schematisch skizzierten Stellung, und zwar deshalb, weil Hebel 13

Fig. 196. Kanalmagazin ausgeschwenkt.

an die Anschlagschraube 10 angestoßen ist und von dieser nebst Hebel 14 nach unten gedrückt worden ist. Soll ein neues Arbeitsstück in das Futter eingeführt werden, so wird das Magazin in die gezeichnete Lage geschwenkt, der Hebel 14 wird frei und legt sich unter das vorletzte Arbeitsstück, gehoben durch eine am Hebel 17 angreifende Feder. In der neuen schrägen Lage stößt Hebel 15 an die Anschlagschraube 9, der Hebel 16 geht nach unten (Bild b) und das letzte Arbeitsstück fällt in die Rinne 18, aus welcher es durch den Greifer entfernt wird. Beim Wiederhochschwenken des Magazins gehen die beiden Hebel wieder in die Stellung Bild a und die Arbeitsstücke rutschen um ein Stück weiter.

Die Fig. 196—197 zeigen das Magazin A einmal in schräger Lage in Stellung zum Greifer B, das andere Mal in gehobener Lage,

während der Greifer weitergeschaltet ist und sich in gleicher Achse
mit dem Spannfutter C befindet. Um möglichst viele Teile unter-
bringen zu können, welche doch in erreichbarer Höhe für den Arbeiter bleiben, kann der Kanal schlangenförmig nach Fig. 198 ausgeführt werden.

Ein Magazin für die Teile Fig. 199 ist in den Fig. 200—201
dargestellt. Die Teile sind nach Form A vorgearbeitet und sollen

Fig. 197. Kanalmagazin in Arbeitsstellung.

in einer zweiten Aufspannung mit einer durchgehenden Bohrung (B)
versehen werden. Der Kanal 1 ist innen nach der Form der Stücke
ausgefräst und an einem, an dem Spindelstock der Maschine befestigten Bock 2 verschraubt. Auf dem vorderen Querschlitten des
Automaten ist das Stück 3 und auf diesem das Stück 4 befestigt.
Das letztere ist vorne mit einer Aussparung versehen, welche sich
bei der rückwärtigen Stellung des Querschlittens unter dem Ende
des Kanals befindet, und welche mit dem Hebel 5 eine Tasche bildet,
in welche das unterste Arbeitsstück hineinfällt. Nach der, dem
Spannfutter entgegengesetzten Seite wird das Arbeitsstück durch

den Hebel 6 gehalten. Der letztere faßt an seinem hinteren Ende mit einer Spitze in eine Vertiefung des Hebels 5 und hält diesen durch einen dahinterliegenden Federbolzen fest.

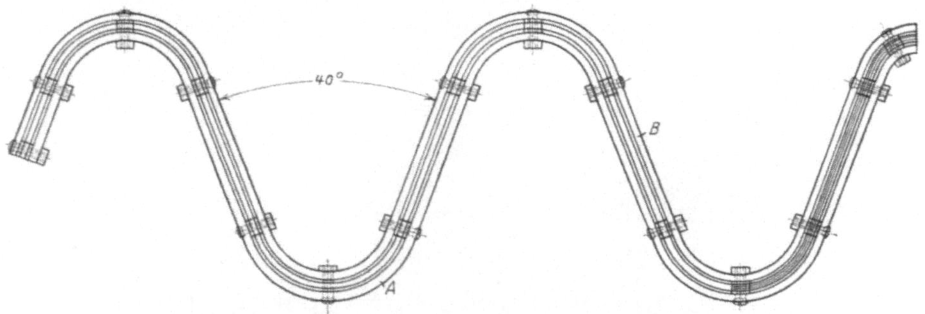

Fig. 198. Schlangenförmiges Kanalmagazin.

Soll dem Spannfutter ein Arbeitsstück zugeführt werden, so geht der Querschlitten so weit vor, bis das in der Tasche liegende Stück vor der Mitte des Futters liegt. Das Stück 4 geht dabei dicht unter dem Kanal vorbei und verschließt denselben. Nun kommt ein im Revolverkopf eingespannter Bolzen und drückt auf eine schräge Fläche am vorderen Ende des Hebels 6, drückt diesen nach unten und damit die am hinteren Ende von 6 befindliche Spitze aus dem Hebel 5, dieser fällt nach unten und gibt das Arbeitsstück frei, welches von dem Bolzen nun in das Spannfutter gestoßen wird. Nachdem der Bolzen zurückgegangen ist, geht der Querschlitten ebenfalls zurück, wobei der Hebel 7 gegen einen festen Anschlag 8 stößt und die gezeichnete Hebelstellung wieder herbeiführt. Ein weiteres Arbeitsstück fällt jetzt aus dem Kanal in die Tasche.

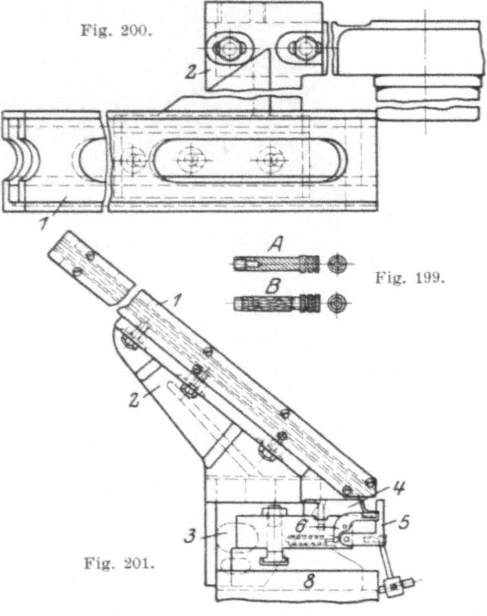

Fig. 199—201. Kanalmagazin.

Fig. 202.

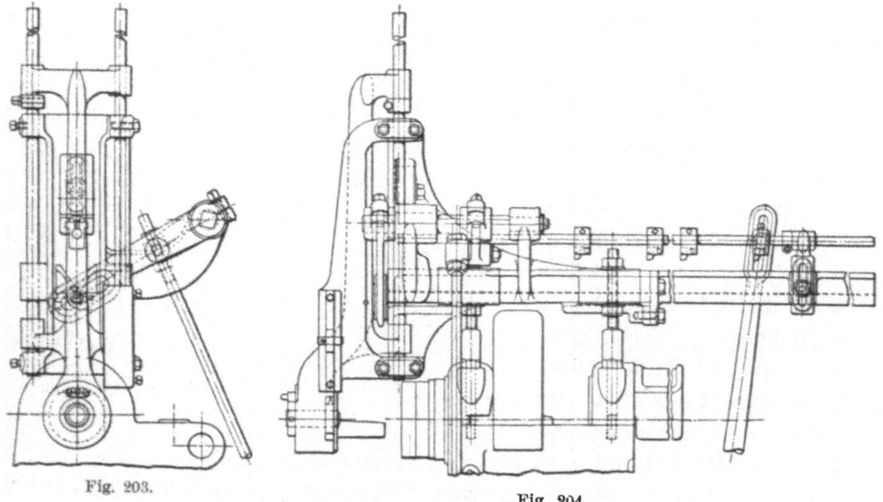

Fig. 203.

Fig. 204.

Fig. 202—204. Offenes Kanal- (Rillen-) Magazin.

Ein Magazin für größere Teile, deren Form ein Einlegen in einen geschlossenen Kanal nicht gestattet, zeigt Fig. 202—204. · Die Arbeitsstücke werden in eine offene Rinne gelegt und in dieser periodisch weitergeschoben durch eine Anzahl von Fallen, welche sich auf einer, über der Rinne befindlichen Stange einstellen lassen. Diese Stange wird durch einen Hebel von der Steuertrommel aus hin und her bewegt, wobei die Fallen bei ihrer Rückwärtsbewegung über die Arbeitsstücke hinweggleiten, bei ihrer Vorwärtsbewegung jedoch dieselben mitnehmen. Das letzte vordere Stück der Rinne befindet sich an einem Arm, welcher an 2 Führungsstangen senkrecht bewegt werden kann. Dies geschieht durch einen Hebel und eine Stange von der Steuerwelle aus.

In seiner oberen Stellung befindet sich der Arm vor der Rinne und bildet die Verlängerung derselben, in seiner unteren Stellung steht er vor dem Spannfutter, in welches das in dem Arm liegende Arbeitsstück durch einen Bolzen des Revolverkopfes hineingestoßen wird.

Fig. 205. Scheibenmagazin.

2. Scheiben- oder Ketten-Magazine.

Auf der in den Böcken 1 (Fig. 205) gelagerten Welle 2 ist die Scheibe 3 drehbar. Sie ist mit Zapfen zum Aufstecken der Arbeitsstücke und außerdem mit einer groben Verzahnung versehen, deren Teilung der Entfernung der Zapfen entspricht. Auf der Steuerwelle 4 ist der Zahn 5 befestigt, welcher nach jeder Bearbeitungsperiode die Scheibe 3 um eine Teilung weiterdreht. Nach erfolgter Drehung wird die Scheibe durch einen federnden Indexbolzen 6 gehalten. Das jeweils vor den Greifer im Revolverkopf geschaltete Arbeitsstück wird erfaßt und dem Spannfutter zugeführt.

In ähnlicher Weise arbeitet das Kettenmagazin Fig. 206—207.

Ein Scheibenmagazin für schmale gestanzte Blechscheiben ist in Fig. 208—211 dargestellt. An dem Maschinengestell ist der Bock 1 angeschraubt. In demselben ist eine Welle gelagert, welche durch eine Riemscheibe 3 von der Steuerwelle aus und mit gleicher Geschwindigkeit wie diese gedreht wird. Auf dem anderen Ende dieser Welle sitzt die Scheibe 2, welche mit den Taschen 4 versehen ist. Durch einen Schlitz 5 werden die Arbeitsstücke eingelegt, gelangen in die Taschen und bei der Drehung der Scheibe 2 in den Kanal 6.

Fig. 206. Kettenmagazin ausgeschwenkt.

Fig. 207. Kettenmagazin in Arbeitsstellung.

Auf dem Querschlitten sitzt der Block 7, in welchem die Büchse 8 lose verschiebbar ist und durch eine Feder 9 stets nach hinten gegen die Anschlagschraube 10 gedrückt wird. In dem Block 7 sind neben der Büchse 8 die aus Stahlblech bestehenden Blattfedern 11 befestigt, welche mit Ansätzen in die Bohrung vor der Büchse 8 hineinragen, so daß durch die vordere Fläche der Büchse und diese Ansätze eine Tasche gebildet wird. In diese Tasche fallen die Arbeitsstücke hinein, da sie sich bei der rückwärtigen Stellung des Querschlittens unter dem Kanal 6 befindet.

Soll dem Spannfutter ein Arbeitsstück zugeführt werden, so geht der Querschlitten vor, bis die Büchse 8 vor dem Spannfutter steht, ein im Revolverkopf eingespannter Bolzen drückt den federnden Bolzen 12 gegen das Arbeitsstück, wobei die Büchse 8 bis dicht vor das Spannfutter mitgenommen wird. Das Arbeitsstück wird aus den seitlich ausfedernden Haltern 11 heraus und in das Spannfutter hineingeschoben.

3. Topf-Magazine.

Bei dem Topf-Magazin handelt es sich darum, die in großer Anzahl, meist kleinen und in einem unregelmäßigen Haufen hineingeworfenen Arbeitsstücke einzeln in das Spannfutter zu befördern. Es muß daher vorher eine Sichtung vorgenommen werden in der Weise, daß ein oder auch mehrere Arbeitsstücke in einem Kanal gesammelt und aus diesem durch den Greifer erfaßt werden.

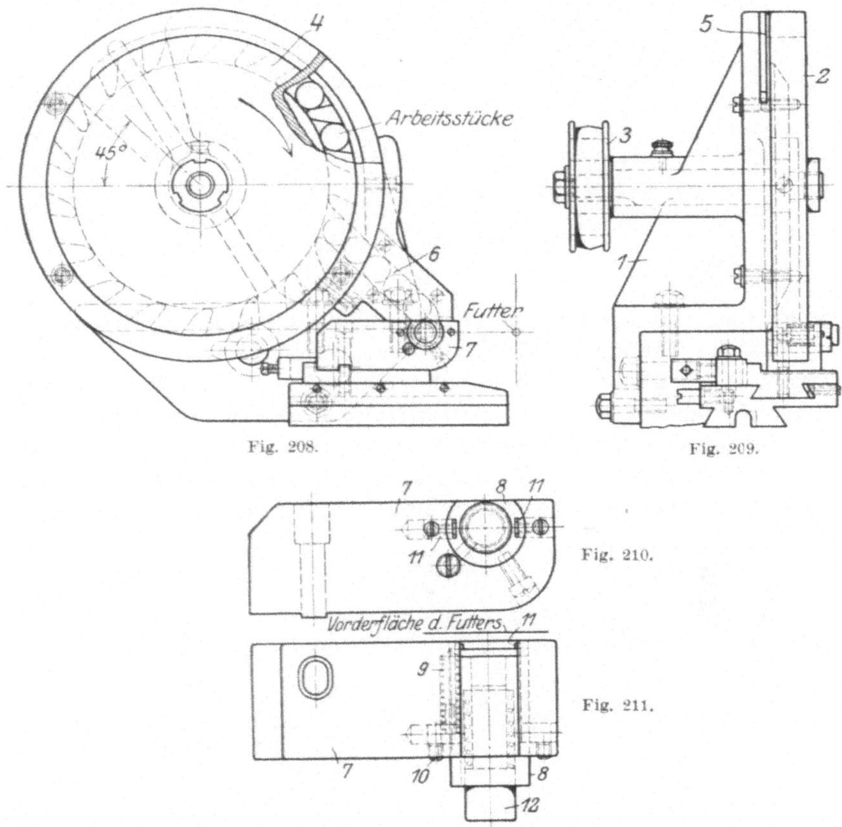

Fig. 208.

Fig. 209.

Fig. 210.

Fig. 211.

Fig. 208—211. Scheibenmagazin für schmale Scheiben.

Bei der Konstruktion Fig. 212—213 besteht der Topf aus den festen Wänden 1, 2 und der auf den Zapfen 4 verstellbaren Wand 3, diese Wände bilden einen schrägen Topf mit der unteren Öffnung 5. Derselbe ist mittelst des Armes 7 und des Zapfens 8 an der Maschine befestigt. Auf dem schrägen Boden des Topfes liegt die oben gewellte Platte 9.

Auf dem hinteren Querschlitten ist das Teil 6 befestigt, welches mit einer Tasche 10 versehen ist, diese befindet sich in der rückwärtigen Stellung des Querschlittens unter der Öffnung 5. Die Platte 9 ruht in einer Nute von 6 und der Querschlitten wird von der Steuerwelle aus in eine hin und her gehende kurze Bewegung versetzt. Diese Bewegung macht die Platte 9 mit und rüttelt dadurch die auf ihr liegenden Arbeitsstücke durcheinander, damit eine Klemmung derselben vermieden wird. Soll dem Spannfutter ein Arbeits-

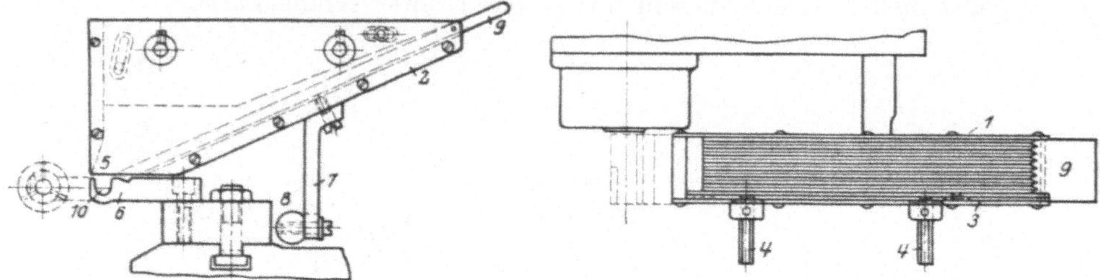

Fig. 212—213. Topfmagazin.

stück zugeführt werden, so geht der Querschlitten vor, bis das in der Tasche befindliche Stück sich vor dem Spannfutter befindet. Das Teil 6 schließt dabei die Öffnung 5 ab. Ein im Revolverkopf sitzender Bolzen stößt das Arbeitsstück in das Futter, worauf der Querschlitten zurückgeht und ein weiteres Stück in die Tasche fällt.

Das in Fig. 214—215 dargestellte Magazin besteht aus dem Topf 1, welcher an geeigneter Stelle an der Maschine fest ange-

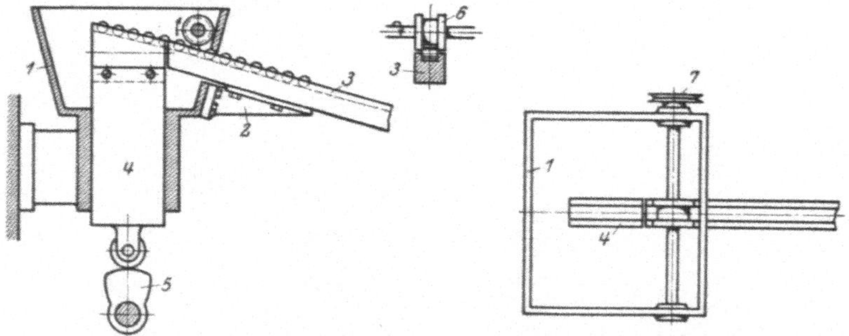

Fig. 214—215. Topfmagazin.

schraubt ist. An diesem Topf ist mittelst des Bockes 2 die Rinne 3 befestigt, welche durch eine Öffnung in den Topf hineinragt. Der Fuß des Topfes bildet eine Führung für den Schieber 4, welcher durch den auf der Steuerwelle sitzenden Daumen 5 gehoben und gesenkt wird. In seiner untersten Stellung ragt der Schieber nur wenig über den Boden des Topfes und taucht in die Arbeitsstücke, welche den Topf bis ungefähr zu der strichpunktierten Linie füllen.

In seiner obersten Stellung bildet der Schieber eine Verlängerung
der Rinne 3. Beim Heben des Schiebers bleiben eine Anzahl der
Arbeitsstücke in der Rinne desselben liegen, sie rutschen auf die
Rinne 3, wobei diejenigen, welche nicht die richtige Lage haben,
d. h. welche nicht durch den von Rinne 3 und Auswerferrolle 6
gebildeten Zwischenraum hindurchgehen, von der letzteren zurückgeworfen werden. Die Rolle 6 wird durch eine Schnurscheibe in
der Pfeilrichtung gedreht. Das zu unterst in der Rinne 3 befindliche Stück wird von einem Greifer erfaßt und dem Spannfutter

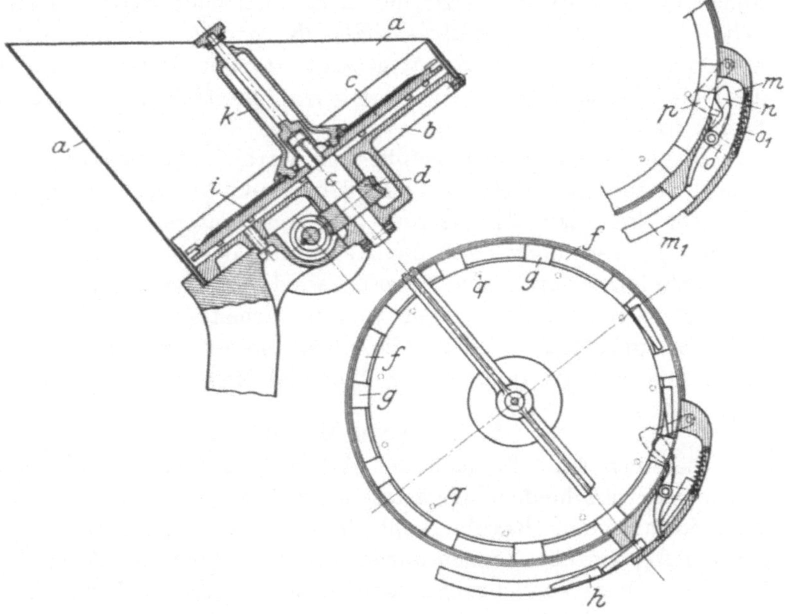

Fig. 216—218. Topfmagazin (Werner).

zugeführt, wobei eine der auf den vorstehenden Seiten beschriebenen
Konstruktionen benutzt werden kann.

Auf andere Weise arbeitet das Magazin Fig. 216—218 (D.R.P.
Nr. 129311, Fritz Werner).

Die schräggelagerte Trommel besteht aus dem Mantel a und
dem Boden b. In letzterem ist die Welle c gelagert, welche durch
ein Schneckengetriebe d gedreht wird. Auf c sitzt die Scheibe e,
welche am Umfange die Vertiefungen f und die Ansätze g aufweist.
Dadurch werden Kammern gebildet zur Aufnahme der Arbeitsstücke,
z. B. der Bolzen h, welche in das Magazin eingefüllt sind und sich naturgemäß an der tiefsten Stelle der Trommel aufhalten. Über der

Scheibe *e* ist die Scheibe *i*, welche an einem Bügel *k* befestigt ist und sich nicht dreht.

An einer höher gelegenen Stelle schließt sich der Austrittskanal *m* an, in welchem eine Weiche, bestehend aus den Hebeln *nop*, angeordnet ist.

Bei der Drehung der Scheibe *e* nimmt dieselbe die Arbeitsstücke in den Kammern *f* mit, sie gelangen in den Kanal *m* und bleiben vor dem hinteren Schenkel des Hebels *n*, welcher den Kanal absperrt, liegen, da der Hebel *n* in dieser Stellung durch eine Feder, welche an dem mit *n* auf gleicher Achse sitzenden Hebel *o* wirkt, gehalten wird. An der Scheibe *e* sitzen die Zapfen *q*, welche jedesmal, wenn ein Stück in den Kanal gelangt ist, den Hebel *p* und damit die Hebel *on* zurückdrücken, so daß der hintere Schenkel von *n* den Kanal freigibt.

Ist der Kanal jedoch gefüllt und werden bei stillstehender Maschine weitere Arbeitsstücke aus dem Kanal m_1 nicht entnommen, so bleibt das letzte Arbeitsstück vor dem hinteren Schenkel von *n* liegen. Es verhindert, daß die Hebel aus der in Fig. 217 gezeichneten Stellung durch die Feder o_1 wieder in die Stellung Fig. 218 gebracht werden. Es können weitere Arbeitsstücke nicht in den Kanal *m* gelangen, sondern dieselben bleiben in den Kammern *f* liegen und werden dem in der Trommel liegenden Haufen wieder zugeführt.

4. Revolver-Magazine.

Dieselben sind je nach der Art der aufzunehmenden Arbeitsstücke sehr verschieden. Gemeinsam ist ihnen eine periodisch weiter geschaltete Scheibe (Revolverkopf), in welchem sich auf dem Umfange gleichmäßig verteilt Vorrichtungen zur Aufnahme der Arbeitsstücke befinden. Diese Vorrichtungen können sowohl in einfachen Bohrungen oder Zapfen, als auch in Spannfuttern, Spannpatronen oder Schraubstöcken usw. bestehen. Die Zahl dieser Vorrichtungen ist mindestens um eins, oft auch um mehr größer, als die Zahl der Werkzeugspindeln, welch letztere auf einem gleichen Teilkreis wie die Spannvorrichtungen und mit diesen in gleicher Achse liegen. An den freien Spannvorrichtungen erfolgt entweder von Hand oder automatisch die

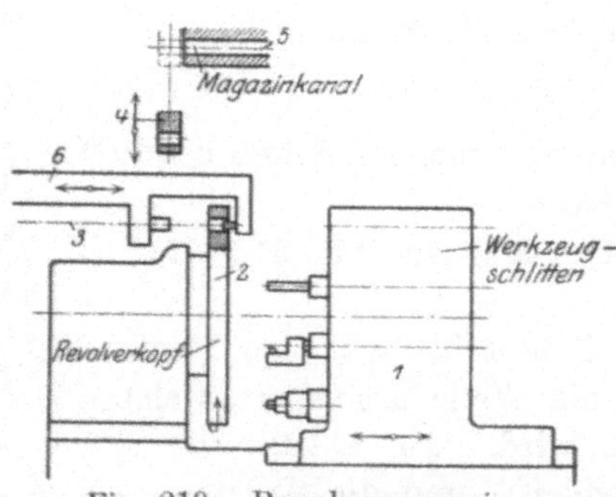

Fig. 219.   Revolvermagazin.

Einführung der Arbeitsstücke, worauf dieselben von Werkzeug zu Werkzeug weitergeschaltet und an einer anderen oder an der gleichen

Stelle der Einspannung entweder von Hand oder automatisch aus-
gespannt werden.

Ein solches von Hand zu bedienendes Revolvermagazin besitzt
der Halbautomat (Fig. 42).

In Fig. 219 ist schematisch die Arbeitsweise eines automatischen
Revolvermagazins dargestellt.

1 ist der Werkzeugschlitten, der automatisch mit allen Werkzeugen zugleich vor und zurück bewegt wird. Das Revolvermagazin 2
wird periodisch um eine Teilung weitergeschaltet nach jedem Rückgange des Werkzeugschlittens. An einer freien Stelle, der sich kein
Werkzeug gegenüber befindet, wird das Arbeitsstück eingeführt. Ein
Zubringer 4 befindet sich in seiner obersten Stellung in der Verlängerung eines Kanals, in welchen die Arbeitsstücke aus einem Topf
etwa in der Weise, wie z. B. in Fig. 214—218 gezeigt, transportiert
werden. Das letzte Arbeitsstück ist in dem Zubringer, welcher sich nach
unten bis in die Achse 3 bewegt. Der Einstoßer 6 stößt das Stück
aus dem Zubringer in den Revolverkopf, wenn er sich nach rechts
bewegt, nachdem er kurz zuvor das bearbeitete Stück durch Links-
bewegung nach hinten ausgestoßen hat.

Die genaue Konstruktion und Arbeitsweise eines derartigen Magazins ist in dem Kapitel „Magazinautomaten“ beschrieben.

5. Abfall-Magazine.

Einem Umstand ist leider bei fast allen Automaten noch wenig
Rechnung getragen. Die abfallenden fertigen Arbeitsstücke fallen
mit den Spänen zusammen nach unten in das Bett oder die Ölschale
der Maschine. Ganz abgesehen davon, daß die Stücke dabei leicht
beschädigt werden können, ist es besonders
bei kleinen Stücken zeitraubend, dieselben
aus den Spänen herauszusuchen. Eine einfache Vorrichtung, die Stücke von den
Spänen getrennt einem Sammelbehälter zuzuführen, ist in Fig. 220 schematisch dargestellt. Die Späne fallen in der Richtung
des Pfeiles I durch das Bett. Kurz vor
dem Abfallen eines Arbeitsstückes wird
durch einen Daumen 1 auf der Steuerwelle
der Hebel 2 zurückgedrückt und dadurch
eine mittelst der Stange 3 an den Hebel 2
angelenkte Wand 4 um den Punkt 6 gedreht und in die punktierte

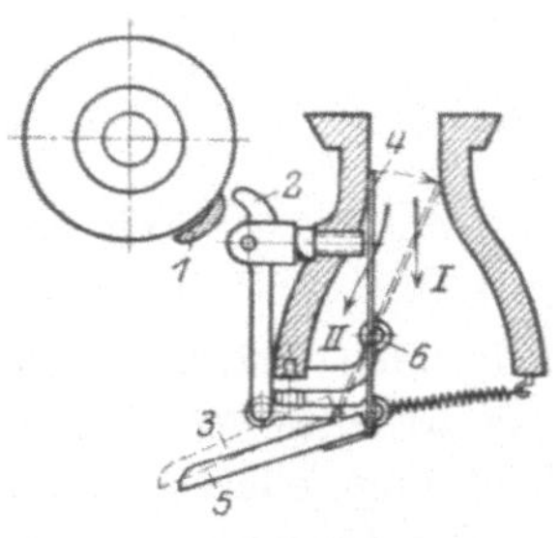

Fig. 220. Abfallmagazin.

Stellung gebracht. Dadurch wird die Bettöffnung nach unten geschlossen und die Arbeitsstücke fallen in Richtung des Pfeiles II in
eine Rinne 5 und von dieser in einen untergestellten Sammelbehälter.

6. Greifer und Ausstoßer.

Der Greifer besteht in einer federnden Hülse oder einem federnden Zapfen. Diese sind teilweise geschlitzt, so daß sie in radialer Richtung federn, teilweise nur axial gegen eine Feder abgestützt, damit beim Erfassen des Arbeitsstückes und beim Einstoßen desselben in das Spannfutter Ungleichheiten in der gegenseitigen Lage zwischen Greifer und Arbeitsstück ausgeglichen werden. Ein Greifer mit Bohrung, um Gegenstände von außen zu fassen, ist in Fig. 221 dargestellt. Er besteht aus der im Revolverkopf eingespannten

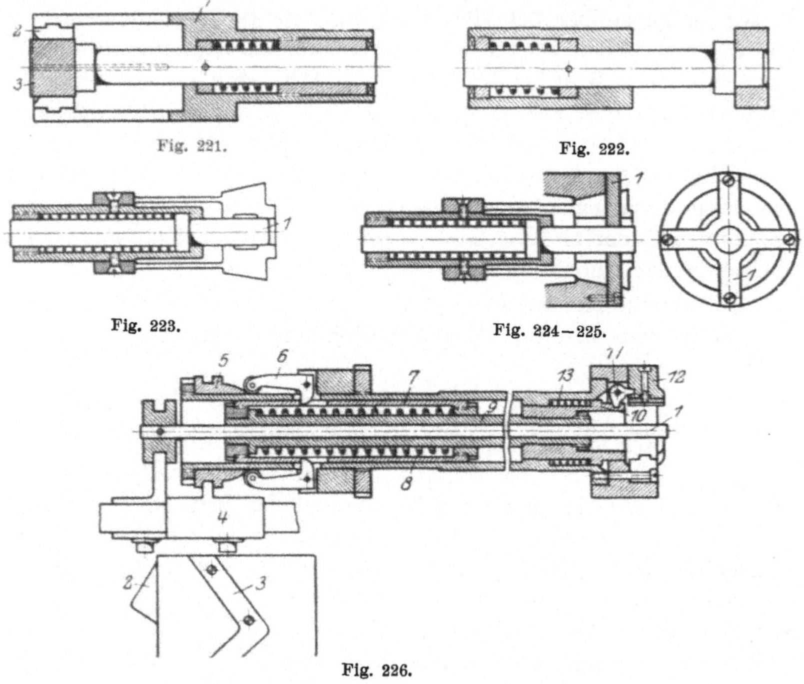

Fig. 221.   Fig. 222.

Fig. 223.   Fig. 224—225.

Fig. 226.

Fig. 221—226.   Greifer und Ausstoßer.

federnden Hülse 1 mit den auswechselbaren Backen 2, in denen das Arbeitsstück 3 sitzt. Hinter dem letzteren sitzt der in axialer Richtung federnde Bolzen 4. Analog für Arbeitsstücke mit Bohrung ist der Greifer Fig. 222 ausgebildet.

Der Ausstoßer ist ein in der Spannpatrone oder dem Spannfutter sitzender Bolzen, der nach Beendigung der Bearbeitung das Arbeitsstück entweder durch Federdruck oder zwangläufig aus dem Spannfutter ausstößt.

Eine einfache Konstruktion zeigt Fig. 223. Beim Einführen des Arbeitsstückes wird der Bolzen 1 gegen eine Feder zurückgedrückt, worauf sich das Spannfutter schließt. Beim Öffnen desselben wirft die zusammengedrückte Feder das Arbeitsstück heraus. Ist das Arbeitsstück auf der hinteren Seite bereits bearbeitet, so muß es gegen einen festen an dem Futterkopf verschraubten Anschlagring 1 geschoben werden, damit bei der zweiten Bearbeitung aus dem Magazin gleichlange Stücke entstehen (Fig. 224—225).

Eine Einrichtung zum Einspannen von rohen Arbeitsstücken ist in Fig. 226 gezeichnet. Das Futter besitzt keine Spannpatrone, sondern Backen, welche sich erheblich weiter öffnen, um den Toleranzen der rohen Stücke Rechnung zu tragen. Außerdem ist eine starke Feder eingebaut, welche eine kleinere oder größere Spannweite des Futters zuläßt.

Die Arbeitsstücke werden bei geöffnetem Futter durch einen Greifer eingeführt, wobei der Ausstoßer 1 zwangläufig durch die Kurve 2 zurückgezogen ist und als Anschlag für die Arbeitsstücke dient. Nunmehr wird das Futter geschlossen, indem die Kurve 3 den Gabelschieber 4 und die Muffe 5 nach rechts bewegt. Die kurzen Schenkel der Spannhebel 6 nehmen dabei die Hülse 7 mit nach links (hinten), wobei sich die starke Feder 8 so viel als nötig zusammendrückt. Durch die Feder 8 wird das Rohr 9 und die Büchse 10 mitgenommen, welch letztere unter Vermittlung der Hebel 11 die Spannbacken 12 schließt. Wird nach erfolgter Bearbeitung das Rohr 9 durch die Spannhebel 6 freigegeben, so drückt die Feder die Büchse 10 nach vorn und öffnet die Spannbacken. Gleichzeitig wird der Ausstoßer 1 durch eine Kurve nach vorne geschoben und stößt das Arbeitsstück aus.

Sind die Arbeitsstücke unrund und dementsprechend auch die Bohrung der Spannpatrone ausgearbeitet, so erfordert das Einführen des im Greifer sitzenden Arbeitsstückes eine bestimmte Lage des Futters, d. h. das letztere muß in einer bestimmten Stellung in seiner Drehung unterbrochen werden, um das Arbeitsstück einführen zu können. Ein solches Futter ist in Fig. 227—228 dargestellt, eingerichtet für ein Arbeitsstück nach Fig. 229. Das letztere hat einen flachen Flansch und soll an dem runden Zapfen

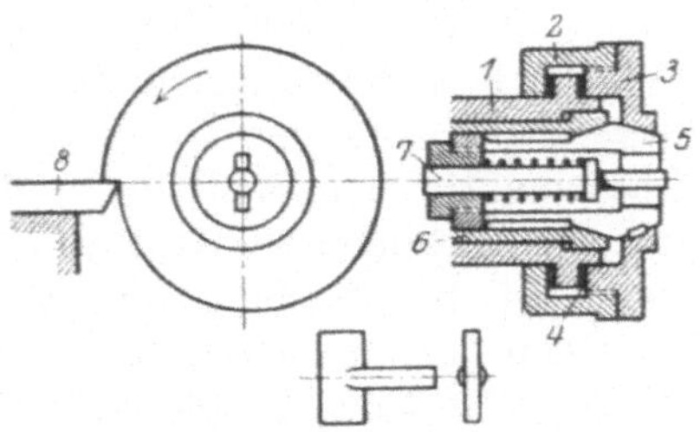

Fig. 227—229. Greiferfutter für unrunde Teiler.

bearbeitet werden. Die Spannpatrone ist daher mit einem Schlitz versehen und dieser muß senkrecht stehen, da das Arbeitsstück in dieser Lage in dem Greifer sitzt. Auf der Arbeitsspindel 1 sitzt die Kappe 2 und damit verschraubt die Kappe 3, mit welcher die Spann-

patrone 5 durch einen Keil verbunden ist. Ist das Spannfutter durch
Zurückziehen des Spannkonus 6 geöffnet, so schiebt sich ein auf dem
Querschlitten befestigter Anschlag vor und legt sich unter eine Nase
der Kappe 3. Diese und damit die Spannpatrone wird in der gewünschten Stellung festgehalten, wobei der Bund der weiter sich
drehenden Arbeitsspindel zwischen den Fibrescheiben 4 gleitet. Das
Arbeitsstück kann jetzt eingeführt werden, der Ausstoßer 7 wird
zurückgedrückt, das Spannfutter schließt sich und der Anschlag 8
geht wieder zurück.

Eine andere Lösung dieser Aufgabe ist in Fig. 230—233 gezeigt.
Der Greifer besteht aus der Büchse 1, welche mit ihrem hinteren
Schaft im Revolverkopf befestigt ist. In 1 ist der Bolzen 2 ge-

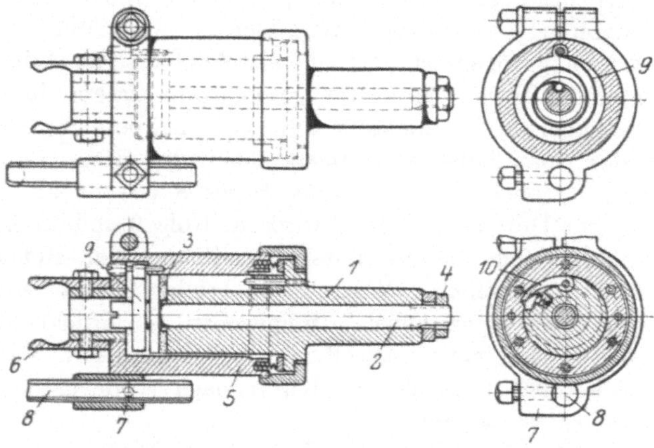

Fig. 230—233.   Greifer für unrunde Teile.

lagert, welcher vorn einen Bund trägt, hinter welchem eine Fibre-
scheibe 3 sitzt. Durch eine Mutter 4 kann die Reibung zwischen
dem Bund und der Büchse 1 reguliert werden. Auf der Büchse
sitzt die Hülse 5, welche mit den Greifern 6 versehen ist und mit
einem aufgeklemmten und einstellbaren Anschlag 7. In diesem letzteren ist die Stange 8 axial einstellbar.

Auf dem vorderen Zapfen des Bolzens 2 ist ferner eine band-
förmige Uhrfeder 9 befestigt, die mit ihrem anderen Ende mit der
Hülse 5 verbunden ist. Eine an der Büchse 1 befestigte Klinke 10
legt sich gegen einen Ansatz der Hülse 5. Die Wirkungsweise ist
folgende:

Das von dem Greifer dem Magazin entnommene unrunde, etwa
rechteckige Arbeitsstück sitzt in einer bestimmten Lage in den
Greiferarmen 6. Beim Verschieben des Greifers gegen das Spannfutter trifft zunächst die Stange 8 auf einen im Spannfutter sitzenden

Mitnehmerstift. Die Hülse 5 wird mitgenommen, die Feder 9 spannt sich und nimmt schließlich den Bolzen 2 mit. Der ganze Greifer mit Ausnahme der Büchse 1 rotiert jetzt gleichlaufend mit dem Spannfutter, dabei ist der Anschlag 7 auf der Hülse 5 so eingestellt daß das in dem Greifer sitzende Arbeitsstück dieselbe Stellung hat wie die Öffnung des Spannfutters. Da diese übereinstimmende Stellung durch die gleichschnelle Drehung von Spannfutter und Greifer gewahrt bleibt, so kann das Arbeitsstück bei weiterem Vorschieben des Greifers in das Spannfutter geschoben werden. Beim Zurückgehen des Greifers wird der Bolzen 1 durch die Reibscheibe 3 sofort festgehalten, sobald die Stange 8 den Mitnehmer verlassen hat. Die gespannte Feder 9 dreht die Hülse 5 in ihre Anfangsstellung bis gegen die Klinke 10 wieder zurück.

D. Der Steuerungsantrieb und das Kurvensystem.

Der Steuerungsmechanismus ist das wichtigste Konstruktionselement des Automaten, er ist sein eigentliches Merkmal. Durch den Steuerungsmechanismus unterscheidet sich der Automat von der Revolverdrehbank, indem derselbe alle die Verrichtungen selbsttätig ausführt, die bei der Revolverdrehbank von Hand durch den Arbeiter vorgenommen werden.

Es ist dies in der Hauptsache folgendes:

1. Das Zuführen des Materials,
2. das Spannen und Lösen des Materials,
3. das Schalten der Spindelgeschwindigkeit,
4. der Rückzug der Werkzeugschlitten,
5. das Schalten des Revolverkopfes,
6. das Schalten der Vorschubgeschwindigkeit.

Außerdem hat die Steuerung noch die, schon bei der gewöhnlichen Revolverbank selbsttätigen Verrichtungen, nämlich

7. das Vorschieben der Werkzeugschlitten

auszuführen.

Die Operation 7 bewirkt die eigentliche spanabnehmende Bearbeitung; die Zeit für diese Operation heißt die „eigentliche Arbeitszeit".

Alle übrigen Operationen 1—6 sind Hilfsoperationen, dazu bestimmt, eine gleichmäßig sich wiederholende Vornahme von Operation 7 zu ermöglichen. Sie liegen außerhalb der eigentlichen Bearbeitungszeit. Die Zeit für diese Operationen heißt die „Totzeit". Um die Totzeit verlängert sich die eigentliche Arbeitszeit bis zur endgültigen Fertigstellung des Arbeitsstückes. Eigentliche Arbeitszeit und Totzeit ergibt die „Gesamtarbeitszeit".

Die eigentliche Arbeitszeit wird bestimmt durch die Schnittgeschwindigkeit und den Vorschub, die für das betreffende Arbeitsstück anzuwenden sind. Auf sie hat die Art des Steuerungsmechanismus keinen Einfluß.

Die Totzeit jedoch wird bestimmt durch die Schnelligkeit, mit der die einzelnen Schaltungen ausgeführt werden können, und diese Schnelligkeit hängt wiederum ab von der Konstruktion und Arbeitsweise der Steuerung. Die Steuerung ist das Element, von dessen Güte die Totzeit und damit die Leistungsfähigkeit des ganzen Automaten abhängig ist.

In der Hauptsache sind drei Systeme der Steuerung zu unterscheiden:

I. Das Einkurvensystem,
II. das Mehrkurvensystem,
III. das Hilfskurvensystem.

Bei dem Einkurvensystem erfolgen die unter die eigentliche Arbeitszeit und die unter die Totzeit fallenden Operationen von zwei getrennten Steuerwellen aus. Bei dem Mehrkurvensystem dagegen werden alle Schaltungen von einer einzigen Steuerwelle aus bewirkt. Bei dem Hilfskurvensystem endlich, welches eine Abart des Mehrkurvensystems ist, ist ebenfalls nur eine Steuerwelle vorhanden, die Schaltungen für die Totzeit werden zwar von dieser Steuerwelle aus ebenfalls eingeleitet, jedoch von besonderen, schnelllaufenden Steuerungselementen ausgeführt.

Das Wesen der drei Systeme ist nachstehend an Hand der schematischen Darstellungen (Fig. 234, 235, 239) näher erläutert.

I. Das Einkurvensystem.

Betrachtet man die Schaltungen für die Totzeit, so erkennt man, daß die hauptsächlichsten, nämlich das Zuführen, Spannen und Lösen des Materials nur einmal während der ganzen Bearbeitungsperiode für ein Arbeitsstück ausgeführt werden müssen. Das gleiche ist nicht immer, aber meistens der Fall beim Schalten der Spindelgeschwindigkeit.

Von den unter die eigentliche Arbeitszeit fallenden Operationen wird häufig das Verschieben der Querschlitten ebenfalls nur einmal ausgeführt.

Unter allen Umständen öfter ausgeführt wird dagegen der Vor- und Rückgang des Revolverkopfes. Die Anzahl dieser Doppelhübe wird bestimmt durch die Zahl der im Revolverkopf arbeitenden Werkzeuge.

Es folgt daraus, daß die oben angeführten Schaltungen, welche nur einmal während der ganzen Bearbeitungsperiode ausgeführt werden, auch nur einmal gesteuert werden, und daß dazu nur eine Kurve bzw. Kurvenpaar erforderlich ist und daher die Steuerwelle, auf welcher diese Kurven sitzen, während der ganzen Bearbeitungsperiode nur eine volle Umdrehung machen muß, damit diese Schaltungen sich bei jedem Arbeitsstück nur einmal wiederholen.

Das Kurvenpaar jedoch, welches den Revolverschlitten vor- und zurückschiebt, muß diese Funktion so oft während der ganzen Bearbeitungsperiode wiederholen, als Werkzeuge im Revolverkopf nacheinander arbeiten. Die Steuerwelle, auf welcher diese Kurve

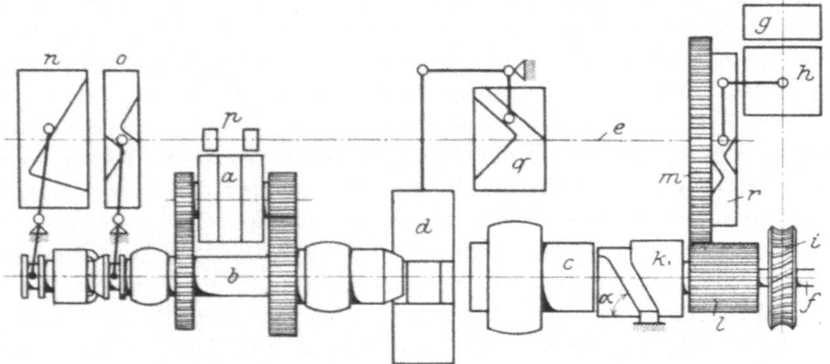

Fig. 234. Schema des Einkurvensystems.

sitzt, macht also bei jedem Revolverhub eine volle Umdrehung, sie läuft also um die Anzahl der Werkzeuge schneller, als die andere Steuerwelle und ist daher mit dieser durch eine Räderübersetzung verbunden, deren Verhältnis durch die Anzahl der Werkzeuglöcher im Revolverkopf bestimmt wird.

Fig. 234 zeigt ein Schema eines Einkurvensystems bei dem Pittler-Automaten.

a ist der Antrieb für die Arbeitsspindel b, c ist der Revolverkopf, d der Querschlitten, e ist die langsamlaufende Steuerwelle und f die schnellaufende Steuerwelle für den Revolverkopf c.

Der Vorschubantrieb erfolgt durch die Riemenscheibe g, durch den Wechselradkasten h und das Schneckengetriebe i auf die Steuerwelle f. Auf dieser sitzt die Kurventrommel k, welche an einer festen Rolle entlang gleitet und dadurch ein Vor- und Zurückschieben des Revolverkopfes bewirkt. Durch die Räder l, m, deren Übersetzungsverhältnis der Zahl der Werkzeuglöcher im Revolverkopf entspricht, wird die zweite Steuerwelle e angetrieben. Auf dieser, welche während der ganzen Bearbeitungsperiode nur eine Umdrehung macht, sitzen die Kurventrommeln n, o zur Betätigung der Materialzuführung und der Materialspannung, die Nocken p für die Schaltung der Spindelgeschwindigkeit, die Kurventrommel q für die Verschiebung des Querschlittens und die Kurvenscheibe r für die Schaltung der Vorschub- und Steuergeschwindigkeit mittelst des Getriebekastens h.

Die Steuergeschwindigkeit setzt sich zusammen aus einer langsamen für die eigentliche Arbeitszeit und einer schnellen für die Totzeit. Die langsame Geschwindigkeit muß außerdem verschieden abgestuft sein, damit für jedes Werkzeug der geeignete Vorschub angewendet werden kann.

Bei dem Einkurvensystem, bei welchem alle Werkzeuge durch ein und dieselbe Kurve mit dem unveränderlichen Kurvenwinkel α (Fig. 234) vorgeschoben werden, kann daher die Veränderlichkeit des Vorschubes nur durch eine Veränderung der Umfangsgeschwindigkeit der Vorschubkurve ermöglicht werden, und es sind daher bei diesem System besonders weitgehende Grenzen bezüglich der Zahl und Abstufung der Steuergeschwindigkeiten einzuhalten. Der Vorteil des Einkurvensystems ist zweifellos der, daß für den Revolverkopf nur eine feststehende, nie auszuwechselnde Kurve vorhanden ist, ein Nachteil liegt jedoch darin, daß diese Kurve für den längsten vorkommenden Maximalwerkzeugweg eingerichtet sein muß und daher alle Werkzeuge auch für kürzere Operationen und kurze Arbeitsstücke diesen Maximalweg vor und zurück ausführen müssen. Es resultiert daraus eine fortwährende, unnötige Bewegung von Massen und ein sich im Dauerbetriebe stets vergrößernder Zeitverlust.

II. Das Mehrkurvensystem.

Sitzen alle Kurven, auch diejenige für die Verschiebung des Revolverkopfes auf einer einzigen gemeinsamen Steuerwelle, die während der ganzen Bearbeitungsperiode für ein Arbeitsstück nur eine Umdrehung macht, so ist klar, daß für den Vorschub des Revolverkopfes so viel Kurvenpaare auf der betreffenden Trommel sitzen müssen, als Werkzeuge im Revolverkopf nacheinander arbeiten können.

In Fig. 235 ist a der Antrieb für die Arbeitsspindel b, c ist der Revolverkopf, d der Querschlitten und e die Steuerwelle. Der Antrieb der letzteren erfolgt durch Riemenscheibe g, Rädergetriebe h und Schneckengetriebe i auf Steuerwelle e. Auf dieser Welle sitzen die Kurvenscheiben $n\,o$ für die Steuerung der Materialzuführung und der Materialspannung, die Nocken p für die Schaltung der Spindelgeschwindigkeit, die Kurventrommel q für die Verschiebung der

Querschlitten, die Kurventrommel r für die Verschiebung des Revolverkopfes und die Kurvenscheibe s für die Schaltung der Vorschub- und Steuergeschwindigkeit.

Der Vorteil dieses Systems liegt in der Tatsache, daß für jedes Werkzeug ein besonderes Kurvenpaar vorhanden ist, welches dem Hub des betreffenden Werkzeuges angepaßt ist, so daß das letztere nur den zur Bearbeitung erforderlichen Weg zurücklegt.

Außerdem kann der Vorschub der verschiedenen Werkzeuge durch die Kurvenwinkel α, β reguliert werden und es ist eine weitgehende Veränderlichkeit der Steuergeschwindigkeit bei dem Mehrkurvensystem nicht erforderlich. Meistens ist daher nur eine langsame Geschwindigkeit für die eigentliche Arbeitszeit und eine schnelle für die Totzeit vorhanden. Ein Nachteil dieses Systems ist jedoch

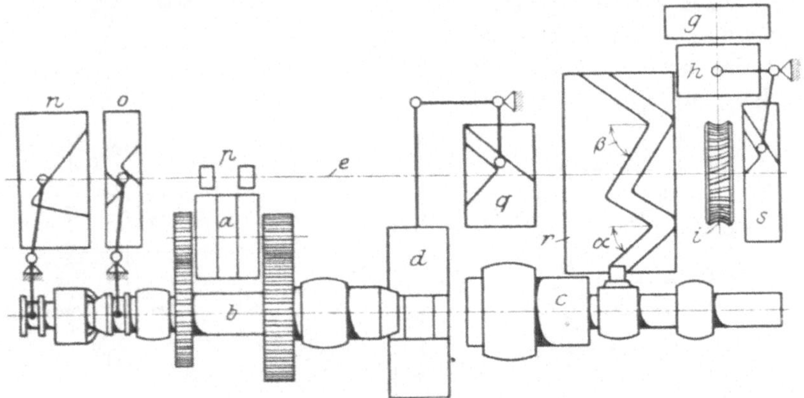

Fig. 235. Schema des Mehrkurvensystems.

die Anschaffung und Lagerhaltung einer größeren Anzahl von Kurven und die Auswechselung derselben für verschiedene Arbeitsstücke.

Beide Systeme, sowohl das Einkurvensystem, als auch das Mehrkurvensystem stellen keine vollkommene Lösung dar für die Aufgabe, die Totzeit auf ein Minimum zu beschränken. Bei beiden Systemen dreht sich bei der Ausführung einer bestimmten Schaltung die gesamte Steuerwelle mit und es ist klar, daß bei der Masse der auf der Steuerwelle sitzenden Kurvenscheiben, Nocken, Anschläge usw. eine gewisse Höchstgeschwindigkeit der Steuerwelle nicht überschritten werden darf. So würde z. B. die Schaltung für das Spannen des Materials erheblich schneller ausgeführt werden können, wenn sich die Kurventrommel o allein drehen würde für die Zeit dieser Schaltung und alle andern Kurvenscheiben, welche zu derselben Zeit keine Schaltung auszuführen haben, stillstehen würden.

Abgesehen von diesem, durch die Begrenzung der Höchstgeschwindigkeit der Steuerwelle bedingten Zeitverlust bei den Schaltungen während der Totzeit, ergibt sich ein weiterer Zeitverlust durch die Kurvenanordnung für die Verschiebung der Werkzeuge für die eigentliche Arbeitszeit.

Die Anordnung der Kurven bei dem Einkurvensystem zeigt Fig. 236. A ist die Vorschubkurve und B die Rückzugkurve. Die erstere ist eingerichtet für den Maximalarbeitsweg a_1. Zu diesem Weg a_1 ist ein Kurvenweg b_1 erforderlich und ein Rückzugweg c. Der übrigbleibende Teil d des Trommelumfanges wird durchlaufen während der Schaltung des Revolverkopfes. Hat nun ein Werkzeug den kleineren Arbeitsweg a_2 zurückzulegen, so wäre dazu ein Kurvenweg b_2 erforderlich. Da aber wegen der Unveränderlichkeit der Kurve jedes Werkzeug den Maximalweg a_1 zurücklegen muß, welcher dem Maximalkurvenweg b_1 entspricht, so wird der Arbeitsweg a_3 und der Kurvenweg b_3 unnötig zu-

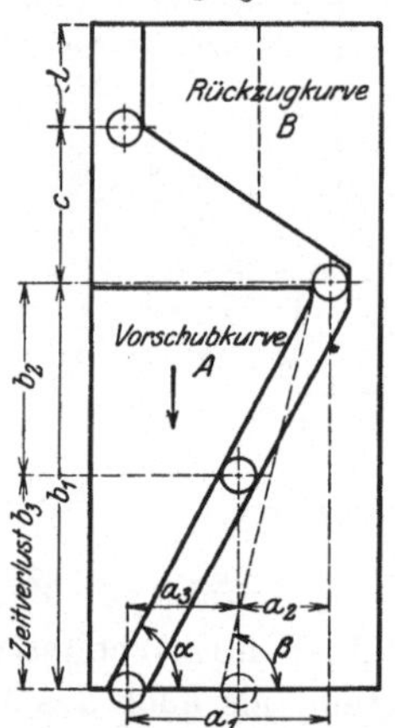

Fig. 236. Arbeits- und Kurvenweg bei dem Einkurvensystem.

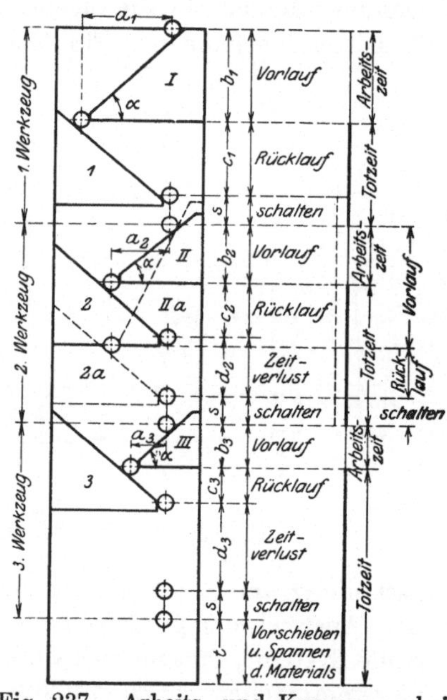

Fig. 237. Arbeits- und Kurvenweg bei dem Mehrkurvensystem.

rückgelegt. Obwohl dies schnell geschieht, summieren sich die verlorenen Sekunden im Laufe eines Dauerbetriebes zu Minuten und Stunden.

Dieser Zeitverlust würde vermieden, wenn die Kurve für den Arbeitsweg a_2 die punktierte Lage hätte. Es würde dann der Arbeitsweg a_2 mit dem Kurvenweg b_1 zurückgelegt und zwar in derselben Zeit, die früher für den Kurvenweg b_2 erforderlich war, und die Zeit für den unnötigen Kurvenweg b_3 würde wegfallen.

Zu diesem Zwecke müßte also die Kurventrommel bei jeder anderen Lage der Kurve mit einer dazu passenden Geschwindigkeit laufen. Diese Möglichkeit ist ja allerdings vorhanden, nicht möglich ist aber die Veränderung der feststehenden und für alle Werkzeuge gültigen Einkurve.

Die Anordnung der Kurven bei dem Mehrkurvensystem ist in Fig. 237, S. 156, dargestellt. Der Trommelumfang muß so bemessen sein, daß so viel Kurvenpaare für den größten Arbeitsweg vorhanden sein können als Werkzeuge nacheinander im Revolverkopf in Arbeitsstellung gebracht werden können. Denn es kann der Fall eintreten, daß für die Bearbeitung eines Arbeitsstückes alle Werkzeuge den Maximalweg zurücklegen müssen. Außerdem muß je ein Stück Trommelumfang übrigbleiben für das jedesmalige Schalten des Revolverkopfes nach jedem Doppelhub desselben und für das Vorschieben und Spannen des Materials.

Den Arbeitswegen $a_1 a_2 a_3$ entsprechen die Kurvenwege $b_1 b_2 b_3$ für den Vorschub und $c_1 c_2 c_3$ für den Rücklauf. Dazwischen liegen die Schaltungswege s. Bei dem Maximalarbeitsweg für das 1. Werkzeug wird der dazu nötige Kurvenweg voll ausgenützt durch Vorlauf, Rücklauf und Schaltung, bei den kleineren Arbeitswegen $a_2 a_3$ für das 2. und 3. Werkzeug entsteht jedoch zwischen Rücklauf und Schalten ein Zeitverlust $d_2 d_3$, da diese Kurvenwege infolge der kürzeren Kurven II, III leer durchlaufen werden. Dieser Zeitverlust würde vermieden durch eine schlankere Form (punktiert) der Kurve II und eine erhöhte Umfangsgeschwindigkeit derselben. Das erstere ist bei dem Mehrkurvensystem möglich, da die Kurven für jedes Werkzeug auswechselbar sind das letztere jedoch nicht, da die meisten Automaten dieses Systems entweder nur eine oder wenige langsame Steuergeschwindigkeiten besitzen und die Kurven innerhalb der Bearbeitung eines Arbeitsstückes mit annähernd dem gleichen Kurvenwinkel arbeiten müssen. Es würde sich außerdem eine unerwünscht große Anzahl von Kurven zur Erzielung richtiger Vorschübe für alle Werkzeuge ergeben.

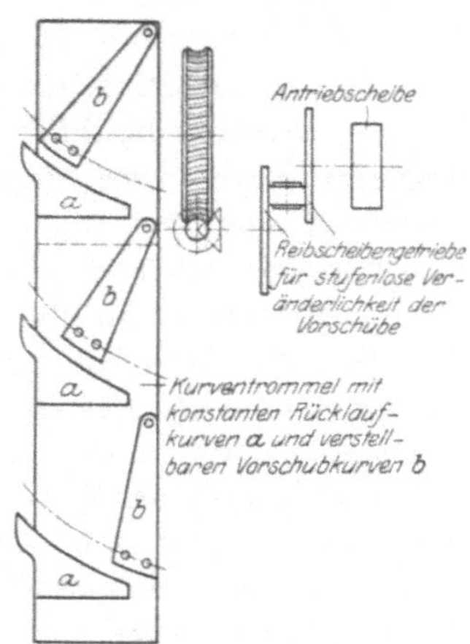

Fig. 238. Steuerungsantrieb mit verstellbaren Kurven und Geschwindigkeitsregler.

Der durch diesen Zeitverlust entstehende Nachteil der beiden Systeme liegt demnach beim Einkurvensystem in der Unmöglichkeit der Kurvenverstellung oder -auswechselung, bei dem Mehrkurvensystem an dem Fehlen ausreichender Steuergeschwindigkeiten.

Das Vollkommene wäre also ein Mehrkurvenautomat mit einem sehr regulierfähigen Steuerungsantrieb und mit verstellbaren Kurven zur Erzielung beliebiger Kurvenwinkel, wie dies in Fig. 238 schematisch dargestellt ist. Der andere, weiter vorn schon erwähnte Zeitverlust beim Schalten infolge der Begrenzung der Höchstgeschwindigkeit der Steuerwelle läßt sich bei den beiden Systemen nicht ohne weiteres beseitigen. Er ist indessen vermieden bei dem Hilfskurvensystem.

III. Das Hilfskurvensystem.

Es ist bereits erwähnt, daß der Geschwindigkeit des Schaltens während der Totzeit eine Grenze gesetzt ist durch die zulässige Höchstgeschwindigkeit der Steuerwelle. Dieser Nachteil tritt bei mittleren und großen Maschinen, bei welchen die Masse der zu schaltenden Mechanismen (Revolverkopf, Materialstange usw.) die Überschreitung einer gewissen Höchstgeschwindigkeit verbietet, weniger in Erscheinung, als bei kleinen Maschinen, bei welchen diese Beschränkung wegfällt. Es kommen hier in erster Linie kleine Fasson- und Schraubenautomaten in Frage.

Bei diesen Maschinen läßt sich mit Vorteil das schon erwähnte Prinzip durchführen, für eine bestimmte Schaltung nur diejenige Kurve, welche die betr. Schaltung bewirkt, in Bewegung zu setzen, und zwar nur für den Moment der Schaltung. Während der übrigen Zeit steht die Kurve still und es bewegen sich periodisch die Kurven für die übrigen Schaltungen. Es ist klar, daß in diesem Falle diese Kurven nicht auf der Steuerwelle sitzen dürfen, da dieselbe wegen der dauernden Bewegung des Revolverkopfes auch dauernd rotieren muß.

Der Amerikaner Worsley hat daher zuerst in dem U.S.P. Nr. 424527 diese Kurven für die Totzeitschaltungen von der Steuerwelle entfernt und auf eine zweite sog. Hilfssteuerwelle gesetzt. Die Steuerwelle rotiert dauernd und dient zur Bewegung des Revolverschlittens und der Querschlitten, d. h. also zur Betätigung der spanabnehmenden Operationen während der eigentlichen Arbeitszeit.

Die Hilfssteuerwelle dagegen steht still und macht nur dann eine stoßweise einsetzende Bewegung, wenn eine Schaltung durch eine auf der Hilfssteuerwelle sitzende Kurve auszuführen ist. Diese einsetzende Bewegung, welche in einer oder $^1/_2$ Umdrehung der Welle besteht, kann natürlich viel schneller ausgeführt werden, als wenn die letztere dauernd rotierte.

In Ausführung dieses Patentes entstand der Brown & Sharpe-Automat. Er ist insofern noch weiter entwickelt, als nicht die ganze Hilfssteuerwelle die Umdrehung ausführt, sondern nur die für die bestimmte Schaltung vorgesehene Kurve, während alle anderen Kurven stillstehen. Die Hilfssteuerwelle rotiert dauernd schnell und die jeweils in Funktion tretende Kurve wird während einer Umdrehung mit derselben gekuppelt. Die Kuppelung wird bewirkt durch Anschläge, Nocken usw. auf der langsam laufenden Steuerwelle.

Das Schema Fig. 239 gibt genaueren Aufschluß.

Die Antriebscheibe a treibt die schnellaufende Hilfssteuerwelle b.

Von b aus erfolgt die Übertragung durch Wechselräder d und Schneckengetriebe e auf die langsam laufende Steuerwelle c, welche aus zwei rechtwinklig zueinander liegenden, durch Kegelräder verbundenen Teilen besteht.

Auf dieser Steuerwelle sitzt die Kurve f für den Vorschub des Revolverschlittens und die Kurven g für die Verschiebung der Querschlitten. Es sitzen ferner auf der Steuerwelle c die Nockenscheiben h, i, k.

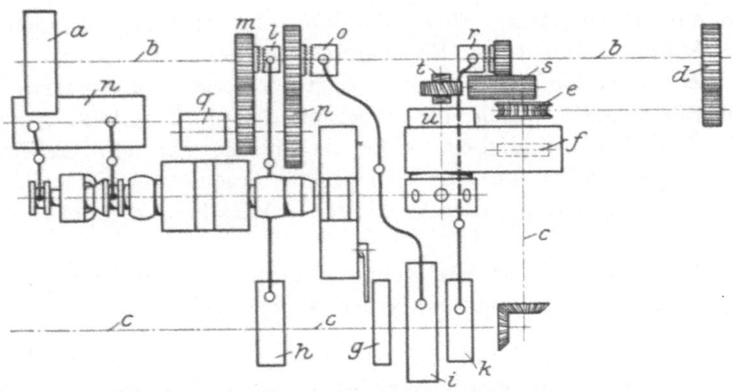

Fig. 239. Schema des Hilfskurvensystems.

Die Scheibe h bewirkt durch Kupplung l, Stirnräder m eine einmalige Drehung der Kurvenrolle n für den Materialvorschub und die Materialspannung. Die Kurvenscheibe i bewirkt durch Kupplung o, Stirnräder p eine einmalige Drehung der Kurvenrolle q für die Schaltung der Arbeitsspindelgeschwindigkeiten. Die Nockenscheibe k bewirkt durch Kupplung r, Stirnräder s, Schraubenräder t, Schaltgehäuse u die Schaltung, sowie gleichzeitig den schnellen Rücklauf des Revolverkopfes.

Die Vorteile des Hilfsskurvensystems, welches als das bis jetzt Vollkommenste bezeichnet werden muß, sind, nochmals zusammengefaßt, folgende:

1. Die Kurve für den Werkzeugvorschub (eigentliche Arbeitszeit) ist eine Mehrkurve, welche für jedes Arbeitsstück besonders nach Länge, Reihenfolge der Operationen und Vorschub des Arbeitsstückes ausgebildet ist.

2. Die Schaltungen für die Totzeit erfolgen mit denkbar größter Schnelligkeit.

3. Die Steuerwelle rotiert mit gleichbleibender konstanter Geschwindigkeit.

Die Vorteile zu 1 und 2 sind in dem Vorhergesagten eingehend erläutert, der Vorteil zu 3 ergibt sich aus folgender Erwägung.

Bei dem Ein- und Mehrkurvensystem rotiert die Steuerwelle schnell und langsam, die Übergänge werden automatisch geschaltet und kennzeichnen die Übergänge von eigentlicher Arbeitszeit (Spanabnahme) zur Totzeit und umgekehrt.

Von der Genauigkeit der Einstellung der automatischen Schaltung der Übergänge hängt die Zeitdauer für eine Umdrehung der Steuerwelle ab, welche gleichbedeutend ist mit der Bearbeitungszeit für ein Arbeitsstück. Diese Zeitdauer ist also in gewissem Maße der Aufmerksamkeit des Einrichters überlassen.

Bei dem Hilfskurvensystem dagegen rotiert die Steuerwelle mit gleichbleibender, durch die Wechselräder d (Fig. 239) genau bestimmter Geschwindigkeit. Die Arbeitszeit für ein Arbeitsstück hängt also nicht von der Genauigkeit irgendeiner Einstellung ab, sondern läßt sich aus dem Verhältnis der Räder d rechnerisch genau ermitteln.

Diese Tatsache ist ein nicht zu unterschätzender Vorteil für die Kalkulation der Selbstkosten eines Arbeitsstückes.

IV. Art des Antriebes der Steuerung.

Der Antrieb kann getrennt oder abhängig sein. Bei dem getrennten Antrieb wird die Steuerwelle durch einen besonderen Riemen vom Deckenvorgelege aus angetrieben, unabhängig vom Hauptantrieb. Es hat dies zweifellos den Nachteil, daß der Fall eintreten kann, daß der Hauptriemen versagt, der Steuerungsriemen jedoch weiterläuft. Ein Zerstören der Werkzeuge kann die Folge sein. Trotzdem hat die Mehrzahl der Automaten noch heute getrennten Antrieb und es kann gesagt werden, daß sich im praktischen Betriebe nennenswerte Störungen nicht daraus ergeben.

Es ist sogar zuweilen der Fall, daß der Steuerungsriemen bei eintretender Störung (Klemmen der Späne oder abfallenden Arbeitsstücke) als elastisches Zwischenglied wirkt und abfällt.

Bei größeren Maschinen ist man in letzterer Zeit zu dem Einscheibenantrieb und der zwangläufigen Ableitung des Steuerungsantriebes vom Hauptantrieb übergegangen.

Es hat den Vorteil, daß bei Geschwindigkeitsänderungen das Verhältnis zwischen Schnittgeschwindigkeit und Vorschub richtig

bleibt, jedoch ist zu empfehlen, in die Ableitung des Steuerungsantriebes ein elastisches Glied in Form einer Gleitkupplung oder
eines Abscherstiftes einzubauen.

V. Die Ausführung des Steuerungsantriebes.

1. Einspindlige Vollautomaten.

a) Nach dem Einkurvensystem. Der Hauptvertreter dieses
Systems ist der Pittler-Automat Fig. 12. Die Anordnung des
gesamten Steuerungsantriebes und der Kurvenanordnung ist deutlich
in Fig. 13 zu ersehen.

Der Antrieb erfolgt durch einen besonderen halbgeschränkten
Riemen vom Deckenvorgelege aus zunächst auf die Riemscheibe 1.
Von dieser aus wird er auf 2 verschiedenen Wegen weitergeleitet
auf die schnellaufende Steuerwelle.

Diese Wege sind in Fig. 240 schematisch dargestellt. Der eine
Weg geht über Scheibe 1, Kupplung 2 direkt auf Welle 3 und durch
Schneckengetriebe auf
Steuerwelle 4, er dient
zur Übertragung des
schnellen Ganges wäh-
rend der Totzeit. Der
zweite Weg führt über
Scheibe 1, Reibscheiben
5, 6, 7, Stirnräder 8, 9,
Umlaufräder 10, Kupp-
lung 2 auf Welle 3 und
weiter auf Steuerwelle 4.
Dieser Weg übermit-
telt die Übertragung

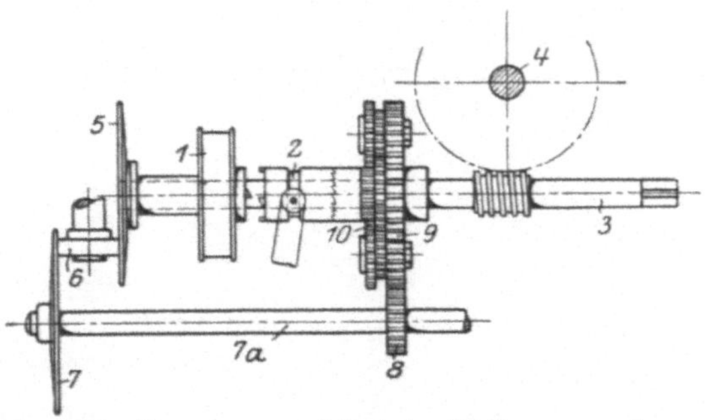

Fig. 240. Steurungsantrieb beim Einkurvensystem.

des langsamen Ganges während der eigentlichen Arbeitszeit. Das
Reibscheibengetriebe 5, 6, 7 erfüllt die gestellte Forderung weitgehender Grenzen für die Steuergeschwindigkeit.

Die Einzelkonstruktion dieser Getriebeanordnung geht aus Fig. 241
hervor. Die Antriebscheibe 1 sitzt fest auf der Nabe der Reibscheibe 5, beide laufen lose auf Welle 3. Die Übertragung zwischen
den Reibscheiben 5 und 7 erfolgt durch eine mit Leder bespannte
Rolle 6 auf die Welle 7a. Durch eine auf dieser Welle sitzende
Spiralfeder wird Reibscheibe 7 stets gegen Rolle 6 und Reibscheibe 5 gedrückt. Dieser Druck wird durch ein hinter 5 sitzendes
Kugellager aufgenommen. Stirnrad 8 treibt Stirnrad 9, welches
lose auf einer im Revolverschlitten festsitzenden Büchse 11 sitzt.
Dieses Rad 9 dient als Steg für ein Umlaufgetriebe, bestehend

aus den Umlaufrädern 10, dem fest auf Hülse 11 sitzenden Zentralrad 12 und dem lose auf Welle 3 laufenden Rad 13. Beim Abwälzen der Räder 10 auf Rad 12 wird infolge des Unterschiedes

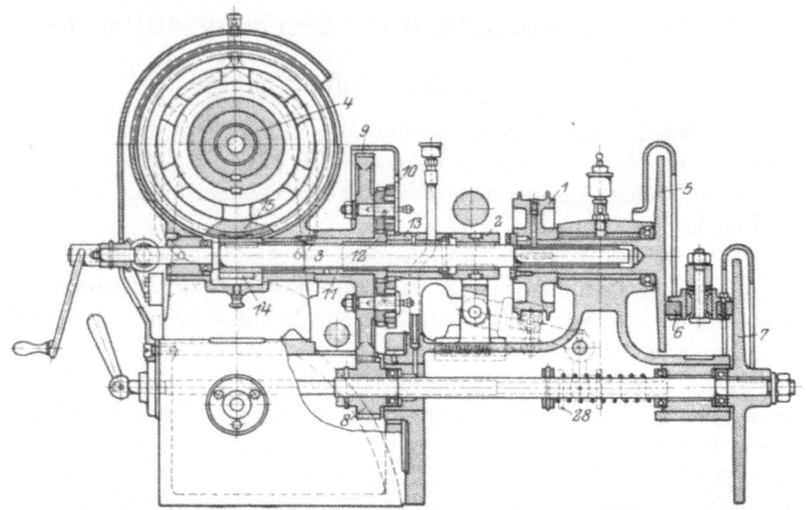

Fig. 241. Steuerungsantrieb beim Einkurvensystem.

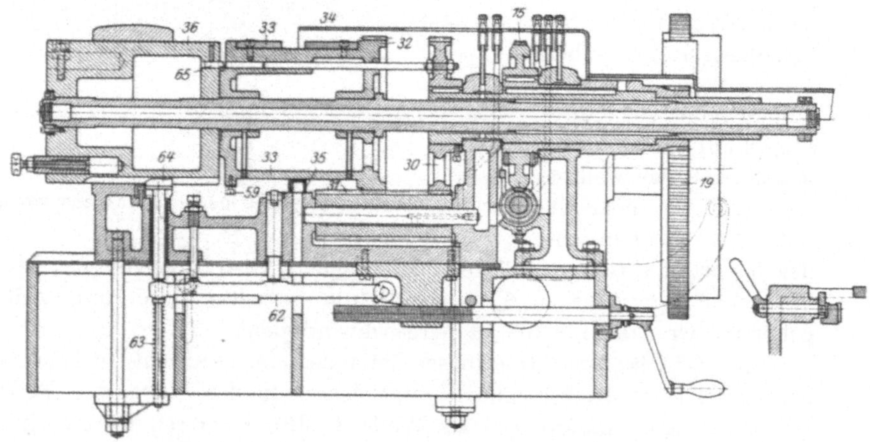

Fig. 242. Schaltung beim Einkurvensystem.

der Zähnezahlen dem Rad 13 eine langsame Drehung erteilt. Die Kupplung 2 sitzt also zwischen der konstant schnellaufenden Scheibe 1 und dem mit in stufenloser Reihenfolge veränderlicher Geschwindigkeit langsam laufenden Rade 13 und wird zwischen 1 und 13 hin und her geschaltet. Die Schaltung erfolgt auf folgende Weise:

Die auf Welle 3 fest sitzende Schnecke 14 treibt das Schneckenrad 15. Dieses sitzt fest auf der Hülse 16 (Fig. 242). Die Hülse ist im Revolverschlitten gelagert und am hinteren Ende als Ritzel ausgebildet, mit welchem sie das auf der zweiten, langsam laufenden Steuerwelle festsitzende große Stirnrad 19 antreibt. An der Innenseite des Rades 19 sind in zwei Ringnuten die Schaltstifte 20 einstellbar (siehe auch Fig. 243—244). Dieselben treffen bei der Umdrehung des Rades 19 auf eine Dreikantspitze des Hebels 21 und bewirken eine Drehung derselben, sowie des mit 21 auf gleicher Achse sitzenden Hebels 22. Dieser greift mit seinem Stift 23 mit Spielraum in einen

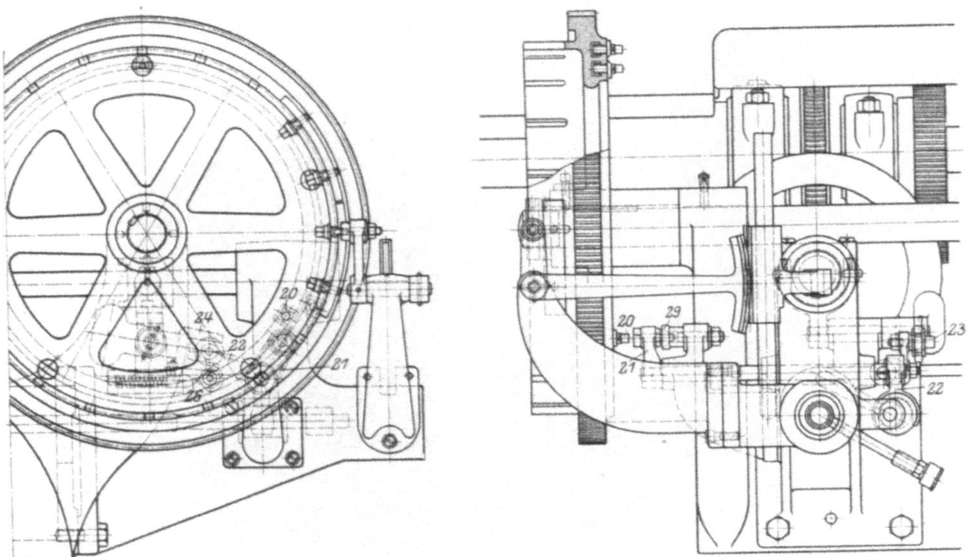

Fig. 243—244. Schaltung beim Einkurvensystem.

Stein des Hebels 24, welcher wiederum mit Hebel 25 auf gleicher Achse sitzt. Hebel 25 greift gabelförmig um die Kupplung 2. Die Schaltung dieses Hebelsystems erfolgt durch den Schießbolzen 26, sie bewirkt den Übergang vom schnellen zum langsamen Gang und umgekehrt.

Um die Welle 3 beim Einrichten der Maschine von Hand drehen zu können, muß die Kupplung 2 auf Mittelstellung gebracht werden. Zu diesem Zweck wird von der Vorderseite der Maschine aus die Welle 27 gedreht. Der auf 27 sitzende Exzenter 28 liegt in einer Gabel des Hebels 21 und bewirkt bei seiner Drehung eine Verschiebung von 21 derart, daß das dickere Ende des Stiftes 23 in den Stein des Hebels 24 kommt und den Spielraum aufhebt. Hebel 24 steht nun

11*

frei seitlich des Schießbolzens 26. Gleichzeitig wird Hebel 21 mit verschoben und legt sich mit einer runden Spitze in eine Vertiefung 29, wodurch die Mittelstellung der Kupplung 2 fixiert ist. Man kann ferner durch Hin- und Herschieben der Welle 27 die Kupplung schalten.

Die Veränderung des langsamen Ganges mittels des Reibscheibengetriebes 5, 6, 7 erfolgt durch die Leisten 30 (Fig. 245). Dieselben sind auf einer Trommel des Rades 19 in Schlitzen in beliebiger Schräglage einstellbar. Sie beeinflussen die Hebel 31, 32

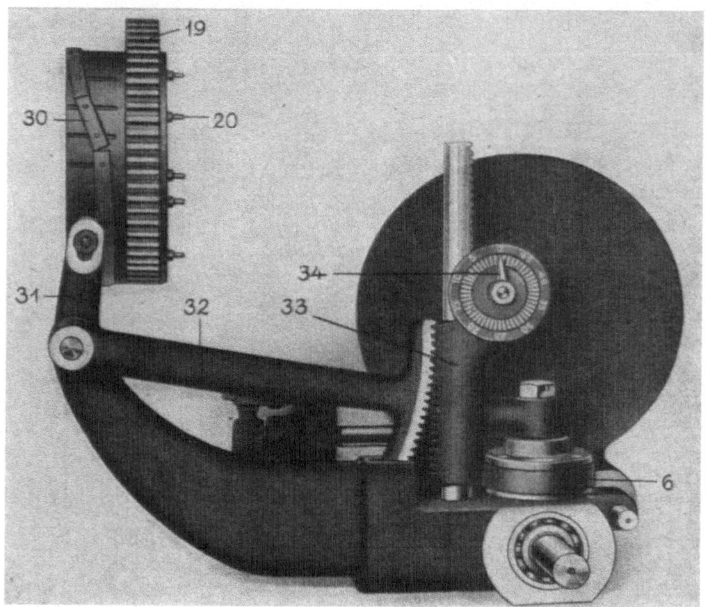

Fig. 245.   Reguliergetriebe.

und bewirken dadurch ein Heben oder Senken der Zahnhülse 33 und der Rolle 6. Es wird eine Veränderung der Übersetzung der Reibscheiben 5, 7 herbeigeführt, dabei kann die jeweilige Größe des Vorschubes auf einer Zeigerscheibe 34 abgelesen werden.

Die Verschiebung des Revolverkopfes. Auf der Hülse 16 sitzt fest das Rad 30 (Fig. 242). Dasselbe treibt unter Vermittlung des Rades 31 das Rad 32. Das letztere ist als Trommel ausgebildet, auf welcher die Vor- und Rückzugkurven 33, 34 befestigt sind. Die letzteren schieben sich bei der Drehung der Trommel an einer fest im Revolverschlitten gelagerten Rolle 35 entlang und bewirken dadurch die Vor- und Rückwärtsbewegung des Revolverkopfes 36.

Der Materialvorschub und die Materialspannung. Auf der Steuerwelle sitzt eine Kurve, dieselbe gleitet an der Rolle eines Bockes vorbei und schiebt den letzteren mit der Stange 11 nach links (Fig. 140). Auf dem linken Ende sitzt der Arm 40, welcher das Vorschubrohr 10 an der Muffe 41 umfaßt. Das Rohr zieht sich über die eingespannte Materialstange zurück. Im Moment des Vorschiebens gibt die Kurve die Stange frei und eine starke Spiralfeder drückt alles nach rechts, wobei die inzwischen in dem Spannfutter frei gewordene Materialstange durch die federnde Vorschubpatrone mitgenommen wird.

Das Lösen und Spannen des Spannfutters erfolgt durch die am linken Ende der Steuerwelle sitzende Kurvenscheibe, welche die Spannmuffe 3 unter Vermittlung des Gabelhebels 47 verschiebt.

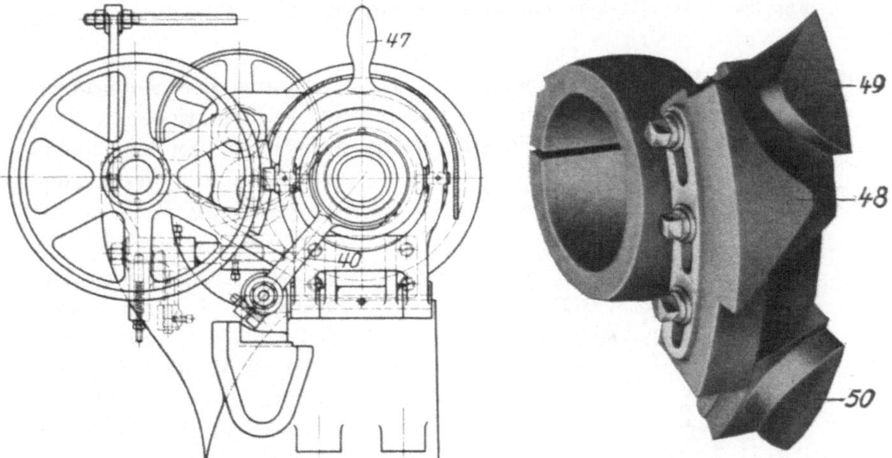

Fig. 246. Materialspannung.

Fig. 247. Einstellbare Spann-
kurven.

Die Kurven können auch einstellbar sein, um den Zeitpunkt des Lösens, Vorschiebens und Spannens des Materials regulieren zu können (Fig. 247).

Die Kurve 48 öffnet das Futter, wobei Kurve 49 zur Sicherheit als Gegenkurve dient, die Kurve 50 schließt das Futter. Der Zwischenraum zwischen 48 und 50 ist veränderlich, und damit die Zeit zwischen dem Öffnen und Schließen des Futters. Diese Zeit kann kurz sein bei Verarbeitung von glattem Material und kurzen Arbeitsstücken, sie muß länger sein bei rohem Material und langen Arbeitsstücken sowie bei Magazinarbeiten. Bei der Ausführung der Firma Pittler (Fig. 13) sind 2 Trommeln vorgesehen, auf welchen die Kurven an passender Stelle befestigt werden können.

Eine Sonderausführung dieses Systems, bei welcher nicht der ganze Revolverkopf, sondern nur das jeweils in Arbeitsstellung sich befindliche Werkzeug vorgeschoben wird, ist in Fig. 248—249

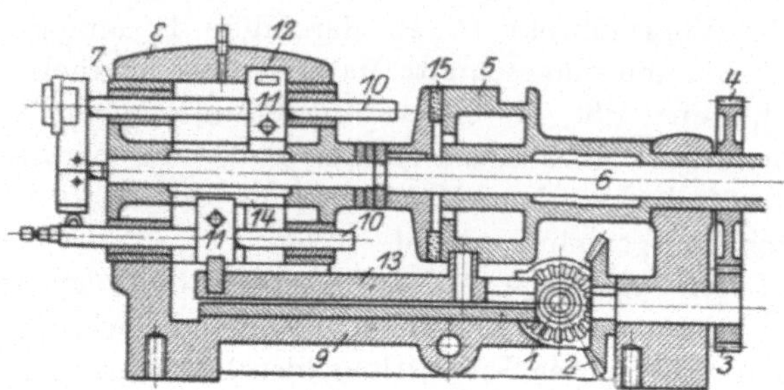

Fig. 248. Revolverkopf mit einzeln verschiebbaren Werkzeugspindeln.

dargestellt. Wie Fig. 249 zeigt, ist die Anordnung des Steuerungsantriebes im Prinzip die gleiche, wie bei der vorbeschriebenen Konstruktion, abweichend ist die Ausführung der schnellaufenden Steuerwelle für die Werkzeugverschiebung.

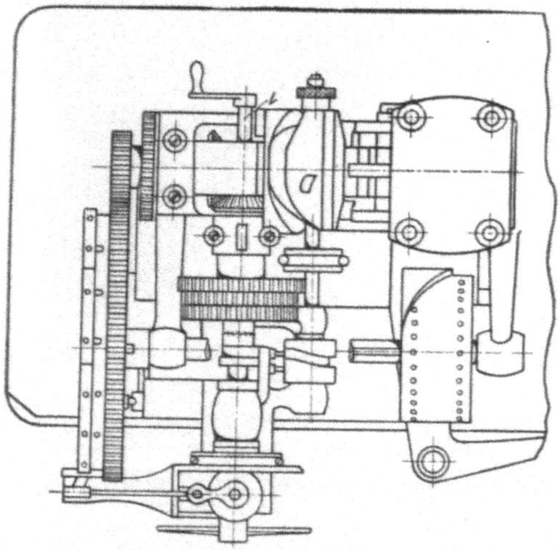

Von der schnell oder langsam gesteuerten Antriebwelle 1 wird durch Kegelräder 2 und Stirnräder 3, 4 die Vorschubtrommel 5 angetrieben, welche sich lose auf der Achse 6 des Revolverkopfes 7 dreht. Der letztere ist gelagert in dem Gehäuse 8 des Revolverschlittens 9.

In dem Revolverkopf sind die einzelnen Werkzeugspindeln 10 gelagert, auf denen sich je eine Klemme 11 befindet, welche

Fig. 249. Revolverkopf mit einzeln verschiebbaren Werkzeugspindeln.

in der hintersten Stellung der Spindeln in eine Kreisnut 12 des Gehäuses 8 greifen.

Die jeweils beim Schalten des Revolverkopfes in die unterste, d. h. Arbeitsstellung gebrachte Spindel tritt mit der Klemme 11 über einen Ansatz des Schiebers 13, welcher in einer Führung des Revolverschlittens 9 gleitet und mit einer Rolle in die Kurvennut der

Trommel 5 greift. Durch die Drehung der Trommel wird der Schieber 13 und damit die Spindel vor- und zurückbewegt. Dabei führt sich die Klemme 11 in einer Nut 14 des Revolverkopfes. Die übrigen Werkzeuge verharren dabei in ihrer Endstellung, können daher nicht mit dem Futter oder dem Arbeitsstück oder den Werkzeugen der Querschlitten kollidieren. Bei jeder Umdrehung der Trommel 5, d. h. nach erfolgtem Vor- und Rückzug des arbeitenden Werkzeuges, wird der Revolverkopf weitergeschaltet, indem er durch eine besondere (nicht gezeichnete) Vorrichtung, welche ihn bisher gesperrt hat, freigegeben wird, worauf seine Mitnahme durch eine neben der Trommel 5 befindliche Reibungskupplung 15 erfolgt.

Einen sehr modern durchgebildeten Steuerungsantrieb des Einkurvensystems von Pittler zeigt Fig. 250.

Der Antrieb erfolgt von der Hauptantriebwelle 1 aus über die Wechselräder 25, 26, deren Übersetzung viermal veränderlich ist, auf die Zwischenräder 27, 28, 29, 30. Das letzte Zwischenrad treibt das Kegelrad 31, das in Eingriff steht mit dem Kupplungskegelrad 32, das auf der Schneckenwelle 33 lose gelagert ist.

Bei schnellem Gang wird das Kegelrad 32 mit der Schneckenwelle durch Kuppeln mit der Muffe 34 verbunden und somit die Bewegung über die Schnecke 35 auf das Schneckenrad 36 und damit auf die Trommelwelle übertragen. Die vier, durch die Wechselräder veränderlichen Umläufe der Trommelwelle sind deshalb gewählt worden, um einerseits bei Anwendung der höchsten Umlaufzahl die Schaltzeiten so gering als möglich zu gestalten, andererseits aber auch mit der Geschwindigkeit herabgehen zu können, was sich bei Arbeiten aus dem Magazin notwendig macht.

Beim Arbeitsgang wird die Kupplungsmuffe 34 in Eingriff mit dem Kupplungsrad 35 des Planetengetriebes gebracht und der Antrieb geht dann von Kegelrad 32 über das Reibscheibengetriebe 37, 38, 39 und die Zwischenräder 40, 41 auf die Wechselräder 42, 43, deren Übersetzung viermal veränderlich ist. Von Wechselrad 43 erfolgt der Antrieb über die Stirnräder 44, 45 auf das Planetengetriebe 46 und damit über das Schneckengetriebe auf die Trommelwelle. Durch Einfügung der Wechselräder und unter Zuhilfenahme des Reibscheibengetriebes wird der Vorschubbereich, der beim Drehgang zwischen 0,0193 und 1,5 mm pro Spindelumdrehung und beim Gewindegang zwischen 0,049 und 7,06 mm pro Spindelumdrehung liegt, derart veränderlich, daß für jedes Material der geeignetste Vorschub angewendet werden kann.

Die Umsteuerung der Kupplungsmuffe 34 erfolgt selbsttätig auf bekannte Art von der Trommelwelle aus durch Knaggen und ist aus Fig. 250 (Ansicht von F) zu erkennen.

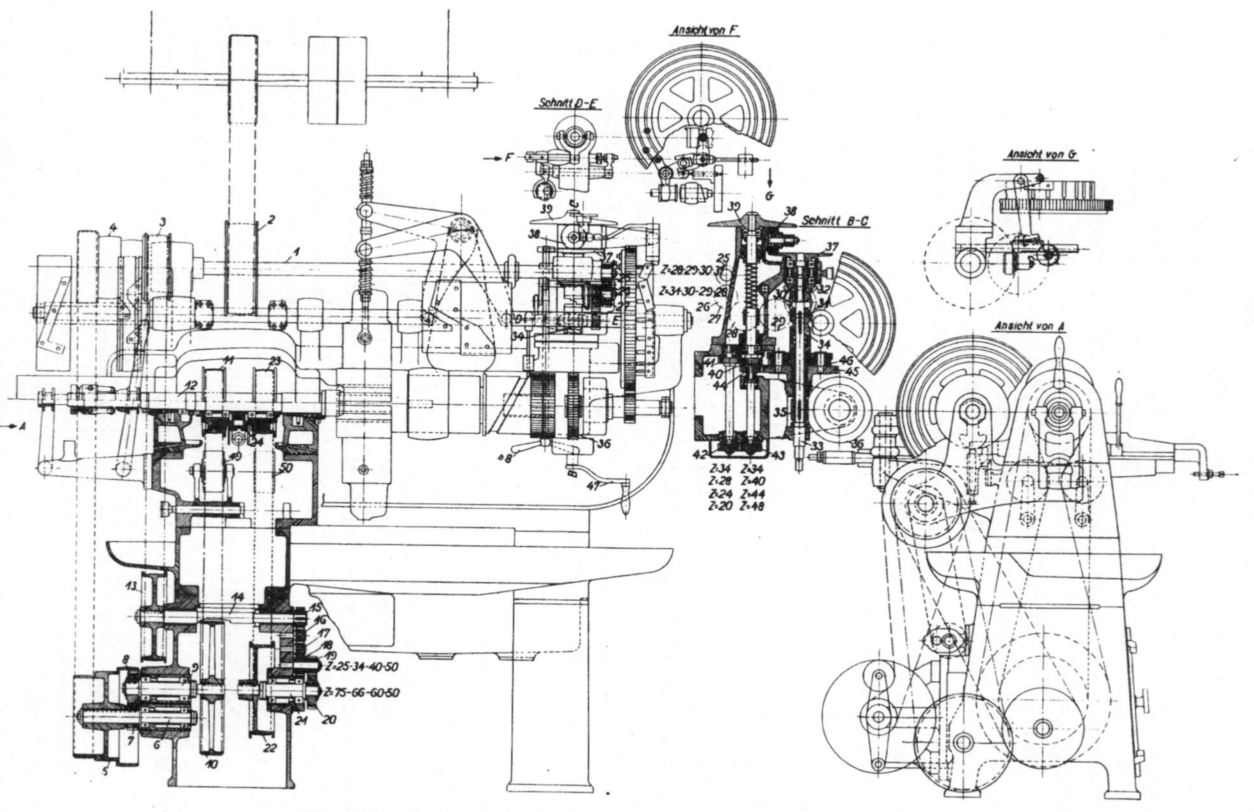

Fig. 250. Steuerungsantrieb beim Einkurvensystem (Pittler).

Ergänzendes Material zu diesem Buch finden Sie auf
http://extras.springer.com

EXTRAS ONLINE

Beim Einrichten wird die Schneckenwelle bzw. die Trommelwelle von der Handkurbel 47 aus betätigt. Die Kupplungsmuffe wird in diesem Falle durch Umlegen des Schalthebels 48 ebenfalls von Hand betätigt, aus Fig. 250 (Schnitt DE) ersichtlich. Die Betätigung des Reibscheibengetriebes erfolgt auf bekannte Art durch Kurvenstücke von der Steuerscheibe aus und ist in Fig. 250 (Ansicht von G) dargestellt.

b) Nach dem Mehrkurvensystem. Bei diesem System, bei dem bekanntlich nur eine Steuerwelle vorhanden ist, gestaltet sich der Antrieb der letzteren verhältnismäßig einfach. Es ist gewöhnlich nur ein langsamer und ein schneller Gang vorhanden, so daß auch die Schaltung der Steuergeschwindigkeit mit ziemlich einfachen Mitteln durchgeführt werden kann.

Da bei dem Mehrkurvensystem große Kurventrommeln erforderlich sind, weil für jedes Werkzeug ein besonderes Kurvenpaar vorhanden ist, so erfolgt der Antrieb meist durch ein großes Schneckenrad. Auf der zugehörigen Schneckenwelle sitzt dann gleich die Antriebscheibe, welche die Schneckenwelle entweder direkt oder über ein Rädervorgelege antreibt. Das Rädervorgelege ist vielfach als Umlaufgetriebe ausgebildet. Die Schaltung erfolgt entweder durch Riemenverschiebung, Kupplung od. dgl.

α) Bei den selbsttätigen Fassondrehbänken ist nur eine Antriebscheibe vorhanden, welche die Schneckenwelle direkt antreibt. Arbeits- und Totzeitgeschwindigkeit wird durch die Steigungswinkel der Kurven reguliert. Bei der Maschine Fig. 62 ist getrennter Antrieb vorhanden, bei der Maschine Fig. 63 ist jedoch der Steuerungsantrieb von der Arbeitsspindel abhängig. Die beiden Antriebscheiben c, d sitzen auf einer gemeinschaftlichen Hülse, welche lose auf der Welle des Deckenvorgeleges läuft. Der breite Riemen treibt die Arbeitsspindel und von dieser werden rückwärts durch einen zweiten, schmaleren Riemen die Scheiben c, d und von letzterer durch einen halbgeschränkten Riemen die Steuerwelle angetrieben.

Einen sehr konstruktiven Steuerungsantrieb, bei welchem der besondere Antriebriemen für die Steuerung und auch derjenige für die Kühlpumpe fortfällt, zeigt Fig. 251—254 (Tafel II).

Der Antrieb der Arbeitsspindel 1 erfolgt direkt durch den einzigen Antriebsriemen der Maschine auf die Antriebscheibe 2.

Der Antrieb der Steuerwelle erfolgt von der Arbeitsspindel 1 aus über das Schneckengetriebe 3, 4 und die Umsteckräder 5, 6 auf das Wechselrad 7, das fünfmal veränderlich ist. Das Wechselrad 7 ist auf einer Schere angeordnet und treibt bei Rechtslauf der Arbeitsspindel über das Zwischenrad 8 auf das Stirnrad 9 und die Schneckenwelle 10. Von hier aus geht der Antrieb über das Schneckengetriebe 11 und 12 auf die Steuerwelle. Bei Linkslauf der Arbeitsspindel wird Zwischenrad 8 außer Eingriff gebracht. Die Umlaufzahl der Steuerwelle ist zehnmal veränderlich, so daß die Maschine äußerst günstig ausgenutzt werden kann. Der Antrieb der Kühlpumpe erfolgt von der Arbeitsspindel über das Schneckengetriebe 3, 4 auf das Stirnrad 13 und von dort bei Rechtslauf der Arbeitsspindel über das Zwischenrad 14 auf das Pumpenantriebsrad 15, das als Wechselrad vorgesehen ist. Bei Linkslauf der Arbeitsspindel wird das Zwischenrad 14 in Eingriff gebracht.

Das Stirnrad 9 ist als Kupplungsrad ausgebildet und wird durch Verschieben der Kupplungsmuffe 16 in Aus- und Eingriff mit der Schneckenwelle gebracht. Betätigt wird Muffe 16 von Handhebel 17.

Eine sehr praktische Neuerung stellt die Ausbildung der Kurven für die Bewegung des Bohrschlittens und der Zusatzapparate als Plankurven dar (siehe auch S. 261, VII: Die Ausführung der Kurven). Das auf der Steuerwelle sitzende Kegelrad 18 steht mit Kegelrad 19 in Eingriff, das sich auf der Kurvenwelle 20 befindet. Auf dieser werden zu beiden Seiten außerhalb des Gestells und des Spänebereichs die Plankurven entsprechend den jeweils zur Anwendung kommenden Apparaten angebracht. Die Bewegung erfolgt durch einen Zahnsegmenthebel 21, dessen Verzahnung in eine Zahnstange des Bohrschlittens eingreift. Betätigt wird der Zahnsegmenthebel von der Plankurve 23 durch den Rollenhebel 24. Für sämtliche Apparate sind Vor- und Rückzugkurven vorgesehen.

β) Bei den selbsttätigen Revolverdrehbänken ist die Ausführung heute noch vielfach die gleiche, wie bei der ursprünglichen Bauart Spencer (Fig. 4). Die Schaltung findet teilweise durch Riemenverschiebung, teilweise durch Kupplung statt.

γ) Eine Schaltung durch Riemenverschiebung hat der Automat System Gridley. Der Antrieb erfolgt getrennt vom Deckenvorgelege aus durch einen halbgeschränkten Riemen (Fig. 255 bis 256) auf die beiden Antriebscheiben 1, 2 (Fig. 257). Die Scheibe 1 sitzt fest auf der Schneckenwelle 3. Neben der lose auf der Welle sitzenden Scheibe 2 sitzt fest auf der Welle das Stirnrad 4 und auf der Nabe dieses Rades läuft lose das Stirnrad 5 und das Sperrad 6 (s. auch Fig. 258). Die beiden letzteren sind verbunden. In der Scheibe 2 sind die Umlaufräder 7, 8 gelagert.

Läuft der Riemen auf der Scheibe 1, so läuft die Schneckenwelle 3 schnell mit der Geschwindigkeit der Scheibe 1. Läuft der Riemen auf der Scheibe 2, so wälzen sich die Räder 7 auf dem Rade 5 ab. Entsprechend dem Riemenlauf nach Pfeil I üben daher die Räder 8 einen Druck auf das Rad 5 aus in Richtung des Pfeiles II. Da jedoch das Rad 5 durch das Sperrad 6 an der Drehung verhindert ist, so wirkt es als festes Zentralrad. Das Rad 4 rotiert langsam in Pfeilrichtung III. Beim schnellen Gang auf Scheibe 1 läuft

Scheibe 2 mit dem ganzen Umlaufgetriebe lose mit, wobei das Sperrad 6 über den Zahn des Sperrhebels 9 gleitet.

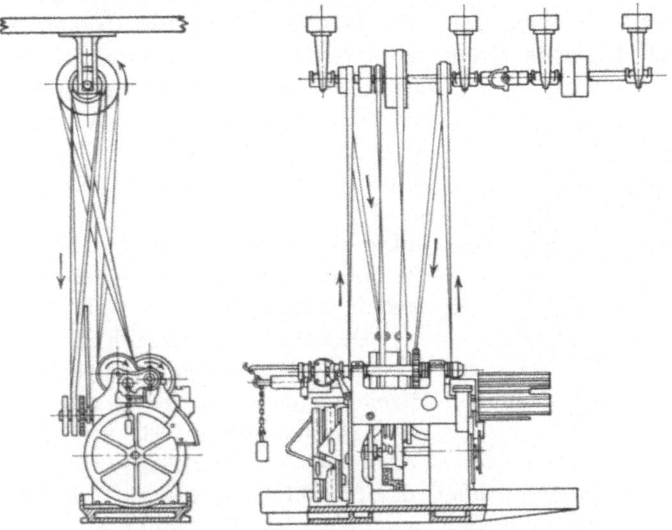

Fig. 255—256. Antrieb des Automaten System Gridley.

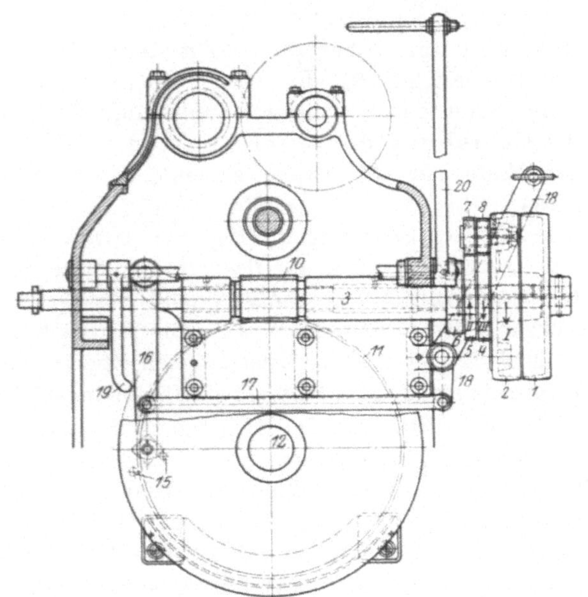

Fig. 257. Vorschubantrieb des Automaten System Gridley.

Die Schaltung der Steuergeschwindigkeit erfolgt auf folgende Weise. Auf der Welle 3 sitzt die Schnecke 10, welche das

Schneckenrad 11 und damit die Steuerwelle 12 treibt. Auf der letzteren befindet sich die Trommel 13 (Fig. 284), in deren Ringnuten 14 die Stifte 15 einstellbar sind. Diese gleiten bei der Umdrehung der Trommel auf einen Anschlag des Hebels 16. Die dadurch bewirkte Drehung dieses Hebels wird durch die Stange 17 auf die Riemengabel 18 übertragen (Fig. 257).

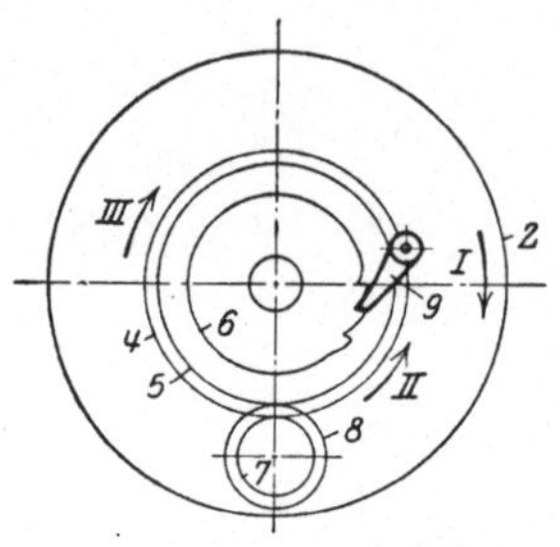

Fig. 258. Zum Antrieb Fig. 257.

Die Schaltung der Spindelgeschwindigkeit. Auf der Trommel sitzen ferner die schrägen Leisten (Fig. 256), welche die Hebel 19 und die mit diesen auf gleicher Achse sitzenden Riemengabeln 20 für den Antrieb der Arbeitsspindel verdrehen (Fig. 256).

Der Materialvorschub wird bewirkt durch eine am linken Ende der Trommel 21 sitzende Kurve 21a, welche an einer Rolle 22 des Armes 23 (Fig. 284) vorbeigleitet und den letzteren nebst dem Vorschubrohr nach links zieht. Nach Öffnen des Spannfutters gleitet Rolle 22 an der Kurve ab und ein Gewicht zieht das Vorschubrohr nach rechts, wobei die Materialstange durch die federnde Vorschubpatrone mitgenommen wird.

Das Spannen des Materials erfolgt durch die auf der Trommel 21 sitzenden Nocken 25 (Fig. 287), welche die Spanngabel 26 (Fig. 284) und damit das Spannfutter in bekannter Weise betätigen.

Die Verschiebung der Querschlitten wird durch die auf dem rechten Ende der Steuerwelle sitzende Kurvenscheibe 27 bewirkt (Fig. 284).

Auf der vorderen Seite von 27 (Fig. 285) sitzen die Kurven für den vorderen Querschlitten 28, auf der hinteren Seite diejenigen für den hinteren Querschlitten 29. Die Kurve 30 bewirkt den Vorschub, 31 den Rückgang des Querschlittens 28. Die Kurvenbewegung wird durch die Hebel 32, 33 auf die Querschlitten übertragen.

Die Verschiebung der Revolverschlitten erfolgt durch die Kurven 34, 35 auf der Trommel 21 (Fig. 287). 34 ist eine Vorschubkurve, 35 eine Rückzugkurve.

Die Kurven gleiten an einer Rolle 36 entlang und verschieben dadurch die Stange 37 (Fig. 284). Auf 37 sitzt der Mitnehmer 38, welcher um den Stift 39 faßt. Der Stift 39 sitzt an dem Werkzeugschlitten 40. Beim Vorschub wird nur der obere in Arbeitsstellung befindliche Schlitten mitgenommen (Fig. 259), und zwar durch den rechten Rand des Mitnehmers, welcher die übrigen Stifte freiläßt. Beim Rückzug dagegen werden alle Schlitten in die Anfangsstellung mit zurückgenommen durch den linken, vollen Bund des Mitnehmers.

Sollte daher einer der nicht arbeitenden Schlitten unabsichtlich verschoben sein, so kann die Schaltung des Revolverkopfes erst dann erfolgen, wenn alle Schlitten sich in der Anfangsstellung befinden.

Eine Riemenschaltung für eine größere Anzahl Geschwindigkeiten ist in Fig. 260—261 dargestellt. Sie wird ausgeführt bei dem Automaten Fig. 47. (D.R.P. 276 786 Pittler). Diese Ausführung ist ausführlich in den Fig. 262—265 dargestellt.

Der Antrieb erfolgt durch einen halbgeschränkten Riemen vom Deckenvorgelege auf die Riemenscheiben $abcd$. Der Riemen kann über sämtliche Scheiben verschoben werden. bcd sind die Scheiben für 3 verschiedene Arbeitsgänge, a die Scheibe für den schnellen Leerlauf während der Totzeit. Von der Riemen-

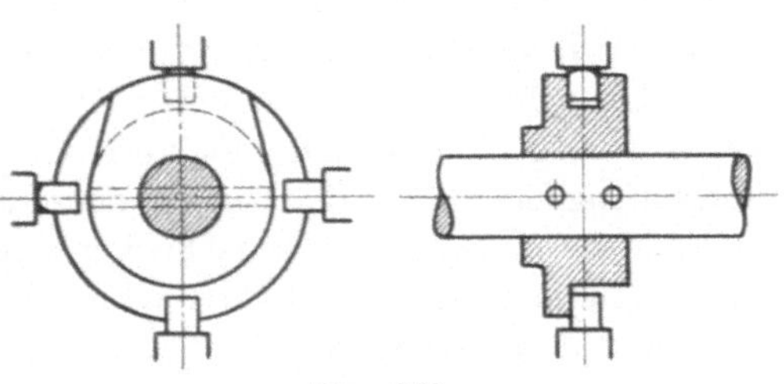

Fig. 259.

scheibenwelle wird der Antrieb durch Wechselräder auf eine Schneckenwelle und von dieser durch das Schneckenrad p auf die Steuerwelle q übertragen.

Die Schaltung der Steuergeschwindigkeit erfolgt durch die Steuerscheibe e. Neben derselben ist ein doppelarmiger Hebel f gelagert, welcher mit einer Verzahnung in eine solche des Riemengabelhebels g eingreift,

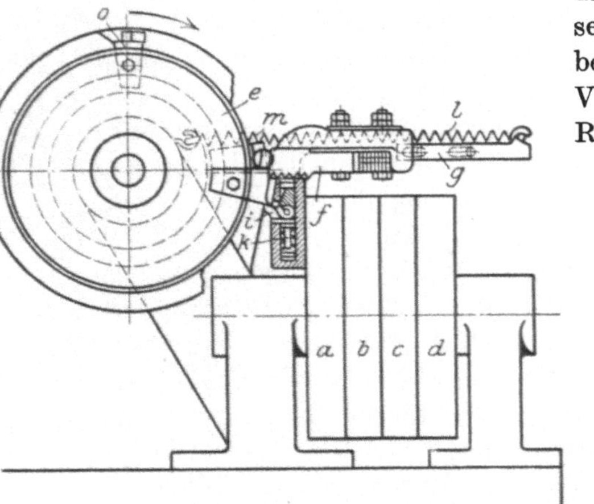
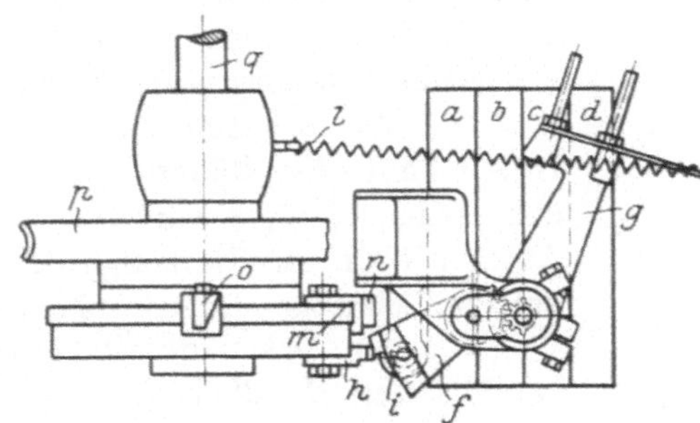

Fig. 260—261. Steuerungsantrieb durch Riemenschaltung (Pittler).

welcher über alle 4 Riemenscheiben hinwegstreichen kann. Befindet sich der Riemen auf der Leerlaufscheibe a, so läuft die Steuerscheibe e schnell und die Verschiebung der Riemengabel und des

Riemens erfolgt ebenfalls schnell. Läuft dagegen der Riemen auf einer der Scheiben bcd, so läuft die Steuerscheibe e langsam und die Riemenverschiebung würde ebenfalls langsam erfolgen, was einen Zeitverlust bedeutete. Diesem Übelstand ist durch die Konstruktion abgeholfen, und zwar in folgender Weise: Die Riemengabel wird durch eine Feder l stets nach links gezogen, sie wird in ihrer jeweiligen Stellung aber gehalten durch einen Sperrbolzen k, welcher in eine Rast des mit g zwangläufig verbundenen Hebels f eingreift. Soll nun z. B. der Riemen von Scheibe d auf Scheibe b verschoben werden, so wird zunächst durch einen auf der Steuerscheibe e einstellbaren Knaggen h der Sperrbolzen k nach unten gedrückt und der Hebel f freigegeben. Hinter h folgt sofort die Knagge m mit dem Anschlag n. Gegen diesen Anschlag legt sich der Hebel f, wenn die Riemengabel durch die Feder l nach links gezogen wird. Es sind verschiedene Knaggen mit verschieden hohen Anschlägen n vorhanden, welche bewirken, daß die Riemengabel über c oder b stehen bleibt. Inzwischen hat die Knagge h den Sperrbolzen k freigegeben und derselbe springt in die entsprechende Rast von f ein. Dann verläßt auch die Knagge m den Hebel f. Soll bis zur Leerlaufscheibe a geschaltet werden, so legt die Riemengabel den ganzen Weg zurück bis gegen einen festen Anschlag.

Soll von links nach rechts geschaltet werden, so wird wiederum zunächst durch eine Knagge h der Hebel f entriegelt, und sodann die Riemengabel durch einen Anschlag o, der mit seiner schrägen Fläche auf eine Rolle des Hebels f wirkt, verschoben.

Die praktische Durchführung dieser Konstruktion ist folgende (Fig. 262—265) (Tafel III):

Auf den Riemenscheiben a—d wird der Riemen in oben beschriebener Weise geschaltet. Die Scheibe a für den Schnellgang sitzt fest auf der Welle 1 und treibt unter Vermittlung der Schnecke 2 und des Schneckenrades p die Steuerwelle q direkt.

Die Scheiben bcd für den Arbeitsgang sitzen auf gemeinsamen Hülsen mit den Rädern 3, 4, 5 und diese stehen in Eingriff mit den Rädern 6, 7, 8 auf der Welle 9. Von der Welle 9 wird der Antrieb über ein Umlaufgetriebe 10 und die Wechselräder 11, 12 auf die Schnecke 2, Schneckenrad p und Steuerwelle q übertragen.

Zum Ausrücken des Steuerungsantriebes von Hand dient Kupplung 13 und Handhebel 14. Durch eine Handkurbel auf Welle 19 kann die Steuerwelle durch die Räder 15, 16, 17, 18 von Hand gedreht werden.

δ) Eine Schaltung durch Kupplung findet bei dem Automaten (Fig. 266) der Firma Ludw. Loewe statt.

Der Antrieb erfolgt getrennt vom Deckenvorgelege auf die Scheibe d (Fig. 267—270) auf der Welle I. Von Welle I übertragen die

Ergänzendes Material zu diesem Buch finden Sie auf
http://extras.springer.com

EXTRAS ONLINE

Wechselräder r_1, r_2 auf Welle II und die Kegelräder e, f auf Welle III Die Welle III wird entweder direkt oder durch ein Umlaufgetriebe angetrieben.

Die auf Welle III sitzende Schnecke h treibt das Schneckenrad i auf der Steuerwelle k (Fig. 271—272).

Die letztere erhält also einen schnellen und einen langsamen Gang, der Vorschub innerhalb eines Arbeitsstückes wird durch die Kurvenwinkel reguliert. Für verschiedene Arbeitsstücke und Materialien dienen die Wechselräder $r_1 r_2$ zum Ausgleich.

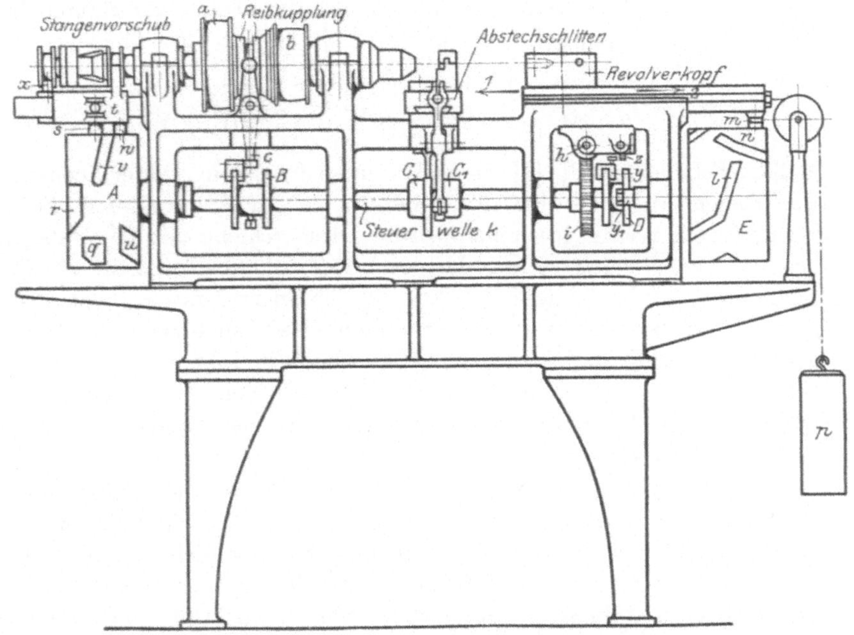

Fig. 266. Steuerungsantrieb durch Kupplung (Loewe).

Die Schaltung der Steuergeschwindigkeit erfolgt durch die Scheibe D (Fig. 271 u. 272), auf welcher Nocken einstellbar sind. Drückt z. B. ein Nocken die Knagge n_3 hoch (Fig. 273), so schiebt die letztere durch einen Querstift die Spindel s so weit nach links, bis die unter Federdruck stehende Knagge n_2 einschnappt und die Spindel s in ihrer Lage festhält.

Auf der Welle III sitzt fest die Schnecke h und lose das Sperrrad S, welches mit dem Stirnrad a verbunden ist.

Neben a sitzt fest auf der Welle das Stirnrad b. Auf dem rechten Ende der Welle III läuft lose das Gehäuse g, auf welchem das Kegelrad f festsitzt. In dem Gehäuse g ist das Umlaufrad c

gelagert. Die Zähnezahlen der Räder sind: $a = 19$, $b = 20$, $c = 13$ Zähne.

Wenn nun, wie oben beschrieben, die Spindel s nach links geschoben wird, so nimmt sie das Sperrad S mit durch die Gabel g_1, und der Stift b_1 gleitet an dem Stift m ab (Fig. 271). Gleichzeitig gleitet der Stift s_3 der unter Federdruck stehenden Sperrklinke k_1 an einer Schräge von g_1 herunter und k_1 legt sich in das Sperrad S. Das mit S verbundene Rad a wirkt nun als feststehendes Zentralrad, auf welchem sich das Umlaufrad c abrollt und infolge des Unterschiedes der Zähnezahlen dem Rad b und damit der Schneckenwelle III eine langsame Umdrehung erteilt. Die Übersetzung beträgt bei einer Umdrehung von f und g für das Rad b:

$$\frac{20}{20} - \frac{19 \cdot 13}{13 \cdot 20} = \frac{20}{20} - \frac{19}{20} = \frac{1}{20}.$$

Soll die Schneckenwelle III schnell laufen, so drückt ein zweiter Nocken n_1 die Knagge n_2 hoch, bis die Spindel s frei und durch eine Feder wieder nach rechts geschoben wird. Diese schiebt mit der Gabel g_1 das Sperrad S nach rechts, bis der Stift b von dem Stift m mitgenommen wird. Gleichzeitig hebt g_1 die Sperrklinke k_1 hoch. Das ganze Getriebe ist nun starr verbunden, das Umlaufrad c wirkt als Mitnehmer und die Schneckenwelle III läuft schnell mit der Geschwindigkeit des Kegelrades f. Um beim Einrichten die Schneckenwelle III von Hand drehen zu können, wird das Kegelrad e durch den Handgriff h entkuppelt.

Die Verschiebung des Revolverschlittens erfolgt durch einstellbare und auswechselbare Kurvenstreifen l, n (Fig. 266), welche an einer Rolle m des Revolverschlittens entlang gleiten. Nach beendigtem Vorschub wird der Schlitten schnell durch ein Gewicht p zurückgezogen und durch die Rückzugkurven bis wieder in seine Anfangstellung gebracht. Durch das Gewicht werden die Rückzugkurven unterstützt und können daher sehr steil gehalten werden, was die Schnelligkeit des Rückzuges erhöht.

Der Materialvorschub und die Materialspannung wird bewirkt durch die Kurventrommel A. Über derselben sind die beiden Schieber x, t (Fig. 78—80) angeordnet mit den Rollen s, w. Der Schieber t wird durch eine Kurve nach rechts geschoben und dadurch das Spannfutter gelöst. Hierauf schiebt eine zweite Kurve den Schieber x nach rechts, wobei die Materialstange durch die federnde Vorschubpatrone mitgenommen wird. Eine dritte Kurve schließt das Spannfutter durch Verschieben des Schiebers t nach links und eine vierte Kurve bringt den Schieber x mit dem Vorschubrohr wieder in die Anfangstellung nach links.

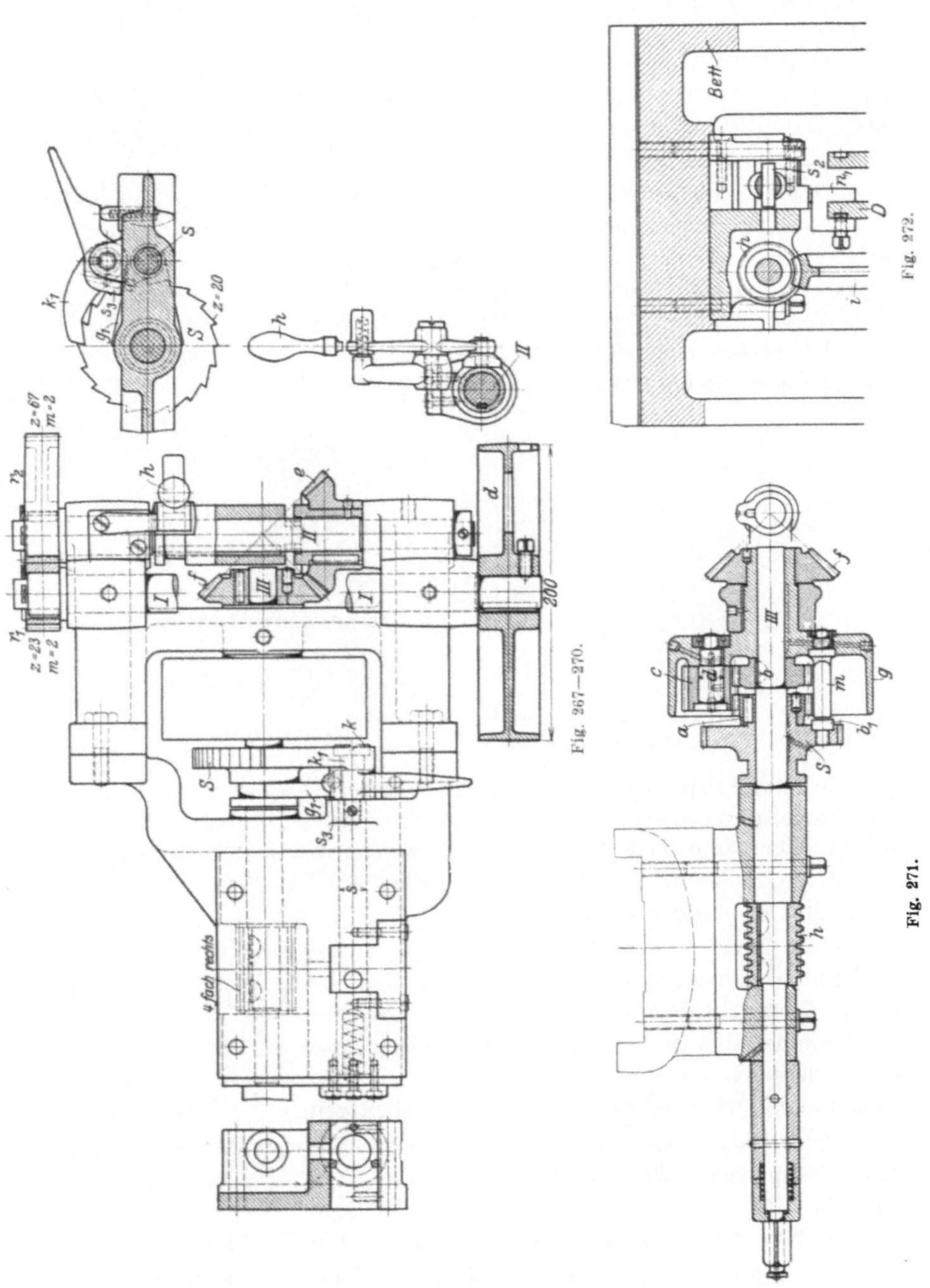
Bett
Fig. 272.
Fig. 271.
Fig. 267—270.
Fig. 267—272. Steuerungsantrieb durch Kupplung (Loewe).
4 fach rechts
200

Durch den Handgriff g kann das Spannfutter von Hand betätigt werden.

Das Schalten der Spindelgeschwindigkeit erfolgt durch einstellbare Nocken auf der Nockenscheibe B (Fig. 78—80), welche unter Vermittlung des Gabelhebels h die Reibungskupplung wechselseitig in die Scheiben a, b einrückt.

Die Verschiebung der Querschlitten wird durch die Kurven C, C_1 auf der Steuerwelle eingeleitet unter Vermittlung der Doppelhebel H, H_1, welche mit Einstellschrauben s versehen sind. Nach beendigtem Vorschub werden die Querschlitten durch eine Feder f in ihre Anfangstellung zurückgebracht. Die Kurven sind einstellbar, so daß die beiden Querschlitten sowohl gleichzeitig als auch einzeln nacheinander arbeiten können.

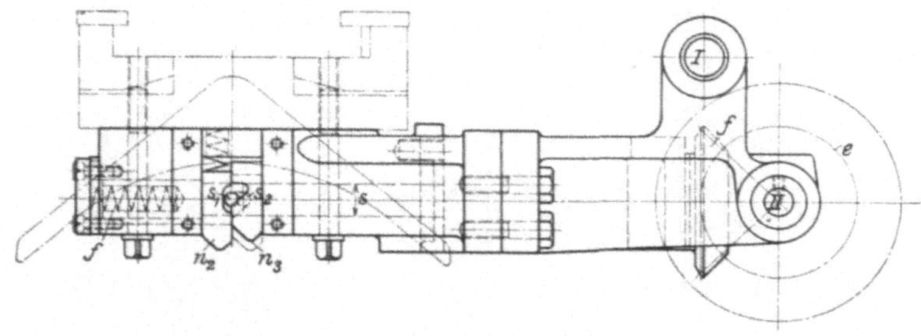

Fig. 273 (zu Fig. 267—272).

ε) Mit Kupplung, sowie mit Reibscheibengetriebe arbeitet der Steuerungsantrieb des in Fig. 6 dargestellten Automaten. Er erfüllt daher zum Teil die Forderung, welche für das Mehrkurvensystem als vollkommen bezeichnet ist. Eine Aufsicht dieser Maschine ist in Fig. 81 dargestellt.

Der Antrieb der Steuerung erfolgt zwangläufig von der Antriebscheibe zunächst auf die Welle 16. Von dieser Welle aus wird er auf 2 verschiedenen Wegen bis zur Steuerwelle 14 geleitet, und zwar einmal direkt für den schnellen Gang während der Totzeiten, das andere Mal indirekt über das Reibscheibengetriebe für den langsamen Gang während der eigentlichen Arbeitszeit.

Diese Wege sind in Fig. 274 schematisch dargestellt. Der langsame Gang geht über 16, 17, 18, 18a, 19, 21, 20, 20a, 20b, 20c, 24a, 24 auf Steuerwelle 14, der schnelle Gang über 16, 17, 18, 22, 23, 23a, 23b, 23c, 20c, 24a, 24 auf Steuerwelle 14.

Der schnelle Gang erfolgt mithin mit konstanter Geschwindigkeit, der langsame Gang kann durch das Reibscheibengetriebe reguliert werden.

Die Welle 16 treibt durch Stirnräder 17, 18 die Welle 18*a*
und weiter durch Reibscheiben 19, 21, 20 die Welle 20*a*. Diese
leitet den Antrieb durch Schneckengetriebe 20*b* auf Welle 42, wenn
Kupplung 20*c* in 20*b* eingerückt ist. Von Welle 18*a* treiben die
Stirnräder 22, 23, die Kegelräder 23*a* und die Stirnräder 23*b*, 23*c*
auf Welle 42, wenn Kupplung 20*c* in 23*c* eingerückt ist.

Von 42*a* wird der Antrieb durch Schnecke 24*a* und Schneckenrad 24 auf die Steuerwelle 14 übertragen.

Die Schaltung der Steuergeschwindigkeit wird bewirkt
durch die auf der inneren Seite des Schneckenrades 24 einstellbaren
Kloben 38 und 38*a* (Fig. 275). Diese betätigen den Hebel 39 und
den mit ihm auf gleicher Achse sitzenden Gabelhebel 41. Der Gabel-

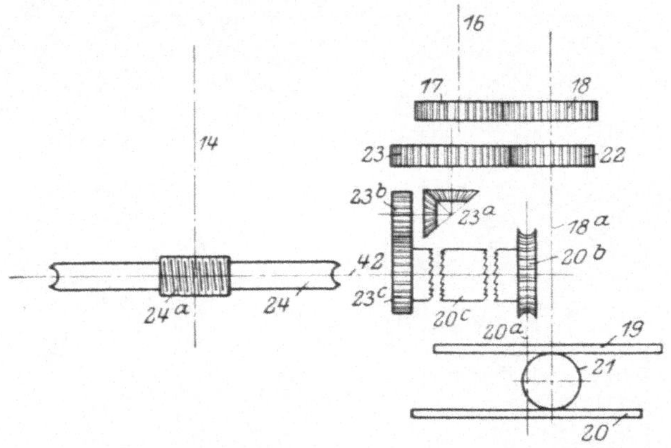

Fig 274. Regelbarer Steuerungsantrieb (Loewe).

hebel 41 verschiebt eine in der Welle 42 gelagerte Steuerstange
welche die Kupplung 20*c* wechselseitig in 23*c* oder 20*b* einrückt.

Um die Welle beim Einrichten der Maschine von Hand drehen
zu können, wird der Sperrbolzen 40 an Gabel 41 ausgelöst und um
90° gedreht (Fig. 276). Man ist dann in der Lage, den Gabelhebel 41
und damit die Kupplung 20*c* in der Mittelstellung zu fixieren und
die Welle 42 mit einer Handkurbel zu drehen.

Die Veränderlichkeit des langsamen Ganges durch das
Reibscheibengetriebe wird eingeleitet durch die Knaggen 33, 34, 35, 36,
welche in Ringnuten auf der äußeren Seite des Schneckenrades 24
einstellbar sind. Dieselben betätigen den Hebel 32 und ein mit
diesem auf gleicher Achse sitzendes Zahnsegment. Letzteres bewirkt
eine Verstellung der Reibrolle 21 und damit eine Regulierung der
Übersetzung zwischen den beiden Reibscheiben 19, 20. An den
Hebel 32 ist eine Segmentskala angebracht, welche den für die jeweilige Stellung der Rolle 21 gültigen Vorschub anzeigt.

Die Knaggen 35, 36 werden für besondere Vorschübe beim Gewindeschneiden benutzt.

Die Verschiebung des Revolverschlittens erfolgt durch die Trommel 31. Abweichend von der üblichen Anordnung sind auf dieser Trommel keine Kurven, sondern Rollenhalter befestigt, während je eine konstante Vor- und Rückzugkurve sich fest an der unteren Seite des Revolverschlittens befinden.

Fig. 275. Regelbarer Steuerungsantrieb (Loewe).

Es sollen dadurch verschiedene Arbeitswege des Revolverschlittens ohne Auswechselung von Kurven erzielt werden. Die Rollen 27 bewirken den Vorschub, sie sind auf den Rollenhaltern 29 in der Längsrichtung und die letzteren auf dem Trommelumfang einstellbar. Die Rollen 28 bewirken den Rückzug, sie sind auf den Rollenhaltern 30 festgelagert und die letzteren sind ebenfalls auf dem Trommelumfang einstellbar.

Diese Lösung ist gut durchdacht, sie zieht jedoch nicht die letzten Konsequenzen aus der Forderung Seite 157. Wie das Schema Fig. 277 zeigt bewirkt die Rolle 1 den größten Arbeitsweg a_1, sie legt dabei den Rollenweg b_1 langsam zurück. Die Rolle 2 bewirkt den kleineren Arbeitsweg a_2 und legt dabei den Rollenweg b_2 langsam zurück. Vorher muß sie jedoch den Rollenweg b_3 zurücklegen. Obwohl dies schnell geschieht, bedeutet es einen, sich bei jedem Vorschub wiederholenden und daher stets vergrößernden Zeitverlust. Dieser würde vermieden, wenn die Kurve für den Vorschub bei dem Arbeitsweg a_2 die punktierte Lage hätte. Die Rolle 2 würde dann für den Arbeitsweg a_2 nicht den Rollenweg b_2 sondern den Rollenweg b_1

Fig. 276. Regelbarer Steuerungsantrieb (Loewe).

zurücklegen. Dieser könnte jedoch in der gleichen Zeit wie früher der Rollenweg b_2 zurückgelegt werden, da das Reibscheibengetriebe eine weitgehende Veränderung der Rollengeschwindigkeit gestattet. Der Rollenweg b_3 und damit der Zeitverlust würde wegfallen.

Diese Lösung ist jedoch nur bei fester Rolle und verstellbaren Kurven möglich (s. Fig. 238).

Die Rollen 4, welche in der Längsrichtung nicht verstellbar sind, bringen den Revolverschlitten stets in die Endstellung zurück, unabhängig von der Größe des Arbeitsweges. Soll der Revolverschlitten überhaupt keine Vor- und Rückwärtsbewegung machen, so wird die Rolle 27 ganz nach rechts geschoben (Rolle 3 Fig. 277). Beide Rollen (3, 4) gehen dann frei zwischen den beiden Kurven hindurch.

Die Materialspannung erfolgt durch die Kurven 61, 62 auf der Trommel 60 (Fig. 141), welche durch den Hebel 63 die Muffe 64 verschieben und damit ein Spannen und Lösen des Spannfutters bewirken. Das Spannfutter sitzt auf dem vorderen Ende der Arbeitsspindel, wodurch das lange Spannrohr in der letzteren überflüssig wird.

Der Materialvorschub wird bewirkt durch die Kurven 12, 12a auf der Trommel 11, welche ein Verschieben des Schlittens 53 und damit der Vorschubseele 9 mit der Vorschubpatrone hervorrufen (Fig. 81).

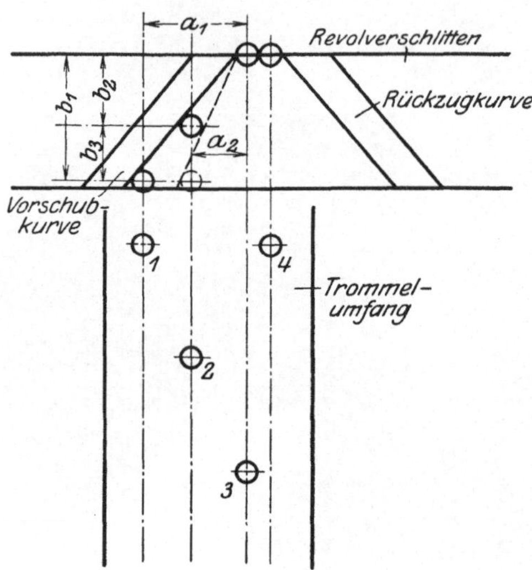

Fig. 277.   Schema zum Antrieb Fig. 258—260.

Eine verbesserte Ausführung dieses Systems ist in den Fig. 278 bis 282 dargestellt. Die Maschine arbeitet teils nach dem Mehrkurvensystem, teils nach dem Hilfskurvensystem.

Aus dem Getriebeplan Fig. 281 ist ersichtlich:

Arbeitsgang der Steuerwelle von Antrieb welle a über Wechselräder b, Welle c, Friktionsscheiben d, Schneckengetriebe e, Welle f, Stirnräder g, Schneckengetriebe h auf die Steuerwelle. Schnellgang von Antriebwelle l, Schraubenräder i, Welle f, Stirnräder g, Schneckengetriebe h auf die Steuerwelle. Auf der Steuerwelle sitzt die Trommel 8 mit den Rollenschiebern 9 für die Revolverkopfverschiebung, ferner die Schaltscheibe 6 mit Knaggen für die Umschaltung des Revolverkopfes und die Betätigung des Friktionsgetriebes.

Die Betätigung des Materialspannens und Verschiebens, sowie die Schaltung der Arbeitsspindel von Dreh- auf Gewindegang geschieht von einer besonderen, schnellaufenden Welle mit Kurven i, k, l_1 aus, die direkt von der Antriebwelle l angetrieben wird. Diese Kurven werden wie bei dem Hilfskurvensystem durch Nocken und Hebel von der Steuerwelle aus betätigt und bewirken die Schaltungen in kürzester Zeit.

ζ) Mit Reguliergetriebe und verstellbaren Kurven ist der Einscheibenautomat (Fig. 286) ausgerüstet.

Der Steuerungsantrieb dieser Maschine ist aus den Fig. 283 bis 287 ersichtlich.

Ergänzendes Material zu diesem Buch finden Sie auf
http://extras.springer.com

EXTRAS ONLINE

Die einzige Antriebscheibe der Maschine sitzt auf der Antriebwelle I und von I aus wird zunächst die Arbeitsspindel IV angetrieben. Die Art dieses Antriebes ist in Kapitel „Hauptantrieb" (Fig. 91) beschrieben. Die Welle I treibt ferner den ganzen Steuermechanismus, und zwar mittelst der Räder g, h, i zunächst die Welle i_1. Fig. 283. Von der Welle i_1 wird der Antrieb auf 2 verschiedenen Wegen weitergeleitet, und zwar einmal für den langsamen Gang während der eigentlichen Arbeitszeit über die Stirnräder k, l, m, die Stufenräder n, o, das Schneckengetriebe q, r, das Schneckengetriebe s, t auf die Steuerwelle 12, das andere Mal für den schnellen Gang während der Totzeiten über die Kegelräder v, die Stirnräder w, x, das Schneckengetriebe s, t auf die Steuerwelle 12. Der Übergang von dem langsamen zum schnellen Gang und umgekehrt erfolgt automatisch durch Schalten der Kupplung y zwischen Schneckenrad r und Stirnrad x. Der schnelle Gang erfolgt mithin mit konstanter Geschwindigkeit, während der langsame Gang durch das Stufenrädergetriebe reguliert werden kann.

Das Schalten der Steuergeschwindigkeit erfolgt durch einstellbare Stifte 15 (Fig. 284), welche auf einen Hebel 16 und eine Stange 17 wirken. Durch Stange 17 und Hebel 18 wird die Reibungskuppelung y in das Stirnrad x ein- und ausgerückt. Ist sie eingerückt, so läuft die Welle 48 und damit die Steuerwelle 12 schnell mit der Geschwindigkeit des Rades x, wobei die Zähne des Sperrzahnes 46 an dem Kloben 47 über die Zähne des langsam laufenden, mit dem Schneckenrad r verbundenen Sperrades 45 gleiten.

Ist dagegen Kuppelung y ausgerückt, so wird der Sperrzahn 46 von dem Sperrad 45 mitgenommen und es erfolgt eine langsame Drehung der Welle 48 und der Steuerwelle 12 (Fig. 283).

Die Veränderlichkeit des langsamen Ganges durch das Stufenrädergetriebe erfolgt durch einstellbare Nocken 49 auf der Scheibe 50 (Fig. 284), welche einen Hebel 51 drehen und dadurch die Ziehkeilwelle 52 in den Stufenrädern o verschieben.

Die Geschwindigkeit der Steuerwelle kann daher während des langsamen Arbeitsganges in weiten Grenzen automatisch reguliert werden.

Die Verschiebung der Werkzeugschlitten 40 (Fig. 284) erfolgt durch Kurven auf der breiten Trommel 21 auf dem linken Ende der Steuerwelle (siehe Fig. 287, Kurven 34, 35).

Bei der vorliegenden Maschine jedoch sind diese Kurven verstellbar. Sie besitzen stets die gleiche Länge, füllen also stets den ganzen dafür zur Verfügung stehenden Umfangsteil der Kurventrommel aus und es entstehen auf der letzteren keine, leer zu durchlaufenden Zwischenräume, also auch kein Zeitverlust. Die Arbeitswege werden durch Einstellung der Kurvenwinkel $\alpha_1\,\alpha_2$, die Vorschubgeschwindigkeit durch das Stufenrädergetriebe reguliert.

Ein Auswechseln von Kurven findet nicht statt. Es sind daher bei dieser Konstruktion die Vorteile des Einkurven- und Mehrkurvensystems vereinigt ohne deren Nachteile. Mit Bezug auf das schon Gesagte (siehe auch Fig. 238) über die Verminderung der Totzeiten kann diese Konstruktion als vollkommen bezeichnet werden.

Eine weitere bewährte Ausführung der Steuerung bei dem gleichen Automatensystem zeigen die Fig. 288—291. Der langsame Gang der Steuerwelle wird angetrieben von dem Kettenrad 21 (Fig. 291) durch Kette auf Kettenrad 22 (Fig. 291) weiter über die Wechselräder 23, Welle 24 auf das Schneckengetriebe 25. Der Antrieb des schnellen Ganges der Steuerwelle erfolgt von Kettenrad 20 (Fig. 291) durch Kette auf Kettenrad 26 (Fig. 291), Welle 27, Kegelräder 28. Zwischen Kegelrad 28 und Schneckenrad 25 wird Kupplung 29 automatisch geschaltet und dadurch der Wechsel zwischen schnellem und langsamem Gang der Steuerwelle bewirkt. Der schnelle Gang erfolgt mithin konstant von dem mit gleichbleibender Umlaufzahl laufenden Kettenrad 20, der langsame Gang von dem im Verhältnis zur Arbeitsspindel umlaufenden Kettenrade 21.

Von der Welle 27 wird ferner durch Kegelräder 31 die Revolverkopfschaltung angetrieben.

Die Kupplung 29 sitzt fest auf Welle 30 und von dieser wird durch Schnecke 32 und Schneckenrad 33 die Steuerwelle 34 angetrieben. Als Sicherheit gegen Überlastung des Mechanismus sind im Kettenrad 26 und Schneckenrad 25 Abscheerstifte angeordnet.

Das Schalten der Steuerung von Hand erfolgt durch Hebel 35, Bolzen 36, Hebel 37, Stange 38, Hebel 39. Da der letztere stets unter Druck des Federgehäuses 40 steht, muß er, und damit der Hebel 35 in der Mittelstellung, d. h. bei ausgerücktem Steuerwellenantrieb gesichert werden. Dies geschieht durch den Winkelhebel 41, wobei gleichzeitig durch Stange 42, Hebel 43, 44 der Hebel 45 seitlich verschoben und aus dem Bereich der Umschaltknaggen 46 gebracht wird. Dadurch wird erreicht, daß beim Kurbeln der Steuerwelle von Hand der schnelle Gang derselben nicht eingeschaltet werden kann.

Das automatische Schalten der Steuerung erfolgt durch die Knaggen 46, die auf der Trommel 47 eingestellt werden. Auf dieser Trommel sitzen ferner die Anschläge für das automatische Schalten der Spindelgeschwindigkeiten, welche auf die in Fig. 16 sichtbaren Hebel *I*, *II*, *III* wirken. Die Quersupporte werden von den Kurvenscheiben 48, 49 gesteuert.

c) **Nach dem Hilfskurvensystem.** α) Die Steuerung des Brown & Sharpe-Automaten (Fig. 8) ist aus der schematischen Zeichnung Fig. 292 ersichtlich.

Die Antriebscheibe *A* treibt die schnellaufende Hilfssteuerwelle I und weiter durch die Wechselräder 4, 5, 6, 7 Kegelräder 8, 9 die

Ergänzendes Material zu diesem Buch finden Sie auf
http://extras.springer.com

EXTRAS ONLINE

Welle IV und durch Schneckengetriebe 10, 11 die Steuerwelle II.
Dieselbe besteht aus den beiden durch Kegelräder 12, 13 rechtwinklig
verbundenen Teilen II, III. Auf der Steuerwelle III setzt die Kurven-

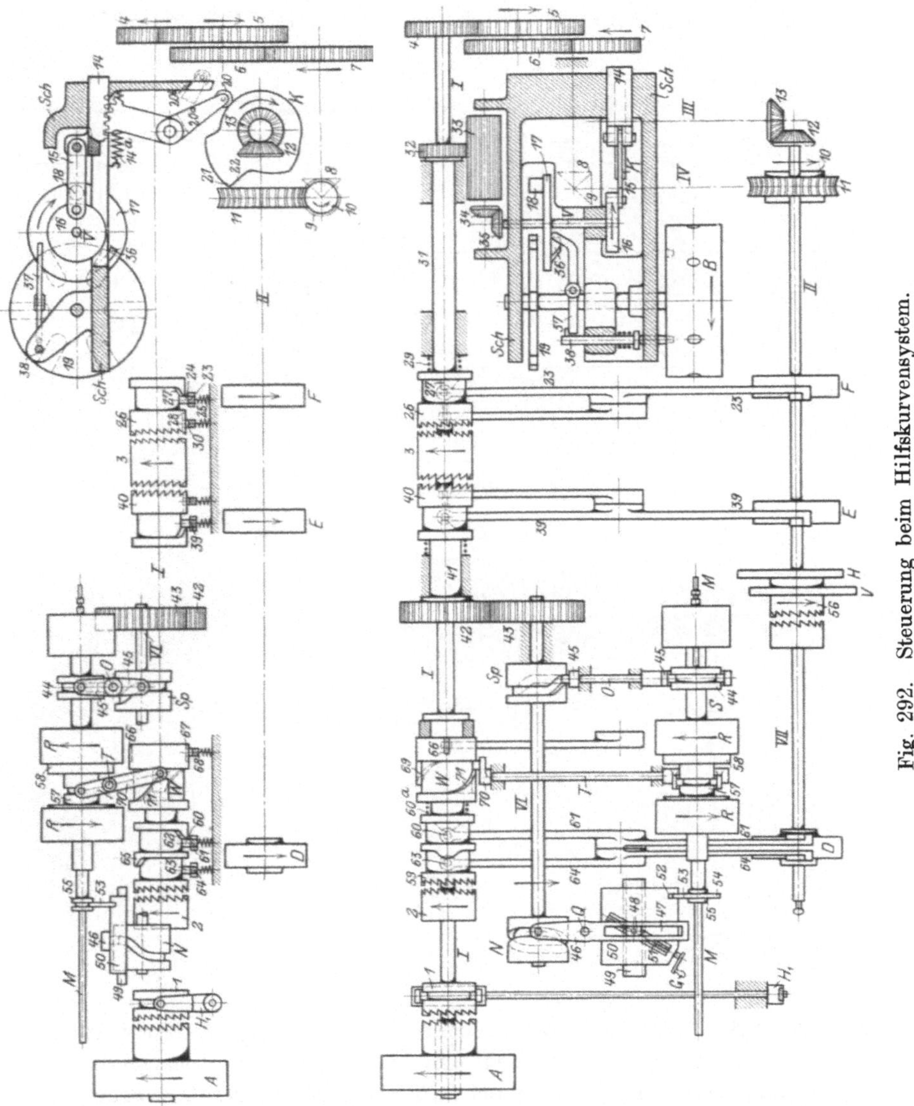

Fig. 292. Steuerung beim Hilfskurvensystem.

scheibe *K* zur Verschiebung des Revolverschlittens *Sch*, auf der
Welle II die beiden Nockenscheiben *V H* zur Verschiebung der Querschlitten. Es sitzen demnach auf der langsam laufenden Steuerwelle

nur diejenigen Kurven, welche die Vorschubbewegung für die eigentliche Arbeitszeit bewirken, alle anderen Schaltbeweger werden nur von der Steuerwelle eingeleitet, ausgeführt dagegen von besonderen, schnellaufenden Hilfssteuerelementen und zwar auf folgende Weise.

Die Schaltung der Spindelgeschwindigkeit wird eingeleitet durch die Nockenscheibe D. Die Kupplung 57 (siehe V in Fig. 83—84)

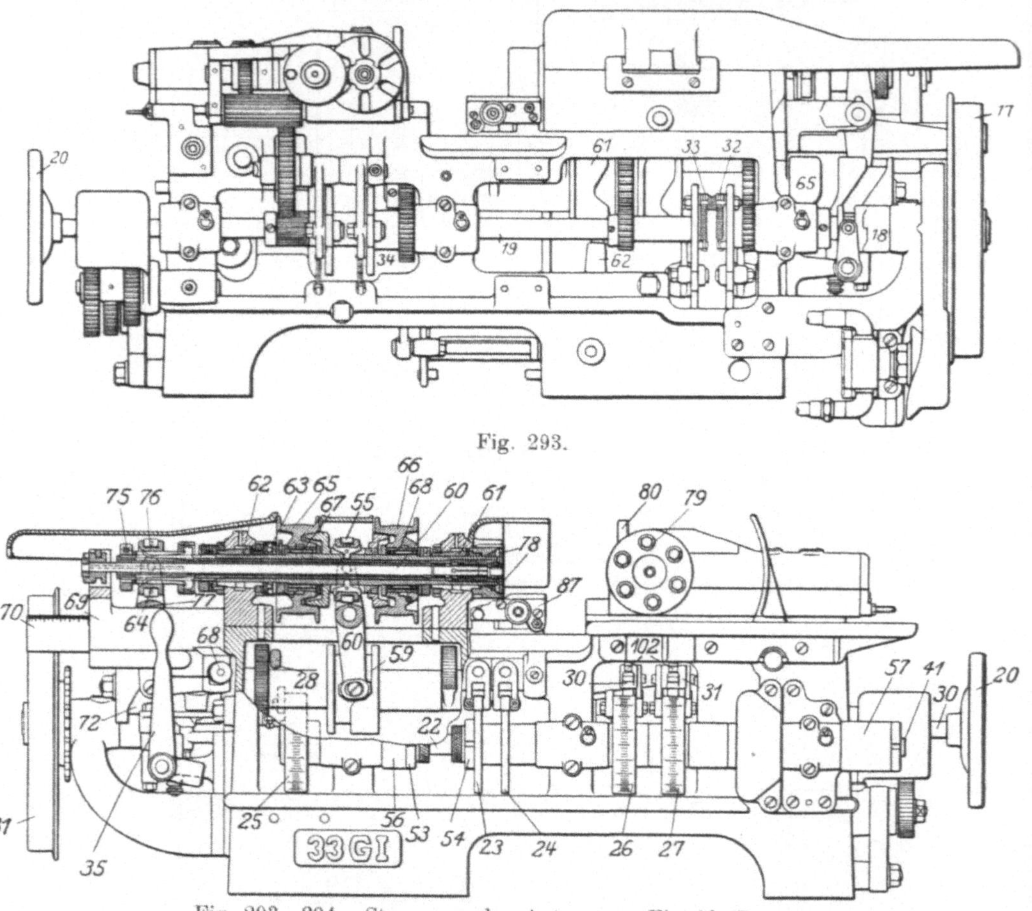

Fig. 293.

Fig. 293—294. Steuerung des Automaten Fig. 10 (Loewe).

ist in die linke Antriebscheibe R eingerückt. Soll umgeschaltet werden in die rechte Scheibe R, so hebt ein Nocken auf der rechten Seite von D den Hebel 61 vorne hoch und drückt daher den Stift 60 nieder, welcher bis jetzt vor dem Ansatz 62 der Kupplung 59 gelegen hat. Die letztere wird frei und durch die Feder $60a$ in Kupplung 2 geworfen. Es drehen sich 59 und die Kurventrommel W, und zwar so lange, bis der Ansatz 65 an den Stift 63 des Hebels 64 gleitet und die Kupplung 59 wieder aus der Kupplung 2 herauszieht. Dies geschieht nach $^1/_2$ Umdrehung. In den beiden Stellungen wird W durch eine in die Rasten 66, 67 einschnappende federnde Schneide 68 fixiert. Die Trommel W hat mittelst der Kurve 71 den Hebel 70, die Welle T und die Kupplungsgabel der Kupplung 57 nach rechts geschaltet. Soll die Kupplung 57 wieder nach links geschaltet werden, so bewirkt ein Nocken auf der linken Seite von D dasselbe Spiel in umgekehrter Weise. Ist eine Schaltung für ein bestimmtes Arbeitsstück (ohne Gewinde) nicht nötig, so kann die Scheibe D durch Ausrücken der Kupplung 56 ausgeschaltet werden.

Das Spannen und Vorschieben des Materials. In gleicher Weise, wie vorstehend beschrieben, wird durch die Nockenscheibe E, den Hebel 39, die Kupplung 40 und durch die Räder 42, 43 die Welle VI mit den Kurventrommeln N, Sp in eine einmalige, schnelle Umdrehung versetzt. Die Trommel N bewirkt durch den Hebel 46 eine Verschiebung des Schlittens 50 mit der Vorschubgabel 53. Die Größe dieser Verschiebung kann je nach der Länge des Materialvorschubes reguliert werden durch Verschiebung des Steines 48 mittelst des Schiebers 51 weiter oder näher dem Drehpunkte Q (s. auch Fig. 8).

Die Trommel Sp schaltet durch Hebel 45, Welle O die Spannmuffe S des Spannfutters (siehe auch Fig. 83—84).

Die Verschiebung des Revolverschlittens erfolgt durch die Kurve K, den Hebel $20a$ und die Zahnstange 14. Die letztere ist jedoch nicht fest mit dem Schlitten Sch, sondern durch das Kurbelgetriebe 15, 16 verbunden. Das Kurbelgetriebe bewirkt den schnellen Rücklauf des Schlittens, und zwar in Verbindung mit der Schaltung des Revolverkopfes und ist daher in Abschnitt E näher beschrieben.

β) Die Steuerung des Loewe-Automaten. Die Ausführung der Firma L. Loewe, Berlin (Fig. 10) zeigt gegenüber dem Original einige bemerkenswerte Einzelheiten.

Nach dem oben Gesagten ist der Mechanismus ohne weiteres aus den Fig. 293 und 294 zu erkennen.

17 ist die Antriebscheibe (Fig. 293), 19 die schnellaufende Hilfssteuerwelle, 22 (Fig. 294) die langsam laufende Steuerwelle. Auf der letzteren sitzen die für die Vorschübe während der eigentlichen Arbeitszeit bestimmten Kurvenscheiben 75 (Fig. 295) für den Revolverschlitten und 23, 24 (Fig. 294) für die Querschlitten.

Das Schalten der Spindelgeschwindigkeiten. Nockenscheibe 25 betätigt durch Hebel 28 (Fig. 294) Kupplung 32 (Fig. 293) und durch Stirnräder Kurventrommel 59 (Fig. 294), welch letztere periodisch in eine schnelle Umdrehung versetzt wird. Durch Hebel 60 wird die Kupplung 55 auf der Arbeitsspindel für Rechts- und Linksgang geschaltet.

In gleicher Weise schaltet Nockenscheibe 25 durch Hebel 29 Kupplung 33 und Stirnräder die Kurventrommel 61, welche durch Hebel 62, 62a die im unteren Antriebgehäuse (Fig. 87) befindliche Kupplung 25 für den Wechsel der Geschwindigkeit steuert.

Materialvorschub und Spannung. Nockenscheibe 26 steuert durch Hebel 30, Kupplung 34 und Stirnräder die Kurventrommel 65. Kurve 65 verschiebt den Schieber 69, welcher mittelst des Knopfes 68 auf der Skala 70 einstellbar ist. Nach Aufarbeiten einer Materialstange wird durch die Kurve 65 die Kupplung 18 (Fig. 293) ausgelöst und damit der ganze Steuerungsantrieb ausgeschaltet.

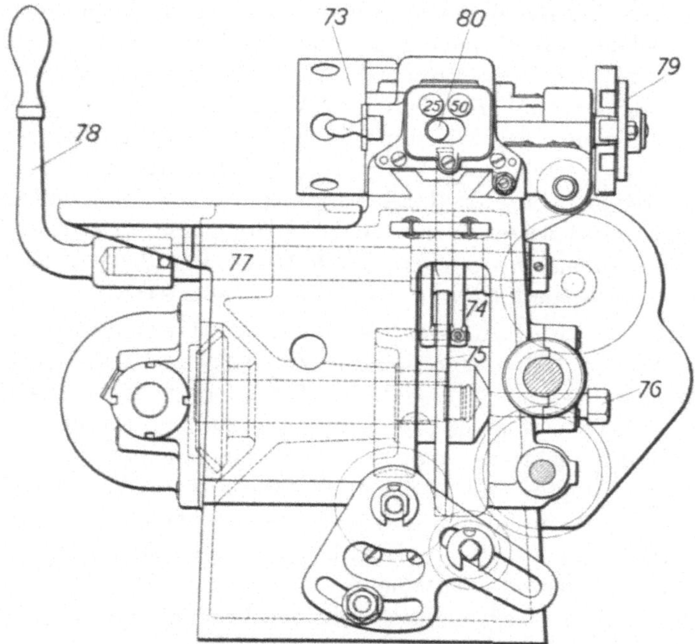

Fig. 295. Zur Steuerung Fig. 293.

Von der Kurve 65 wird ferner durch den Hebel 64 (Fig. 294) die Spannmuffe des Spannfutters betätigt.

Die Verschiebung des Revolverschlittens erfolgt durch die Kurvenscheibe 75 und den Zahnsegmenthebel 74 (Fig. 295). Die Kurvenscheibe 26 betätigt ferner durch Nocken 92 die Klappe 91 (Fig. 296), welche die abfallenden Arbeitsstücke auffängt und von den Spänen getrennt einem Sammelbehälter 93 zuführt. Aus Fig. 296 ist ferner die Wirkungsweise der Kupplungen 32, 33, 34, 35 zu ersehen, welche mittelst eines Sperrades 94 und einer Klinke 95 zeitweilig mit der Hilfssteuerwelle 19 gekuppelt werden, und zwar durch die

Hebel 28, 29, 30, 31. Diese Hebel besitzen einen Drücker 36, welcher, nach unten gedrückt, ein Betätigen der Hebel durch die Nocken der Nockenscheiben 25, 26, 27 verhindert. Die Steuerwelle kann dann mittelst des Handrades 20 von Hand vor- und zurückgedreht werden.

Die Verschiebung der Querschlitten erfolgt durch die Kurvenscheiben 23, 24 unter Vermittlung der Zahnsegmenthebel 84, 85. Die Kurvenscheiben sind auswechselbar, die beiden Quersupporte arbeiten unabhängig voneinander.

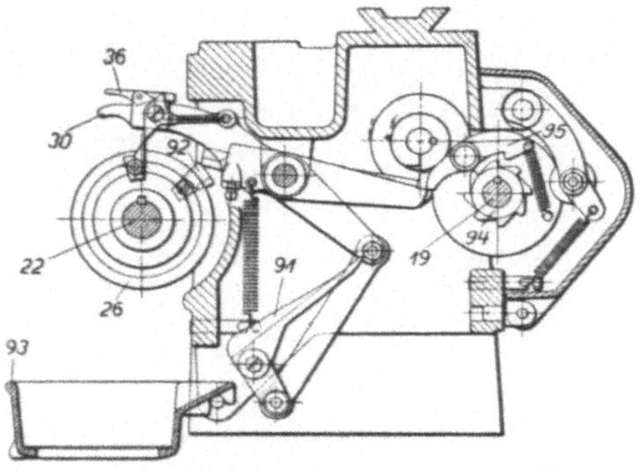

Fig. 296. Zur Steuerung Fig. 293.

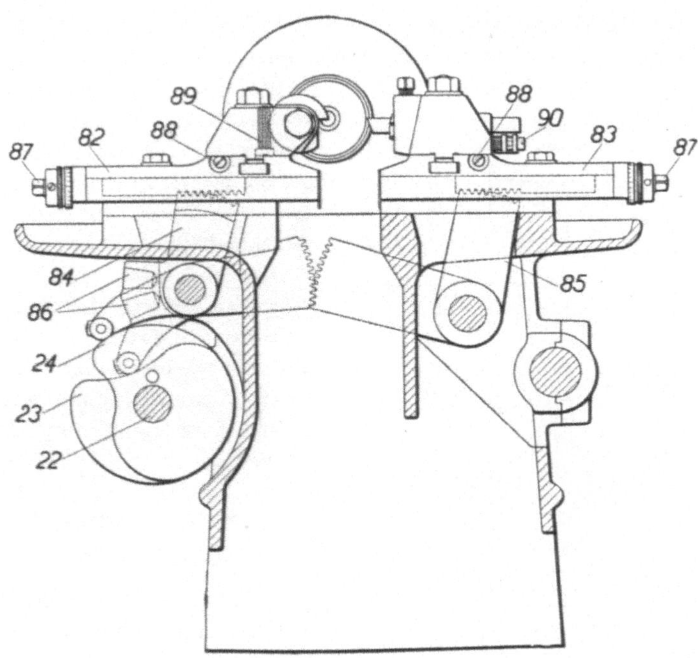

Fig. 297. Zur Steuerung Fig. 293.

Die Feineinstellung der Werkzeuge erfolgt in den verschiedenen Richtungen durch die Schrauben 87, 88, 89, 90 (Fig. 297).

Der Index-Automat (Fig. 88, 89, 90) hat im Prinzip den gleichen Steuerungsantrieb. In Fig. 298 ist dargestellt, in welcher Weise

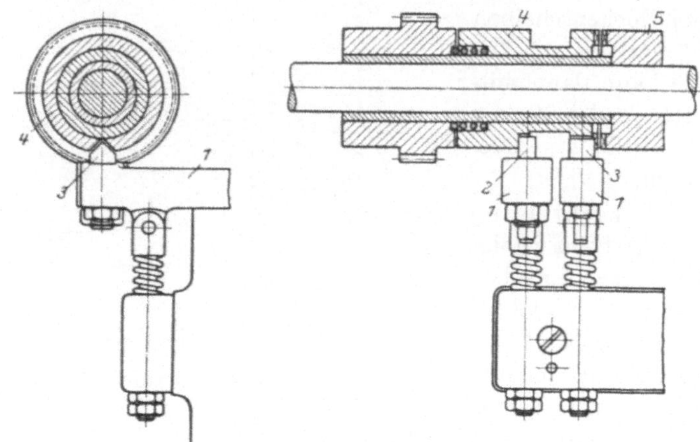

Fig. 298.　Kupplung beim Index-Automat.

der beim Hilfskurvensystem charakteristische periodische Umlauf der Kurvenscheiben und deren Stillsetzung nach einer Umdrehung bewirkt wird. Von der Steuerwelle aus werden durch Nocken die Hebel niedergedrückt und die Bolzen 2, 3 geben die Kupplung 4 frei, welche sofort durch eine Feder in die die Schaltung bewirkende Kurve 5 geworfen wird. Nach einmaliger Umdrehung der Kupplung wird dieselbe durch die inzwischen frei gewordenen Bolzen, und zwar durch 2 mittelst einer schrägen Fläche ausgerückt, und mittels 3 fixiert.

2. Mehrspindlige Vollautomaten.

a) Die Steuerung des Gildemeister - Fünfspindelautomaten. Bei diesem System, das in Fig. 24 dargestellt ist, erfolgt der Antrieb der Steuerung zwangläufig von der Hauptantriebwelle 2 aus (siehe auch Fig. 96).

Der Arbeitsgang (Fig. 299)

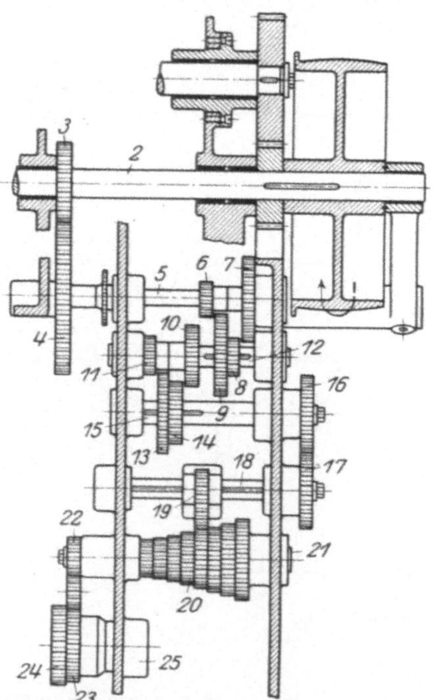

Fig. 299.　Steuerung des Gildemeister-Fünfspindelautomaten.

geht über Räder 3, 4, Welle 5, Räder 6, 7, Schieberäder 8, 9, Welle 12, Räder 10, 11, Schieberäder 13, 14, Welle 15, Wechselräder 16, 17, Welle 18, Schwinghebelrad 19, Zwischenrad 19a, Stufenkonus 20, Welle 21, Rad 22 auf Rad 23. Dieses Rad 23 sitzt auf Welle 25, und zwar auf der lose auf 25 laufenden Sperrmuffe 26, die mittels des Sperrzahnes 27 das Sperrad 28 und damit die Welle 25 antreibt. Von Welle 25 geht der Antrieb weiter über Kegelräder 32, Schnecke 33, Schneckenrad 34, Kupplung 36 auf die Steuerwelle 35. Der Arbeitsgang, d. h. der Vorschub der Werkzeuge ist mithin durch die Schieberäder und Schwinghebelgetriebe in weiten Grenzen veränderlich.

Der Schnellgang (Fig. 300—301) geht ebenfalls von Rad 3 auf Welle 2 aus, und zwar über Rad 4 auf Rad 24 (Fig. 301), welches auf der Kupplung 37 sitzt. Die letztere wird durch Muffe 38 mittelst Hebel 39 und Kurvenscheibe 40 ein- und ausgerückt mit der Welle 25. Von dieser geht der Antrieb wie beim Arbeitsgang weiter auf die Steuerwelle.

Ist der Schnellgang ausgerückt, so arbeitet das Sperrrad 28, ist die Kupplung 37 eingerückt, so gleitet das Sperrad 28 unter dem Sperrzahn 27 hinweg, da es schneller läuft.

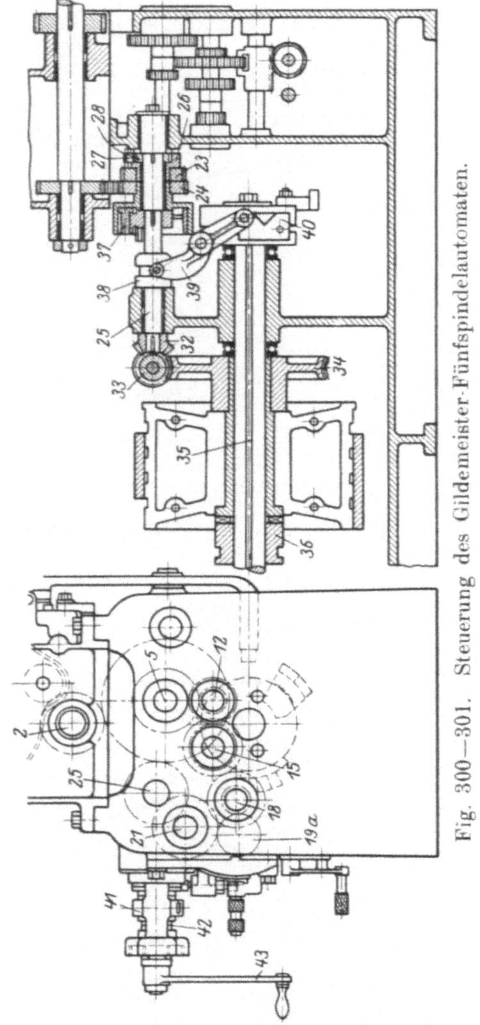

Fig. 300—301. Steuerung des Gildemeister-Fünfspindelautomaten.

Das Schalten der Steuergeschwindigkeit zwischen Arbeits- und Schnellgang erfolgt, wie schon oben erwähnt, durch Kurven 40. Mittelst Hebel 41 und Kupplung 42 kann der Antrieb der Steuerwelle unterbrochen und die letztere dann durch Handkurbel 43 beim Einrichten von Hand gedreht werden.

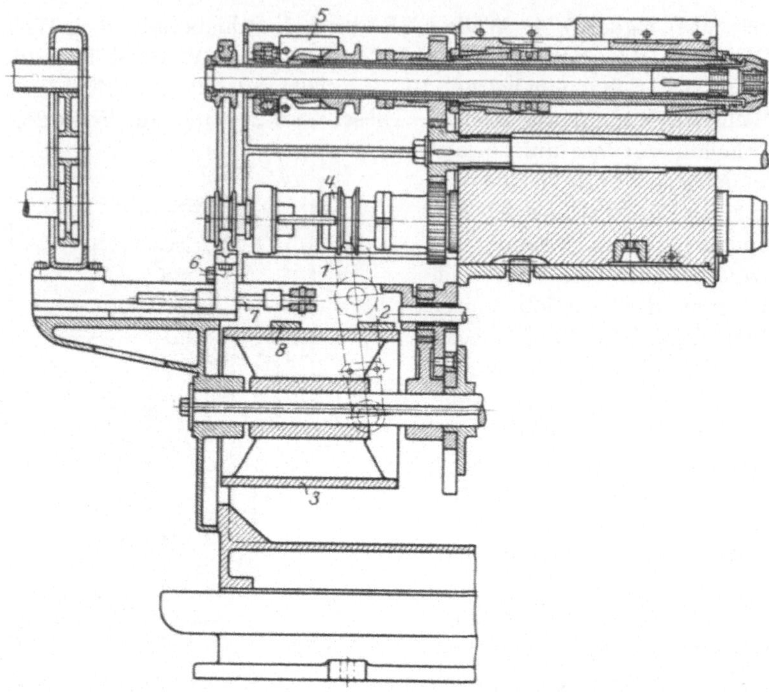

Fig. 302. Steuerung des Gildemeister-Fünfspindelautomaten.

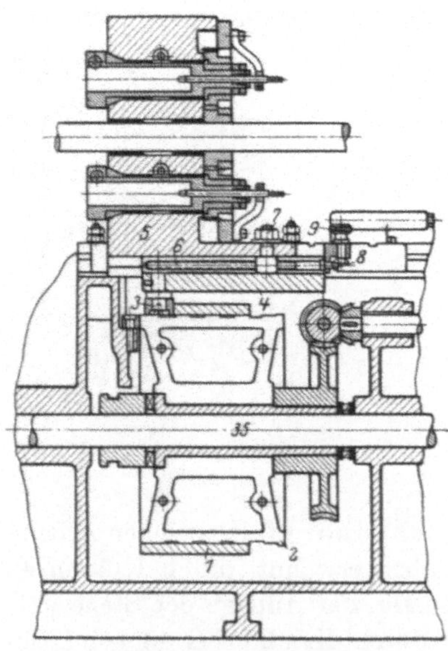

Fig. 303. Steuerung des Gildemeister-
Fünfspindelautomaten.

Materialvorschub und Spannung. Ist ein Arbeitsgang beendigt, so wird durch Hebel 1 (Fig. 302), und zwar mittels der Kurve 2 auf Trommel 3, die Muffe 4 der betreffenden Spindel, bei welcher der Stangenvorschub stattfindet, nach rechts geschoben und dadurch das Spannpatronenfutter in bekannter Weise durch die Hebel 5 und das Spannrohr in der Spindel geöffnet. Vorher hat Schlitten 6 durch Gestänge 7 und Kurve 8 das Vorschubrohr zurückgezogen mit der Vorschubpatrone. Nach dem Öffnen der Spannpatrone wird das Material durch Kurve 8 vorgeschoben und das Spannfutter durch Kurve 2 wieder geschlossen.

Die Verschiebung des Werkzeugschlittens. Der auf den Führungen des Bettes und des oberen Führungsbalkens sehr solide geführte Werkzeugschlitten 5 (Fig. 303) hat an seiner unteren Seite einen, durch Spindel 6, Kegelräder 8 und Knopf 9 einstellbaren Rollenschieber 4, welcher durch Schraube 7 festgezogen wird. Durch die

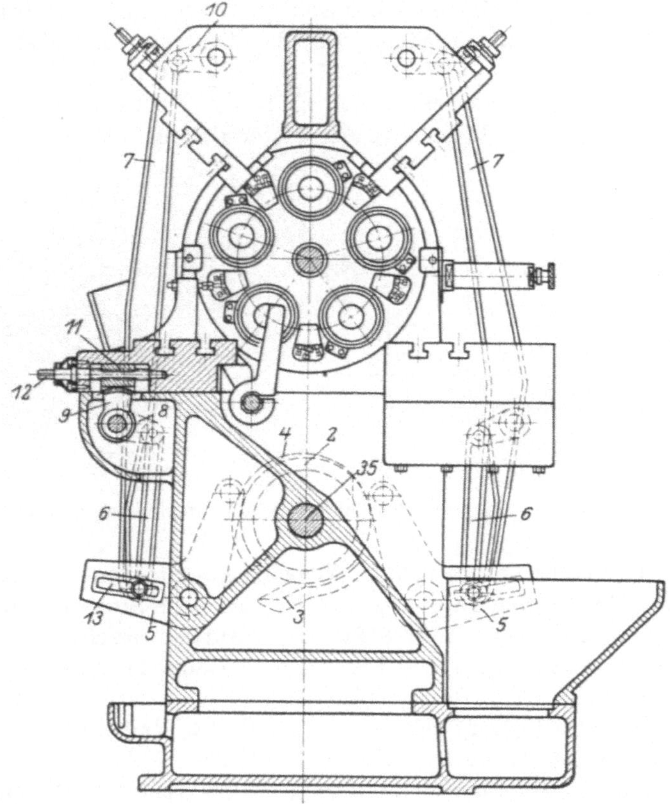

Fig. 304. Steuerung des Gildemeister-Fünfspindelautomaten.

Verstellung dieses Schiebers kann der Hub des Werkzeugschlittens näher oder weiter von den Arbeitsspindeln eingestellt werden.

Die automatische Bewegung geschieht durch Kurve 1 auf Trommel 2 und Rolle 3.

Die Verschiebung der Querschlitten erfolgt durch die auf der Steuerwelle 35 (Fig. 304) sitzenden Kurvenscheiben 2 (siehe auch Fig. 96), Vor- und Rückzugkurven 3, 4, Hebel 5, dann weiter für die unteren Schlitten durch Stangen 6, Hebel 8, Zahnsegment 9, für die oberen Schlitten durch Stangen 7, Hebel 10 und gleiche Zahnsegmente. Die letzteren greifen in gezahnte Spindelmuttern 11, und durch Spindeln 12 kann jeder Schlitten nach genauer Skalascheibe eingestellt werden. Die Veränderung des Schlittenhubes geschieht durch Verstellung der Stangen 6, 7 in den Schlitzen der Hebel 5.

Der Materialanschlag (Fig. 305) befindet sich in Ruhestellung zwischen 2 Arbeitsspindeln; kurz vor dem Vorschieben des Materials wird er vor die betreffende Arbeitsspindel geschwenkt, und zwar durch Kurvenscheibe 1 auf der Steuerwelle 35, Kurven 2, 3, Hebel 4, Zahnrad 5, Welle 6 und Anschlaghebel 7. Die Welle 6 ist am rechten Ende mit Flachgewinde versehen, so daß sich beim Rückschwenken der Anschlag in axialer Richtung von der Materialstange abhebt:

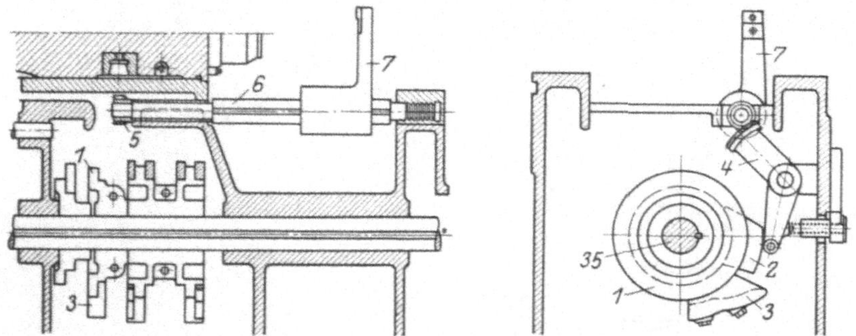

Fig. 305.   Steuerung des Gildemeister-Fünfspindelautomaten.

b) Die Steuerung des Schütte-Vierspindelautomaten. Der Automat, dem gleichen System zugehörig, hat eine ähnliche Steuerung wie unter a) beschrieben. (Fig. 306—312). Der Antrieb erfolgt zwangläufig von der Hauptantriebwelle 4 (Fig. 99) über Räder 11, 12 auf das Rad 1 (Fig. 306).

Der Arbeitsgang geht dann über Rad 2, Räder 10, 11, Schieberäder 13, 14, 15, Welle 16, Schwinghebelräder 17, 18, Räderkonus 19, Sperrklinke 20 auf Sperrad 21. Dieses treibt Welle 5 und weiter über Kegelräder 6, Schneckenwelle 7 (Fig. 307), Schneckengetriebe 8 die Steuerwelle 9.

Zur Sicherung gegen Überlastung sind Räder 13, 14, 15 durch einen Scheerstift 22 mit Welle 16 verbunden.

Der Schnellgang geht über Räder 1, 2 auf die Reibungskupplung 3, die durch Muffe 4 mit Welle 5 gekuppelt wird. In diesem Falle gleitet das schnellaufende Sperrad 21 unter dem Sperrzahn 20 hinweg.

Das Schalten der Steuergeschwindigkeit geschieht durch Ein- oder Ausrücken der Kupplung 4, und zwar mittelst eines Gestänges und der Hebel 24, 25, die durch Kurven auf der Kurvenscheibe 23 (Fig. 307) betätigt werden.

Materialvorschub und Spannung erfolgt in bekannter Weise (Fig. 308—309) durch Verschieben der Spannmuffen durch Hebel 27

Ergänzendes Material zu diesem Buch finden Sie auf
http://extras.springer.com

EXTRAS ONLINE

auf Trommel 26 bzw. der Vorschubrohre durch Hebel 28. Die Maschine besitzt einige bemerkenswerte Einzelheiten. Damit beim Schalten der Spindeltrommel die Vorschubrohre, die sich besonders bei kurzen Materialstangen durch Erschütterungen verschieben können, nicht mit dem Rand auf die Vorschubgabel 2 stoßen, wird in diesem Falle der mit 2 Federn 3 aufgehängte Vorschubhebel nach unten gedrückt, was infolge der länglichen Bohrung in seiner Nabe 4 möglich ist. (Fig. 310).

Der Stangenhalter (Fig. 311) wird nicht, wie üblich, durch die Materialstangen mitgedreht, sondern die Mitnahme erfolgt zwangläufig, durch das mit der Spindeltrommel verschraubte Kreuz B, Stange C, Mitnehmer D.

Die Verschiebung der Querschlitten erfolgt durch Vor- und Rückzugkurven auf Scheiben 1, und zwar für die unteren Schlitten durch Hebel 2, für die oberen Schlitten durch Hebel 3, 4, Stangen 5, Hebel 6, 7 (Fig. 312).

c) Die Steuerung des Hasse & Wrede-Vierspindel-Automaten. Der Antrieb erfolgt für den Arbeitsgang und den Schnellgang getrennt von der Hauptantriebwelle der Maschine aus (Fig. 313—320).

Arbeitsgang: Von der Antriebwelle 1 wird durch Schneckengetriebe 2 und 3 die Welle 4 angetrieben (Fig. 314). Das Schneckenrad 3 läuft lose und wird durch eine Sicherheitskupplung, bestehend aus der Reibscheibe 5 und der Kupplungshülse 6, mit der Welle 4 verbunden (Fig. 317). Auf der Welle 4 sitzt ein Stirnrad 7, welches mit einem Rad 8 in dem Schwinghebel 9 kämmt. Dieses Rad 8 kann mit einem der drei Räder 10, 11, 12, welche in dem Schwinghebel 13 gelagert sind, in Eingriff gebracht werden (Fig. 319—320). Das Rad 12 kann mit einem der Räder des sechsteiligen Räderblockes 14 in Eingriff gebracht werden, welcher auf der Welle 15 sitzt. Dieser Welle können $3 \times 6 = 18$ Geschwindigkeiten erteilt werden. Der Räderblock läuft lose auf der Welle 15 und ist mit einem Sperrad 16 verbunden. Neben demselben sitzt fest auf der Welle das Teil 17 mit der Sperrklinke 18. Durch letztere wird die Welle mitgenommen, da sich der Räderblock mit dem Sperrad in der bezeichneten Pfeilrichtung dreht (Fig. 320).

Schnellgang: Von der Antriebwelle 19 wird durch Kegelräder 20, 21 die Welle 22, und durch Stirnrad 23 das lose laufende Stirnrad 24 angetrieben (Fig. 319). Das letztere ist mit einer Spreizringkupplung 25 versehen, welche durch Verschiebung der Muffe 26 betätigt wird, indem sich der Keil 27 zwischen die beiden Spreizhebel 28 schiebt. Ist die Kupplung ausgerückt, so läuft die Welle 15 mit langsamer Geschwindigkeit, angetrieben durch den Räderblock 14 und Sperrklinke 18. Wird die Kupplung dagegen eingerückt, so läuft die Welle 15 mit Schnellgang, wobei die sich nunmehr mit der Welle

schneller drehende Klinke 18 über den Rücken der Zähne des langsamer laufenden Räderblockes 14 mit dem Sperrad 16 schiebt. Von
der Welle 15 wird der Antrieb durch Schnecke 29 und Schneckenrad 30 auf die Steuerwelle 31 übertragen (Fig. 314).

Die Schaltung der Steuergeschwindigkeit erfolgt von
der auf der Steuerwelle sitzenden Kurventrommel 32, auf welcher
seitlich in der Ringnut 33 Anschläge eingestellt werden können,
welche den Hebel 34 und den mit diesem auf gleicher Welle sitzenden Hebel 35 betätigen. Der Hebel 35 greift gabelförmig um die
Kupplungshülse 26 (Fig. 316).

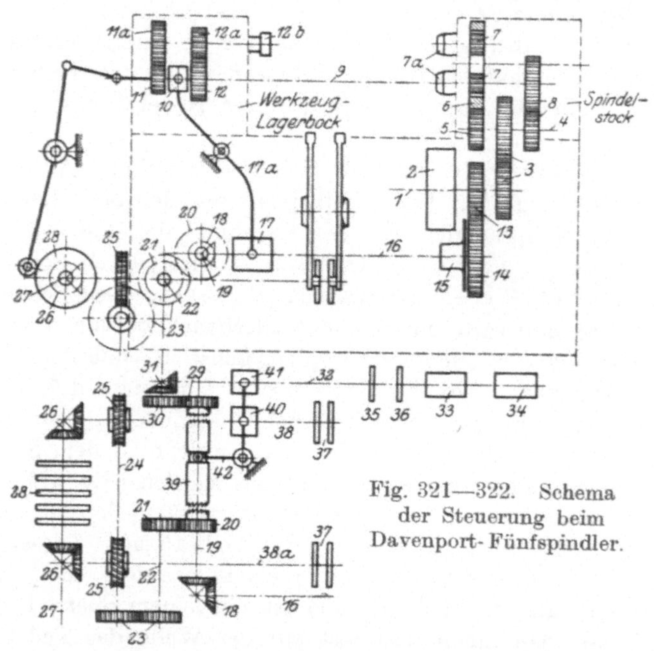

Fig. 321—322. Schema
der Steuerung beim
Davenport-Fünfspindler.

Die Verschiebung des Revolverkopfes erfolgt durch Kurven
auf dem Umfange der Trommel 32, welche an der Rolle 36 eines
mit dem Revolverkopf 37 verschraubten Hebels 38 angreift. Der
letztere führt sich auf einer Leiste 39 und sichert dadurch den
Revolverkopf gegen Verdrehung (Fig. 317 u. 318).

Die Verschiebung der Querschlitten. Von der Steuerwelle 31 wird durch Kegelräder 40, 41 die Kurventrommel 42 angetrieben (Fig. 316). Die auf dem Umfange derselben befestigten
Kurven bewegen den hinteren Querschlitten mittelst einer an der
Schiene 43 befestigten Rolle 44, und den vorderen Querschlitten
mittelst einer an der Schiene 45 befestigten Rolle 46. Die Schiene 43

ist in dem hinteren Querschlitten 47 gelagert und Schiene 45 wird durch eine Zugstange 48 mit dem vorderen Querschlitten 49 verbunden (Fig. 315—316).

Die Schaltung der Spindeltrommel. Auf der Steuerwelle 31 sitzt der Hebel 50 (Fig. 313). Derselbe greift bei jeder Umdrehung der Steuerwelle, d. h. also nach jedem Vor- und Rückgang des Revolverkopfes, in eine Nut 51 eines Malteserkreuzes, welches auf der Achse der Spindeltrommel befestigt ist, und schaltet dadurch die letztere um $^1/_4$ Umdrehung weiter. Bevor die Schaltung beginnt, wird durch eine an dem Hebel 50 angeschraubte Kurve 52 der Winkelhebel 53

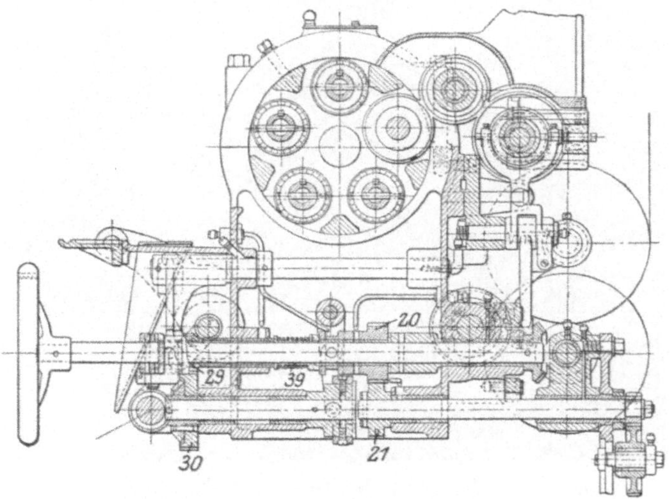

Fig. 323. Steuerung des Davenport-Fünfspindlers.

gehoben und dadurch der Indexbolzen 54, an welchem der andere Schenkel des Hebels 53 angelenkt ist, aus der Indexnut der Spindeltrommel herausgezogen. Diese Schaltung hat den Vorteil, daß sie mit langsamer, allmählich zu- und dann wieder abnehmender Geschwindigkeit erfolgt.

Das Spannen und Lösen des Materials erfolgt durch Kurven, auf der Kurventrommel 55, welche unter Vermittlung des Gabelschiebers 56 die Spannmuffe 57 und die Spannhebel 58 betätigen (Fig. 314).

Der Materialvorschub wird ebenfalls durch Kurven auf der Trommel 55 bewirkt, welche durch den Gabelschieber 59 das Vorschubrohr 60 zurückziehen. Der Vorschub des Rohres erfolgt durch den Schieber 61, welcher ständig unter dem Druck eines Gewichtes 60 steht. Bei ausgerückter Kupplung 26 und ausgehobener Sperrklinke 18 kann die Steuerwelle beim Einrichten der Maschine von Hand durch eine auf der Welle 15 sitzende Handkurbel gedreht werden.

d) Die Steuerung des Davenport-Fünfspindel-Automaten. Der Davenport-Fünfspindler (Fig. 323) arbeitet nach dem Hilfskurvensystem, bei welchem nur die für die eigentliche Arbeitszeit in Frage kommenden Vorschubbewegungen der Werkzeuge von einer dauernd langsam laufenden Hauptsteuerwelle, dagegen die Schaltungen für die Totzeit von einer Hilfssteuerwelle abgeleitet werden, welche periodisch von

Fig. 324.   Steuerung des Davenport-Fünfspindlers.

der Hauptsteuerwelle aus in eine einmalige schnelle Umdrehung versetzt wird.

In Fig. 321—322 ist die Steuerung der Maschine schematisch dargestellt.

Der Antrieb: Von der Antriebwelle 1 mit der Antriebscheibe 2, welche auch den Hauptantrieb der Arbeitsspindeln durch 3, 5, 6, 7, 7a, und der Gewindeschneidspindel durch 4, 8, 9, 10, 11, 12, vermittelt, erfolgt auch der gesamte Steuerungsantrieb. Die Räder 13, 14 treiben die Welle 16, und durch Kegelräder 18, Welle 19, Stirnräder 20, 21 Welle 22, Wechselräder 23, Welle 24, Schneckengetriebe 25 und Kegelräder 26 die Hauptsteuerwelle, welche aus den 3 Teilen 27, 38, 38a besteht. Diese Wellen laufen während der Arbeitszeit und die Kupplung 39 ist in Rad 20 eingerückt. Während der Schaltzeit (Totzeit) dagegen ist die Kupplung 39 in Rad 29 eingerückt und treibt über Stirnräder 29, 30, Kegelräder 31, die Hilfssteuerwelle 32 mit einer einmaligen schnellen Umdrehung.

Das Schalten der Spindelgeschwindigkeit. Da die Arbeitsspindeln mit gleichbleibender Geschwindigkeit und in gleicher Richtung (Rechtslauf) laufen, da ferner die Werkzeugspindeln stillstehen mit Ausnahme der Gewindespindel, so kommt eine Schaltung nur für die letztere in Frage. Diese erfolgt durch die Kurventrommel 17 auf Welle 16, welche unter Vermittlung des Hebels 17a die Reibungskupplung 10 schaltet.

Das Schalten der Steuergeschwindigkeit erfolgt durch die Kupplung 39. Während der eigentlichen Arbeitszeit läuft die Haupt-

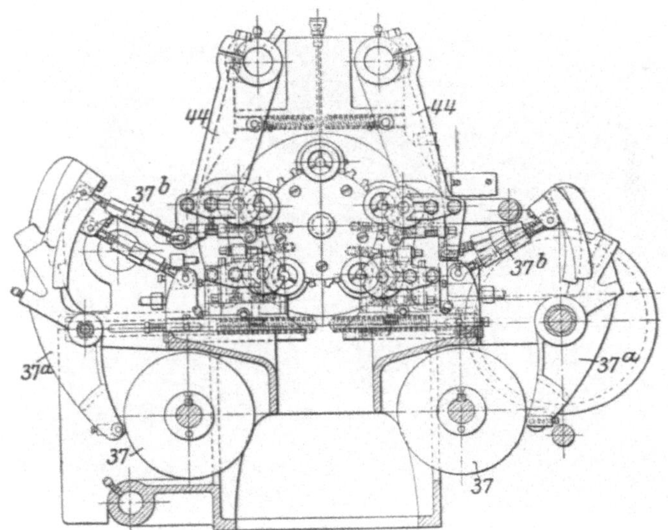

Fig. 325.   Steuerung des Davenport-Fünfspindlers.

steuerwelle 27, 38, 38a mit den Daumen 28 für die 5 Werkzeugspindeln und den Daumen 37 für die 4 Querschlitten; die Hilfssteuerwelle 32 steht still. Die Kupplung 39 ist in Rad 20 eingerückt. Am Ende eines Doppelhubes (Vor- und Rückganges) der Werkzeuge erfolgt die Schaltung (Totzeit), indem die Kurve 40 durch den Winkelhebel 42 die Kupplung 39 aus 20 aus- und in 29 einrückt. Die Hauptsteuerwelle steht jetzt während des Schaltens still und die Hilfssteuerwelle 32 macht eine einmalige schnelle Umdrehung. Am Ende dieser Umdrehung rückt die Kurve 41 durch den Winkelhebel 42 die Kupplung 39 wieder aus 29 aus und in 20 ein. Die Hauptsteuerwelle dreht sich wieder und die Vorschubbewegung der Werkzeuge erfolgt von neuem (siehe Fig. 323).

Der Vorschub der Werkzeuge erfolgt durch die Kurvenscheiben 28. Für jede Spindel ist eine Scheibe vorhanden, welche unter Vermittlung eines Hebels die betreffende Spindel verschiebt. Im Gegensatz zu anderen Systemen (Acme, Gridley) verschiebt sich nicht der ganze Werkzeugschlitten, sondern nur die einzelnen Werkzeugspindeln. Die Länge der Verschiebung jeder einzelnen Spindel kann ferner reguliert und der von dem Werkzeug auszuführenden Operation angepaßt werden dadurch, daß die Spindeln durch Lenkstangen 43 (Fig. 324) mit den Hebeln 43 verbunden sind und daß diese Lenkstangen auf dem oberen, bogenförmigen Arm der Hebel verstellt werden können. Es läßt sich demnach der konstante Hub

Fig. 326. Steuerung des Davenport-Fünfspindlers.

der Scheiben 28 in verschiedener, nach einer Skala auf den Hebeln ablesbarer Übersetzung auf die Werkzeugspindeln übertragen. . Die Konstruktion hat folgende Vorteile:

1. Masse und Gewicht der bewegten Teile sind möglichst gering.
2. Keine unnötigen Leerwege der Werkzeugspindeln, daher
3. keine vorzeitige Abnutzung der Mechanismen.
4. Kleine Durchmesser der Kurvenscheiben, weil dieselben während der Totzeit stillstehen und keinen Leerweg zurücklegen.

Eine Zeitersparnis wird insofern erzielt, als die Arbeitszeit nicht mehr ganz von der längsten Operation abhängig ist. Würden alle Werkzeugspindeln gleichzeitig vorgehen, so müßte das Werkzeug für die längste Operation mit dem für irgendein anderes Werkzeug gebotenen langsamsten Vorschub vorgehen. In diesem Falle jedoch kann das erstgenannte Werkzeug mit einem schnelleren Vorschub arbeiten und dadurch die gesamte Arbeitszeit verkürzen (siehe auch Fig. 324). Die Kurvenscheiben 28 sind für verschiedene Hübe auswechselbar, ferner sind die Werkzeugspindeln durch Muttern auf den mit Rechts- und Linksgewinde versehenen Lenkstangen verstellbar.

Die Querschlitten werden in gleicher Weise durch die Kurvenscheiben 37, Hebel 37 a und Lenkstangen 37 b verschoben (Fig. 325). Die unteren Querschlitten gleiten auf einer wagerechten Schlitten-

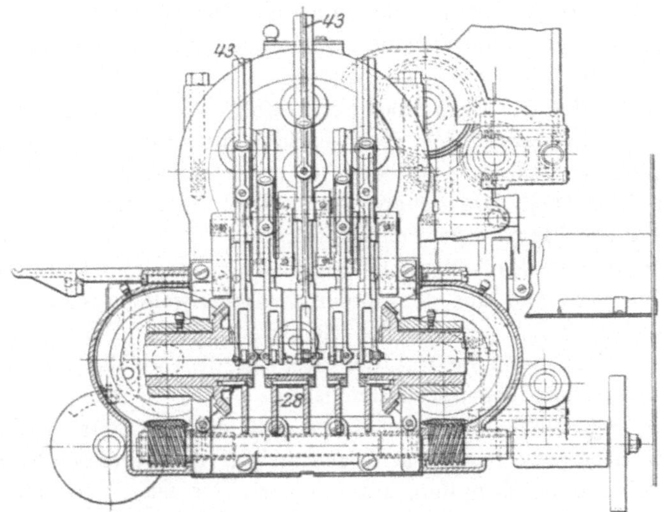

Fig. 327. Steuerung des Davenport-Fünfspindlers.

führung, die oberen sind in den schwenkbaren Armen 44 gelagert (siehe auch Fig. 326).

Materialvorschub und Spannung erfolgt durch die Hilfssteuerwelle 32 mit den Kurventrommeln 33, 34 in bekannter Weise. Der Mechanismus ist in Fig. 321 deutlich sichtbar. Hinter diesen Trommeln ist in Fig. 102 ein Hebel sichtbar, durch welchen die Kupplung 15 (Fig. 102 und 321) ausgerückt und damit der ganze Steuerungsantrieb stillgesetzt werden kann. Durch ein ebenfalls in Fig. 102 erkennbares Handrad auf Welle 19 (Fig. 321) kann die Steuerung dann von Hand betätigt werden.

3. Einspindlige Halbautomaten.

Die Steuerung der Halbautomaten ist nicht so einheitlich und läßt sich daher nicht ohne weiteres in verschiedene bestimmte Systeme gruppieren, wie bei den Vollautomaten. Entsprechend den größeren Arbeitsgrenzen der Halbautomaten und der Verschiedenheit ihres Arbeitszweckes ist die Steuerung diesem jeweiligen Zweck angepaßt. In der Hauptsache ist natürlich auch eine Hauptsteuerwelle vorhanden, von welcher die automatischen Bewegungen eingeleitet werden, auch erfolgen die letzteren hier wie beim Vollautomaten meistens durch Kurven.

a) **Die Steuerung des Schroers-Halbautomaten.** Der Antrieb auf die hinter der Maschine liegende Steuerwelle (Fig. 115—117) erfolgt auf drei verschiedene Arten. Es ist ein Drehvorschub, ein Reibahlen- und Gewindevorschub und ein Schnelltransport vorhanden. Die beiden ersten sind für die Arbeitszeit, der letztere für die Totzeit bestimmt.

Der Antrieb des Drehvorschubes erfolgt von der oberen Zwischenwelle (Fig. 115) aus durch Wechselräder auf der linken Außenseite der Maschine auf ein auf der Transportwelle sitzendes Umlaufgetriebe (Fig. 117). Das obere Wechselrad kann mit fünf verschiedenen Zähnezahlen ausgewechselt werden.

Der Antrieb des Reibahlen- und Gewindevorschubes erfolgt durch ein kleines Stirnrad auf der oberen Zwischenwelle, welches ein mit einer Stufenscheibe verbundenes Gegenrad treibt. Die Stufenscheibe treibt eine Gegenscheibe auf der Steuerwelle, welche ebenfalls mit einem Umlaufgetriebe verbunden ist.

Der Schnelltransport erfolgt durch ein auf der Antriebwelle sitzendes Stirnrad 11 auf ein Gegenrad auf der Steuerwelle, welches als verschiebbare Kupplungshülse ausgebildet ist. Von der Steuerwelle aus werden angetrieben die Steuerscheibe 17 (Fig. 117) durch Kegelräder und Schneckengetriebe, die Kurventrommel für den Revolverschlitten durch zwei Stirnräderpaare, die Kurventrommel für den Querschlitten durch Kettenräder, Kette, Schneckengetriebe und Stirnräder.

Die Schaltung der Spindelgeschwindigkeit erfolgt durch Nocken auf der Steuerscheibe, welche einen Hebel und den mit diesem durch eine Stange verbundenen Hebel 10 (Fig. 117) betätigen. Mit Hebel 10 auf gleicher Achse sitzt Hebel 12 (Fig. 115), welcher um die Reibungskupplungsmuffe auf der Kupplungswelle faßt.

Die Schaltung der Steuergeschwindigkeit erfolgt durch die einstellbaren Nocken 19—23 auf der Steuerscheibe 17. Diese Nocken betätigen zunächst eine Schaltwelle (Fig. 115 und 117), welche sie teils verschieben, teils verdrehen. Mit dieser Schaltwelle steht der Hebel 31 in Zusammenhang, sowie der auf gleicher Achse sitzende Hebel 32.

Stehen diese Hebel in der Mittelstellung, d. h. senkrecht, so befindet sich das Schnelltransportgetriebe (Fig. 117) außer Eingriff. In dieser Stellung ist die Schaltwelle gegen Verschiebung und damit die Hebel 31, 32 gegen Verdrehung gesichert durch den Stift a in der Falle 24. Die Schaltwelle kann jedoch durch die Nocken auf der Steuerscheibe gedreht werden und mit ihr die Exzenter 26. Diese beeinflussen die Hebel 27, diese stehen durch Zugstangen 28 mit Sperrklinken in Verbindung, welche in den Sperrädern 34 der beiden Umlaufgetriebe auf der Steuerwelle liegen. Je nachdem nun auf die oben beschriebene Weise das eine oder andere der beiden Sperräder 34 festgehalten wird, tritt der Vorschubantrieb für Drehvorschub oder für Reibahlenvorschub in Tätigkeit. Wird durch einen Nocken der Stift a der Falle 24 zurückgedrückt, so wird die Schaltwelle für die Verschiebung frei, die Feder 33 wirft dieselbe sowie die beiden Hebel 31, 32 nach rechts und das Schnelltransportgetriebe wird eingeschaltet. Gleichzeitig wird der Dreh- und Reibahlenvorschub ausgeschaltet auf folgende Weise. Beim Drehen des Hebels 32 nach rechts wird durch den Stift a der Hebel 30 nach links unten bewegt. Dieser drückt den Zungenhebel 29 nach unten, bewegt die Hebel 27 und bringt die Sperrklinken außer Eingriff mit den Sperrädern 34. Die Umlaufgetriebe laufen frei.

Wird der Hebel 32 nach links gedreht, so drückt er ebenfalls den Hebel 29 nach unten, es sind jetzt sämtliche drei Vorschubantriebe ausgeschaltet. In dieser Stellung kann Hebel 32 durch den Hebel 37 gesichert werden. Die Steuerwelle kann dann von Hand gedreht werden.

Die Verschiebung des Revolverschlittens wird durch die Kurven a auf der Kurventrommel bewirkt. Diese Kurventrommel macht bei jedem Vor- und Rückgang des Revolverschlittens eine Umdrehung, arbeitet also nach dem Einkurvensystem. Die Steuerscheibe dagegen macht eine Umdrehung während der ganzen Arbeitsperiode. Da der Revolverkopf viermal geschaltet werden kann, so läuft die Kurventrommel viermal so schnell wie die Steuerscheibe.

Der Axialdruck der Kurventrommel wird durch ein Kugellager aufgenommen.

Die Verschiebung des Querschlittens wird auf folgende Weise bewirkt. Das Kettenrad 2 auf der Steuerwelle 1 (Fig. 329—331) treibt über Kette 3, Kettenrad 4, Schnecke 7, Schneckenrad 8, die Welle 9. Auf Welle 9 sitzt die Büchse 10 mit dem Stirnrad 11, welches über Räder 12, 13 das lose auf Büchse 10 laufende Stirnrad 14 treibt. Während das Rad 11 eine Umdrehung macht, macht das Rad 14 nur $^3/_4$ Umdrehung. Durch die Überholung des Rades 14 durch das Rad 11 kommt bei einer Umdrehung des letzteren jedesmal einer der vier Schaltstifte 15 in den Bereich der Kurve 16

Spindelgeschwindigkeiten				Getriebeanordnung			
						Zähnezahlen	
Hebel	Hebel	Hebel	Arbeits-Sp.	Spindel		48	
1 rechts	2 mittel	3 rechts	10 Umdreh.	Sp.-Antr.-Welle	40	16	3
1 „	2 rechts	3 „	20 „	Zwischenwelle	32	2	$\overbrace{40\times32}$
1 „	2 links	3 „	34 „	Kuppl.-Welle		$\overbrace{45\times36\times28}\;32\times40$	
1 rechts	2 mittel	3 links	15,5 Umdreh.	Zwischenwelle		$15\times24\times32$	
1 „	2 rechts	3 „	31 „	Antr.-Welle		24×16	
1 „	2 links	3 „	53 „			$\underbrace{}_{1}$	
1 links	2 mittel	3 rechts	20 Umdreh.				
1 „	2 rechts	3 „	40 „				
1 „	2 links	3 „	68 „				
1 links	2 mittel	3 links	31 Umdreh.				
1 „	2 rechts	3 „	62 „				
1 „	2 links	3 „	106 „				

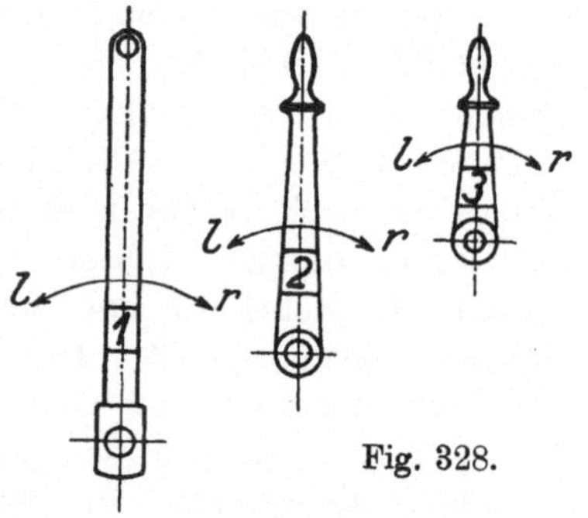

Fig. 328.

Obigen Tabellen liegen 280 Umdrehungen pro Minute der Hauptantriebsscheibe zugrunde.

am Rad 11. Ist dies der Fall, so wird Rad 11 gegen die lose
laufende Kurventrommel 17 gedrückt und die letztere durch die
Mitnehmerstifte 18, 19 mitgenommen. Die letzteren sind federnd,
um Brüche zu vermeiden.

Die Kurve 16 ist so gehalten, daß sie nach einer halben Umdrehung der Trommel 17, d. h. nach einem Vor- und Rückgang des
Querschlittens, den Schaltstift 15 verläßt, worauf das Rad 11 durch
die Federn 20 wieder nach links geworfen wird und die Mitnahme
der Trommel aufhört. Die Schaltstifte 15 können nach Lösen der
Schrauben 24 zurückgezogen werden, man kann also beliebig 1 bis
4 Schaltstifte arbeiten lassen, daher den Querschlitten während einer
vollen Umdrehung des Revolverkopfes ein- bis viermal in Tätigkeit
bringen.

Dies ermöglicht, bei komplizierten Arbeitsstücken auch auf dem
Querschlitten umschaltbare Werkzeughalter anzubringen, deren Werkzeuge nacheinander arbeiten. Bei Nichtgebrauch des Querschlittens

kann seine Bewegung durch Zurückziehen sämtlicher vier Schaltstifte 15 ganz ausgeschaltet werden.

Neben dem Kettenrad 4 ist eine Sicherungsscheibe mit Scherstift
vorgesehen. Durch Eingriff der Rolle 22 oder 22a in die Kurven
wird der Querschlitten bewegt, außerdem kann derselbe von Hand
durch Ritzel und Zahnstange verschoben werden.

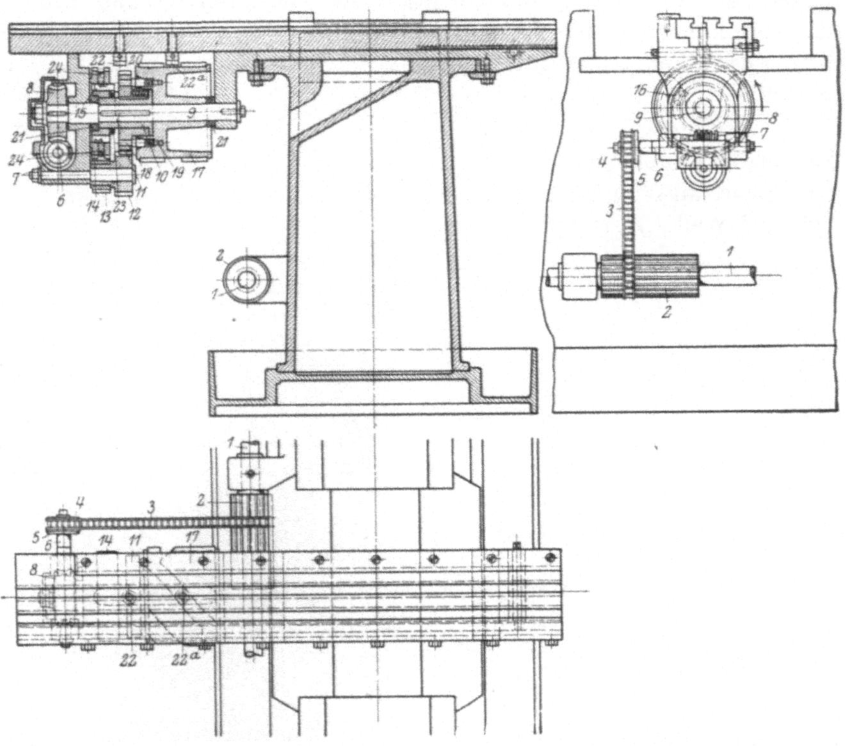

Fig. 329—331. Querschlitten, Antriebsmechanismus.

b) Die Steuerung des Pittler-Halbautomaten. Der Antrieb
erfolgt zwangläufig von der Arbeitsspindel D aus zum Bohren, Drehen,
Gewindeschneiden und Aufreiben, dagegen von der Antriebwelle I
aus für schnellen Gang während der Totzeiten. Beide Antriebe münden
auf der Welle W_1 (Fig. 332). Die Übertragung erfolgt in folgender
Weise.

Arbeitsgang: Rad 1 auf der Arbeitsspindel, Räder 2, 3,
Stufenräder 4, 5, 6, 7, Nortonschwinge II (Fig. 335), Räder 8, 9, 10,
11, 12 (Fig. 335) auf der Welle W (Fig. 336). Der Drehvorschub
wird von Welle W weitergeleitet über Kegelräder 13, 14, Schnecken-

getriebe 15, 16 auf Welle W_1, der Reibahlen- und Gewindevorschub über Kegelräder 17, 18, Wechselräder 19, 20, Schneckengetriebe 15, 16 auf Welle W_1 (Fig. 332).

Der Schnellgang: Rad 21 auf Welle I, Räder 22, 23, 24, 25 auf Welle W_1.

Der Schnellgang erfolgt mithin stets mit konstanter Geschwindigkeit, der Arbeitsgang kann dagegen für den Drehvorschub durch die Nortonschwinge II, der Reibahlen- und Gewindevorschub durch die Wechselräder 19, 20 reguliert werden.

Von Welle W_1 aus wird der Antrieb weitergeleitet durch eine Sicherungskupplung (Fig. 332 auf Welle W_2) und von

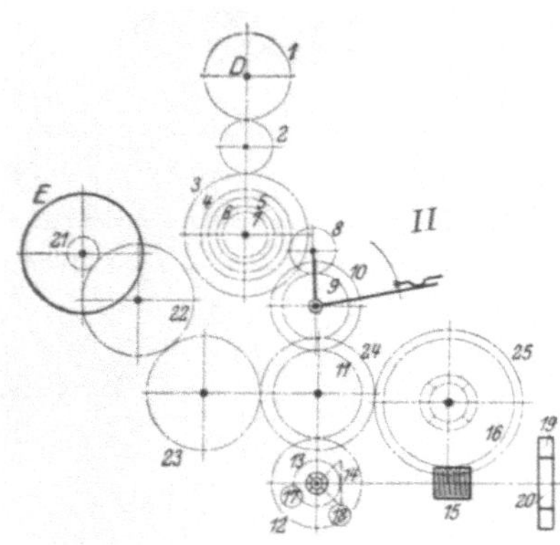

Fig. 335. Zu Fig. 332—334.

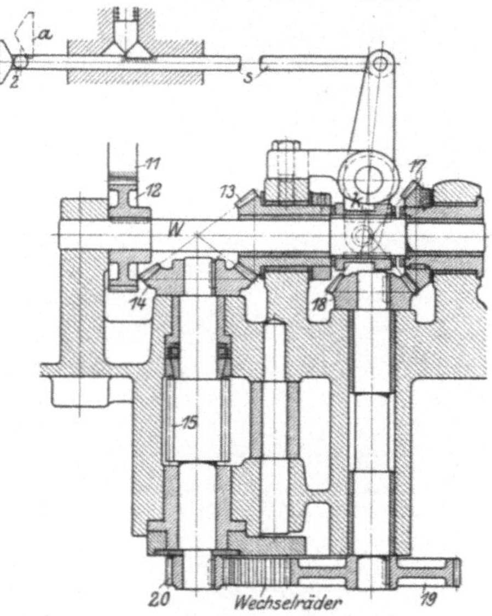

Fig. 336. Zu Fig. 332—334.

dieser durch Kegelräder 26, 27, Schneckengetriebe 32, 33 auf die Steuerwelle W_3.

Die Schaltung der Spindelgeschwindigkeiten. Auf der Steuerwelle W_3 sitzt die Steuerscheibe K (Fig. 332). Von dieser wird durch einstellbare Nocken die Stange b (Fig. 337—338) in drei Stellungen geschaltet und dadurch die Kupplung k_1 (Fig. 334) über das Gestänge c, d, e entweder in Räder R_9, R_{10} oder in Mittelstellung gebracht. Die Kupplung K_1 kann ferner durch den Handhebel h_1 (Fig. 334) von Hand gesteuert werden.

Die Schaltung der Steuergeschwindigkeiten. Dreh- und Gewindeschneidvorschub werden geschaltet durch die Kupplung k (Fig. 336), einen Hebel und die Stange S. Die letztere trägt eine Rolle 2, welche durch die Nocken 1 und a auf der Steuerscheibe beeinflußt wird.

Ergänzendes Material zu diesem Buch finden Sie auf
http://extras.springer.com

EXTRAS ONLINE

Der Arbeits- oder Schnelltransport wird durch die Kupplungen k_4, k_3 geschaltet. Ist Kupplung K_4 in Rad 25 eingerückt, so erfolgt der Schnellgang auf die Hülse b, welche allerdings auch durch das Schneckenrad 16 angetrieben wird. Das letztere läuft jedoch lose auf seiner Nabe, da es als Klemmrollenkupplung ausgebildet ist, ähnlich wie Rad R_8 (Fig. 334), und durch den Schnellgang überholt wird. Die Kupplung K_3 ist ausgerückt, da sie durch die Hebel h_5 h_6 und Stangen S_2 mit Kupplung K_4 verbun-

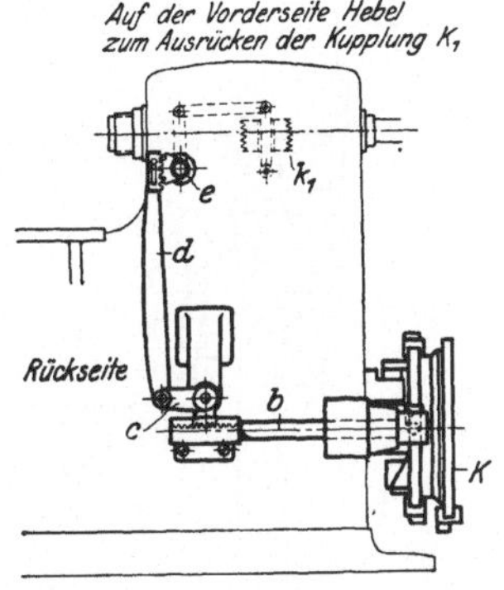

Fig. 337. Zu Fig. 332—334.

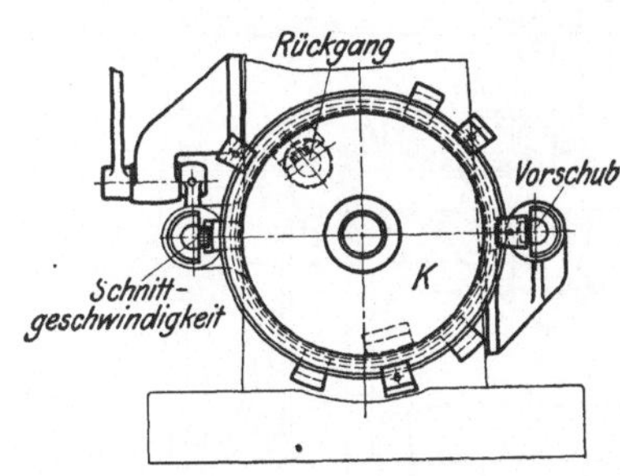

Fig. 338. Zu Fig. 332—334.

den ist und überträgt den Antrieb von Hülse b auf Welle W_1. Der Hebel h_5 befindet sich in Rechtsstellung.

In der Mittelstellung des Hebels h_5 ist Kupplung k_4 ausgerückt und k_3 noch eingerückt, die Klemmkupplung des Rades 16 tritt in Tätigkeit und es erfolgt der Arbeitsgang, und zwar entweder der Dreh- oder Gewindevorschub je nach der Stellung der Kupplung k (Fig. 336).

In der Linksstellung des Hebels h_5 sind beide Kupplungen k_3 k_4 ausgerückt und die Welle W_1 steht still.

Die Stellungen des Hebels h_5 werden automatisch geschaltet durch die Steuerscheibe mittelst der Nocken a_3 (Fig. 333) der Stangen S_2, S_3 und des Winkelhebels w (Fig. 332).

Die Verschiebung des Revolverschlittens wird durch die Trommel T (Fig. 332) und auf dieser befestigte Kurven bewirkt. Es ist eine nicht auswechselbare Vor- und Rückzugkurve vorhanden. Die Maschine arbeitet also nach dem Einkurvensystem und die Trommel macht eine Umdrehung während eines Vor- und Rück-ganges des Revolverschlittens. Da der Revolverkopf vier Flächen hat, also viermal geschaltet werden kann, so läuft die Trommel T viermal schneller als die Steuerwelle W_3 mit der Steuerscheibe K, welche während der ganzen Bearbeitungsperiode eine Umdrehung macht. Der Antrieb erfolgt durch Räder 28, 29, 30, 31. Der Revolverschlitten verschiebt sich in einer Bettführung und ist mittelst

Leiste nachstellbar. Ferner kann er auf dem Unterschlitten verstellt und dadurch die Entfernung des Revolverkopfes von der Arbeitsspindel entsprechend der Länge des Arbeitsstückes geregelt werden. Die Umschaltung des Revolverkopfes erfolgt beim Rückgang desselben außerordentlich schnell und sicher. Der Revolverkopf wird durch einen am äußeren Umfange des Kopfes angreifenden Schließbolzen verriegelt und wird nach jeder erfolgten Schaltung durch Schraube und Mutter

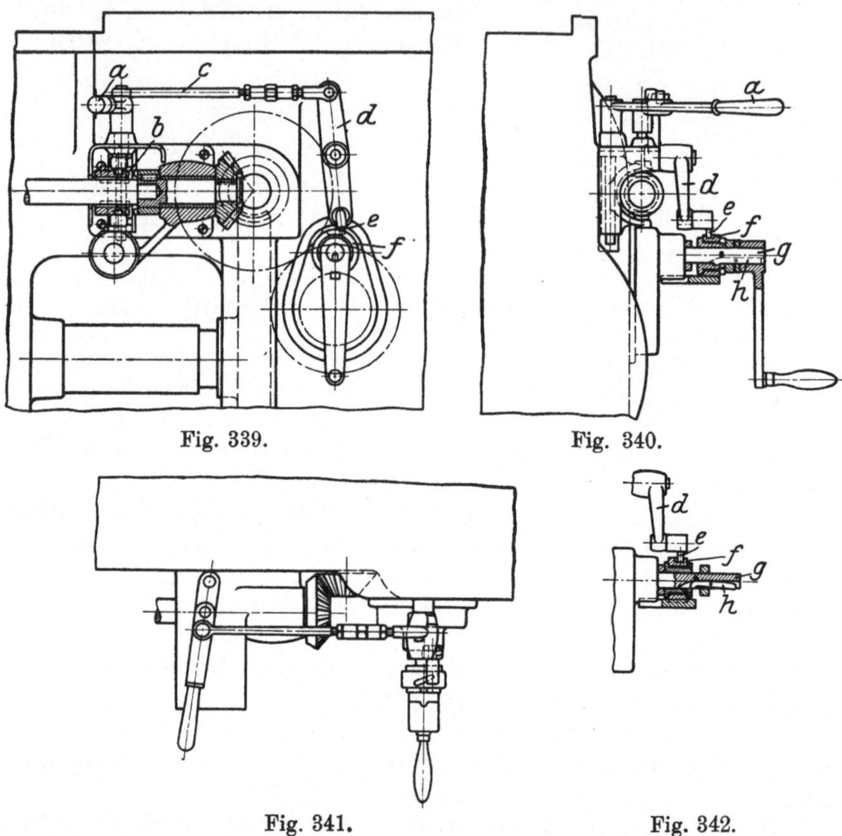

Fig. 339.   Fig. 340.

Fig. 341.   Fig. 342.

selbsttätig durch Betätigung eines Segments auf seiner Unterlage festgezogen.

Die Quersupporte sind geteilt und können somit unabhängig voneinander gleichzeitig und auch mit dem Revolverkopf zusammen arbeiten. Die Bewegung der Supporte erfolgt durch je eine Kurventrommel mittelst Schnecke und Schneckenrad, die ihren Antrieb von der Welle $W\,2$ aus durch Zahnradübertragung erhalten. Die Steuerung der Quersupporte erfolgt von der Kurvenscheibe S aus für beide Quersupporte getrennt über die Gestänge a und b und Hebel c an der vorderen und entsprechendem Hebel *d* an der hinteren Seite der Maschine, welche wiederum mit je einer Kupplung in Verbindung stehen, die auf den Querantriebswellen angeordnet sind. Um breitere Werkstücke möglichst vorteilhaft bearbeiten zu können, sind die Supporte auch einzeln in der Längsrichtung verstellbar, so daß ein Support an der vorderen, der andere an der hinteren Seite des Werkstückes arbeiten kann. Durch diese getrennte und verstellbare Anordnung der Quersupporte ist eine außerordentlich große Verwendungs- und Anpassungsmöglichkeit gegeben. Alle Bewegungen, die selbsttätig ausführbar sind, können auch mit der Hand betätigt werden, ein Vorteil, der beim Einrichten der Maschine zur Geltung kommt. Um jedoch bei aufgesteckter Kurbel ein Einrücken des Selbstganges zu verhindern, ist eine durch D.R.G.M. geschützte Kurbelsicherung angeordnet, deren Arbeitsweise aus Fig. 339—342 ersichtlich ist. Wird der Selbstgang durch Hebel *a* und Kupplung *b* eingerückt, so wird durch Stange *c* und Hebel *d* und Stift *e* die Muffe *f* verschoben und dadurch der Sperrhebel *h* so verdreht, daß ein Teil von ihm aus der Handantriebwelle *g* herausragt und ein Aufstecken der Handkurbel verhindert.

c) Die Steuerung des Magdeburger Halbautomaten. Der Antrieb wird zunächst auf die Steuerantriebwelle 39 (Fig. 343) geleitet, und zwar auf drei verschiedenen Wegen:

1) Für den Drehvorschub von der Welle 12 aus über die Stirnräder 16, 40, 41, 42, 43 (Fig. 346, 343, 121).
2) Für den Reibahlen- und Gewindeschneidvorschub von der Welle 12 aus über die Wechselräder 44 (Fig. 343 bis 344, 121).
3) Für den Schnellgang (Totzeit) von Welle 2 aus über die Stirnräder 45, 46 (Fig. 347, 343, 121).

Da die Ableitungen 1) und 2) hinter der Kupplung 16 liegen, so steht der Vorschub bei stillstehender Arbeitsspindel gleichzeitig still.

Der Drehvorschub ist automatisch fünffach veränderlich. Die lose laufenden Räder 43 dienen als Steg für die Umlaufräder 47 (Fig. 343). Das linksendige derselben steht mit dem fest auf der Welle 39 sitzenden Rad 48, die übrigen mit den lose laufenden Rädern 49—53 im Eingriff. Mit den Rädern 49—53 fest verbunden und teleskopartig übereinander gelagert sind die Sperrscheiben 54—58. Wird eine von diesen Sperrscheiben festgehalten, so wirkt das mit ihr verbundene Rad als festes Zentralrad, auf welchem sich das mit ihm in Eingriff befindliche Rad 47 abwälzt und durch den Unterschied der Zähnezahl ein langsames Drehen des Rades 48 und damit der Welle 39 bewirkt. Das Ganze ist also eine Kombination von 5 Umlaufgetrieben. Die nicht festgehaltenen Sperrscheiben bzw. die mit ihnen verbundenen Räder laufen lose mit.

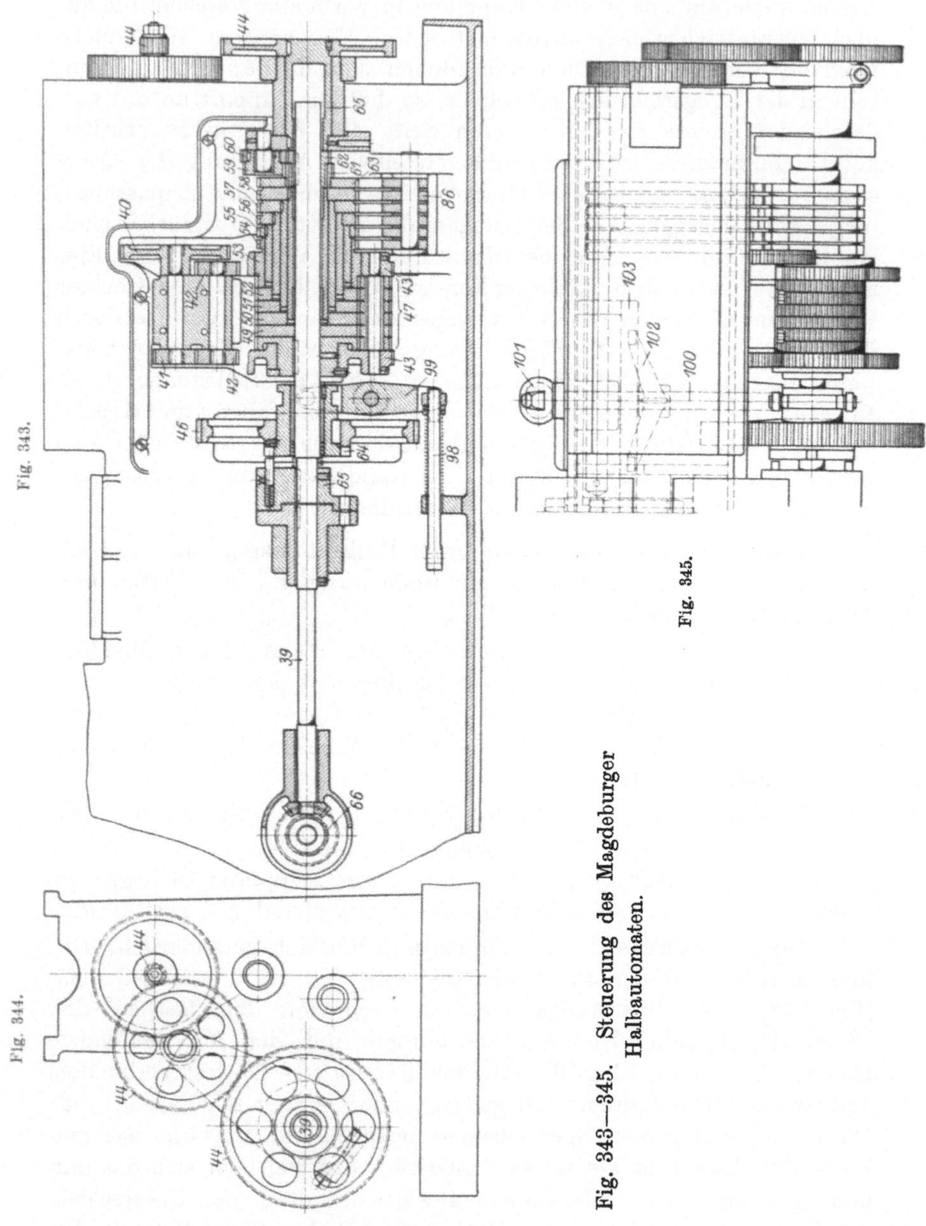

Fig. 343—345. Steuerung des Magdeburger Halbautomaten.

Der Reibahlen- und Gewindevorschub erfolgt in gleicher
Weise durch die Umlaufräder 59, 60, gelagert in der Scheibe 64,
welche mit dem Wechselrad 44 durch die Hülse 65 verbunden ist,
sowie ferner durch die Räder 61, 62, von denen das letztere fest
auf Welle 39 sitzt, während das erstere wiederum als festes Zentralrad wirkt, sobald die mit ihm verbundene Sperrscheibe 63 festgehalten wird.

Der Schnellgang wird von dem Rad 46 übertragen, wenn
die Kupplungen 64 und 65 in Eingriff gebracht werden. Die Kupp-

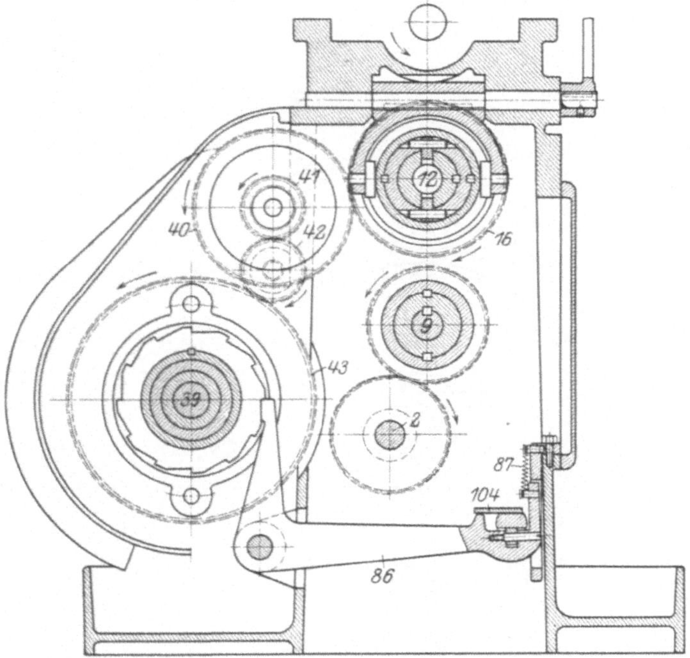

Fig. 346.   Steuerung des Magdeburger Halbautomaten.

lung 65 besteht aus zwei Hälften, welche durch einen als Sicherung
dienenden Abscherstift verbunden sind. Von Welle 39 wird der Antrieb durch Kegelräder 66, Welle 67, Schnecke 68, Schneckenrad 69
auf die Steuertrommel 70 und weiterhin durch Stirnräder 71, 72,
Welle 73, Schnecke 74, Schneckenrad 75 auf die senkrechte Steuerwelle 76 übertragen (Fig. 343, 350, 348, 121).

Die ganze Anordnung ist auch in Ansicht aus Fig. 120 ersichtlich.

Die Schaltung der Spindelgeschwindigkeit erfolgt durch
Steuerung der Kupplung 10 mittelst der Schaltstange 77, des
Hebels 78 und der Kupplungsgabel 79 (Fig. 349, 121). Die Kupp-
lung 10 wird entweder mit den Rädern 7, 8 wechselseitig in Ein-

14*

griff oder auf Mittelstellung gebracht. In letzterem Falle tritt
automatisch Kupplung 6 in Wirksamkeit. Die Verschiebung der
Stange 77 wird bewirkt durch die Anschläge 80 mit den Stiften 81, 82
auf der Steuerscheibe 83. Diese Stifte bewirken, je nachdem sie
außen oder innen sitzen, eine Links- oder Rechtsdrehung des Rades 84
und des mit diesem verbundenen Ritzels 85, welch letzteres in die
Schaltstange 77 eingreift und deren Verschiebung nach rechts oder
links bewirkt. Durch Hebel 86 kann die Schaltung von Hand ausgeführt werden.

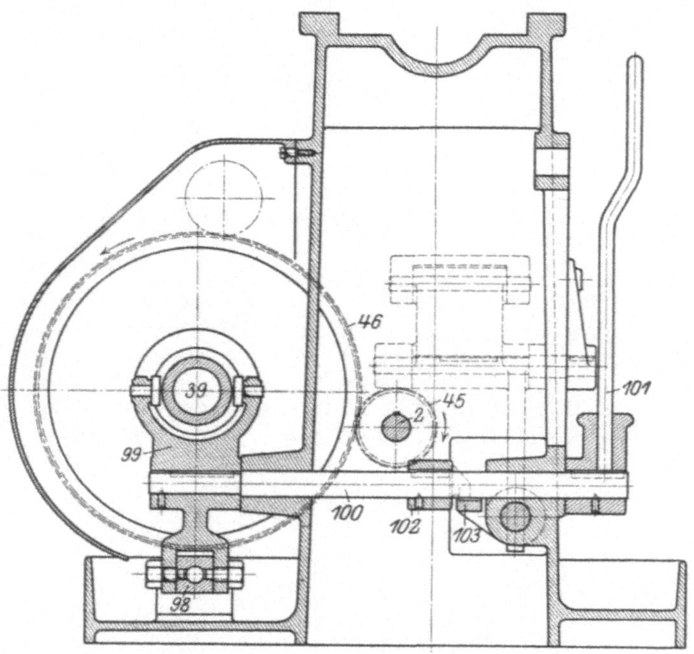

Fig. 347. Steuerung des Magdeburger Halbautomaten.

Die Schaltung der Steuergeschwindigkeit besteht in dem
Festhalten eines der Sperräder 54—58 für den Drehvorschub oder
63 für den Gewindevorschub oder der Steuerung der Kupplung 64
für den Schnellgang.

Da die Übersetzungen der einzelnen Umlaufgetriebe alle verschieden sind und verschiedenen Vorschüben entsprechen, drehen sich
die Sperrscheiben 54—58 bei stillstehender Antriebwelle 39 mit verschiedenen Geschwindigkeiten. Werden zwei Sperräder durch zwei
Sperrhebel 86 (Fig. 346) festgehalten, so nimmt diejenige Sperrscheibe,
welche die höhere Geschwindigkeit hat, durch Aufsetzen auf den

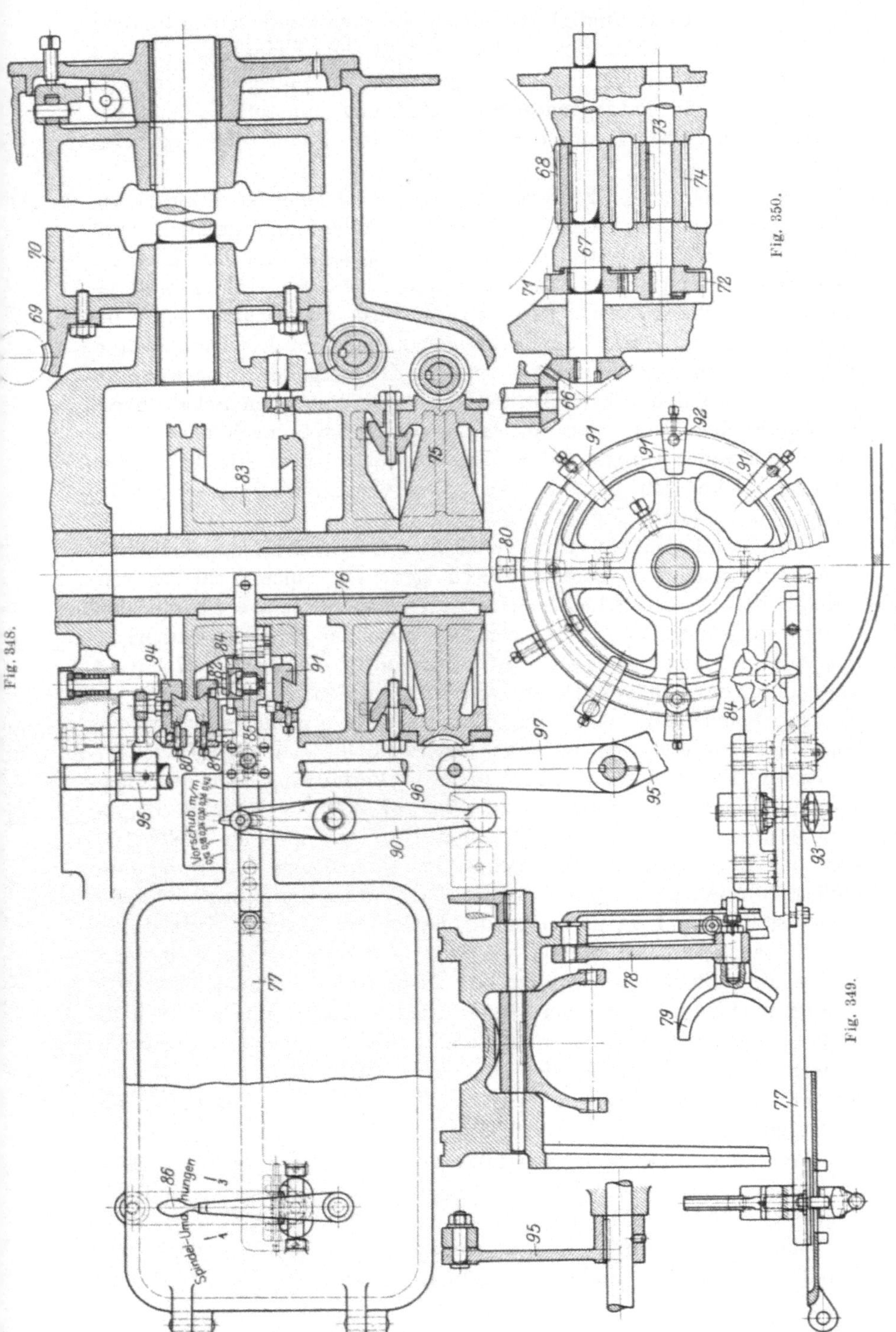

Fig. 348—350. Steuerung des Magdeburger Halbautomaten.

Sperrhebel die Geschwindigkeit Null an, sie bleibt stehen und bewirkt ein langsames Drehen des Rades 48 und der Welle 39, während die zweite langsamer laufende Sperrscheibe Minusgeschwindigkeit erhält, d. h. in entgegengesetzter Richtung umläuft, wobei der eingelegte Sperrhebel auf dem Rücken der Zähne des Sperrades gleitet.

Die gleichzeitige Einrückung zweier Getriebe ist erforderlich, damit zwischen dem Schalten eines Vorschubes zum anderen kein Stillstand erfolgt. Ist der neue Vorschub schneller als der bisherige, so tritt er sofort in Wirkung; ist er langsamer, so wird er erst betätigt, wenn der bisherige ausgeschaltet wird, die Maschine läuft bis zu diesem Punkte mit dem bisherigen schnelleren Vorschub weiter. Es erfolgt also keine Unterbrechung der Drehung der Steuerwelle 76 (Fig. 348) und damit kein Aufhören der automatischen Schaltungen. Die Sperrhebel 86 werden durch Federn 87 stets nach oben, d. h. in die Sperräder gezogen, dies ist aber nur möglich für die beiden Hebel, welche sich gerade unter dem Einschnitt 88 der Schaltstange 89 befinden (Fig. 121).

Die Schaltstange 89 wird verschoben durch den Doppelhebel 90 (Fig. 349), welcher an seinem oberen Ende mit einem Schieber verbunden ist. Dieser Schieber wird durch die Anschläge 91 mit den Stiften 92 gesteuert. Die verschiedene Lage der Stifte 92 entspricht den verschiedenen Stellungen der Sperrhebel 86. Durch den Hebel 93 kann der Vorschub von Hand geschaltet werden.

Der Schnellgang wird eingerückt durch die Anschläge 94, welche den Hebel 95 und den mit ihm auf Welle 96 sitzenden Hebel 97 betätigen (Fig. 349). Letzterer steht in Verbindung mit der Zugstange 98 und dem Gabelhebel 99 (Fig. 347, 343), welcher die Kupplung 65 betätigt. Mit dem Gabelhebel 99 auf gleicher Welle 100 sitzt der Hebel 101, durch welchen der Schnellgang von Hand eingerückt werden kann. Dies ist der Fall, wenn der Hebel 99 nach rechts steht (Fig. 119), nachdem die unter ihm liegende Falle durch Fußtritt ausgelöst ist. Damit bei eingerücktem Schnellgang die Vorschübe ausgerückt werden, sitzt auf Welle 100 der Doppelhebel 102 (Fig. 121, 347, 350), welcher durch Niederdrücken des auf Schaltwelle 89 sitzenden Anschlages 103 eine Drehung der ersteren bewirkt. Es werden dadurch mittelst der an 89 befestigten Platte 104 (Fig. 346) die mit den Sperrscheiben in Eingriff befindlichen Sperrhebel 86 niedergedrückt und außer Eingriff gebracht.

Wird der Hebel 101 nach links gedreht, so übt der Hebel 102 die gleiche Wirkung aus, der Schnellgang wird ausgerückt und die Steuerwelle steht still.

Soll der Vorschub wieder eingerückt werden, so wird der Hebel 101 von der Falle freigegeben, worauf die Federn 87 ein

Zurückdrehen der Schaltwelle 89, ein Geradestellen des Hebels 102 und die Mittelstellung des Hebels 101 bewirken.

Die Verschiebung des Revolverschlittens wird bewirkt

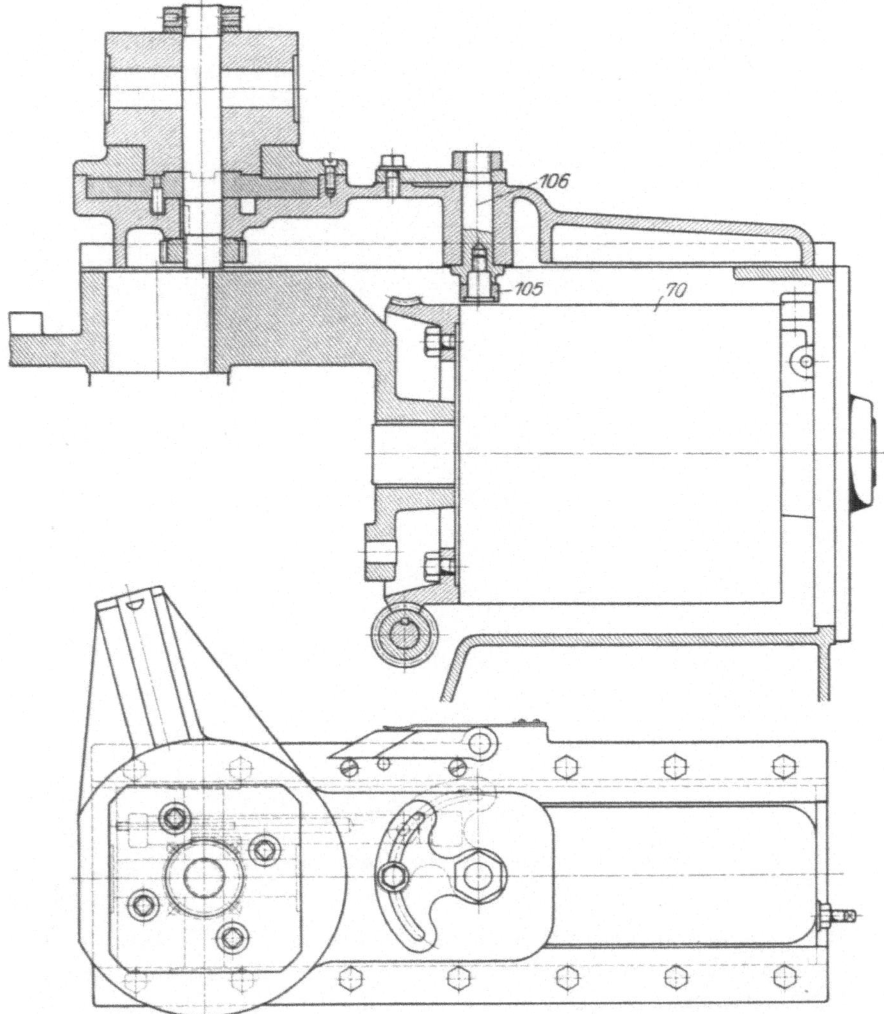

Fig. 351—352. Revolver-Vorschub des Magdeburger Halbautomaten.

durch Kurven auf der Trommel 70, welche die Rolle 105 angreifen Fig. (351—352). Zum Zwecke der Einstellung ist die letztere auf dem Bolzen 106 exzentrisch gelagert. Die Kurventrommel 70 hat eine konstante Vor- und Rückzugkurve, macht also eine Umdrehung bei jedem

Hub des Revolverschlittens. Die Maschine arbeitet demnach nach dem Einkurvensystem. Die Steuerwelle 76 macht dagegen eine Umdrehung während der ganzen Arbeitsperiode, läuft also viermal langsamer wie die Trommel 70, da der Revolverkopf vier Flächen und vier Schaltungen hat.

Es müssen also alle Werkzeuge den größten Kurvenweg zurücklegen, jedoch kann der Vorschub dem jeweiligen Werkzeug angepaßt werden. Bei einer Operation, bei welcher zuerst ein Werkzeug und

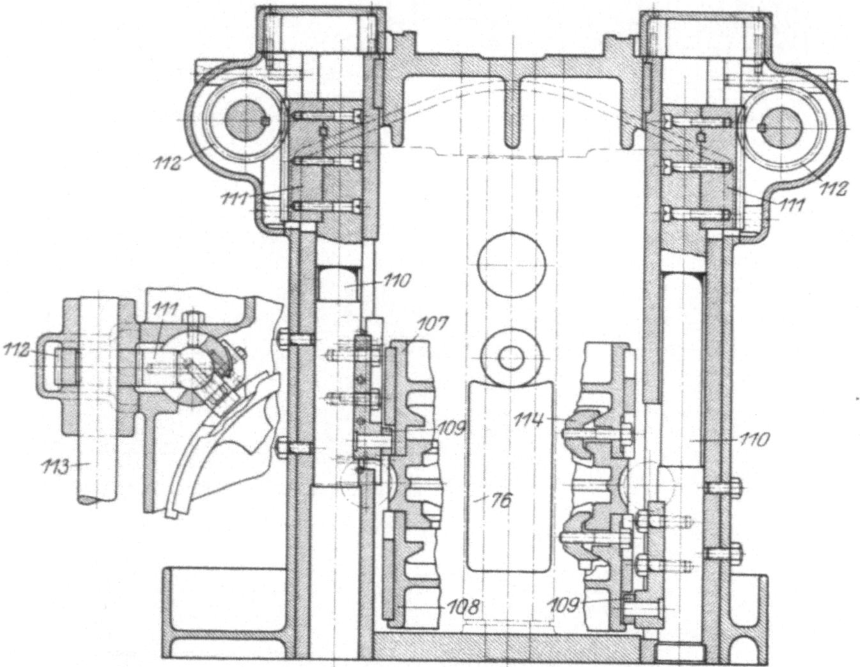

Fig. 353.   Querschlittensteuerung des Magdeburger Halbautomaten.

dann zwei oder mehrere Werkzeuge gleichzeitig arbeiten, kann z. B. der Vorschub zuerst schneller und vor Beginn des zweiten Werkzeuges langsamer erfolgen, während beim Vorhandensein nur eines Vorschubes von vornherein der langsamere für die ganze Operation zur Anwendung kommen müßte.

Die Verschiebung der Querschlitten wird durch die auf der senkrechten Steuerwelle 76 sitzenden Kurvenscheiben 107, 108 bewirkt. Die Kurven betätigen die an den Stangen 110 gelagerten Rollen 109. Die Verschiebung der Stangen 110 wird durch Zahnstangen 111, Ritzel 112, Wellen 103 und durch auf 113 verschiebbare, im Querschlitten gelagerte Ritzel auf die Zahnstangen der Querschlitten übertragen (Fig. 353).

Die letzteren können also nicht nur unabhängig voneinander arbeiten, sondern auch einzeln in axialer Richtung auf dem Bett eingestellt werden.

Der Zeitpunkt der Wirksamkeit der Querschlitten kann dadurch reguliert werden, daß die Steuerscheiben 107, 108 nicht fest auf der Steuerwelle 76 sitzen, sondern gedreht und in beliebiger Stellung durch die Spannklauen 114 festgestellt werden können.

Die drei vorstehend beschriebenen Steuerungsantriebe, insbesondere der des Magdeburger Halbautomaten, stellen musterhaft durchgearbeitete Konstruktionen dar.

Sie sind mit Bezug auf weitgehende Anpassung an die Anforderungen der Praxis sowie auf Übersichtlichkeit der Anordnung dem ursprünglichen amerikanischen Original von Potter & Johnston bedeutend überlegen und ein Beweis für die in der Einleitung dieses Buches ausgesprochene Ansicht, daß der deutsche Automatenbau heute die amerikanischen Maschinen entbehrlich macht.

d) Eine bemerkenswerte Einzelheit des amerikanischen Potter & Johnston Halbautomaten soll jedoch nicht unerwähnt bleiben.

Es ist bei langen Werkzeugen, insbesondere Bohrwerkzeugen, wie sie auf Halbautomaten häufig verwendet werden, ein langer Hub des Revolverschlittens erwünscht, welcher außer der eigentlichen Drehlänge noch die Möglichkeit bietet, den Revolverkopf so weit zurückzuziehen, daß die langen Bohrstangen beim Drehen des Revolverkopfes nicht mit dem Arbeitsstück kollidieren. Ein solch langer Hub ergibt natürlich große Trommeldurchmesser und -breiten. Um dies zu vermeiden ist außer der Bewegung durch die Kurventrommel noch ein Zahnstangenantrieb vorhanden, durch welchen dem Revolverschlitten eine zusätzliche Verschiebung in beiden Richtungen erteilt werden kann.

Die Konstruktion ist in Fig. 354—357 dargestellt.

Unter dem Revolverschlitten 1 ist der Schieber 2 befestigt. Derselbe ist oben mit einem Schlitz versehen, in welchem der Schlitten mittelst zweier Schrauben eingestellt werden kann. Der Schieber 2 ist mit einer seitlichen Verzahnung versehen, in welche ein auf der senkrecht im Bett gelagerten Welle 3 sitzendes Ritzel 4 eingreift. Am vorderen Ende des Schiebers sitzt eine Rolle 5, durch welche mittelst der auf der Trommel 6 sitzenden Kurve 7 der Schieber und damit der Revolverschlitten langsam während der Bearbeitung vor und zurück bewegt werden kann. Auf dem unteren Ende der Welle 3 sitzt das Kegelrad 8, welches mit den lose auf der Welle 10 sitzenden Kegelrädern 9 in Eingriff steht. Zwischen den Kegelrädern 9 sitzt fest auf der Welle die Kupplung 11, diese kann durch einen Hebel 12 und einen mit ihm auf gleicher Achse

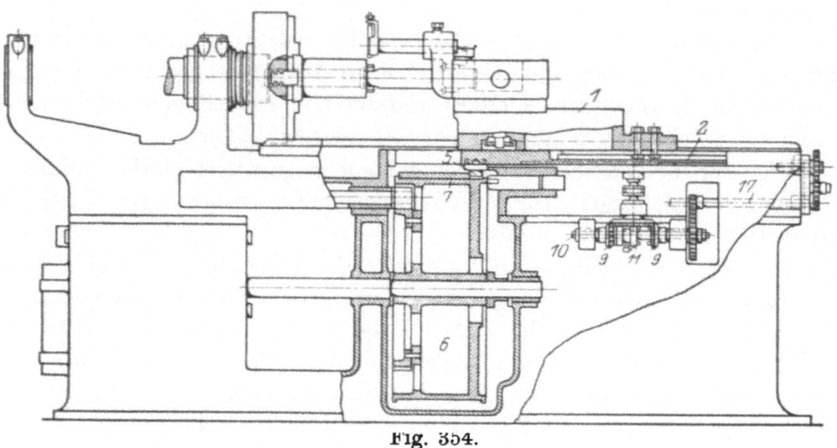

Fig. 354.

sitzenden Hebel 13 wechselseitig mit den Rädern 9 gekuppelt werden. Die Welle 10 wird durch Räder 14, 15, 16 von der Welle 17 angetrieben. Durch dieses Wendegetriebe kann das Ritzel 4 links

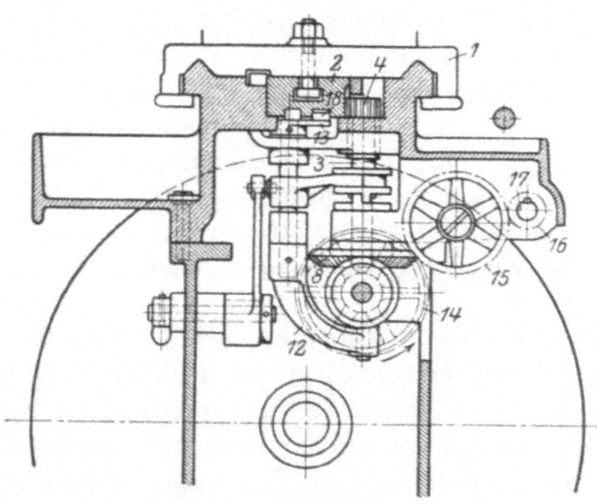

Fig. 355.

und rechts gedreht und so der Revolverschlitten schnell vor- und zurückgeschoben werden. Eine an dem Hebel 13 gelagerte Rolle 18 führt sich in einem, an der Unterseite des Schiebers 2 befindlichen Schlitz, welcher aus den 3 Teilen 19, 20, 21 besteht.

Ist die Rolle 18 in Schlitz 19, so steht die Kupplung 11 auf Mitte und das Ritzel 4 still; steht 18 in 20, so steht die Kupplung 11 wie in Fig. 357, der Revolverschlitten wird rückwärts bewegt; steht 18 in 21, so steht 11 wie in Fig. 356, der Revolverschlitten wird vorwärts bewegt.

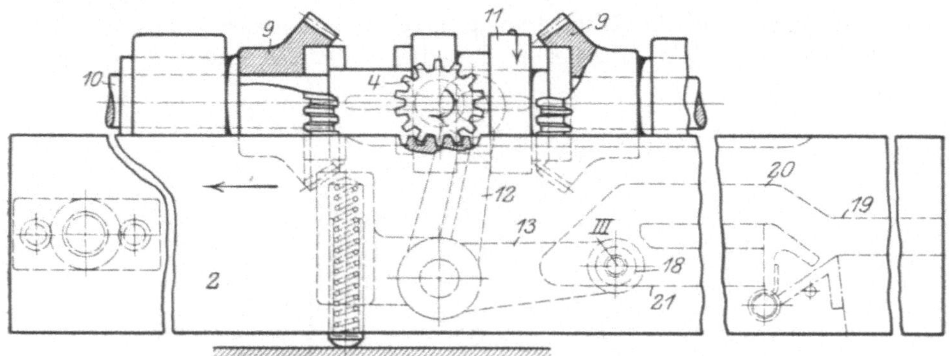

Fig. 356.

Die Wirkungsweise ist folgende:

Befindet sich der Revolverschlitten in der vordersten Stellung am Ende seines Arbeitsganges, so steht die Rolle 18 in Stellung I (Fig. 357). Die Kupplung 11 steht auf Mitte, der Zahnstangenan-

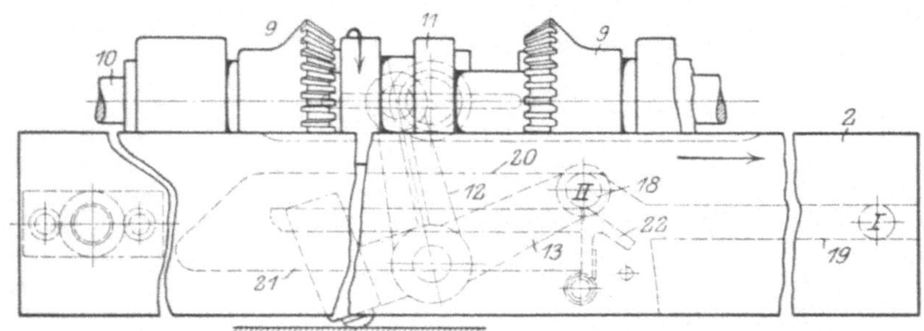

Fig. 357.

trieb ist ausgeschaltet. Der Schlitten wird jetzt von der Kurve 7 zurückbewegt, bis die Werkzeuge die Anfangstellung Fig. 354 einnehmen; nunmehr soll der Schlitten schnell noch ein ganzes Stück zurückgehen, damit die Bohrstange ganz aus dem Arbeitsstück heraustritt und der Revolverkopf gedreht werden kann. Zu diesem Zweck ist die Rolle 18 an der Weiche 22 entlang in den Schlitz 20 gelangt und hat die Kupplung eingeschaltet (Stellung II Fig. 357). Der Schlitten bewegt sich zurück bis zur Endstellung (Stellung III

der Rolle Fig. 356). Die Rolle ist durch einen am Hebel· 13 gelagerten Federbolzen aus dem Schlitz 20 in den Schlitz 21 geworfen
worden, die Kupplung schaltet um, der Revolverschlitten bewegt
sich wieder vorwärts. Bei dieser Bewegung gelangt die Rolle 18
von hinten an die Weiche 22, drückt diese federnd in die strich-
punktierte Stellung und gleitet in den Schlitz 19. Die Kupplung
wird wieder auf die Mittelstellung geschaltet und der Zahnstangenantrieb ausgerückt. Inzwischen hat die Kurve 7 die Rolle 5 wieder

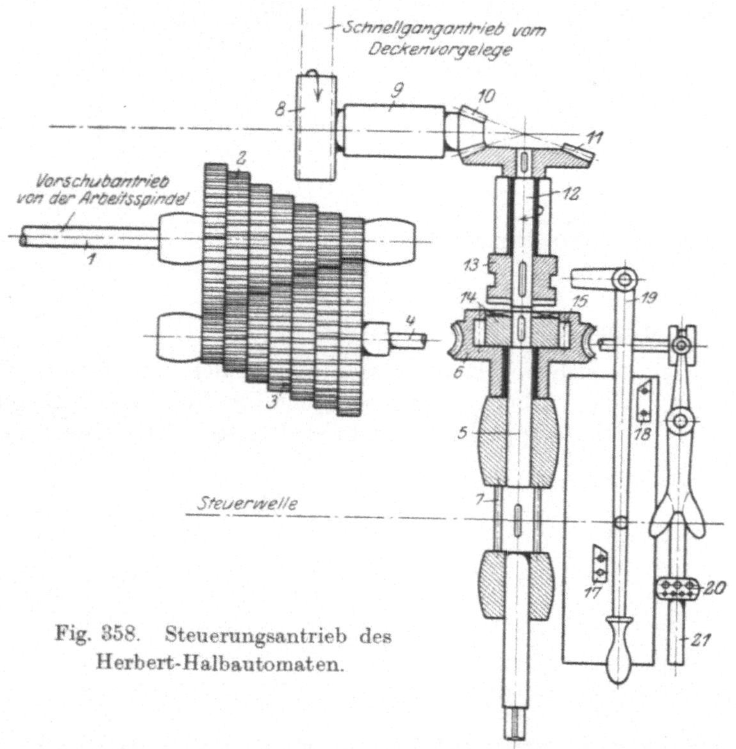

Fig. 358.　Steuerungsantrieb des
Herbert-Halbautomaten.

erfaßt und schiebt den Schlitten mit langsamem Vorschub wieder
vor. Da während des schnellen Rück- und Vorganges durch die
Zahnstange der Revolverkopf geschaltet wurde, kommt jetzt das
nächste Werkzeug zur Wirkung.

Es ist durch diese Einrichtung erreicht, daß der Trommeldurchmesser und die Breite derselben nur dem eigentlichen Arbeitsweg
angepaßt sein muß, während die weitere Zurückschiebung des Schlittens
durch entsprechende Länge der Schlitze 19, 20, 21 beliebig und unabhängig von den Trommelkurven eingerichtet und bemessen werden
kann.

e) Der englische Herbert-Halbautomat hat einen gut durchgearbeiteten Vorschubantrieb für die Steuerwelle. Es können während des Betriebes 7 verschiedene Vorschübe automatisch geschaltet werden. Die Einrichtung ist in Fig. 358 dargestellt. Der Vorschubantrieb erfolgt von der Arbeitsspindel durch Wechselräder auf die Welle 1 und von dieser durch 2 siebenstufige Räderblocks 2, 3 auf die Welle 4. Auf Welle 4 sitzt eine Schnecke, welche das lose auf der Welle 5 laufende Schneckenrad 6 antreibt. Von der Welle 6 wird der Antrieb durch Schnecke 7 und Schneckenrad auf die Steuerwelle übertragen.

Der Schnellgang wird durch einen besonderen Riemen vom Deckenvorgelege auf Riemenscheibe 8, Welle 9, Kegelräder 10, 11, Welle 12 geleitet. Im Schneckenrad 6 sitzt fest auf Welle 5 eine Kupplung 14, welche in der Pfeilrichtung vom Schneckenrad 6 mitgenommen wird, in umgekehrter Richtung aber frei läuft, und zwar mittelst der in exzentrischen Aussparungen liegenden Klemmrollen 15.

Ist die Kupplung 13 ausgerückt, so wird die Steuerwelle langsam angetrieben über 6, 14, 5, 7, ist sie eingerückt, mit Schnellgang über 12, 13, 14, 5, 7. Die automatische Schaltung dieser beiden Antriebe erfolgt durch die auf der Steuertrommel 16 sitzenden Anschläge 17, 18 und den Hebel 19. Die Schaltung der verschiedenen Vorschübe erfolgt durch Anschläge 20 auf der Steuerscheibe 21, welche den Hebel 22 und die Ziehkeilstange 23 betätigen. In dem Anschlag sind 7 Löcher, in welche Stifte eingesetzt werden können. Jede Stiftstellung entspricht einer Ziehkeilstellung in einem der Blockräder 3.

4. Mehrspindlige Halbautomaten.

a) Die Steuerung des Wanner-Achtspindel-Halbautomaten. Diese Maschine hat eine hydraulische Steuerung. Sie ist konstruktiv außerordentlich bemerkenswert, da sie die theoretische Forderung, die man an einen Mehrspindelautomaten stellt, bis fast zu den letzten Konsequenzen erfüllt. Sie zeigt aber auch gleichzeitig, daß durch die Praxis Grenzen gezogen sind, durch die von der Werkstatt mit Recht erhobene Forderung der absoluten Betriebssicherheit der Maschine. Obwohl die letztere auf der Weltausstellung in Brüssel im Jahre 1910 im Betriebe vorgeführt wurde und, wie Verfasser sich selbst überzeugte, einwandfreie Arbeit lieferte, hat man in der Praxis nicht viel von ihr gehört. Es liegt daher die Vermutung nahe, daß sie sich im Dauerbetrieb nicht bewährt hat, wahrscheinlich deshalb, weil die komplizierten, teils mechanischen, teils hydraulischen Mechanismen die geforderte Betriebssicherheit nicht gewährleisten konnten. Die Maschine ist jedoch, wie schon erwähnt, für den Konstrukteur sehr interessant und soll von diesem Gesichtspunkte aus nachstehend beschrieben werden.

Den 8 Aufspannspindeln (Fig. 128) stehen 8 ebenfalls vertikal gelagerte Werkzeugspindeln gegenüber. Diese Spindeln stehen bzgl. der Schaltung fest, während der Tisch mit den Aufspannspindeln sich nach jeder Operation um $^1/_8$ weiter dreht, so daß die 8 Aufspannspindeln mit den in Spannfuttern gehaltenen Arbeitsstücken nacheinander unter die 8 Werkzeugspindeln gebracht werden. Während die Aufspannspindeln nur gleichmäßig rotieren, können die Werkzeugspindeln zur Vornahme der verschiedenen Arbeitsoperationen folgende Vorschubbewegungen ausführen. Die Werkzeuge sind nicht wie üblich in Spindeln oder Schlitten befestigt, sondern an Kolbenstangen. Mit diesen machen sie zunächst eine vertikale Vor- und Rückzugbewegung in den Zylindern C_v (Fig. 128). Die Zylinder selbst können auf der Rundführung 17 verschoben werden in horizontaler Richtung. Die erste Bewegung bewirkt Langdrehen, Bohren usw., die zweite Plandrehen. Es können ferner beide Bewegungen kombiniert und die eine als Einstellbewegung für die darauf folgende zweite benutzt werden. Durch Regulierung des Druckwassers können die Geschwindigkeiten der vorzunehmenden Bewegungen beliebig reguliert werden.

Die Steuerung erfolgt durch das Verteilungsventil E, von welchem aus das Druckwasser den Kolben K_v für die Vertikalbewegung und K_h für die Horizontalbewegung zugeführt wird. Jede augenblicklich in Tätigkeit befindliche Bewegung leitet die nächste Bewegung automatisch ein und zwar dadurch, daß beide Kolben $K_v K_h$ mit 2 Steuerscheiben H, V mechanisch verbunden sind und zwar Kolben K_v durch Zahnstange 25, Räder 26, 27, Welle 28, Räder 29, 30, Zahnstange 31, Räder 32, 33, und Kolben K_h durch Kette 21 und Kettenräder 23. Die wagerechte Bewegung der Werkzeuge wird von Kolben K_h durch Bügel 12, Zahnstange 13, Räder 14, 15, Innenzahnkranz 16 übertragen.

Die Regulierung des Vorschubes. Die Steuerscheiben H, V betätigen die Regulierventile R_v, R_h, welche ihrerseits das Druckwasser für die beiden Zylinder $C_v C_h$ verteilen in dem Verteilungsventil E. Dadurch kann die vertikale oder horizontale Bewegung des Werkzeuges reguliert, kombiniert und die eine oder andere dieser Bewegungen stillgesetzt werden. An den Steuerscheiben HV befinden sich Nocken $50_h 50_v$, welche die Stange 53 mit dem Stift 56, weiterhin die Zahnscheibe 57 mit den Hebeln $S_v S_h$ und den Stiften $60_v 60_h$ betätigen. Diese beeinflussen durch die Hebel $61_v 61_h$ die Ventile $R_v R_h$.

Der Rückzug der Werkzeuge. Nocken 51 auf Steuerscheibe H drückt Stange 53 so tief, daß Hebel 55 Stange D freigibt. Stange D dreht über Zahnstange 1, Rad 2, Welle 3, Mitnehmerscheiben G, F, Stifte $4, 5$, Scheibe N die Nocken $6, 7, 8, 9$, welche unter Vermittlung der Hebel 10 die Ventile I umstellen. Mit Stange D fällt Bügel 64, nimmt Stange 53 mit Stiften 56, 58 mit, gibt 57 frei, welches durch Q in die Anfangsstellung fällt. Ferner öffnet Stift 66 durch Hebel $61_v 61_h$ die Ventile $R_v R_h$ ganz. Durch diese Einstellungen wird das Wasser für die Vorschubbewegung durch Ventile I abgeschlossen und das Wasser für die Rückzugbewegungen mit vollem Querschnitt durch die Ventile $R_v R_h$ freigegeben. Der Rückzug erfolgt schnell.

Die Schaltung des Tisches mit den Aufspannspindeln kann nur erfolgen, wenn alle Werkzeuge in ihre Anfangsstellung zurück-

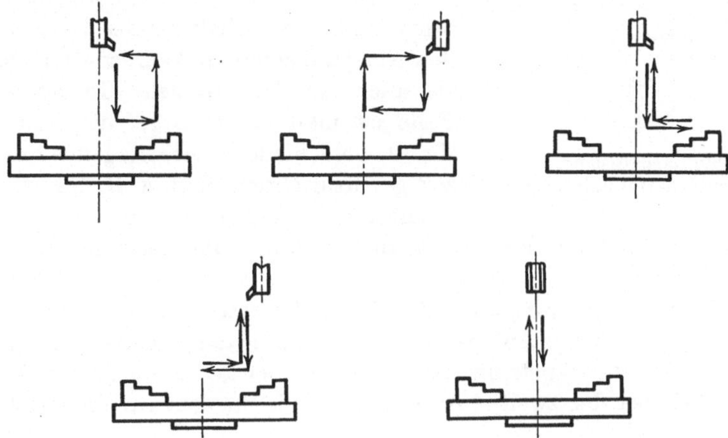

Fig. 359. Vorschubmöglichkeiten bei dem Wanner-Halbautomaten (siehe Fig. 128).

gekehrt sind. Ist dies der Fall, so steht die Steuerstange in Stellung 4. Sie bewegt durch den Winkelhebel 79 die Stange 80 und den Stift P_1 ebenfalls in Stellung 4. Stift P_1 hebt durch Hebel 83 die Falle 84 aus dem großen Ring R, welcher auf der Mittelachse der Maschine sitzt. Die Feder 72 dreht durch Hebel 73, Räder $85, 86$, Stange 87 den Ring R, ferner durch Hebel 73 den Hebel 74. Dieser betätigt das Tischeinstellventil T, weiterhin den Kolben K_t, das Schaltventil S und den Kolben K_s. Der Kolben K_t zieht den Index 78 zurück, dreht die Welle mit den Daumen 95 für das Schaltventil S und drückt durch Ansatz 104 den Hebel 105 herunter, welcher die Kupplung 103 einrückt. Der Kolben K_s bewegt durch Kette 100, Kettenräder 101, Kegelräder 102, Kupplung 103, Kettenrad 106 und eine um den Tisch gelegte Kette den letzteren um $^1/_8$. Nach Vollendung dieser Drehung schaltet der sich mitdrehende Zahnkranz durch Hebel 108,

Stange 87 alle vorbeschriebenen Einstellungen wieder in die alte Stellung. Das Schema Fig. 359 zeigt die möglichen Bewegungen und Kombinationen der Werkzeuge.

b) Der Conradson-Sechsspindel-Halbautomat ist in seinem Aufbau dem vorbeschriebenen Wanner-Automaten ähnlich. Die Werkzeuge können jedoch nicht einzeln und unabhängig, sondern gleichzeitig mit einer Säule bewegt werden, an deren Flächen die einzelnen, aus kombinierten Werkzeugschlitten bestehenden Werkzeuge befestigt sind. Die Plandreharbeiten werden durch 2 Quersupporte vorgenommen, welche an den Seitenständern des Maschinengestells horizontal geführt sind. Die Schaltung des Tisches mit den Aufspannspindeln kann sowohl um $^1/_6$ als auch um $^1/_3$ erfolgen. In letzterem Falle ist man in der Lage, die Maschine für 2 verschiedene Arbeitsgänge gleichzeitig einzurichten, etwa z. B. für die Bearbeitung der beiden Seiten eines Arbeitsstückes. Der Weg des Arbeitsstückes durch die Maschine ist dann folgender:

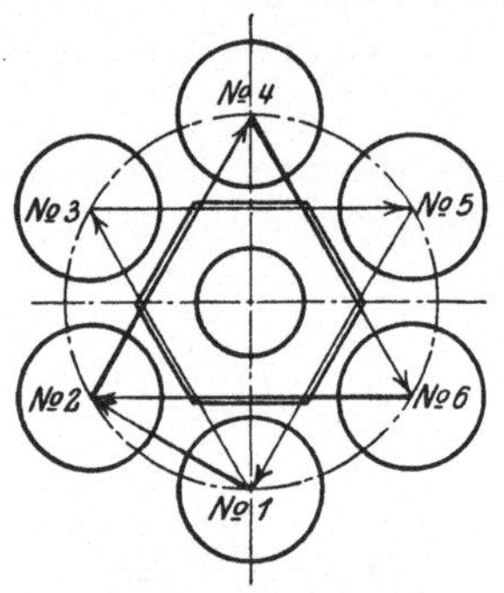

Fig. 360. Arbeitsschema des Conradson-Halbautomaten

Nr. 1 ist die Aufspannstelle, Nr. 3 die erste und Nr. 5 die zweite Operation der ersten Aufspannung. Nachdem das Arbeitsstück wieder nach Nr. 1 zurückgelangt ist, wird es bei Nr. 2 umgespannt und durchläuft bei der zweiten Aufspannung die Stationen Nr. 4 und Nr. 6.

5. Neuere Umlaufgetriebe.

Die Notwendigkeit, die Steuerwelle der Automaten in periodischen Abständen schnell und langsam laufen zu lassen, hat zu ausgiebiger Anwendung von Umlaufgetrieben geführt. Sie haben die Vorteile, daß man bei Anwendung derselben eine große Übersetzung durch gedrängten Bau erreichen kann, und daß die Schaltung zwischen Schnell- und Langsamgang mit verhältnismäßig einfachen Mitteln möglich ist.

Es sind daher nachstehend einige neuere Ausführungsbeispiele beschrieben.

Die Antriebscheibe 1 (Fig. 361—362) sitzt lose auf der die Steuerwelle antreibenden Welle 2, sie dient als Steg für die Umlaufräder 3, welche sich auf den ebenfalls lose laufenden Rädern 4,5 abwälzen. Rad 4 ist fest verbunden mit dem Sperrad 7, Rad 5 mit dem Sperrad 6. In 6 greift die am Maschinengestell fest gelagerte Falle 8, in 7 die Falle 9, welche in einer fest auf Welle 2 sitzenden

Scheibe 10 gelagert ist. Fest auf Welle 2 sitzt ferner die verschiebbare Kupplung 11. Die Wirkungsweise des Getriebes ist folgende.

Ist Kupplung 11 in Scheibe 1 eingerückt, so läuft die Welle 2 mit der schnellen Geschwindigkeit der Scheibe 1. Das Rad 6 wird durch die Falle 8 festgehalten, es wirkt als festes Zentralrad und verursacht eine langsame Drehung des Rades 4 und der Sperrscheibe 7 in der Drehrichtung der Scheibe 1. Da die Falle 9 mit der schnellen

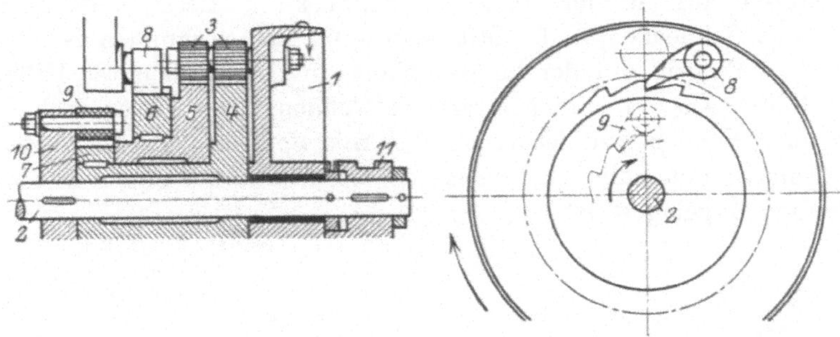

Fig. 361—362.　Umlaufgetriebe.

Geschwindigkeit der Welle läuft, so gleitet sie über die Zähne des langsam laufenden Rades 7 hinweg.

Ist die Kupplung 11 ausgerückt, so nimmt das Rad 7 die Falle 9 und damit die Welle 2 langsam mit.

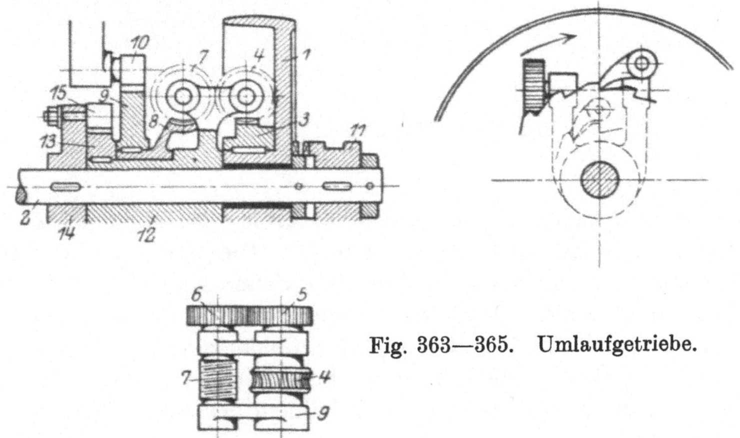

Fig. 363—365.　Umlaufgetriebe.

Es ist also zum Schalten keine Riemenverschiebung und keine Umschaltung der Kupplung, sondern nur ein einfaches Aus- und Einrücken derselben erforderlich. Die Scheibe 1 kann daher auch ein Stirnrad oder ein sonstiges in gleicher Richtung antreibendes Element sein.

Mit Schneckengetrieben als Umlaufräder ist das Getriebe Fig. 363—365 ausgerüstet. Es hat den Vorteil eines geräuschlosen Laufes, außerdem ist die langsame Geschwindigkeit veränderlich, was bei dem vorstehend beschriebenen Getriebe nicht ohne weiteres der Fall ist. Die Riemenscheibe 1 läuft lose auf der Welle 2, ist aber fest verbunden mit der Schnecke 3, welche das Schneckenrad 4 treibt. Auf gleicher Welle mit 4 sitzt Stirnrad 5. Mit diesem kämmt Stirnrad 6 auf gleicher Welle mit Schnecke 7. Letztere ist in Eingriff mit Schneckenrad 8. Mit letzterem fest verbunden ist Sperrrad 9, in Eingriff mit der im Maschinengestell festgelagerten Falle 10. Die Räder 4, 5, 6, 7 sind gelagert im Gehäuse 12. Dieses dreht sich lose um Welle 2 und ist verbunden mit Sperrad 13. Letzteres ist im Eingriff mit Falle 15, welche in der fest auf Welle 2 sitzenden Scheibe 14 gelagert ist.

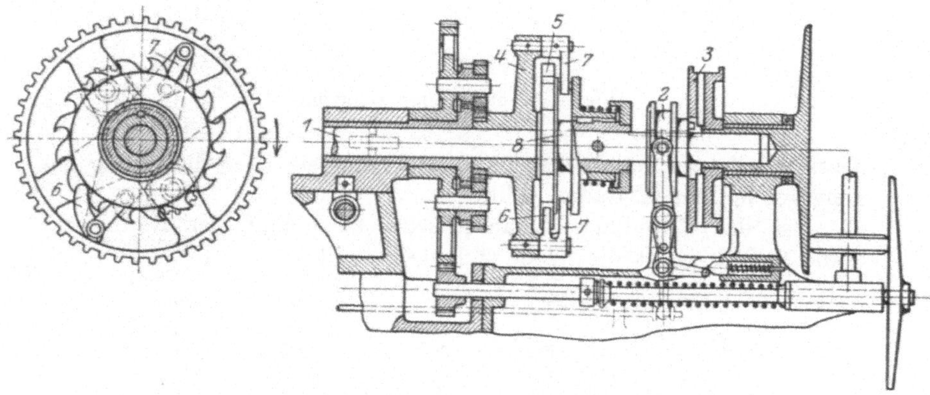

Fig. 366—367. Umlaufgetriebe.

Ist die Kupplung 11 eingerückt, so dreht sich Welle 2 mit der schnellen Geschwindigkeit der Scheibe 1. Die Schnecke 3 treibt Schneckenrad 4, Stirnräder 5, 6, Schnecke 7, Schneckenrad 8. Letzteres ist jedoch durch Falle 10 an der Drehung verhindert und bewirkt, daß sich die Schnecke 7 und damit das Gehäuse 12 langsam um 8 herumdreht. Dabei gleitet die mit der schnellen Geschwindigkeit der Welle umlaufende Falle 15 auf den Zähnen des langsam laufenden Sperrades 13.

Ist Kupplung 11 ausgerückt, so wird Falle 15 und damit Welle 2 mit langsamer Geschwindigkeit von Sperrad 13 mitgenommen. Durch Auswechselung der Räder 5, 6 kann das Übersetzungsverhältnis und damit die langsame Geschwindigkeit verändert werden.

Bei den vorbeschriebenen Getrieben gleitet die Falle 9 über

die Zähne des Sperrades, wenn die Welle mit der schnellen Geschwindigkeit läuft.

Um dies zu verhindern, d. h. um bei schnellem Gang das Umlaufgetriebe ganz auszuschalten, ist bei der Konstruktion Fig. 366—367 zwischen dem langsam laufenden Rad und der Welle eine Reibungskupplung eingeschaltet, welche bei Einschalten des schnellen Ganges die Falle selbsttätig aushebt.

Die Welle 1 wird schnell angetrieben, wenn Kupplung 2 in die Antriebscheibe 3 eingerückt ist. Von der Antriebscheibe 3 wird in bekannter Weise durch Reibscheiben und Umlaufgetriebe die Scheibe 4 langsam angetrieben. Die letztere läuft lose auf der Welle, neben ihr sitzt fest auf der Welle das Sperrad 5; in welches die an 4 befestigte Falle 6 eingreift. Ist Kupplung 2 ausgerückt, so nimmt die langsamlaufende Scheibe 4 mittelst der Falle 6 das Sperrad 5 und damit die Welle mit; ist die Kupplung eingerückt, so gleitet das schnellaufende Sperrad 5 unter der Falle 6 hinweg. Um dies letztere zu vermeiden und das dadurch bedingte Geräusch zu beseitigen, sind an der Scheibe 4 zwei Hebel 7 befestigt, welche mit einer lose auf der Welle sitzenden Scheibe 8 verbunden sind. Neben 8 sitzt fest auf der Welle die Muffe 9 und auf dieser der Teller 10. Zwischen 10 und dem Sperrade 5 sitzt die Scheibe 8, welche durch die Feder 11 stets gegen die Nabe des Sperrades 5 gedrückt wird.

Läuft nun die Welle und damit die Reibscheibe 8 schneller wie die Scheibe 4, so dreht sie die Hebel 7 und hebt die Falle 6 aus; wird die Kupplung 2 aber ausgerückt, so dreht die jetzt momentan stillstehende Reibscheibe 8 die Hebel 7 zurück und die Falle 6 wird wieder eingelegt.

VI. Das Berechnen und Aufzeichnen der Kurven.

1. Bei dem Mehrkurvensystem.

Durch die Form der Kurven wird beeinflußt:
1. der Weg des zu verschiebenden Teiles,
2. die Geschwindigkeit des zu verschiebenden Teiles.

Das zu verschiebende Teil kann sein: ein Werkzeugschlitten (Revolverkopf), ein Spannfutter, die Materialstange usw.

Soweit es sich um durch Kurven betätigte Schaltungen während der Totzeit handelt, ist eine Berechnung dieser Kurven wohl kaum nötig. Der Weg dieser zu schaltenden Elemente ist ein bestimmter, durch die Konstruktion gegebener, die Geschwindigkeit der Schaltung richtet sich lediglich darnach, daß die Schaltung möglichst schnell erfolgen soll (Verminderung der Totzeit), wobei dieser Geschwindigkeit nur eine Grenze gesetzt ist durch die Masse und das Gewicht der zu schaltenden Mechanismen und Teile.

Die Bewegungen während der eigentlichen Arbeitszeit dagegen sind fast ausschließlich Bewegungen von Werkzeugen, d. h. Vorschubbewegungen. Sie sind abhängig von dem zu bearbeitenden Material

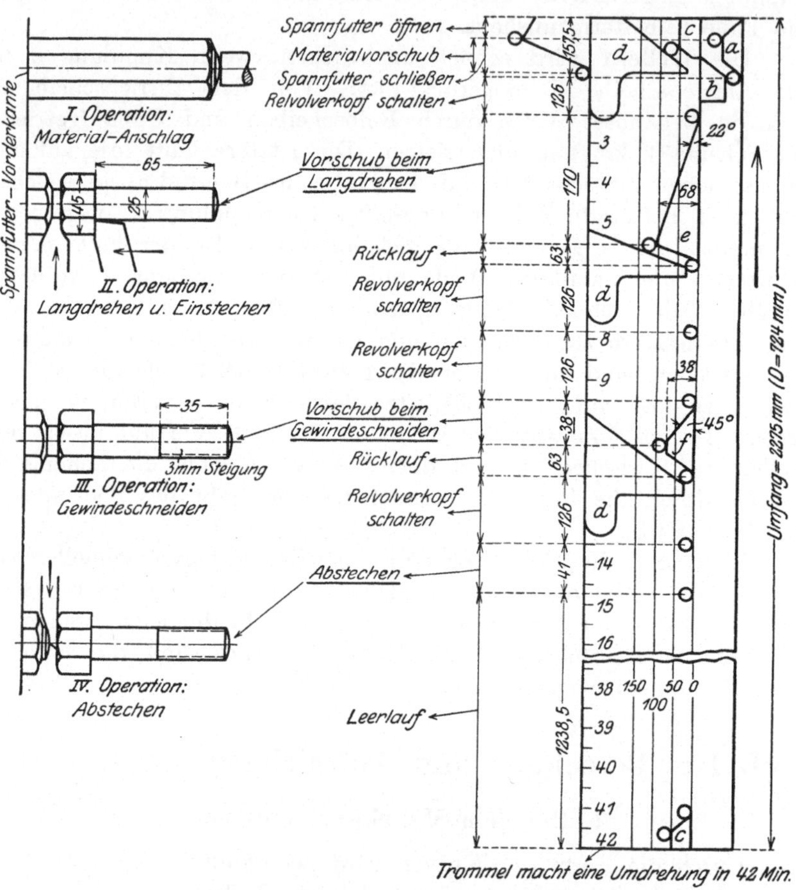

Fig. 368—369. Arbeits- und Kurvenplan zur Bearbeitung einer Schraube.

der Spanstärke und der verlangten Sauberkeit des zu bearbeitenden, Stückes (Schrupp- oder Schlichtspan).

Bevor daher die Feststellung und Berechnung der Vorschubkurven vorgenommen werden kann, sind zunächst Schnittgeschwindigkeit und Vorschub pro Umdrehung des Arbeitsstückes festzulegen. Diesem noch vorausgehen muß naturgemäß die Aufstellung eines Bearbeitungsplanes mit den einzelnen Operationsfolgen für das betreffende Arbeitsstück. Es sei an dieser Stelle betont, daß das vielfach übliche Einrichten der Automaten „aus dem Handgelenk" nicht richtig ist, und daß auch der erfahrenste Einrichter Zeit und Geld spart, wenn er vorher einen genauen Arbeitsplan aufzeichnet oder aufzeichnen läßt.

a) Als einfaches Beispiel sei die Bearbeitung einer Schraube gewählt. Die Bearbeitung soll auf einem einspindligen Automaten, z. B. System Gridley Fig. 17, nach dem Arbeitsplan Fig. 368—369 erfolgen.

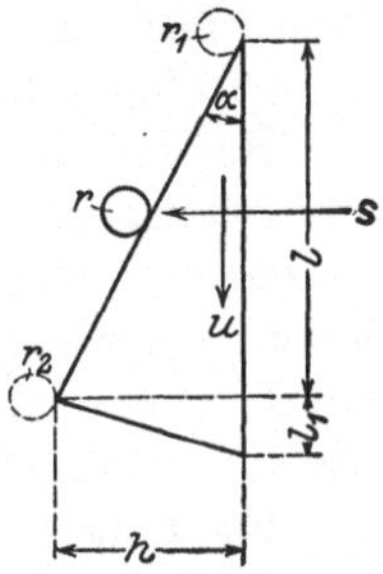

Allgemein gelten für die Berechnung der Maße h, l, α einer Vorschubkurve (Fig. 370) folgende Grundsätze:

1. Die Hubhöhe h ergibt sich aus dem Arbeitsweg des Werkzeuges und einer Zugabe für den Anschnitt desselben. Wirkt der Kurvenhub nicht direkt, sondern durch Hebel oder sonstige Übersetzungselemente auf das Werkzeug, so ist dieses Übersetzungsverhältnis einzusetzen. Mithin:

$$h = (\text{Arbeitsweg} + \text{Zugabe}) \times \text{Übersetzungsverhältnis,}$$

Fig. 370. Vorschubkurve.

oder, wenn der Arbeitsweg mit w, die Zugabe mit z und das Übersetzungsverhältnis mit $\ddot{u}$ bezeichnet wird:

$$h = (w + z) \cdot \ddot{u}. \qquad \text{(Formel I)}$$

2. Die Länge l der Kurve wird bestimmt durch die Zeit t für den betreffenden Arbeitsweg, welcher wiederum abhängig ist von dem Vorschub v pro Minute oder v_1 pro Umdrehung des Arbeitsstückes. In dieser Zeit wird von der mit der konstanten Umfangsgeschwindigkeit u laufenden Steuertrommel der Weg l zurückgelegt. Also ist $l = t \cdot u$.

Ist nun S die Schnittgeschwindigkeit, n die minutliche Umdrehungszahl des Arbeitsstückes, v_1 der Vorschub des Werkzeuges pro Umdrehung des Arbeitsstückes, so ist $t = \dfrac{h}{n \cdot v_1} = \dfrac{h \cdot \pi \cdot d}{S \cdot v_1}$ wenn d den Durchmesser des Arbeitsstückes bedeutet. Also ist

$$l = \frac{h \cdot u}{n \cdot v_1} = \frac{h \cdot \pi \cdot d \cdot u}{S \cdot v_1} \qquad \text{(Formel II)}$$

3) Der Kurvenwinkel α ergibt sich jetzt aus:

$$\operatorname{tg} \alpha = \frac{h}{l} = \frac{h}{u \cdot t} = \frac{h \cdot n \cdot v_1}{u \cdot h} = \frac{n \cdot v_1}{u} = \frac{S \cdot v_1}{u \cdot \pi \cdot d}. \qquad \text{(Formel III)}$$

Der Vorschub v des Werkzeuges und damit der Rolle r kann auf 2 Arten reguliert und eingestellt werden, einmal durch

Veränderung des Kurvenwinkels α (je größer α, desto größer v) bei gleichbleibender Umfangsgeschwindigkeit u der Kurventrommel, das andere Mal durch Veränderung der Umfangsgeschwindigkeit (je größer u, desto größer v) bei gleichbleibendem Kurvenwinkel α. Es folgt daraus, daß bei dem Einkurvensystem (z. B. Cleveland), bei welchem der Hub h konstant ist (alle Werkzeuge haben den gleichen Maximalhub) und bei welchem der Kurvenwinkel α ebenfalls konstant ist (die Regulierung von v erfolgt durch Regulierung von u) eine Auswechselung und daher Berechnung der Kurven nicht in Frage kommt (Fig. 236).

Bei dem Mehrkurvensystem und beim Hilfskurvensystem jedoch, bei welchen sich h ändert, weil für jedes Werkzeug eine der Weglänge desselben angepaßte Kurve vorhanden ist und bei welchen u (Geschwindigkeit der Steuerwelle) konstant ist und der Vorschub v daher durch den Kurvenwinkel α reguliert werden muß, ist daher eine Festlegung der am rationellsten arbeitenden Kurven erforderlich (Fig. 237).

Es geht auch aus dem hier Gesagten die Richtigkeit des auf Seite 157 Erwähnten hervor, nämlich daß die vollkommenste Einrichtung für das Mehrkurvensystem die in Fig. 238 dargestellte ist, bei welcher h, α durch verstellbare Kurven und u durch Geschwindigkeitsregler reguliert werden kann.

Zurückgreifend auf obiges Beispiel sollen nunmehr die Kurven für einen Automaten des Mehrkurvensystems, z. B. einen Gridley-Automaten, festgestellt werden.

Die Kurventrommel hat einen Umfang von 2275 mm. Ferner eine konstante Umfangsgeschwindigkeit u für den langsamen (Arbeits-) Gang von 54 mm in der Minute und für den schnellen Gang (Totzeit) von 63 mm in der Sekunde. Das Öffnen und Schließen des Spannfutters sowie das Vorschieben des Materials dauert bei der Maschine $2^{1}/_{2}$ Sekunden, das Schalten des Revolverkopfes, welches 4 mal stattfindet (4 teiliger Revolverkopf) dauert je 2 Sekunden, der schnelle Rücklauf der Werkzeugschlitten 1 Sekunde. Die Schaltzeit (Totzeit) der Maschine beträgt mithin bei einer Umdrehung der Steuerwelle $2^{1}/_{2} + 4 \times 2 + 4 \times 1 = 14^{1}/_{2}$ Sekunden.

Da diese Schaltungen während des schnellen Ganges der Steuerwelle erfolgen, die Steuertrommel daher eine Umfangsgeschwindigkeit von $u = 63$ mm pro Sekunde hat, so erfordern diese Schaltungen einen Trommelweg von $14^{1}/_{2} \times 63 = 913{,}5$ mm, welche sich wie folgt verteilen:

1. Spannfutter öffnen, schließen und
   Materialvorschub . . . . $\qquad 2^{1}/_{2} \times 63 = 157{,}5$ mm
2. 4 mal Revolverkopf schalten . . $2 \times 63 = 126 \times 4 = 504 \qquad$ „
3. 4 mal Rücklauf der Werkzeug-
   schlitten . . . . $1 \times 63 = \ \ 63 \times 4 = 252 \qquad$ „

(s. Fig. 369) $\hspace{5cm}$ Sa. $913{,}5$ mm

Es bleibt daher für den Vorschub der 4 Werkzeuge ein Trommelumfang von $2275 - 913{,}5 = 1361{,}5$ mm übrig, d. h. für jedes Werkzeug $1361{,}5 : 4 = 340$ mm.

Dieses Maß entspräche der Maximallänge l der Vorschubkurve (Fig. 370), im Falle alle Werkzeuge mit dem größten Hub h arbeiten würden. Da der größte Hub der Maschine 215 mm beträgt, so ergäbe sich ein Kurvenwinkel $\operatorname{tg} \alpha = \dfrac{h}{l} = \dfrac{215}{340} = 0{,}63 = $ ca. 32^0.

Bei einer Umfangsgeschwindigkeit von $u = 54$ mm pro Minute beträgt demnach der minutliche Vorschub des Werkzeuges

$$v = u \cdot \operatorname{tg} \alpha = 54 \cdot 0{,}63 = 34 \text{ mm.}$$

Ein schnellerer Vorschub läßt sich auch für den Maximalhub ohne weiteres erzielen durch Vergrößerung von α bei gleichzeitiger Verkleinerung von l, es läßt sich auch meistens ein langsamerer Vorschub erzielen durch Verkleinerung von α bei notwendiger Vergrößerung von l, da fast nie alle 4 Werkzeuge mit dem Maximalhub arbeiten und daher l vergrößert werden kann auf Kosten der Längen der übrigen Kurven. Erst recht ist dies natürlich möglich bei Kurven mit kleinerem als dem Maximalhub.

Wie nun der Arbeitsplan für das vorliegende Beispiel zeigt (Fig. 368), sind folgende Operationen vorgesehen:

Operation	Zeit in Sekunden	Trommelweg in mm
1. Materialvorschub bis Anschlag, Lösen und Spannen des Futters	$2^1/_2$	157,5
2. Revolverkopf schalten	2	126
3. **Langdrehen und Einstechen**	**192**	**170**
4. Rücklauf	1	63
5. 2 mal Revolverkopf schalten . .	4	252
6. **Gewindeschneiden**	**6**	**38**
7. Rücklauf	1	63
8. Revolverkopf schalten	2	126
9. **Abstechen**	**43**	**41**
10. Leerlauf	19	1238,5
	$272^1/_2$	$2275 =$ Trommelumfang

Wie ersichtlich, sind 3 Vorschübe für die eigentliche Arbeitszeit vorgesehen, nämlich Langdrehen und Einstechen, Gewindeschneiden, Abstechen. Dafür sind die Kurven zu berechnen. Alle anderen, nicht im Druck hervorgehobenen Bewegungen sind Schaltungen während der Totzeit, für welche Zeit und Trommelweg nach dem oben Gesagten ohne weiteres eingetragen werden können.

1. Kurve für Langdrehen und Einstechen.

Die Hubhöhe h beträgt: $h = w + z = 65 + 3 = 68$ mm.

$\ddot{u}$ fällt aus, da der Kurvenhub direkt ohne Übersetzung auf das Werkzeug übertragen wird.

Die Kurvenlänge l beträgt bei einer Schnittgeschwindigkeit $S = 30$ m pro Min. und einem Vorschub pro Umdrehung des Arbeitsstückes $v_1 = 0,1$ mm: $l = \dfrac{h \cdot \pi \cdot d \cdot u}{S \cdot v_1} = \dfrac{68 \cdot \pi \cdot 45 \cdot 54}{30000 \cdot 0,1} = \sim 170$ mm.

Der Kurvenwinkel α ist:

$$\operatorname{tg} \alpha = \frac{h}{l} = \frac{68}{170} = 0,39; \quad \alpha = \text{ca. } 22^0.$$

Die Arbeitszeit für das Langdrehen ergibt sich aus:

$$t = \frac{l}{u} = \frac{170}{54} = 3,2 \text{ Minuten} = 192 \text{ Sekunden.}$$

Das Einstechen erfolgt gleichzeitig mit dem Langdrehen, erfordert daher keine besondere Zeit. Da der Arbeitsweg für das Einstechen $\dfrac{(45 - 25)}{2} = 10$ mm beträgt, so kann zur Schonung des Einstechwerkzeuges der Vorschub desselben so gering gewählt werden, daß annähernd die gleiche Arbeitszeit wie für das Langdrehen erforderlich ist.

Damit die Einstechkurve an der richtigen Stelle sitzt und gleichzeitig mit der Langdrehkurve arbeitet, können beide Kurventrommeln mit einer Einteilung auf dem Umfange versehen werden (Fig. 369 bis 372), welche zweckmäßig so ist, daß die Entfernung zwischen 2 Teilstrichen dem minutlichen Trommelweg entspricht.

Ferner können beide Trommeln mit Linien auf dem Umfange bzw. konzentrischen Kreislinien versehen werden, welche den Kurvenhub in gewissen Abständen (z. B. 0, 50, 100, 150, 200 mm) anzeigen.

Im vorliegenden Falle ergibt sich mithin bei einem Kurvenhub von $10 + 2$ (Zugabe) $= 12$ mm und einer Kurvenlänge von 172 mm aus der Formel II

$$v_1 = \frac{h \cdot \pi \cdot d \cdot u}{S \cdot l} = \frac{12 \cdot \pi \cdot 45 \cdot 54}{30000 \cdot 172} = 0,018 \text{ mm.}$$

Dabei ist natürlich l und u für den Durchmesser $D = 720$ der Steuertrommel Fig. 369 für die Langdrehwerkzeuge auf dem Revolverkopf und nicht für den etwa kleineren Durchmesser D_1 der Steuertrommel für die Ein- und Abstechwerkzeuge auf dem Querschlitten einzusetzen. Wird dies berücksichtigt, so berechnen sich die Maße

h und l für die Ein- und Abstechkurven nach denselben Formeln I—II wie für die Langdrehkurven.

2. Kurve für das Gewindeschneiden.

Es gelten dieselben Formeln wie für das Langdrehen, da ja das Gewindeschneiden ein Langdrehen mit einem groben Vorschub ist, dessen Größe pro Umdrehung des Arbeitsstückes gleich der Gewindesteigung ist.

Die Schnittgeschwindigkeit ist jedoch wesentlich geringer wie beim Drehen, etwa die Hälfte, d. h. 15 m pro Minute.

Der Vorschub des Werkzeuges durch die Kurve erfolgt nur beim Anschnitt, hat das Schneidzeug das Gewinde erfaßt, so schraubt es sich von selbst auf und die Vorschubkurve muß zurückbleiben. Würde die Kurve entsprechend dem Vorschub (Gewindesteigung)

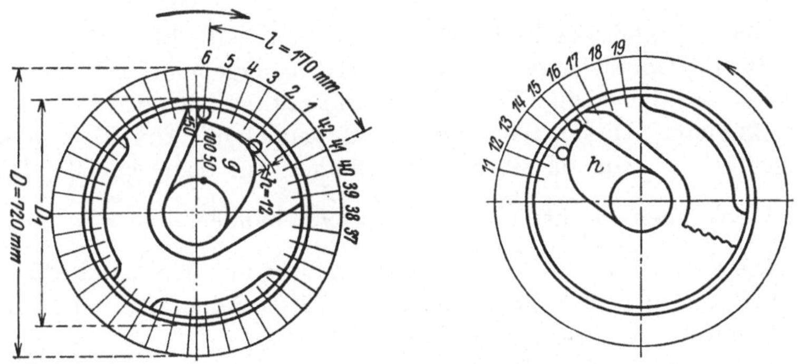

Fig. 371—372. Querschlittenkurve.

folgen, so würde sie außerdem einen viel zu steilen Kurvenwinkel bekommen. Die Berechnung der Kurvenlänge l erübrigt sich daher in diesem Falle, man nimmt den Maximalwinkel von 45° an und es ergibt sich dann

$$\text{der Kurvenhub } h = w + z = 35 + 3 = 38 \text{ mm}$$
$$\text{die Kurvenlänge } l = 38 \text{ mm}$$
$$\text{der Kurvenwinkel } \alpha = 45^0.$$

Die Arbeitszeit für das Gewindeschneiden ergibt sich aus der Formel:

$$t = \frac{h}{n \cdot s}, \qquad \text{(Formel IV)}$$

worin h die Hubhöhe (Weglänge des Werkzeuges), n die Umdrehungszahl und s die Steigung des Gewindes ist.

Nimmt man im vorliegenden Falle eine Schnittgeschwindigkeit

von 10 m pro Minute an, so ergibt sich $n = \dfrac{S}{\pi \cdot d} = \dfrac{10\,000}{\pi \cdot 25} = 130$ mithin $t = \dfrac{38}{130 \cdot 3} = 0,1$ Minuten $= 6$ Sekunden.

3. Kurven für das Abstechen. Bei $S = 30$ m pro Minute und $v_1 = 0,05$ mm ergibt sich

$$\text{der Kurvenhub } h = w + z = \frac{25}{2} + 2 = 14,5 \text{ mm}$$

$$\text{die Kurvenlänge } l = \frac{h \cdot \pi \cdot d \cdot u}{S \cdot v_1} = \frac{14,5 \cdot \pi \cdot 25 \cdot 54}{30\,000 \cdot 0,05} = \sim 41 \text{ mm}.$$

Die Zeit für das Abstechen ergibt sich aus

$$t = \frac{l}{u} = \frac{41}{54} = 0,77 \text{ Minuten} = 43 \text{ Sekunden}.$$

Rechnet man nun in der Aufstellung auf Seite 231 die Trommelwege für die Operationen 1—9 zusammen, so ergeben sich 1036,5 mm. Es fehlen an dem vollen Trommelumfang mithin noch $2275 - 1036,5 = 1238,5$ mm. Diesen Weg muß die Trommel leer durchlaufen und sie gebraucht dazu, da sie eine Umdrehung auf dem schnellen Gang in 36 Sekunden macht, $\dfrac{36 \cdot 1238,5}{2275} = 19$ Sekunden.

Die Gesamtzeit für eine Trommelumdrehung und damit für die Bearbeitung der Schraube beträgt $272^1/_2$ Sekunden oder rund $4^1/_2$ Minute.

Es ist dieses Beispiel, bei welchem der Revolverkopf und damit auch die Kurventrommel nicht voll besetzt sind, gewählt, um auch hierbei den auf Seite 157 erläuterten Mangel des Mehrkurvensystems zu zeigen. Da die Kurventrommel mit konstanter Geschwindigkeit läuft, so ändern sich die Kurvenlängen und Kurvenwinkel je nach Weglänge und Vorschub des Werkzeuges und es entstehen bei wenig Werkzeugen und kurzen Weglängen leer zu durchlaufende Strecken auf dem Trommelumfang. Könnte man die Kurvenwinkel der Kurven e, f (Fig. 369) erheblich kleiner und dafür die Kurvenlängen größer machen, was natürlich eine erhöhte Geschwindigkeit der Kurventrommel erforderte, so würden die Leerstrecken erheblich vermindert und bei vollbesetztem Revolverkopf auch bei kurzen Weglängen ganz vermieden.

Es muß ferner bemerkt werden, daß die auf vorstehend beschriebene Weise errechnete Arbeitzeit nicht absolut genau stimmt. Die Kurventrommel schaltet während einer Umdrehung mehrfach um vom schnellen Gang (Totzeit) zum langsamen Gang (Arbeitszeit) und umgekehrt. Von der genauen Einstellung der Schaltknaggen hängt die genaue Einhaltung der vorgeschriebenen Arbeitszeit ab.

Es werden außerdem nicht immer die Kurven mit den genauen errechneten Maßen vorhanden sein und es werden dann angenäherte Kurven genommen werden.

Trotzdem ist es dringend zu raten, die Kurven zu berechnen und auch möglichst angenähert zu benutzen, ihre Wahl aber nicht dem Gefühl des Einrichters zu überlassen. Es ist festgestellt, daß bei der Nachprüfung solcher Einrichtungen und dem Ersatz der Kurven durch richtig berechnete, Leistungssteigerungen bis zu $150\,^0/_0$ eingetreten sind.

Da das letztere meistenteils aus Bequemlichkeit, manchmal auch aus wirklichem Zeitmangel unterbleibt, so ist das Aufhängen von Tabellen, aus denen die Berechnung sich erleichtert, im Betriebe dringend zu empfehlen.

Um die Leergänge zu vermeiden, empfiehlt es sich in Fällen, wie dem vorliegenden Beispiel, die Geschwindigkeit der Steuerwelle für den Arbeitsgang zu erhöhen, selbst wenn damit ein Einbau von anderen Scheiben auf dem Deckenvorgelege oder anderen Rädern im Steuerungsgetriebe verbunden sein sollten. Es betragen z. B. die nutzbaren Trommelwege in der Aufstellung S. 231 $170 + 38 + 41 = 249$ mm und es verbleiben daher an Leerwegen 1238,5 mm. Würde man diesen Leerweg zu dem Nutzweg schlagen, so ergäbe sich ein Nutzweg von $249 + 1238,5 = 1487,5$ oder das rund 6 fache des früheren. Läßt man nun die Trommel beim Arbeitsgang 6 mal schneller laufen wie bisher, so können die Kurvenlängen der Kurven e, f (Fig. 369) und g, h (Fig. 371—372) 6 mal größer werden, die Kurvenwinkel α werden kleiner, die Kurven arbeiten daher leichter, der Leerweg fällt weg, da der Trommelumfang durch die Arbeits- und Schaltwege ausgefüllt ist und die Arbeitszeit für die Schraube wird um die unter 10. aufgeführten 19 Sekunden vermindert.

Tabelle für die Kurvenlänge l bei verschiedenen Hubhöhen h und verschiedenen Durchmessern des Arbeitsstückes (Beispiel).

Hub-höhe h	Durchmesser des Arbeitsstückes in mm									
	10	12	15	18	20	22	25	28	30	usw.
	Kurvenlängen l in mm bei $u = 54$									
25	21	26	31,5	37,8	42		52,5		63	
30	25,2				50,4					
35										
40	33,6				usw.					
usw.										

Formel: $l = \dfrac{h \cdot \pi \cdot d}{S \cdot v_1}$; $\quad S = 20$ m pro Minute $\left.\right\}$ für die Tabelle $v_1 = 0,1$ mm pro Umdr. $\quad$ konstant.

Die aus der Tabelle entnommenen Werte von l sind bei anderen Werten von S und v_1 entsprechend zu multiplizieren (je größer S und v_1, desto kleiner l).

Um die Tabellenwerte graphisch zu ermitteln, trägt man die Durchmesser d der Arbeitssücke an einer senkrechten Linie ab (Fig. 373), berechnet die Kurvenlängen für den größten Durchmesser, etwa 50 mm, und trägt die errechnete Kurvenlänge horizontal ab

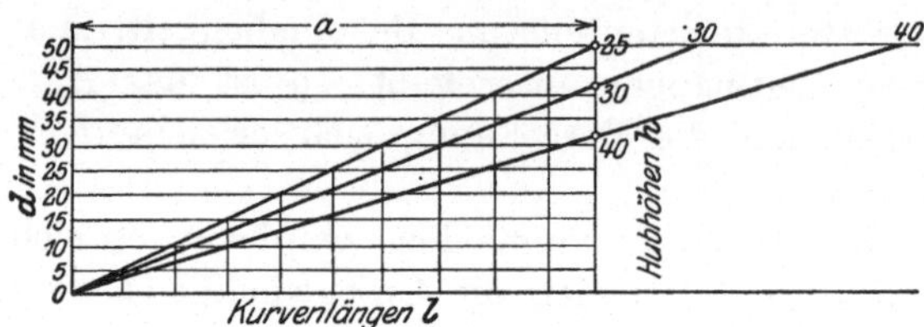

Fig. 373. Graphische Ermittlung der Kurvenlängen.

(Maß a) und verbindet den rechten Endpunkt dieses Maßes mit dem unteren der senkrechten Linie. Wiederholt man dies für sämtliche Hubhöhen und für den größten Durchmesser, so erhält man in den nach unten geloteten Schnittpunkten der schrägen mit den wagerechten Linien die Kurvenlängen für beliebige Zwischendurchmesser.

Sinngemäß kann man ebenso entweder in Tabellenform oder graphisch die Werte der Kurvenwinkel α aus den Werten von h und l ermitteln.

b) Für die Kurvenberechnung einer selbsttätigen Fassondrehbank z. B. Fig. 63, ist nachstehend ein Beispiel erläutert. Angenommen ist die Herstellung einer Schraube nach Fig. 374, zu deren Bearbeitung die Gewindeschneidvorrichtung, die überhängende Abstechvorrichtung, die Schlitzvorrichtung und der Langdrehsupport erforderlich sind. Die Anordnung ist aus Fig. 375—376 ersichtlich.

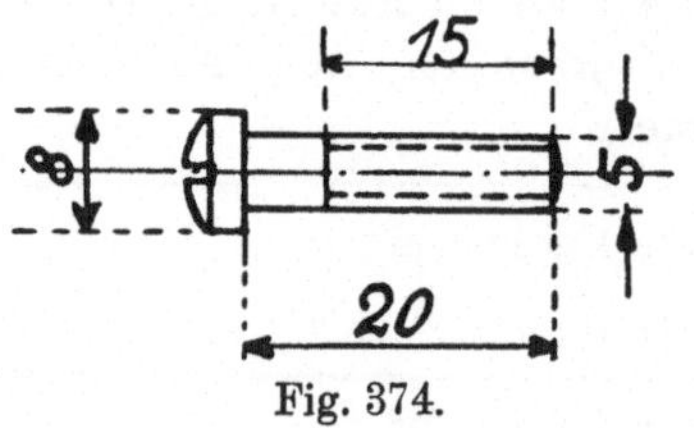

Fig. 374.

Der Bearbeitungsgang ist folgender: Während der Schaft mittelst Langdrehsupport gedreht wird, gehen die beiden Quersupporte unabhängig voneinander nach vorn und stechen ein, bzw. drehen den Kopf an. Hierauf wird mittelst Gewindeschneidvorrichtung das Gewinde geschnitten und dann mit der überhängenden Abstechvorrichtung abgestochen. Während des Abstechens wird der Greifer der Schlitzvorrichtung gesenkt und nach vorn geführt, wobei sich seine am vorderen Ende befindliche Aufnahmezange über das Werkstück schiebt. Nach dem Abstechen bringt der Greifer das Werkstück vor die Schlitzsäge, dann wird die fertige Schraube ausgestoßen (Fig. 377).

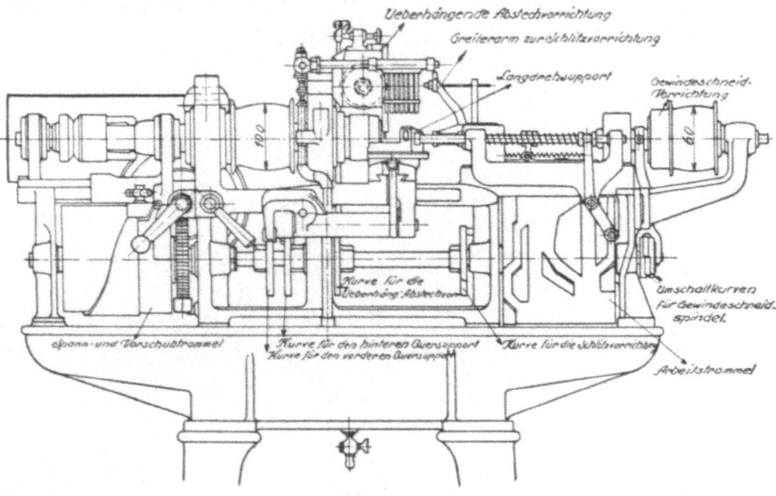

Fig. 375.

Bei einer Schnittgeschwindigkeit von 35 m p. Min. ergibt sich eine Umlaufzahl der Arbeitsspindel von

$$n = \frac{v}{\pi \cdot d} = \frac{35000}{\pi \cdot 8} = 1400$$

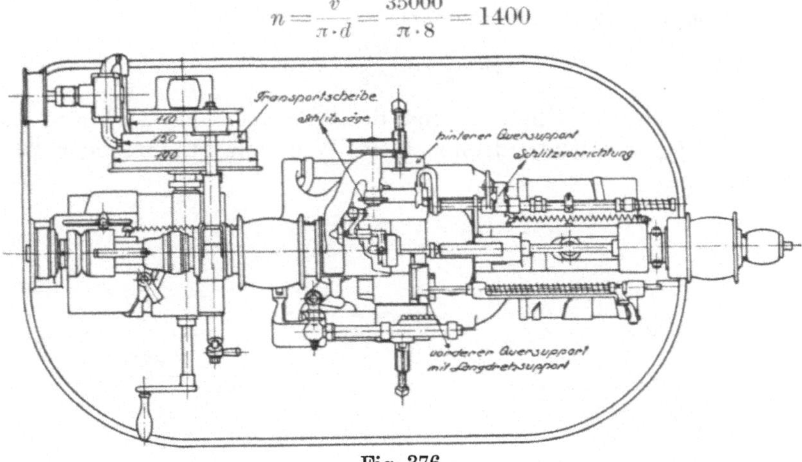

Fig. 376.

Die Umlaufzahl der Steuerwelle p. Min. ergibt sich aus:

$$n_2 = \frac{\text{Umlaufzahl des Deckenvorgelages} \times \text{Durchmesser d. Transportscheibe auf dem Deckenvorgelege} \times 1}{\text{Durchmesser der Transportscheibe an der Maschine} \times 62}$$

$$n_2 = \frac{350 \cdot 70 \cdot 1}{190 \cdot 62} = 20{,}8$$

worin 1 = Gangzahl der Schnecke, 62 = Zahnezahl des Schneckenrades auf die Steuerwelle bedeuten.

Der Durchmesser der Arbeitskurventrommel beträgt 164 mm, der Umfang demnach $\mu = 164 \cdot \pi = 515$ mm.

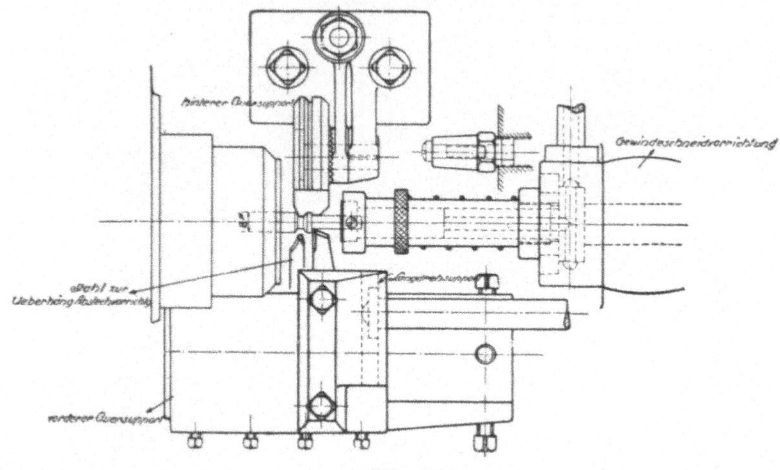

Fig. 377.

Die Umlaufzahl der Arbeitsspindel auf eine Umdrehung der Arbeitskurventrommel ergibt sich demnach

$$n_3 = \frac{n}{n_2} = \frac{1400}{20,8} = 673$$

Bei diesen 673 Umdrehungen der Arbeitsspindel wird also auf dem Umfang der Kurventrommel ein Weg von 515 mm oder 360° zurückgelegt.

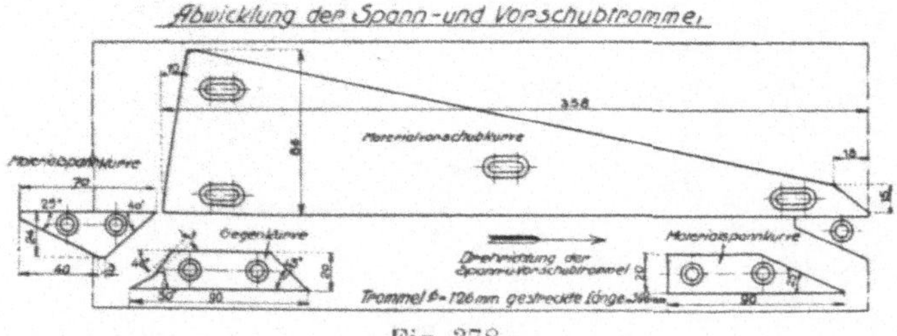

Fig. 378.

Arbeitsgang 1: Vorschieben und Spannen des Materials.

60° oder ein Weg von $h = \dfrac{60° \cdot 515}{360°} = 86$,

also sind nötig

$$n_4 = \frac{n_3 h}{n} = \frac{673 \cdot 86}{515} = 112 \text{ Umläufe der Arbeitsspindel.}$$

Die Kurven für das Spannen und Vorschieben sind durch die Praxis festgelegt (Fig. 378).

Die übrigen Arbeitsgänge sind:

Arbeitsgang 2: Langdrehen.

Arbeitsgang 2a: Einstechen und Vordrehen des Kopfes mit dem hinteren Quersupport.

Arbeitsgang 2b: Gewindeschneiden.

Arbeitsgang 3: Abstechen.

Arbeitsgang 4: Schlitzen der Schraube.

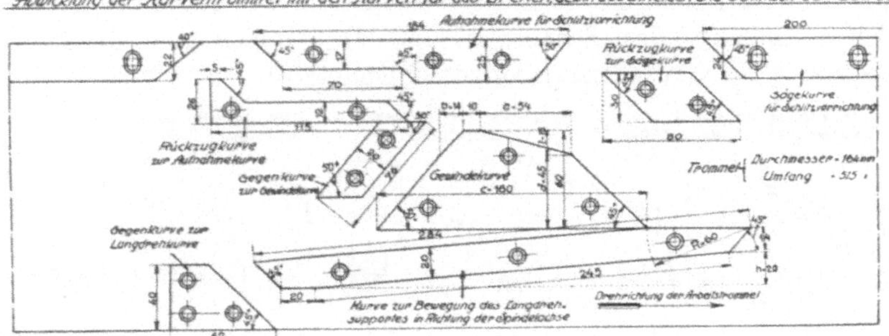

Fig. 379.

Die Arbeitsgänge 2a, 2b und 4 sind für die Berechnung ohne Einfluß, da 2a und 2b zeitlich mit 2, und 4 mit 3 zusammenfallen. Die erforderlichen Arbeitswege sind für

$$\text{Arbeitsgang } 2 = 20 \text{ mm,}$$
$$\text{,,} \qquad 3 = {}^2/_3 \cdot 3 = 2 \text{ mm.}$$

Durch das Übertragen der Hebel von der Kurve bis zum Support und durch das vorherige Einstechen des Formstahles am Kopf werden $^2/_3$ Arbeitsweg benötigt.

$$\text{Vorschub für Arbeitsgang } 2: S_2 = 0{,}063 \text{ mm,}$$
$$\text{,,} \qquad \text{,,} \qquad \text{,,} \qquad 3: S_3 = 0{,}012 \text{ mm.}$$

Nunmehr ergeben sich aus Arbeitsweg und Vorschub die Umläufe der Arbeitsspindel:

$$\text{Arbeitsgang } 2: \quad \frac{20}{0{,}063} = 320$$
$$\text{,,} \qquad 3: \quad \frac{2 \cdot 3}{3 \cdot 0{,}012} = 167$$
$$\text{,,} \qquad 1: \qquad = \underline{112}$$
$$\text{Sa. } 599 \text{ Umläufe der Arbeitsspindel.}$$

Die fehlenden Umläufe zwischen 599 und 673 werden durch die Leerwege der Werkzeuge verbraucht.

Die Längenbestimmung der Kurven ist nun folgende:

1. Langdrehkurve, Arbeitsgang 1

$$l_1 = \frac{\text{erforderliche Umlaufzahl} \times \text{Trommelumfang}}{\text{Gesamtumlaufzahl}} = \frac{320 \cdot 515}{673} = 245 \text{ mm.}$$

2. Gewindekurve, Arbeitsgang 2b. Sie besteht aus 2 Teilen, dem Teil 1 = Kurventeil für das Aufschneiden des Gewindes (Maße a und l in Fig. 379) und dem Teil 2 = Kurventeil für das Abwickeln des Schneideisens (Maße b und l in Fig. 380). Bemerkt sei, daß das Gewindeschneiden ohne Änderung der Umlaufzahl oder der Drehrichtung lediglich durch Überholung durch die Schneideisenspindel erfolgt. Dies ist für normal so bemessen, daß auf 4 Umläufe der Drehspindel 5 Umläufe der Schneideisenspindel kommen und dadurch in dieser Zeit ein Gewindegang aufgeschnitten wird.

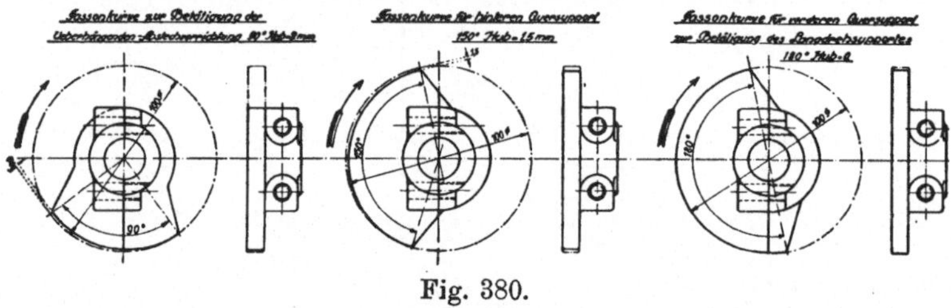

Fig. 380.

Das Ablaufen des Schneideisens erfolgt, wenn die Schneideisenspindel stillgesetzt wird und sich dabei gleich einer Mutter von der sich links weiterdrehenden Schraube abdreht. Wenn dabei auch eine Kurve nicht nötig ist, so wird eine solche trotzdem angeordnet, um bei feinem Gewinde ein Ausreißen der Gewindegänge zu verhindern.

Für die Berechnung dieses zweiten Kurventeiles kommt in Betracht, daß auf eine Umdrehung der Drehspindel 1 Gang Schneideisenrücklauf entfällt.

Es gilt für diesen Fall bei 18 Gewindegängen der Schraube:

4,18 (Gewindegänge) = 72 Umläufe der Drehspindel für d. Aufschneiden
1,18   ,,   = 18   ,,   ,,   ,,   ,, ,, Rücklauf
——
             90   ,,   ,,   ,,   ,, ,, Gewindeschneiden

Die Kurvenlänge beträgt demnach

$$l_2 = \frac{90 \cdot 515}{673} = \sim 68 \text{ mm, dazu 10 mm Leerweg.}$$

Kurvenlänge a für das Aufschneiden

$$l_a = \frac{68 \cdot 4}{5} = \sim 54 \text{ mm}$$

Kurvenlänge b für den Schneideisenrücklauf

$$l_b = \frac{68}{5} = \sim 14 \text{ mm.}$$

Kurvenhöhe l = Länge des Gewindes auf der Schraube = 15 mm.
Kurvenhöhe d richtet sich nach den Platzverhältnissen der Werkzeuge
auf dem Automaten.

3. Abstechkurve, Arbeitsgang 3.

$$\sphericalangle\,\alpha = \frac{170\ \text{Umdr.} \times 360^0}{673\ \text{Umdr.}} = \sim 90^0$$

Der Hub der Kurve beträgt in Hinsicht auf das Hebelverhältnis
2 mm am Umfang. Der Winkel der Kurvenscheibe für den vorderen
Quersupport liegt in Übereinstimmung mit der Langdrehkurve fest.

$$\sphericalangle\,\gamma = \frac{320\cdot 360^0}{673} = \sim 180^0$$

Der Hub ist bei zylindrisch zu drehenden Körpern immer = 0.
Endlich erhält man für die Kurvenscheibe des hinteren Quersupportes
den Wert für den $\sphericalangle\,\beta_1$:

$$\sphericalangle\,\beta_1 = \frac{1,5\cdot 360^0}{0,012\cdot 673} = \sim 67^0\ (0,012 = \text{Vorschub}).$$

Im vorliegenden Falle sind wegen sauberster Ausführung der
Schraube die Vorschübe kleiner angenommen worden, da aber der
Stahl auch so lange, wie der Langdrehsupport, arbeiten soll, damit
nicht durch vorzeitiges Rückgehen des Stahles der Gegendruck für den
Stahl des Langdrehsupportes aufgehoben wird, wodurch ein Abfedern
der Schraube eintreten könnte, wird der Winkel β^1 größer angenommen
und gleich β mit 150° festgesetzt

$$\sphericalangle\,\beta_1 = \sphericalangle\,\beta = 150^0.$$

Nr.	Arbeitsgang	Werkzeug	Arbeitslänge mm	Vorschub mm/Uml.	Erford. Umläufe	Kurven % Arbeitsgang	Kurven % Leergang
			des Werkzeuges				
1	Mat. vorschieben .						~ 10
2	Schaft drehen . .	beide Schieberstähle	20	0,1	200	35	
3	Rückfall d. Stähle						~ 1
4	Schlitten vorschieben u. Riemenwechsel						5
5	Gewinde schneiden	Gewindespindel	8 Gg.		29	5	
6	Riemenwechsel . .						5
7	Kopf drehen . . .	vorderes Stichelhaus	1,75	0,017	103	18	
8	Abstechen	hinteres Stichelhaus	3	0,025	120	21	
					452	79	21

Die Kurven für die Bewegungen der Schlitzvorrichtung sind normal und durch Erfahrung festgelegt.

Für das Schlitzen ist zu bemerken, daß es die Zeit nicht beeinflußt, da es unabhängig und seitlich parallel mit den übrigen Werkzeugen geschieht.

Automat		Modell Nr.	00	0	0a	0b	1
Abmessungen der Kurvenscheiben und -ringe	Langdrehkurvenring	Außendurchmesser mm	116	137	157	157	190
		Innendurchmesser mm	100	117	137	137	170
		Höhe mm	50	70	90	90	115
	Bohr- und Gewindeschneidkurvenring	Außendurchmesser mm	90	102	102	102	125
		Innendurchmesser mm	75	86	86	86	105
		Höhe mm	70	105	105	105	120
	Scheibenkurven für Schieberhebel und Stichelhäuser	Außendurchmesser mm	105	120	120	120 u. 150	155
		Bohrung mm	50	55	55	55	68
Leerwege	Anzahl % vom Trommelumfang für	Spannen und Materialvorschub %	10	10	10	10	10
		Riemenwechsel %	5	$4^1/_2$	$5^1/_2$	$5^1/_2$	5
Vorderes Stichelhaus		Radius R mm	89	98	102	105	140
		Radius r mm	41	51	62	62	72
		Verhältnis $\frac{R}{r}$	2,17	1,82	1,64	1,70	1,94
Hinteres Stichelhaus		Radius R mm	82	91	102	111	124
		Radius r mm	49	61	65	66	85
		Verhältnis $\frac{R}{r}$	1,67	1,50	1,57	1,68	1,45
Vorderer Schieberhebel		Radius R mm	56	69	68	74	92
		Radius r mm	38	48	59	61	63
		Verhältnis $\frac{R}{r}$	1,47	1,43	1,15	1,21	1,46
Hinterer Schieberhebel		Radius R mm	56	68	70	79	86
		Radius r mm	32	43	52	57	63
		Verhältnis $\frac{R}{r}$	1,75	1,35	1,32	1,38	1,34

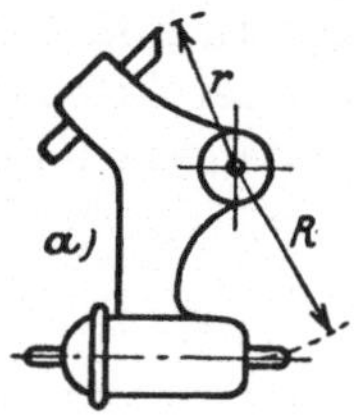

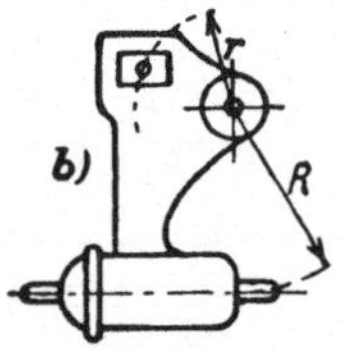

Fig. 381.

c) Die Berechnung der Kurven auf einem Schraubenautomaten nach dem Offenbacher System, z. B. dem Schmitt-Automat (Fig. 18), ist nachstehend an einem Beispiel erläutert. Es handelt sich um die Herstellung einer Schraube von 3 mm Dtr. und 20 mm Schaftlänge. Die Arbeitsgänge werden zunächst in zweckmäßigster Weise festgelegt in einer Berechnungstafel (siehe S. 241).

1. **Arbeitsgang**: Material vorschieben und spannen, Leerweg, Kurven $\sim 10\,^0/_0$ nach Tabelle.

2. **Arbeitsgang**: Schaft drehen mit beiden Schieberstählen, Arbeitslänge 20 mm, Vorschub 0,1 mm, daher erforderliche Umläufe:

$$20 : 0,1 = 200.$$

3. **Arbeitsgang**: Rückfall der Stähle, Leergang, nach Erfahrung $1\,^0/_0$.

4. **Arbeitsgang**: Schlitten vorschieben und Riemenwechsel geschieht gleichzeitig, es ist daher aus der Tabelle (Fig. 381) der Wert von $5\,^0/_0$ für Riemenwechsel in Spalte Leergang einzusetzen.

5. **Arbeitsgang**: Gewindeschneiden vorwärts. Es kommen auf 5 mm Gewindelänge $\dfrac{5}{0,7} = 7,1$ Gänge, mit Zugabe 8 Gang.

Das Gewinde wird mit lansgamer Umlaufzahl der Arbeitsspindel geschnitten, während die Kurvenwelle ihre Geschwindigkeit beibehält. Es ist daher die Gangzahl mit dem Verhältnis Drehgang zum Gewindeschneidgang zu multiplizieren (siehe Antriebschema Fig. 382):

$$\frac{400}{75} : \frac{150}{100} = 5,33 : 1,5 = 3,55 : 1.$$

Die Umlaufzahl ergibt sich daher zu $8 \cdot 3,55 = \sim 29$ Umläufe.

6. **Arbeitsgang**: Riemenwechsel, $5\,^0/_0$ (wie Arbeitsgang 4).

7. **Arbeitsgang**: Kopf drehen mit vorderem Stichelhaus. Arbeitsweg

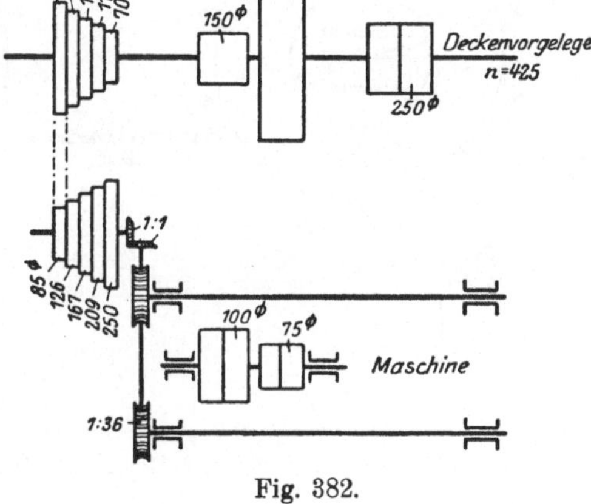

Fig. 382.

$$(6 - 3) : 2 = 1,5 + 0,25 \text{ Zugabe} = 1,75 \text{ mm}.$$

Bei 0,017 mm Vorschub ergeben sich

$$1,75 : 0,017 = 103 \text{ Umläufe}.$$

8. **Arbeitsgang**: Abstechen, Arbeitsweg $1,5 + 1,5$ Zugabe $= 3$ mm.

Bei 0,025 mm Vorschub ergeben sich

$$3 : 0,025 = 120 \text{ Umläufe}.$$

Nach Abzug der $21\,^0/_0$ betragenden Summe der Leergänge verbleiben für die Arbeitsgänge $100 - 21 = 79\,^0/_0$, die sich auf 579 Umläufe verteilen, mithin pro Umlauf $79 : 452 = 0,175\,^0/_0$.

16*

$$2.\ \text{Arbeitsgang:}\ 200 \cdot 0{,}175 = 35\,^0/_0$$
$$5.\ \quad\quad,,\ \quad\quad 29 \cdot 0{,}175 = \ 5\,^0/_0$$
$$7.\ \quad\quad,,\ \quad\quad 103 \cdot 0{,}175 = 18\,^0/_0$$
$$8.\ \quad\quad,,\ \quad\quad 120 \cdot 0{,}175 = 21\,^0/_0$$
$$\overline{\phantom{120 \cdot 0{,}175 = }\ 79\,^0/_0}$$

Für eine ganze Kurvenwellendrehung für die Zeit eines Werkstückes sind also

$$\frac{452 \cdot 100}{79} = 572 \ \text{Umläufe erforderlich.}$$

Bei 40 m/min Schnittgeschwindigkeit für Drehen ergibt sich

$$\frac{40000}{6 \cdot \pi} = 2250 \ \text{Umläufe der Arbeitsspindel}$$

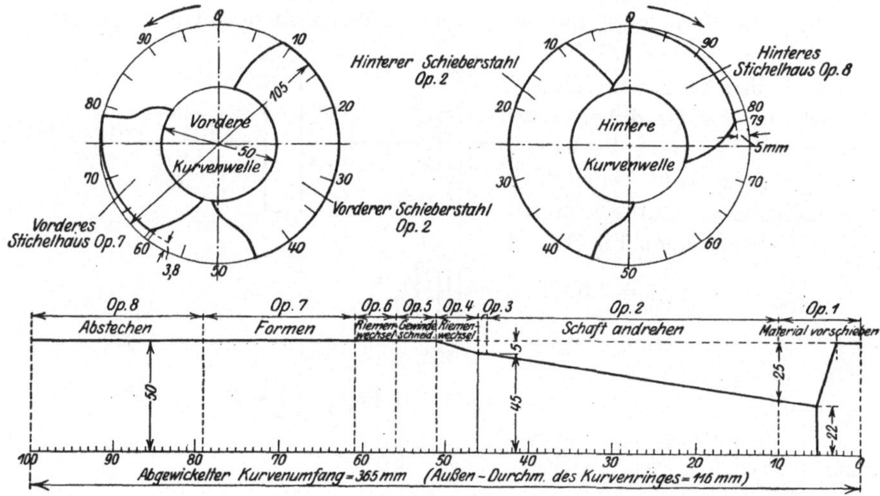

Fig. 383.

und bei einem Verhältnis zwischen Drehgang und Gewindeschneidgang von 3,55 ergibt sich beim Gewindeschneiden 2250 : 3,55 = 640 Umläufe, was einer Schnittgeschwindigkeit von $640 \cdot 3 \cdot \pi = 6$ m/min entspricht.

Daraus ergibt sich die Herstellungszeit mit

$$\frac{60 \cdot 572}{2250} = 15{,}3 \ \text{Sekunden.}$$

Diese errechnete Zeit muß jetzt entsprechend den tatsächlichen Möglichkeiten der Maschine korrigiert werden.

Bei 2250 Umläufen der Arbeitsspindel ergeben sich für das Deckenvorgelege $\frac{2250 \cdot 75}{400} = 425$ Umläufe/Min.

Die Kurvenwelle muß sich in 15,3 Sekunden einmal drehen, in 1 Minute also 60 : 15,3 = 3,93mal. Für die Stufenscheibenwelle an der Maschine ergeben sich also 3,93 · 36 = 142 Umläufe. Zwischen den beiden Stufenscheiben des Deckenvorgeleges und der Maschine besteht mithin ein Verhältnis von 425 : 142 = 3 : 1.

Das nächstliegende Stufenverhältnis ist 240 : 85 = 2,83, die untere Stufenscheibe und damit die Steuerwelle läuft also im Verhältnis 2,83 : 3 zu langsam, demnach erhöht sich die Arbeitszeit im umgekehrten Verhältnis und es ergeben sich $\dfrac{15,3 \cdot 3}{2,38} = 18$ Sekunden.

Die Kurven sind aus Fig. 383 ersichtlich, die Maße der Kurven sind aus Fig. 381 entnommen und aus der Berechnungstafel. Die Kurvenumfänge sind in 100 Teile geteilt.

Die Schieberstahlkurve hat keine Steigung, da die Stähle beim Arbeiten eine feste Stellung haben.

Die Steigung der Kurven für das vordere und hintere Stichelhaus ist mit dem Verhältnis der Schenkellängen (Tabelle) also mit 2,17 bzw. 1,67 multipliziert.

2. Bei dem Hilfskurvensystem

bei welchem die Steuerwelle nur die Kurven für die eigentliche Arbeitszeit (Vorschübe für Revolver- und Querschlitten) trägt, ist es möglich, dieselbe mit einer konstanten Arbeitsgeschwindigkeit laufen zu lassen. Lange Schalt- oder Leerwege hat diese Steuerwelle nicht zu durchlaufen, da alle Schaltungen für die Totzeit von besonderen Hilfssteuerelementen ausgeführt werden.

a) Das Berechnen. Es ist daher möglich, die Arbeitszeit für ein bestimmtes Stück genau festzulegen, da sich dieselbe genau während einer Umdrehung der Steuerwelle vollzieht und die Umdrehungszahl pro Minute der letzteren durch Wechselräder genau eingestellt werden kann (Fig. 293 und 294). Um die Zeit zu bestimmen ist zunächst erforderlich, die Aufstellung eines Arbeitsplanes mit der Operationsfolge, die Bestimmung der Schnittgeschwindigkeit und Vorschübe für die einzelnen Operationen unter Berücksichtigung des Materials, der Werkzeuge und der Art der Kühlflüssigkeit.

Aus dem Arbeitsweg (siehe Arbeitsplan) und dem Vorschub pro Umdrehung läßt sich die Anzahl der Spindelumdrehungen für jede Operation und die Summe aller Spindelumdrehungen für die gesamten Arbeitswege ermitteln. Da ferner die Summe der Spindelumdrehungen für die ganze Arbeitszeit, d. h. während einer Umdrehung der Steuerwelle festgelegt ist, so erhält man durch Subtraktion die Anzahl der Spindelumdrehungen für die Schaltungen (konstanten Arbeitsvorgänge, wie Materialvorschieben und Spannen, Revolverkopf schalten, Spindelgeschwindigkeit schalten usw.), und dadurch auf der Kurve den Teil der Umdrehung, welcher für die konstanten Arbeitsvorgänge, sowie denjenigen, welcher für die Vorschübe in Frage kommt. Der erstere ist bei den verschiedenen Spindelumdrehungszahlen verschieden, da die Hilfssteuerelemente für die konstanten Arbeitsvorgänge stets mit gleicher Geschwindigkeit arbeiten, die Spindel jedoch mit verschiedener, dem Arbeitsstückdurchmesser und der Schnittgeschwindigkeit angepaßter Geschwindigkeit umläuft, desgleichen die Steuerwelle. Nunmehr kann der für die Vorschübe verbliebene Teil des Kurvenumfanges für die einzelnen Operationen nach der für jede Operation in Frage kommenden Spindelumlaufzahl eingeteilt und die Kurven nach dem Vorschub aufgetragen werden.

Die Firma L. Loewe, Berlin, hat diese Methode für ihre nach dem Hilfskurvensystem arbeitende Maschine (Fig. 10) in eine für den Betrieb handliche Form gebracht. Das Wesentliche dabei ist die Einteilung des Kurvenumfanges in eine Anzahl Strahlen (100), durch welche das Aufzeichnen erleichtert wird, sowie die Aufstellung von Tabellen, aus welchen die Geschwindigkeiten und Übersetzungsverhältnisse der Maschine zu entnehmen sind.

Als Beispiel sei wiederum die Herstellung einer Schraube gewählt, welche nach dem Arbeitsplan Fig. 384 bearbeitet werden soll. Es ist daraus ersichtlich, daß die Operationen 3 und 4 gleichzeitig vorgenommen werden können und daß Operation 1 mit dem Materialvorschub zusammenfällt. Die Schnittgeschwindigkeit ist mit 30 m pro Minute angenommen, was einer Umdrehungszahl der Arbeitsspindel

pro Minute von $n = \dfrac{S}{\pi \cdot d} = \dfrac{30\,000}{\pi \cdot 10} = 955$ entspricht.

Die Vorschübe pro Umdrehung v sollen betragen:

beim Schruppen . . . Operation 2: $v_2 = 0,13$ mm
   " Schlichten . . .   "   3: $v_3 = 0,10$ "
   " Einstechen . . .   "   4: $v_4 = 0,025$ "
   " Gewindeschneiden   "   5: $v_5 = 1,0$ " $=$ Gewindesteigung
   " Abstechen . . .   "   6: $v_6 = 0,05$ "

Es ist ferner ratsam, eine Berechnungstafel anzulegen, in welcher eine Skizze des Arbeitsstückes, die Operationsfolge, sowie alle nachstehend berechneten Daten für die Kurvenberechnung eingetragen werden, damit man im Falle der gleichen Einrichtung der Maschine nicht dieselbe Arbeit zu wiederholen braucht. Ferner soll die Nummer der berechneten Kurven eingetragen werden, damit dieselben für spätere Fälle sofort greifbar sind.

Eine solche Berechnungstafel zeigt Fig. 385—386, S. 249 bis 250.

Aus der Skizze des Arbeitsstückes können die Arbeitswege der einzelnen Operationen unter Zugabe von ca. 2 mm für den Anschnitt der Werkzeuge ermittelt werden wie folgt:

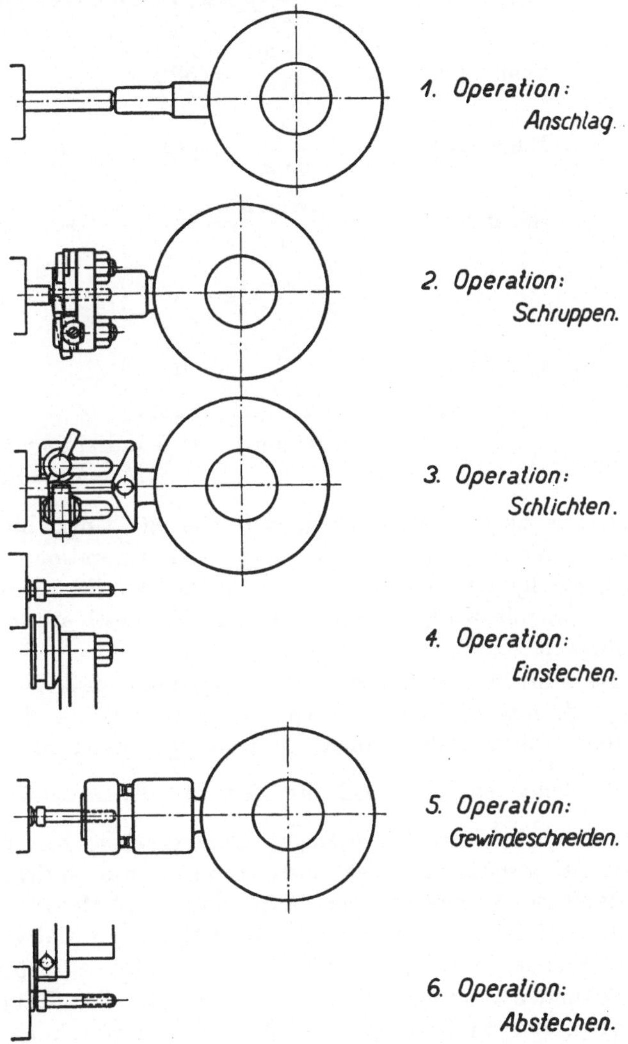

Fig. 384. Arbeitsplan für eine Schraube.

Operation 2, Schruppen . . . 36 mm (2 mm am Kopf bleiben
{ „ 3, Schlichten . . . 38 „   für den Einstechstahl)
{ „ 4, Einstechen . . . 2 „
„ 5, Gewindeschneiden 18 „
„ 6, Abstechen . . . 4 „

Nunmehr ergeben sich aus dem Arbeitsweg und dem Vorschub pro Umdrehung die Anzahl der Umdrehungen:

Operation 2, Schruppen . . . $\dfrac{36}{0,13} = 277$ Umdrehungen

„ 3, Schlichten . . . $\dfrac{38}{0,1} = 380$ „

„ 4, Einstechen . . . $\dfrac{2}{0,025} = (80)$ „

„ 5, Gewindeschneiden $\dfrac{18 \times 2}{1} = 36$ „ (Vorlauf)

„ 5 a, „ $\dfrac{18}{1} = 18$ „ (Rücklauf)

„ 6, Abstechen . . . $\dfrac{4}{0,05} = 80$ „

zusammen 791 Umdrehungen der Arbeitsspindel.

Dabei ist zu berücksichtigen, daß die 80 Umdrehungen für Operation 4 nicht mitgezählt werden, weil Operation 3 und 4 gleichzeitig erfolgt und daß der Arbeitsweg für Operation 5 (Gewindevorlauf) verdoppelt wird; da die Arbeitsspindel dabei mit der halben Geschwindigkeit läuft.

Es ist nun bereits weiter oben festgestellt, daß die Arbeitsspindel pro Minute 955 Umdrehungen machen soll. Da die Arbeitsspindel aber während der ganzen Arbeitswege insgesamt 791 Umdrehungen macht, so folgt, daß die Zeit für die Arbeitswege $\dfrac{791}{955}$ $= \frac{5}{6}$ Minuten $= 50$ Sekunden beträgt. Da ferner die Zeit für einen konstanten Arbeitsgang ca. $\frac{9}{5}$ Sekunden beträgt und nach dem Arbeitsplan 4 konstante Arbeitsvorgänge nötig sind ($1 \times$ Materialvorschub und Spannen, $3 \times$ Revolverschalten), so kommt noch dazu $4 \times \frac{9}{5}$ $= 7\,^1/_5$ Sekunden. Die ganze Arbeitszeit beträgt also $50 + 7\,^1/_5$ $= 57\,^1/_5$ Sekunden oder mit Zugabe 60 Sekunden. Die Hauptsteuerwelle 22 (Fig. 294) muß also in 60 Sekunden 1 Umdrehung machen oder pro Minute 1 Umdrehung.

Die Hilfssteuerwelle 19 (Fig. 293) macht konstant 120 Umdrehungen pro Minute; da ferner die Stirnräder 96, 97 (Fig. 295) eine Übersetzung von $1:3$ und das Schneckengetriebe 98 eine solche von $1:10$ besitzen, so müssen die Wechselräder 100, welche die Verbindung zwischen der Welle 19 und der Steuerwelle 22 vermitteln, eine Übersetzung haben von

$$\ddot{u} = \frac{1 \cdot 10 \cdot 3}{1 \cdot 1 \cdot 120} = \frac{1}{4}.$$

LUDW. LOEWE & Co.
Aktien-Gesellschaft.
Berechnungstafel für Maschine 33 G I.

Skizze des Teiles	Material
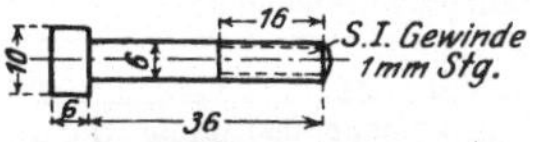 (Skizze)	Schraubenzahl

		in m	
Schnittgeschwindigkeit in der Minute		in m	30
Umdrehungszahl der Arbeitsspindel $= \dfrac{\text{Schnittgeschwindigkeit in mm}}{\text{Durchmesser in mm} \times 11} = \dfrac{30\,000}{10 \times 3,14}$			955
Nächsthöhere Umdrehungszahl in der Tabelle I			960

Für die Arbeitswege erforderliche Spindelumdrehungen

Nr.	Operation	Arbeitsweg in mm	Vorschub bei 1 Umdrehung der Arbeitsspindel in mm	Spindelumdr. $= \dfrac{\text{Arbeitsweg}}{\text{Vorschub}}$
1	Materialanschlagen*	0	0	0
2	Schruppen	36	0,13	277
3	Schlichten	38	0,1	380
4	Einstechen*	(2)	(0,025)	(80)
5	Gewinde-) Vorlauf	18	1,0	36
	schneiden) Rücklauf	18	1,0	18
6	Abstechen	4	0,05	80
	Summe der Spindelumdrehungen			791

Nächsthöhere Umdrehungszahl	nach Tabelle II a—d	800
Strahlenzahl für 1 konstanten Arbeitsvo'gang „ „ II a—d		3

Für die konstanten Arbeitsvorgänge erforderliche		**Strahlen**
Für Materialvorschub und Spannen		3
„ 3 × Revolverschalten 3 × 3		9
„ Zugabe . . . •		4
Summe der Strahlen		16

Für die Arbeitswege bleiben Strahlen:	100 minus 16	84
Für die Arbeitswege kommen auf 84 Strahlen	Umdr.	791
oder auf 1 Strahl 791 : 84	„	9,41
„ „ Arbeitsvorgänge damit auf 16 × 9,41	„	151

Bemerkungen:* Operation 1 fällt mit Materialvorschub, Operation 4 mit Operation 3 zusammen.

Fig. 385.

Diesem würde z. B. ein Wechselrädersatz von $\dfrac{30}{64} \times \dfrac{32}{60}$ ent-sprechen.

Es folgt ferner aus dem hier Gesagten, daß der Kurvenweg,

d. h. der Teil des in 100 Strahlen eingeteilten Kurvenumfanges der für die konstanten Arbeitsvorgänge (Materialvorschieben und -spannen,

Die vorläufige Gesamtsumme der Spindelumdrehungen ist gleich:		
Summe der Spindelumdrehungen für die Arbeitswege		791
„ „ „ „ „ konst. Arbeitsvorgänge		151
Summe		942
Nächsthöhere endgültige Gesamtsumme der Spindelumdrehungen		
zur Anfertigung 1 Stückes in der Spalte 960 nach Tabelle IIa—d		960
Jetzt bleiben für 16 Strahlen bei den konst. Arbeitsvorgängen Umdr. 960 minus 791 .		169
Umdrehungen für 1 Strahl bei 1 konstanten Arbeitsvorgang	169 : 16	10,562
„ „ 1 „ „ den Arbeitswegen	791 : 84	9,416
Zeit zur Anfertigung 1 Stückes in Sekunden nach Tabelle III		60
Leistung nach Tabelle III in 1 Stunde	Brutto	60	Stück
„ „ „ „ „ „ „	Netto	54	„
Wechselräder nach Tabelle III	30	64	32	60

Werkzeuge	Operation	Arbeitsweg in mm	Vorschub bei 1 Umdrehung derArb.-Spindel	Spindelumdrehungen	Strahlenzahl	Anfang liegt auf Strahl:	Ende liegt auf Strahl:
Anschlag	Materialvorschub	—	—	31,687	3,00	0	3
—	Revolverschalten	—	—	31,688	3,00	3	6
Tangential-Stahlhalter	Schruppen	36	0,13	277,000	29,40	6	35,4
—	Revolverschalten	—	—	31,688	3,00	35,4	38,4
Einfacher Stahlhalter .	Schlichten	38	0,1	380,000	40,40	38,4	78,8
Runder Fassonstahl . .	Einstechen	(2)	0,025	(80)	(8,5)	(58)	(66,5)
—	Zugabe	—	—	10,562	1,00	78,8	79,8
—	Revolverschalten	—	—	31,688	3,00	79,8	82,8
Gewinde-Schneidkopf .	Gewinde-Vorlauf	18	1,0	36,000	3,80	82,8	86,6
—	Zugabe	—	—	21,125	2,00	86,6	88,6
Gewinde-Schneidkopf .	Gewinde-Rücklauf	18	1,0	18,000	1,90	88,6	90,5
Gerader Abstechstahl .	Abstechen	4	0,05	80,000	8,50	90,5	99,0
—	Zugabe	—	—	10,562	1,00	99,0	100,0
	Summe			960,000	100,00		
Bemerkungen:							

Fig. 386.

Revolverschalten usw.) in Frage kommt, in einem bestimmten Verhältnis steht, und zwar in dem Verhältnis der Geschwindigkeit der Steuerwelle zu der konstanten Geschwindigkeit der Welle 19, von welcher die konstanten Arbeitsvorgänge geschaltet werden. Dieser

Zur Berechnung der Kurvenscheiben.

Zeit zur Anfertigung 1 Stückes in Sekunden	Strahlenzahl für Materialvorschub und Spannen	Strahlenzahl für 1 × Revolverkopf schalten	Spindelumdrehungen nach der Schnittgeschwindigkeit ermittelt	¹/₂ Sek.: 25 Sek.: 50 Min.: 3000	20 / 40 / 2400	16,6 / 33,3 / 2000	14,3 / 28,7 / 1720	12,5 / 25,0 / 1500	10 / 20 / 1200	8,3 / 16,6 / 1000	8 / 16 / 960	7,1 / 14,3 / 860
25	3			1250	1000	833	718	625	500	417	400	359
26	3			1300	1040	866	746	650	520	433	416	373
27	3			1350	1080	900	775	675	540	450	432	388
28	3			1400	1120	933	804	700	560	467	448	402
29	3			1450	1160	966	832	725	580	484	464	416
30	3			1500	1200	1000	861	750	600	500	480	431
31	3			1550	1240	1033	890	775	620	517	496	445
32	3			1600	1180	1066	918	800	640	533	512	459
33	3			1650	1320	1100	946	825	660	550	528	473
34	3			1700	1360	1134	975	850	680	567	544	488
35	3			1750	1400	1168	1006	875	700	584	560	503
36	3			1800	1440	1200	1032	900	720	600	576	516
38	3			1900	1520	1268	1090	950	760	634	608	545
40	3		Gesamtsumme der Spindelumdrehungen zur Anfertigung eines Stückes.	2000	1600	1334	1148	1000	800	667	640	574
42	3			2100	1680	1400	1206	1050	840	700	672	603
45	3			2250	1800	1500	1290	1125	900	750	720	645
46	3			2300	1840	1534	1320	1150	920	767	736	660
48	3			2400	1920	1600	1378	1200	960	800	768	689
50	3			2500	2000	1667	1435	1250	1000	834	800	718
51	3			2550	2040	1700	1462	1275	1020	850	816	731
54	3			2700	2160	1800	1550	1350	1080	900	864	775
58	3			2900	2320	1934	1662	1450	1160	967	928	831
60	3			3000	2400	2000	1720	1500	1200	1000	960	860
62	3			3100	2480	2067	1780	1550	1240	1034	992	890
65	3			3250	2600	2167	1884	1625	1300	1048	1040	932
68	3			3400	2720	2267	1950	1700	1360	1134	1088	975
70	3			3500	2800	2334	2010	1750	1400	1167	1120	1005
72	3			3600	2880	2400	2064	1800	1440	1200	1152	1032
75	3			3750	3000	2500	2150	1875	1500	1250	1200	1075
77	3			3850	3080	2567	2210	1925	1540	1284	1232	1105
80	3			4000	3200	2667	2296	2000	1600	1324	1280	1148
83	3			4150	3320	2767	2380	2075	1660	1384	1328	1190
85	3			4250	3400	2834	2440	2125	1700	1417	1360	1220
87	3			4350	3480	2900	2500	2175	1740	1450	1392	1250
90	3			4500	3600	3000	2580	2250	1800	1500	1440	1290
96	3			4800	3840	3200	2750	2400	1920	1600	1536	1375
193	3			5150	4120	3400	2954	2575	2060	1700	1648	1477

Fig. 387.

Teil des Kurvenumfanges ist also je nach diesem Verhältnis für die verschiedenen Arbeitszeiten (Zeiten für eine Umdrehung der Steuerwelle) ein verschiedener.

Wechselräder-Tabelle.

Zeit	Zähnezahlen				Leistung in der Stunde		Zeit	Zähnezahlen				Leistung in der Stunde	
Zur Anfertigung 1 Stückes nach Fig. 352 in Sek.	Rad auf dem Antriebsbolzen	Rad vorn auf dem Schwingenbolzen	Rad hinten auf dem Schwingenbolzen	Rad auf dem Schneckenbolzen	Brutto	Netto	Zur Anfertigung 1 Stückes nach Fig. 352 in Sek.	Rad auf dem Antriebsbolzen	Rad vorn auf dem Schwingenbolzen	Rad hinten auf dem Schwingenbolzen	Rad auf dem Schneckenbolzen	Brutto	Netto
2,2	72	28	64	24	1635	1472	22	54	30	28	72	166	150
2,4	72	28	60	24	1540	1386	23	54	32	28	72	156	141
2,5	72	30	60	24	1440	1296	24	60	32	24	72	150	135
2,8	64	30	60	24	1280	1152	25	72	60	32	64	144	130
3	64	32	60	24	1200	1080	26	72	64	28	54	140	126
3,5	64	32	60	28	1030	927	27	32	64	60	54	133	120
4	60	30	54	28	900	810	28	72	54	24	60	128	116
4,5	72	54	60	24	800	720	29	30	64	60	54	124	112
5	72	54	64	28	720	648	30	72	54	24	64	120	108
5,5	72	60	64	28	650	585	31	28	64	60	54	116	105
6	72	54	60	32	600	540	32	32	72	64	60	112	101
6,5	72	60	54	28	555	500	33	28	72	64	54	110	99
7	72	30	54	60	515	464	34	30	72	64	60	106	96
7,5	64	24	54	72	480	432	35	28	72	60	54	103	93
8	60	24	54	72	450	405	36	32	72	60	64	100	90
8,5	60	72	64	30	424	382	38	24	72	64	54	94	85
9	60	72	64	32	400	360	40	30	72	54	60	90	81
9,5	54	64	60	32	380	342	42	28	72	60	64	86	78
10	54	72	64	32	360	324	45	24	64	54	60	80	72
10,5	72	28	30	54	342	308	46	28	72	54	64	78	70
11	72	28	32	60	326	294	48	24	72	60	64	75	67
11,5	72	24	28	64	315	284	50	24	72	54	60	72	65
12	72	32	30	54	300	270	51	30	60	32	54	70	63
12,5	72	30	32	64	288	260	54	30	64	32	54	66	60
13	72	32	28	54	280	252	58	28	60	30	54	62	56
13,5	64	32	30	54	266	240	60	30	64	32	60	60	54
14	60	28	32	64	256	231	62	28	64	30	54	58	52
14,5	64	24	28	72	248	224	65	28	54	32	72	55	49
15	60	30	32	64	240	216	68	32	60	30	72	53	47
15,5	60	32	28	54	232	209	70	28	54	30	72	51	46
16	54	24	30	72	225	203	72	30	72	32	64	50	45
16,5	64	28	24	60	218	197	75	24	64	32	60	48	43
17	64	32	24	54	212	191	77	28	60	30	72	46	41
17,5	54	28	32	72	205	185	80	24	64	30	60	45	40
18	64	32	30	72	200	180	83	28	72	30	64	43	38
18,5	60	32	28	64	195	176	85	24	72	32	60	42	37
19	54	32	30	64	190	171	87	24	54	28	72	41	36
19,5	64	32	28	72	185	167	90	24	60	30	72	40	36
20	60	30	24	64	180	162	96	24	64	30	72	37	33
21	60	28	24	72	171	154	103	24	64	28	72	35	31

Fig. 388.

Jeder konstante Arbeitsvorgang, z. B. 1 $\times$ Revolverschalten, oder 1 $\times$ Materialspannung erfordert bei der Maschine ca. $1^4/_5$ Sekunden. Daraus folgt für den vorliegenden Fall, daß, wenn die Steuerwelle in 60 Sekunden eine Umdrehung macht, sie in $1^4/_5$ Sekunden

$$= 1 \times \frac{1\frac{4}{5}}{60} = \frac{9}{5\cdot 60} = \frac{3}{100} \text{ Umdrehungen macht, d. h. von den 100 Strahlen}$$

des ganzen Umfanges werden 3 für einen konstanten Arbeitsvorgang gebraucht.

Diese vorstehend errechneten Daten findet man nun bequemerweise in der Tabelle Fig. 387, und zwar unter der Spindelumlaufzahl 960, welche mit dem Getriebe der Maschine eingestellt werden kann und welche der vorstehend errechneten von 955 am nächsten liegt. Man findet dort ferner eine Umlaufzahl von 800 (statt der errechneten 791), eine Strahlenzahl von 3 und eine Arbeitszeit von 60 Sekunden. Die Wechselräder sind aus Tabelle Fig. 388 zu entnehmen. Es werden also für die konstanten Arbeitsvorgänge

$$1 \times \text{ Materialvorschub und Spannen,}$$
$$3 \times \text{ Revolverschalten}$$

(die übrigen beiden Revolverkopfschaltungen fallen mit dem Abstechen zusammen)

$$\text{und 4 Strahlen als Sicherheitszugabe,}$$

insgesamt $4 \times 3 + 4 = 16$ Strahlen gebraucht, mithin verbleiben für die Arbeitswege $100 - 16 = 84$ Strahlen.

Da nun 84 Strahlen $= 791$ Spindelumdrehungen entsprechen, so sind

$$16 \text{ Strahlen} = \frac{791 \cdot 16}{84} = 151 \text{ Umdrehungen.}$$

Demnach sind zur ganzen Arbeitszeit während einer ganzen Umdrehung der Steuerwelle (100 Strahlen)

für die Arbeitswege . . . . 791 Umdrehungen
„   „   konstanten Arbeitsvorgänge   151   „
zusammen   942 Umdrehungen

erforderlich, welchen die nächst höhere Zahl in der Tabelle von 960 entspricht.

Für 1 Strahl kommen ferner $\frac{791}{84} = 9{,}416$ Umdrehungen in Frage, mithin für die einzelnen Arbeitswege bei den Operationen:

$$\text{Operation 2, Schruppen} \quad\ldots\ldots\ldots \quad \frac{277}{9,416} = 29,4 \text{ Strahlen}$$

$$\text{„} \qquad 3, \text{Schlichten} \quad\ldots\ldots\ldots \quad \frac{380}{9,416} = 40,4 \qquad \text{„}$$

$$\text{„} \qquad 4, \text{Einstechen} \quad\ldots\ldots\ldots \quad \frac{80}{9,416} = (8,5) \qquad \text{„}$$

$$\text{„} \qquad 5, \text{Gewindeschneiden (Vorlauf)} \quad \frac{36}{9,416} = 3,8 \qquad \text{„}$$

$$\text{„} \qquad 5a, \qquad \text{„} \qquad \text{(Rücklauf)} \quad \frac{18}{9,416} = 1,9 \qquad \text{„}$$

$$\text{„} \qquad 6, \text{Abstechen} \quad\ldots\ldots\ldots \quad \frac{80}{9,416} = 8,5 \qquad \text{„}$$

$$\text{zusammen} \quad 84 \text{ Strahlen,}$$

für die konstanten Arbeitsvorgänge mit Zugaben 16   „

$$\text{insgesamt } 100 \text{ Strahlen.}$$

Für die 16 Strahlen der konstanten Arbeitsvorgänge und Zugaben verbleiben nunmehr genau $960 - 791 = 169$ Umdrehungen, mithin für 1 Strahl $\frac{169}{16} = 10,562$ und für 3 Strahlen (1 konstanter Arbeitsvorgang) $10,562 \times 3 = 31,687$ Umdrehungen.

Alle diese Daten werden, wie schon erwähnt, in die Berechnungstafel Fig. 385—386 eingetragen.

b) Das Aufzeichnen der Kurven geschieht nach den Angaben der Berechnungstafel in folgender Weise: Der Kurvenscheibenkreis (Fig. 389) wird zunächst in 100 Strahlen eingeteilt, welche der Reihe nach im Sinne der Uhrzeigers von 0—100 bezeichnet werden. Es ist zu beachten, daß der 0-Strahl durch die Mitte des Mitnehmerstiftloches A gehen muß, damit die Kurven für Revolverschlitten und Querschlitten im richtigen Verhältnis zueinander auf der gemeinsamen Steuerwelle sitzen.

Die Anzahl der für die einzelnen Arbeitswege sowie für die konstanten Arbeitsvorgänge in Frage kommenden Strahlen wird der Berechnungstafel entnommen und abgetragen, wobei die Zugaben zweckmäßig verteilt werden. Die dadurch auf dem Kurvenscheibenkreis entstehenden einzelnen Sektoren sind in der Figur mit römischen Zahlen bezeichnet.

Dann wird für jeden Sektor die durch den Arbeitsweg bedingte tiefste und höchste Stellung der Rolle (Kurvenhub) auf dem Anfangs- und Endstrahl des betreffenden Sektors aufgetragen, wobei natürlich ein etwa vorhandenes Übersetzungsverhältnis zwischen Kurvenhub und Arbeitsweg zu berücksichtigen ist.

In vorliegendem Beispiel beträgt der Arbeitsweg (in diesem
Falle = Kurvenhub) bei der Operation Schruppen 36 mm, welche
sich auf 29,4 Strahlen verteilen, und zwar von Strahl 6 bis Strahl 35,4.
Dieser Strahlenweg und der radial aufgetragene Kurvenhub werden
in eine beliebige Anzahl gleicher Teile (z. B. 9) zerlegt und mit
Nummern versehen. Die Teilpunkte des Kurvenhubes am Anfangs-
strahl jeder Operation werden dann mittelst Kreisbogen auf die mit
gleicher Nummer versehenen Strahlen des Strahlenweges übertragen.
Die Verbindungskurve der so erhaltenen Schnittpunkte ergibt den
Weg des Mittelpunktes der Rolle. Von dieser Kurve aus wird durch

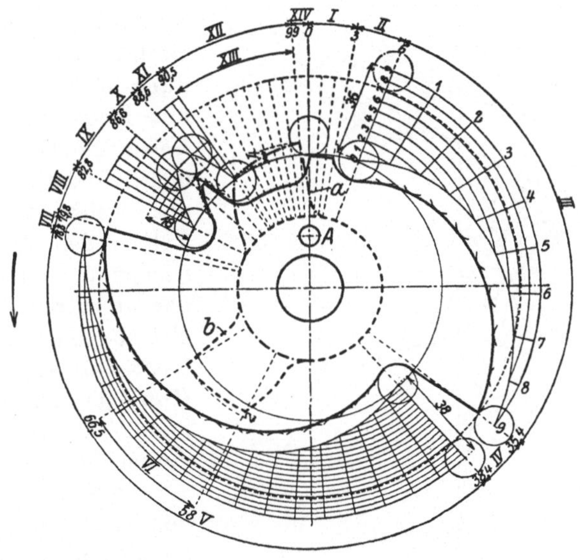

Fig. 389.

berührende Kreisbogen vom Radius der Rolle die wirkliche Kurve
bestimmt.

Dieses Verfahren wird für jede Operation, sowohl für die Revolver-
schlittenkurve, als auch für die Querschlittenkurven wiederholt.

Beim Gewindeschneiden ist zu berücksichtigen, daß die tatsächliche Kurve hinter der theoretischen etwas zurückbleiben muß, damit das Schneidzeug frei auf- und ablaufen kann. Nur bis zum Anschnitt muß die tatsächliche Kurve der theoretischen folgen.

Aus Fig. 389 ist nun deutlich ersichtlich, daß die Operationen 5
(Schlichten) und 6 (Einstechen) zeitlich zusammenfallen, daß ferner
mit der Operation 13 (Abstechen) das 3malige Schalten des Revolverkopfes (vom 5. zum 1. Loch über die beiden nicht besetzten Löcher)
zusammenfällt. Die Zugaben sind zweckmäßig so verteilt, daß eine

am Ende des Schlichtens eintritt (VII), wobei die Kurve ein Stück konzentrisch verläuft. Dadurch wird erreicht, daß der Schlichtstahl einen Moment ohne Vorschub arbeitet und sich leicht aus dem Span löst, wodurch er geschont wird. Die zweite Zugabe (X) ist zwischen dem Gewinde-Vor- und -Rücklauf eingeschaltet, zu dem Zwecke, eine scharfe Spitze der Kurve an dieser Stelle zu vermeiden. Die dritte Zugabe (XIV) ist am Schluß eingeschaltet als Sicherheit zwischen dem Abstechen und dem Vorschieben des Materials.

Der Rücklauf der Schlitten, insbesondere der Querschlitten, wird häufig durch Federn bewirkt. Erfolgt er daher nicht mit gleich-

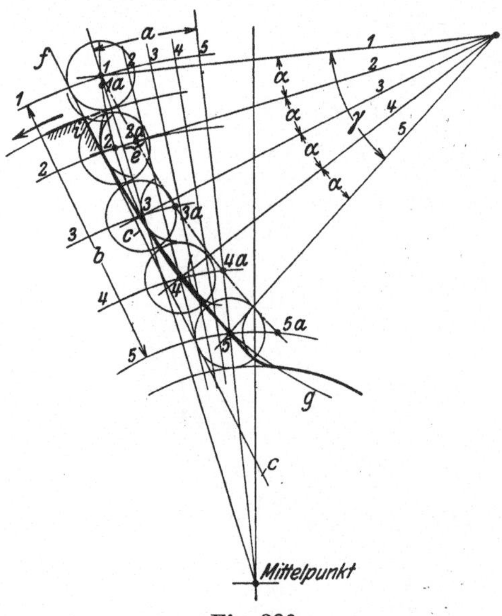

Fig. 390.

mäßiger Geschwindigkeit, so tritt infolge der dauernd wechselnden Federspannung leicht ein ruckweiser und nicht erschütterungsfreier Rücklauf ein. Es ist daher beim Aufzeichnen der Teile der Kurven, welche den Rücklauf bewirken (a, b in Fig. 389) darauf zu achten, daß für gleiche Umfangswege des Kurvenkreises auch gleiche Hubwege der Rolle und damit des Schlittens hervorgerufen werden.

Beträgt z. B. der für den Rücklauf in Frage kommende Umfangs- oder Strahlenweg $= a$ (Fig. 390) und der Hub der Rolle $= b$, so ist es nicht ohne weiteres angängig, die Fläche der Kurve als Tangente c an den Rollenkreis der Anfangs- und Endstellung 1 und 5 auszubilden. Ist d der Drehpunkt des Rollenhebels, so hat der letztere während des Strahlenweges a den Winkel γ zu durchlaufen. Soll dies gleichmäßig geschehen, so müssen während gleicher Strahlenwege auch gleiche Winkel durchlaufen werden. Um dies zu erreichen, teilt man den Strahlenweg a und den Winkel γ in die gleiche Anzahl gleicher Teile.

In Stellung 1 befindet sich der Rollenmittelpunkt auf dem Strahl 1 und der Stellung 1 des Rollenhebels. In Stellung 2 ist der Rollenmittelpunkt auf der Hebelstellung 2, inzwischen ist die Kurve an der Stelle um das Stück e weitergegangen, um den gleichen Betrag wird der Rollenmittelpunkt von 2 nach $2\,a$ verlegt. Dasselbe geschieht in den Stellungen 3—5.

Aus den Punkten 2*a*—5*a* wird dann durch berührende Kreisbogen vom Rollenradius die Kurve *f g* gebildet. Um die Rolle von Stellung 1 bis Stellung 2 in der Zeiteinheit zu bringen, müßte die Kurve an der oberen Ecke (schraffiert) nach der punktierten Linie geformt sein. Dies würde jedoch eine für die Abnutzung sehr ungünstige Form ergeben und man wählt daher die gerade, schraffierte Form der Ecke. Die kleine Abweichung, daß die Rolle zunächst langsam um die Ecke *i* herumrollt bis zur Stellung 1*a* und dann erst ihre gleichförmige Bewegung beginnt, ist für die Praxis ohne Bedeutung.

Arbeitet ein Werkzeug im Revolverschlitten direkt nach einem Werkzeug im Querschlitten, so muß darauf geachtet werden, daß das erstere erst dann vorgeht, wenn das letztere genügend weit zurückgegangen ist, um ein Zusammenstoßen der beiden Werkzeuge zu vermeiden. So müßte z. B. das Fassonmesser *F* in Fig. 391 erst um 85 + 5 (Zugabe) = 90 mm zurück-

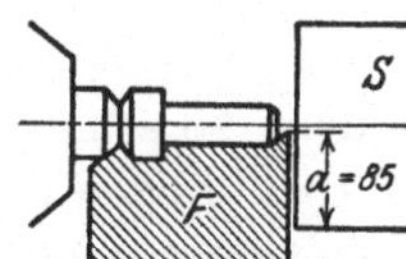

Fig. 391.

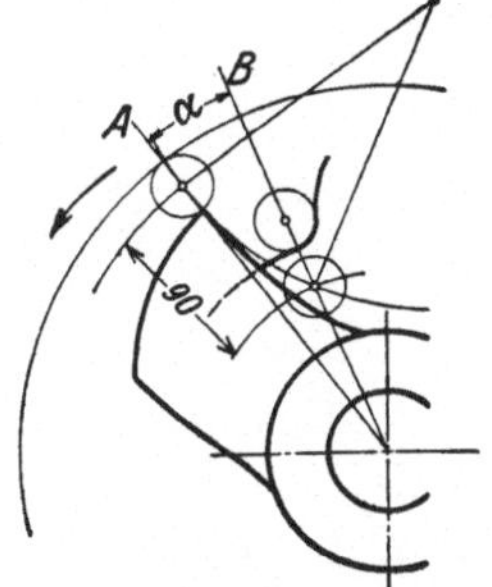

Fig. 392.

gehen, ehe das Schneideisen *S* vorgehen kann. Ist das Fassonmesser bei dem Strahl *A* (Fig. 357) in seiner vorderen Stellung angekommen, so muß die Kurve zum Rücklauf der 90 mm unbedingt den Winkel α durchlaufen, dessen beide Schenkel durch die beiden Stellungen der Rolle des Querschlittens gehen. Erst dann, d. h. bei Strahl *B*, kann der Vorschub des Schneideisens beginnen.

Besonders steile Kurven, z. B. zum Gewindeschneiden, müssen, wenn sie genau sein sollen, aufgezeichnet werden unter Berücksichtigung folgender Gesichtspunkte:

Bei der Methode Fig. 389 ist angenommen, daß sich die Rolle radial von außen nach innen, oder umgekehrt bewegt, oder wenigstens annähernd auf einem Kreisbogen, welcher durch die Mitte des Kurvenkreises geht.

Dies ist jedoch vielfach nicht der Fall, wie z. B. Fig. 393 zeigt. *D* ist der Mittelpunkt des Kurvenkreises, D_1 der Drehpunkt des Rollenhebels vom Radius *R*. Es ist zu erkennen, daß die Rolle eine von der radialen sehr abweichende Bewegung macht.

Wäre z. B. die Anfangsstellung *a* der Rolle auf dem Strahl a_1

und dem Bogen a_2, die Endstellung b auf dem Strahl b_1 und dem Bogen b_2, so würde die Mittelstellung c der Rolle nach der Methode Fig. 389 auf dem Mittelstrahl c_1 und dem Mittelbogen c_2 liegen.

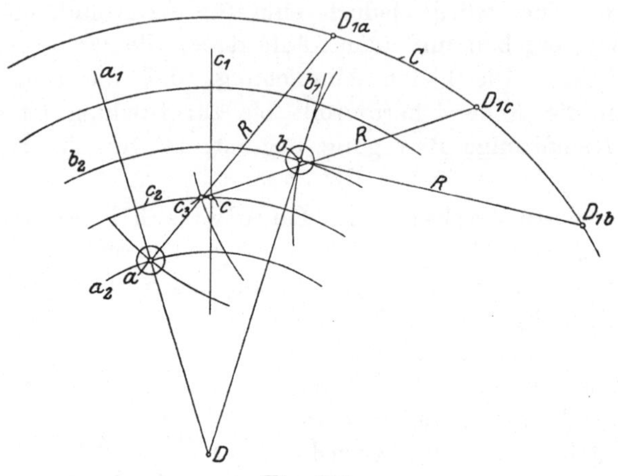

Fig. 393.

Berücksichtigt man dagegen, daß bei dem Vorschub sich der Drehpunkt D_1 des Rollenhebels relativ auf dem Bogen C um den Mittelpunkt D bewegt, sich also in der Rollenstellung a bei D_{1a} und

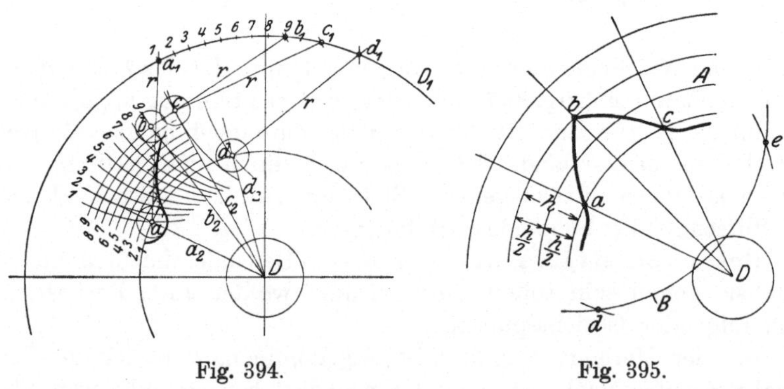

Fig. 394.   Fig. 395.

in der Rollenstellung b bei D_{1b} befindet, so folgt, daß in der Mittelstellung D_{1c} sich die Rolle nicht bei c, sondern bei c_3 befindet.

Demnach können steile Kurven nach Fig. 394 aufgezeichnet werden.

Aus den Rollenstellungen $a\,b\,c\,d$ werden Kreisbogen mit dem Radius r des Rollenhebels geschlagen, welche den Kreis des Hebel-

<table>
<tr><td colspan="10" align="center">Berechnungsblatt für
Hochleistungs-Revolverautomat
INDEX 30</td><td colspan="2" align="center">INDEX-WERKE
Hahn & Kolb
Esslingen</td></tr>
<tr><td colspan="4" rowspan="6" align="center">Skizze:</td><td colspan="2">Werkstoff:</td><td colspan="4">Flußstahl 40—45 kg</td></tr>
<tr><td rowspan="2">Spindel-
umdrehungen/min.</td><td colspan="3">Drehen</td><td>488</td></tr>
<tr><td colspan="3">Gewindeschneiden</td><td>122</td></tr>
<tr><td rowspan="2">Schnittgeschwin-
digkeit m/min.</td><td colspan="3">Drehen</td><td>37</td></tr>
<tr><td colspan="3">Gewindeschneiden</td><td>4,5</td></tr>
<tr><td colspan="4">Erforderl. Umdreh. f. ein Arbeitsstück</td><td>568</td></tr>
<tr><td colspan="6">Arbeitszeit . . . . sec.</td><td>70</td></tr>
</table>

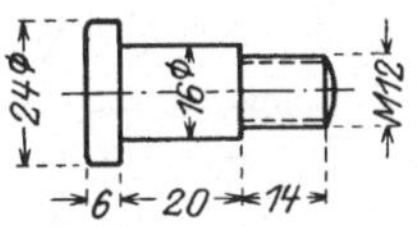

		Arbeitsgang	Arbeitsweg	Vorschub bei 1 Umdrehung der Arbeitsspindel	Arbeitsspindel-umdrehungen für den betr. Arbeitsgang	Arbeitsspindel-umdrehungen zu berück-sichtigende	100stel der Kurvenscheibe für Leerwege	100stel der Kurvenscheibe für Arbeitswege	von	bis
		1	2	3	4	5	6	7	8	9
Revolverkopf	a	Werkstoffvorschub u. Anschlag					1,5		0	1,5
	b	Schalten des Revolverkopfes					1,5		1,5	3
	c	Überdrehen d. Gewindeschaft.	15	0,14	108	108		19	3	22
	d	Schalten des Revolverkopfes					3		22	25
	e	Gewinde aufschneiden . . .	8 Gg		32	32		5,6	25	30,6
	f	Gewinde Rücklauf	8 Gg		8	8		1,4	30,6	32
	g	Schalten des Revolverkopfes					3		32	35
	h	Schlichten d. Schaftes 16 mm ⌀	21	0,28	74	74		13	35	48
Seitenschlitten	i	Vorderer Seiten-schlitten: Vorstechen d. Schaftes 16 ⌀	4	0,037	108			19	3	22
	k	Hinterer Seiten-schlitten: Vorstechen und Runden d. Kopf.	3	0,035	85			15	3	22
	l	Dritter Seiten-schlitten: Abstechen	3	0,07	43	43		7,5	48	55,5
			9	0,04	224	224		39,5	55,5	95
			1	0,06	17	17		3	95	98
	m	Zugabe nach dem Abstich . .					2		98	0

$$\text{Umdrehungen für ein Arbeitsstück:} \quad \frac{506.100}{89} = 568 \qquad 506 \quad 11 + 89 = 100$$

$$\text{Arbeitszeit:} \quad \frac{60.568}{488} = 70 \text{ sec.}$$

Fig. 396.

17*

drehpunktes D_1 schneiden in den Punkten $a_1 b_1 c_1 d_1$. Diese Umfangs-
teile, z. B. $a_1 b_1$, werden in eine Anzahl gleiche Teile geteilt, in die-

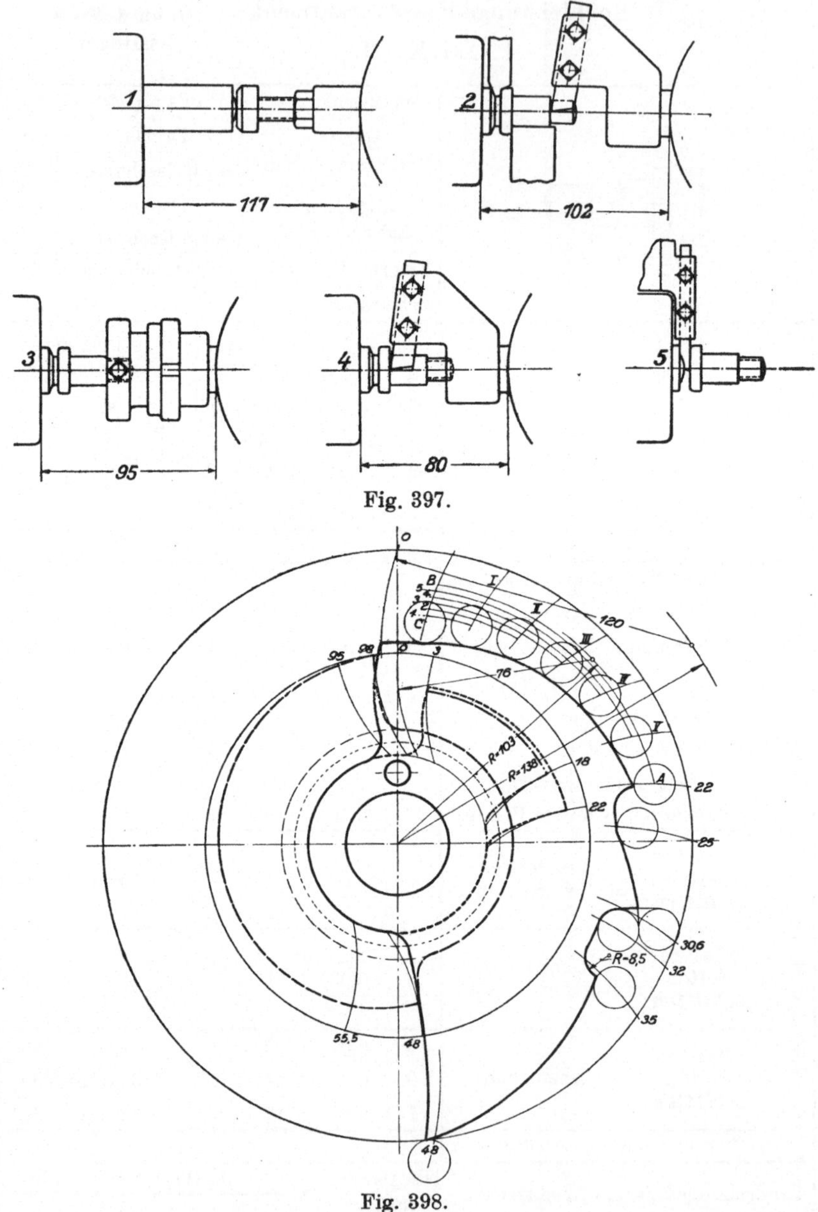

Fig. 397.

Fig. 398.

selbe Anzahl gleiche Teile der Hub der Rolle zwischen $a\,b$ durch
Kreisbogen aus D. Dann werden aus den Teilpunkten des Kreises D_1

Kreisbogen geschlagen mit dem Rollenhebelradius und deren Schnittpunkte mit den analogen Kreisen aus D ergeben die Rollenmittelpunkte, aus denen durch berührende Kreisbogen vom Rollenradius die Kurve gebildet wird.

Ein vereinfachtes Verfahren kann man für Gewindeschneidkurven anwenden, wenn Vorlauf und Rücklauf mit gleicher Geschwindigkeit erfolgen, was bei kleinem Durchmesser der zu bearbeitenden Schrauben häufig der Fall ist (Fig. 395).

Nachdem man auf die vorbeschriebene Weise (siehe Fig. 385—386) die Strahlenzahl und den Hub der Rolle und damit die Anfangs-, Mittel- und Endstellung $a\,b\,c$ der Rolle festgelegt hat, teilt man den Hub h in die beiden Hälften $\dfrac{h}{2}$ und zieht den Kreis A aus dem Mittelpunkt D des Kurvenkreises. Mit dem Radius $A\,D$ schlägt man den Kreis B aus b, und mit demselben Radius Bogen aus a und c. Wo diese den Kreis B schneiden ($d\,e$), sind die Mittelpunkte der Kurvenbogen $a\,b$ und $b\,c$.

Als weitere Erläuterung ist in den Fig. 396—398 eine Berechnungstafel zu dem Arbeitsplan einer Ansatzschraube nebst dem Kurvenblatt dargestellt.

VII. Die Ausführung der Kurven.

Von der Genauigkeit und Sauberkeit der Ausführung der Vorschubkurven hängt die Sauberkeit des Arbeitsstückes ab infolge der mehr oder weniger größeren Gleichmäßigkeit des Vorschubes.

Wie bereits erläutert, bestimmt die Kurve den Arbeitsweg (Hub) des Werkzeuges, sowie auch dessen Vorschubgeschwindigkeit, und zwar den ersteren durch die Hubhöhe, die letztere durch den Steigungswinkel der Kurve. Hubhöhe und Steigungswinkel müssen daher bei der Genauigkeit der Ausführung der Kurven besonders berücksichtigt werden.

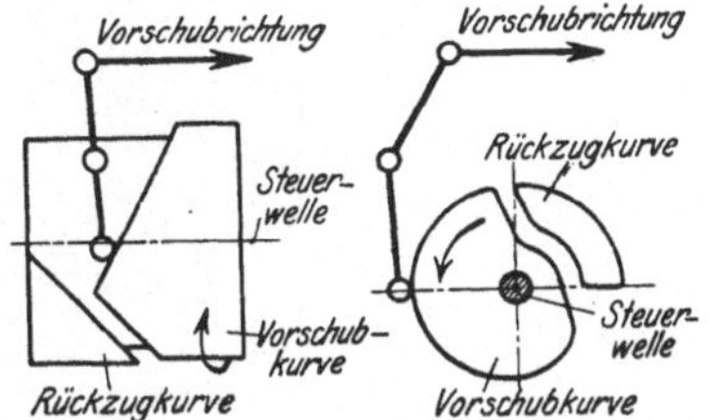

Fig. 399—400. Trommel- und Plankurve.

Da sich die Kurven fast ohne Ausnahme auf sich drehenden Wellen (Steuerwellen) befinden, so folgt daraus, daß die den Vorschub bewirkenden Flächen der Kurven, welche sich an dem zu verschiebenden Schlitten oder an einem die Verschiebung übertragenden Hebel entlang schieben, auf einer Kreislinie liegen.

Je nachdem die Steuerwelle nun parallel oder senkrecht zur Richtung der Verschiebung liegt, befinden sich diese Flächen auf dem Umfange oder an der Planfläche eines Zylinders.

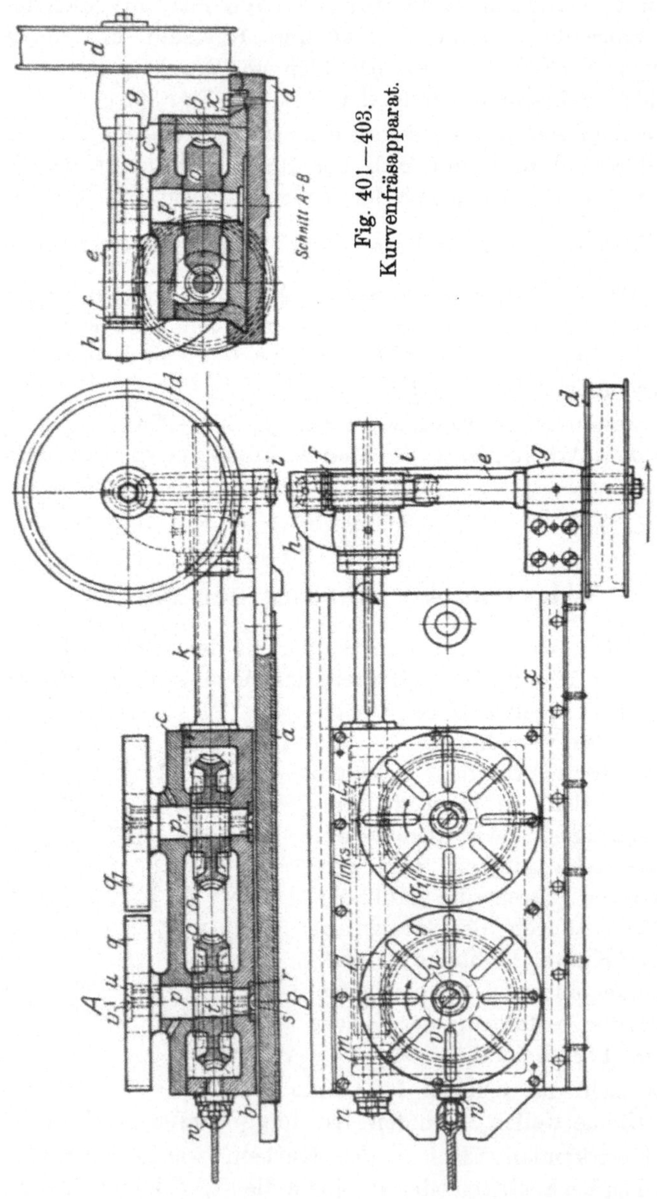

Fig. 401—403.
Kurvenfräsapparat.

1. Trommelkurven.

Liegt die Steuerwelle parallel zur Vorschubrichtung, so kommt die Ausführung Fig. 399 in Frage. Derartig ausgeführte Kurven werden allgemein als Trommelkurven bezeichnet.

2. Plankurven.

Liegt die Steuerwelle senkrecht zur Vorschubrichtung, so sind Plankurven nach Fig. 400 erforderlich.

Die Möglichkeit der genauen Herstellung ist bei den Plankurven größer, weil die Anlagefläche für die Rolle gerade ist, während sie bei den Trommelkurven eine Schraubenfläche darstellt.

In beiden Fällen ist jedoch ein genaues Fräsen (Kopieren) der Anlageflächen erforderlich.

Das vielfach übliche provisorische Befeilen roh gegossener Kurven oder geschmiedeter und gebogener Kurvenleisten ist nicht zu empfehlen. Die durch das genaue Fräsen der Kurven aufgewendete Zeit

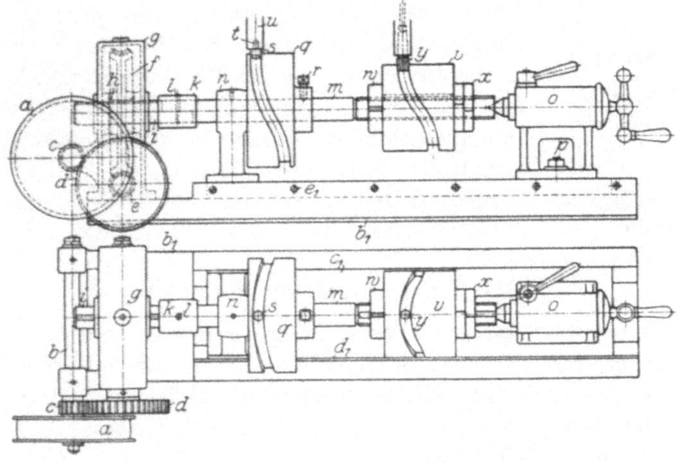

Fig. 404—405. Kurvenfräsapparate.

wird reichlich aufgewogen durch die größere Sauberkeit des Arbeitsproduktes des betr. Automaten. Beispiele für die Anfertigung von Kurvenfräsvorrichtungen, welche so einfach sind, daß sie in jedem mit Automaten arbeitenden Betrieb hergestellt werden können, sind in den Fig. 401—405 dargestellt. Dieselben können an jede normale Fräsmaschine angebaut werden und beruhen darauf, daß eine Normalkurve einen Kopierstift führt, welcher wiederum dem Fräser den bestimmten Kurvenweg vorschreibt.

Bei kleineren Ausführungen ist es wichtig, die Kurven aus Stahl anzufertigen, zu härten und zu schleifen, bei größeren Ausführungen sollten mindestens die Teile der Kurven, welche besonders dem Vorschubdruck ausgesetzt sind, aus gehärteten, eingesetzten Stücken bestehen. Im übrigen lassen sich auch gußeiserne Kurven in einer für ihren Zweck ausreichenden Weise härten, und zwar nach folgendem Verfahren. Die Kurven werden auf dunkle Rotglut erhitzt und dann in ein Bad getaucht, welches aus 3 Teilen chemisch reinem roten Arsensulfid und 40 Teilen chemisch reiner Schwefelsäure besteht. Es ist dabei jedoch Vorsicht am Platze, da die spritzende Flüssigkeit Brandwirkungen und die Dämpfe Arsenvergiftungen hervorrufen können. Die Mischung muß in einem steinernen Bottich erfolgen, Hände und Arme müssen dabei durch Gummihandschuhe geschützt werden.

3. Die Anlage der Rolle,

welche entweder direkt oder indirekt (durch Hebelübertragung) an dem zu verschiebenden Teil sitzt, muß eine korrekte sein. Ungenaue

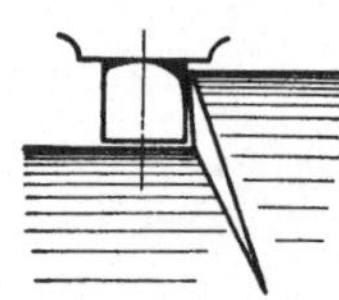

Fig. 406. Anlage der Rolle.

Anlage der Rolle an der Kurve führt zu Reibungen und unnötigem Kraftverlust. Auch in dieser Beziehung ist die Plankurve vorteilhafter. Ist eine Trommelkurve nicht genau gefräst und eine gleichmäßige Anlage über die ganze Länge der Rolle nicht gewährleistet, so empfiehlt es sich, die Kurve etwas zu unterfeilen, damit ihre äußere Kante stets an der Rolle anliegt (Fig. 406).

4. Die Einstellung der Kurven

auf der Steuerwelle kann auf verschiedenste Art geschehen.

Zunächst durch Auswechselung der Kurven auf der Steuerwelle selbst, wie dies bei dem Hilfskurvensystem üblich ist. Die Feststellung der Kurve auf der Welle und ihre Mitnahme soll dabei nicht durch einen Keil, sondern durch ein Mitnehmerloch und einen genau passenden Mitnehmerstift erfolgen. Bei dem Mehrkurvensystem ist ein Satz Kurven erforderlich, welche je nach der Reihenfolge der Operationen auf den Umfang der Steuerwelle verteilt werden müssen. Diese Verteilung geschieht am besten auf Kurvenscheiben oder Kurventrommeln.

Die Verstellung der Kurven auf den Scheiben bzw. Trommeln geschieht entweder durch Versetzen der Kurven in bestimmten Abständen (Lochkreise auf dem Trommelumfang), z. B. wie in Fig. 13, 17, 24, 38, wobei die Grenzen der Verstellung durch Langschlitze in den Kurven erhöht werden können (Fig. 17) oder in beliebiger

Weise durch T-Schlitze in den Trommeln, z. B. wie in Fig. 275. Im ersteren Falle sind die Kurven gegen Verschiebung durch die Befestigungsschrauben selbst gesichert, in letzerem Falle ist diese Verschiebung durch möglichst kräftige Schrauben zu verhindern.

5. Vor- und Rückzugkurven.

Im Gegensatz zu den Vorschubkurven, können an die Rückzugkurven geringere Anforderungen in bezug auf Genauigkeit der Ausführung gestellt werden. Auch können sie mit größerem Steigungswinkel arbeiten, insbesondere wenn der Rückzug durch ein Gewicht unterstützt wird (z. B. Fig. 5). Die Grenze soll bei Vorschubkurven nicht über 40°, bei Rückzugkurven bei ca. 50—60° liegen.

An der höchsten Stelle des Hubes soll die Vorschubkurve eine kleine Abflachung besitzen, damit das Werkzeug während einiger Umdrehungen des Arbeitsstückes ohne Vorschub arbeitet. Dadurch löst es sich aus dem Span und es wird ein Beschädigen der Schneide bei einsetzendem Rücklauf vermieden.

Befinden sich 2 unabhängig voneinander arbeitende Kurvensätze 3, 4 auf einer Trommel 5, so ist es praktisch, diese durch einen

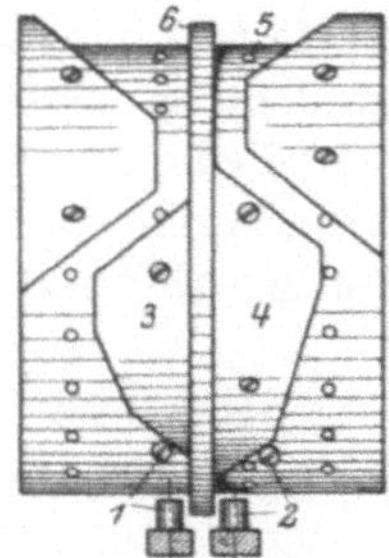

Fig. 407. Doppelkurve.

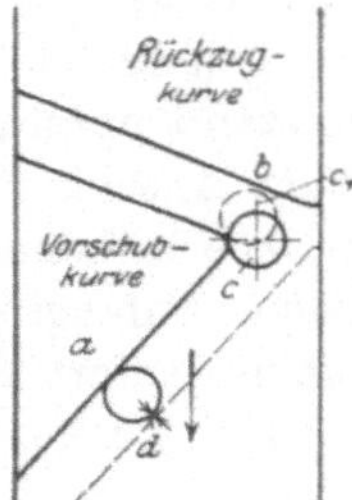

Fig. 408. Doppelseitige Kurvennute.

Rand 6 zu trennen, um ein Übergreifen der beiden Rollen 1, 2 zu verhindern (Fig. 407 D. R. G. M. A. H. Schütte).

6. Doppelseitige Kurven.

Obwohl die Rolle stets nur an einer Seite, der Druckseite, anliegt, werden die Kurven zuweilen der Sicherheit der Führung wegen doppelseitig ausgeführt. In diesem Falle soll die Rolle nicht schließend in der Kurvennut, sondern mit etwa 0,5—1 mm Luft geführt sein (siehe d in Fig. 408).

7. Übergang von Vorschubkurve zu Rückzugkurve.

Ist die Rolle auf dem höchsten Punkt der Vorschubkurve angelangt (c in Fig. 408) so kann sie nicht sofort durch die Rückzugkurve in entgegengesetzter Rich-
tung verschoben werden, sondern
sie muß erst um die Spitze der
Vorschubkurve herumgehen bis in
die Stellung c_1. Um diesen dadurch hervorgerufenen Zeitverlust
zu vermeiden, kann man folgende
Einrichtung benutzen (D. R. P.
292687 Schubert & Salzer).

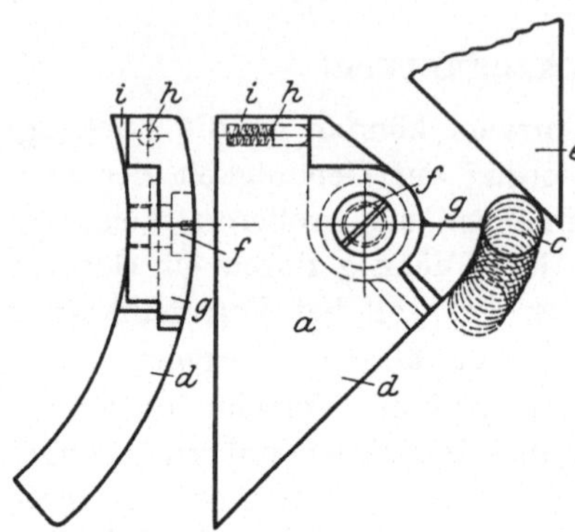

Fig. 409.   Kurve mit beweglicher
Spitze.

Die Vorschubkurve a (Fig. 409)
besteht aus dem festen Teil d und
dem um den Zapfen f drehbaren
Teil g, der das Ende der Kurven-
bahn bildet. Durch eine Feder h
wird das Stück g an den festen
Teil d gedrückt. Der die Feder tragende Teil i bildet gleichzeitig
eine Begrenzung des Anschlages des Teiles g.

Wenn die Rolle c auf der Bahn des festen Kurvenstückes d
hochgleitet, so gelangt sie auf den Teil g und dieser wird durch den
Reibungswiderstand entgegen dem Druck der Feder h mit der Rolle
gleiten bis zum Anschlag i. Sobald dann die Rolle zur Anlage an
der Rückzugkurve e kommt, wird der Teil g frei und durch die
Feder h in seine Anfangstellung gedreht.

Hierdurch ist sofort Raum für die entgegengesetzte Weiterver-
schiebung der Rolle c geschaffen.

8. Die Verstellung des Hubes.

a) Durch Veränderung des Kurvenweges. Ist die Umfangsgeschwindigkeit der Steuerwelle nicht veränderlich, so kann der
Kurvenhub im allgemeinen nur durch Veränderung des Kurvenweges, d. h. durch Verlängerung oder Verkürzung der Kurvenlänge l
(Fig. 370) geändert werden. Der Kurvenwinkel α muß bleiben, da
sonst gleichzeitig der Vorschub pro Umdrehung geändert würde.
Soll das letztere beabsichtigt sein, so muß eben α geändert werden,
bei gleichzeitiger Verkürzung oder Verlängerung von l ohne Veränderung von h.

Es geht daraus hervor, daß bei Automaten mit unveränder-
licher Geschwindigkeit der Steuerwelle sich eine Verstellbarkeit der
Kurven in einfacher und zufriedenstellender Weise schwer durch-

führen läßt. Ein Satz Kurven mit verschiedenen Hüben und Steigungswinkeln ist hier besser am Platze.

Die Fig. 410—411 zeigen verstellbare Kurven am Steinhäuser-Automaten. Dieselben bestehen aus zwei übereinander verschiebbaren Stücken.

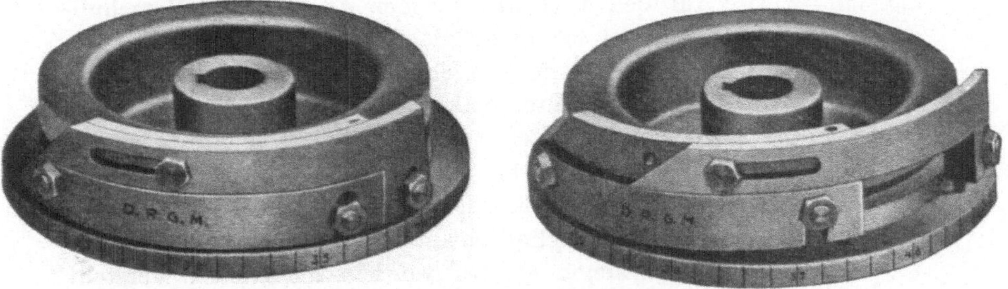

Fig. 410—411. Verstellbare Trommelkurven.

Bei dem Löwe-Automaten wird der Hub verändert durch Verstellung der Rollen auf der Trommel (Fig. 275 und 277). Die Kurven sitzen fest unter dem Revolverschlitten.

b) Durch Veränderung des Kurvenwinkels. Dies ist am einfachsten durchführbar bei Plankurven. Die Kurve a kann um den

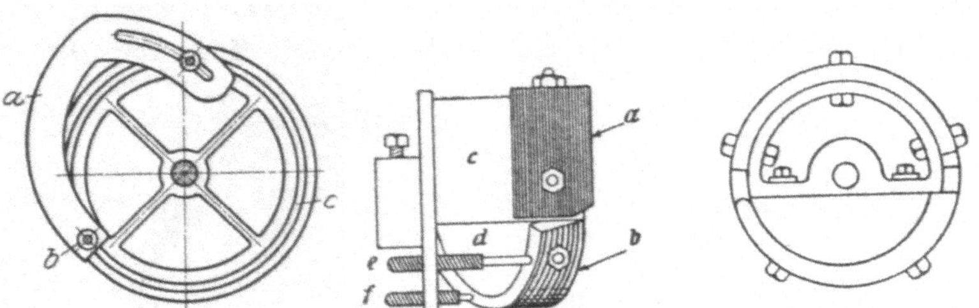

Fig. 412. Verstellbare   Fig. 413—414. Verstellbare
Plankurve.   Trommelkurve.

Punkt b gedreht werden. Ferner kann die Kurve an beliebiger Stelle der Trommel in dem Schlitz c festgestellt werden (Fig. 412).

Bei Trommelkurven ist die Verstellung schwieriger, da sie auf der runden Fläche des Trommelumfanges erfolgen muß.

Fig. 413—414 zeigt eine verstellbare Kurve beim Hau-Automaten. Dieselbe ist durch zwei an ihr gelenkig befestigte Stifte mit Gewinde verstellbar.

Bei dem Symplex-Automaten ist eine direkt auf der Steuerwelle drehbare Kurve vorhanden (Fig. 415). Auf der Steuerwelle 1 sitzt fest die Nabe 2 mit den beiden Zapfen 3. Um die letzteren ist die

Kurve 4 drehbar und zwar durch eine in 4 gelagerte Schnecke 5, welche in Eingriff steht mit einer Verzahnung der Nabe 2.

Verstellbare Trommelkurven besitzt der Einscheibenautomat (Fig. 287).

Die Kurventrommel 1 ist nicht rund, sondern viereckig (Fig. 416—417). Auf den 4 ebenen Flächen $abcd$ sind 4 Vorschub-

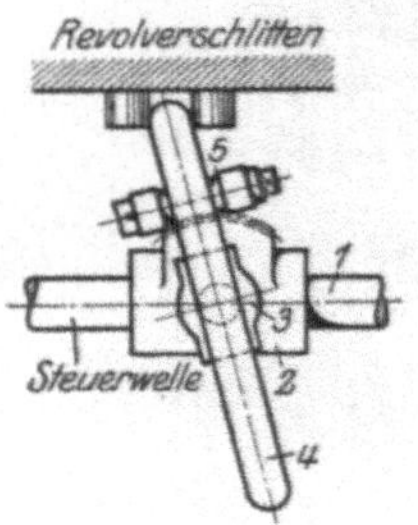

Fig. 415. Verstell-
bare Kurve.

kurven 2 befestigt, welche nach außen kreis-bogenförmig ausgebildet sind. Sie lassen sich um den Drehpunkt 3 auf verschiedene Kurven-winkel einstellen.

Damit bei dieser Verstellung die äußere Umfangsfläche der Kurven sich innerhalb der-selben Zylindermantelfläche bewegt, sind die Flächen $a—d$, auf welchen die Kurven verstellt werden, nicht parallel, sondern schräg zur Achse der Kurventrommel 1.

c) **Durch Veränderung der Übertragungs-Übersetzung.** Sitzt die Rolle nicht direkt am Schlitten, so läßt sich das Übertragungselement zur Veränderung des Hubes benutzen. In Fig. 304 sind in dem Übertragungshebel 5 Schlitze vorhanden, in denen die Hebel 1 durch Schrauben nach beiden Seiten verstellt werden können. Dadurch wird das Verhältnis der unteren und oberen Hebelarme verändert. Ebenso ist in Fig. 103 durch Verstellen der Verbindungsstangen $43a$ auf dem

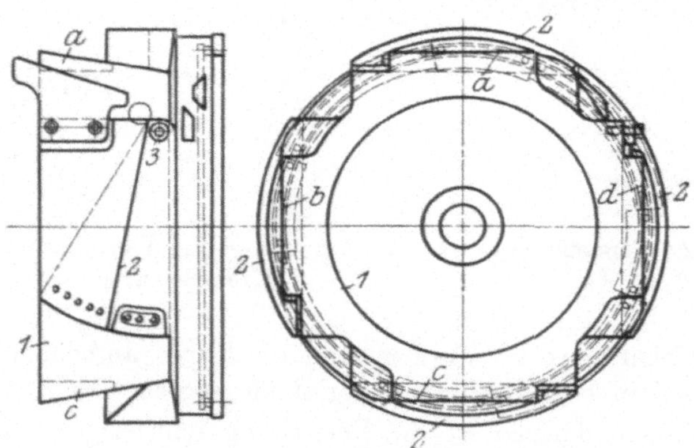

Fig. 416—417. Verstellbare Trommelkurven.

oberen segmentartigen Hebelarm 43 das Hebelverhältnis veränderlich. In Fig. 418—419 ist eine Einrichtung der Firma L.Löwe dargestellt (D.R.P. 230266). Die Vorschubkurve (nicht gezeichnet) bewegt die Zugstange 2 und den um einen Punkt drehbaren Hebel 1. Der in dem Werkzeugschlitten 5 gelagerte Bolzen 6 kann in dem Hebel 1 verstellt, d. h. dem Drehpunkt desselben mehr oder weniger genähert werden. Dadurch wird zunächst die Hublänge des Schlittens verändert.

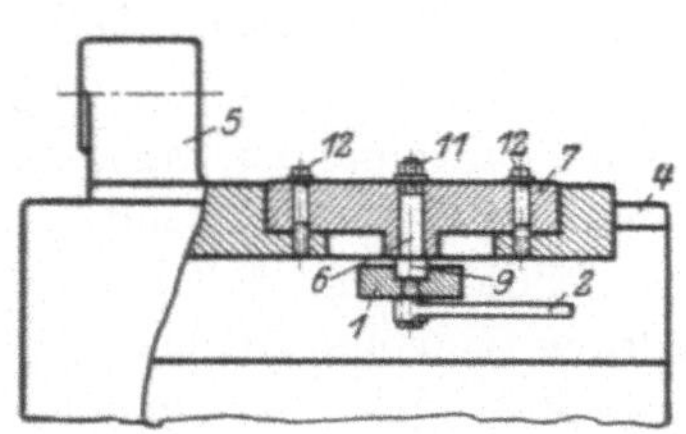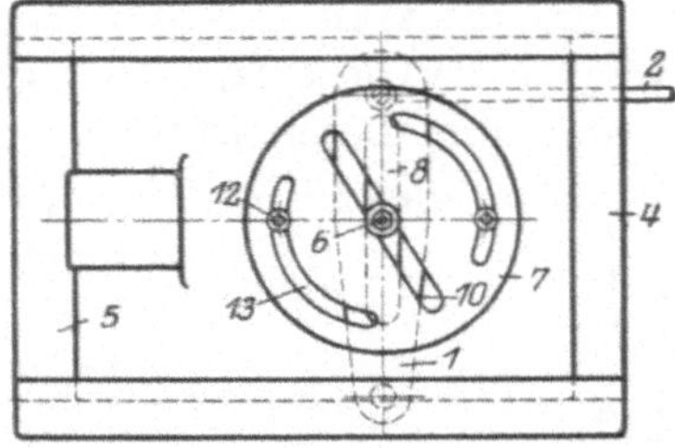

Fig. 418—419.　Hubverstellung.

Außerdem kann die Scheibe 7, in welcher der Zapfen 6 befestigt ist, in dem Schlitten gedreht werden. Der letzte kann dadurch ohne Bewegung des Hebels in der Führung 4 verstellt und seine Bewegungsbahn mehr nach links oder rechts verlegt werden.

9. Schaltkurven, Nocken und Anschläge

werden benutzt für die Schaltungen während der Totzeit. Sie sind z. T. fest, d. h. nicht verstellbar angeordnet für Schaltungen, welche stets an derselben Stelle erfolgen, z. B. das Spannen und Vorschieben des Materials, z. T. einstellbar. Zweckmäßig ist stets, wenn möglich eine Rolle zur Verminderung der Reibung anzuwenden.

Wichtig ist die Form der Schaltkurven in bezug auf möglichst stoßfreie Einleitung der Schaltung, sowie auf die Möglichkeit schnell aufeinander folgender Schaltungen. Es soll ferner auf die bei der Schaltung auftretenden Drücke und Widerstände Rücksicht genommen werden. Zur Erläuterung dienen nachstehende Beispiele.

Das Spannfutter zum Lösen und Spannen der Spannpatrone wird in der Regel durch die in Fig. 420 dargestellte Einrichtung betätigt, bei welcher durch Verschiebung einer konischen Muffe 1 die Spannhebel 2 nach außen und innen bewegt werden. Die Bewegung wird durch die Anschläge 3, 4 und Hebel 5 bewirkt. Anschlag 3 dient zum Spannen, 4 zum Lösen des Futters. Das Spannen geht zunächst leicht und dann, wenn die Spannpatrone sich schließt, erheblich schwerer, beim Lösen ist es umgekehrt. Es ist

Fig. 420.
Spann-Nocken.

daher praktisch, den Anschlag 3 zum Spannen zuerst mit einer stärkeren Steigung 3a zu versehen und diese dann in eine etwas flachere

Steigung $3b$ übergehen zu lassen, damit entsprechend der Betätigung des Spannfutters von Hand die Schließung des Futters zuerst schneller und dann bei zunehmendem Druck langsamer erfolgt. Berücksichtigt man dies nicht, so läuft man Gefahr, daß entweder die Befestigungsschrauben der Anschläge oder die Spannhebel 2 abreißen. Bei dem Anschlag zum Lösen ist es umgekehrt.

Sollen gleiche Schaltungen schnell nacheinander ausgeführt werden, so müssen die zu schaltenden Elemente so ausgebildet sein, daß sie nach erfolgter Schaltung schnellmöglichst in ihre Anfangsstellung zurückgehen, um von neuem betätigt werden zu können.

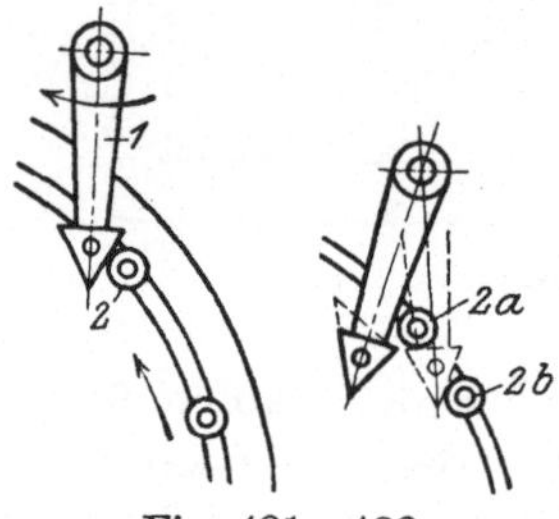

Fig. 421—422.

Der Hebel 1 in Fig. 421 wird durch die auf der Steuertrommel sitzende Rolle 2 nach links bewegt bis in die Stellung Fig. 422. In dieser Stellung, bei welcher die Rolle nach $2a$ gelangt ist, muß er sofort in seine alte Stellung (punktiert) zurückschwingen können, damit ihn die nächste Rolle $2b$ wieder betätigen kann. Die obere Fläche des dreieckigen Hebelkopfes muß also so ausgebildet sein, daß sie unter der Rolle vorbeischwingen kann und nicht etwa so wie punktiert angedeutet. Dies würde eine Vergrößerung der Entfernung der Rollen $2a$ und $2b$ und damit einen Zeitverlust bedingen.

Eine andere Lösung ist in Fig. 423—424 dargestellt. Der Hebel 1 wird durch Anschlag 2 nach oben bewegt. Bevor dies geschieht, wird jedoch zunächst die Klappe entgegen dem Drucke eines Federbolzens nach links bis zu einer

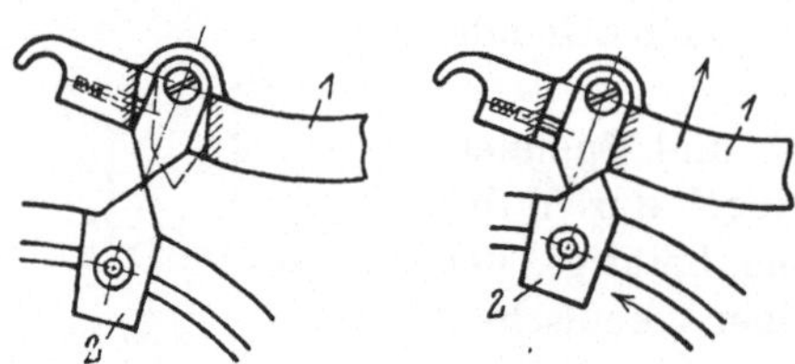

Fig. 423—424.

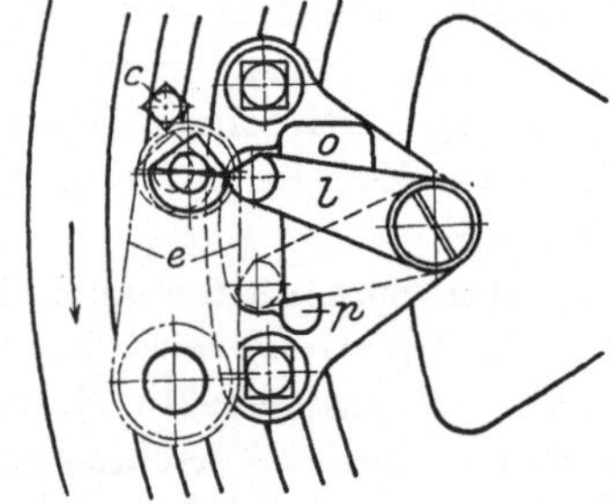

Fig. 425.

festen Anschlagfläche gedreht. Hat der Anschlag 2 die höchste Spitze der Klappe erreicht, so wird dieselbe sofort nach rechts geworfen und der Hebel kann seine alte Stellung nach unten wieder einnehmen.

Eine Lösung für eine doppelseitige Schaltung zeigt Fig. 425 (D. R. P. 220234 A. H. Schütte). Der Hebel e soll nach links und rechts gesteuert werden. Die festen Anschläge *c* auf der Steuertrommel bewegen ihn nach rechts, der Hebel *l* nach links, aber erst dann, wenn er sich nach oben bis gegen den festen Anschlag *o* bewegt hat. Nach erfolgter Schaltung fällt *l* durch seine Schwere sofort nach unten gegen den festen Anschlag *p* in die punktierte Stellung. Der Hebel *e* wird frei und kann durch Anschläge *c* wieder sofort nach rechts geschaltet werden.

E. Der Revolverkopf und seine Schaltung.

I. Vergleich der verschiedenen Revolverkopfsysteme.

1. Der Revolverkopf

ist derjenige Teil, welcher dem Automaten wie auch der gewöhnlichen Revolverbank die Überlegenheit der Leistung verleiht. Nächst der Steuerung ist daher der Revolverkopf und die automatische Schaltung desselben das wichtigste Konstruktionselement des Automaten.

Wesen und Prinzip des Revolverkopfes sowie Zweck desselben darf als bekannt vorausgesetzt werden, jedoch seien einige Betrachtungen über Anordnung und Lage des Revolverkopfes speziell bei Automaten vorausgeschickt. Im allgemeinen unterscheidet man zwei Arten, je nach der Lage der Revolverachse. Anknüpfend an die normale Revolverbank hatten die ersten Automaten den gleichen Revolverkopf, der sich um eine vertikale Achse dreht und der aus einem runden oder vieleckigen Körper besteht, in dessen Löchern die Werkzeuge mit Schäften eingesetzt werden, oder an dessen Flächen — bei größeren Maschinen — die kastenförmigen Werkzeughalter angeschraubt werden. Die herausragenden Werkzeuge schwingen demnach beim Schalten des Revolverkopfes in einer wagerechten Ebene.

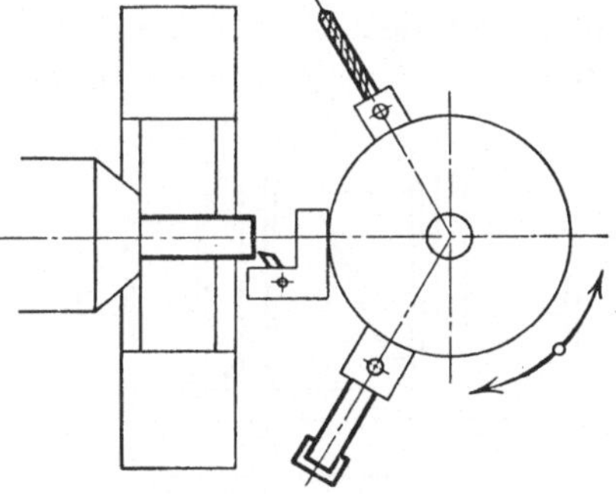

Fig. 426. Sternrevolver.

Später entstanden die Konstruktionen, bei denen der Revolverkopf um eine wagerechte Achse sich dreht. In den nachstehenden Betrachtungen seien die Revolver mit senkrechter Achse kurz Sternrevolver, diejenigen mit horizontaler Achse Trommelrevolver genannt. Beide Systeme haben Vorteile und Nachteile.

a) Der Sternrevolver (Fig. 426) hat den Vorzug einer großen Übersichtlichkeit der Werkzeuge, welche von oben gesehen in richtiger Operationsfolge nacheinander angeordnet sind im Kreise liegend.

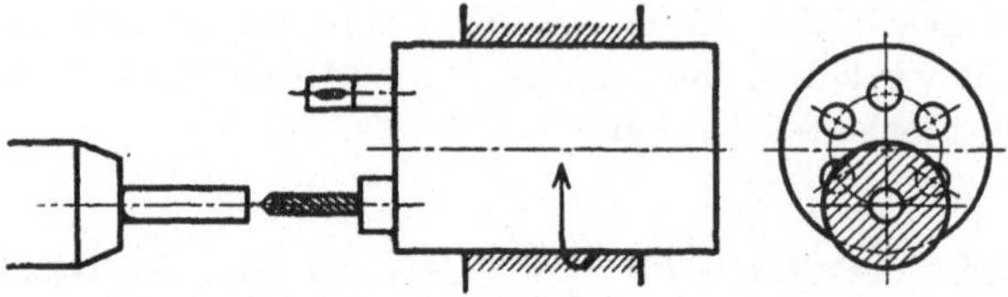

Fig. 427—428. Trommelrevolver.

Der Nachteil dieses Systems liegt darin, daß die Werkzeuge, insbesondere wenn sich längere Bohrwerkzeuge darunter befinden, häufig an den Querschlitten bzw. dessen Werkzeuge anstoßen.

b) Der Trommelrevolver (Fig. 427—428) hat diesen letzterwähnten Nachteil nicht, ein anderer Nachteil ist jedoch der, daß die an der vorderen Planfläche des Revolverkopfes herausragenden Werkzeuge sich gleichzeitig vorschieben, wodurch die anderen — außer dem unteren — nicht in Arbeitsstellung befindlichen Werkzeuge leicht mit dem Arbeitsstück in Kollision geraten, besonders wenn das letztere einen größeren Durchmesser hat (siehe den schraffierten Kreis in Fig. 428). Teilweise beseitigt wird dieser Übelstand durch die Ausführung Fig. 429 mit vergrößertem Werkzeuglochkreis (D. R. G. M., Pittler).

Es machten sich daher im Laufe der Entwicklung Bestrebungen geltend, diese erwähnten Nachteile zu beseitigen. Brown & Sharpe ließ zuerst den Revolverkopf sich um eine wagerechte, dabei rechtwinklig zur Maschinenachse liegende Achse drehen (Fig. 8). Die am

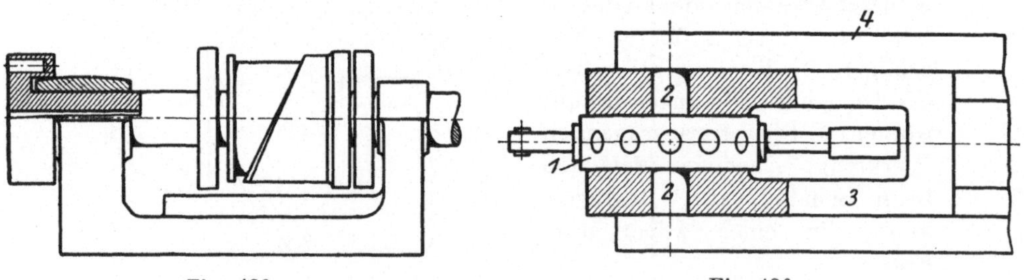

Fig. 429.   Fig. 430.

Umfang des Kopfes befestigten Werkzeuge schwingen beim Schalten in einer senkrechten Ebene und es sind beide vorerwähnten Nachteile vermieden. Die Werkzeuge kollidieren weder mit dem Querschlitten noch mit dem Arbeitsstück.

Eine ähnliche Ausführung zeigt Fig. 430 (D. R. G. M. 721 182 A. Monford). Der Revolverkopf 1 ist mit den beiden Zapfen 2 in, dem Revolverschlitten 3 gelagert, welcher seinerseits in der Bettführung 4 gleitet. Obwohl die Lagerung als auch die Führung des Revolverkopfes eine sehr solide ist, muß man jedoch in Kauf nehmen, daß der Größe insbesondere der Länge der Werkzeuge Grenzen gesetzt sind, da dieselben durch eine Aussparung des Schlittens hindurchschwingen müssen. Auch dürfte die Übersichtlichkeit der Einstellung der Werkzeuge beim Einrichten nicht gerade gewinnen bei dieser Konstruktion.

Einen sehr verbesserten Trommelrevolver besitzt das System Gridley (Fig. 17 u. 286). Die Werkzeuge sind nicht wie in Fig. 427 an der vorderen Planfläche des Revolverkopfes, sondern auf dem Umfange desselben befestigt. Der Revolverkopf liegt nicht in der Verlängerung der Achse der Arbeitsspindel, sondern parallel unter derselben. Ferner schiebt sich nicht der ganze Revolverkopf vor wie bei allen anderen Systemen, sondern nur das in Arbeitsstellung befindliche Werkzeug, während alle anderen Werkzeuge in der rückwärtigen Anfangsstellung verharren und daher weder mit dem Querschlitten noch mit dem Arbeitsstück kollidieren können.

Durch diese Konstruktion ist ferner ein dritter dem normalen Stern- und Trommelrevolver anhaftender Nachteil vermieden. Beide liegen in der Verlängerung der Achse der Arbeitsspindel und bei beiden ist der Drehlänge eine Grenze gesetzt durch die Länge der Drehwerkzeuge, welche frei aus dem Revolverkopf herausragen (Fig. 426, 427). Um ein Vibrieren und Abbiegen dieser freitragenden Werkzeuge zu vermeiden, kann man über eine Drehlänge von 100—150 mm bei diesen Automaten selten hinausgehen. Bei dem Gridley-System kann die Drehlänge das Doppelte betragen, weil die Werkzeuge auf den Schiebern des Revolverkopfes fest unterstützt sind und weil das Arbeitsstück über den Revolverkopf hinweg zwischen den Werkzeugen hindurchgehen kann.

Bei den Einspindelautomaten, bei denen ein Arbeitsstück mit mehreren Werkzeugen nacheinander bearbeitet wird, müssen naturgemäß die letzteren schalten, sitzen also im Revolverkopf. Bei den Mehrspindelautomaten dagegen gehen sämtliche Werkzeuge gleichzeitig vor und bearbeiten alle Arbeitsstücke gleichzeitig mit verschiedenen Operationen. Jedes Arbeitsstück wird nacheinander den verschiedenen Werkzeugen zugeführt, um sämtliche Operationen zu durchlaufen. Beim Einspindelautomaten sitzen demnach im Revolverkopf und schalten mit demselben: die Werkzeuge, bei Mehrspindelautomaten: die Arbeitsstücke.

Die Verrichtungen, welche beim Schalten des Revolverkopfes automatisch vorzunehmen sind, bestehen aus:

> 1. dem Entriegeln des Kopfes,
> 2. dem Drehen des Kopfes (Schalten),
> 3. dem Verriegeln des Kopfes,
> 4. dem Festziehen des Kopfes (bei schweren Ausführungen).

2. Die Verriegelung.

Das Ent- und Verriegeln geschieht durch den Riegel. Derselbe ist ein runder oder flacher, im Revolverschlitten gelagerter Bolzen. Die Lagerung muß eine äußerst solide und nachstellbare sein, damit

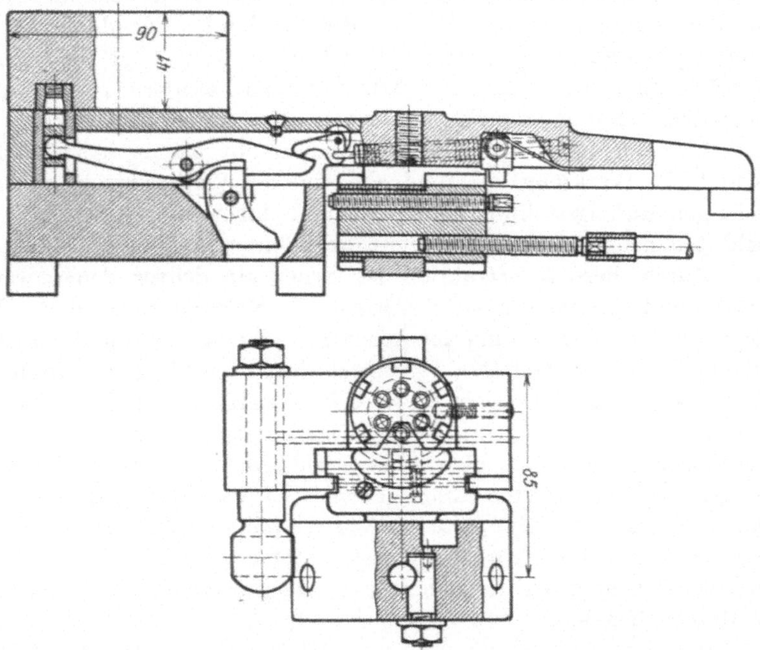

Fig. 431—432. Revolverkopf mit Rundriegel.

der Verschleiß stets ausgeglichen werden kann und die Gewähr für absolut sicheres Festhalten des Revolverkopfes in seiner Arbeitsstellung gegeben ist. Man unterscheidet demnach 1. Rund- und 2. Flachriegel; den letzteren ist der Vorzug zu geben, weil sie eine bessere Anlage in den Einschnitten des Indexringes haben. Der Riegel muß selbstverständlich genau geschliffen und gehärtet sein, er muß ferner in eine gehärtete Indexscheibe eingreifen, oder bei Rundriegeln in gehärtete Büchsen des Revolverkopfes. Fig. 431

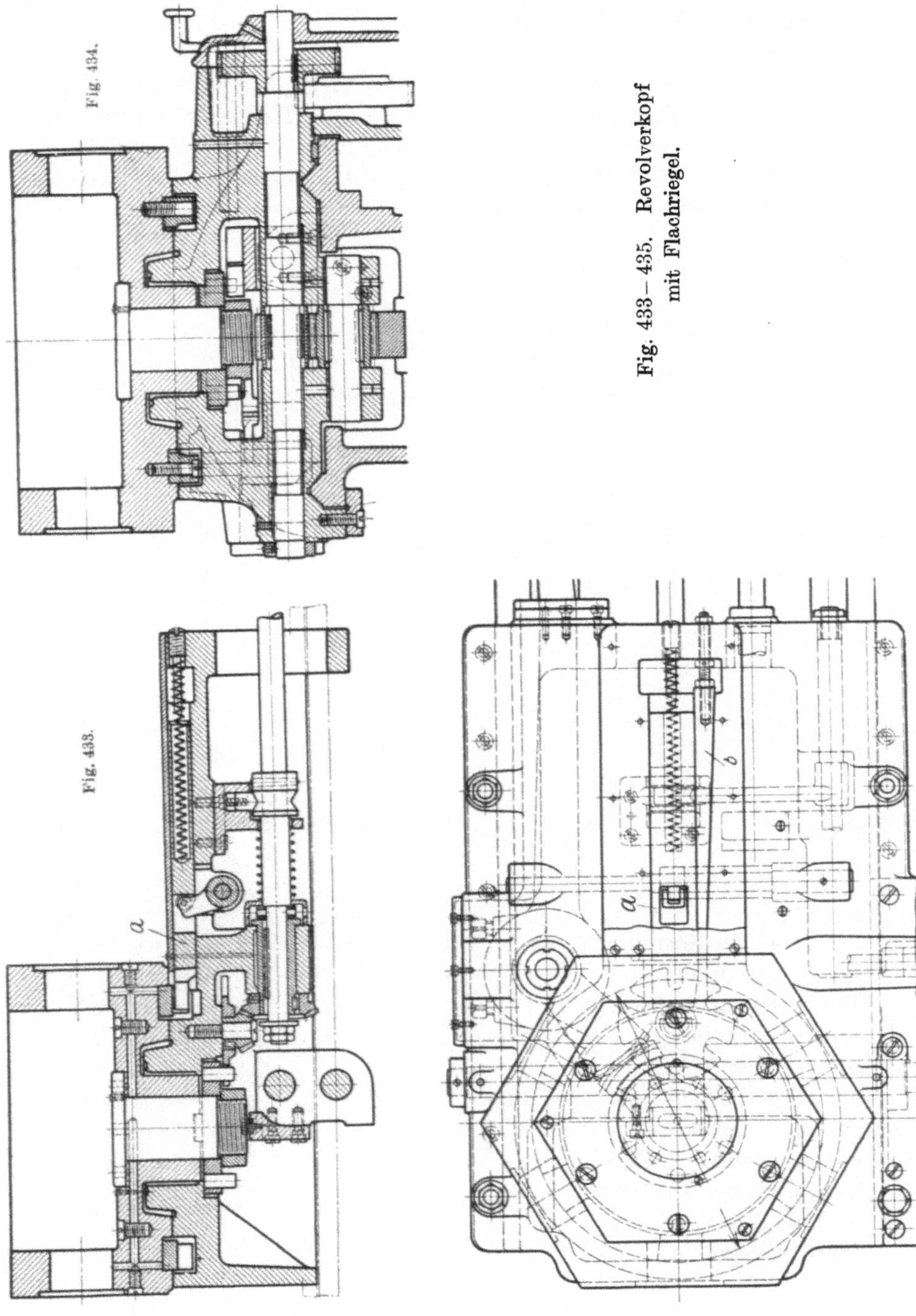

Fig. 433—435. Revolverkopf
mit Flachriegel.

bis 432 zeigt einen Rundriegel, Fig. 433—435 einen Flachriegel mit konischer Nachstelleiste. Die letzte Figur zeigt die lange Führung des Riegels.

Einen Doppelriegel zeigt Fig. 436—437 (D. R. P. 219943, Auerbach & Co.). Derselbe besteht aus den beiden Hälften o, welche an beiden Enden einen Innenkonus bilden. Der vordere Konus legt sich um die konischen Ansätze m des Indexringes k, der hintere wird durch den konischen Kopf p des Federbolzens q auseinandergespreizt, dadurch legen sich die beiden Riegelhälften stets fest gegen die Wände des Riegelgehäuses n.

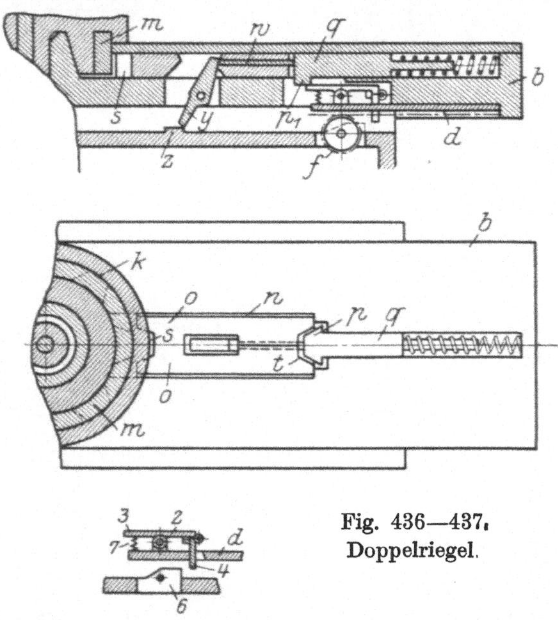

Fig. 436—437.
Doppelriegel.

Der Indexring, in welchen der Riegel eingreift, muß natürlich genau geteilt und äußerst sauber hergestellt sein. Er muß mit dem Revolverkopf unbedingt fest verbunden sein, was am besten nicht durch Schrauben oder Keile allein, sondern durch hydraulisches Aufpressen geschieht.

Der Durchmesser des Ringes muß möglichst groß sein, damit der den Revolverkopf verdrehende Arbeitsdruck der Werkzeuge an einem großen Radius aufgenommen wird. Je größer der Bruch $\dfrac{\text{Radius des Indexringes}}{\text{Radius des Werkzeugkreises}}$ ist, desto sicherer und fester steht der Revolverkopf.

3. Die Schaltung.

oder Drehung des Revolverkopfes muß sanft und stoßfrei erfolgen. Die Bewegung muß daher an einem möglichst großen Hebelarm eingeleitet werden, d. h. der auf der Revolverkopfachse sitzende Schaltring muß einen möglichst großen Durchmesser haben. Vorteilhaft ist es, wenn die Schaltung nicht mit gleichmäßiger, voll einsetzender Geschwindigkeit, sondern zuerst langsam und dann allmählich schneller werdend erfolgt. Jedoch soll im ganzen die Schaltung schnell erfolgen, weil dadurch die Totzeit vermindert wird.

Dabei ist es wiederum von Vorteil, wenn die Schnelligkeit der Schaltung gegen Ende derselben abgebremst wird, um ein sicheres Einschnappen des Riegels in den nächsten Einschnitt der Indexscheibe zu ermöglichen.

Die Bewegung der Schaltung, d. h. die Weglänge derselben wird durch den Schaltmechanismus festgelegt, es ist jedoch üblich, die genaue Begrenzung durch die Indexscheibe und den Riegel vorzunehmen. Aus diesem Grunde muß die Indexscheibe als genaue Teilscheibe ausgeführt sein. Am genauesten arbeitet ein Riegel, welcher an einer Seite gerade, an der anderen abgeschrägt ist. Der letzte Teil ($^1/_2$—1 mm) des Schaltweges erfolgt dann dadurch, daß der Riegel mit der schrägen Fläche beim Einschnappen den Revolverkopf endgültig in seine neue Lage drückt, wobei die gerade Fläche des Riegels als Anschlagfläche dient.

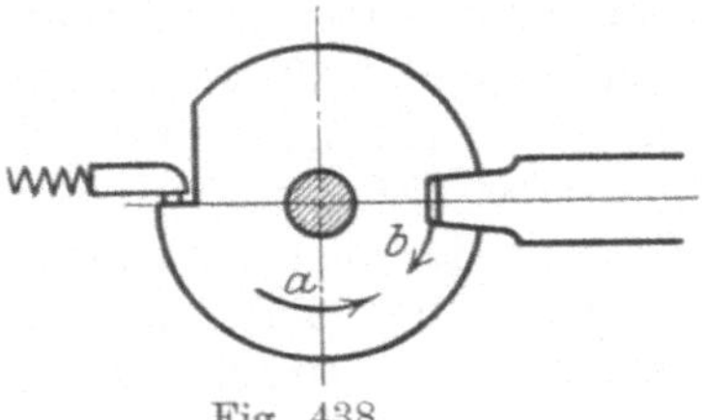

Fig. 438.

Es kann auch der Schaltweg etwas größer ausgeführt werden, als die genaue Teilung beträgt (Pfeil a in Fig. 438), und dann der Revolverkopf wieder um die Differenz zurück und gegen einen besonderen Anschlag gedrückt werden (Pfeil b in Fig. 438).

In der Hauptsache werden folgende Mechanismen zur Revolverschaltung benutzt.

1. Die Klinkenschaltung. Auf der Revolverkopfachse sitzt eine Schaltscheibe a (Fig. 439), oder auch eine Anzahl Stifte (Fig. 440) deren Zahl der Anzahl der Werkzeuglöcher entspricht.

Beim Rücklauf des Revolverschlittens stößt die Schaltscheibe oder ein Stift gegen eine schwenkbare Klinke b, wodurch der Revolverkopf in der Pfeilrichtung gedreht wird. Der Schaltweg wird begrenzt durch einen festen Anschlag c für den Revolverschlitten.

Diese Schaltung ist zwar einfach, kann aber nur für einmaliges Drehen des Revolverkopfes um eine Teilung benutzt werden, da für jede weitere Drehung ein erneutes Vor- und Zurückgehen des Revolverschlittens erforderlich ist.

Bei den Ausführungen Fig. 441—442 ist die Schaltung unabhängig vom Rücklauf des Revolverschlittens.

Die Form- und Umdrehungszahl der auf der Steuerwelle sitzenden Daumen a in bezug auf die Vor- und Rückzugkurve für den Revolverschlitten kann so gewählt werden, daß nach jedem Doppelhub des letzteren eine einmalige oder mehrmalige Schaltung des Revolverkopfes hintereinander erfolgt.

2. **Schaltung durch Malteserkreuz.** Diese an sich bekannte Schaltung wird bei Automaten häufig angewendet. Sie hat vor allen Dingen den Vorzug, daß sie mit langsam beginnender, dann zunehmender und zum Schluß wieder abnehmender Geschwindigkeit erfolgt. Sie kann ohne (Fig. 443) und mit (Fig. 444) Feststellung der Schaltscheibe ausgeführt werden. Diese Schaltungen können mit hoher Geschwindigkeit arbeiten. Liegt der Drehpunkt des Schalthebels so, daß die Rolle des letzteren unter einem Winkel von 90^0 in den Schlitz ein- und austritt, so erfolgt die Schaltung ganz stoßfrei, da die Anfangs- und Endgeschwindigkeit der Schaltscheibe gleich Null ist (Fig. 443).

3. **Schaltung durch Zahngetriebe.** Da es sich bei der Schaltung um eine Drehung um die Revolverkopfachse handelt, liegt es nahe, Zahnrädergetriebe anzuwenden. Diese Ausführung hat jedoch den Nachteil, daß sie mit gleichmäßiger, voll einsetzender Geschwindigkeit schaltet, sie wird daher nur bei größeren Maschinen angewendet, bei denen der Schaltungsgeschwindigkeit schon durch das Gewicht des zu schaltenden Revolverkopfes eine gewisse Grenze gesetzt ist. Bei den Ausführungen Fig. 445—446 wird ein mit dem Schaltrad in Eingriff stehendes Element (Stirnrad oder Schnecke) durch Ein- und Ausschalten einer Kupplung in eine periodische Umdrehung versetzt. Die Genauigkeit des Schaltweges ist abhängig von der Genauigkeit der Kupplungssteuerung.

In Fig. 447 schaltet ein Zahnsegment bei jeder Umdrehung desselben den Revolverkopf weiter, der Schaltweg wird durch die periphere Länge des Segmentes festgelegt.

Im allgemeinen ist es vorteilhaft, für leichte und mittlere Maschinen die Schaltung durch Klinke oder Malteserkreuz, letztere besonders für schnelle Schaltung, zu wählen, für schwere Maschinen die Schaltung durch Zahngetriebe.

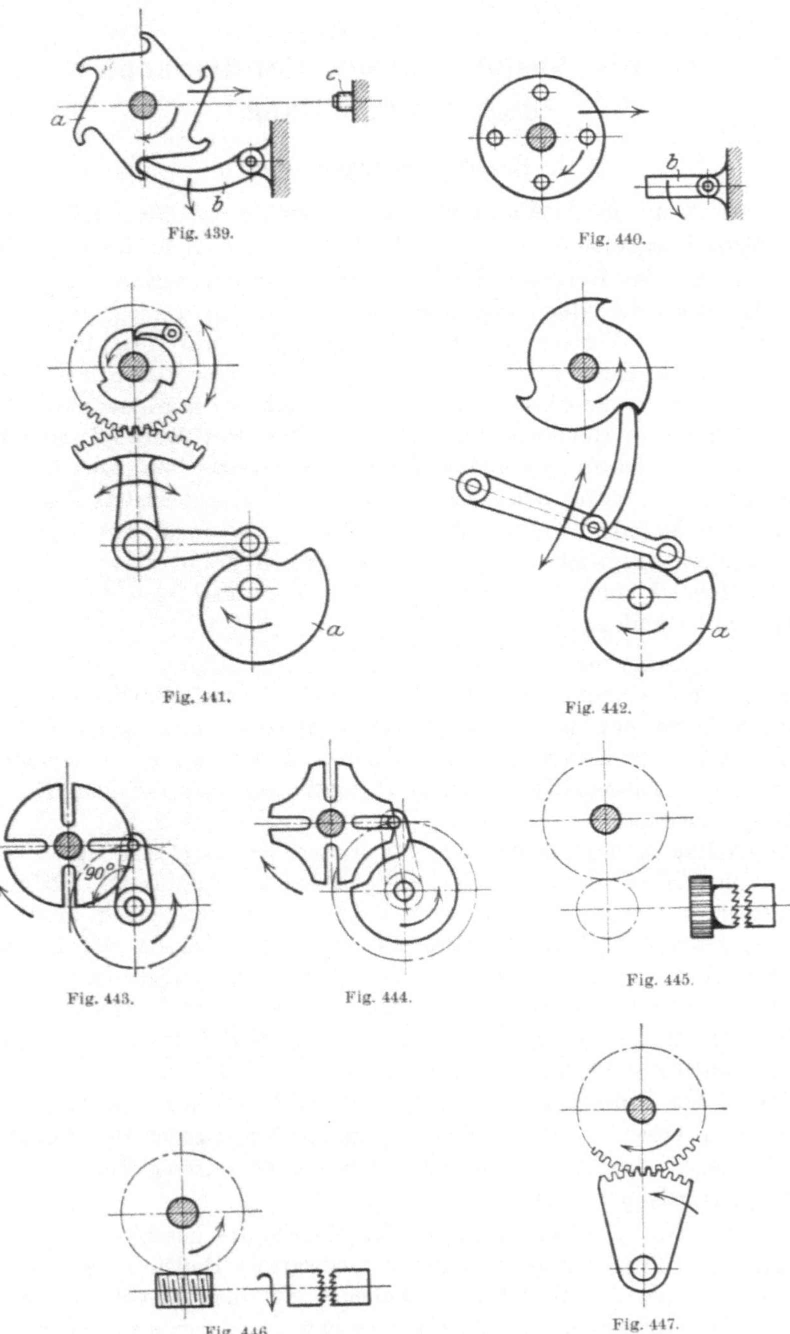

Fig. 439.

Fig. 440.

Fig. 441.

Fig. 442.

Fig. 443.

Fig. 444.

Fig. 445.

Fig. 446.

Fig. 447.

Fig. 439—447. Verschiedene Revolverkopfschaltungen.

II. Die Ausführung des Revolverkopfes und der Schaltung.

1. Bei den Sternrevolvern.

a) Einfache Ausführung. Eine Ausführung für leichte und mittlere Maschinen zeigt Fig. 448—449 der Firma L. Löwe, Berlin.

Bevor der Revolverschlitten seine rückwärtige Endstellung erreicht, stößt der kleine Hebel k_1 an den Anschlag w, legt sich nach rechts um und zieht dadurch den Riegel r_1 aus dem Indexring, der Kopf ist entriegelt. Gleich darauf stößt einer der Stifte S des Revolverkopfes an einen Anschlag und durch die fortdauernde Rückbewegung des Revolverschlittens wird der Revolverkopf gedreht. Der inzwischen freigewordene Hebel k_1 gestattet ein Vorschnellen des Riegels r_1 unter dem Drucke einer Feder und der letztere schleift auf dem äußeren Rande des Schaltringes, bis er in den nächsten Einschnitt einspringt. Beim Wiedervorgehen des Revolverschlittens geht Hebel k_1 über den Anschlag w hinweg, indem sich der letztere nach links umlegt.

b) Ausführung mit Spreizriegel. Die Ausführung Fig. 436—437 arbeitet mit einem Spreizriegel in folgender Weise. Der Schaltring k ist als Stern mit den doppelkonischen Ansätzen m ausgebildet. In dem Revolverschlitten b befindet sich ein Gehäuse n, in welchem die beiden Riegelhälften o gelagert sind, welche an beiden Enden einen Innenkonus s, t bilden. Der vordere Konus s legt sich um die Ansätze m des Schaltringes, der hintere Konus t wird durch den konischen Kopf p des Federbolzens q auseinandergespreizt. Dadurch legen sich stets die Flächen von s an die Flächen von m und die Längsseiten der Riegelhälften fest gegen die Wände des Riegelgehäuses n. In dieser Stellung des Riegels liegt außerdem der Ansatz 3 des Hebels 2 hinter dem Ansatz p_1 des Federbolzens q. Der Hebel 2 ist auf einem Bolzen des Schiebers d befestigt. Da nun der Schieber d entweder durch ein Ritzel f oder auch durch eine Kurve (bei Automaten) vorgeschoben wird, so legt sich bei verstärktem Arbeitsdruck der Bolzen q immer fester gegen den Hebel 2, d. h. gegen den Schieber d, was ein immer festeres Spreizen des Doppelriegels o bewirkt.

Das Ent- und Verriegeln des Revolverkopfes geschieht dadurch, daß kurz bevor der letztere seine rückwärtige Endstellung erreicht sich zunächst der Schieber d, welcher mit dem Revolverschlitten nicht fest verbunden ist, nach rechts bewegt, bis er sich gegen den Revolverschlitten b legt und diesen mitnimmt. Dabei wird die Zunge 4

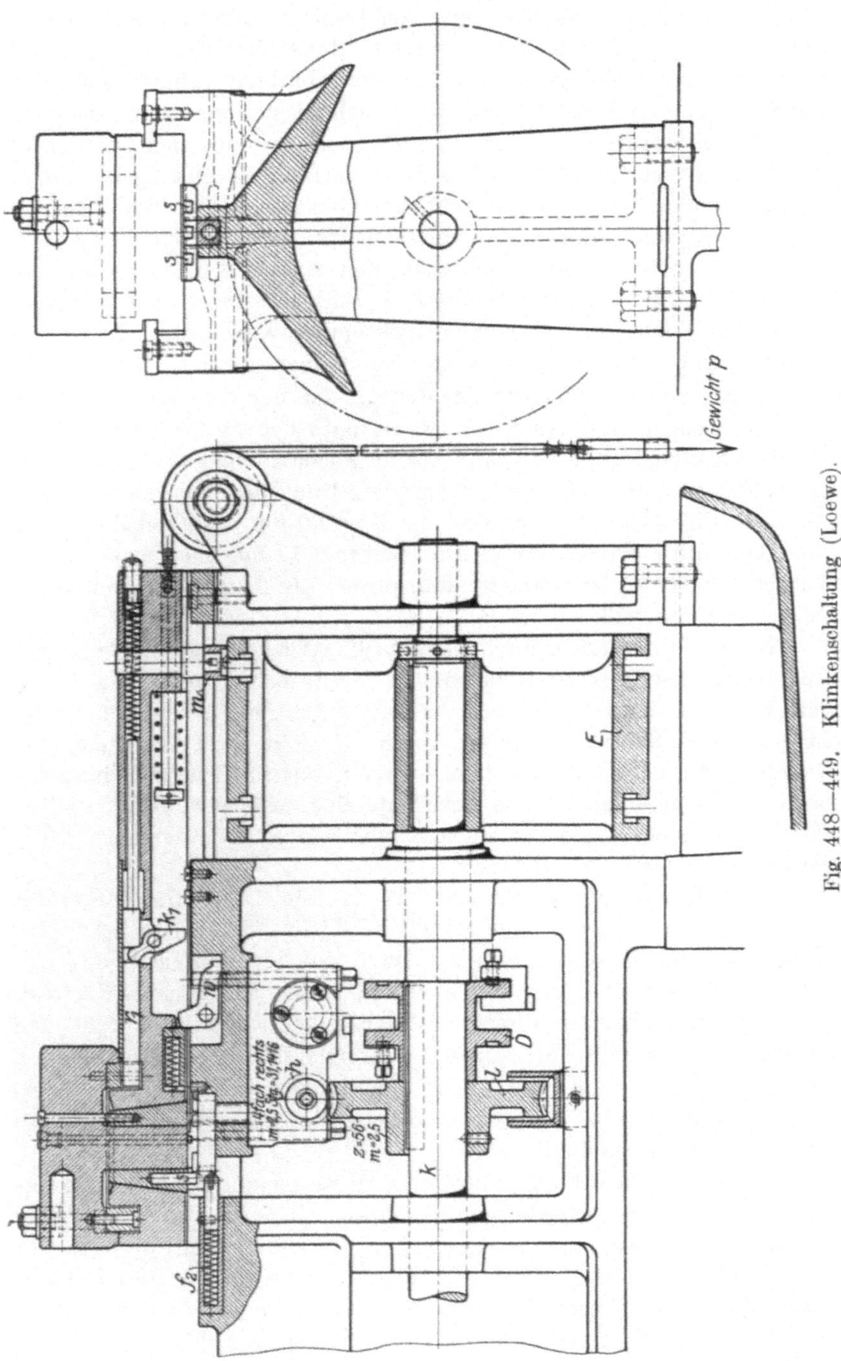

Fig. 448—449. Klinkenschaltung (Loewe).

durch den Ansatz 6 gehoben und der Hebel 2 schwingt mit seinem Ansatz 3 hinter dem Ansatz p_1 hervor, der Federbolzen q wird frei. Beim weiteren Rückgange des Revolverschlittens schiebt sich der Hebel y auf den Ansatz z, legt sich nach rechts um, drückt dadurch den Bolzen q zurück mittelst des Bolzens w und zieht weiterhin den Doppelriegel o zurück. Der Revolverkopf ist entriegelt. Beim Wiedervorgehen des Revolverschlittens ist inzwischen der Riegel o in den nächsten Ansatz m eingeschnappt. Der Zungenhebel legt sich beim Anstoßen von hinten an den Ansatz 6 nach rechts um und der Ansatz 3 legt sich unter dem Druck der Feder 7 wieder hinter den Ansatz p_1. Diese Konstruktion muß als eine sehr zweckentsprechende und sicher wirkende bezeichnet werden.

c) Ein- oder mehrfache Schaltung. Ist der Revolverkopf nicht mit Werkzeugen vollbesetzt, so ist es natürlich ein Zeitverlust, die leeren Werkzeuglöcher vor- und zurückgehen zu lassen. Es ist vielmehr richtiger, diese Löcher bei der Schaltung zu überschlagen. Der Automat Fig. 275 besitzt eine solche Einrichtung. Die Schaltung des Revolverkopfes erfolgt durch die Nocken 37 und man kann soviel Nocken dicht hintereinander anbringen, als man Werkzeuglöcher weiter schalten will.

Es ist ferner oft wünschenswert, die gleichmäßige Drehung des Revolverkopfes in einer Richtung zu unterbrechen und statt dessen den Kopf abwechselnd links oder rechts herum zu schalten. Dies ist besonders dann vorteilhaft, wenn sich nur zwei Werkzeuge im Revolverkopf befinden, die dann abwechselnd in Arbeitsstellung gebracht werden können, ohne den Kopf über sämtliche zum größten Teil leeren Werkzeuglöcher zu schalten, was einen erheblichen Zeitgewinn bedeutet.

Eine Lösung dieser Aufgabe ist in Fig. 450—455 dargestellt (D. R. P. 99715, Loewe). Der Revolverschlitten 1 gleitet in bekannter Weise in dem Unterschlitten 2. In 1 ist der Zapfen 4 drehbar, auf welcher sich oben der Revolverkopf 3 und unten eine, der Zahl der Werkzeuglöcher (in diesem Falle drei) entsprechende Zahl von Stiften 5 befindet (5^1—5^3). In dem Unterschlitten 2 ist drehbar um den Zapfen 6 eine Klinke 7 angebracht, welche unter dem Federdrucke eines Bolzens 8 steht. An der Klinke 7 befinden sich die Kurvenansätze 9 und 10.

Soll der Revolverkopf in normaler Weise stets in Richtung weitergeschaltet werden, so arbeitet die Einrichtung in folgender Weise: Bei der Rückbewegung des Revolverschlittens 1 stößt der Stift 5^1 an die Klinke 7. Da dieselbe in der Richtung des Pfeiles a nicht ausweichen kann, wird bei weiterer Rückbewegung des Schlittens eine Drehung des Revolverkopfes in der Richtung des Pfeiles c bewirkt. Der Stift 5^1 gleitet an der Klinke 7 entlang und der Stift 5^2

schwingt hinter die Klinke, so daß jetzt die Stellung Fig. 452 erreicht ist. Nunmehr beginnt der Vorschub des Revolverschlittens,
wobei der Stift 5^2 die Klinke 7 in die Lage Fig. 453 und den
Bolzen 8 zurückdrückt. Nachdem der Schlitten weiter vorgeschoben
ist, drückt der Bolzen 8 die Klinke 7 wieder in ihre alte Stellung
Fig. 451. Beim nächsten Rückgange trifft jetzt Stift 5^2 auf die
Klinke und der Revolverkopf wird in derselben Richtung weitergeschaltet.

Soll der Kopf aber abwechselnd
um ein Loch nach links und rechts

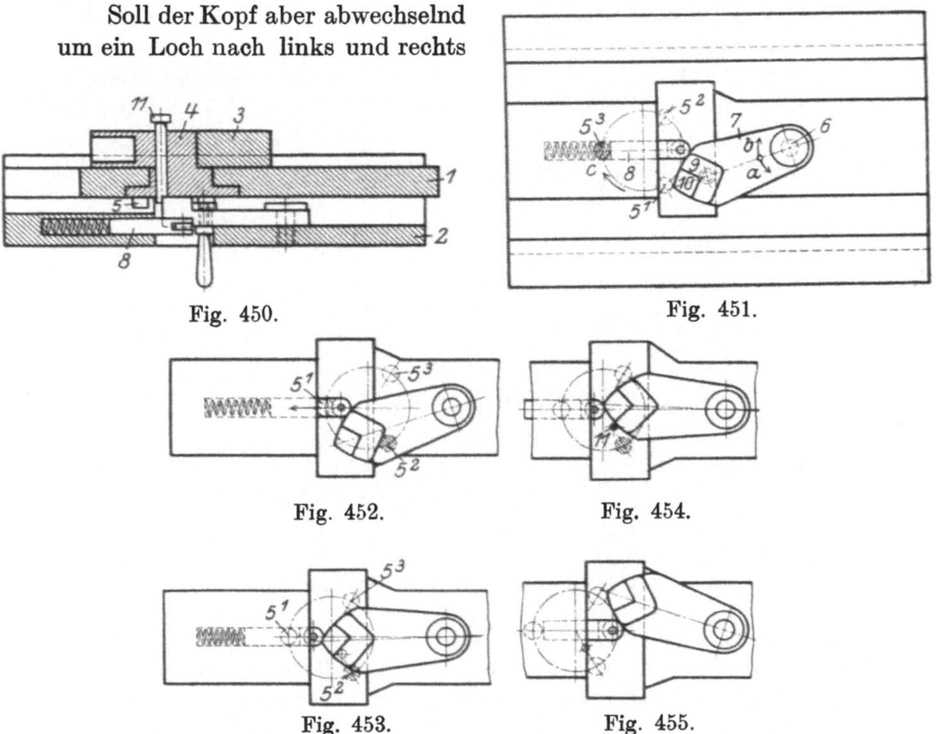

Fig. 450.   Fig. 451.

Fig. 452.   Fig. 454.

Fig. 453.   Fig. 455.

geschaltet werden, so wird der Stift 11 eingesetzt. Derselbe bewirkt, daß, wenn beim Schalten die Stellung in Fig. 453 erreicht
ist, die Klinke 7 nicht kurz vor der Mittelstellung stehen bleibt
und von dem Bolzen 8 wieder in ihre alte Lage zurückgedreht wird,
sondern er schiebt die Klinke mittelst des Ansatzes 10 über die
Mittelstellung hinaus auf die andere Seite (Fig. 454). Dadurch ist
der Bolzen 8 in der Lage, die Klinke statt in ihre alte Stellung in
die gegenseitige Stellung Fig. 455 zu drücken. Die Klinke übt daher
beim nächsten Rückgange des Revolverkopfes die gegenteilige Wirkung aus wie vorher, d. h. der Kopf wird so lange abwechselnd hin
und her geschaltet, wie sich der Stift 11 in Wirkung befindet.

d) Mit Bremsvorrichtung des Revolverkopfes. Bei größeren Maschinen ist es notwendig, den Revolverkopf außer durch den Indexbolzen (Riegel) noch dadurch zu sichern, daß er während des Arbeitens fest auf seine Unterlage gezogen wird. Die Maschine Fig. 332—334 besitzt zu diesem Zweck folgende Einrichtung. Die Achse b_1 des Revolverkopfes besitzt an ihrem unteren Ende Gewinde, auf welchem eine als Zahnrad ausgebildete Mutter r_1 sitzt. In dieses Zahnrad greift die Zahnstange Z, dieselbe wird durch die Feder f_2 stets nach rechts gedrückt und dreht das Mutterrad r_1 im Sinne einer aufzuschraubenden Mutter. Dadurch wird die Achse b_1 und mit ihr der Revolverkopf stets nach unten fest auf seine Unterlage gezogen. Kurz bevor der Revolverschlitten seine rückwärtige Endstellung erreicht, werden folgende Bewegungen eingeleitet. Die Klinke g stößt gegen den Anschlag g_1 und schiebt die Zahnstange z_1 nach links,

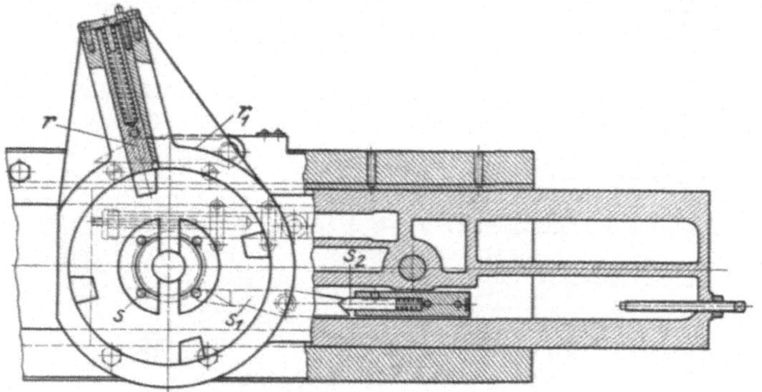

Fig. 456.   Revolverkopfschaltung mit Bremse (Magdeburg).

die Mutter r_1 wird gelöst. Die Rolle r_2 des Riegels r stößt an den Anschlag a_1, läuft an der vorderen schrägen Fläche desselben entlang und zieht den Riegel zurück, der Kopf ist entriegelt. Gleich darauf stößt einer der Stifte s_1 gegen den Anschlag a_2, wodurch der Kopf so lange gedreht wird, bis der Riegel r in den nächsten Einschnitt des Sperringes einschnappt.

Geht nun der Revolverschlitten wieder vor, so schwingt der Anschlag a_1 zur Seite, so daß die Rolle r_2 frei passieren kann, der Hebel g schwingt in seine alte Stellung und die Feder f_2 drückt die Zahnstange Z wieder zurück, welche ihrerseits die Mutter r_1 dreht und den Revolverkopf wieder festzieht. Wird der Riegel durch den Handhebel h_3 zurückgezogen, so kann der Revolverkopf von Hand gedreht werden.

Eine nach gleichem Prinzip wirkende Einrichtung zeigen die Fig. 456—458. Der Riegel r wird durch den Riegel r_1, die Schaltung durch die Stifte S, Hebel S_1 und Federbolzen S_2 betätigt. Der letztere bewirkt, daß die Schaltung stoßfrei erfolgt. Das Federbolzengehäuse dient auf der Rückseite mittelst einer eingesetzten gehärteten Platte als feste Begrenzung für die vordere Stellung des Revolverschlittens. Die Zahnstange Z zum Lösen der Bremsmutter wird mittelst einer Rolle Z_1 durch Anschlag auf der Steuertrommel betätigt. Bemerkenswert ist die sehr breite und solide Auflage des Revolverkopfes, sowie der große Durchmesser des Sperringes, wodurch ein besonderer Unterstützungsarm wie in Fig. 332 überflüssig wird. Dies hat den Vorteil der Verwendung besonders langer Werkzeuge.

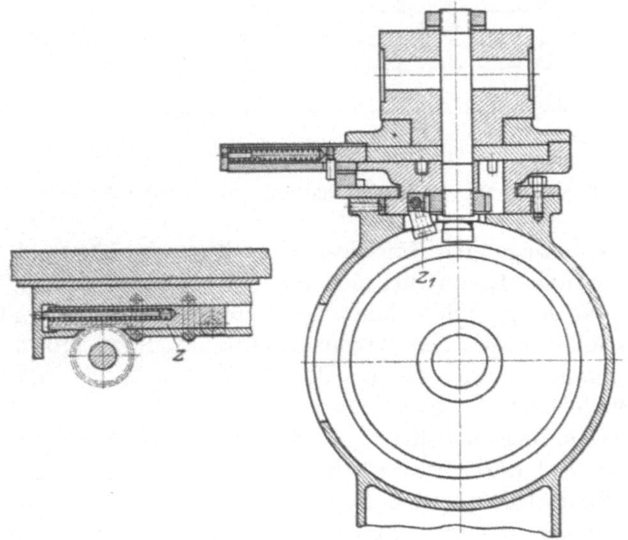

Fig. 457—458. Revolverkopfschaltung mit Bremse (Magdeburg).

Eine im Unterstützungsarm angebrachte Vorrichtung zum Festbremsen des Revolverkopfes zeigt Fig. 459. (Ausführung der Firma Alfr. Herbert Ltd., Coventry.)

In Arm 1 ist ein Ritzel gelagert, in dasselbe greifen die beiden senkrechten Zahnstangen 2, 3 und die wagerechte Zahnstange 4. Im Bett sind die beiden Anschläge 5, 6 einstellbar. Bewegt sich die Zahnstange 4 nach links, so spreizt sie mit ihrem konischen Kopf die Hebel 7, 8 auseinander, welche um die Punkte 9 drehbar sind. Gehen die Hebel nach außen, so drücken sie mit den schrägen Flächen 10 auf die schräge Kante 10 der Büchse 11, drücken diese und damit den Revolverkopf 12 auf seine Unterlage.

Ist der Revolverschlitten 13 vor seiner rückwärtigen Endstellung angelangt, kurz bevor der Revolverkopf schaltet, so gleitet die Zahnstange 2 mit ihrem unteren abgeschrägten Ende auf den Anschlag 6, bewegt sich nach oben und dadurch die Zahnstange 4 nach rechts, wodurch die Hebel 7 entspannt werden. Beim Vorschieben des Schlittens gleitet die Stange 3 auf den Anschlag 5 und bewirkt in analoger Weise das Spannen der Hebel 7, wodurch der Revolverkopf festgebremst wird.

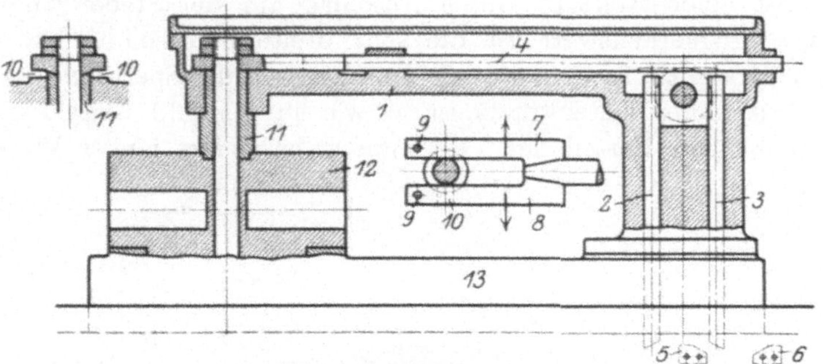

Fig. 459. Revolverkopfschaltung mit Bremse (Herbert).

Fig. 460 zeigt eine Einrichtung der Firma L. Loewe (D. R. G. M.). Auf dem Schaft 4, um den sich der Revolverkopf dreht, sitzt eine als Kegelrad ausgebildete Mutter 8 unter einer Scheibe 14, welche sich von unten gegen den Revolverschlitten 2 legt. Mit dem Kegelrad 8 kämmt das Rad 10 auf der Welle 9 und am anderen Ende dieser Welle sitzt die Kurve 11.

Während des Arbeitens ist der Revolverkopf 3 zwischen der Scheibe 14 und den Muttern 5 festgebremst, er legt sich mit seinem unteren Rand fest auf den Revolverschlitten. Bevor der Revolverkopf in seiner hinteren Endstellung geschaltet wird, kommt die

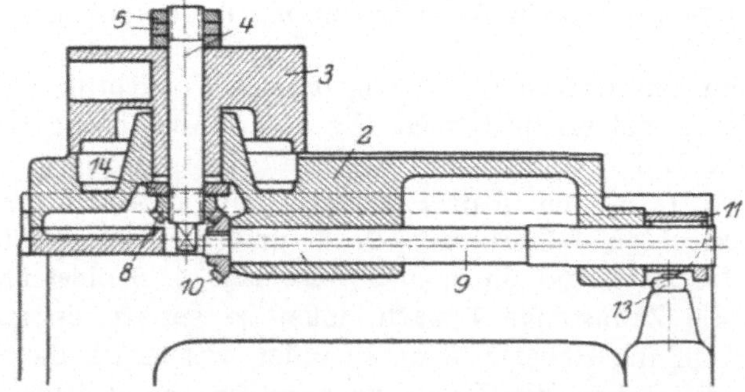

Fig. 460. Revolverkopfschaltung mit Bremse (Loewe).

Kurve 11 in Eingriff mit einer am Maschinengestell gelagerten Rolle 13, welche eine Drehung der Welle 9 und damit ein Lösen der Mutter 8 bewirkt. Nach erfolgter Schaltung geht der Revolverschlitten wieder vor, wobei die Kurven 11 ein Zurückdrehen der Welle 9 und damit ein Anziehen der Mutter 8 bewirkt.

2. Bei den Trommelrevolvern.

a) Bei Einspindelautomaten. α) Beim Einkurvensystem. Einfache Schaltung. Der nach dem Einkurvensystem arbeitende Cleveland-Automat hat folgende Einrichtung zum Schalten des Revolverkopfes (Fig. 242). Der Revolverkopf 36 hat auf seinem Umfange so viel Nuten und an seiner hinteren Planfläche so viel federnde Stifte, als er Werkzeuglöcher aufweist (Fig. 461). Das Stirnrad 30 mit der Trommel 33 macht bekanntlich bei diesem System eine volle Umdrehung bei jedem Vor- und Rückgange des Revolverkopfes. Die Trommel 33 schiebt sich mit dem Revolverkopf vor und zurück. Wenn beide ihre rückwärtige Endstellung erreicht haben, drückt eine Leiste 59 auf dem Rande der Trommel den Bolzen 61 und damit den Hebel 62 ab-

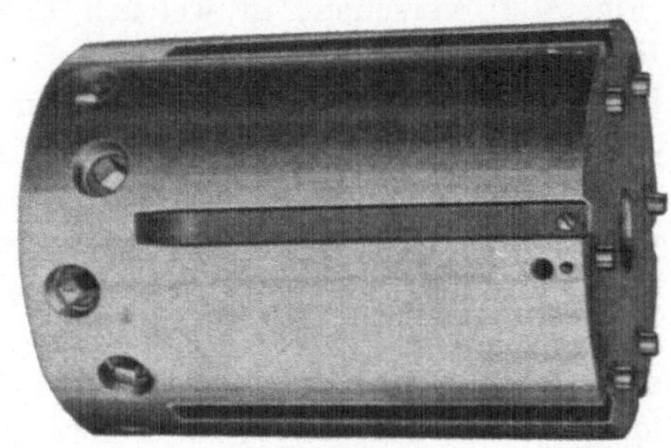

Fig. 461.

wärts. Der letztere nimmt den federnden Bolzen 63 mit und der am Kopfe dieses Bolzens befindliche Flachriegel 64 wird aus den Nuten des Revolverkopfes herausgezogen, der Kopf ist entriegelt. Gleich darauf wird einer der Stifte 65 von dem langen im Rad 30 befestigten und durch die Trommel 33 hindurchragenden Stift 60 gefaßt und mitgenommen. Der Kopf wird dadurch geschaltet. Die Schaltung wird beendigt dadurch, daß der Kopf inzwischen seinen Vorschub begonnen hat und der Stift 65 an dem Stift 60 abgleitet. Inzwischen hat die Leiste 59 den Bolzen 60, Hebel 62, Indexbolzen 63 freigegeben und der Riegel 64 schnappt in die nächste Nute des Revolverkopfes ein.

Diese Schaltung ist zwar sehr einfach, hat aber verschiedene Nachteile.

Vorschubkurve 33 und Mitnehmerbolzen 65 müssen sehr genau gegeneinander angepaßt werden.

Der größte Nachteil ist der, daß der Riegel 64 während des Vorschubes des Revolverkopfes in den Nuten desselben gleitet, eine absolut feste Anlage dabei aber nicht stattfinden kann. Der Riegel ist einer fortwährenden Reibung und Abnutzung unterworfen. Auch geht die Schaltung mit der Geschwindigkeit der Vorschubtrommel, zwar auf dem schnellen Gange, aber doch verhältnismäßig langsam vonstatten.

β) Beim Mehrkurvensystem. Schaltung von der Steuerwelle aus. Die vorstehend beschriebenen Nachteile der Schaltung sind Veranlassung gewesen, das Cleveland-System als Mehrkurvenautomat auszuführen, insbesondere wenn nur wenig Arbeitsoperationen in Frage kommen und daher nur wenig Werkzeuglöcher notwendig sind. Er wird dann gewöhnlich unter der Bezeichnung „Dreilochautomat" ausgeführt, eine Aufsicht auf die Ausführung der Firma Pittler zeigt Fig. 47. Die Revolverkopfschaltung erfolgt von der Steuerwelle aus. Sie ist in Fig. 462—466 dargestellt. (D. R. P. Nr. 171432.) Der Revolverkopf B ist mit einer Anzahl Nuten b (Fig. 463) versehen, in welchen beim Verschieben des Kopfes der Flachriegel C gleitet. Derselbe steht· in Verbindung mit dem Doppelhebel c, c_2, welcher auf der gemeinsamen Welle c_1 schwingt. Auf der Welle D_1 des Revolverkopfes sitzt das Schaltrad D, welches mit dem Zahnsegmenthebel D_2 in Eingriff steht. Die auf der Steuerwelle sitzende Trommel A umfaßt mit den Nuten a_1 die Rolle a_2 eines auf der Revolverkopfachse sitzenden Halters und bewirkt die Vor- und Rückwärtsbewegung des Revolverkopfes. Hat derselbe seine rückwärtige Endstellung erreicht, so wird er um ein Werkzeugloch weiter geschaltet, und zwar auf folgende Weise. Der vorbeschriebene Mechanismus hat vor dem Schalten die Stellung Fig. 462 und 463, d. h. der Zahnsegmenthebel D_2 nimmt infolge seines Eigengewichtes die unterste Stellung ein, der Riegel C ist in Eingriff Zunächst wirkt der Daumen d_2 so auf die Rolle d_3 des Hebels D_2 ein, daß derselbe in die gezeichnete Lage gebracht wird, wenn er dieselbe nicht schon infolge seines Eigengewichts eingenommen haben sollte. d_2 ist also nur ein Sicherheitsdaumen. Dann hebt der Daumen c_4 die Rolle c_3 des Hebels c_2 hoch und zieht dadurch den Flachriegel C aus den Nuten b, der Kopf ist jetzt entriegelt. Jetzt hebt der Daumen d_4 den Hebel D_2 mittelst der Rolle d_3 hoch und dreht das Schaltrad D in der Pfeilrichtung. In dieser Richtung nimmt das Schaltrad D den Zahnring d_7 (Fig. 466) und die Welle D_1 des Revolverkopfes mit durch die Zahnklinke D_9 mit der Feder d_8. Nach erfolgter Drehung schnappt der Riegel C in die nächste Nut b ein, da er inzwischen von dem Daumen c_4 freigegeben ist. Durch sein Eigengewicht oder nötigenfalls durch den Daumen d_2 sinkt dann der Hebel D_2 wieder in seine tiefste Stellung zurück, wobei die Zahnklinke d_9 federnd über den Zahnring d_7 hinweggleitet.

Diese Schaltung hat den Vorteil, daß sie von der Geschwindigkeit der Steuerwelle unabhängig ist, ihre Geschwindigkeit kann vielmehr durch die Form der Daumen reguliert werden. Der Daumen c_4 kann ferner so ausgebildet werden, daß er den Riegel C so lange niederhält, bis der Hebel D_2 eine oder mehrere Schaltungen nacheinander ausgeführt hat, was wiederum durch geeignete Form der Daumen $d_2 d_4$ erreicht werden kann.

Die Ausführung der Firma Pittler ist aus den Fig. 467—470 ersichtlich, welche einen Gesamtschnitt durch die Maschine Fig. 47 darstellen.

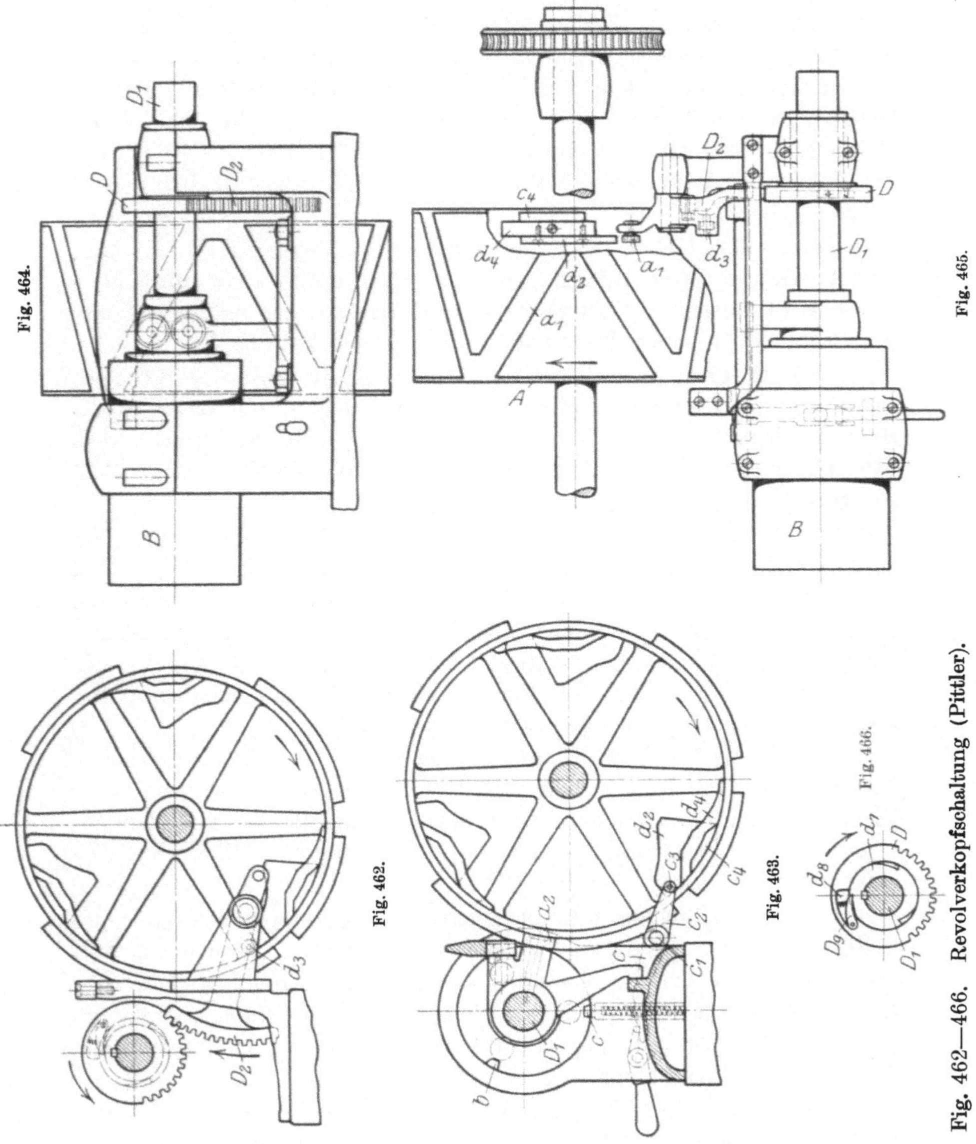

Fig. 462—466. Revolverkopfschaltung (Pittler).

Auf der Steuerwelle 1 sitzt die Kurventrommel 2, welche durch auf ihrem Umfange befestigte Kurven die Vorschub- und Rückzugbewegung des Revolverkopfes 3 bewirkt. Jedesmal, wenn sich der letztere zurückbewegt hat, gleiten die an der Seite der Trommel 2 einstellbaren Stifte 9 auf den Hebel 10, drücken denselben nach rechts und damit den mit 10 auf gleicher Achse sitzenden Hebel 11 nach unten, wodurch der gefederte Index 12 aus der Nute des Revolverkopfes herausgezogen wird. Beim Weiterdrehen der Trommel drehen die Stifte 9 den Schaltstern 14, das mit ihm auf gleichem Bolzen sitzende Stirnrad 15 und das mit 15 in Eingriff befindliche gleich große Stirnrad 16 um $^1/_5$ weiter. Das Rad 16 sitzt auf der Achse des Revolverkopfes und bewirkt also die Schaltung desselben.

Durch den Hebel 13 kann der Revolverkopf von Hand entriegelt werden. Der Rückzug des Revolverkopfes wird durch ein Gewicht 17 unterstützt, der Vorschub desselben durch die auf der Schaltscheibe 18 einstellbaren Schrauben genau begrenzt.

Eine im Prinzip ähnliche Einrichtung ist in Fig. 471—475 gezeigt. Die Entriegelung des Revolverkopfes erfolgt durch den Riegel c Hebel C, Hebel c_3, Rolle c_4 und Daumen c_2. Die Schaltung wird betätigt durch die Klinke d, welche das Schaltrad D betätigt, den Hebel D_1 mit Ansatz d_2 und die Daumen e_3.

Es ist ferner aus der Fig. 471 ersichtlich, in welcher Weise der automatische Wechsel zwischen dem schnellen Gang und dem langsamen Gang der Steuerwelle mit den vorbeschriebenen Schaltbewegungen in Zusammenhang steht und zwar so, daß der langsame Gang für den Vorschub des Revolverkopfes (eigentliche Arbeitszeit) und der schnelle Gang für den Rückgang und die Schaltung des Revolverkopfes (Totzeit) eingeschaltet werden.

Zu diesem Zweck sitzt auf der Steuerwelle eine weitere Steuerscheibe h, deren Nocken $h_1 h_2$ die Riemengabel H betätigen. Die Riemenscheibe G_1 vermittelt den schnellen Gang direkt, die Riemenscheibe G_2 den langsamen Gang unter Mitwirkung eines in die Scheibe eingebauten Umlaufgetriebes.

Um den schnellen oder langsamen Gang entsprechend der jeweiligen Stellung des Revolverkopfes einzuschalten, können die auf der gleichen Steuerwelle sitzenden Daumen und Anschläge, nämlich 1. Kurven c zum Vor- und Zurückschieben, 2. c_2 zum Entriegeln, 3. e_3 zum Schalten, 4. $h_1 h_2$ zur Riemenverschiebung in die richtige Stellung zueinander eingestellt werden.

Wie aus Fig. 262—265 ersichtlich, ist die Ausführung der Firma Pittler noch verbessert dadurch, daß außer dem schnellen Gang drei verschiedene langsame Gänge (Arbeitsvorschübe) automatisch geschaltet werden können.

Der Nachteil, daß sich der Revolverkopf in den Indexnuten

Ergänzendes Material zu diesem Buch finden Sie auf
http://extras.springer.com

EXTRAS ONLINE

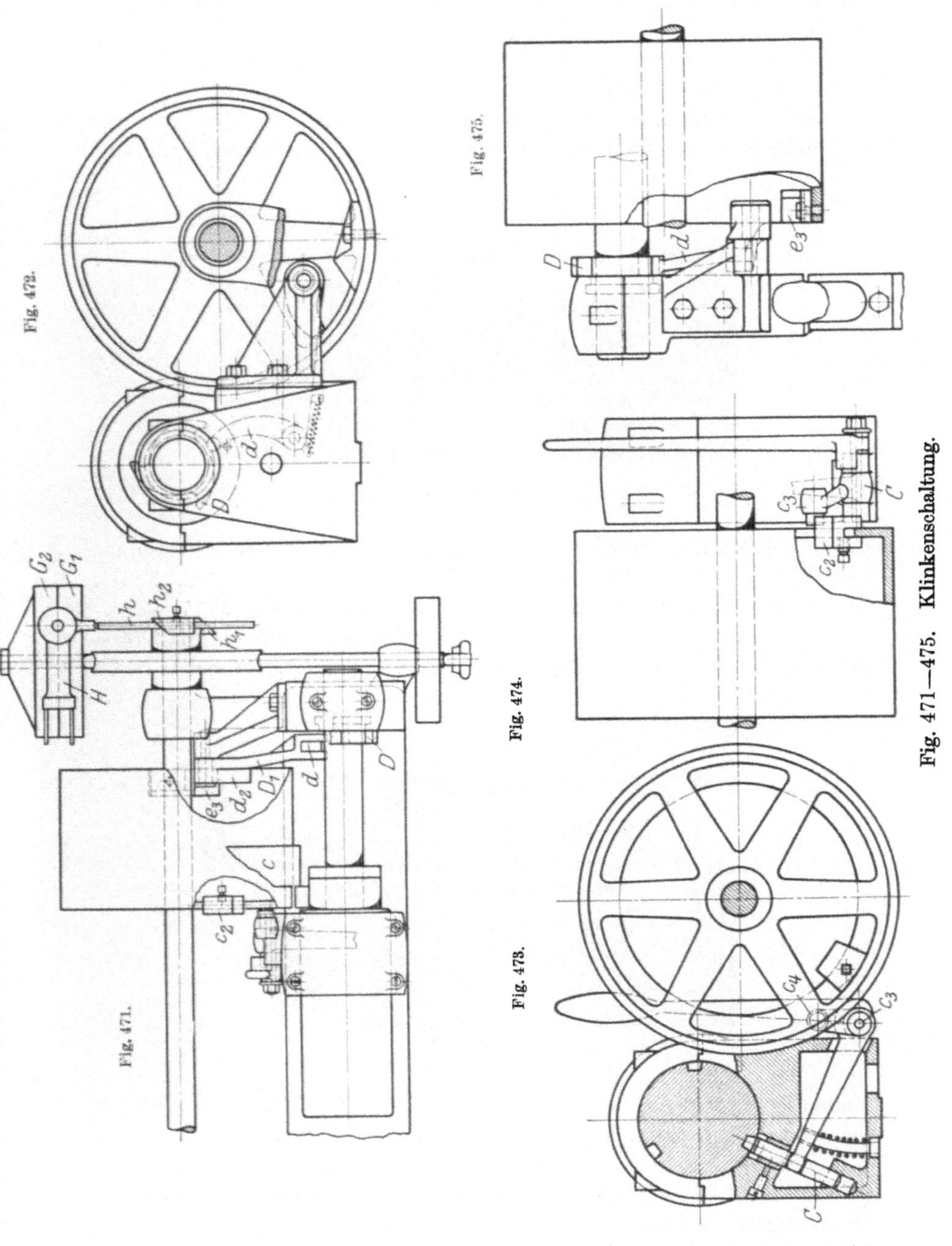

Fig. 471—475. Klinkenschaltung.

verschiebt, wird durch die Ausführung Fig. 476 beseitigt. Der Kopf
führt nur die Schaltung aus, während der ganze Revolverschlitten
den Vorschub durch die Trommel erhält.

Eine wesentliche Verbesserung des in Fig. 14 dargestellten
Automaten ohne Revolverkopf zeigt Fig. 477—479.

Statt des runden, verschiebbaren Werkzeughalters ist ein Schlitten
auf einer Führung des Bettes angeordnet. Dies bietet den Vorteil, daß

Fig. 476.

auf diesem Schlitten mehrere Werkzeuge hintereinander arbeiten können.
Den Vorteil dieser Anordnung, insbesondere bei der Bearbeitung
langer Arbeitsstücke veranschaulichen deutlich die Fig. 477—479.

Unabhängige Schaltung. Mit einem sehr verbesserten Trommelrevolver arbeitet das System Gridley (Fig. 17). Derselbe ist in

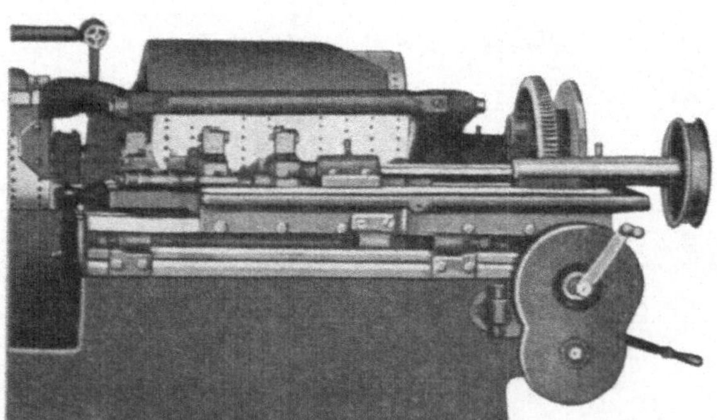

Fig. 477.

vielfacher Beziehung sehr bemerkenswert und stellt wohl zunächst
die letzte Entwicklungsstufe auf diesem Gebiete dar.

Wie insbesondere aus Fig. 284—285 ersichtlich, besteht der
Revolverkopf 38 aus einem prismatischen Körper von quadratischem
Querschnitt, welcher mit einem sehr langen runden Schaft in
2 Lagern des Maschinengestelles drehbar gelagert ist. Eine Ver-

schiebung führt der Revolverkopf nicht aus. Die 4 Seiten des Revolverkopfes sind mit Führungen versehen, in denen sich 4 Schieber 40 bewegen können. Die Drehachse des Revolverkopfes liegt parallel unter der Achse der Arbeitsspindel, und zwar nicht senkrecht, son-

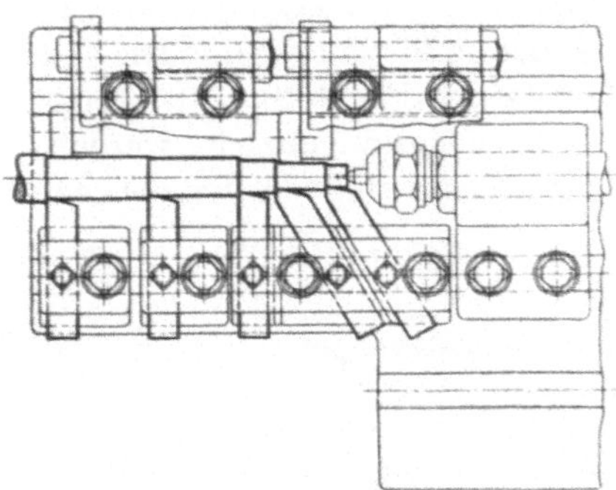

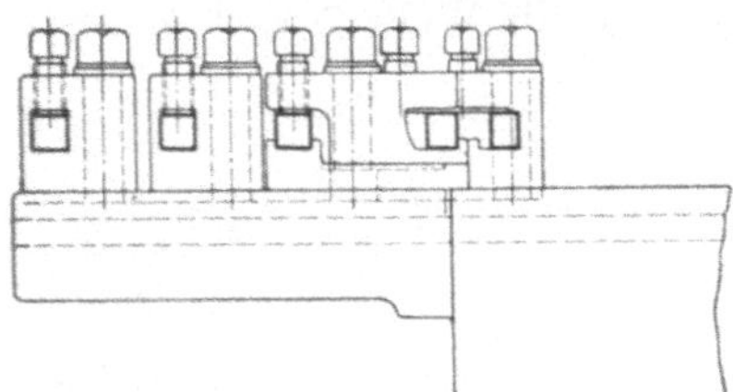

Fig. 478.   Fig. 479.

dern etwas seitlich nach hinten, wodurch der jeweils oben, der Arbeitsspindel zugewandte Schlitten eine geneigte Lage nach vorne erhält.

Der Revolverkopf schaltet nur, indem er sich dreht, der oben befindliche Schieber führt die axiale Vor- und Rückverschiebung aus, die 3 anderen Schlitten bleiben in der rückwärtigen Endstellung stehen. Durch diese sinnreiche Anordnung werden nachstehende Vorteile erzielt:

1. Der Revolverkopf liegt nicht in der Verlängerung der Arbeitsspindel, begrenzt also nicht die Drehlänge.
2. Die Werkzeuge sitzen nicht freitragend in Löchern des Revolverkopfes, wie bei allen andern Systemen, sondern stehen auf den Schiebern.
3. Es können mehrere Werkzeuge hintereinander für eine Operation arbeiten.
4. Das Arbeitsstück kann sehr lang sein, da es sich über den Revolverkopf hinweg zwischen den Werkzeugen hindurchschiebt.
5. Die geneigte Lage des arbeitenden Schlittens begünstigt das Abfallen der Späne.
6. Die Masse und das Gewicht der für eine Operation zu verschiebenden Teile ist auf ein Minimum beschränkt.
7. Die nicht arbeitenden Schlitten und Werkzeuge kollidieren nicht mit den Querschlitten oder dem Arbeitsstück.
8. Der während des Arbeitens feststehende Revolverkopf erleichtert das Anbringen von Vorrichtungen, wie z. B. Werkzeugen mit Querschiebung, Kopier- und Konuslineal usw.

Die Fig. 480—481 veranschaulichen deutlich die Richtigkeit des hier Gesagten.

Der Schaltmechanismus ist nachstehend beschrieben. Derselbe wird entweder unabhängig von dem Hauptantrieb durch einen besonderen Riemen vom Deckenvorgelege aus (Fig. 17) oder zwangläufig vom Hauptantrieb durch Stirnräder und Schraubenräder 1, 2 auf die Welle 2a mit der Kupplung 3 bewirkt (Fig. 482). Mit Kupplung 3 kann zeitweise die Kuppelung 4 in Eingriff gebracht werden, welche die Welle 7 und mittelst der Schnecke 8 und des Schnecken-

Fig. 480.

rades 9 den Revolverkopf dreht. Während des Arbeitens wird diese Drehung verhindert durch die Sperrscheibe 10, in deren Nuten *11* der Bolzen *12* eingreift.

Zum Zwecke der Schaltung gleiten die an der Trommel einstellbaren Stifte 13 auf den Anschlag 14 des Hebels 15 und bewirken eine Drehung desselben sowie des mit 15 auf gleicher Achse sitzenden Doppelhebels 16. Die Drehung des Hebels 16 bewirkt zweierlei. Der obere Arm desselben zieht den Riegel 12 entgegen dem Drucke der Feder 17 aus den Nuten 11, der Revolverkopf ist entriegelt. Der untere Arm des Hebels 16 drückt mit dem Stift 18 die Muffe 19 nach links und spannt die Feder 20. Inzwischen hat der an dem Hebel 15 sitzende Anschlag 21 die Falle 22 gehoben, welche den fest auf der Welle 7 sitzenden Ring 23 freigibt. Die Feder 20 wirft die Welle 7 mit der Kupplung 4 in die Kupplung 3. Damit dies möglichst stoßfrei erfolgt, sind die Kupplungen außer mit den Mitnehmerstiften 5 noch mit den Lederscheiben 6 versehen. Die Welle 7 dreht jetzt den entriegelten Revolverkopf. Damit diese Drehung ebenfalls nicht momentan und möglichst stoßfrei ein-

Fig. 481.

setzt, ist die Schnecke 8 nicht schließend zwischen den Lagern des Gehäuses montiert, sondern es ist eine Feder 24 eingeschaltet, welche sich spannt und eine Verschiebung der Schnecke gestattet, bis der Federdruck den Zahndruck der Schnecke übersteigt.

Inzwischen hat der Stift 13 den Anschlag 14 passiert, die Hebel 15, 16 werden frei und die Feder 17 drückt den Riegel 12 in die nächste Nute 11. Sie dreht auch die Hebel 15, 16 zurück. Der Stift 18 drückt mittelst des Ringes 25 die Welle 7 wieder nach rechts, entkuppelt dieselbe und der ganze Mechanismus geht wieder in die gezeichnete Stellung zurück.

Um den Revolverkopf beim Einrichten der Maschine von Hand drehen zu können, kann der Riegel 12 durch den Handgriff 26 zurückgezogen werden so weit, daß zwar der Revolverkopf entriegelt ist, der Anschlag 21 jedoch die Falle 22 noch nicht ausgehoben hat. Der Revolverkopf kann jetzt durch eine Handkurbel 27 von Hand in beliebiger Richtung gedreht werden. In Fig. 483 ist eine verbesserte Einrichtung für diesen Zweck dargestellt. In dem Gehäuse ist ein Handrad 29 mit einer Plankurve, deren Abwicklung ebenfalls gezeichnet ist, drehbar und nicht verschiebbar gelagert. Die Plankurve bewegt mittelst des Stiftes den Riegel in axialer Richtung. Bei verriegeltem Kopf hat der Stift die Stellung I (Fig. 484).

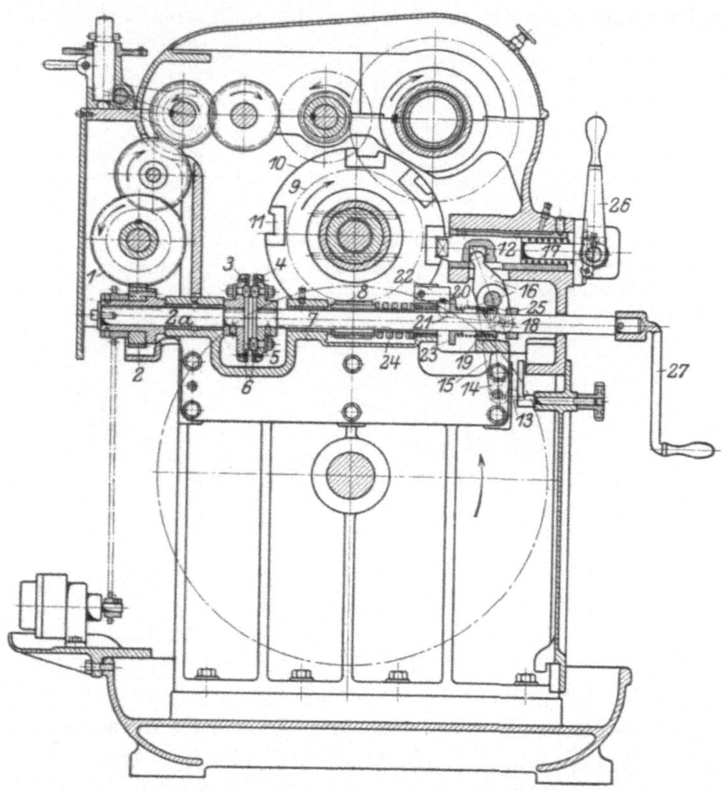

Fig. 482. Revolverkopfschaltung (Hasse & Wrede).

Macht das Handrad eine ganze Umdrehung bis wieder zur Stellung I, so wird eine einmalige Schaltung des Revolverkopfes bewirkt in gleicher Weise wie durch die Stifte 13 auf der Steuertrommel (Fig. 482). Wird der Stift nur bis zur Stellung II verschoben, so wird der Kopf entriegelt, ohne die Schaltung einzukuppeln, der Revolverkopf kann von Hand gedreht werden. Wird der Stift dagegen bis zur Stellung III gedreht, so wird der Revolverkopf entriegelt und die Schaltung eingerückt. Der Kopf dreht sich so lange,

wie der Stift und damit der Riegel in Stellung III festgehalten wird.
Die Drehung wird nach Belieben beendigt, sobald der Stift weiter,
d. h. wieder in Stellung I gebracht wird.

Der unabhängige Schaltungsantrieb hat den Nachteil, daß die
Möglichkeit von Störungen vorliegt dadurch, daß der Antriebriemen

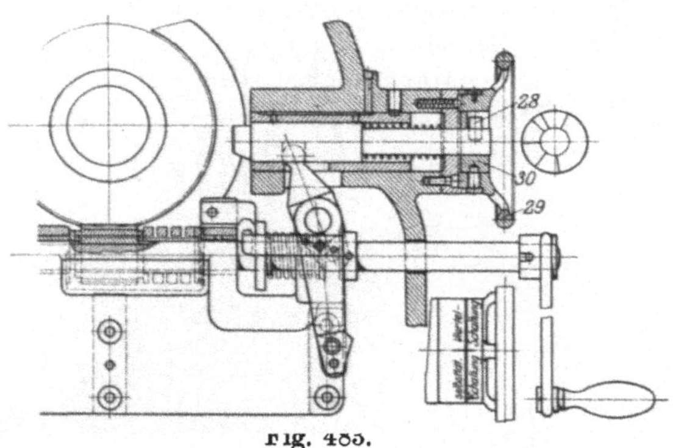

Fig. 483.

versagt und die Schaltung nur teilweise oder gar nicht ausgeführt
wird. Zwar hat sich in der Praxis gezeigt, daß dieser Fall sehr
selten eintritt, besser ist jedoch, wenn der Schaltungsantrieb zwangläufig von dem Hauptantrieb abgeleitet wird. Dies ist bei der Ausführung Fig. 482 der Fall, in-
dem von der Welle i_1 Fig. 283
aus durch Schraubenräder 1, 2
auf die Schneckenwelle getrieben wird.

Eine bemerkenswerte
Einzelheit zeigt die Ausführung Fig. 485. Die einzelnen

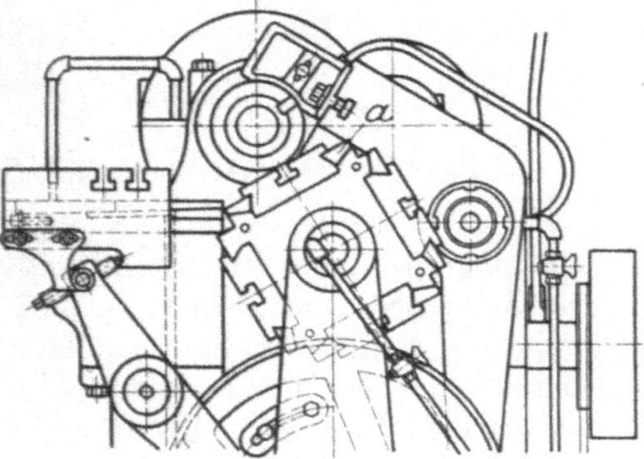

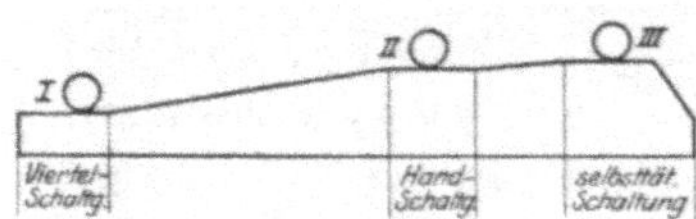

Fig. 484.

Fig. 485. Querkeilleisten (Gildemeister).

Schlitten sind zwischen sog. Querkeilleisten geführt, durch deren
seitliche Verstellung die Schlitten ohne Nacharbeiten stets spielfrei
gehalten werden können.

Eine Schaltung mit Bremse (D.R.P. Nr. 217 796) hat der
Steinhäuser-Automat (Fig. 11). Die Bremsung tritt kurz vor Be-

endigung des Schaltweges ein, zu dem Zwecke, dem Riegel ein sicheres Einschnappen in die nächste Indexnute zu ermöglichen (Fig. 486 bis 488). Auf der Steuerwelle a sitzen der Daumen c mit dem Stift d sowie der Daumen l. Die Arbeitsweise ist folgende: Beim Arbeiten sitzt der Riegel i im Revolverkopf und der Bremsbolzen q wird durch den Daumen l unter Vermittlung des Hebels n und der Rolle m niedergehalten, entgegen dem Drucke der Feder p.

Zum Zwecke der Schaltung zieht Daumen c durch Hebel k den Riegel i zurück, gleich darauf gleitet der Stift d in einen Schlitz der Schaltscheibe f (Malteserkreuzschaltung) und schaltet den Revolverkopf b unter Vermittlung der Räder g, h. Kurz bevor die

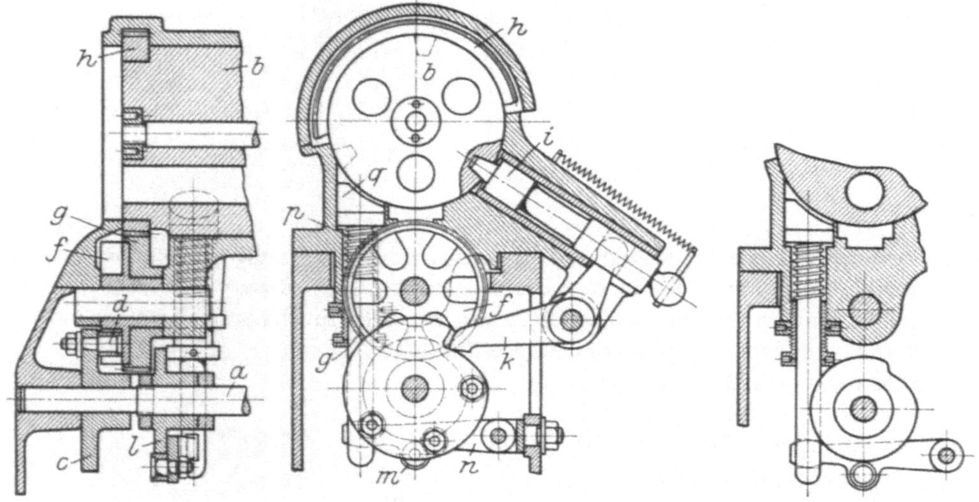

Fig. 486—488. Revolverschaltung mit Bremse (Steinhäuser).

Schaltung ihr Ende erreicht, kommt die Rolle m des Hebels n in eine Aussparung des Daumens l, der Bremsbolzen q wird frei und durch die Feder p gegen den Revolverkopf gebremst. Die Geschwindigkeit des letzteren wird abgebremst und es wird verhütet, daß derselbe über den Schaltungsweg hinausschießt, so daß der inzwischen frei gewordene Riegel i in den nächsten Einschnitt des Revolverkopfes einschnappen kann.

γ) Beim Hilfskurvensystem. Schaltung ohne Veränderlichkeit des Rücklaufes findet beim Brown & Sharpe-Automaten (Fig. 8) statt.

Die Schaltung wird, wie alle Bewegungen für die Totzeit von der Steuerwelle II (Fig. 292) eingeleitet und durch ein besonderes Hilfssteuerelement, welches in eine periodische schnelle Umdrehung versetzt wird, ausgeführt. Verbunden mit der Schaltung des Revolverkopfes ist gleichzeitig der schnelle Rücklauf desselben, nur der Vorschub des letzteren wird als Bewegung der eigentlichen Arbeitszeit von der Kurvenscheibe K auf der Hauptsteuerwelle III bewirkt. Die Kurvenscheibe K macht eine Umdrehung während der ganzen Arbeitsperiode, sie muß also ihrer Form nach für den Vorschub (oder die Vorschübe, wenn der Revolverkopf bei einem Arbeitsstück mehrere Male hin und her geht) eingerichtet sein. Jedesmal, wenn der Revolverkopf sich in seiner vorderen Stellung, d. h. am Ende seines Vorlaufes befindet, ist die Rolle 20 des Hebels 20a an dem höchsten Punkte 21 der Kurve K angelangt.

Jetzt hebt ein Nocken der Scheibe F den Hebel 23 vorne hoch und damit den Stift 24 abwärts, welcher bis jetzt vor dem Ansatz 27 der Kupplung 26 gelegen hat. Die letztere wird frei und durch die Feder 29 in die Kupplung 3 der schnellaufenden Hilfssteuerwelle I geworfen. Mit Kupplung 3 macht sie eine Umdrehung bis der Ansatz wieder an dem Stift 24 gleitet und die Kupplung 26 wieder ausrückt. Durch eine in die Rast 28 einschnappende federnde Schneide wird Kupplung 26 fixiert.

Diese einmalige Umdrehung wird übertragen durch die Hülse 31, Räder 32, 33, Kegelräder 34, 35 auf die Schaltscheibe 17. Diese sitzt auf gleicher Achse mit der Kurbelscheibe 16, welche durch die Stange 15 mit dem Schieber 14 verbunden ist. Der letztere gleitet lose im Revolverschlitten und wird durch den Segmenthebel 20a von der Kurvenscheibe K aus bewegt. Solange das Kurbelgetriebe in der gezeichneten Stellung, d. h. auf dem toten Punkt steht, wirkt es als starre Verbindung und nimmt den Revolverschlitten durch die stillstehende Welle V mit.

Macht jetzt die Scheibe 16 eine Umdrehung, so versucht sie zunächst den Schieber 14 nach vorn zu ziehen, wird aber daran verhindert dadurch, daß der Hebel 20a an dem Bett (bei 20b) anliegt. Es tritt daher die relative Bewegung ein, d. h. der Revolverschlitten verschiebt sich über den Schieber 14 nach hinten während der ersten halben Drehung von 16 und wieder nach vorne während der zweiten halben Drehung. Die letztere kommt jedoch entweder gar nicht, oder nur teilweise zur Wirkung, weil inzwischen die Rolle 20 an der Fläche 22 heruntergeglitten ist und die Feder 14a den Schlitten nach hinten gezogen hat. Kurz bevor der Schlitten seine hintere Endstellung erreicht, zieht die Kurve 36 an der Scheibe 18 mittelst des Hebels 37 den Riegel 38 aus dem Revolverkopf und gleich darauf schaltet der Stift 18 den Revolverkopf um, indem er in einen radialen Schlitz der nach Art eines Malteserkreuzes ausgebildeten Schaltscheibe 19 gleitet. Der Riegel 38 schleift auf der Rückseite des Revolverkopfes und schnappt in das nächste Indexloch ein.

Wie ersichtlich, ist sowohl die Schaltung als auch der schnelle Rücklauf des Revolverkopfes völlig unabhängig von dem Vorlauf des letzteren, welcher durch die Kurve K erfolgt. Damit die Schaltung an beliebiger Stelle eingeleitet werden kann, ist das Rad 33 als Radwalze ausgebildet.

Der Revolverkopf kann ein- oder mehreremal dicht hintereinander geschaltet werden, je nach der Anzahl der dicht hintereinander sitzenden Nocken auf der Scheibe F.

Die vorstehend beschriebene Schaltung kann als vollkommen bezeichnet werden, da sie alle Forderungen erfüllt, nämlich:

1. Schaltung in kürzester Zeit (ca. $^1/_2$ Sekunde).
2. Rücklauf   „   „   „ („ $^1/_2$ „   ).
3. Schaltung an beliebiger Stelle.
4. Ein- oder mehrmalige Schaltung.
5. Schaltung und Rücklauf unabhängig vom Vorlauf.

Schaltung mit Veränderlichkeit des Rücklaufes. Einige bemerkenswerte Einzelheiten zeigt die Ausführung der Firma L. Loewe Berlin.

Bei der vorbeschriebenen Einrichtung ist für den Rücklauf des Revolverschlittens nur eine unveränderliche Weglänge vorhanden.

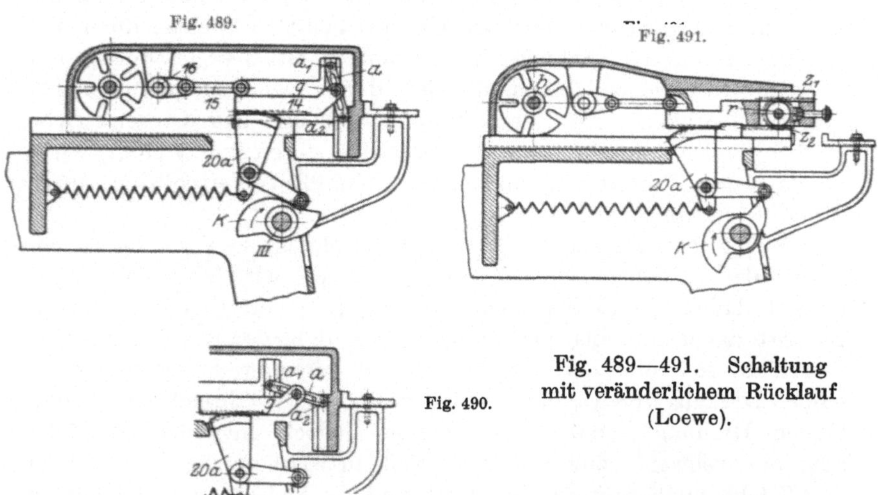

Fig. 489—491. Schaltung mit veränderlichem Rücklauf (Loewe).

Dies bedeutet bei kurzen Arbeitsstücken eine Zeitvergeudung und unnötige Abnutzung der Mechanismen und Führungen.

Die Ausführung Fig. 489—491 gestattet eine Veränderung des Rücklaufweges, und zwar unabhängig vom Vorschub dadurch, daß das Kurbelgetriebe 15, 16 nicht direkt an den Schieber 14 sondern mit einem verstellbaren Zwischenglied a angelenkt ist. Der Drehpunkt g des Zwischengliedes liegt am Schieber 14, der eine Endpunkt a_1 am Kurbelgetriebe, der andere a_2 am Revolverschlitten. Je nachdem nun der eine oder andere Endpunkt näher an den Drehpunkt gebracht wird, kann der unveränderliche Hub des Kurbelgetriebes in veränderter Weise auf den Hub des Revolverschlittens übertragen werden. Fig. 489 zeigt die Stellung in der hinteren Endstellung des Revolverschlittens, Fig. 490 in der vorderen Endstellung desselben. Das Kurbelgetriebe hat jetzt den Punkt a_1 nach vorne und den Punkt a_2 und damit den Revolverschlitten nach hinten gebracht. Je weiter a_2 von g ist, desto größer wird der Hub des Revolverschlittens und umgekehrt. Drehpunkt g liegt fest, weil Hebel 20a gegen das Maschinengestell anliegt.

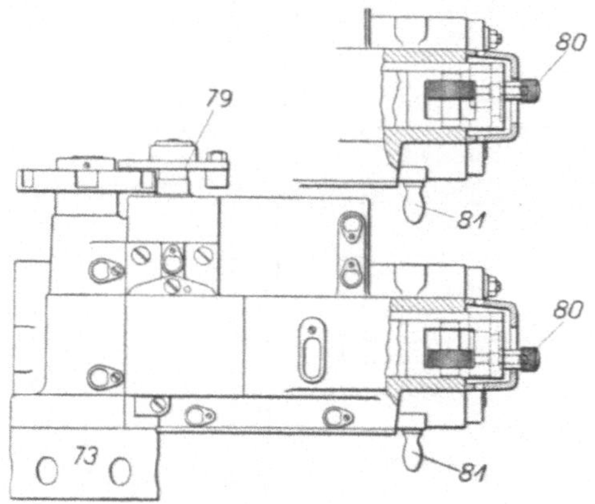

Fig. 492—493.

Da man in der Praxis mit 2 verschiedenen Längen für den Rücklauf auskommt, so kann die Ausführung Fig. 491 in Anwendung kommen. Das Zwischenglied ist als Zahnrad r ausgebildet, welches mit der breiten Zahnstange z_1 am Kurbelgetriebe und entweder mit der schmalen Zahnstange z_2 am Revolverschlitten in Eingriff steht, oder mit letzterem durch seitliche Verschiebung außer Eingriff gebracht werden kann. Dadurch erhält der Revolverschlitten entweder denselben oder den doppelten Weg des Kurbelgetriebes. Die konstruktiven Einzelheiten sind weiterhin aus Fig. 295 und 492—493 ersichtlich. Der Knopf 80 dient zum Verschieben des Rades r, der Hebel 78 zum Verschieben des Revolverschlittens von Hand.

b) **Bei Mehrspindelautomaten** findet, wie schon früher ausgeführt, nicht eine Schaltung der Werkzeuge, sondern der Arbeitsstücke statt. Es muß also die Spindeltrommel geschaltet werden.

Diese Schaltung muß eine besonders genaue sein, wenn erreicht werden soll, daß nach der Schaltung die Achsen der Arbeitsspindeln stets genau mit den Achsen der Werkzeugspindeln zusammenfallen sollen. Es ist diese Forderung viel wichtiger als bei den Einspindlern, da bei letzteren kleine Ungenauigkeiten der Schaltung dadurch unwirksam werden, daß jedes einzelne Werkzeugloch auf der Maschine selbst gebohrt wird. Bei den Mehrspindlern dagegen muß jede Arbeitsspindel mit jeder Werkzeugspindel in gleiche Achse gebracht werden können.

Es gibt daher eine Anzahl Fachleute, welche den Vierspindler zur Ausführung genauer Arbeit für ungeeignet halten. Dieses Urteil muß nach Ansicht des Verfassers beschränkt werden auf solche Teile,

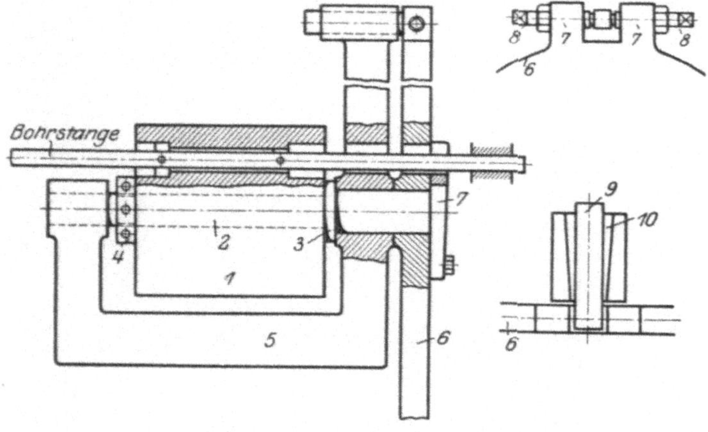

Fig. 494—496. Bohr- und Teilapparat.

bei denen die Innen- und Außenbearbeitung in getrennten Operationen vorgenommen wird, trifft aber nicht zu für Teile, bei denen man die Innen- und Außenflächen, welche genau laufen müssen, in einer letzten Operation gemeinschaftlich schlichten kann, was sehr häufig der Fall ist.

Auf alle Fälle muß der Ausführung des Riegels und der genauen Teilung der Indexnuten, sowie der Spindellager die größte Aufmerksamkeit gewidmet werden. Es sei daher an dieser Stelle eine einfache, dabei zweckentsprechende Vorrichtung beschrieben, die Verfasser mit Erfolg zum genauen Ausbohren der Spindeltrommeln entworfen und angewendet hat (Fig. 494—496). Die auszubohrende Spindeltrommel 1 ist auf einem Dorn 2 mittelst Bund 3 und Mutter 4 festgespannt. Keile oder Stifte für die Mitnahme sind zu verwerfen, vielmehr ist der Durchmesser von Bund und Mutter so groß als möglich zu nehmen. Der Dorn mit der Trommel ist in einem Bock 5 drehbar gelagert und der letztere wird auf dem Tisch einer normalen Horizontalbohrmaschine befestigt. Auf dem Dorn sitzt lose die Scheibe 6, welche durch Schrauben und Prissonstifte in dem großen Bund 7 des Dornes mitgenommen wird. Die Scheibe 6 hat den achtfachen Durchmesser des Teilkreises der zu bohrenden Spindeltrommellöcher. Am Umfange ist Scheibe 6 mit Ansätzen 7 versehen, in denen die gehärteten und vorn genau plangeschliffenen Schrauben 8 einstellbar sind. In dem Bock 5 ist ferner der gehärtete und geschliffene Schieber 9 zwischen den Nachstelleisten 10 verschiebbar. Es sind so viel Ansatzpaare 7 vorhanden, als die zu bohrende Trommel Bohrungen hat.

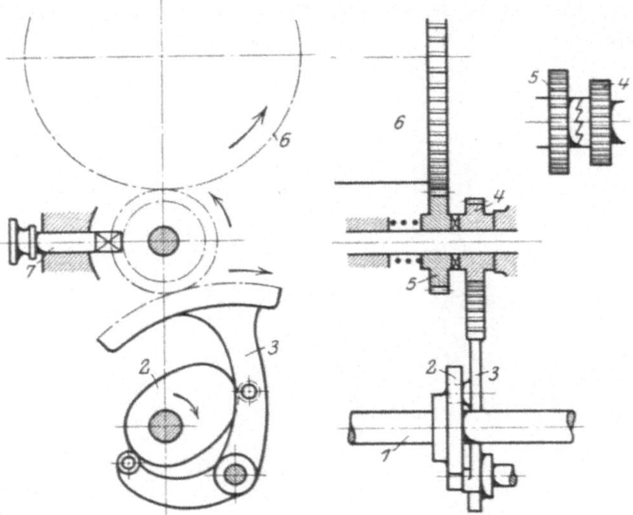

Fig. 497—498. Schaltung des Schütte-Vierspindelautomaten.

Es ist ohne weiteres möglich, mit einem Fühlhebel (Hirthminimeter od. dgl.) die Schrauben 8 so einzustellen, daß Teilungen bis zu einem Maximalteilungsfehler von 0,10 mm am Umfang von 6 gemessen, ausgeführt werden können. Dieser Fehler reduziert sich auf den Teilkreis der zu bohrenden Löcher auf 0,0125 mm, was für die Praxis vollkommen genügt.

Die Schaltungen der Spindeltrommeln der Mehrspindelautomaten werden in der Hauptsache bewirkt durch Klinken, Malteserkreuz und Zahngetriebe.

α) Die Klinkenschaltung weist der Schütte-Vierspindler auf (Fig. 497—498). Nachdem der Riegel auf gleiche Weise wie in Fig. 510 zurückgezogen ist, tritt ein auf der Steuerwelle 1 sitzender Daumen 2 in Tätigkeit und versetzt den Segmenthebel 3 in eine hin und her schwingende Bewegung. Dieselbe wird übertragen auf das Stirnrad 4. In der Pfeilrichtung nimmt Rad 4 das Rad 5 durch schräge Zähne und dadurch die Spindeltrommel 6 mit. In entgegengesetzter Richtung dagegen gleiten die Zähne übereinander, wobei sich Rad 5 entgegen dem Druck einer Feder zurückschiebt. Auch hier kann das Rad 5 durch einen Bolzen 7 ausgerückt werden, um die Schaltung zu unterbrechen. Ferner kann die Form des Daumens so gewählt werden, daß die Schaltung langsam und stoßfrei einsetzt.

Eine im Prinzip ähnliche, in der Konstruktion jedoch abweichende Einrichtung ist in Fig. 499—502 dargestellt. Auf der Spindeltrommel b läuft lose das Schneckenrad l mit der Nute m. Wenn einer der in der Spindeltrommel b gelagerten Schieber oder Keile n in diese Nute m kommt, so wird die Spindeltrommel mitgenommen.

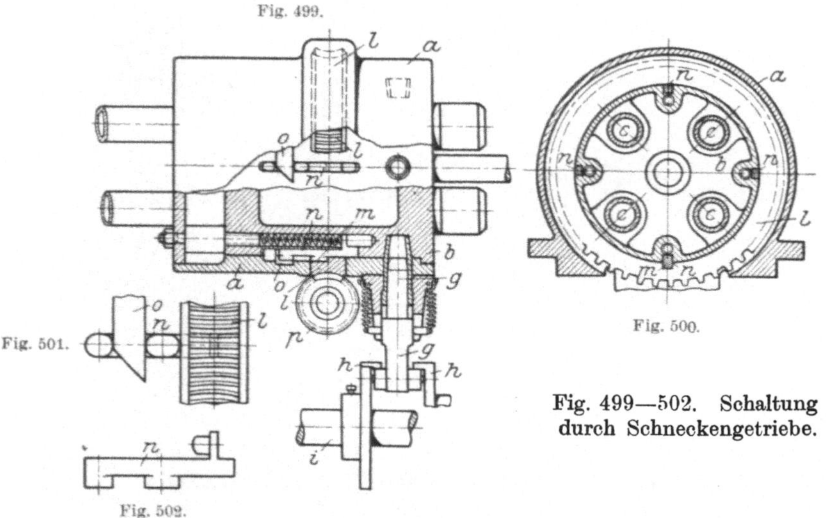

Fig. 499—502. Schaltung durch Schneckengetriebe.

Nachdem die Daumenscheiben h auf der Steuerwelle i den Riegel g zurückgezogen haben, wird der untenstehende Keil n durch eine besondere (nicht gezeichnete) Kurve freigegeben und durch eine Feder in die Nut m gedrückt. Das Schneckenrad l nimmt die Spindeltrommel um eine Viertelumdrehung mit. Am Ende derselben gleitet der Keil n auf die schräge Fläche einer am inneren Umfange des Trommelgehäuses a befestigten Ringleiste und wird aus Nut m herausgezogen. Der inzwischen freigewordene Riegel g schnappt in das nächste Indexloch ein.

Eine sehr schnell wirkende Klinkenschaltung besitzt der Davenport-Automat (Fig. 503). Derselbe arbeitet bekanntlich nach dem Hilfskurvensystem, bei welchem die während der Totzeit vorzunehmenden Bewegungen, darunter auch die Schaltung der Spindeltrommel von einer Hilfssteuerwelle eingeleitet werden, welche zu diesem Zwecke periodisch in eine einmalige schnelle Umdrehung versetzt wird.

Diese Hilfssteuerwelle 1 (Fig. 503) bewirkt zunächst mittelst der Daumenscheibe 2 und des Hebels 3 das Ent- und Verriegeln der Spindeltrommel 4. Der Hebel ist mit einer gehärteten Platte 5 versehen, welche um die Indexklötze 6 faßt. Die Bewegung des Riegelhebels 3 geschieht nach beiden Seiten zwangläufig durch die Daumenscheibe 2. Die Indexklötze 6 werden auch gleichzeitig zum

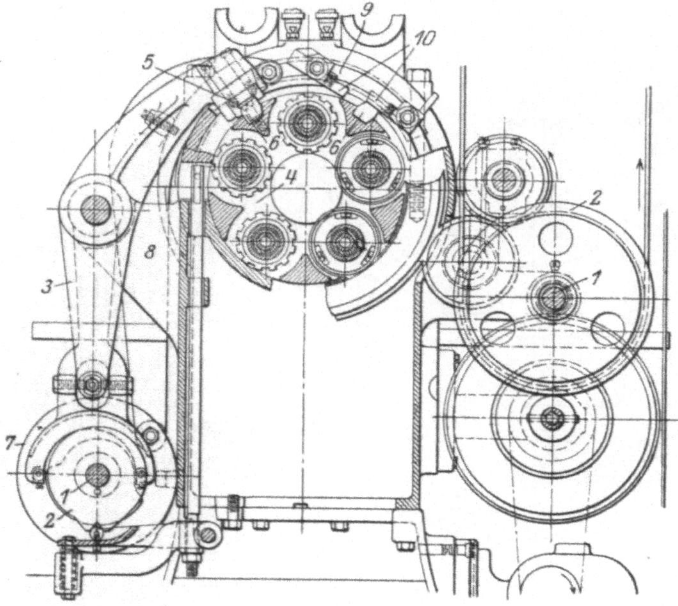

Fig. 503. Klinkenschaltung (Davenport).

Schalten benutzt. Eine Kurbelscheibe 7 auf der Steuerwelle 1 zieht mittelst einer Schubstange 8 ein in einer Kreisringführung verschiebbares Segmentstück 9 hin und her. An diesem Segmentstück sitzen die beiden Schaltklinken 10, welche sich von beiden Seiten um die Indexklötze 6 legen. Die rechte Klinke nimmt an der geraden Fläche von 6 den Klotz mit, die linke Klinke gleitet beim Rückschwingen von 9 an der schrägen Fläche von 6 in die Höhe. Beide Klinken können nach außen federnd ausschwingen. Es ist ferner bemerkenswert, daß die Materialtrommel nicht, wie sonst üblich, durch die Stangen selbst mitgenommen wird, sondern zwangläufig. Die Achse dieser Trommel ist durch den Konus 8 mit Deckel 9 fest mit der Spindeltrommel verbunden (Fig. 103).

β) Schaltung durch Malteserkreuz. Fig. 504—507 stellt die Ausführung beim Hasse & Wrede-Vierspindler dar (Fig. 33). Die Spindeltrommel 1 ist mit vier Schlitzen 2 versehen. In diese tritt der Hebel 3 ein (Anfangsstellung Fig. 504) und schaltet die Trommel um $^1/_4$ Umdrehung (Endstellung Fig. 505). Bevor die Schaltung beginnt, hebt ein am Hebel 3 befestigter Daumen 4 mittelst des Winkelhebels 5 den Riegel 6 heraus und läßt ihn am Ende der Schaltung wieder frei.

Diese Ausführung ist ein Musterbeispiel für die Einfachheit der gewählten Mittel.

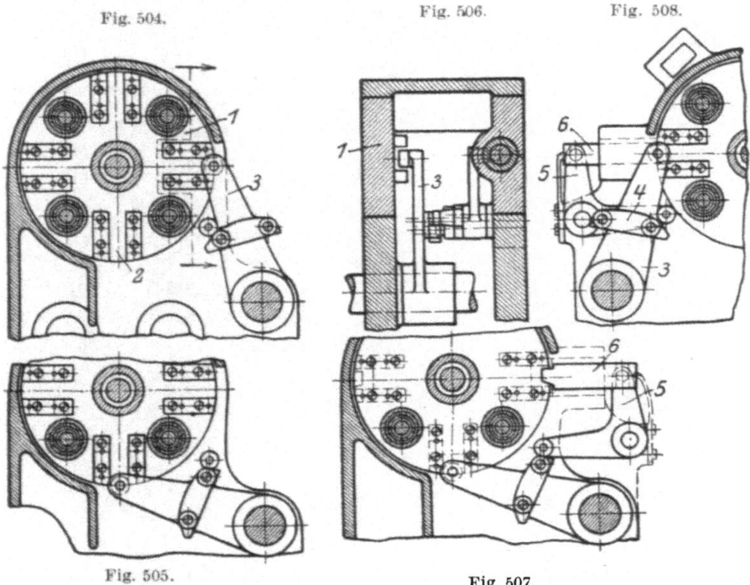

Fig. 504—508. Schaltung durch Malteserkreuz (Hasse & Wrede).

Die Schaltung des Gildemeister-Vierspindel-Halbautomaten zeigt Fig. 509. Nach erfolgter Entriegelung des Revolverkopfes greift Hebel 1 mit seiner Rolle in einen Schlitz des Malteserkreuzes 2 und dreht die Revolverkopfachse um ein Fünftel weiter. Damit auch bei entriegeltem Kopf keine unbeabsichtigte Verdrehung derselben eintreten kann, legt sich Scheibe 3 in den kreisbogenförmig gestalteten Umfang des Malteserkreuzes. Diese Festhaltung wird nur im Moment des Schaltens unterbrochen. Um beim Einrichten der Maschine dieselbe Operation ohne Schaltung des Kopfes mehrmals durchlaufen lassen zu können, kann durch Verschieben der Handkupplung 4 die Schaltung außer Wirksamkeit gesetzt werden.

Der Gildemeister-Fünfspindel-Automat (Fig. 24) besitzt ebenfalls eine Malteserkreuzschaltung (Fig. 510). Mittelst Kurven auf der Scheibe 1 auf Steuerwelle 35, und Hebel 2 wird der Riegel 3 herausgezogen. Hierauf dreht die Steuerwelle das Zahnsegment 6, das in Zahnrad 7 greift und den damit festverbundenen Hebel 8 dreht. Der darin befestigte Bolzen mit Rolle arbeitet auf die Malteserkreuz-Schaltscheibe 9, welche das Zahnrad 10 mitnimmt. Dieses greift in Zahnrad 11, welches über Kupplung 12 und Büchse 13 das Zahnrad 14 mitnimmt. Das letztere greift in die gezahnte Spindeltrommel 15 und bewirkt so die Schaltung. Die Kupplung 12 kann nach Ausrückung das Schalten der Spindeltrommel unterbrechen, so daß dem Einrichter die Möglichkeit gegeben ist, beliebig oft den gleichen Arbeitsprozeß am gleichen Werkstück zu wiederholen.

Fig. 509.

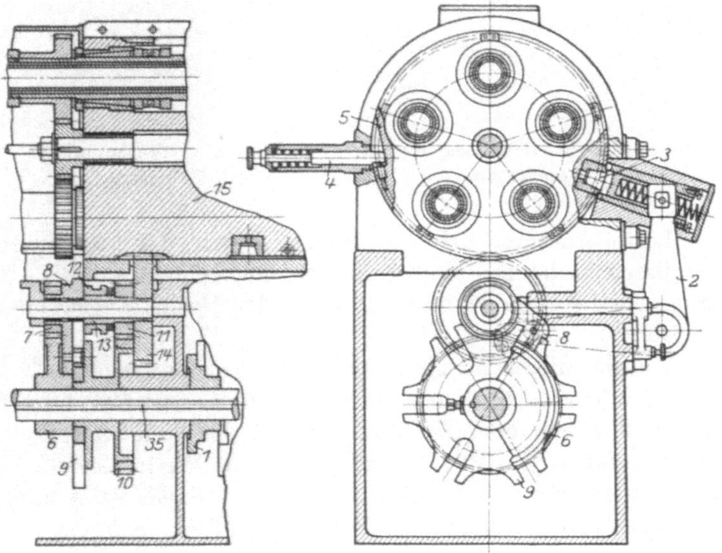

Fig. 510.

Die Arretierung der Spindeltrommel 15 nach der Schaltung geschieht durch Bolzen 3, der unter starkem Federdruck steht. Als weitere Sicherung ist auf der Rückseite der Maschine ein ebenfalls unter Federdruck stehender Bolzen 4 angebracht, der nach vollendeter Schaltung einschnappt und durch die Fläche 5 beim Schalten durch die Spindeltrommel zurückgedrückt wird.

γ) Schaltung durch Zahngetriebe. Der Lester-Automat (Fig. 35) besitzt eine Schaltung durch Zahngetriebe (Fig. 511—512). Auf der Steuerwelle sitzen die Kurvenscheiben 1, 2. Scheibe 1 bewirkt zwangläufig das Ent- und Verriegeln der Spindeltrommel 3. Der Riegel 4 greift mit drei Zähnen in ein Rad der Trommel. Während der Entriegelung schaltet Scheibe 2 mittelst Hebel 5 die Kupplung 6 ein, die Welle 7 dreht durch Räder 8, 9 die Spindeltrommel. Bedingung bei dieser Konstruktion ist, daß die Kurvenscheiben sehr genau zueinander eingestellt sind.

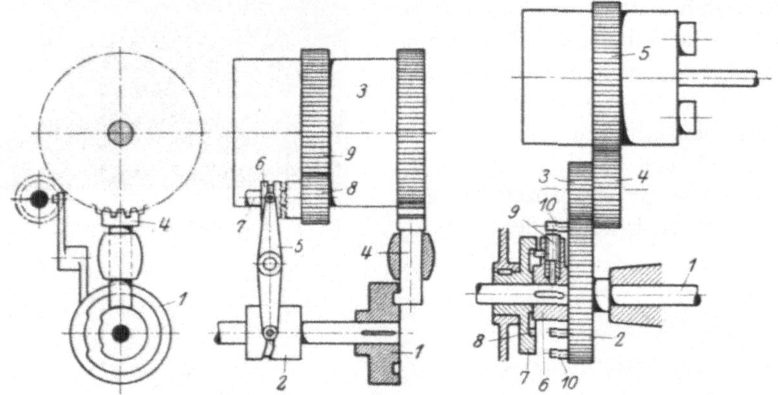

Fig. 511—512. Schaltung durch
Zahngetriebe

Fig. 513. Veränderliche
Schaltung.

Der Lester-Automat arbeitet in der Weise, daß der Spindelzylinder einmal feststeht, einmal um $^1/_6$ und einmal um $^1/_3$ Umdrehung geschaltet werden muß, je nach der jeweils angewendeten Arbeitsweise.

Eine Lösung dieser Aufgabe ist in Fig. 513 dargestellt.

Auf der Welle 1 sitzt lose das Stirnrad 2, dasselbe steht mit den Rädern 3, 4 und dem Zahnkranz 5 auf der Spindeltrommel in Verbindung. Neben dem Rad 2 sitzt fest auf der Welle die Scheibe 6 und neben dieser ist die Scheibe 7 fest im Gestell verkeilt. An der Innenseite von 7 befinden sich auswechselbare Kurven 8 und in der Scheibe 6 ist der Federbolzen 9 gelagert, welcher durch eine Feder stets radial nach außen gedrückt wird. Durch einen seitlichen Ansatz wird jedoch der Bolzen 9 durch die Kurve 8 nach innen festgehalten. Soll nun die Spindeltrommel fest stehen und überhaupt nicht schalten, so wird eine volle Kurve 8 eingesetzt, welche ein

Verschieben des Stiftes überhaupt nicht gestattet. Soll dagegen die Spindeltrommel um $^1/_3$ oder um $^1/_6$ geschaltet werden, so werden Kurven 8 eingesetzt, welche Aussparungen besitzen, in die der seitliche Ansatz des Bolzens 9 eintreten kann. Die Feder drückt den Bolzen nach außen, derselbe legt sich gegen einen der Stifte 10 am Rade 2 und nimmt dieses und damit die Spindeltrommel so lange mit, bis die Aussparung der Kurve 8 zu Ende ist und der Bolzen 9 durch die Kurven wieder radial nach innen gezogen wird. Durch die Länge der Aussparung kann die Zeit der Mitnahme und Größe der Schaltung ($^1/_3$ oder $^1/_6$) reguliert werden. (D. R. P. Nr. 238808, L. Loewe.)

F. Die Querschlitten.

Die Querschlitten sind eine Ergänzung des eigentlichen Werkzeugträgers (Revolverkopf). Sie sollen diejenigen Werkzeuge aufnehmen, welche sich nicht in axialer, sondern in radialer Richtung gegen das Arbeitsstück zu bewegen. Der Hub dieser Werkzeuge und demnach die Verschiebung der Querschlitten wird in der Regel geringer sein, wie diejenige des Revolverschlittens, die Schnittbreite der Werkzeuge ist jedoch beim Querschlitten erheblich größer.

Es kommt daher in der Hauptsache darauf an, dem Querschlitten eine sehr solide lange und breite Führung zu geben, um das Ecken und Vibrieren beim Arbeiten der breiten Seitenstähle zu verhindern. Ferner muß der Querschlitten durch starke Hebel und Daumen verschoben werden. Am Ende des Vorschubes muß der Schlitten gegen einen festen Anschlag laufen und es muß dadurch eine gewisse Spannung in den Mechanismus kommen. Nur auf diese Weise ist eine saubere Fläche bei breiten Werkzeugen zu erzielen.

Die Bewegung der Querschlitten kann eine geradlinige oder schwingende sein. Man unterscheidet demnach in der Hauptsache:

    I. Querschlitten mit geradliniger radialer Bewegung,

    II.   „   „ schwingender   „ .

I. Querschlitten mit geradliniger radialer Bewegung.

Solche weisen s. B. die Automaten Fig. 5, 6, 8, 11, 12, 16 auf.

Sie sind sämtlich auf einer senkrecht zur Achse der Arbeitsspindel verlaufenden Führung des Bettes verschiebbar, und zwar durch Kurven von der Steuerwelle aus, unter Vermittlung kräftiger Hebel.

Die automatischen Fassondrehbänke besitzen meistens nur einen Querschlitten, auf dem vorn und hinten ein Werkzeughalter aufgesetzt werden kann. Dieselben können dann nur nacheinander, nicht gleichzeitig arbeiten.

Bei der Maschine Fig. 13 sind zwei getrennte Querschlitten 1, 2 vorhanden (Fig. 514—516), welche auf einem gemeinsamen Unterschlitten 3 verschiebbar sind. Die Verschiebung erfolgt für beide Schlitten unabhängig durch Kurven auf der Trommel 4 Hebel 5, 6 mit Rollen 10, Zugstangen 7, 8. Die letzteren sind durch Muttern 9 einstellbar. Gegen Überlastung sind Sicherungsfedern eingeschaltet (siehe Fig. 13).

Die Verschiebung wird begrenzt durch Böckchen 11 und Anschlagschrauben 12. Zum besseren Abfallen der Späne und Arbeitsstücke sind die Schlitten schräg angeordnet.

Eine ebenfalls unabhängige Verschiebung der Querschlitten besitzt der Automat Fig. 17. Die beiden Schlitten 28, 29 werden durch die beiden Hebel 32, 33 gesteuert. Als Begrenzung dienen die Anschlagschrauben 46 (Fig. 285).

Die Schlitten sind ferner in der Höhenlage nachstellbar. Auf dem Unterschlitten ist eine konische Platte fest und eine ebenfalls konische Platte durch eine Mutter und Spindel verschiebbar. Dadurch kann der Schlitten stets genau ohne Spiel einreguliert werden und arbeitet auch bei schweren Schnitten ohne Vibration. Nach erfolgter Regulierung werden die Schrauben 45 festgezogen.

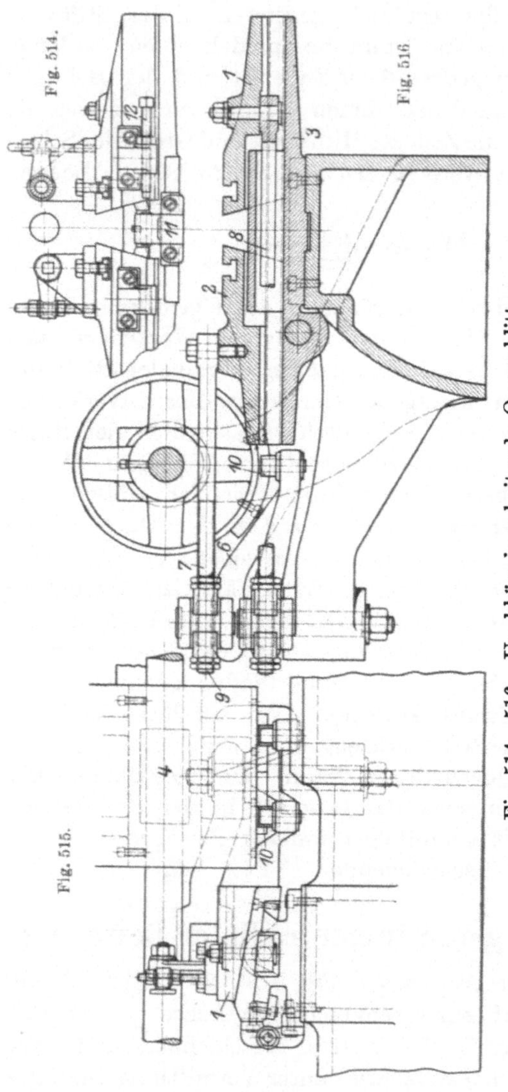

Fig. 514—516. Unabhängig arbeitende Querschlitten.

Vorteilhaft ist es, wenn die Querschlitten von Hand auch in der Längsrichtung der Maschine verstellt werden können, damit sie stets entsprechend der Länge des Arbeitsstückes oder Spannfutters an die Stelle gebracht werden können, an welcher sich einfache, seitlich nicht ausladende und nicht unnötig weit vom Futter arbeitende Werkzeuge ergeben.

Diese Verstellung ist daher bei fast allen Halbautomaten, z. B. in Fig. 36, vorgesehen, ferner bei den Mehrspindelautomaten.

Der Automat Fig. 24 hat 4 Querschlitten, welche sämtlich in der Längsrichtung verstellbar sind.

Die Hubverstellung der Querschlitten muß in der Regel durch Auswechselung der Kurven erfolgen.

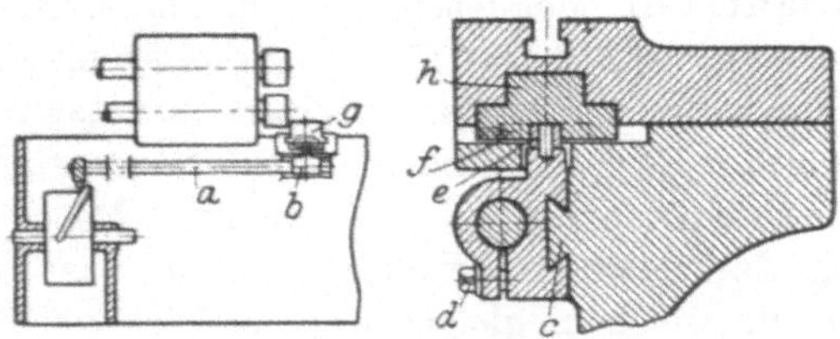

Fig. 517—518. Kulissenverschiebung des Querschlittens.

In Fig. 517—518 ist die Verschiebung der Querschlitten durch eine Kulissenscheibe (D.R.P. Nr. 246 797 L. Loewe) dargestellt.

Die von der Kurventrommel betätigte Stange a trägt einen, auf einem Prisma c des Bettes geführten Schieber b, feststellbar durch die Schraube d. Der Schieber trägt eine Rolle e, welche in einen Schlitz f der im Querschlitten g drehbar gelagerten Kulissenscheibe h greift.

Je nachdem nun die Scheibe h mit dem Schlitz f in einen kleineren oder größeren Winkel zur Bewegungsrichtung des Schiebers b eingestellt wird, ändert sich der Querhub des Querschlittens.

II. Querschlitten mit schwingender Bewegung.

Dieselben sind in der Hauptsache bei den Schraubenautomaten gebräuchlich, da sie dort eine erhebliche Beanspruchung nicht erleiden. Dazu sind sie infolge des Mangels einer soliden nachstellbaren Führung nicht imstande.

Solche Querschlitten sind dargestellt in den Fig. 18, 20, 21.

Auch der Fay-Automat (Fig. 38) besitzt einen, allerdings sehr kräftig ausgeführten schwingenden Quersupport.

G. Kritik der Konstruktion und Vorschläge für die Weiterentwicklung.

Vergleicht man die in vorstehendem Kapitel erläuterten Konstruktionen und wägt ihre Vorteile und Nachteile gegeneinander ab, so lassen sich Richtlinien festlegen, die für den Automaten-Konstrukteur als Grundlage dienen können. Es lassen sich ferner Vorschläge machen für die Weiterentwicklung der bestehenden Automatentypen unter Ausnutzung der Vorteile und möglichsten Ausschaltung der Nachteile der verschiedenen Konstruktionen.

I. Hauptantrieb: Möglichste Vereinfachung, Beschränkung der Geschwindigkeitsanzahl auf das für das Arbeitsgebiet des Automaten notwendige Maß, d. h. keine komplizierten und teuren Getriebe für Stangenautomaten. Es ist Einscheibenantrieb anzustreben und Wegfall der vielen Antriebriemen. Bei kleinen Maschinen kann zu diesem Zweck der Geschwindigkeitswechsel in das Deckenvorgelege gelegt werden, mit welchem gleichzeitig der Elektromotor konstruktiv verbunden werden kann.

Der regelbare elektrische Antrieb ist mit Vorsicht einzuführen. Vom praktischen Standpunkte aus betrachtet, verführt er dazu, auch kleine Stückzahlen auf dem Automaten herzustellen. Das ist stets unwirtschaftlich, sie gehören auf die Revolverdrehbank. Je größer die Massenfertigung, desto wirtschaftlicher der Automatenbetrieb. Der mit Sonderkurven- — Geschwindigkeiten — Schaltungen usw. für ein bestimmtes Arbeitsstück eingerichtete und auf dieses monate-, ja jahrelang eingestellte Automat arbeitet am wirtschaftlichsten.

II. Materialspannung: Das Spannrohr ist möglichst zu vermeiden, die Spannung soll daher möglichst am vorderen Spindelende oder in der Nähe desselben betätigt werden. Die Spannpatrone muß beim Schließen gegen axiale Verschiebung gesichert sein.

III. Materialzuführung: Das Vorschubrohr ist, besonders bei kleinen Maschinen, zu vermeiden. Die Vorschublänge soll einstellbar sein. Die Materialstangen müssen bis auf einen möglichst kurzen Rest verarbeitet werden können und es ist eine Auslösung nach Verarbeitung einer Stange vorzusehen.

IV. Steuerung: Das Einkurvensystem ist als überholt zu betrachten, das Mehrkurvensystem ist nach der Richtung der Verminderung der Totzeiten auszubauen. Außer bei kleineren Maschinen, bei denen es schon angewandt wird, ist zu versuchen, das Hilfskurvensystem auch auf größere Maschinen zu übertragen. Man erreicht dadurch geringe Totzeiten, kleine Trommeldurchmesser für die

Kurven, Trennung der Schalt- und Arbeitskurven, größere Geschwindigkeit der Schaltungen.

Um mit möglichst wenig Arbeitskurven auszukommen, ist die Geschwindigkeit und der Kurvenwinkel regulierbar einzurichten.

V. Revolverkopf: Im allgemeinen ist der Trommelrevolver dem Sternrevolver vorzuziehen. Er kann solider gelagert werden und das Verhältnis des Werkzeugkreises zum Indexkreis ist ein für die Feststellung des Revolverkopfes günstigeres.

Bei Sternrevolvern muß daher bei größeren Maschinen außer dem Index eine Bremse vorgesehen sein.

Die Befestigung der Werkzeuge auf Flächen des Revolverkopfes (Gridley) ist derjenigen in Löchern vorzuziehen.

Es ist ferner vorteilhaft, wenn nur das jeweils arbeitende Werkzeug die Vorschubbewegung ausführt.

Die Schaltung muß möglichst stoßfrei und schnell, am besten unabhängig von der Steuerwelle erfolgen.

Viertes Kapitel.

Sondervorrichtungen.

Da der Automat eine Drehbank ist, so lassen sich in der Hauptsache nur Dreharbeiten ausführen. An vielen Arbeitsstücken sind jedoch noch weitere Operationen vorzunehmen und es ist wohl im allgemeinen richtig, diese Operationen in einer weiteren Aufspannung auf besonders dazu geeigneten Maschinen vorzunehmen, schon deshalb, weil dieselben dort in der Regel am schnellsten und billigsten ausgeführt werden können.

Es kann jedoch der Fall eintreten, daß das Aufspannen des betreffenden Stückes Schwierigkeiten macht insofern, als die neue Bearbeitung zu der auf dem Automaten beendigten genau laufen muß oder in einem bestimmten ganz genauen Verhältnis stehen muß. Es kann ferner vorkommen, daß bei Massenartikeln der Transport zu der neuen Maschine teurer wird, wie die Operation selbst.

Es ist daher in vielen Fällen rationeller, diese Operation ebenfalls auf dem Automaten vorzunehmen, um so mehr dann, wenn dieselbe keine Zeit erfordert, sondern mit einer anderen Operation des Automaten zusammenfällt.

Solche Operationen sind in der Hauptsache:

Das Schneiden von Gewinden aller Art mittels Schneideisen, Gewindebohrer, Schneidkopf, Strähler oder auch Gewinderoller.

Das Schraubenschlitzen.

Das Querbohren.

Das Fräsen von Flächen, Vier- und Sechskanten.

Das Konischdrehen und Kopieren.

Das Bohren von besonders kleinen Löchern.

Das Nutenziehen usw.

Es sind eine sehr große Anzahl von Vorrichtungen zur Vornahme solcher Operationen entstanden, welche teils einfacher, teils sehr komplizierter Bauart, an dem normalen Automaten angebaut werden können.

Die hauptsächlich Gebräuchlichsten sind in verschiedenen Beispielen nachstehend beschrieben.

I. Gewindeschneid-Vorrichtungen.

Da es sich bei der Automatenarbeit selten um Gewinde von größerem Durchmesser und Querschnitt handelt, so ist die gebräuchlichste und einfachste Art das Schneiden mit einem Schneideisen oder Gewindebohrer.

1. Vorrichtungen für Schneideisen und Gewindebohrer.

Aus den Fig. 50—61 ist ersichtlich, daß man sowohl mit stillstehendem als auch mit laufendem Schneidzeug arbeiten kann.

a) Mit stillstehendem Schneidzeug. Diese Art ist die einfachste, da ein normales Schneideisen mit Halter benutzt werden kann, welches in den Revolverkopf eingesetzt wird. Die Benutzung ist jedoch nur bei Maschinen möglich, bei denen ein automatischer Rechts- und Linkslauf der Arbeitsspindel vorhanden ist (Fig. 60—61). Die Schaltung erfolgt gewöhnlich von der Steuerwelle aus ohne direkte Verbindung mit dem Schneidzeug. Der Zeitpunkt derselben steht daher mit dem Vorlauf des Schneidzeuges nicht in direktem

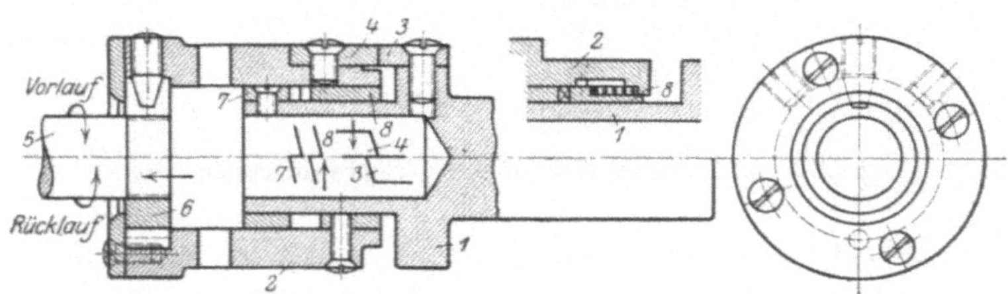

Fig 519—521. Schneideisenhalter.

Zusammenhang und es ist daher nicht möglich, ganz genaue Gewindelängen zu erzielen oder bis dicht an einen Bund zu schneiden, da die Umschaltung der Arbeitsspindel, insbesondere, wenn sie durch Riemenverschiebung erfolgt, nie genau gleichmäßig ist.

Um die Gewindelänge von der Schaltung des Rechts- und Linkslaufs unabhängig zu machen, sind die Schneidzeughalter 2teilig ausgeführt. (Fig. 519—521.) Das Hinterteil 1 steckt mit seinem Schaft fest im Revolverkopf, das Vorderteil 2 ist auf 1 verschiebbar. In der gezeichneten Stellung verhindert der am Hinterteil sitzende Zahn 3 ein Drehen des Vorderteiles, indem er sich gegen den am letzteren sitzenden Zahn 4 legt. Das Vorderteil wird festgehalten und das in der Pfeilrichtung sich drehende Arbeitsstück 5 schraubt sich in das Schneideisen 6 ein, das Vorderteil 2 nach vorne ziehend

solange dasselbe festgehalten wird. Ist die Gewindelänge erreicht
so gleitet Zahn 4 an Zahn 3 ab, da der Revolverschlitten mit lang-
samerem Vorschub bewegt wird als der Gewindesteigung entspricht.
Das Vorderteil dreht sich nunmehr lose auf dem Hinterteil mit dem
Arbeitsstück. Beginnt der Revolverschlitten seine Rückbewegung,
so ist zuvor die Arbeitsspindel auf Rücklauf geschaltet, das Hinterteil geht mit zurück und die Kupplung 7 hält die Kupplung 8 und
damit das Vorderteil fest, so daß sich das letztere von dem Arbeitsstück herunterschraubt, wobei der Rücklauf des Revolverschlittens
der Gewindesteigung ungefähr angepaßt sein muß, damit die Kupplungen 7, 8 in Eingriff bleiben. Um hierin etwas Bewegungsfreiheit
zu haben, kann die Kupplung 8 mit dem Vorderteil nicht fest, sondern gegen eine Feder verschiebbar angeordnet sein (Fig. 520).

Es ist klar, daß zur Erzielung von genauen Gewindelängen
eine Anzahl Elemente genau zueinander wirken müssen, insbesondere

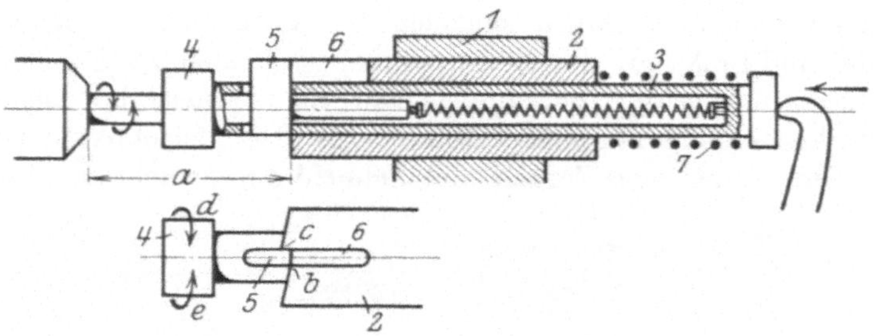

Fig. 522—523. Gewindespindel bei Schraubenautomaten.

ist das Abrutschen von 4 auf 3 maßgebend. Da sich alle Teile
axial bewegen, auch der Zahn 3, so ist ein ganz genaues Arbeiten
in der Praxis kaum möglich.

Bei den Schraubenautomaten, bei denen fast jedes Arbeitsstück
Gewinde hat, steht der Zahn 3 fest (Fig. 522—523).

In einem fest, axial nicht verschiebbaren Schlitten 1 ist die
Hülse 2 befestigt, in welcher sich die Pinole 3 mit dem Schneidzeug 4 verschieben kann. In der Pinole 3 ist ein Keil 5 verschiebbar, aber nicht drehbar, er führt sich in einer Nute 6 der
Hülse 2.

Durch einen Hebel von der Steuerwelle betätigt, wird die Pinole 3
vorgeschoben. Da sie sich nicht drehen kann, schraubt sich das
Arbeitsstück hinein, wobei sich die Pinole aus Hülse 2 herauszieht.
Ist die Gewindelänge erreicht, so gleitet der Keil 5 an der Kante b
der Hülse ab und die Pinole dreht sich mit dem Arbeitsstück in
der Pfeilrichtung d. Nunmehr schaltet Arbeitsstück und Schneidzeug um auf die Pfeilrichtung e, wobei sich der Keil gegen den

Ansatz *c* legt und die Pinole festhält. Das Schneidzeug schraubt sich ab, während die Pinole durch die Feder 7 zurückgezogen wird.

Da zwischen dem Futter und der Kante *b* stets dieselbe Entfernung *a* besteht, so ist die Gewindelänge stets dieselbe.

Eine weitere Verbesserung zeigt Fig. 524—525. Um beim Umschalten der Arbeitsspindel nach erfolgtem Vorlauf des Schneidzeugs keine Zeit durch ungenaue Einstellung von Kurven oder Anschlägen zu verlieren, wird das Umschalten vom Schneidzeug selbst bewirkt. Die an letzterem einstellbare Schraube 1 stößt gegen den Winkelhebel 2 und gibt dadurch die an dem Riemengabelhebel 3 angelenkte Stange 4 frei, so daß die Riemen durch eine Feder verschoben werden können.

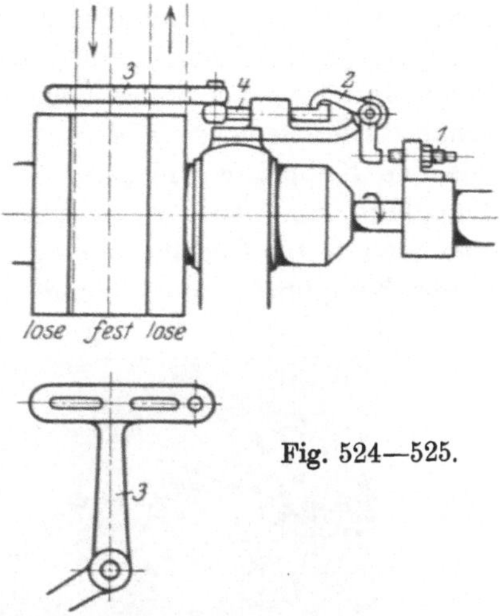

Fig. 524—525.

Das Umschalten beim Ende des Rücklaufes, bei dem es weniger auf Genauigkeit ankommt, kann durch eine Kurve, angreifend am hinteren Ende des Hebels 3, erfolgen.

b) Mit laufendem Schneidzeug. Bei Maschinen, bei welchen nur eine Drehrichtung der Arbeitsspindel vorgesehen ist, oder auch bei

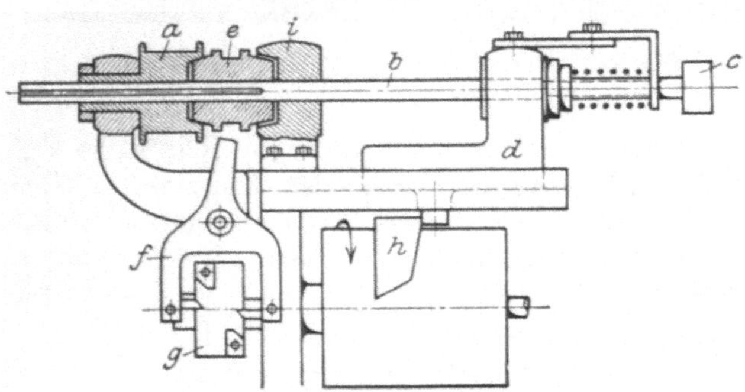

Fig. 526. Gewindeschneidvorrichtung.

solchen, bei denen die Spindel zwar Rechts- und Linkslauf, aber keinen langsamen Gang besitzt, muß mit laufendem Schneidzeug geschnitten werden. Dies ist der Fall bei den sogenannten Fassondrehbänken und den meisten Mehrspindlern.

Es gibt verschiedene Möglichkeiten, welche in den Fig. 50—53 u. 56—59 dargestellt sind.

Eine Vorrichtung, welche nach dem Prinzip Fig. 56—57 arbeitet, ist in Fig. 526 gezeigt, angebaut an einer automatischen Fassondrehbank. Die Vorrichtung ist auf dem Werkzeugschlitten aufmontiert und wird durch eine besondere Riemenscheibe a vom Deckenvorgelege angetrieben derart, daß die Gewindespindel b mit dem Schneidzeug c eine etwas höhere Umlaufzahl wie die Arbeitsspindel erhält. Die Riemenscheibe a sitzt lose und wird durch eine daneben sitzende Kupplung e mit der Gewindeschneidspindel gekuppelt. Die Kupplung kann ausgerückt und wechselseitig mit einer im Gehäuse sitzenden festen Gegenkupplung i verbunden werden. Durch Schalten dieser Kupplung kann demnach die Gewindespindel entweder mit

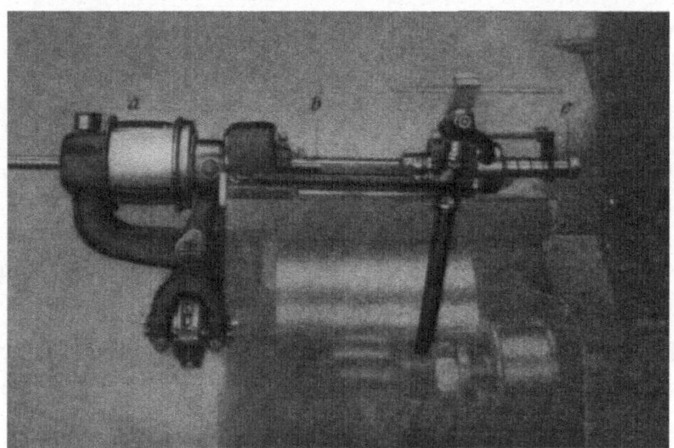

Fig. 527. Vorrichtung Fig. 526 an der Maschine.

der Geschwindigkeit der Scheibe a umlaufen oder stillgesetzt werden (siehe Fig. 56—57). Die Schaltung der Kupplung erfolgt zwangläufig von einer Kurve g der Steuerwelle aus mittelst eines Doppelhebels f. Die Kurve h schiebt den Schlitten d vor mit etwas geringerem Vorschub, als der Gewindesteigung entspricht. Der Unterschied wird dadurch ausgeglichen, daß sich das Schneidzeug gegen eine Feder axial auf der Spindel b vorschieben kann. Der Schlitten d wird durch 2 Zugfedern zurückgeschoben.

Fig. 527 zeigt die Vorrichtung auf der Maschine.

Eine nach dem Prinzip Fig. 52—53 arbeitende Vorrichtung zeigt Fig. 528. Von der Arbeitsspindel 1 wird durch Stirnräder die Welle 2 und von dieser durch zwei Räderübersetzungen 3, 4 und 5, 6 die Gewindespindel 7 angetrieben. Das Rad 4 läuft etwas langsamer, das Rad 6 etwas schneller wie die Arbeitsspindel, durch eine Kupp-

lung 8 können die beiden Räder wechselseitig mit der Gewindespindel gekuppelt werden. Beim Vorlauf befindet sich die Kupplung
in Rad 4, die Gewindespindel läuft langsamer wie die Arbeitsspindel
und das Schneidzeug schraubt sich mit Rechtsgewinde auf, wobei
sich die Gewindespindel nach vorne schiebt. Nach erreichter Gewindelänge stößt der Bund 9 gegen die Schraube des Hebels 11, dieser
gibt den Hebel 12 frei und die Kupplung wird durch eine an geeigneter Stelle angebrachte (nicht gezeichnete Feder) momentan in

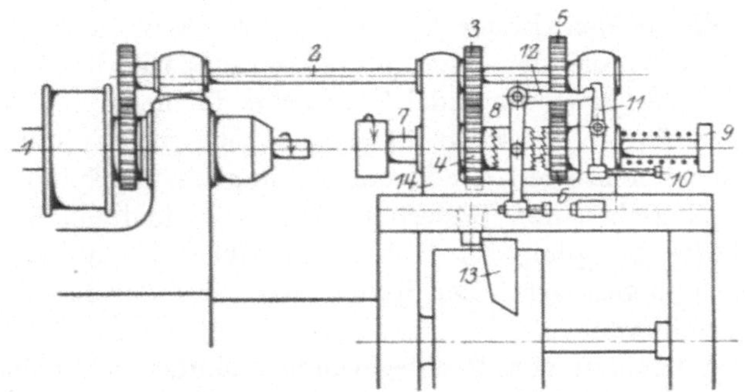

Fig. 528. Gewindeschneidvorrichtung.

Rad 6 geworfen. Die Gewindespindel läuft jetzt schneller wie die
Arbeitsspindel, das Schneidzeug läuft ab.

Der Schlitten 14 wird durch eine Kurve 13 vorgeschoben und
durch eine Rückzugkurve oder starke Feder zurückgeholt, wobei
der Hebel 12 gegen einen federnden Anschlag 15 des Bettes an-

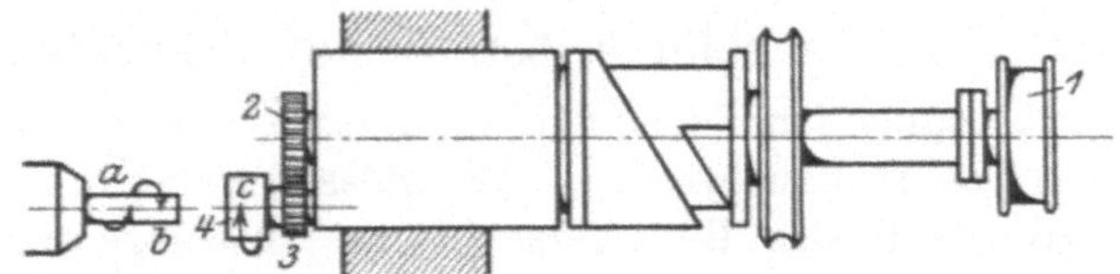

Fig. 529. Gewindeschneidvorrichtung.

stößt. Hierdurch wird die Kupplung wieder umgeschaltet. Handelt
es sich um eine Maschine, bei welcher ein schneller Linkslauf zum
Drehen und zum Gewindeablauf und ein langsamer Rechtsgang zum
Gewindevorlauf vorhanden ist, so kann man zwar Rechtsgewinde mit
stillstehendem Schneidzeug, Linksgewinde dagegen nur mit rotierendem Schneidzeug schneiden.

Diese Einrichtung auf einem Cleveland-Automaten zeigt Fig. 529.
Durch die Mittelachse des Revolverkopfes wird eine Welle gesteckt,
welche an ihrem hinteren Ende durch die Scheibe 1 angetrieben

wird und durch die Stirnräder 2, 3 das in einem Werkzeugloch des
Revolverkopfes sitzende Schneidzeug 4 in der Pfeilrichtung *c* antreibt. Die Arbeitsspindel läuft beim Gewindevorlauf links in der
Pfeilrichtung *a*, jedoch etwas schneller wie das Schneidzeug, wodurch
sich das letztere mit Linksgewinde aufschraubt. Beim Rücklauf läuft
die Arbeitsspindel in der Pfeilrichtung *b*.

Eine nach gleichem Prinzip arbeitende Gewindeschneidvorrichtnng
hat der Gridley-Vierspindler (Fig. 33).

Auf der Welle 1 sitzt fest das Rad 68 (Fig. 314) und verschiebbar die beiden Räder 69, 70. Sie treiben die lose auf der
Antriebwelle 19 laufenden Räder 65, 66, 67. Die Verlängerung dieser
Welle bildet die Gewindespindel 71, welche in einem, an dem Quer-
balken 72 geführten Schlitten 73 gelagert ist. Die Spindel befindet
sich in gleicher Achse mit der Spindelstellung III des Spindelzylinders
(Fig. 313). Zwischen den Rädern 65 einerseits und 66, 67 andererseits wird die Kupplung 71 durch den Hebel 72 mit Hilfe eines
Federbolzens 73 gesteuert. Die Steuernocken sind auf dem Schneckenrad 30 einstellbar.

Beim Schneiden von Rechtsgewinde befindet sich beim Vorlauf
der Gewindespindel die Kupplung 71 in den Rädern 66, 67, die Gewindespindel läuft langsamer, aber in gleicher Richtung wie die Arbeitsspindel III und das Schneidzeug läuft auf. Die Schnittgeschwindigkeit desselben ist durch Verschiebung der Räder 69, 70 veränderlich.

Beim Rücklauf wird die Kupplung in das Rad 65 gesteuert,
die Gewindespindel läuft schneller als die Arbeitsspindel und das
Schneidzeug läuft ab.

2. Vorrichtungen für selbstöffnende Schneidköpfe.

Die selbstöffnenden Schneidköpfe müssen automatisch geöffnet
und wieder geschlossen werden. Es müssen daher an dem nicht
verschiebbaren Teil des Revolverschlittens Anschläge oder Kurven
vorhanden sein, welche diese Verrichtungen vornehmen.

In Fig. 530 ist die Einrichtung auf einem Cleveland-Automaten
dargestellt. Beim Rückgang des Schneidkopfes läuft der Stift *G* auf
die schräge Fläche *H* einer am Werkzeugschlitten durch die beiden
Schrauben *BC* und die beiden Schlitze *EF* einstellbaren Leiste *A*;
hierdurch wird der Schneidkopf geschlossen.

Eine Einrichtung zum automatischen Öffnen und Schließen des
Schneidkopfes zeigt ferner Fig. 531.

Auf der Spindel 1 sitzt der Schneidkopf 2, dessen Backen durch
Drehen der Hebel 3 geöffnet und geschlossen werden.

Wenn der Schlitten 4 durch Kurve 5 nach vorne bewegt wird,
so stößt bei erreichter Gewindelänge der Hebel 6 an den einstell-

baren Anschlag 7 und bringt dadurch den Sperrbolzen 8 außer Eingriff mit der Stange 9. Durch eine Feder wird jetzt der Schieber 10 und damit die Stange 11 mit der Muffe 12 zurückgeworfen. Diese

Fig. 530. Selbstöffnender Schneidkopf.

drückt die Hebel 3 zusammen und der Schneidkopf öffnet sich. Beim Rückgang des Schlittens 3 schieben sich die Hebel wieder in die alte Stellung (Kopf schließen), da die Muffe 12 durch den Anschlag 13 festgehalten wird.

Besitzt die Arbeitsspindel der Maschine einen langsamen Gang, so kann der Schneidkopf stillstehen, anderenfalls muß er mit Vor- bzw. Nacheilung gegenüber der Spindel angetrieben werden. Ein solcher Antrieb ist z. B. in Fig. 532 dargestellt.

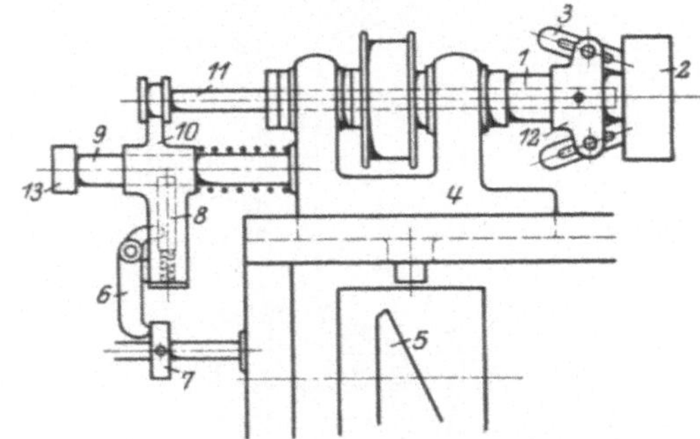

Fig. 531. Selbstöffnender Schneidkopf.

Eine Sicherheitsvorrichtung, welche insbesondere für selbstöffnende Gewindeschneidköpfe dient, ist in den Fig. 533—535 dargestellt.

Sie rückt den Vorschubantrieb der Maschine selbsttätig aus, wenn das Schneidzeug nicht zurückgeht, etwa dadurch, daß sich die Backen nicht geöffnet haben oder eine sonstige Betriebsstörung vorliegt. (D. R. P. 293 386, Pittler.)

Fig. 532. Antrieb für selbstöffnende Schneidköpfe.

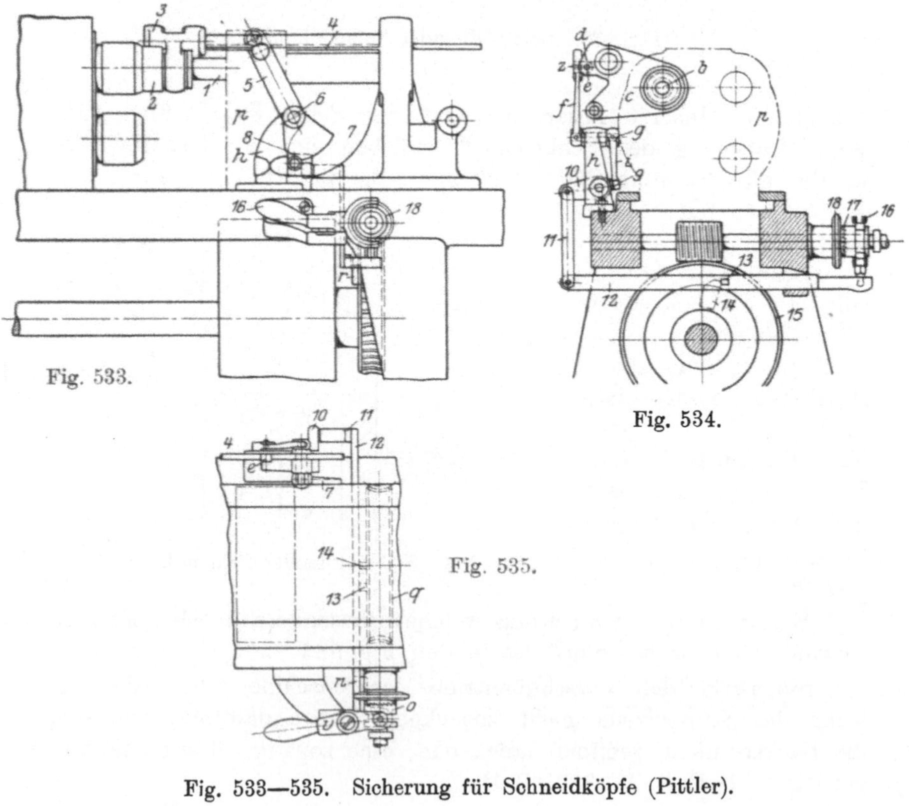

Fig. 533.

Fig. 534.

Fig. 535.

Fig. 533—535. Sicherung für Schneidköpfe (Pittler).

Auf der Gewindespindel 1 sitzt der Schneidkopf 2 und hinter demselben ein Arm 3, welcher mit der Stange 4 verbunden ist. An diese ist der Hebel 5 angelenkt mit dem Drehpunkt 6 und dem Segment 7. Beim Vorschub der Gewindespindel dreht sich der Hebel 5 und nach erreichter Gewindelänge kommt eine Ausfräsung 8 des Segmentes 7 über die Rolle 9 eines Hebels 10. Die Rolle 9 kann sich heben, wodurch sich das Ende des Hebels 10 mit den Stangen 11, 12 senkt, so daß ein an 12 befestigter Stift 13 in die Bahn des Anschlages 14 auf der Steuerscheibe 15 kommt. Beim Zurückgehen der Gewindespindel 1 läuft die Rolle 9 auf den Umfang des Segmentes 7, wodurch der Anschlagstift 13 wieder aus der Bahn des Anschlages 14 herausgehoben wird.

Bei normalem Betriebe findet also eine Betätigung des Anschlages 14 auf den Stift 13 nicht statt.

Geht jedoch die Gewindespindel aus irgendeinem Grunde nicht zurück, so verschiebt Anschlag 14 die Stange 12 und rückt mittelst des Hebels 16 die Kupplung 17 aus dem Antriebrad 18. Hierdurch wird der Vorschub stillgesetzt und die Maschine kann in Ordnung gebracht werden.

3. Vorrichtungen für Gewindestähle und Strähler.

Es ist zuweilen erwünscht, an einem Arbeitsstück zwei Gewinde gleichzeitig zu schneiden. Handelt es sich um ein Außen- und ein Innengewinde mit gleicher oder verschiedener Steigung, so kann man ein kombiniertes Schneidzeug anwenden, welches einen Gewindebohrer und ein Schneideisen trägt. Ist die Steigung verschieden, so müssen die beiden Schneidzeuge sich federnd gegeneinander verschieben können.

Sitzen die Gewinde aber so an dem Arbeitsstück, daß man das äußere mit einem axial arbeitenden Werkzeug nicht schneiden kann, etwa hinter einem Ansatz, so muß es gestrählt werden. Eine Strählereinrichtung an einem Mehrspindler zeigt Fig. 536—538.

Von der zentral gelagerten Hauptantriebwelle 1 der Maschine wird durch Wechselräder 2 die obere Welle 3 angetrieben mit der langen Kupplungshülse 4. Die letztere wird in der hinteren Stellung des Werkzeugschlittens 5 durch die gegen ihren Bund sich legende Muffe 6 festgehalten, so daß sie mit den Zähnen des Kegelrades 7 nicht in Eingriff steht. Geht jedoch der Werkzeugschlitten nach vorne, so wird die Hülse durch eine Spiralfeder mit dem Kegelrad gekuppelt und setzt damit die Strählereinrichtung in Tätigkeit.

Es werden dann durch Kegel- und Stirnradübersetzungen die beiden Leitspindeln 8 angetrieben, zwischen denen ein um eine Welle 9 drehbarer Hebel 10 pendelt, der auf jeder Seite eine Gewindebacke trägt. Letztere legen sich in die Gänge der Leitspindeln und bewirken eine hin und her gehende axiale Verschiebung des Hebels 10 und der Welle 9. Das Umschalten geschieht durch Auflaufen des Hebels 10 am Ende des Hubes auf konische Ringe mit Hilfe des Federbolzens 12, der an einer dachförmigen Leiste 13 entlang gleitet

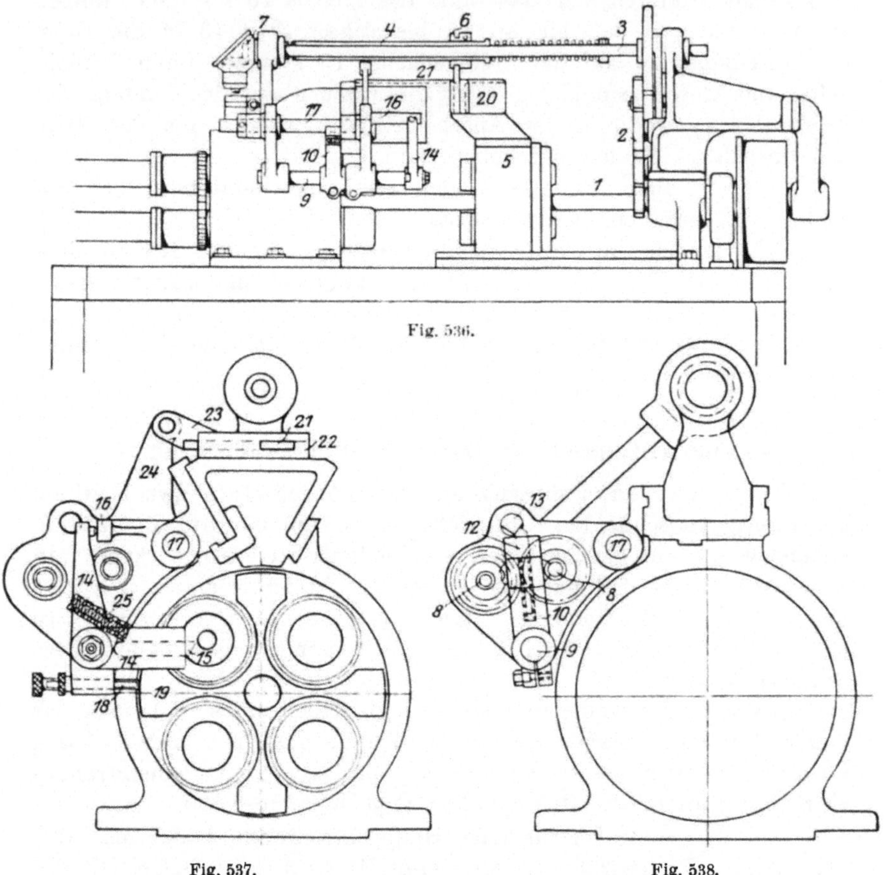

Fig. 536.

Fig. 537.   Fig. 538.

Fig. 536—538. Strählereinrichtung an einem Vierspindelautomaten.

Auf der Welle 9 sitzt ferner der Strählerhalter 14 mit dem Strähler 15. Der vertikale Schenkel des Halters 14 gleitet mit einem Stift an einer festen Leiste 16 entlang; der auf den Strähler wirkende Arbeitsdruck preßt den Halter 14 stets fest gegen die Leiste 16. Während dieser hin und her gehenden Bewegung des Strählerhalters, wobei der Vorlauf langsam, der Rücklauf schnell durch entsprechendes Gewinde der Leitspindeln 8 erfolgt, dreht sich gleichzeitig das ge-

Fig. 539.   Strählereinrichtung an einem Vierspindelautomaten.

samte Gehäuse um den festen Bolzen 17. Damit bewegt sich der Strähler senkrecht gegen die Achse des Arbeitsstückes, bis die Gewindetiefe erreicht ist. Ist dies der Fall, so legt sich die Anschlagschraube 18 gegen das an der Vorderseite des Spindelstockes befestigte Anschlagkreuz 19. Die Drehung des Gehäuses wird von dem vorgehenden Werkzeugschlitten eingeleitet. Auf diesem sitzt der Bock 20 mit der Leiste 21, welch letztere sich mit ihrem vorderen abgeschrägten Ende in dem auf dem Spindelstock sitzenden Gehäuse 22 bewegt.

In diesem Gehäuse ist ferner der Schieber 23 geführt, er bewegt sich rechtwinklig zur Leiste 21, wenn diese mit ihrem abgeschrägten Ende an ihm vorbeigleitet. Da er gabelartig mit dem

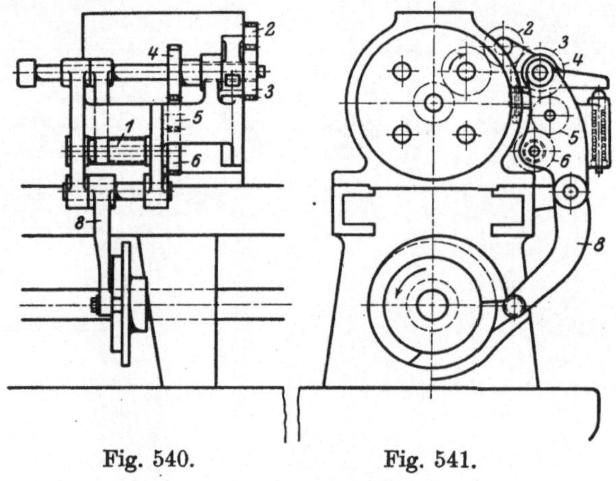

Fig. 540.   Fig. 541.

Arm 24 des Strählergehäuses verbunden ist, bewirkt er eine Drehung des letzteren um den Bolzen 17.

Geht nach erfolgter Operation der Werkzeugschlitten 5 mit der Leiste 21 zurück, so wird das Strählergehäuse durch eine starke Spiralfeder 25 wieder in seine Anfangsstellung gebracht. Bei dem weiteren Rückgang des Schlittens 5 legt sich die Muffe 6 gegen den Bund der Hülse 4. Hierdurch wird diese mit dem Kegelrad 7 entkuppelt und die ganze Vorrichtung wieder außer Tätigkeit gesetzt.

Es folgt daraus, daß das Strählen während des Arbeitens der vier Werkzeugspindeln in Schlitten 5 erfolgt, eine Verlängerung der Arbeitszeit also nicht erfordert.

Weitere Konstruktionsmöglichkeiten für Strählereinrichtungen zeigen die Fig. 540—544 (D. R. G. M., Gildemeister).

In Fig. 540—541 wird der Antrieb der Leitpatronen 1 durch Stirnräder 2—6 von derjenigen Arbeitsspindel abgeleitet, welche jeweils in die Gewindeschneidstellung geschaltet ist. Der Vorschub des Strählergehäuses senkrecht zur Achse des Arbeitsstückes erfolgt durch Kurven auf der gemeinsamen Steuerwelle 7 mittelst des Hebels 8, ebenso das Ein- und Ausschwenken der Vorrichtung in die Arbeitsstellung.

Diese Vorrichtung arbeitet also ganz unabhängig von dem Werkzeugschlitten.

Das gleiche ist der Fall bei der Einrichtung Fig. 542—544. Der Antrieb erfolgt von einer oberen Welle (Fig. 543) durch Kegelräder von Punkt 1 nach Punkt 2. In 1 und 2 ist je ein Kegelradgehäuse gelenkig gelagert und das Strählergehäuse wird durch Kurve und Hebel um den Punkt 4 gedreht. Dabei pendelt das Kegelradgehäuse 2 zwischen den Stellungen 5 und 6. In der ersteren ist das Gehäuse ausgeschwenkt und daher das Kegelrad 7 außer Eingriff mit der fest auf der Welle 8 sitzenden Kupplung (Fig. 543). In

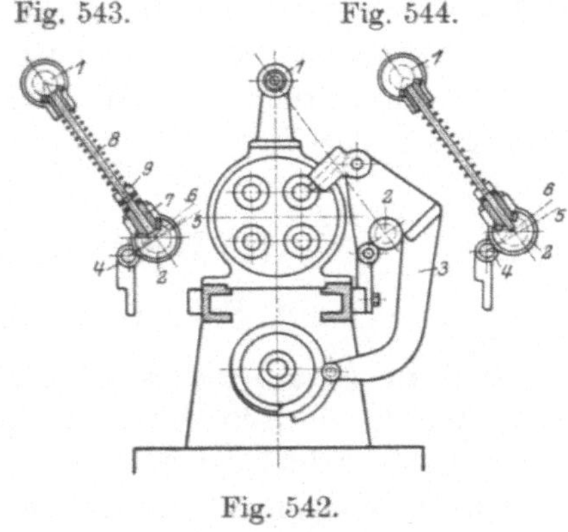

Fig. 542.

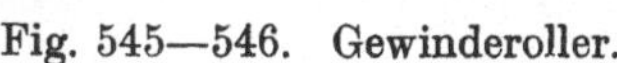
Fig. 545—546. Gewinderoller.

Stellung 6 dagegen befindet sich die Vorrichtung in Arbeitsstellung und das Rad 7 ist eingerückt (Fig. 544).

4. Vorrichtungen für Gewinderoller.

Der Gewinderoller ist eine gehärtete Scheibe, welche Gewinde von der Steigung des zu rollenden Gewindes trägt. Sie wird senkrecht zur Achse des Arbeitsstückes gegen dasselbe geführt und ist daher in einem der Querschlitten eingespannt.

Eine Einrichtung zeigt Fig. 545, eine andere, welche durch einen Daumen auf der Steuerwelle betätigt wird, Fig. 546.

II. Bohrvorrichtungen.
1. Schnellbohrvorrichtungen.

Sind an einem Arbeitsstück kleine Bohrungen zu bearbeiten, so ist die für die übrigen Operationen passende Schnittgeschwindigkeit für ein gutes Arbeiten des Bohrers zu klein.

Diesem Mangel wird abgeholfen, indem dem Bohrer eine Rotation in entgegengesetzter Richtung erteilt wird, so daß die Summe der

Fig. 547. Schnellbohrvorrichtung.

Umdrehungszahlen von Arbeitsstück und Werkzeug die für den Bohrer passende Schnittgeschwindigkeit ergibt.

Eine solche Einrichtung für einen Fassonautomaten (Fig. 5) zeigt Fig. 547. An Stelle des normalen Werkzeugschlittens wird ein Schlitten aufgesetzt, in dem eine Bohrspindel b gelagert ist. Dieselbe trägt an ihrem vorderen Ende das Bohrfutter c mit Spannpatrone d für den Bohrer und auf dem hinteren Ende eine Antriebscheibe a. Der Antrieb erfolgt durch einen besonderen Riemen vom Deckenvorgelege aus.

Bei dem System Cleveland (Fig. 12) dient eine in der hohlen Mittelachse des Revolverkopfes gelagerte Welle 1 mittelst der Stirnräder 2, 3 dazu, die in einem Werkzeugloch des Revolverkopfes gelagerte Bohrspindel 4 anzutreiben. Der Antrieb erfolgt im hinteren Ende der Welle durch eine Riemenscheibe 5 vom Deckenvorgelege aus (Fig. 548).

Zum Schnellbohren auf dem Gridley-Automaten Fig. 17 dient die in Fig. 550—552 dargestellte Einrichtung. An der Maschine

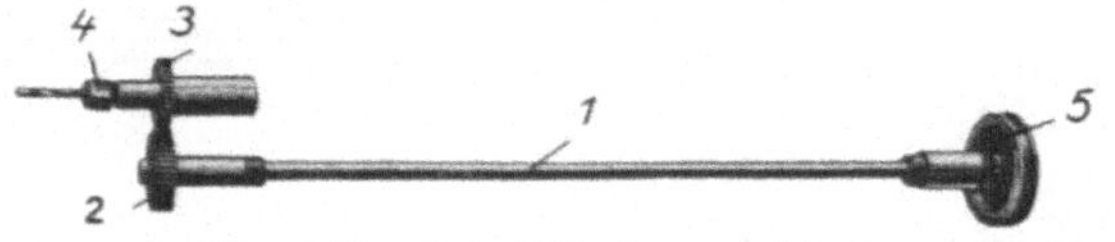

Fig. 548.   Schnellbohrvorrichtung.

ist ein Bock 1 angeschraubt, in welchem die axial federnde Welle 2 gelagert ist. Sie erhält ihren Antrieb durch ein Stirnrad 3 von dem auf der Arbeitspindel sitzenden Hauptantriebrad 4.

Fig. 549.   Schnellbohrvorrichtung.

Auf einem Werkzeugschlitten des Revolverkopfes ist die Bohrspindel 5 in einem Bock 6 gelagert. An letzterem sitzt das Gehäuse 7 mit den Stirnrädern 8, 9, 10, von denen das letztere mit der Bohrspindel 5 verkeilt ist. Rad 8 sitzt fest auf der im Gehäuse 7 gelagerten Welle 11, welche an ihrem vorderen Ende mit einer Kupplung 12 versehen ist. Rad 9 ist ein Zwischenrad.

Schaltet der die Vorrichtung tragende Schlitten in die Arbeitsstellung, so gelangt die Welle 11 in gleiche Achse mit der Welle 2.

Beim Vorschieben des Schlittens kuppelt sich die Welle 12 mit einer
Gegenkupplung der federnden Welle 2, wodurch der Bohrspindel

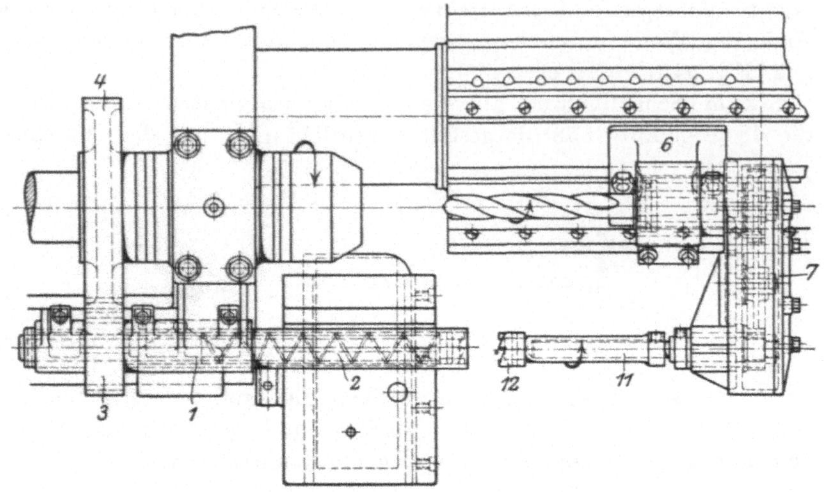

Fig. 550. Schnellbohrvorrichtung.

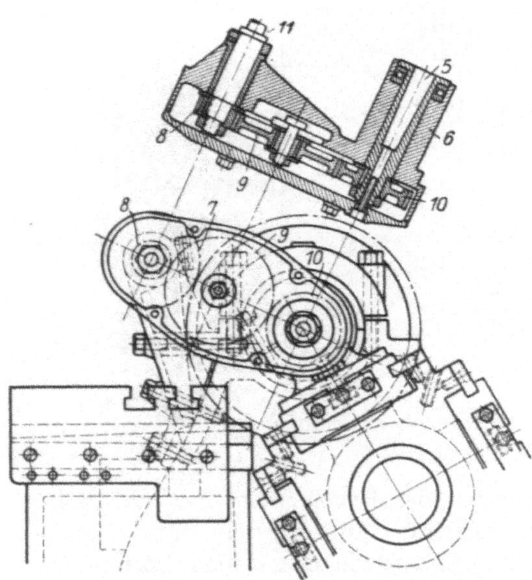

Fig. 551—552. Schnellbohrvorrichtung.

eine entgegengesetzte
Drehung zur Arbeits-
spindel erteilt wird.
Die Welle 2 weicht fe-
dernd zurück.

Bei den Mehrspin-
del-Automaten ist mei-
stens eine der Werk-
zeugspindeln normaler-
weise zum Bohren mit-
telst rotierenden Werk-
zeuges eingerichtet.
Beispielsweise ist die
Einrichtung des Acme-
Mehrspindlers in Fig. 96
gezeigt.

Eine abnehmbare
Schnellbohrvorrichtung
besitzt der Gridley-
Mehrspindler. Dieselbe
ist in Fig. 553 dargestellt. Da der Revolverkopf nicht schaltet,
kann die Vorrichtung hier starr mit dem Maschinengestell verbunden werden, indem ein auf der Hauptantriebwelle der Maschine

sitzendes Rad 1 das Rad 2 auf der Bohrspindel 3 antreibt. Zur Erzielung verschiedener Bohrergeschwindigkeiten können die Zwischenräder 4 und das Rad 2 ausgewechselt werden. 5 ist ein Stelleisen für Rad 4. Die Spindel 3 schiebt sich beim Verschieben des Revolverkopfes 6 mit dem Spindellagerbock 7 durch das Rad 2.

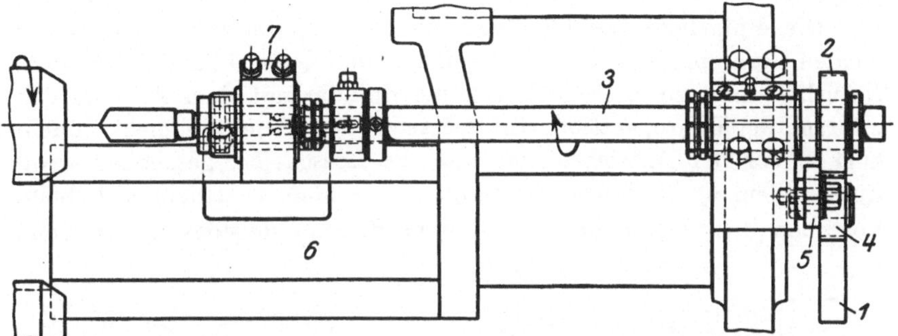

Fig. 553. Schnellbohrvorrichtung für Vierspindelautomaten.

Um bei dem Acme-Mehrspindler die als Bohrspindel dienende Werkzeugspindel ohne weiteres ohne Auswechseln von Rädern oder An- und Abbau von Vorrichtungen sowohl mit stillstehendem als auch mit laufendem Werkzeug arbeiten zu lassen, dient die Einrichtung Fig. 554—555 (D.R.G.M. A. H. Schütte).

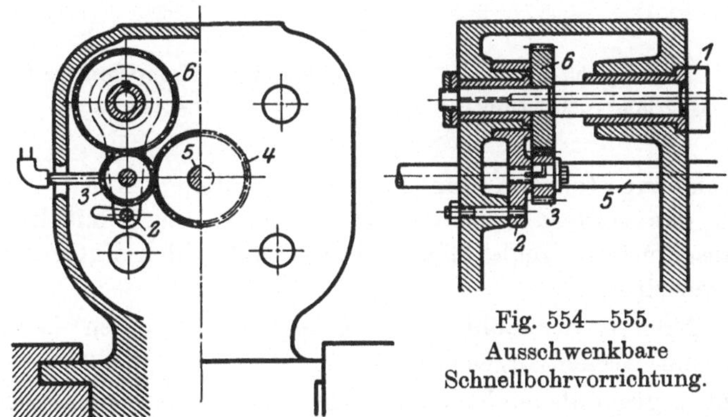

Fig. 554—555.
Ausschwenkbare
Schnellbohrvorrichtung.

Die Bohrspindel 1 wird nicht direkt, sondern mittelst eines auf einer Schwinge 2 gelagerten Zwischenrades 3 von einem Rad 4 auf der Hauptantriebwelle 5 der Maschine angetrieben. Das Zwischenrad kämmt in eingeschwenktem Zustande sowohl mit dem Antriebrad 4 als auch mit dem Rad 6 der Bohrspindel, in ausgeschwenktem Zustande kommt es jedoch außer Eingriff mit dem Antriebrad 4.

2. Querbohrvorrichtungen.

a) Mit Stillsetzen der Arbeitsspindel. Es kommt häufig vor, daß insbesondere an Schrauben und ähnlichen Teilen Querlöcher in einen Kopf oder Bund gebohrt werden müssen etwa nach z. B. Fig. 556.

Die einfachste Lösung dieser Aufgabe ist die Anbringung eines kleinen Bohrspindelstockes auf einem der Querschlitten (Fig. 557). Natürlich muß zu diesem Zweck die Spindel mit dem Arbeitsstück während der Bohroperation stillgesetzt werden. Dies geschieht, indem kurz zuvor der Antriebriemen auf die Losscheibe geschoben wird. Ein an dem Querschlitten befestigter Anschlag 1 schiebt sich beim Vorgehen des Querschlittens mit dem Bohrspindelstock 2 auf einen

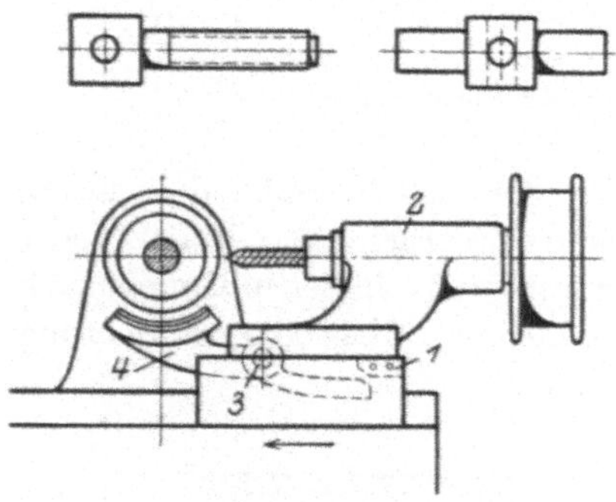

Fig. 557.
Querbohrvorrichtung.

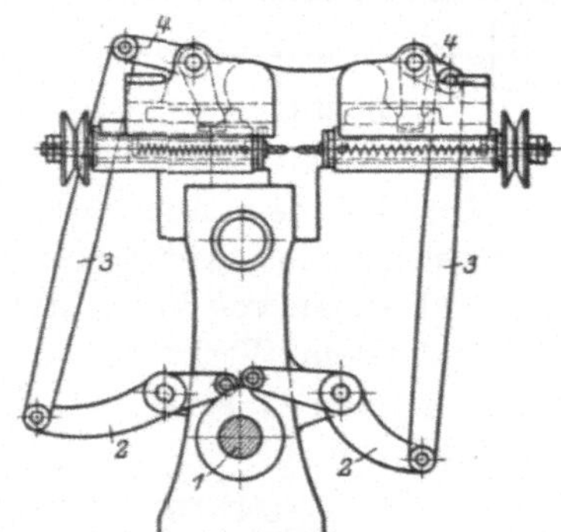

Fig. 558. Doppelseitige Querbohrvorrichtung.

am Maschinengestell um den Punkt 3 drehbaren Hebel 4. Dabei legt sich das vordere halbrund ausgearbeitete und mit Holz oder Fibre ausgefutterte Ende dieses Hebels unter den Futterkopf und bremst denselben.

Der Antrieb der Bohrspindel erfolgt durch einen besonderen Riemen vom Deckenvorgelege aus.

Sind 2 gegenüberstehende Löcher oder ein durchgehendes Loch zu bohren, so kann die Vorrichtung beiderseitig ausgeführt werden (Fig. 558). Die beiden Bohrspindeln werden durch Kurven auf der Steuerwelle 1 mittelst der Hebelübertragungen 2, 3, 4 einzeln und unabhängig voneinander vorgeschoben und durch Federn zurückgezogen. Dabei geht die eine Spindel zurück kurz bevor der Bohrer die Mitte des Arbeitsstückes erreicht hat, während die andere Spindel das Loch durchbohrt. Man kann dadurch die Zeit für das Bohren auf fast die Hälfte reduzieren.

Einen Querbohrapparat auf dem Querschlitten eines Acme-Vierspindelautomaten mit sogenannter Hubbeschleunigung zeigt Fig. 559 bis 560.

Bei diesem Apparat sitzt auf dem Querschlitten zunächst der Schlitten C und in diesem parallel zur Achse der Arbeitsspindeln verschiebbar der Schlitten B. Es können dadurch verschiedene Entfernungen der Querlöcher vom vorderen Ende des Spannfutters aus eingestellt werden. Auf dem Schlitten B ist der Bohrspindelstock A wiederum quer verschiebbar. Ein Hebel D hat seinen Drehpunkt am Schlitten C, an seinem oberen Ende ist er

Fig. 559.

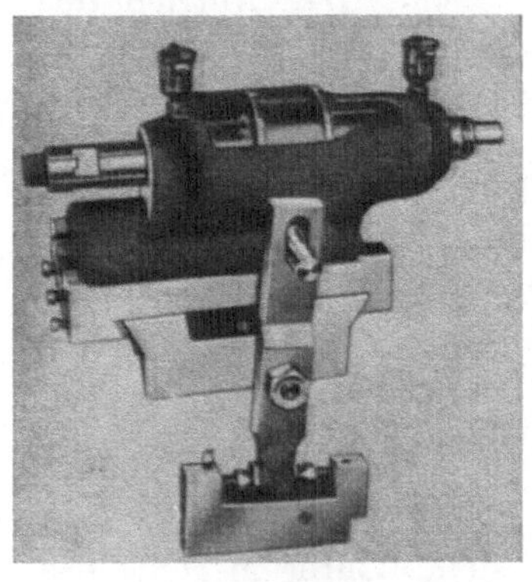

Fig. 560.

Fig. 561.

Fig. 559—561. Querbohrvorrichtungen an Mehrspindelautomaten.

am Schlitten A angelenkt, während das untere Ende zwischen 2 Einstellschrauben am Maschinengestell festgehalten wird.

Beim Vorschieben des Querschlittens wird dadurch der Hub des Bohrspindelstockes im Verhältnis der Hebelarme vergrößert. Fig. 561 zeigt einen an einem oberen Querschlitten des Acme-Mehrspindlers befestigten Querbohrapparat.

Einen Apparat zum Bohren von 2 gegenüberliegenden, nicht durchgehenden Löchern zeigt Fig. 562—563. Die eine Bohrspindel wird durch eine Riemenscheibe direkt, die andere von dieser über die Räder $A_1 A$, die Welle B, die Räder $C D$ angetrieben.

In diesem Falle muß natürlich die Querschlittenkurve auf der Steuerwelle so ausgebildet sein, daß sie zunächst das Vorschieben der einen Bohrspindel und dann der anderen in entgegengesetzter Richtung bewirkt.

Die vorstehend beschriebenen Apparate des Acme-Mehrspindlers arbeiten an der dritten Arbeitsspindel, an welcher auch das Gewindeschneiden stattfindet, und zwar häufig gleichzeitig mit dem letzteren. Dabei wird die Arbeitsspindel etwa in ähnlicher Weise wie Fig. 110 bis 112 stillgesetzt.

Eine Querbohr- und Gewindebohreinrichtung zeigt Fig. 564—566. Sie dient dazu, um in das gebohrte Querloch Gewinde zu schneiden und wird auf dem Querschlitten befestigt.

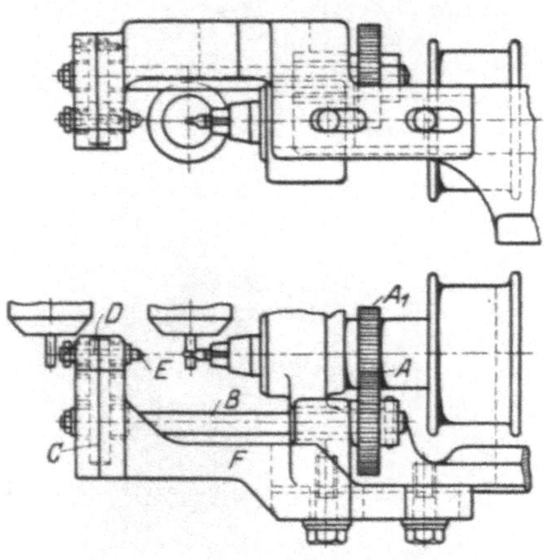

Fig. 562—563.

Sie besteht aus dem Gehäuse 1, in welchem die Schalttrommel 2 gelagert ist. In dieser sind die beiden Spindeln 3, 4 gelagert, von denen 3 zum Bohren, 4 zum Gewindeschneiden dient. Der Antrieb der Spindeln erfolgt durch die Rillenscheibe 5, und zwar auf die Bohrspindel durch die Räder 6, 7, auf die Gewindespindel einmal durch die Räder 7, 8 den Teller 9 und den Konus 10, das andere Mal durch die Räder 7, 6, 11, 12 den Teller 13 und den Konus 10.

Die Kurven auf der Steuerwelle für den Querschlitten sind so eingerichtet, daß der letztere zweimal vor- und zurückgeht. Beim erstenmal befindet sich die Spindel 3 mit dem Bohrer in Höhe des Arbeitsstückes, das Querloch wird gebohrt. Beim Zurückgehen des Schlittens wird die Schalttrommel 2 geschaltet, so daß die Gewindespindel 4 in Höhe des Arbeitsstückes kommt, und zwar dadurch, daß ein in dem Lager 14 drehbarer Hebel 15 mit seiner Rolle 16 auf eine an der Maschine befestigte Kurve gleitet und dadurch den am anderen Ende dieses Hebels angelenkten Indexbolzen 18 aus der Schalttrommel zieht. Ferner wird durch die Drehung des Hebels und der mit ihm verbundenen Riemengabel 19 der Riemen von der Losscheibe 20 auf die Festscheibe 21 geschoben. Die Schalttrommel wird durch Schnecke 22 und Schneckenrad 23 gedreht. Vor erfolgter halber Umdrehung geht der Querschlitten wieder vor, wodurch die Rolle 16 von der Kurve 17 abgleitet. Der auf dem Rande der Schalttrommel laufende Indexbolzen schnappt in das nächste

Loch unter dem Druck einer Feder, wodurch gleichzeitig der Hebel 15 wieder zurückgedreht und der Riemen von der Riemengabel 19 wieder auf die Losscheibe 20 geschoben wird.

Beim weiteren Vorgehen des Querschlittens drückt der Gewindebohrer, wenn er auf das Arbeitsstück stößt, die Spindel 4 nach rückwärts und den Teller 13 auf den Konus 10, wodurch die

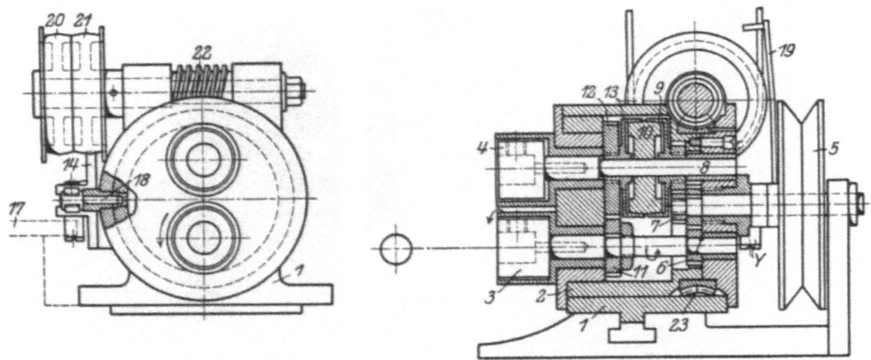

Fig. 564—566. Querbohr- und Gewindebohreinrichtung.

Spindel Rechtslauf erhält. Beim Rückzug des Querschlittens wird der Bohrer im Gewinde festgehalten, er zieht die Spindel nach vorn und den Teller 9 auf den Konus 10. Die Spindel erhält Linkslauf und der Bohrer läuft aus dem Gewinde heraus. Hierauf schaltet die Trommel wieder um 180° und der Vorgang wiederholt sich.

b) Ohne Stillsetzen der Arbeitsspindel. Die vorstehend beschriebenen Querbohrvorrichtungen haben den Nachteil, daß während des Bohrens die Arbeitsspindel stillgesetzt werden muß und daß demnach keine andere Drehoperation vorgenommen werden

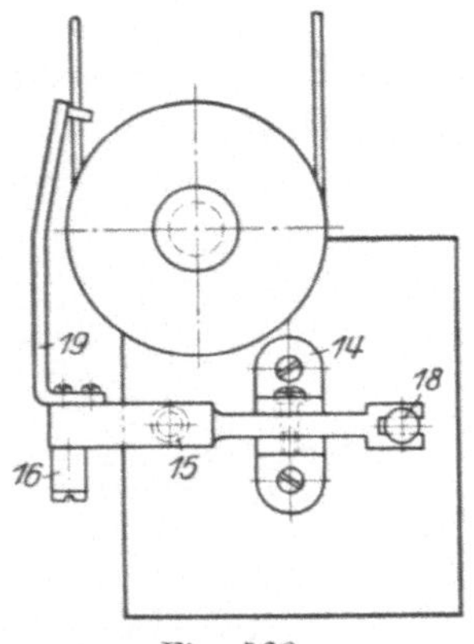

Fig. 566.

kann. Das Bohren verlängert also die Arbeitszeit.

Bei den nachstehend aufgeführten Konstruktionen ist dies nicht der Fall. Fig. 567 stellt eine solche für einen Fassonautomaten dar.

Wenn die Drehoperationen beendigt sind, wird kurz vor dem Abfallen des Arbeitsstückes das letztere von einem Greifer erfaßt, welcher an einem Arm *d* sitzt. Dieser wird durch geeignete Kurven und Hebel von der Steuerwelle aus in die Achse der Arbeitsspindel geschwenkt. Während nun das nächste Stück im Spannfutter gedreht wird, schwenkt der Arm *d* mit dem abgestochenen Arbeitsstück zu-

rück vor einen Bohrer *c*, welcher in einem an der Maschine befestigten Bock gelagert ist und durch die Riemenscheibe *a* angetrieben wird. Nach dem Bohren geht der Arm *d* etwas zurück,

Fig. 567. Querbohr- und Schlitzvorrichtung.

das Arbeitsstück streift sich an der Stange *e* ab und fällt in einen
Sammelbehälter. In vorliegendem Falle ist die Vorrichtung kombiniert mit einer Säge *b* zum Schlitzen von Schrauben.

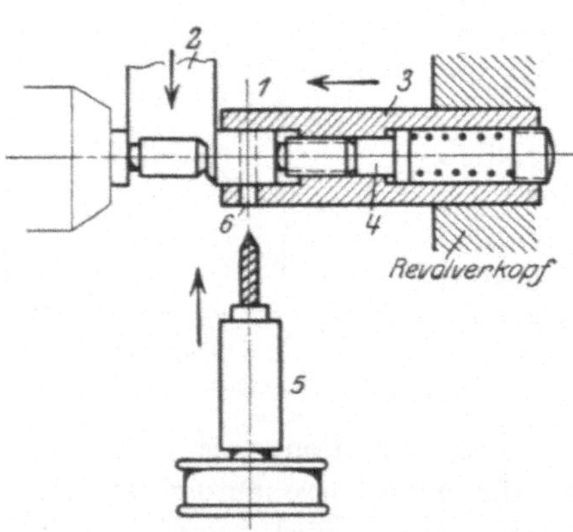

Fig. 568. Querbohrvorrichtung.

Eine andere Konstruktion
zeigt Fig. 568. Die Schraube 1
ist fertig gedreht und mit Gewinde versehen. Der Stahl 2
bewirkt den Abstich. Kurz bevor das Arbeitsstück abfällt,
geht der im Revolverkopf eingespannte Greifer 3 vor und
schiebt sich über die Schraube,
wobei eine Feder den Bolzen 4
gegen das Arbeitsstück und
dieses gegen den Abstechstahl
drückt, welcher nach dem Abstechen noch weiter vorgeht und
den Schaft der nächsten Schraube
dreht. Jetzt geht der auf dem
Querschlitten sitzende Bohrapparat 5 vor und bohrt das Querloch,
wobei das Loch 6 in dem Greifer 3 als Bohrführung dient.

III. Langdreh-, Plandreh- und Kopiervorrichtungen.

Es tritt der Fall ein, daß ein Schaft oder Ansatz an einem Arbeitsstück gedreht werden soll, der in der Richtung auf das Spannfutter zu hinter einem Bund sitzt, so daß er mittelst eines im Revolverkopf sitzenden längsverschiebbaren Werkzeuges nicht bearbeitet werden kann. Andererseits würde ein im Quersupport sitzendes senkrecht zur Achse des Arbeitsstückes vorgehendes Werkzeug zu breit werden, insbesondere bei kleinem Durchmesser des Arbeits-

Fig. 569. Langdrehvorrichtung.

stückes. Für solche Arbeiten sind eine Anzahl Vorrichtungen entstanden, von denen die hauptsächlichsten nachstehend beispielsweise beschrieben sind.

Fig. 569 zeigt eine Vorrichtung für einen Fassonautomaten. Auf dem vorderen Querschlitten sitzt ein Kreuzsupport a mit einem einfachen Drehstahl. Derselbe wird auf die Spantiefe vorgeschoben. Dann kommt ein an dem Rahmen der Maschine befestigter Apparat c zur Wirkung, indem eine gefederte, von der Steuertrommel mit Hilfe eines Hebels d betätigte Stange b das Oberteil des Kreuzsupportes in der Längsrichtung vorschiebt.

Einen Langdrehsupport, welcher auf dem Revolverkopf befestigt, den Hub desselben für besonders lange Arbeitsstücke vergrößert, zeigt Fig. 570, montiert auf einem Gridley-Automaten.

Auf dem Revolverkopf sitzt der Schlitten 1, welcher mittelst seiner Rolle in normaler Weise vorgeschoben wird. Auf ihm ist der Schlitten 2 verschiebbar und an dem nicht verschiebbaren Revolverkopf ist ein Bock 3 befestigt, in dem eine Ritzelwelle 4 gelagert ist. Das Ritzel 5 greift in eine am Schlitten 1 befestigte Zahnstange 7, das Ritzel 6 in eine solche 8 am Schlitten. Wird der Schlitten 1 verschoben, so verschiebt sich der Schlitten 2 im Verhältnis des Durchmessers der Ritzel 5, 6 schneller, wodurch der Maximalhub des Schlittens 1 für die Werkzeuge entsprechend ver-

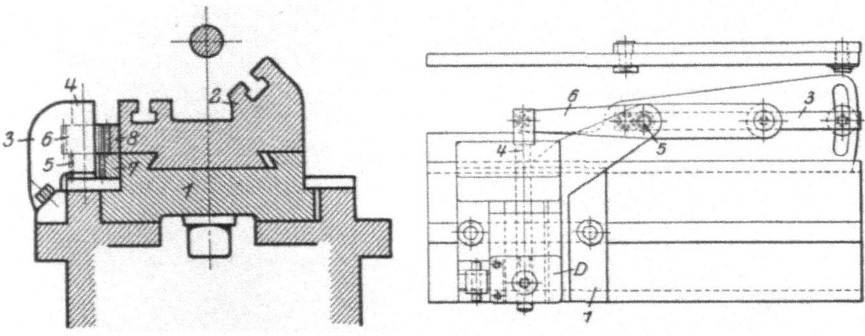

Fig. 570. Langdrehvorrichtung mit Hubvergrößerung.

Fig. 571.

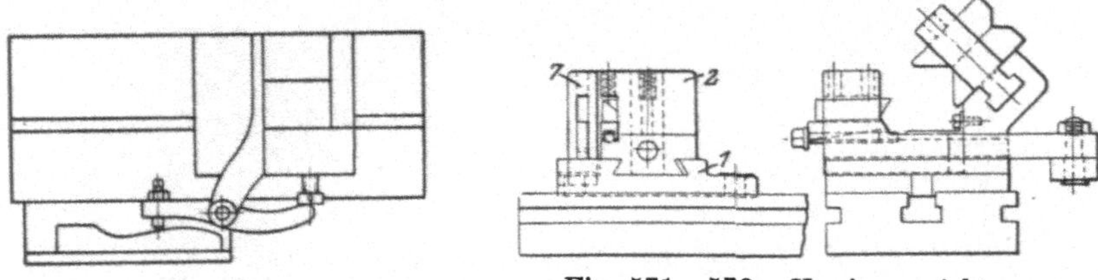

Fig. 574.

Fig. 571—573. Kopiervorrichtung.

längert wird. Eine ebenfalls auf dem Gridley-Automaten zu benutzende Kopiervorrichtung zeigen Fig. 571—573. Auf einem Unterschlitten 1 sitzt der Querschlitten 2 und an dem nicht verschiebbaren Revolverkopf seitlich das einstellbare Kopierlineal 3. In dem Schlitten 2 ist die Stange 4 befestigt, welche an einem Endpunkt des um den Punkt 5 drehbaren Hebels 6 angelenkt ist; das andere Ende dieses Hebels führt sich mit einem Stein auf dem Kopierlineal. Der Punkt 5 ist fest am Schlitten 1. Beim Vorschieben findet daher eine Verschiebung des Schlittens 2 in der Querrichtung statt. 7 ist ein fester Stahlhalter für einen Schruppstahl, während der im Schlitten 2 sitzende Stahl den Konus dreht.

Durch eine Abänderung des Lineals und Leithebels nach

Fig. 574 kann die Vorrichtung zum Kopieren von Kurven verwendet werden.

Eine Vorrichtung für 2 hintereinander arbeitende Kopierstähle ist in Fig. 575 dargestellt. Der Stahl im Querschlitten 1 dient zum Schlichten und erhält seine Querverschiebung in wagerechter Richtung von dem Leitlineal 2. Der Stahl im Stahlhalter 3 dient zum Vorschrubben. Er schwingt in vertikaler Richtung, und zwar durch das Leitlineal 4 und den Hebel 5. Stahlhalter und Hebel sitzen auf einer gemeinsamen Welle 6.

Fig. 575. Doppelte Kopiervorrichtung.

IV. Schlitzvorrichtungen.

Dieselben dienen zum Herstellen von Schlitzen, meistens in Schraubenköpfe. Da das Schlitzen gleichzeitig mit den übrigen

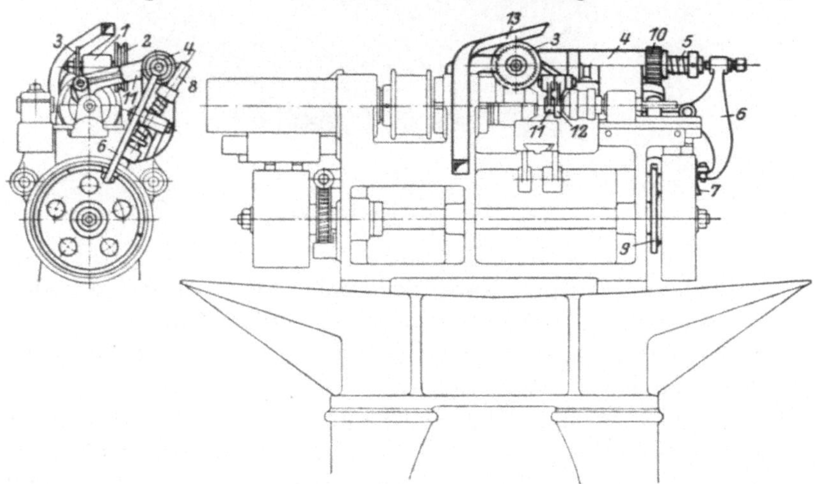

Fig. 576—577. Schlitzvorrichtung.

Drehoperationen erfolgt, die Arbeitszeit also nicht verlängert, so ist dies Verfahren billiger, als das Schlitzen auf einer besonderen Maschine in einer zweiten Aufspannung.

Fig. 576—577 zeigen eine Vorrichtung für einen Fassonautomaten.

Auf dem Vorderlager der Arbeitsspindel ist ein Bock 1 befestigt,
welcher eine durch Rillenscheibe 2 angetriebene Kreissäge 3 trägt.
Einer in einem am Rahmen der Maschine angeschraubten Lager 4
dreh- und verschiebbar gelagerten Welle 5 wird durch den Hebel 6
mittelst der Kurve 7 eine Verschiebung und mittelst der Zahnstange 8,
der Kurve 9 und des Ritzels 10 eine Drehung erteilt. Durch geeignete Kurven arbeitet ein an der Welle 5 sitzender Greiferarm in
folgender Kombination. Kurz vor dem Abfallen der Schraube wird
sie von dem Greifer erfaßt und hochgehoben bis zur Höhe der Säge.
Die Welle 5 führt die Schraube gegen die Säge, wobei ein hinter
dem Greifer auf 5 sitzender Hebel 12 als Materialanschlag für die

Fig. 578. Schlitzvorrichtung.

nächste Schraube dient. Nach dem Schlitzen wird die Schraube
noch höher gehoben und fällt in eine Abfallrinne 13.

Eine nach gleichem Prinzip arbeitende Vorrichtung für einen
Cleveland-Automaten zeigt Fig. 578.

Auf einem Brown & Sharpe-Automaten wird die Vorrichtung
Fig. 579—581 benutzt. An dem Spindelstock ist der Bock 1 angeschraubt, in welchem die Sägenspindel gelagert ist; sie wird durch
die Rillenscheibe 2 und Kegelräder 3 angetrieben. Der an dem
Rahmen der Maschine befestigte Bock 4 trägt die Welle 5, welche
durch den Hebel 6 und die Kurve 7 geschwenkt und durch den
Hebel 8 und die Kurve 9 verschoben wird. 10 ist der Greiferarm.

Fig. 582—584 zeigt die Schlitzvorrichtung an einem Schraubenautomaten des Offenbacher Systems.

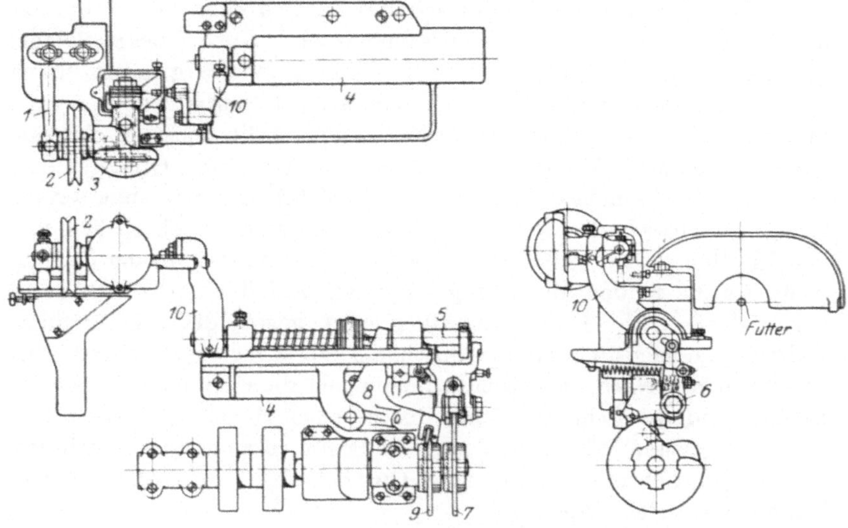

Fig. 579—581. Schlitzvorrichtung.

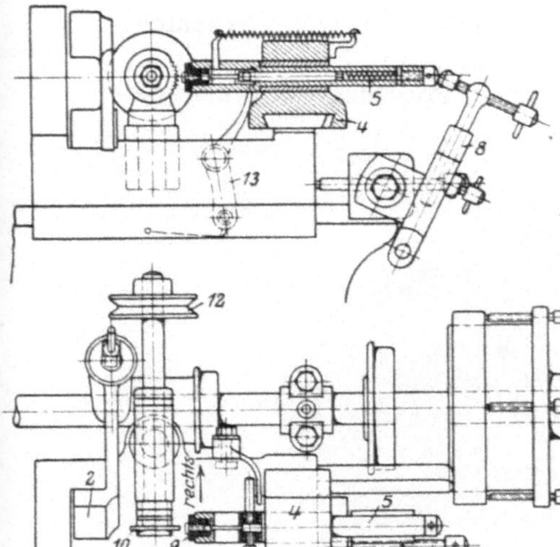

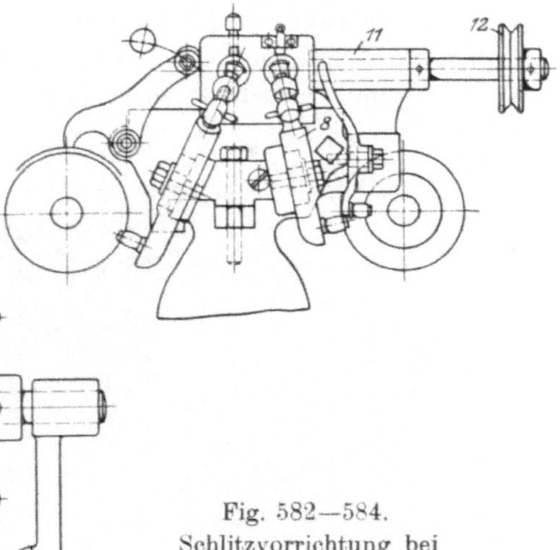

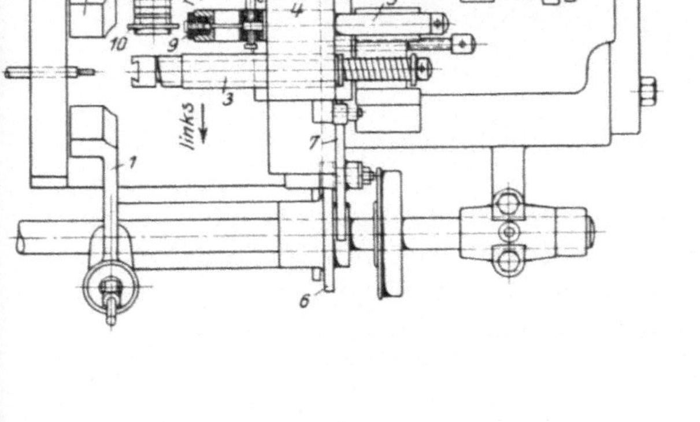

Fig. 582—584.
Schlitzvorrichtung bei
Schraubenautomaten.

Die schwingenden Werkzeughalter 1, 2 drehen die Schraube, die Spindel 3 trägt das Gewindeschneidzeug. Außer dieser Spindel ist in dem Querschlitten 4 noch die Greiferspindel 5 gelagert. Nach dem Gewindeschneiden wird der Schlitten 4 durch Kurve 6 und Stange 7 verschoben, daß die Greiferspindel in die Achse des Arbeitsstückes kommt. Der Hebel 8 schiebt nunmehr die Greiferspindel vor, bis die geschlitzte Büchse über dem Arbeitsstück sitzt. Nach erfolgtem Abstich des letzteren geht die Greiferspindel zurück und der Schlitten 4 wird verschoben, bis die Greiferspindel vor der Säge 10 steht, welche in dem Bock 11 gelagert ist und durch die Scheibe 12 angetrieben wird. Das Arbeitsstück wird gegen die Säge geführt, während die nächste Schraube durch die Werkzeuge in 1, 2 und 3 bearbeitet wird. Nach erfolgtem Schlitzen geht die Greiferspindel wieder zurück, und die Schraube wird durch einen Hebel 13 ausgestoßen.

Für gewisse Fälle lassen sich die Schlitzvorrichtungen auch mit anderen Vorrichtungen z. B. zum Querbohren, Vierkantfräsen usw. kombinieren (siehe Fig. 567).

V. Verschiedene Vorrichtungen.

1. **Vierkantfräsvorrichtung.** Zum Fräsen von Vierkanten z. B. an Schraubenköpfen dient die Vorrichtung Fig. 585. Sie besteht aus 2 vom Deckenvorgelege angetriebenen Frässpindeln, welche je

Fig. 585. Vierkantfräsvorrichtung.

ein Fräserpaar tragen und einem Greifer im Revolverkopf. Die Wirkungsweise geht aus der schematischen Zeichnung Fig. 586 hervor. 1 ist der Werkzeuglochkreis des Revolverkopfes 2, 3 und 4 sind die beiden Frässpindeln mit den Fräserpaaren 5, 6.

In der Stellung I befindet sich das Arbeitsstück im Spannfutter und wird nach erfolgtem Abstich von dem Greifer erfaßt. Es wird beim Schalten des Revolverkopfes in Stellung II gebracht und von dem Fräserpaar 5 an beiden Seiten bearbeitet. Beim weiteren Schalten gelangt es in Stellung III, und zwar genau um 90° versetzt, so daß das Fräserpaar 6 die beiden rechtwinklig zu den ersten stehenden Seiten bearbeitet.

2. Hinterbohr- und Abfasevorrichtung. Bei im Futter zu bearbeitenden Stücken sind häufig hintere Ausdrehungen in der Bohrung, sowie Nabenflächen zu bearbeiten. Zu diesem Zwecke kann eine von hinten in die hohle Arbeitsspindel eingeführte Bohrspindel 3 benutzt werden (Fig. 587), welche durch eine Riemenscheibe 1 und Räderübersetzung 2 angetrieben wird. Der Vorschub der Bohrspindel erfolgt durch eine Kurve auf der Steuerwelle 5 und den Hebel 4.

3. Schraubenrad-Fräsvorrichtung. Diese in Fig. 588—591 dargestellte Vorrichtung sitzt mit ihrem Schaft in einem Loch des Revolverkopfes und dient zum Fräsen von kleinen Schraubenrädern. Beim Vorschieben des Revolverkopfes schiebt sich die unter Federdruck stehende

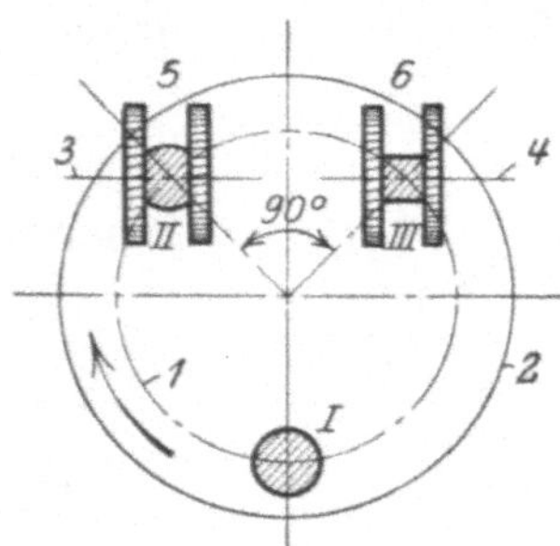

Fig. 586. Vierkantfräsvorrichtung.

Fig. 587. Hinterbohr- und Abfasevorrichtung.

Dreikantspitze 1 in die Bohrung des in dem Spannfutter rotierenden Arbeitsstückes. Sie wird mitgenommen und dreht durch das lange Schraubenrad 2 das Schraubenrad 3, weiterhin das mit

diesem auf gleicher Welle sitzende Stirnrad 4, ferner die Räder
5, 6 und die Frässpindel 7. Auf der letzteren sitzt das Werkzeug 8
in Form eines gehärteten Schraubenrades aus Werkzeugstahl von
gleicher Größe und Zähnezahl wie das Rad, welches mit dem zu

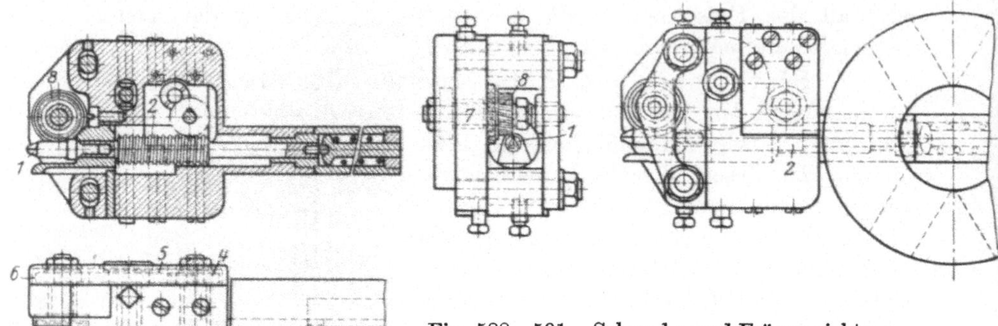

Fig. 588—591. Schraubenrad-Fräsvorrichtung.

fräsenden Rade kämmen soll. Es wird durch die Antriebsräder auch
in gleichem Verhältnis wie dieses zu dem zu fräsenden Rade gedreht
und stellt mithin einen Abwalzfräser dar, der mit seiner vorderen
geschliffenen Kante 9 auf Mitte Arbeitsstück steht und beim Vorschieben über das Arbeitsstück die Verzahnung erzeugt.

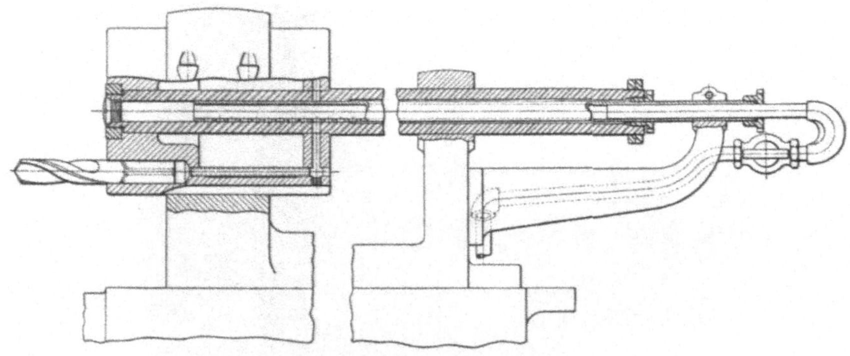

Fig. 592. Zentrale Ölzuführung.

Damit auch beim Rückgange des Revolverkopfes der Eingriff
zwischen Arbeitsstück und Fräser gewahrt bleibt, wird die Dreikantspitze 1 durch eine Feder in der Bohrung des Arbeitsstückes gehalten, bis der Fräser das Arbeitsstück verlassen hat.

4. Zentrale Ölzuführung. Bei langen Werkzeugen, insbesondere Spiralbohrer, ist es notwendig, das Öl bis an die Spitze des

Werkzeuges gelangen zu lassen, was dadurch erreicht wird, daß die Werkzeuge mit einem vielfach eingelöteten Ölkanal aus Kupferrohr versehen werden. In Fig. 592 ist eine Vorrichtung auf einem Cleveland-Automaten gezeigt, bei welcher das Öl durch ein zentrales Rohr in die hohle Achse des Revolverkopfes und von da in den Ölkanal des gerade in Arbeitsstellung befindlichen Werkzeuges geleitet wird.

VI. Abstech-Vorrichtungen.

Wenn die Querschlitten mit den auf den vorstehenden Seiten beschriebenen Vorrichtungen besetzt sind, macht sich in der Regel eine besondere Vorrichtung für das Abstechen erforderlich. Solche

Fig. 593. Abstechvorrichtung.

sind in den Fig. 593—594 dargestellt. Es ist in der Regel ein in einem Schlitten verschiebbarer oder in einem schwingenden Hebel gelagerter Abstechhalter angebracht, welcher durch geeignete Kurven von der Steuerwelle aus durch Hebel, Zugstangen u. dgl. verschoben wird. Die Figuren lassen die Konstruktion deutlich erkennen.

VII. Materialanschläge.

In vielen Fällen erfordert die Bearbeitung die volle Besetzung des Revolverkopfes, so daß für den Materialanschlag kein Werkzeugloch übrig bleibt. Der Anschlag muß daher entweder vom Querschlitten oder einem besonderen Schlitten oder schwingenden Hebel betätigt werden.

Eine einfache Anordnung zeigt Fig. 595—596. An dem Abstechhalter 1 ist außer dem Abstechstahl 2 der Materialanschlag 3 mit der Einstellschraube 4 befestigt. Die Kurve für den Querschlitten ermöglicht ein zweimaliges Vorgehen desselben, einmal für

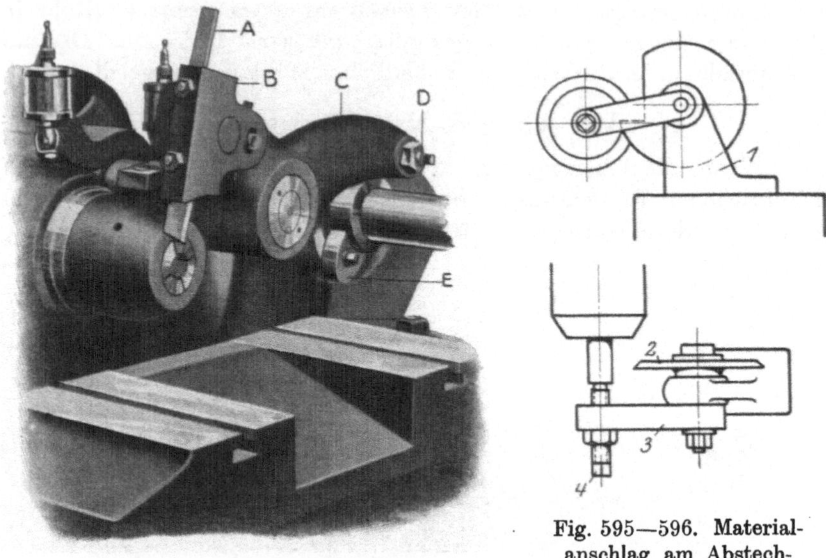

Fig. 594. Abstechvorrichtung.

Fig. 595—596. Material-anschlag am Abstech-schlitten.

den Anschlag und einmal für das Abstechen. Beim Abstechen ist in der Regel die vordere Planfläche des Arbeitsstückes bearbeitet, so daß die Schraube 4 mit Spielraum vorbeigeht.

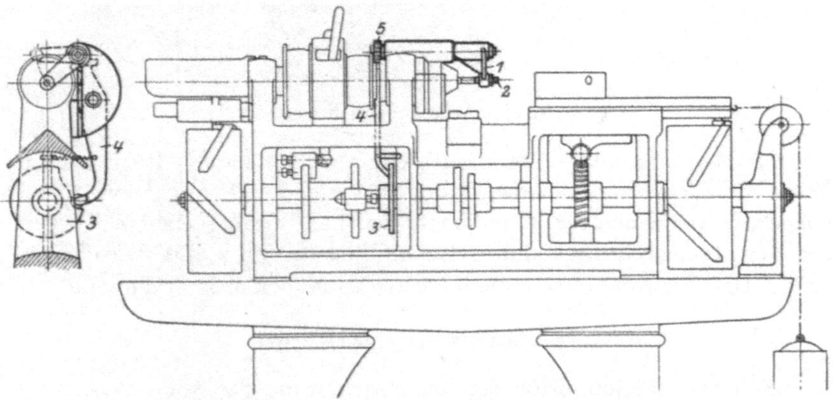

Fig. 597—598. Schwingender Materialanschlag.

Einen schwingenden Anschlag zeigt Fig. 597—598. Der Hebel 1 mit der einstellbaren Anschlagschraube 2 wird von der Kurve 3 auf der Steuerwelle mittels des Segmenthebels 4 und Ritzels 5 in die Achse des Arbeitsstückes aus- und eingeschwenkt.

Ergänzendes Material zu diesem Buch finden Sie auf
http://extras.springer.com

EXTRAS ONLINE

Fünftes Kapitel

Automatische Sondermaschinen.

Außer den in vorstehenden Kapiteln beschriebenen Maschinen, welche ein bestimmtes Arbeitsgebiet umschließen, d. h. von welchen jede Maschine für eine Anzahl verschiedener, aber unter eine Gruppe fallender Arbeitsstücke bestimmt ist (z. B. Stangenarbeit, Futterarbeit usw.) sind für gewisse Arbeitsstücke, welche in sehr großen Mengen erforderlich sind, Automaten entstanden, welche nur für dieses eine Arbeitsstück eingerichtet sind.

Sie sind also innerhalb des gesamten Automatengebietes Sondermaschinen und lassen sich infolge ihrer ganz besonderen, dem betreffenden Arbeitsstück angepaßten Konstruktion nicht in eine bestimmte Gruppe bringen. Sie sind natürlich sehr verschiedener Art und es sollen zu ihrer Kennzeichnung einige Ausführungsbeispiele nachstehend erläutert werden.

A. Magazin-Automaten.

Bei diesen Maschinen ist das Magazin ein direkt fest eingebauter Bestandteil der Maschine und die letztere läßt sich nur unter Benutzung dieses für ein ganz bestimmtes Arbeitsstück eingerichteten Magazins verwenden.

Magazin-Halbautomat.

Als Beispiel eines Magazin-Automaten ist nachstehend die in den Figuren 589—606 dargestellte Maschine beschrieben. Dieselbe dient zur Bearbeitung von kleinen Teilen aus Messing, z. B. kleinen Schrauben, Fahrrad-Nippeln usw.

Auf dem Untergestell der Maschine befindet sich links ein Lagerbock 1 für das Magazin und rechts ein Werkzeugschlitten 2. In dem Lagerbock 1 ist das Revolver-Magazin 3 gelagert, welchem die Arbeitsstücke automatisch zugeführt werden. Nach jedem Vor- und Rückgange des Schlittens 2 mit den Werkzeugspindeln schaltet das

Magazin automatisch weiter, so daß jedes Arbeitsstück nacheinander vor die einzelnen Werkzeugspindeln gebracht wird.

Der Antrieb der Werkzeugspindeln erfolgt durch die Riemenscheibe 8 auf die Zentralwelle 9 und von dieser mittels der Stirnräder 10, 11 auf die Werkzeugspindeln 4, 5 und 6. Diese Werkzeugspindeln dienen zur Aufnahme von Dreh- und Bohrwerkzeugen. Außerdem ist eine Gewindeschneidspindel 7 vorhanden, welche durch zwei besondere Riemen auf die Riemenscheiben 14, 15, Stirnrad 16 und Stirnrad 17 mit Rechts- und Linkslauf angetrieben wird. Das Stirnrad 16 wird automatisch in die als Kegelreibungskupplungen ausgebildeten Scheiben 14, 15 ein- und ausgeschaltet. Durch die Riemenscheibe 19 wird die Welle 20 und durch die Stirnräder 21, 22 die Steuerwelle 18 angetrieben.

Auf der Steuerwelle 18 sitzt zunächst die Kurventrommel 23 welche mittels der Rolle 24 den in einer Führung des Bettes gleitenden Werkzeugschlitten 2 vor- und zurückbewegt. Der Daumen 25 bewirkt mittels des Hebels 26, der Welle 27, des Hebels 28, der Zugstange 29, der Hebel 30, 31, 32 das Schalten des Stirnrades 16 zwischen den Antriebsscheiben 14 und 15. Es wird dadurch sowohl der Rechts- und Linkslauf der Gewindeschneidspindel als auch das Vorschieben der letzteren bis zum erfolgten Abschnitt, sowie das Zurückholen derselben bewirkt. Von der Welle 20 wird durch Schnurscheiben 33, 34 die Welle 35 und durch die Stirnräder 36, 37 die Kulisse 38 angetrieben. Die letztere bewirkt mittels der Zugstange 39 das Heben und Senken des Schiebers 40. Dieser gleitet in dem Topfmagazin 41 und führt die in den Topf hineingeschütteten Arbeitsstücke über eine Zuführungsrille 42 dem Magazin 3 zu.

Die verschiedenen Bewegungen, welche zur Betätigung des Magazins erforderlich sind, werden auf folgende Weise ausgeführt: Nachdem die Arbeitsstücke die Rille 42 passiert haben, fallen sie in einen Schieber 43. Dieser wird unter Vermittlung des Hebels 44 und eines auf der Steuerwelle sitzenden Daumens horizontal hin und her bewegt. Er kommt dabei in den Bereich eines senkrecht verschiebbaren Schiebers 45, welcher unten mit einem Greifer versehen ist. Dieser Greifer erfaßt ein Arbeitsstück und führt es dem Magazin zu. Das letztere ist auf dem Umfange mit einer Anzahl Spannzangen versehen, welche aus einer festen Backe 46 und einer drehbaren Backe 47· bestehen, zwischen welchen das Arbeitsstück 48 gehalten wird. Das Öffnen und Schließen dieser Spannzangen erfolgt dadurch, daß von der Steuerwelle aus durch Kurve 49, Hebel 50 ein Kurvenring 51 hin und her bewegt wird, welcher die Hebel 52 betätigt. Diese sitzen auf Bolzen 53 und die letzteren sind an ihrem vorderen Ende abgeflacht. Je nachdem sich nun die Abflachung oder ein Teil der Rundung des Bolzens gegen eine Feder mit Stellschraube der drehbaren Backe 47 legt, ist das Spannfutter geöffnet oder geschlossen.

Das Weiterschalten des Magazins geschieht auf folgende Weise: Durch die Kurve 54 und den Hebel 55 wird zunächst der Index-

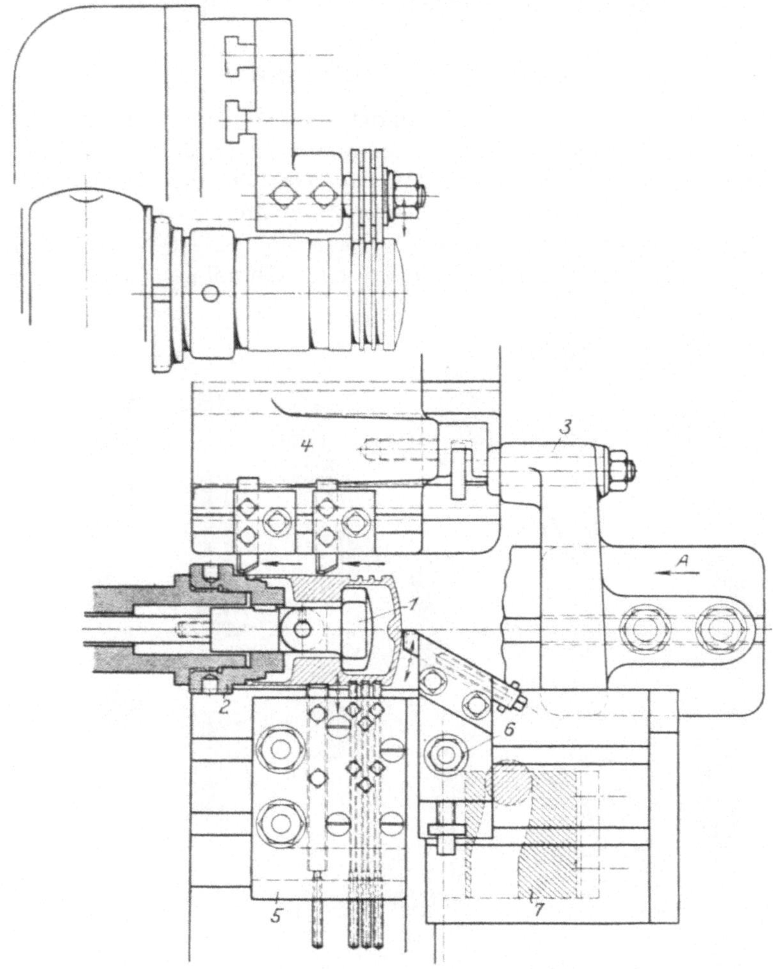

Fig. 607—608.

schieber 56 aus den Einschnitten der Scheibe 57 gezogen, welch letztere mit dem Magazin auf einer Achse sitzt. Nachdem dies geschehen ist, kommt ein Hebel 58 mit einer Rolle in den Bereich eines der Schlitze 60 und dreht nach Art eines Malteser-Getriebes das Magazin um $^{1}/_{8}$ weiter.

Es ist ferner noch eine Vierkant-Fräsvorrichtung (siehe Fig. 585 bis 586) vorgesehen, welche aus einer Fräserwelle 61 mit den beiden Fräserpaaren 62 besteht. Dieselbe ist gelagert in dem schwenkbaren Bock 63 und dieser wird durch eine Verbindungsstange 64 bei dem Vor- und Rückgange des Werkzeugschlittens 2 mitgenommen.

Kolben-Halbautomat.

Für die in großer Menge benötigten Automobilkolben ist aus dem Automat Fig. 17 eine vereinfachte Sondermaschine entstanden. Sie besitzt einen einfachen Antrieb für eine Geschwindigkeit, statt des Revolverkopfes nur einen Längsschlitten und drei Querschlitten.

Die Bearbeitung der Kolben ist aus Fig. 607—608 ersichtlich. Die gegossenen Kolben aus Gußeisen oder Aluminium werden von

Fig. 609.

Hand auf einen pendelnden Dorn 1 gesteckt und um 45° gedreht, wobei sich der Kopf des Dornes hinter die Naben für die Kolben-bolzenlöcher legt. Hierauf wird der Dorn angezogen, wobei sich der Kolben gegen den auf die Arbeitsspindel aufgeschraubten Anschlag-kopf 2 legt. Sodann schiebt der auf dem Längsschlitten befestigte Arm den hinteren Querschlitten, auf welchem sich ein Längsschlitten 4 befindet, vor und der Kolben wird mit 2 Stählen bearbeitet, der vordere Stahl fängt in der Mitte des Kolbens an zu arbeiten, wodurch der Arbeitsweg geteilt wird. Der hintere Querschlitten geht dann zurück und der vordere Querschlitten 5 mit den Einstechstählen für die Kolbenringnuten geht vor. Vorher ist der Schlitten 6 vorgegangen und hat mittelst des Kopierlineals 7 den gewölbten Kolbenboden gedreht.

B. Schrauben-Automaten.

Unter dieser Bezeichnung sind Maschinen in Benutzung, welche in der Hauptsache für Schrauben und ähnliche bolzenartige Teile mit Gewinde bestimmt sind. Solche Teile sind z. B. in Fig. 609 dargestellt. Zu ihrer Bearbeitung von einer Materialstange ist nur eine Langbewegung und eine oder 2 Querbewegungen der Werkzeuge erforderlich. Die Maschinen sind daher ohne Revolverkopf ausgerüstet, der Werkzeugträger hat nur einen Langschlitten zur Aufnahme einer Gewindespindel, zuweilen auch einer Bohrspindel, sowie mehrere schwingende Seitenwerkzeuge etwa nach dem Schema Fig. 610, welches der Patentschrift der Firma Gebr. Heyne in Offenbach a. Main entnommen ist. Diese Firma baute diese Maschinen bereits in den 60er Jahren des vorigen Jahrhunderts. Sie wurden im Laufe der Zeit aufgenommen von den Firmen A. Schmidt und Gebr. Hau, ebenfalls in Offenbach. Dieses System ist daher unter der

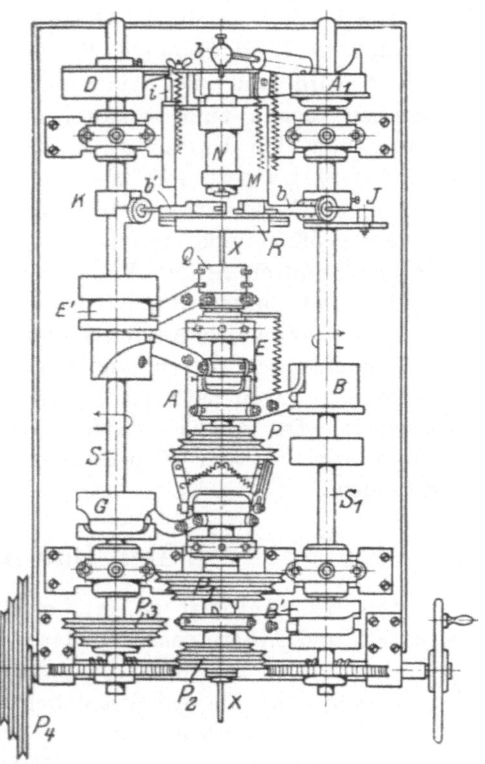

Fig. 610. Schema eines Schraubenautomaten.

Bezeichnung „Offenbacher Automaten" in der Praxis allgemein bekannt. Nach dem gleichen Prinzip sind die Maschinen der Firmen Schwerdtfeger in Wiesbaden und Wuttig in Dresden-Löbtau gebaut.

Der Mechanismus all dieser Maschinen ist im Prinzip der gleiche und zwar folgender:

Links ist ein fester Spindelstock A und rechts ein langverschiebbarer Werkzeugschlitten M. Auf der Arbeitsspindel sitzen verschiedene Antriebscheiben P, $P^1 P^2$ lose. Sie können durch Kupplungen mit der Arbeitsspindel gekuppelt werden. Die Scheibe P dient zum Drehgang und wird durch eine Kupplung von der Kurve B betätigt. Die Scheiben $P^1 P^2$ sind zum Gewindeschneiden bestimmt, ihre Einrückung erfolgt von der Kurve B_1. Q ist das Spannfutter, welches von der Kurve E^1 betätigt wird. Vorne und hinten liegt je eine Steuerwelle, welche durch eine gemeinsame Querwelle mittelst zweier Schneckengetriebe und der Scheibe P^4 angetrieben werden. Für schnellen Gang ist noch eine Antriebscheibe P^3 vorgesehen.

Der Werkzeugschlitten M wird durch die Kurve D verschoben. Er trägt die Gewindespindel N, welche gesondert von der Kurve A^1 betätigt wird, und die beiden schwingenden Werkzeugträger b, b_1. Dieselben dienen zum Langdrehen, Abstechen und Plandrehen und werden von den Kurven J, K betätigt. Diese Kurven sind am Schlitten M gelagert und machen dessen Verschiebung mit. Eigenartig ist der Materialvorschub. Eine Zange R, welche ebenfalls durch Kurven geöffnet und geschlossen wird, faßt das Material X, wenn sich der Schlitten M am Ende der Bearbeitung vor dem Futter Q befindet, und nimmt dasselbe bei der Rückbewegung des Schlittens in seine rückwärtige Anfangsstellung mit. Dieses System, welches im Gegensatz zu vielen anderen Automaten ein rein deutsches System ist, wurde natürlich im Laufe der Entwicklung konstruktiv verbessert. Der Antrieb wurde vereinfacht und es entstanden noch weitere am Schlitten M befestigte Querwerkzeuge und Sondereinrichtungen.

I. Der Hau-Automat.

Der Hau-Automat ist in Fig. 20—21 dargestellt. Seine Konstruktion und Arbeitsweise erläutern die nachstehenden Abbildungen. Auf dem Bett 1 ist links der Spindelstock fest montiert (Fig. 611). In demselben ist die Arbeitsspindel 3 gelagert (Fig. 612).

1. **Der Antrieb** erfolgt entweder durch die Festscheibe 4 mit schnellem Linksgang zum Drehen, Bohren, Abstechen usw. oder durch die Festscheibe 5 mit langsamem Rechtsgang zum Gewindeschneiden. Die beiden Riemen laufen also entweder auf 4 und 5a oder auf 5 und 4a. Beim Schalten vom schnellen zum langsamen Gang tritt eine Bremsscheibe 6 in Tätigkeit.

2. **Die Materialspannung.** Auf dem vorderen Spindelende sitzt der Futterkopf 7 mit den 4 Spannhebeln 8, welche die 4 Spannbacken 9 nach innen schieben, wenn die Rollen 10 auf dem erhöhten Rand der Spannmuffe 11 gleiten. Die Backen werden durch Federn nach außen gedrückt. Ein durch den Futterkopf hindurch-

gehender Bolzen 12 tritt radial nach außen, wenn der letzte Rest der Materialstange im Futter sitzt, und rückt den Antrieb der Maschine aus (siehe auch Fig. 151—152 und 174—177).

Die beiden Riemengabeln 13, 14 für Rechts- und Linkslauf werden durch Kurven auf der Steuerwelle gesteuert (Fig. 611).

3. Der Werkzeugschlitten 15 (Fig. 614—617) ist auf dem Bett längsverschiebbar. Er trägt 6 Werkzeuge, von denen zwei in den schwingenden Armen 16, 17, zwei weitere in den Querschlitten

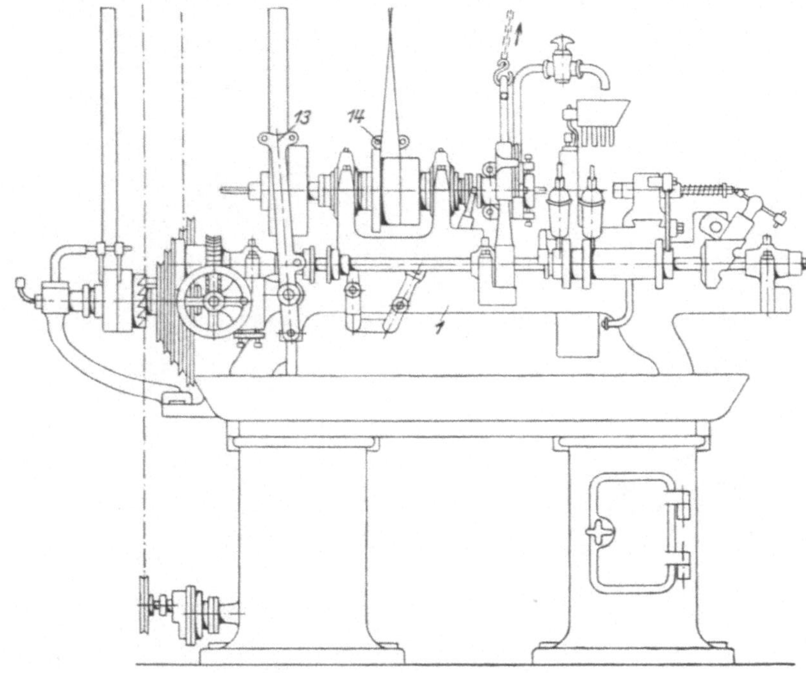

Fig. 611. Der Hau-Schraubenautomat.

18, 19 und die übrigen in dem Schlitten 20 angebracht sind. Die Schieber 18, 19 werden durch die Hebel 21, 22 und der Schlitten 20 durch den Hebel 23 quer verschoben.

Die Werkzeugträger 16, 17 dienen zum Fassondrehen und Abstechen, 18, 19 zum Langdrehen und die in dem Schlitten 20 gelagerten Spindeln zum Bohren und Gewindeschneiden.

Die Betätigung der Werkzeuge erfolgt durch Kurven von den beiden Steuerwellen 26, 27 aus, und zwar allgemein durch sogenannte Federbüchshebel. Der Vorschub wird nicht zwangläufig, sondern unter Einschaltung einer starken Feder 28 bewirkt, welche in dem Gehäuse 29 gelagert ist. Die Feder stützt sich gegen die

Kappe 30 und den Kolben 31 ab. Der letztere ist die Mutter für den Daumenstift 32. Durch Verstellung der Mutter am oberen Vier-

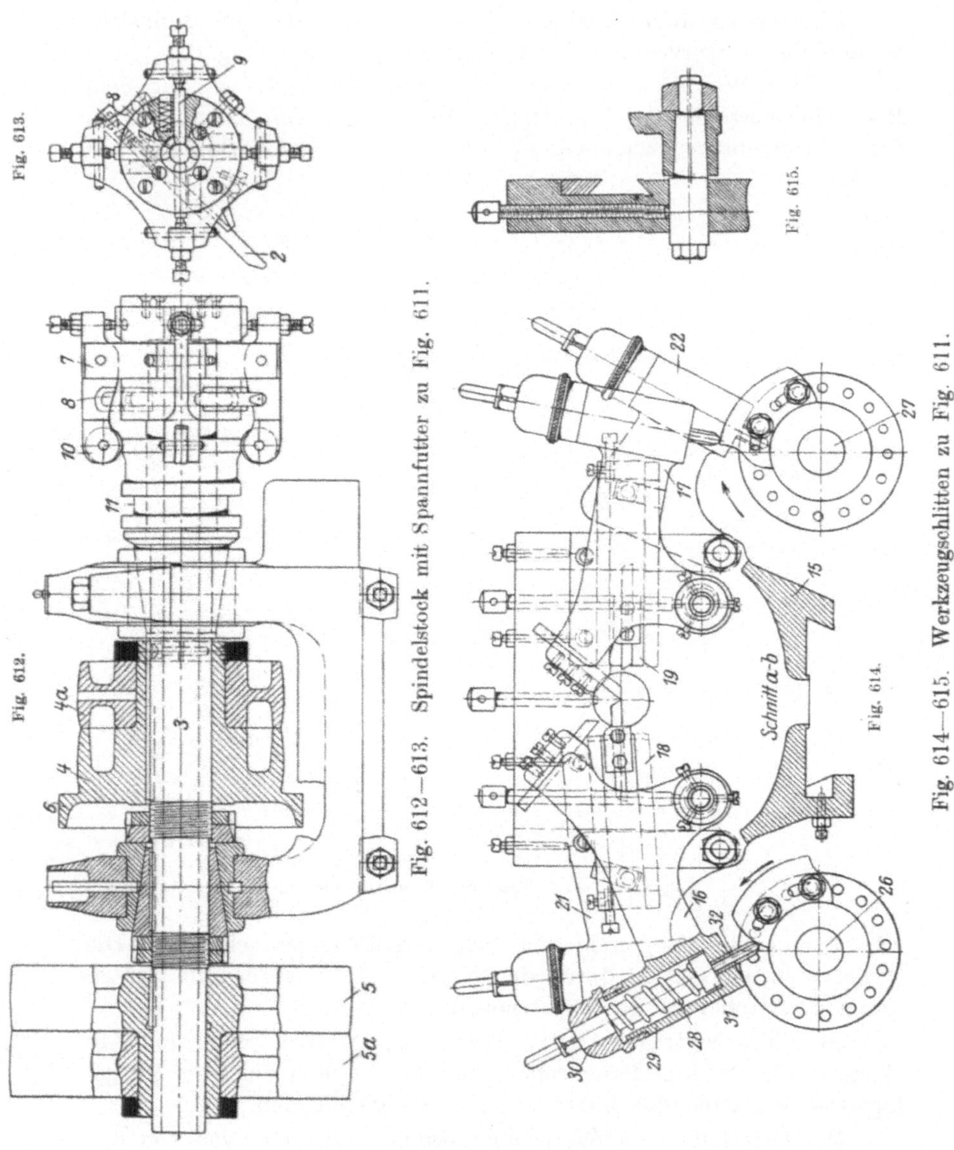

Fig. 612—613. Spindelstock mit Spannfutter zu Fig. 611.

Fig. 614—615. Werkzeugschlitten zu Fig. 611.

kant erfolgt die Anstellung des Werkzeuges auf genauen Drehdurch-messer, durch Verstellung der Kappe 30 die Regulierung des Feder-drucks entsprechend der Spanleistung. Die Kurven 33, 34, 35 für die Verschiebung der Werkzeuge sind am Schlitten 15 gelagert und machen dessen Längsverschiebung mit.

Um den Abstechstahl genau **auf Mitte** einstellen zu können, ist der Drehpunkt des Hebels 17 exzentrisch ausgebildet (Fig. 615). Der

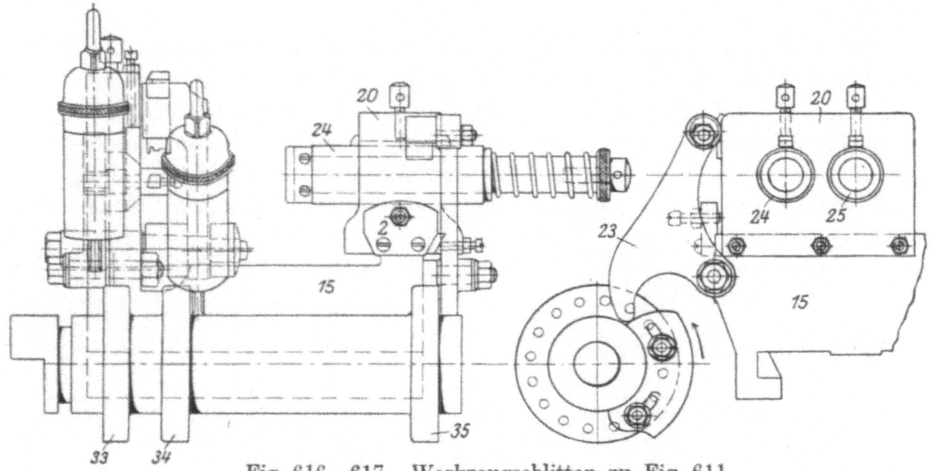

Fig. 616—617. Werkzeugschlitten zu Fig. 611.

Vorschub des ganzen Werkzeugschlittens 15 auf dem Bett 1 geschieht durch eine Kurve auf der hinteren Steuerwelle.

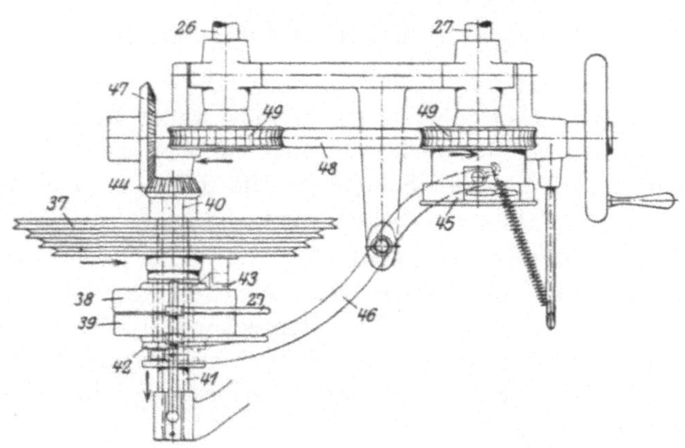

Fig. 618. Steuerungsantrieb zu Fig. 611.

Die in dem Schlitten 20 sitzende Gewindespindel wird jedoch durch einen besonderen Hebel (Fig. 611) angeschoben.

4. Der Steuerungsantrieb ist aus Fig. 618 ersichtlich. Vom Deckenvorgelege wird die Scheibe 37 langsam und die Scheiben 38,

39 schnell angetrieben. Auf der Welle 40 sitzt fest die Hülse 41.
Auf dieser Hülse 41 laufen lose die Scheibe 37, die Scheibe 39 und
die Muffe 42, fest verbunden mit Hülse 41 sind die Scheibe 38
mit dem Zahn 43 und das Kegelrad 44. Die Muffe 42 wird
von der Kurve 45 durch den Hebel 46 in beiden Richtungen verschoben.

In der gezeichneten Stellung ist der langsame Vorschub eingeschaltet. Der Antrieb erfolgt durch die Scheibe 37 mittelst des
Zahnes 43 auf die Scheibe 38, die Hülse 41, Welle 40, Kegelräder
44, 47, Schneckenwelle 48, Schneckenräder 49 auf die beiden Steuerwellen 26, 27. Der Riemen läuft auf der losen Scheibe 39. Wird
die Muffe 42 in der Pfeilrichtung verschoben, so nimmt sie Schei-

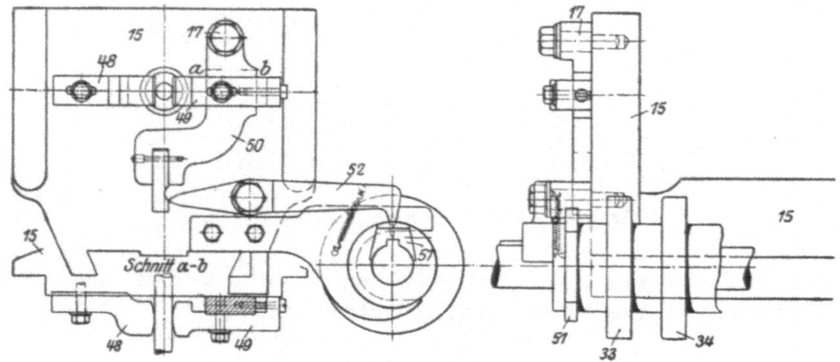

Fig. 619—620. Materialvorschub zu Fig. 611.

ben 38, 39 mit. Die Scheibe 38 kommt außer Eingriff mit der
Scheibe 37 und unter den nicht verschiebbaren Riemen. Der letztere
treibt jetzt durch die feste Scheibe 38 die Hülse 41 und weiterhin
die beiden Steuerwellen mit Schnellgang.

5. Der Materialvorschub. An der vorderen Platte des
Schlittens 15 sind die beiden Klemmbacken 48, 49 angebracht
(Fig. 619—620). Die erstere ist entsprechend dem Materialdurchmesser fest einstellbar, die letztere mit einem Hebel 50 verbunden,
welcher durch eine Kurve 51 unter Vermittlung eines Hebels 52
geschwenkt wird.

In der gezeichneten Stellung ist die Backe 49 fest gegen das
Material gepreßt, so daß das letztere beim Rückgange des Schlittens 15 mitgenommen wird, nachdem sich kurz zuvor das Spannfutter geöffnet hat. Ist der Materialvorschub beendigt, so gibt der
Daumen 51 den Hebel 52 und dieser den Hebel 50 frei, die Backe 49
ist gelöst (siehe auch Fig. 188—189).

Fig. 621. Der Schmidt-Schraubenautomat.

II. Der Schmidt-Automat.

Er gehört ebenfalls zu dem Offenbacher System (Fig. 621).

Materialspannung und Materialvorschub erfolgen durch Patronen mit Rohr und zwar das Erstere mittelst Kurve 17 und Hebel 8, das Letztere durch Kurve 37 und Hebel 12.

Es sind an Werkzeugen eine Gewindespindel 28 und vier Querwerkzeuge 20, 21, 34, 53 vorhanden.

Die Maschine hat zwei Steuerwellen 54, 63, welche schnell und langsam durch die Scheiben 41, 42 angetrieben werden. Die Arbeitsweise ist im Prinzip die gleiche wie bei dem vorbeschriebenen Hau-Automaten.

Eine Vorderansicht der Maschine zeigt Fig. 18.

III. Der Schwerdtfeger-Automat.

Diese Maschine gehört zwar ebenfalls zu den sog. Schraubenautomaten, sie weicht jedoch in einigen Einzelheiten von dem Offenbacher System (Hau, Schmidt) etwas ab.

Das Spannfutter sitzt nicht auf dem vorderen Spindelende in Form eines Backenfutters, sondern ist als Patronenfutter ausgebildet, welches von hinten durch ein Spannrohr betätigt wird. Ebenso wird der Materialvorschub von hinten durch ein Rohr mit Vorschubpatrone bewirkt.

Der Antrieb der Arbeitsspindel a (Fig. 622) erfolgt vom Deckenvorgelege aus auf die Riemenscheiben I f und II f. Alle anderen Bewegungen erhalten ihren Antrieb von dem Stufenwörtel p, der durch Kegelräder die Schneckenwelle o treibt, die wieder durch Schnecke und Schneckenräder die Kurvenwellen m, n in Rotation versetzen.

Der Vorschub des Werkzeugschlittens erfolgt durch Kurve b auf eine am Schlitten c angebrachte Rolle, der Rückzug des Schlittens erfolgt durch zwei unten am Schlitten liegende Spiralfedern gegen einen Anschlag. An dem Schlitten c befinden sich sämtliche Werkzeuge, und zwar 4 Drehstähle in seitlich schwingenden Haltern, sowie 2—3 verstellbare Bohrer- und Schneideisenhalter in einem auf dem Schlitten c sitzenden Quersupport d. Diese letzteren Werkzeuge werden durch die Kurven e und f mittelst Hebels g zum Arbeiten gebracht. Der Hebel h bringt mittelst der Kurve i die jeweilig gebrauchten Werkzeuge vor die Mitte der Spindel.

Die vier Stähle 1, 2, 3, 4 sind einfache Stähle mit Schnittkante. Sie sind völlig unabhängig voneinander und können in jeder beliebigen Reihenfolge einzeln oder zusammen arbeiten. Die Stähle 3, 4 haben eine seitliche und eine Höhenverstellung. Die Stähle 1, 2 sind zum Langdrehen bestimmt, 3, 4 zum Fassonieren und Abstechen.

Der Materialvorschub erfolgt durch die Kurve q in Verbindung mit dem Stift r, der auch die Länge des Arbeitsstückes bestimmt. Das Arbeitsstück wird um so länger, je weiter der Stift nach der Kurve zu aus seinem Halter hervorgeschoben wird.

IV. Der Wuttig-Automat.

Obwohl ebenfalls ein Schraubenautomat, weicht der Wuttig-Automat ebenfalls von dem Offenbacher System ab. Er hat Patronenspannung mit Spannrohr und einen Gewichtsvorschub (siehe Fig. 623 bis 624). Es ist nur eine, hinter der Maschine liegende Steuerwelle vorhanden. Die Querschlitten bestehen nicht aus am Werkzeugschlitten befestigten Schwinghebeln, sondern es sind eine Anzahl teils

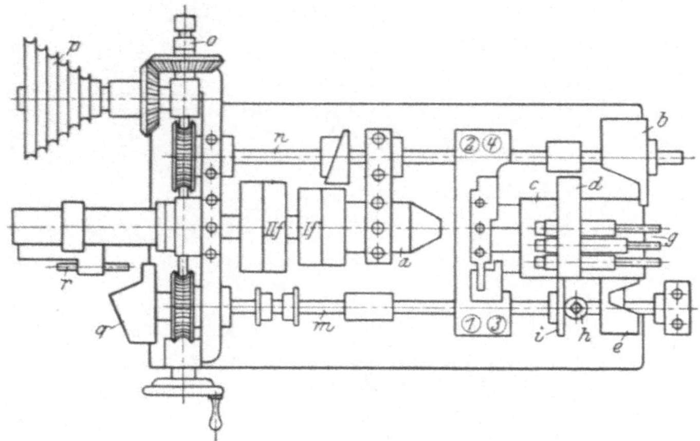

Fig. 622. Der Schwerdtfeger-Schraubenautomat.

vorne teils hinten, sowohl horizontal als auch schräg in Führungen sich verschiebende Schlitten angeordnet, welche durch Hebel und Stangen von der Kurvenwelle aus betätigt werden.

In der Längsrichtung verschiebt sich das Bohr- und Gewindeschneidwerkzeug.

Die Maschine ist dadurch von wenig einheitlicher und übersichtlicher Konstruktion, auch dürften die Übertragungsstangen und Hebel wenig zur Genauigkeit des Arbeitsproduktes beitragen.

Der Antrieb erfolgt vom Deckenvorgelege, auf welchem eine mit Reibungskupplung versehene vielstufige Scheibe sitzt, auf die Scheibe 1 und die Antriebwelle 2. Von dieser wird durch Stirnräder 3 die Arbeitsspindel 4 angetrieben und durch die Räder 5 die Hülse 6, welche in einem festen Bock des Bettes verschiebbar ist.

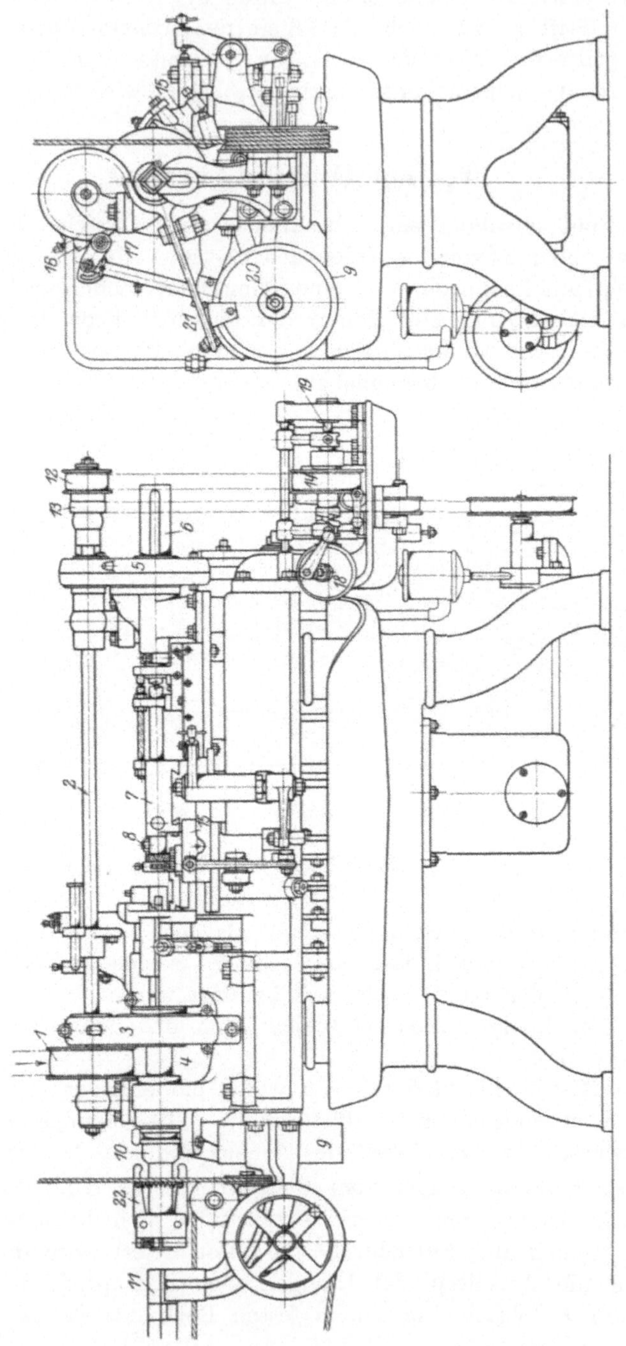

Fig. 623—624.　Der Wuttig-Schraubenautomat.

Steuerungsantrieb. Derselbe erfolgt von der Welle 2 mittelst Riemenscheiben 12, 14 auf die Welle 19, und zwar entweder direkt oder über ein Umlaufgetriebe. Von dieser Welle wird der Antrieb über die schräg liegende Welle 18 auf die Steuerwelle 20 geleitet.

Fig. 625. Der Thiel-Schraubenautomat.

Die Materialspannung wird von der Kurventrommel 9 mittelst eines Hebels 21 auf die Spannmuffe 10 geleitet. Die letztere bewirkt in bekannter Weise durch Spreizen der Hebel 22 das Öffnen und Schließen der Spannpatrone.

Die Werkzeuge befinden sich zum Teil auf einem Langschlitten, auf welchem ein Querschlitten 7 sich verschiebt. In diesem

letzteren können verschiedene Spindeln zum Bohren, Gewindeschneiden usw. gelagert und von der Hülse 6 angetrieben werden.

    Zum Fassonieren und Abstechen dienen eine Anzahl Querschlitten,
z. B. 15, 16, 17.

V. Der Thiel-Schraubenautomat (Fig. 625).

Bei dieser Automatengattung vollführt der Spindelstock die axiale
Vorschub-Rückbewegung des Werkstoffes, während die Werkzeuge

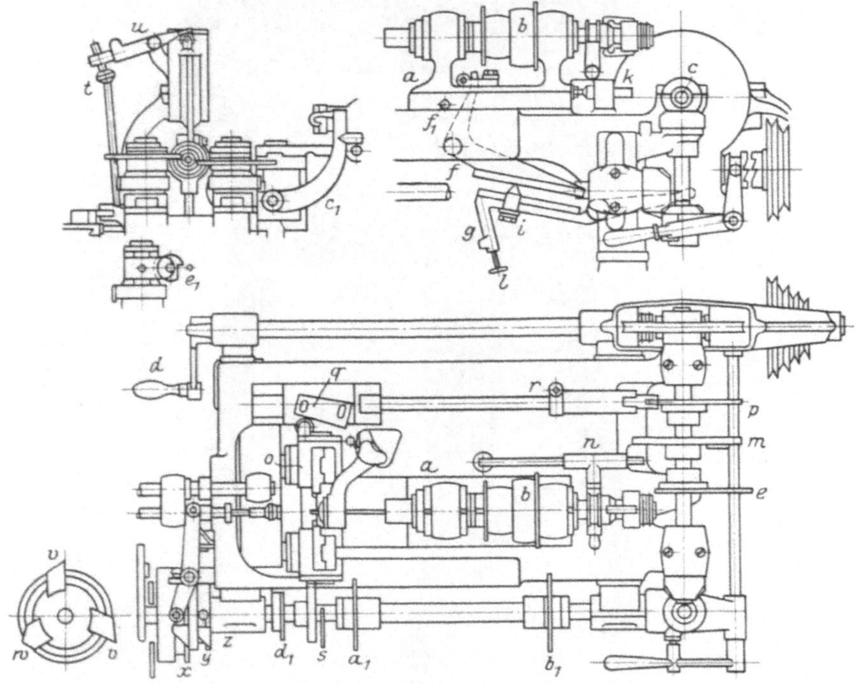

Fig. 626. Der Thiel-Schraubenautomat.

an einem auf dem Bett sitzenden Support angeordnet sind und Querbewegungen ausführen; sie werden teils von Querschlitten, teils von
schwingenden Hebeln betätigt.

    Auf dem Bett sitzt der Längsschlitten a, in dem die Arbeitsspindel
läuft (Fig. 626). Sie wird mit verschiedenen Geschwindigkeiten angetrieben durch die Stufenscheibe b. In der Hauptspindel sind
die durch Spannzangen bewirkte Materialspannung und der durch Gewicht betätigte Materialvorschub angeordnet. Die selbsttätigen Bewegungen werden eingeleitet durch die Kurvenwelle c, die beim Einrichten der Maschine durch die Kurbel d von Hand gedreht werden

kann und vom Deckenvorgelege durch einen Stufenwörtel angetrieben wird.

Die Kurve e bewirkt durch die Hebel f, g und die Spindelstockwelle h die Längsbewegung der Hauptspindel. Durch Verstellen des Steines i kann die Bewegung im Verhältnis 1:1 bis 1:6 verändert werden. Begrenzt wird die Bewegung durch die Anschlagschraube k. Die Anordnung der Schraube l in Hebel g ermöglicht ohne Kurvenänderung beim Schraubendrehen eine Veränderung der Kopflänge. Kurve m und Hebel n betätigen die Materialspannung. Die Querbewegung der Werkzeuge im Querschlitten o wird durch Kurve p und Keil q bewirkt; durch Verstellen des letzteren kann man die Bewegung im Verhältnis 1:4 bis 1:10 verändern. Die Keilübersetzung von der Kurve auf die Drehstähle gibt eine Gewähr für Genauigkeit der Arbeitsstücke. Ring r dient als rückwärtiger Anschlag. Der dritte Quersupport zum Ein und Abstechen wird bewegt durch Kurve s, Schraube t und Hebel u.

Die Nockenstücke v, w, x, y und z sind bestimmt für die Bohr- und Gewindeschneidapparate, die Kurven $a_1 b_1$ für den Schlitzapparat c_1, die Kurve d_1 für den Sortierapparat, der Arbeitsstücke und Späne trennt.

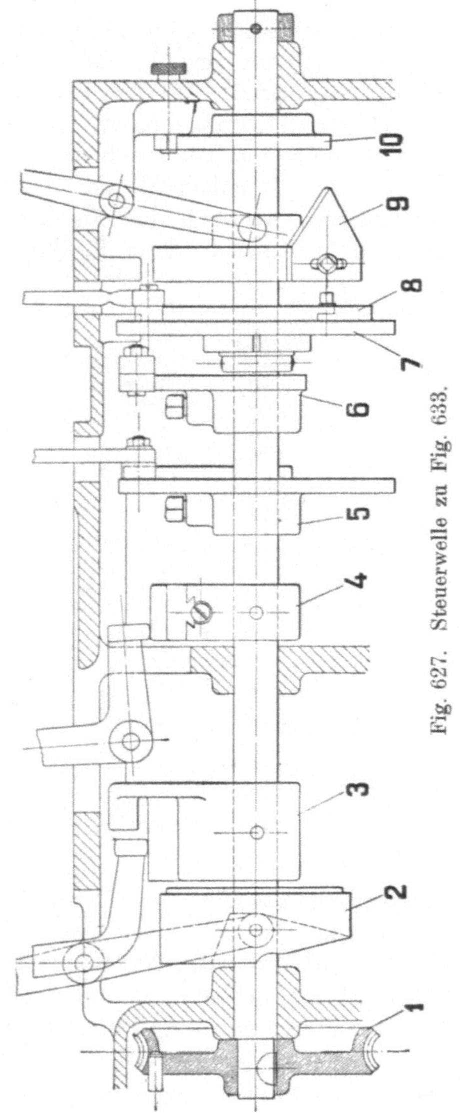

Fig. 627. Steuerwelle zu Fig. 633.

Die Maschine arbeitet mit Vierkantstählen und runden Formmessern e_1. Bei kurzen Arbeitsstücken, die nur mit Formstahl gedreht werden, wird der Spindelstock durch Schraube f_1 festgestellt.

VI. Der Samson-Schraubenautomat.

Diese Maschine ist in ihrer Konstruktion dem Stehli-Automaten (Fig. 7) verwandt und besonders zur Herstellung von Präzisionsschrauben geeignet. Auf dem Bett der Maschine ist links der Spindelstock 1 (Fig. 172) angeordnet. Derselbe ist verschiebbar und führt die Vorschub- und Rückzugbewegung aus, während die Werkzeuge fest an einem Vertikalschlitten 11 angeordnet sind. Die Anordnung der letzteren ist auch aus Fig. 630 ersichtlich. Befindet sich der Schlitten in seiner vorderen Stellung (rechts in Fig. 172), so ist die

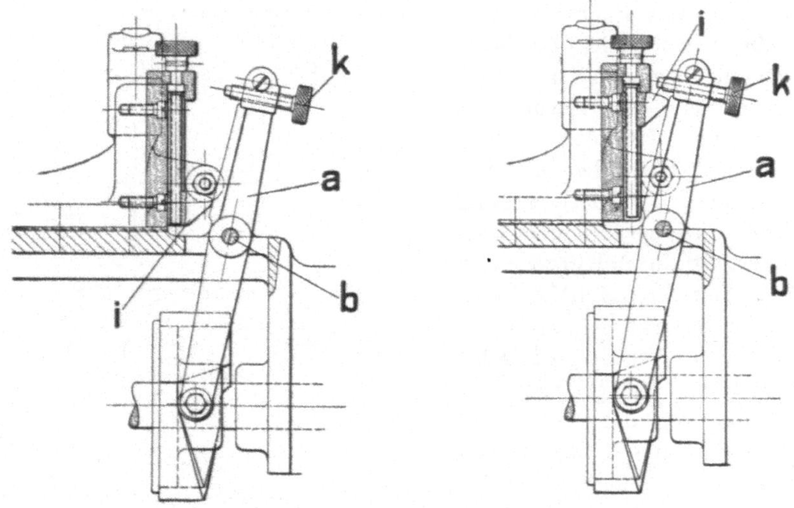

Fig. 628—629. Hubverstellung zu Fig. 633.

Bearbeitung beendigt, das Spannfutter öffnet sich, während die Vorschubpatrone mit dem Vorschubrohr durch den Schieber 14 festgehalten wird. Bei der Rückbewegung des Spindelstockes (nach links) schiebt sich die geöffnete Spannpatrone über das Material. In der hinteren Stellung schließt sich das Spannfutter und der Vorschub beginnt, das Material wird durch die Büchse 10 im Vertikalschlitten 11 hindurchgeschoben und durch die an der rechten Seite des letzteren angeordneten Werkzeuge bearbeitet. Ist das Material aufgearbeitet, so wird der Antrieb der Steuerwelle automatisch ausgerückt. Diese Einrichtung ist bereits auf Seite 126 beschrieben.

Der Vorschub des Spindelkastens erfolgt durch dieKurve 2 (Fig. 627) unter Vermittlung des Hebels a (Fig. 628). Der letztere drückt auf den Ansatz i bei seiner Drehung um den Punkt b.

Dieser Ansatz i kann durch eine Spindel vertikal verstellt und dadurch mehr oder weniger vom Drehpunkt b entfernt werden, wo-

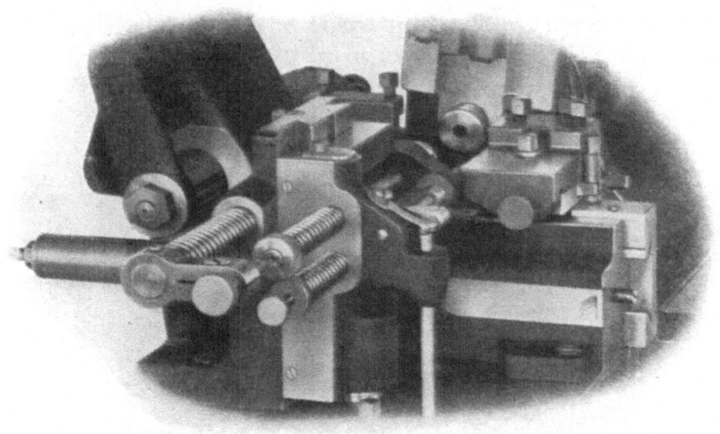

Fig. 630. Werkzeugschlitten zu Fig. 633.

durch eine Veränderung des Vorschubweges herbeigeführt wird. Die Gewindeschneidspindel ist in einem in Fig. 630 sichtbaren Vertikal-

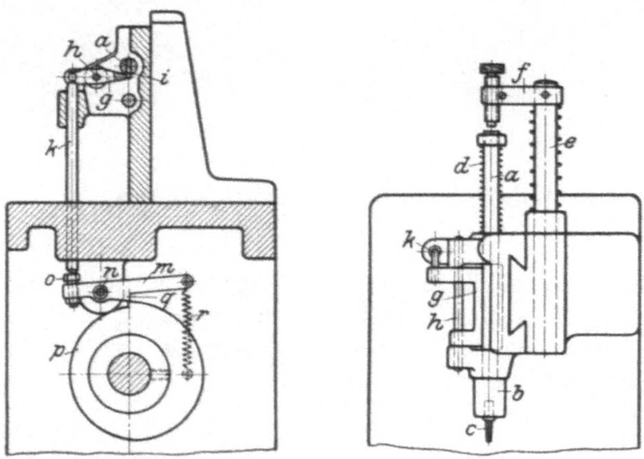

Fig. 631—632. Gewindeschneidvorrichtung zu Fig. 633.

schlitten gelagert. Durch eine Spindel c, welche von der Steuerwelle aus betätigt wird, wird die Gewindespindel a (Fig. 631—632) gegen das Arbeitsstück gedrückt, bis das Schneidzeug gefaßt hat. Dabei ist die Spindel *a* durch einen Hebel *g* gegen Drehung gesichert, so daß das Schneidzeug aufläuft infolge der Drehung der Arbeitsspindel mit dem Werkstück. Ist das Gewinde geschnitten, so gleitet der Ansatz *q* des Hebels *m* an der Kurve *p* ab, die Feder *r* bewirkt ein Hochgehen der Stange *k* und der Hebel *g* gibt die Gewindespindel *a* frei, welche sich jetzt mit dem Werkstück dreht.

Fig. 633.   Der Samson-Schraubenautomat.

Durch Umschalten der Drehrichtung des letzteren erfolgt dann in bekannter Weise der Ablauf des Schneidzeuges.

Die Anordnung der verschiedenen Kurven auf der Steuerwelle geht aus Fig. 627 hervor.

VII. Der Index-Schraubenautomat

ist in Fig. 634—635 dargestellt und dient ausschließlich zur Herstellung von Kopfschrauben, Stiftschrauben, Formteilen usw. Durch Beschränkung auf dieses Gebiet kann er als erstklassige, moderne und sehr leistungsfähige Maschine betrachtet werden.

Der Hauptantrieb erfolgt von der Transmission direkt auf Fest- und Losscheibe 1, 2, oder durch Elektromotor auf Welle 3. Welle 3 treibt durch 3 auswechselbare Riemscheibenpaare 4, 5 die untere Welle 6 mit 6 verschiedenen Geschwindigkeiten. Die Welle 6 trägt 2 Riemscheiben 7, 8, von welchen aus zwei Riemen die Arbeitsspindel 9 und die Gewindeschneidspindel 10 antreiben.

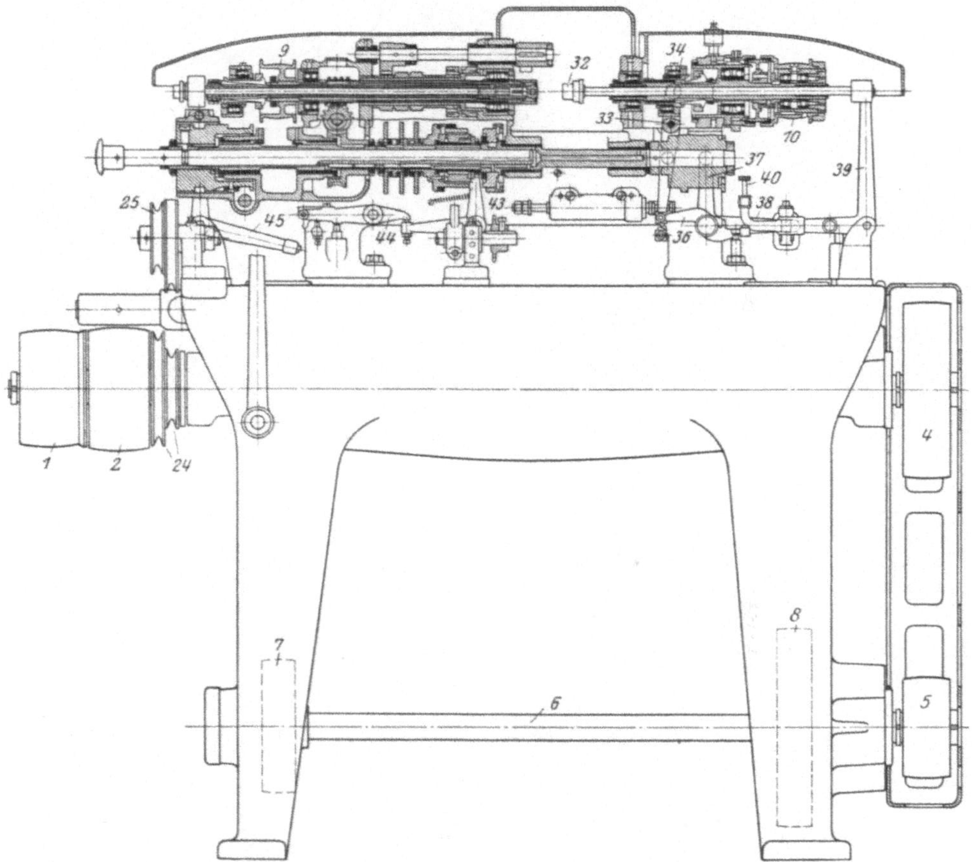

Fig. 634. Der Index-Schraubenautomat.

Riemscheibe 7 kann mit einem Scheibenkranz von größerem Durchmesser versehen werden, so daß sich 12 Umlaufzahlen für die Arbeitsspindel ergeben. Ebenso kann Scheibe 8 mit zwei verschiedenen Scheibenkränzen versehen werden, wodurch sich für die Gewindeschneidspindel 18 Umlaufzahlen ergeben. Die Geschwindigkeiten sind aus der Tabelle (Fig. 636) zu ersehen.

Der Antrieb der Steuerwelle erfolgt zwangläufig von der Arbeitsspindel aus durch Schnecke 11 und Schneckenrad 12, über

Kupplung 13 auf Welle 14 (Fig. 637—638). Weiter werden über Wechselräder 15, 16, 17, 18, Schnecke 19, Schneckenrad 20 der Steuerwelle 21 insgesamt 16 verschiedene Geschwindigkeiten erteilt, die aus der Tabelle (S. 371) zu ersehen sind.

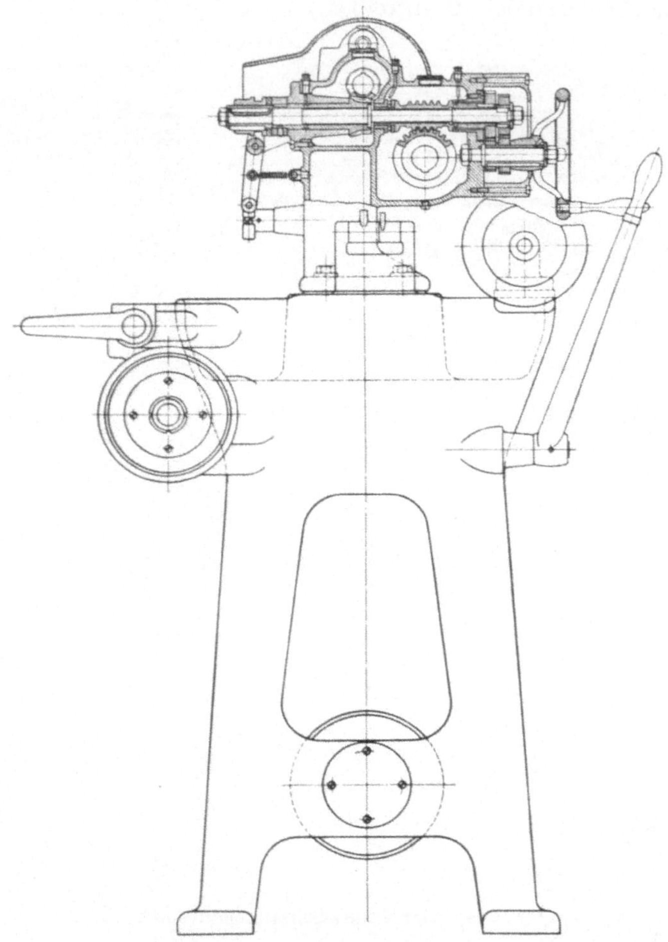

Fig. 635. Seitenansicht zu Fig. 634.

Auf der Steuerwelle sitzen sämtliche Kurven zur Betätigung der automatischen Bewegungen. Das Auswechseln der Kurvenscheiben erfolgt durch Herausziehen des durch die hohle Steuerwelle hindurchgehenden Kernbolzens 22 nach links, wodurch das, die Kurvenscheiben tragende . Mittelstück 23 der Steuerwelle herausgenommen werden kann.

Die Werkzeuge bestehen aus einem runden (oder auch flachen) Formstahl (Fig. 641) *A*, einem geraden Abstechstahl *B*, dem auf der

Spindeldrehzahlen
bei 720 Umdrehungen der Hauptantriebsscheibe

	Umdrehungen der Arbeitsspindel	Antriebsscheiben-Durchmesser auf der		Gewindeschneidspindel unterer Antriebsscheiben-Durchmesser						Wechselscheibe	
		Arbeitsspindel	unteren Vorgelegewelle	300 mm ergibt		266 mm ergibt		240 mm ergibt			
				Drehzahl n =	Überholung n =	Drehzahl n =	Überholung n =	Drehzahl n =	Überholung n =	oben	unten
Normale Gewindeschneid-Einrichtung.	1000	80	200	1500	500	1330	330	1200	200	150	264
	1250	80	200	1875	625	1675	425	1500	250	174	240
	1525	80	200	2275	750	2025	500	1830	305	194	220
	1950	80	200	2925	975	2600	650	2340	390	220	194
	2375	80	200	3550	1175	3175	800	2850	475	240	174
	3000	80	200	4500	1500	4000	1000	3600	600	264	150
Schnellauf-Gewindeschneid-Einrichtung	1325	80	266	1985	660	1765	440	1590	265	150	264
	1700	80	266	2550	850	2265	565	2040	340	174	240
	2050	80	266	3075	1025	2730	680	2460	410	194	220
	2650	80	266	3975	1325	3530	880	3180	530	220	194
	3200	80	266	4800	1600	4265	1065	3840	640	240	174
	4000	80	266	6000	2000	5330	1330	4800	800	264	150
	4500	72	266	—	—	6000	1500	5400	900	264	150
	5000	64	266	—	—	—	—	6000	1000	264	150

Fig. 636.

Gewindeschneidspindel sitzenden Schneideisenhalter *C*, dem Schwinggreifer *D*, welcher gleichzeitig als Anschlag dient, und der Schlitzeinrichtung mit der Kreissäge *E*. Die beiden Stähle *A* und *B* sind schwingend auf Wellen angeordnet.

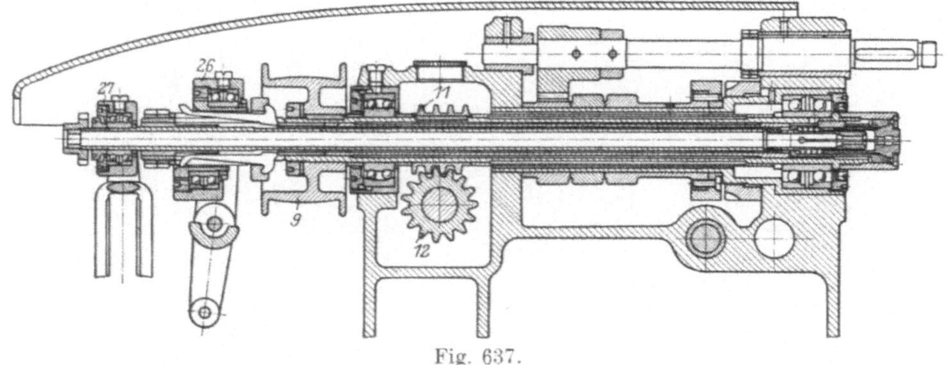

Fig. 637.

Der Antrieb der Schlitzsäge erfolgt durch die Schnurscheiben 24, 25 auf eine Welle (Fig. 642) und von da durch Kette und Kegelräder auf die Sägenwelle (Fig. 641).

Materialspannung und Vorschub erfolgen in bekannter Weise durch Verschieben der Spannmuffe 26 bzw. der Vorschubmuffe 27, und zwar mittelst der Kurventrommel 28 (Fig. 639).

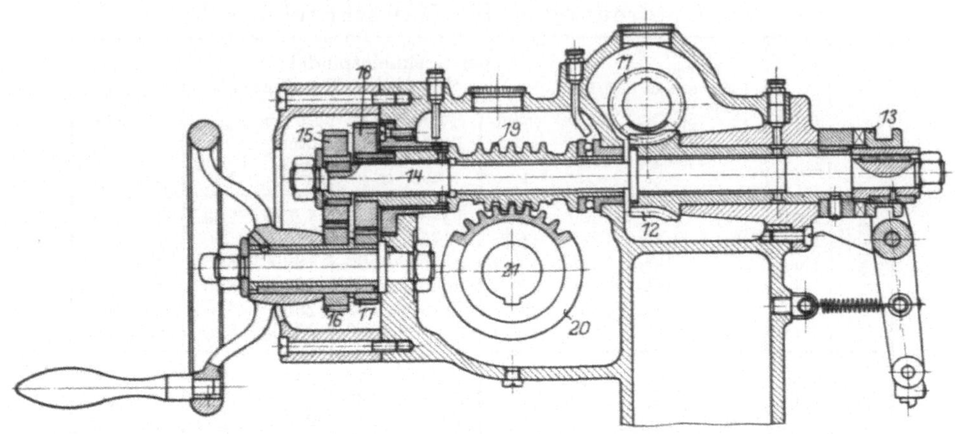

Fig. 638.

Die Betätigung der Werkzeuge erfolgt für den Formstahl durch Kurve 29, für den Abstechstahl durch Kurve 30, für den Schwinggreifer durch Kurve 31 (Fig. 639). Dem entsprechen die Kurven C, D, E in Fig. 642. Die Längsbewegung des Schwinggreifers erfolgt durch Kurve G und Hebel H.

Die Gewindeschneideinrichtung arbeitet in folgender Weise. Die Mitnahme der Gewindeschneidspindel 32 während des Gewinde-

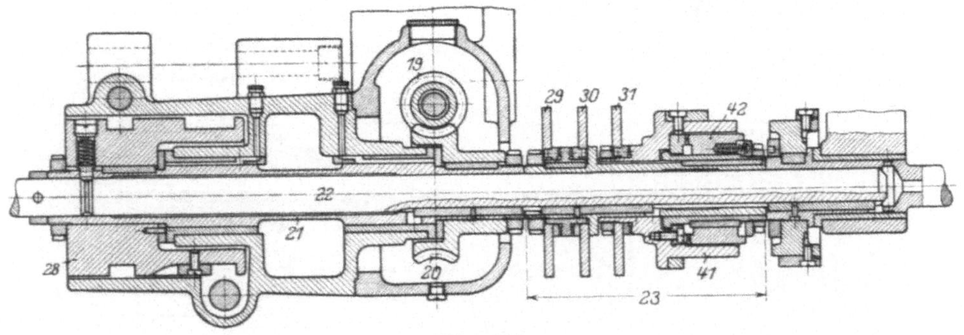

Fig. 639.

schneidens erfolgt unter Vermittlung des Hebels 33 durch die Spannmuffe 34 (Fig. 634 und 643), indem diese bei Verschiebung nach rechts die Spindel durch die Kupplung 35 mit der Riemscheibe 10 kuppelt. Ferner setzt sich der untere Teil des Hebels 33 mit seiner Auslösenase hinter die Auslösenase des Hebels 36. Dadurch wird der

unter Federdruck stehende Hebel 33 und die ebenfalls unter Federdruck
stehende Kupplung 35 fixiert. Durch Kurven auf der Trommel 37 wird

Wechselrädertafel für den Steuerwellenantrieb.

Arbeitsspindel-umdrehungen je Arbeitsstück	Wechselräder			
	hinten		vorn	
	oben	unten	oben	unten
74	36	36	46	26
82	38	34	46	26
92	40	32	46	26
103	40	32	44	28
116	40	32	42	30
130	40	32	40	32
145	40	32	38	34
162	40	32	36	36
182	40	32	34	38
202	40	32	32	40
227	40	32	30	42
256	40	32	28	44
287	40	32	26	46
322	42	30	26	46
362	44	28	26	46
408	46	26	26	46

Fig. 640.

Fig. 641.

unter Vermittlung der Hebel 38, 39 die Gewindespindel vorgeschoben,
bei Erreichung der Gewindelänge trifft die Auslöseschraube 40 des

24*

Hebels 39 auf die Anschlagfläche des Hebels 36, wodurch Hebel 33 freigegeben wird und Kupplung 35 durch Federdruck nach links in

Fig. 642.

den festen Bremskegel geworfen wird. Die Gewindespindel gelangt dadurch zum augenblicklichen Stillstand und damit zum Abschrauben.

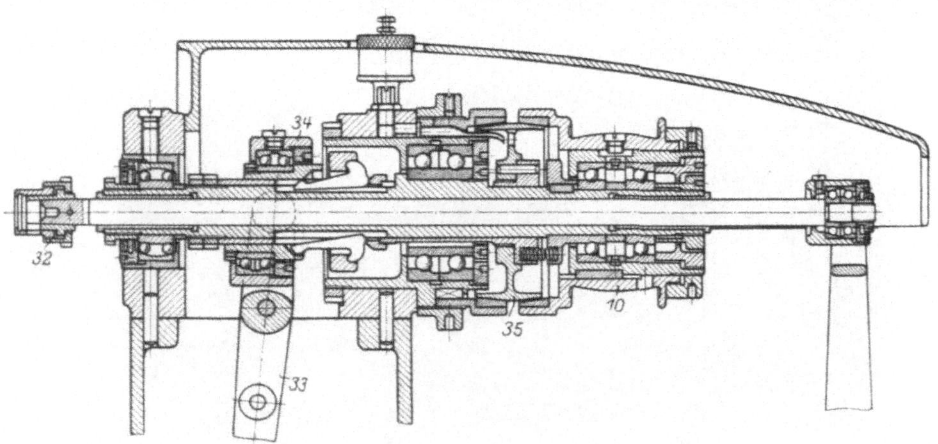

Fig. 643.

Die automatische Auslösung der Steuerung bei Störungen durch den Schwinggreifer erfolgt dadurch, daß der die Schwinggreiferkurven E, G (Fig. 642) tragende Körper 41 durch die schräg-

gezahnte, unter Federdruck stehende Muffe 42 mit der Steuerwelle
verbunden ist. Bei Störungen gleiten die schrägen Kupplungszähne
übereinander, die Muffe 42 wird nach rechts gedrückt und bewirkt
unter Vermittlung der Hebel 43, 44, 45 die Auslösung der Kupplung 13
(Fig. 638) und damit den Stillstand der Steuerwelle.

Der Arbeitsbereich der Maschine kann durch eine Anzahl Zusatz-
einrichtungen erweitert werden.

VIII. Der de Fries-Schrauben-Automat.

Dieser Automat, der im Gegensatz zu allen andern hier in diesem
Kapitel beschriebenen Maschinen zur Bearbeitung nicht von der Stange,
sondern von kalt oder
warm gepreßten Schrau-
ben, sogenannten Schwarz-
schrauben bestimmt ist,
liefert den Beweis, daß es
durchaus möglich ist, auch
rohe Schrauben selbsttätig
zu bearbeiten. Diese
Schrauben wurden bisher
auf einzelnen Maschinen

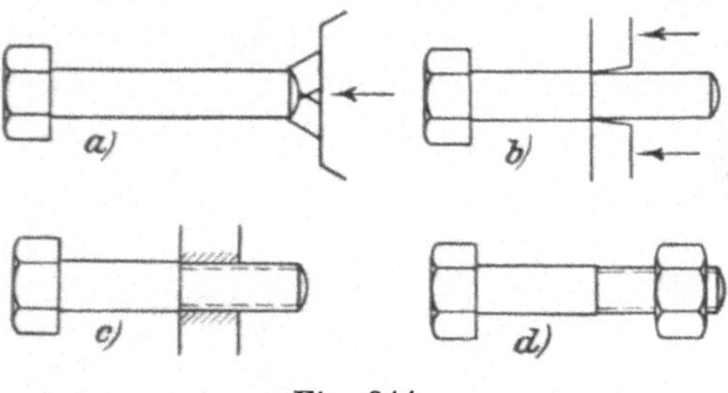

Fig. 644.

gespitzt, geschäftet, mit Gewinde versehen, und dann wurde von
Hand die Mutter aufgeschraubt. Diese einzelnen Arbeitsgänge ver-

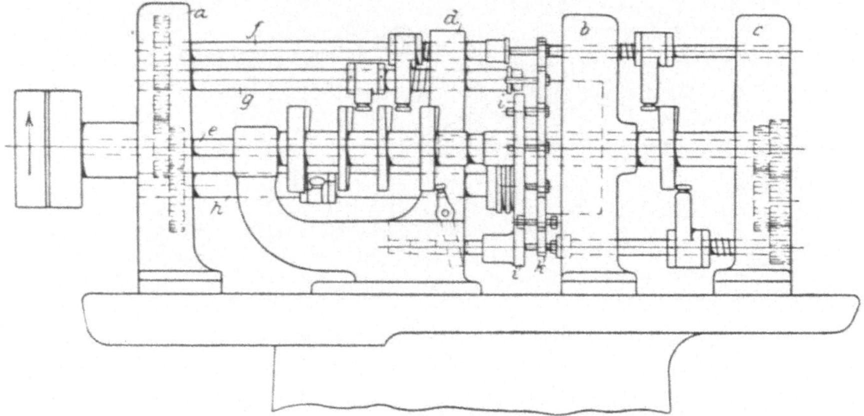

Fig. 645. Der de Fries-Schraubenautomat.

einigt der Automat, sie sind in Fig. 644 dargestellt. Den Aufbau der
Maschine zeigt Fig. 645. In den Lagerböcken a, b, c, d sind zentrisch
die Steuerwelle e und im Kreise um e die Werkzeugspindeln f, g, h
und das Muttermagazin i angeordnet. Der Antrieb von Spindeln und

Steuerwelle liegt im Bock a. Die Schrauben werden von Hand in Haltevorrichtungen des Revolverkopfes k eingelegt und durch selbsttätige absatzweise Drehung des Kopfes den Werkzeugspindeln zugeführt. Es werden also gleichzeitig 4 Schrauben gespitzt, geschäftet, mit Gewinde und mit Mutter versehen.

C. Der Fay-Spitzenhalbautomat.

Wie schon in der Einleitung gesagt, sind die Automaten selbsttätige Revolverdrehbänke. Sie sind daher in der Hauptsache für die gleichen Arbeiten, und zwar entweder von der Stange oder für Arbeiten in einem Futter eingerichtet. Ein Reitstock ist nicht vorhanden, wie denn auch alle Revolverdrehbänke nicht mit einem solchen zur Vornahme von Arbeiten zwischen den Spitzen versehen sind. Eine Ausnahme bildet die bekannte Hasse-Revolverbank.

Fig. 646. Der Fay-Halbautomat.

Ausgehend von der Überlegung, daß eine Anzahl von Dreharbeiten, welche zwar in großen Mengen vorkommen, auf den Revolverbänken jedoch mangels eines Reitstockes nicht hergestellt werden können, noch heute auf die gewöhnliche Spitzendrehbank angewiesen sind, ist die Konstruktion des Fay-Automaten entstanden.

Derselbe stellt in seiner Form und Bauart keine Revolverdrehbank wie fast alle anderen Automaten, sondern eine normale Spitzendrehbank für Massenfertigung dar unter Wegfall aller überflüssigen Einrichtungen, insbesondere der Leitspindel und ihres An-

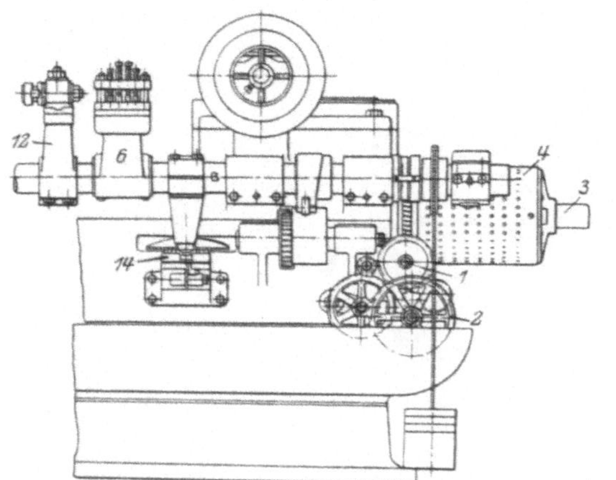

Fig. 647. Steuerungsantrieb.

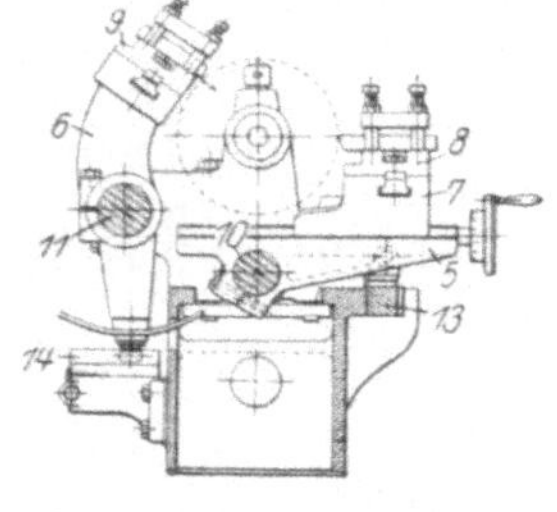

Fig. 648. Werkzeugschlitten.

triebes, sowie des komplizierten Supportes. Dafür besitzt er die Möglichkeit, eine Anzahl von Werkzeugen einzustellen und in beliebiger Kombination längs und plan drehen zu lassen.

Die Maschine ist in Fig. 38 in Vorderansicht dargestellt, die hintere Ansicht zeigt Fig. 646.

Die Maschine ist gemäß der Forderung, eine große Anzahl von Stählen gleichzeitig mit hoher Spanleistung, Schnittgeschwindigkeit und hohem Vorschub arbeiten zu lassen, sehr kräftig gebaut.

Das starke Bett ruht auf einem kastenförmigen Unterteil mit umlaufender Ölschale.

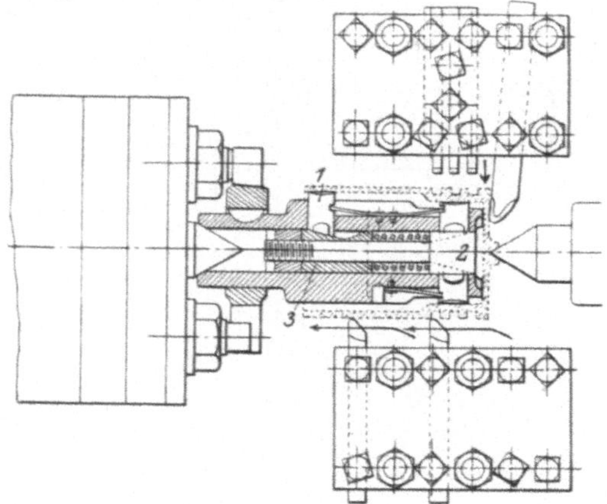

Fig. 649. Arbeitsbeispiele d. Fay-Halbautomaten.

Der Spindelstock trägt eine außergewöhnlich starke Arbeitsspindel.

Der Antrieb der Maschine erfolgt durch eine dreistufige breite Riemenscheibe auf eine querliegende Schneckenwelle mit hoher Umlaufzahl und durch ein Schneckenrad auf die Arbeitsspindel. Eine

automatische Änderung der Schnittgeschwindigkeit ist nicht vorgesehen.

Der Steuerungsantrieb erfolgt von der erwähnten Schnecken-

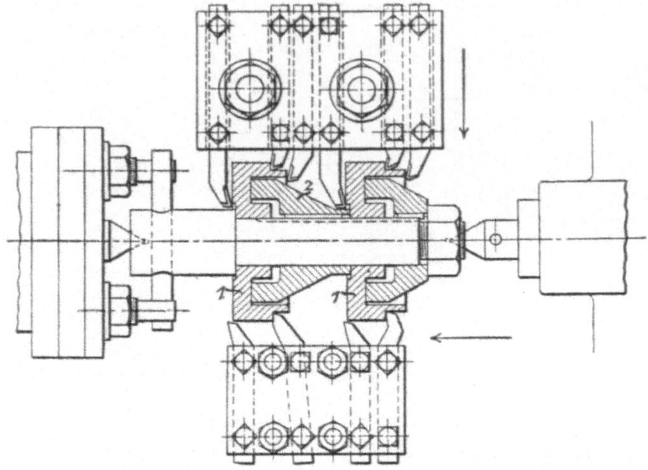

Fig. 650.　Arbeitsbeispiele des Fay-Halbautomaten.

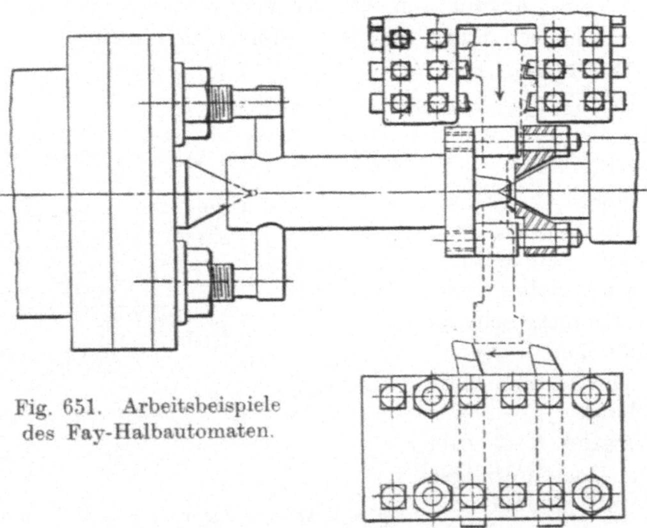

Fig. 651.　Arbeitsbeispiele
des Fay-Halbautomaten.

welle durch einen Riemen auf eine an der Vorderseite der Maschine
befindliche Riemenscheibe (Fig. 38).　Die Scheibe treibt die Schneckenwelle 1 (Fig. 647) entweder direkt (Totzeit) oder langsam über ein
Rädergetriebe 2 für den Arbeitsgang.　Von dieser Welle 1 wird durch

ein Schneckengetriebe die Steuerwelle 3 angetrieben auf welcher die Schalttrommel 4 sitzt.

Die Werkzeugschlitten. Es sind zwei Schlitten, vorhanden, der vordere Schlitten 5 und der hintere Schlitten 6. Auf dem ersteren befindet sich ein Querschlitten 7 zum Einstellen von Hand und auf beiden Schlitten sind die Stahlhalter 8, 9 befestigt (Fig. 648).

Fig. 652. Arbeitsbeispiele des Fay-Halbautomaten.

Die Führung der Schlitten besteht in starken runden Stangen 10, 11, welche sowohl eine längsverschiebende als auch drehende Bewegung ausführen können, wodurch den auf den Stangen festgeklemmten Schlitten sowohl Lang- als auch Planvorschub erteilt werden kann. Außerdem sitzt auf der hinteren Stange noch ein Hilfsschlitten 12.

Die Längsbewegung erhalten die Schlitten durch Kurven, welche für den Schlitten 5 auf der Innenseite, für den Schlitten 6 auf der Außenseite der Trommel 4 sitzen.

Die Planbewegung wird dem Schlitten 5 durch eine Linealkurve 13 erteilt, welche sich unter dem Schlitten herschiebt und ein Heben oder Senken desselben um die Stange 10 bewirkt. Die Verschiebung des Lineals erfolgt ebenfalls durch Kurven außen auf der Trommel 4. Man ist dadurch in der Lage, mit dem Schlitten 5 konisch zu drehen, zu kopieren und den Stahl bei Ansätzen des Arbeitsstückes vor- und zurückgehen zu lassen.

Die Planbewegung des Schlittens 6 erfolgt durch eine horizontale Kurvenscheibe 14, in welcher der untere Arm des Schlittens gleitet. Der Antrieb dieser Kurvenscheibe erfolgt von der Steuerwelle aus.

Die Arbeitsweise der Maschine wird durch nachstehende Beispiele erläutert. Der Hauptwert muß auf geeignete Spannvorrichtungen gelegt werden, um genau laufende Arbeit zu erhalten. Fig. 649 zeigt die Bearbeitung eines Kolbens. Derselbe wird auf einem Dorn von innen gespannt, dessen Backen 1 durch die Konen 2, 3 nach außen gedrückt werden. Der Dorn läuft zwischen den Spitzen und wird durch eine Mitnehmerscheibe mit zwei Bolzen mitgenommen.

Der vordere Schlitten bearbeitet mit einem Schrupp- und einem Schlichtstahl den Umfang, während der hintere Schlitten die Ringnuten eindreht und plandreht.

Die Bearbeitung und Aufspannung von zwei gleichen Stücken 1 mittelst eines Zwischenstückes 2 zeigt Fig. 650. Auch hier werden durch den vorderen Schlitten die Langdreharbeiten, durch den hinteren Schlitten die Plandreharbeiten ausgeführt.

Das gleiche ist der Fall bei der Bearbeitung eines Schwungrades (Fig. 651).

In Fig. 652 sind die Werkzeuge in Arbeitsstellung gezeigt.

Sechstes Kapitel.

Die Automaten-Werkzeuge.

Bei einem Vergleich der Arbeitsweise einer Leitspindeldrehbank, einer nicht selbsttätigen Revolverdrehbank und eines Automaten findet man:

1. Bei der Leitspindeldrehbank sind die Werkzeuge sehr einfach, sie bestehen aus einfachen Stählen, welche beliebig eingestellt und für die verschiedensten Zwecke, wie Langdrehen, Plandrehen usw. benutzt werden können. Das Kennzeichen der Drehbank ist daher: Weites, fast unbegrenztes Arbeitsgebiet für alle Dreharbeiten, billige für alle Zwecke brauchbare Werkzeuge, lange Arbeitszeit, geringe Stückzahlen, auch Einzelfertigung der Arbeitsstücke.

2. Die Revolverdrehbank erfordert kombinierte Werkzeuge, Zusammenfassung aller Operationen in höchstens fünf bis acht Arbeitsgängen, genaue Einstellung der Werkzeuge für bestimmte Operationen. Das Kennzeichen der Revolverbank ist daher: Begrenztes Arbeitsgebiet, erhöhte Stückzahlen, nicht einfache nur für bestimmte Zwecke brauchbare Werkzeuge, kürzere Arbeitszeit ohne Werkzeugwechsel, erhöhte gleichmäßige Spanabnahme.

3. Der Automat erfordert noch konzentriertere Werkzeuge, Zusammenfassung aller Operationen in höchstens vier bis sechs Arbeitsgänge, genaue Einstellung der Werkzeuge für ein bestimmtes Arbeitsstück. Das Kennzeichen des Automaten ist daher: Engbegrenztes Arbeitsgebiet, hohe Stückzahlen, komplizierte und teure Werkzeuge, kurze Arbeitszeiten.

Von der Drehbank zum Automaten verkleinert sich das Arbeitsgebiet, verteuern sich die Werkzeuge, erhöhen sich die Stückzahlen und verkürzen sich die Arbeitszeiten. Es geht daraus hervor, daß bei dem Automaten die Werkzeuge eine viel größere Rolle spielen als bei der Leitspindeldrehbank und selbst als bei der Revolverbank.

Sie sind überaus vielseitig und kompliziert, so daß sie im Rahmen dieses Buches nicht annähernd erschöpfend behandelt· werden können.

Nachstehend sind daher nur die Grundsätze bei der Konstruktion von Automatenwerkzeugen an Hand von Beispielen der hauptsächlichsten Werkzeugarten erläutert.

Die Werkzeuge lassen sich in folgende Hauptgruppen einteilen:

    I. Spannwerkzeuge,
   II. Langdrehwerkzeuge,
  III. Bohr- und Fräswerkzeuge,
  IV. Formwerkzeuge,
   V. Abstechwerkzeuge,
  VI. Gewindeschneidwerkzeuge,
 VII. Verschiedene Werkzeuge.

I. Spannwerkzeuge.

1. Für Stangenarbeit

werden fast ausnahmslos Spannpatronen benutzt. Bei der Konstruktion und Herstellung derselben ist folgendes zu beachten.

Als Material ist Federstahl von ca. 70—80 kg/qcm Festigkeit zu verwenden; als sehr geeignet hat sich die Marke „Pouplier Dauerstahl" der Firma Stahlwerk Pouplier, Kabel bei Hagen erwiesen.

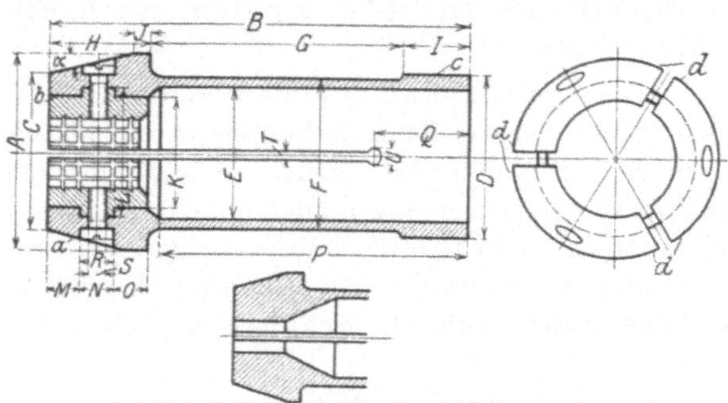

Fig. 653—655. Spannpatronen.

Dieses Material wird nach dem Bearbeiten gehärtet, indem es auf etwa 720⁰ C erhitzt und im Wasser abgekühlt wird. Die Stellen, welche nicht ganz hart werden sollen, d. h. also der hintere Teil der Patrone wird auf einer Anlaßplatte in bekannter Weise angelassen. Die Patrone erhält dann eine sehr elastische Federhärte. An den Stellen a, b, c (Fig. 653—655) wird sie geschliffen. Für kleinere Durchmesser besteht die Patrone aus einem Stück (Fig. 655), bei größerem Durchmesser werden Büchsen eingesetzt.

Für die Abmessungen der Patrone haben sich in der Praxis die in nachstehender Tabelle festgelegten Werte als geeignet erwiesen.

A	B	C	D	E	F	G	H	I	J	K
54,7	96,04	43,2	48,6	39,7	47,6	53,2	25,4	17,5	2,38	31,8
78,5	146,1	62,4	66,7	57,6	63,5	93,7	33,3	19,1	3,2	47,6
88,9	127,8	71,1	76,2	68,3	74,6	67,5	38,1	22,2	4,8	60,3

L	M	N	O	P	Q	R	S	T	U	$\sphericalangle\,\alpha$
34,1	7,9	9,5	7,9	68	19,8	9,5	6,8	1,6	3,96	14⁰ 20′
52,4	11,1	12,7	11,1	114,3	25,4	12,7	9,5	3,2	6,4	15⁰
66,7	14,3	12,7	14,3	82,6	27,0	12,7	9,5	3,2	6,4	14⁰ 30′

Zu beachten ist noch, daß bei größerem Materialdurchmesser die Spannbüchsen in der Bohrung mit Rillen versehen werden, und zwar sowohl in axialer als auch in radialer Richtung. Die letzteren sind nach hinten rechtwinklig, nach vorne schräg, um ein Zurückdrücken des Materials durch den Spandruck zu verhindern.

Ferner sei auf die vom deutschen Normenausschuß festgelegten Tabellen für Spannpatronen hingewiesen (DIN-Normen).

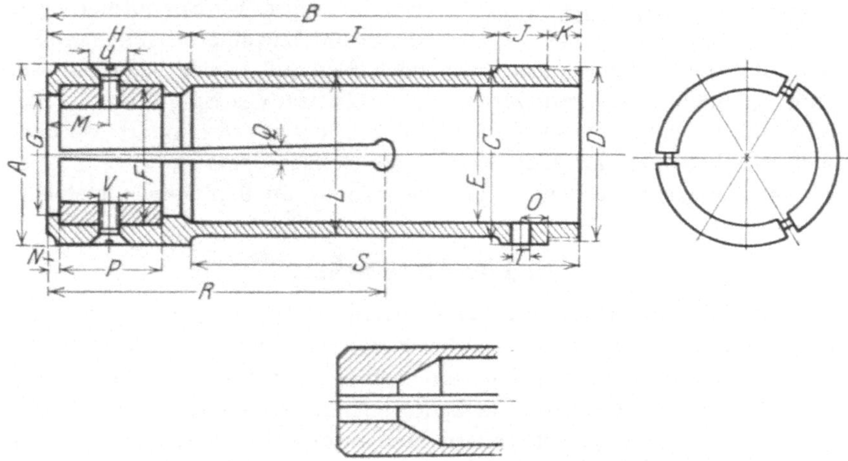

Fig. 656—658. Vorschubpatronen.

Die zum Vorschieben des Materials benutzten Vorschubpatronen werden in ähnlicher Weise ausgeführt (Fig. 656—658).

Praktisch brauchbare Abmessungen enthält die nachstehende Tabelle.

A	B	C	D	E	F	G	H	I	J	K
13,5	112,7	39,5	36,5 ✕ 20	30,2	30,2	27	33,3	54	9,5	15,9
55,6	165,1	55,6	52,39 ✕ 24	46,04	47,6	42,9	41,2	82,6	22,2	19,1
65	177,8	66,5	63,5 ✕ 24	54	57,1	54	57,1	76,2	19,1	25,4

L	M	N	O	P	Q	R	S	T	U	V
63,5	15,1	2,4	—	25,4	3,2	84,1	77,8	6,4	10,8	4,8
52,4	19,1	3,2	—	31,8	3,2	120,6	125,4	7,9	11,1	7,9
60,3	22,2	3,2	—	38,1	3,2	125,4	—	7,9	19,1	7,9

Die Spanngrenzen der Spannpatronen sind klein, sie betragen etwa $^3/_{10}$—$^5/_{10}$ mm. Hat man daher rohes Material mit ungleichem Durchmesser zu bearbeiten, so empfiehlt sich die Ausführung nach Fig. 659 (D. R. G. M. 693057, Ferd. Pleß).

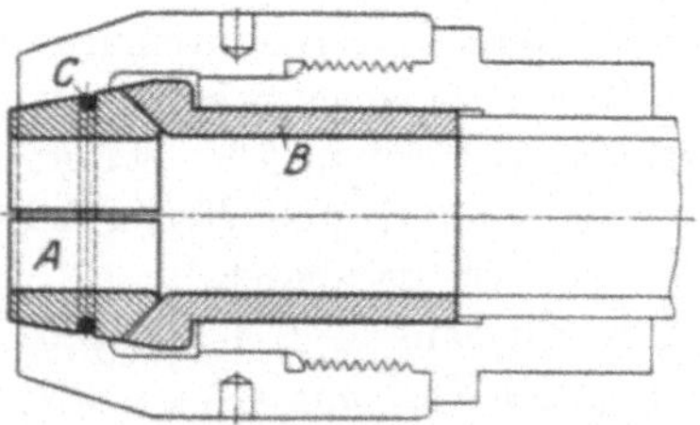

Fig. 659. Geteilte Spannpatrone.

Die Patrone besteht aus einem hinteren geschlossenen Teil *B* und einem dreiteiligen Kopf *A*, welcher durch einen Drahtring *C* zusammengehalten wird. Die Spanntoleranzen dieser Patrone sind erheblich größer wie die der üblichen Patronen nach Fig. 653, auch erfordert sie zum Spannen einen geringeren axialen Druck des Spannrohres. Im allgemeinen kann dieser Druck dadurch etwas vermindert werden, daß die Patronen an den Ecken der Schlitze (bei *d* in Fig. 654) etwas abgeflacht werden, so daß der Konus an den Stellen freiliegt.

2. Für Futterarbeit

werden die verschiedensten Spannvorrichtungen vom einfachen Dreibackenfutter bis zu den kompliziertesten Sonderfuttern verwendet. Eine Anzahl der letzteren sind bereits in den Fig. 156—164 dargestellt.

Bei Verwendung von Backenfuttern ist es wichtig, die Backen auf der Maschine selbst (meist Halbautomaten) auszudrehen, um genau laufende Arbeit zu erhalten.

II. Langdrehwerkzeuge.

1. Stahlhalter ohne Lünetten.

Fig. 660—661. Die einfachste Form. Der Stahl ist nicht einstellbar, hat aber im Loch des Halters etwas Luft, um ihn eine Kleinigkeit einstellen zu können. Zwei Befestigungsschrauben sind stets besser wie eine.

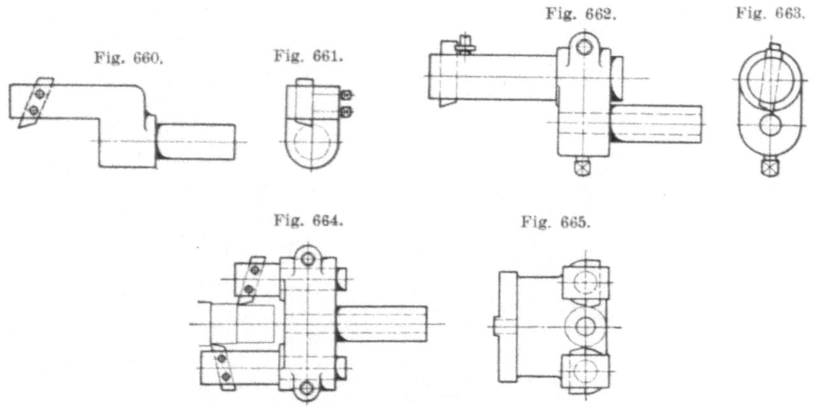

Fig. 660—665. Verschiedene Stahlhalter.

Fig. 662—663. Der Stahl ist lang und quer einstellbar. In der Mitte ist ein Loch mit Stahlschraube für ein Bohrwerkzeug vorgesehen.

Fig. 664. Zwei einstellbare Stähle, eventl. in der Mitte ein Bohrwerkzeug.

Fig. 665. Dasselbe Werkzeug ohne Schaft, als Bock ausgebildet zur Benutzung auf einem Gridley-Automaten (Fig. 17).

Fig. 666—677 zeigen eine Gruppe von Stahlhaltern für Halbautomaten.

2. Stahlhalter mit Lünetten.

Fig. 678. Einfacher Stahlhalter mit Backenlünette, Stahl und Lünette einstellbar.

Fig. 679. Einfacher Stahlhalter mit Rollenlünette. Stahl und Lünette einstellbar, mittleres Loch für Bohr- oder Zentrierwerkzeug.

Fig. 680. Doppelstahlhalter mit Backenlünette.

Fig. 681. Desgleichen, jedoch Stähle und Lünetten einstellbar.

Fig. 682. Mehrfaches Drehwerkzeug mit Rollenlünetten für 4 spindl. Gridley-Automaten.

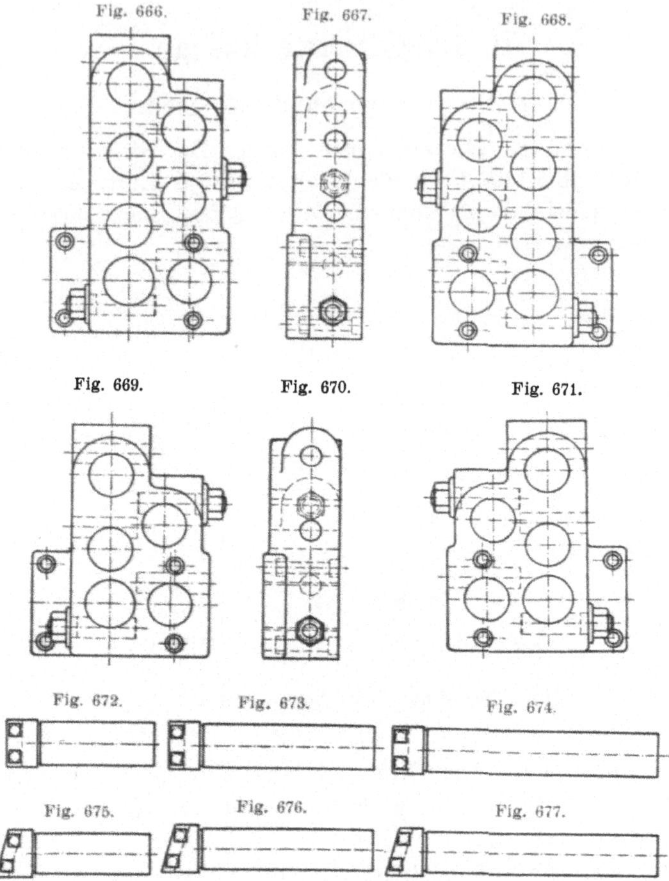

Fig. 666—677. Verschiedene Stahlhalter für Halbautomaten.

Fig. 678.

Fig. 679.

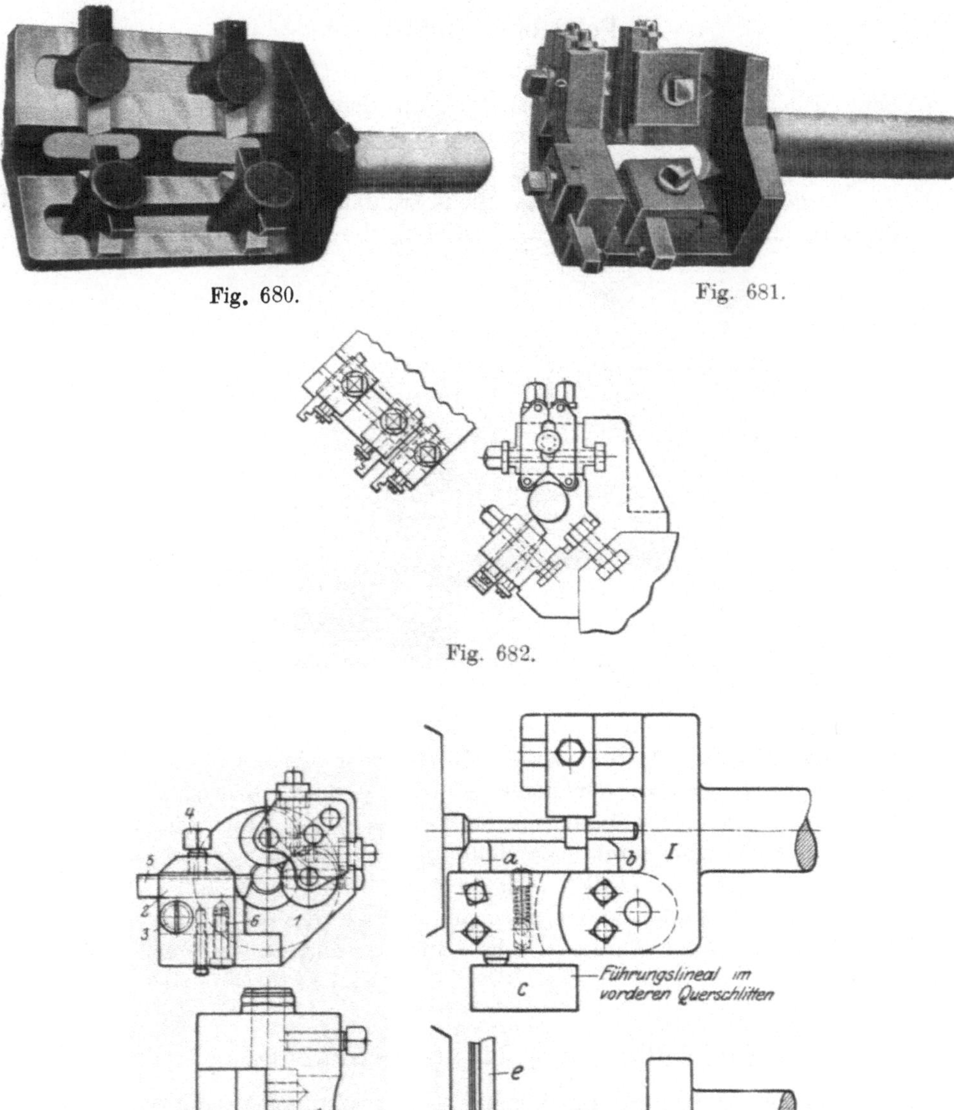

Fig. 680.

Fig. 681.

Fig. 682.

Fig. 683—684.

Fig. 685—686.

3. Pendelnde Stahlhalter.

Bei den vorstehend beschriebenen Stahlhaltern gleitet der Stahl beim Rückgange des Revolverkopfes an dem Werkstück entlang und schneidet häufig durch seine Spannung eine Spirale in dasselbe. Dies wird durch den Halter Fig. 683—684 vermieden.

In dem Körper 1 ist der eigentliche Stahlhalter 2 um den Punkt 3 drehbar. Durch den Spanndruck auf den, durch die Schraube 4 be-

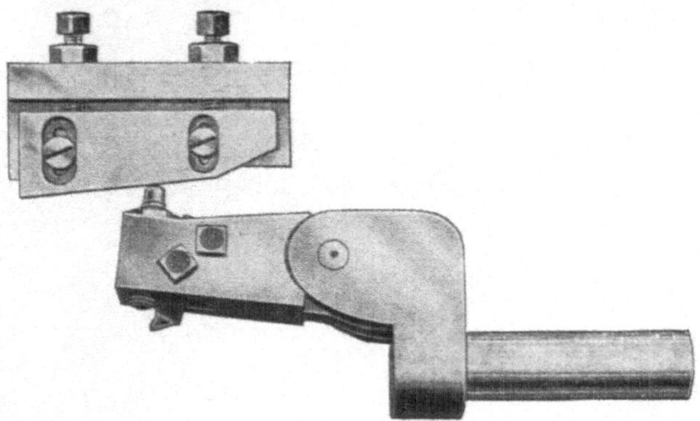

Fig. 687.

festigten Stahl 5 wird der Halter 2 auf seine Unterlage gedrückt, entgegen dem Drucke der Feder 6. Sobald beim Rückgange des Revolverschlittens der Spandruck aufhört, hebt die Feder den Stahlhalter hoch in die punktierte Stellung und damit den Stahl von dem Werkstück ab. (D.R.P. Nr. 206765).

Ähnliche pendelnde Halter zum Zwecke des Kopierens oder Langdrehens hinter Ansätzen oder Bunden sind in Fig. 685—687 dargestellt.

4. Stahlhalter für Fräs- und Bohrwerkzeuge.

Fig. 688. Halter für Bohrer und Fräser mit zylindrischem Schaft.

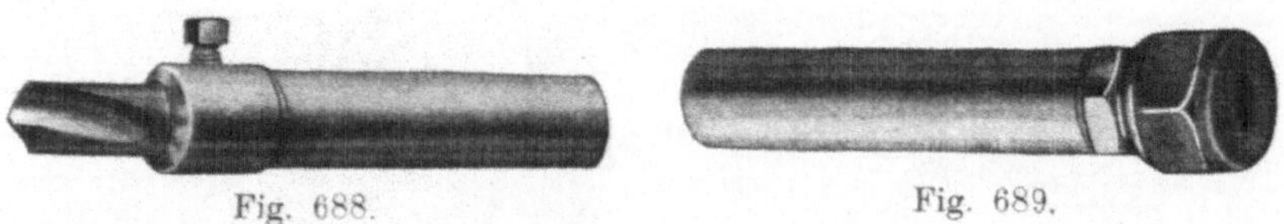

Fig. 688.

Fig. 689.

Fig. 689. Halter mit Spannpatrone für kleinere Bohrer.

Fig. 690—699 zeigt eine Gruppe von Bohrwerkzeugen für Halbautomaten.

Fig. 700. Halter für Bohrer oder Fräser mit einem Fasestahl.

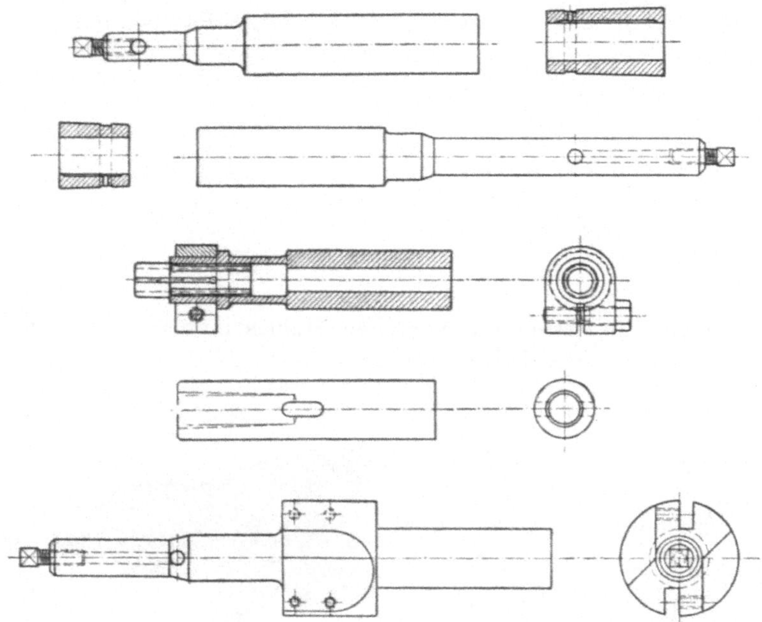

Fig. 690—699. Bohrwerkzeuge für Halbautomaten.

Fig. 701—702 zeigt einen Bock für Bohr- und Fräswerkzeuge mit rundem Schaft zur Benutzung auf Gridley-Automaten. Für verschiedene Schaftdurchmesser sind geschlitzte, auswechselbare

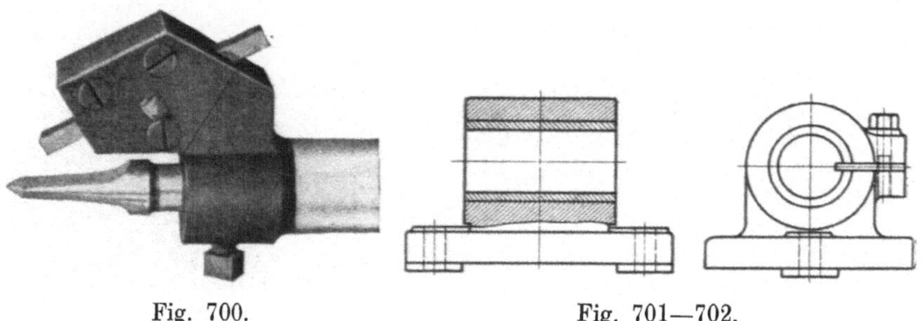

Fig. 700.   Fig. 701—702.

Büchsen vorgesehen. In den Schlitz ist eine Platte eingelegt, welche in eine Nute des Schaftes eingreift und das Werkzeug gegen Verdrehung schützt.

25*

5. Tangential-Stahlhalter.

Bei den üblichen Stahlhaltern hat der Stahl die in Fig. 703 gezeigte Stellung zum Arbeitsstück. Der Anstellwinkel α und der Schnittwinkel β müssen durch Schleifen hergestellt werden. Beim

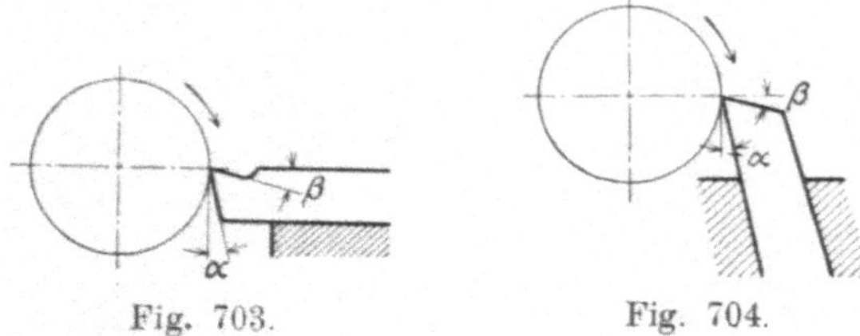

Fig. 703.   Fig. 704.

Nachschleifen des stumpf gewordenen Stahles müssen diese Winkel stets von neuem eingehalten werden.

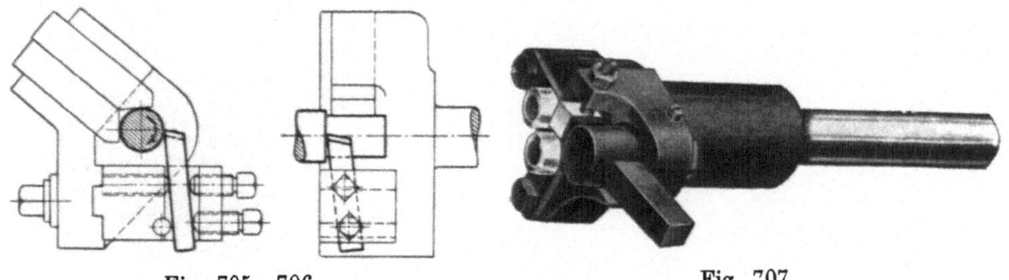

Fig. 705—706.   Fig. 707.

Gibt man dem Stahl dagegen die Stellung zum Arbeitsstück nach Fig. 704, so bleibt der Winkel α stets konstant. Beim Nach-

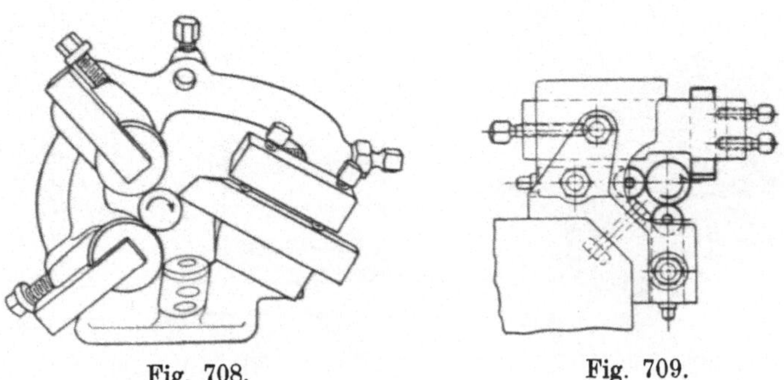

Fig. 708.   Fig. 709.

schleifen des Stahles von oben ist ferner die Einhaltung des Winkels β durch eine bestimmte Lage des Stahles zur Schleifscheibe stets möglich.

Außerdem bieten diese, tangential zu dem Arbeitsstück liegenden Stähle dem Spandruck einen besseren Widerstand, da sie nicht auf Biegung beansprucht werden, wie der Stahl Fig. 703. Einen Halter für Tangentialstähle mit Schaft zeigt Fig. 705—706 und zwar mit Backenlünetten, einen solchen mit Rollenlünetten Fig. 707.

Für Gridley-Automaten Fig. 17 ist der Halter 708 geeignet, für mehrspindlige Gridley-Automaten der Halter Fig. 709.

III. Form- und Abstechwerkzeuge.

Dieselben arbeiten mit senkrecht zur Achse der Arbeitsspindel gerichtetem Vorschub und sind daher auf den Querschlitten befestigt. Man unterscheidet in der Hauptsache je nach ihrer Lage zum Arbeitsstück

1. flache Formstähle nach Fig. 710,
2. senkrechte oder Tangential-Formstähle nach Fig. 711,
3. kreisrunde Formstähle nach Fig. 712.

Flache und senkrechte Formstähle sind vorzuziehen, wenn es sich um schwere, breite Schnitte handelt, da sie in einen entsprechenden Halter gut befestigt und bis dicht an die Schneidkante

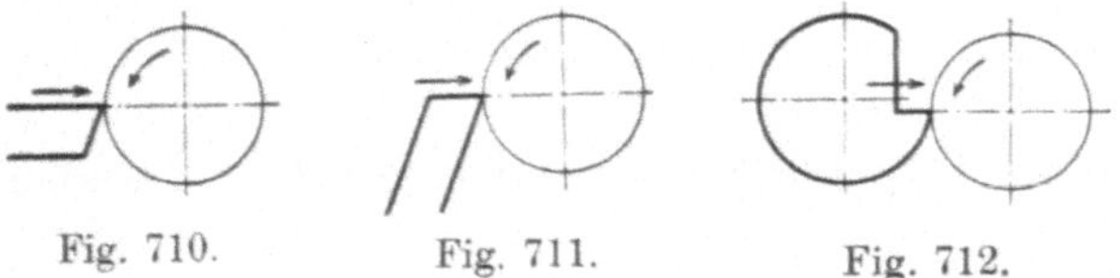

Fig. 710.   Fig. 711.   Fig. 712.

unterstützt werden können, was bei kreisrunden Formstählen nicht der Fall ist. Die letzteren sind auf einem Bolzen zwischen den Böcken drehbar befestigt.

Weist die zu drehende Form direkt senkrechte Flächen auf, z. B. a, b in Fig. 713, so wird man diese Stellen stets etwas un-

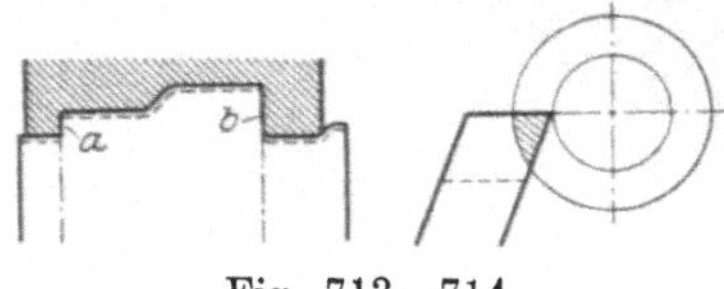

Fig. 713—714.

sauber erhalten, weil der Stahl an diesen Stellen nicht hinterschliffen werden kann, denn sonst würde er beim Nachschleifen von oben die Form verlieren. Legt man daher Wert darauf, auch diese senkrechten Flächen absolut sauber zu erhalten, so empfiehlt sich die Benutzung von senkrechten Formstählen, welche in diesem Falle

geteilt werden an den strichpunktierten Linien in Fig. 713. Damit
der mittlere Stahl an der schraffierten Fläche in Fig. 714 nicht
reibt, kann er bis zu der punktierten Linie seitlich hinterschliffen
werden, wobei in der Regel schon $^1/_{10}$—$^2/_{10}$ mm genügen. Hat er
durch das Nachschleifen von oben zu viel an Form verloren, muß
er bis zur punktierten Linie abgeschliffen und von neuem hinterschliffen werden.

1. Flache Formstähle und Stahlhalter.

Fig. 715. Stahl in der Höhe durch Keilunterlage einstellbar.

Fig. 716. Desgleichen mit Druckschraube hinter dem Stahl,
welcher vorn und hinten mit gleichen oder verschiedenen Schnitt-

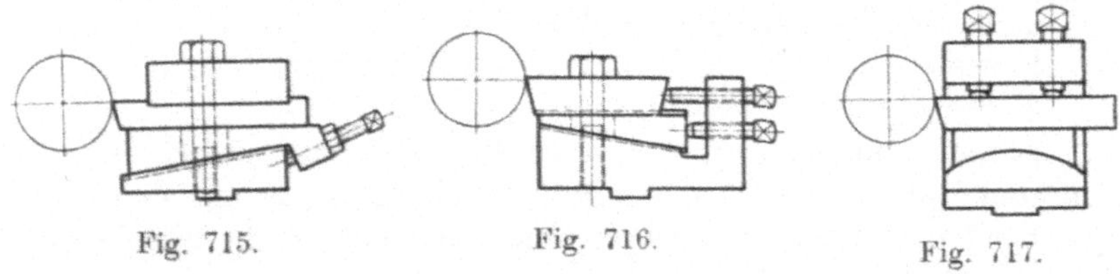

Fig. 715.   Fig. 716.   Fig. 717.

formen versehen sein und daher von beiden Seiten benutzt werden
kann.

Fig. 717. Stahl schwenkbar durch gewölbte Unterlage.

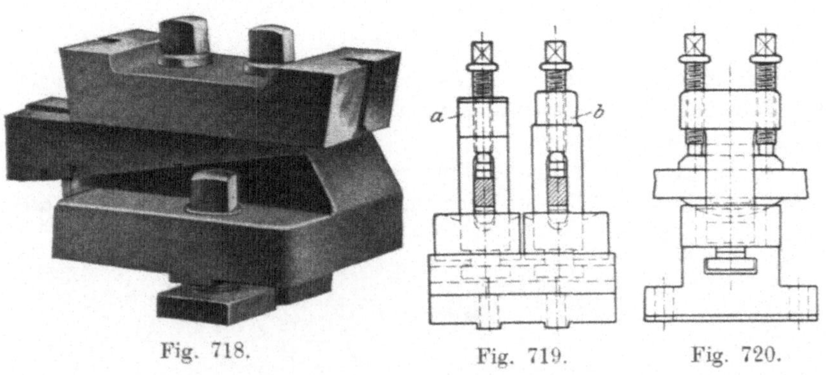

Fig. 718.   Fig. 719.   Fig. 720.

Fig. 718 zeigt die Ausführung eines Stahlhalters mit Keilunterlage und beiderseitiger Schnittform.

Fig. 719—720 zeigt einen doppelten Stahlhalter mit drehbarer
Unterlage für Halbautomaten.

2. Tangential-Formstähle und Stahlhalter.

a) Ihre Berechnung: Als Anstellwinkel α (Fig. 721) hat sich in der Praxis ein Winkel von 12^0 als geeignet erwiesen. Man ist daher genötigt, die senkrechten Maße des Arbeitsstückes z. B. a umzurechnen, um die Tiefenmaße für das Profil des Formstahles (b) zu erhalten.

Es ist $b = a \cdot \cos \alpha$. Bei einem Maß $a = 10$ mm würde daher das Tiefenmaß b des Formstahles betragen: $b = 10 \cdot 0{,}978 = 9{,}78$ mm. Ist eine Fläche des Arbeitsstückes in einem Winkel β zur Achse geneigt, so erhält man die Größe dieses Winkels β_1 für den Formstahl aus der Formel: $\operatorname{tang} \beta_1 = \operatorname{tang} \beta \cdot \cos \alpha$.

Bei einem Winkel von $\beta = 15^0$ und einem Anstellwinkel $\alpha = 12^0$ würde man erhalten

$$\operatorname{tang} \beta_1 = 0{,}268 \cdot 0{,}978 = 0{,}262. \quad \beta_1 = 14^0 40'.$$

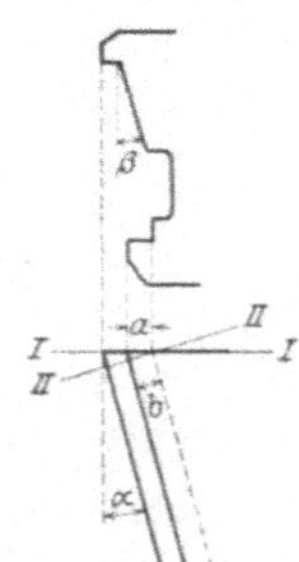

Fig. 721.

b) Ihre Herstellung: Nachdem die Maße und Winkel des Formstahles festgestellt sind, wird der auf der unteren und den seitlichen Flächen bearbeitete Stahl auf einer Reißplatte angerissen, und zwar zunächst die senkrechten und dann die wagerechten Linien, ferner die schrägen Linien und endlich die Abrundungen in den Ecken. Dann wird das Profil ausgehobelt, wobei an den seitlichen Flächen

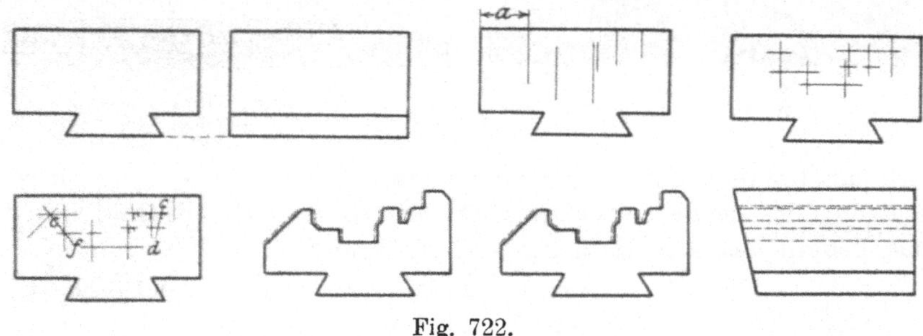

Fig. 722.

etwa $^2/_{10}$ mm zum Schleifen stehen bleiben. Nach dem Härten wird die Form auf Maß geschliffen, wobei darauf zu achten ist, daß die Formflächen genau parallel zu der unteren und den seitlichen Flächen des Stahles sind.

Wenn man vorher die obere Schnittfläche in dem Anstellwinkel von 12^0 schleift, so kann man beim Schleifen der Form das Profil kontrollieren durch eine nach den Maßen des Arbeitsstückes hergestellte Lehre oder durch das Arbeitsstück selbst. Dieser Arbeitsgang ist aus Fig. 722 ersichtlich.

Es ist dort ferner ersichtlich, daß die untere Fläche des Stahles schwalbenschwanzförmig ist. Diese Form gestattet ein gutes und festes Einspannen des Stahles im Halter (Fig. 723—724). Ein solches

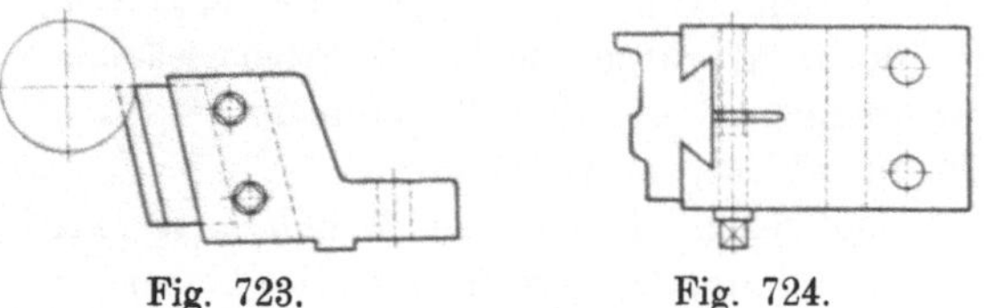

Fig. 723.   Fig. 724.

Werkzeug auf einem Einspindel-Automaten zeigt Fig. 725, auf einem Mehrspindelautomaten Fig. 726.

Das letztere ist als Doppelhalter mit 2 Formstählen ausgebildet, von denen der untere schruppt, der obere schlichtet. Handelt es

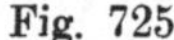

Fig. 725.

Fig. 726.

sich um breite Schnitte und dünne Arbeitsstücke, so ist eine Unterstützung der letzteren erforderlich, da sonst der Formstahl durch das Federn des Arbeitsstückes schnell stumpf wird.

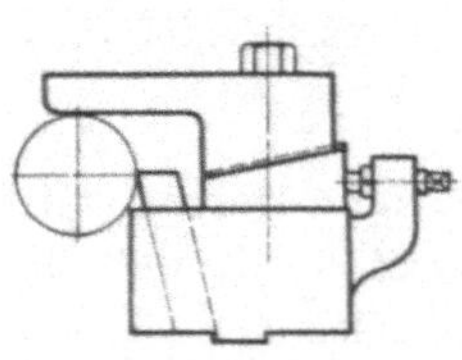

Fig. 727.

Eine einfache Führung ist aus Fig. 727 ersichtlich, anwendbar an Teilen, bei denen eine Stelle des Außendurchmessers unbearbeitet bleibt, oder schon vorher überdreht ist.

Einen Tangential-Formstahlhalter mit Einstellung zeigt Fig. 728—729. In dem] Halter 1 ist der Bügel 2 um den Bolzen 3 drehbar angeordnet. Auf letzterem sitzt der Stein 4, auf den sich die Druckschrauben 5 legen. Auf dem Bügel ist der Schlitten 6 durch Schraube 7 einstellbar und durch Schraube 8 feststellbar. Der Bügel federt unter dem Drucke des Federbolzens 9 nach oben bis gegen die Schraube 10.

Auf dem unteren Schenkel des Bügels ist der Gegenhalter 11 (Fig. 730—731) befestigt, an dem Schlitten 6 der Formstahl 12.

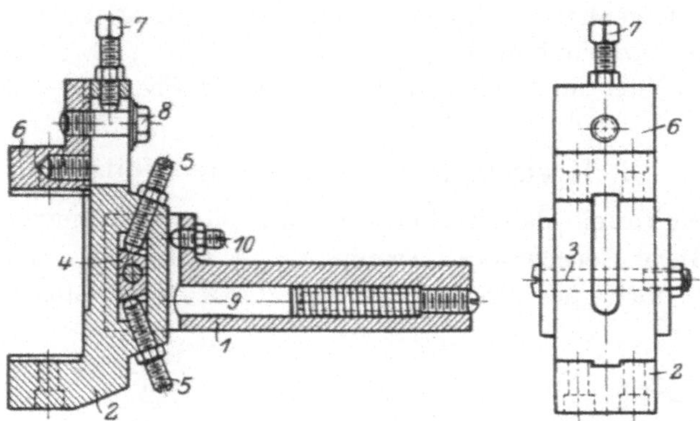

Fig. 728—729.

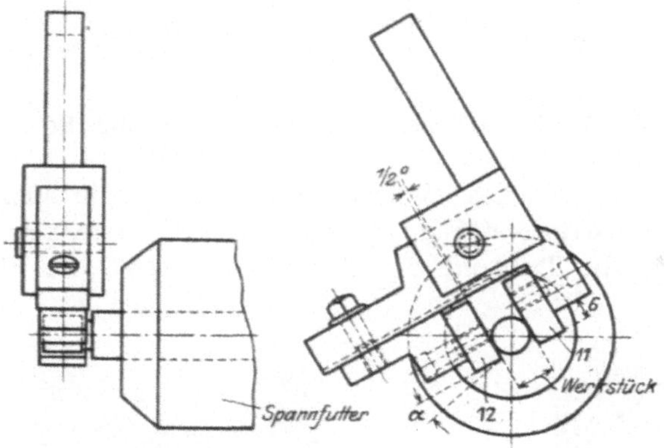

Fig. 730—731.

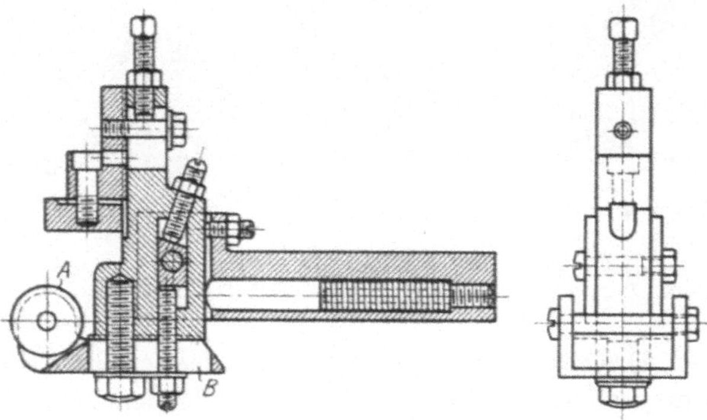

Fig. 732—733.

Gegenhalter und Formstahl haben das gleiche Profil. Beim Arbeiten legt sich der etwas vorstehende Gegenhalter zuerst an das Arbeitsstück und zieht den Formstahl heran. Die Entfernung zwischen Gegenhalter und dem Formstahl entspricht dem Durchmesser des Arbeitsstückes.

Ein Halter mit Rollen-Gegenhalter ist in Fig. 732—733 gezeigt.

3. Kreisrunde Formstähle und Halter

haben den Vorteil, daß die Form durch Drehen leicht herzustellen ist.

a) Ihre Berechnung. Damit ein Anstellwinkel erzielt wird, muß die Mitte des Formstahles höher bzw. tiefer stehen, als die

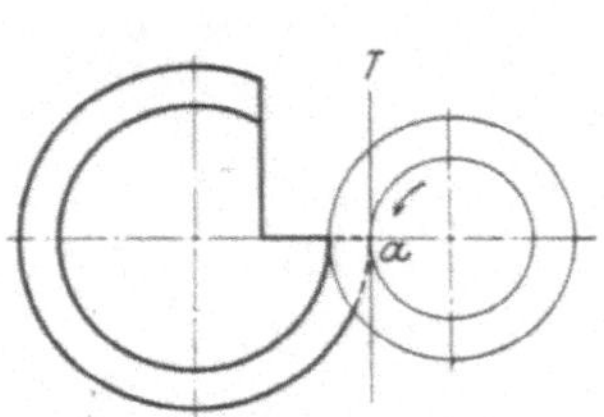

Fig. 734. Falsche Stellung.

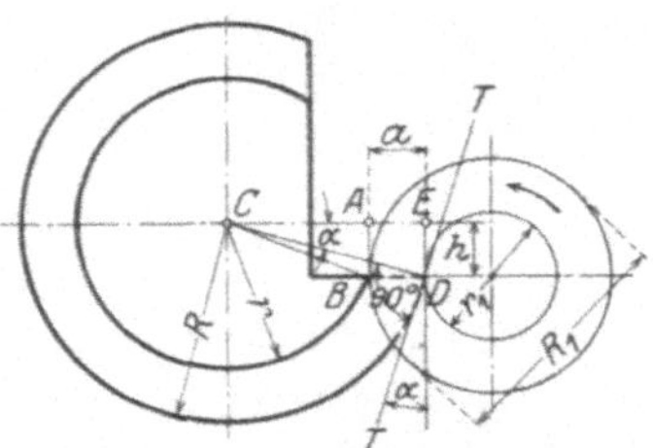

Fig. 735. Richtige Stellung.

Mitte des Arbeitsstückes. Würde der Formstahl in gleicher Höhe mit dem Arbeitsstück stehen, so ergäbe sich bei a kein Anstellwinkel (Fig. 734), da die Tangente $T{-}T$ senkrecht steht. In Fig. 735 er-

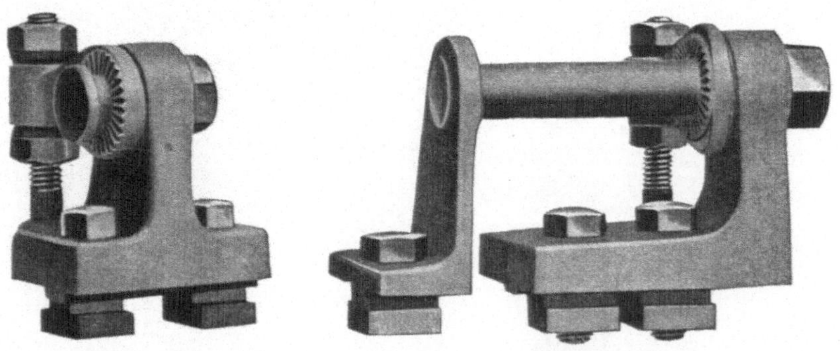

Fig. 736.   Fig. 737.

gibt sich der Anstellwinkel α. Aus der Größe desselben ergibt sich das Maß h.

In dem Dreieck CDE ist $CD = R = $ dem größten Durchmesser des Formstahles, der Winkel DCE ist gleich dem Anstellwinkel α.

Daher ist $h = R \cdot \sin \alpha$.

Der kleinste Durchmesser des Formstahles berechnet sich aus

$$r = \sqrt{h^2 + CA^2}; \quad \text{darin ist } CA = CE - a, \; CE = R \cdot \cosin \alpha,$$

$a = \dfrac{R_1 - r_1}{2}$ gleich der Differenz zwischen dem größten und kleinsten Radius des Arbeitsstückes.

Infolge des Anstellwinkels entspricht das Profil des Formstahls nicht genau dem Profil des Arbeitsstückes, sondern es muß beim Drehen des ersteren nach einer Schablone gearbeitet werden, bei deren Abmessungen das auf Seite 391 für die senkrechten Formstähle Gesagte berücksichtigt werden muß.

b) Ihre Herstellung ist verhältnismäßig einfach, da sie in der Hauptsache auf der Drehbank erfolgen kann. Sie erhalten

Fig. 738.

in der Mitte eine Bohrung, mit welcher sie auf einem Bolzen drehbar gelagert werden können. Diese Drehbarkeit gestattet ein genaues Einstellen der Schneide auf Mitte Arbeitsstück und ein Nachstellen des geschliffenen Stahles, so daß diese Stähle bis auf einen kleinen Sektor aufgebraucht werden können. Zur Festhaltung gegen Drehung während des Arbeitens werden sie seitlich mit einem Stift oder einer Verzahnung versehen.

Als Halter dient in der Regel ein auf dem

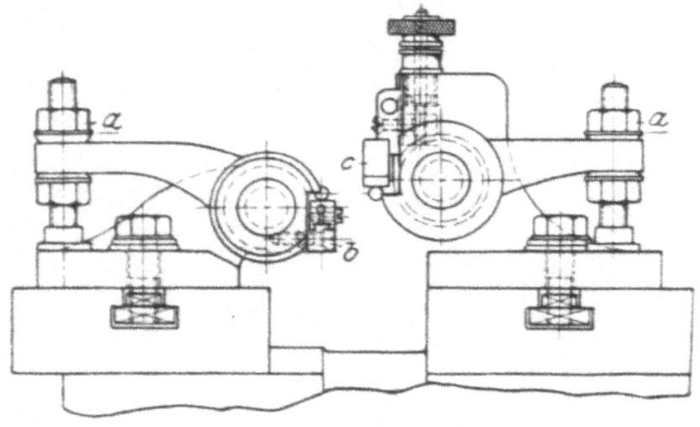

Fig. 739.

Querschlitten befestigter Bock (Fig. 736). Ein Hebel mit verzahnter Warze dient zur Einstellung des Formstahles; für breitere Stähle kommt ein zweiter Gegenbock hinzu (Fig. 737) und für ganz breite, meist aus mehreren Teilen zusammengesetzte Stähle ein Doppelbock nach Fig. 738.

Für dünne Arbeitsstücke empfiehlt sich die Anbringung von Auflageflächen für das Material, um Vibrationen zu verhindern. Sie bestehen aus gehärteten, einstellbaren Stahlplatten *b*, *c* (z. B. Fig. 739). Je nachdem nun der Stahl vorne oder hinten am Arbeitsstück schneidet, ergeben sich verschiedene Lagen der Stahlmitte. Der

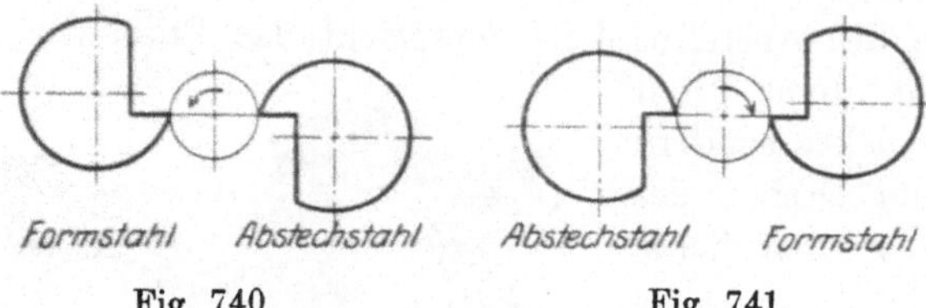

Fig. 740.   Fig. 741.

Druck soll möglichst nach unten wirken, damit der Stahlhalter nicht abgehoben wird.

Deshalb soll bei Rechtslauf des Arbeitsstückes der Formstahl vorne, bei Linkslauf hinten auf dem Querschlitten sitzen (Fig. 740

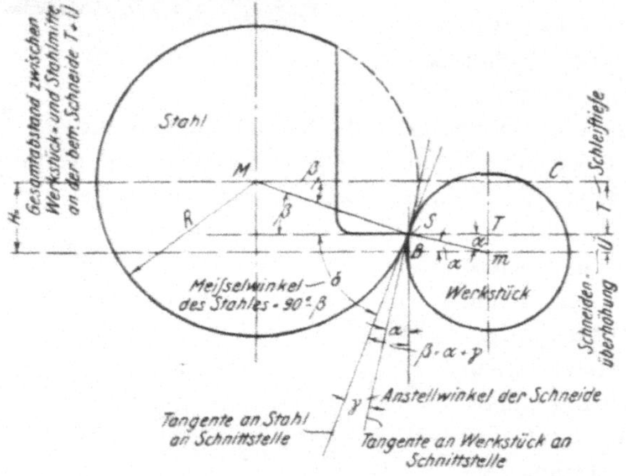

Fig. 742. Überhöhung der Schneide.

und 741). In gewissen Fällen ist es ratsam, die Schneide etwas über die Mitte des Arbeitsstückes zu setzen, um das Hacken des Stahles zu vermeiden. Die Größe dieser Überhöhung ergibt sich am besten aus praktischen Versuchen je nach Art des zu bearbeitenden Materiales. Es ergibt sich dann außer dem Winkel α (Fig. 735) noch ein weiterer Winkel γ (Fig. 742). Die Summe β dieser beiden Winkel ist dann der Berechnung zugrunde zu legen.

Bei nicht zu langen Arbeitsstücken ist die Leistung der Maschine stets zu erhöhen durch reichliche Anwendung von Formstählen an Stelle von Langdrehoperationen. Einige Beispiele sind in Fig. 743 angegeben.

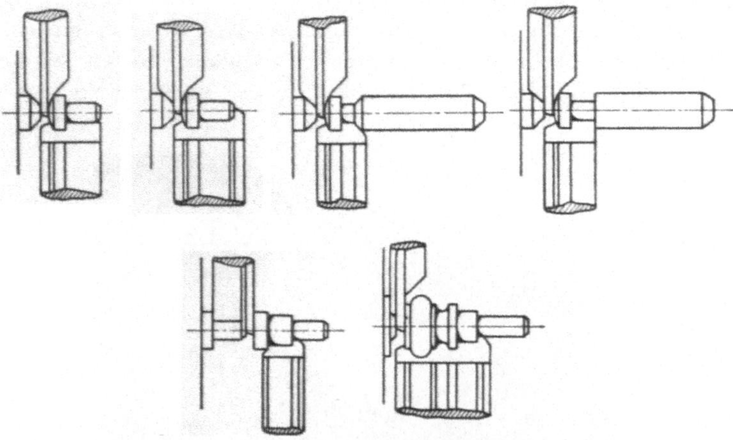

Fig. 743. Anwendungsbeispiele für Formstähle.

4. Flache Abstechstähle.

Bei Abstechstählen, welche in der Regel größere senkrechte Planflächen zu bearbeiten haben, ist die Frage des seitlichen Hinterschliffes von besonderer Bedeutung. Ist der Stahl nach hinten

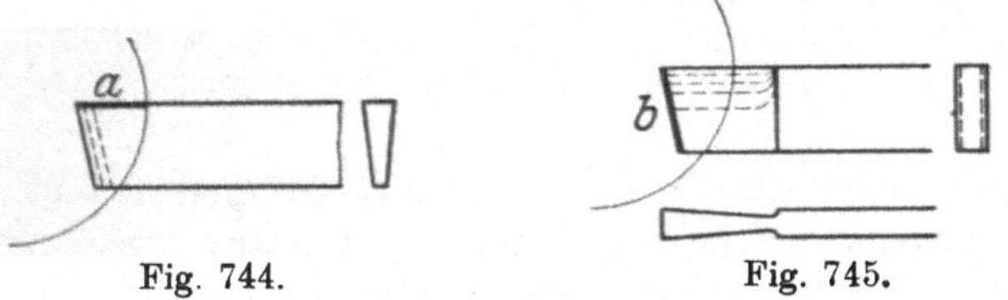

Fig. 744.   Fig. 745.

hinterschliffen (Fig. 745), so reibt die Kante *b* am Arbeitsstück, ist er nach unten hinterschliffen, die Kante *a* (Fig. 744). Die letztere Form ist die vorteilhaftere, weil der Stahl von vorne nachgeschliffen wird und stets seine Stärke behält, während ein nach hinten hinterschliffener Stahl von oben nachgeschliffen werden müßte, wobei ein Heben des Stahles auf Mitte erforderlich wäre und eine andauernde Schwächung der Schneide eintreten würde.

5. Mehrfache Abstechstähle.

Einen Halter für mehrere flache Abstechstähle zeigt Fig. 746.
Zwischen den einzelnen Stählen A befinden sich die Schieber H,
welche an einer gemeinschaftlichen Hülse F befestigt sind. B ist
der Stahlhalter. Die Hülse wird durch Federn G nach hinten gedrückt in eine Stellung, in welcher die Schieber H bei erfolgtem
Abstich dicht vor dem Arbeitsstück liegen. Beim Rückgange des

Fig. 746. Mehrfache Abstechstahlhalter.

Querschlittens legt sich ein im Bock D gelagerter und von der
Steuerwelle betätigter Bolzen E gegen die Hülse. Die Schieber H
bleiben stehen, während die Abstechstähle zurückgehen, und verhindern ein Festklemmen der abgestochenen Arbeitsstücke zwischen den
Abstechstählen, indem sie die ersteren abstreifen.

6. Kreisrunde Abstechstähle.

Hier liegt der Fall umgekehrt. Die einfachste Herstellung ge-
stattet der nach hinten hinterschliffene Stahl (Fig. 747), dessen
Schneide auch beim Nachschleifen von oben nicht geschwächt wird.
Soll dagegen der Stahl nach unten hinterschliffen sein, so müßte er
nach Art eines teuren hinterdrehten Fräsers hergestellt werden
(Fig. 748).

In Fig. 749—750 ist ein Halter für flache Abstechstähle, ohne Einstellung in Fig. 751 ein solcher mit Einstellung dargestellt.

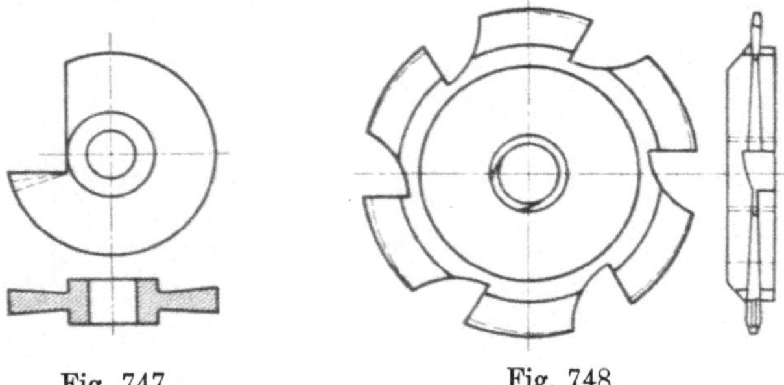

Fig. 747.   Fig. 748.

Kreisrunde Abstechstähle werden in gleicher Weise wie Formstähle in Haltern nach Fig. 736 eingespannt.

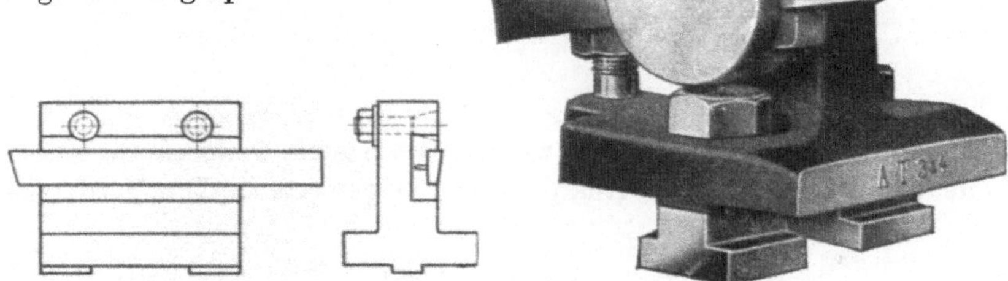

Fig. 749—750.   Fig. 751.

IV. Gewindeschneid-Werkzeuge.

1. Schneideisen und Halter.

Eine besonders in Amerika gebräuchliche Art von Schneideisen ist in Fig. 752—754 dargestellt. Dasselbe wird in einem Ring gehalten und durch Schrauben eingestellt (Fig. 754) oder in sogenannten Gewindepatronen. Die Schneideisen sind indessen nur für leichtere Gewinde zu benutzen, da sie infolge der tiefen Spaltung leicht federn und brechen.

Solider ist das Schneideisen Fig. 755—757.

Damit ein Anschnitt bei *a* entsteht, soll das Gewinde in das Schneideisen mit einem etwas kleineren Bohrer wie die zu schneidende Schraube geschnitten werden.

Ein Halter für Schneideisen ist bereits in Fig. 519—521 dargestellt. Einen solchen für stoßfreie Umsteuerung zeigt Fig. 758—761.

Wenn sich das Vorderteil 1 aus dem Halter 2 herauszieht, so kommen die Mitnehmerstifte 3 außer Eingriff mit der Platte 4. Das Schneidzeug läuft mit dem Arbeitsstück. Beim Umsteuern des letz-

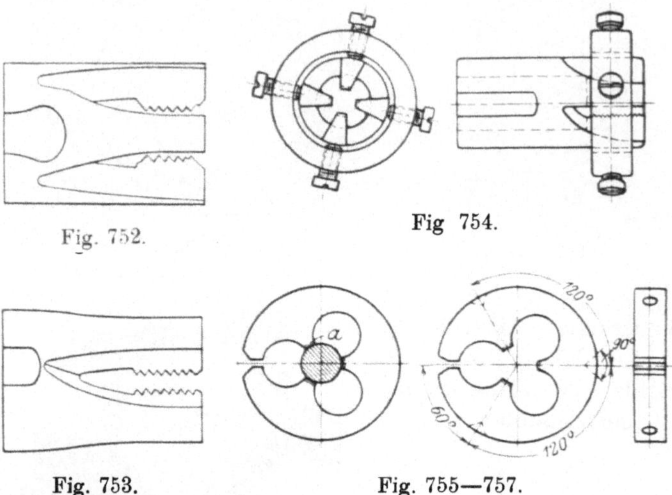

Fig. 752.   Fig 754.

Fig. 753.   Fig. 755—757.

teren auf schnellen Linksgang werden die Kugeln 5 durch die Fliehkraft nach außen in die Aussparungen 6 geworfen. Das Vorderteil

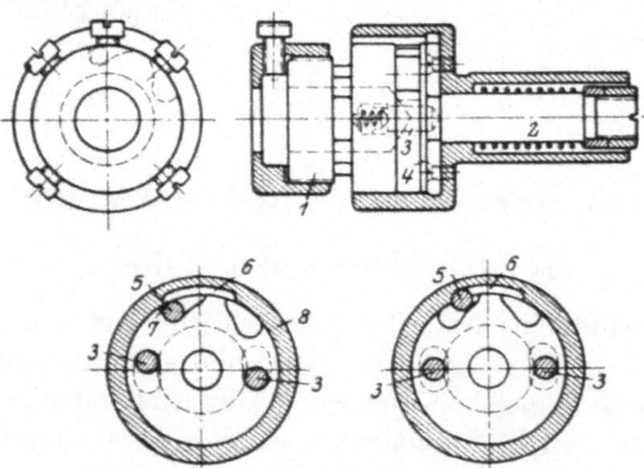

Fig. 758—761. Schneideisenhalter.

wird festgehalten und das Schneidzeug läuft ab. Dieser Halter arbeitet stoßfrei und ist ferner ohne weiteres zum Schneiden von Rechts- und Linksgewinde zu benutzen, indem die Kugeln entweder in die Vertiefungen 7 oder 8 gelegt werden.

2. Gewindebohrer und Halter.

Gewindebohrer arbeiten auf Automaten nur dann gut, wenn sie etwas konisch und mit genügend breiten Nuten versehen sind, damit die Späne Platz haben. Sie werden in gleichen Haltern wie Schneideisen befestigt.

3. Gewindeschneidköpfe

haben den Vorteil, daß die Gewindebacken nur mit ihrer Schneidkante anliegen, das Werkstück daher weniger erwärmen und vor allen Dingen die Gewindegänge beim Rücklauf nicht beschädigen, da der letztere bei geöffneten Schneidbacken erfolgt (Fig. 762—763).

Der feststehende zum Einspannen dienende Schaft 1 (Fig. 766) ist gehärtet und ganz durchbohrt, damit Gewinde von beliebiger Länge geschnitten werden können. Auf den inneren Gewindeteil des Schaftes ist der Einstellring 2 aufgeschraubt. Fest in diesem sitzt die Hülse 7 mit dem federnden Haltestift 8, auf dessen hinterem Ende der Griff 9 durch einen Stift 10 befestigt ist. Eine Haltestiftfeder 25 drückt den Haltestift ständig nach vorn. Die Hülse mit dem Haltestift geht in einem Langloch durch die hintere Wand des Schaftgehäuses hindurch. Rechtwinklig zur Hülse sitzt im Schaftgehäuse angeordnet die Einstellschraube 11. Die Einstellschraube drückt seitlich an die Hülse und verdreht beim Nachstellen der Schraube den Einstellring und mit ihm das Vorderteil des Schneid-

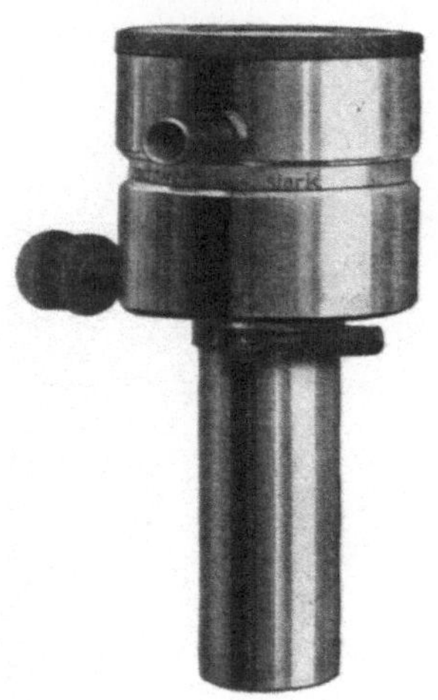

Fig. 762.

kopfes. Die geschlitzte Sicherungshülse 27 und die Gegenmutter 12 schützen die Einstellschraube 11 gegen unbeabsichtigtes Verdrehen. Eine Nachstellfeder 24, die in einer Aussparung des Einstellringes gelagert ist und gegen diesen und die Nachstellfederschraube 19 im Schaftgehäuse drückt, bewegt den Einstellring und mit ihm das Vorderteil des Schneidkopfes beim Zurückschrauben der Einstellschraube wieder zurück.

In einer Bohrung des Schaftes und durch zwei Rückzugfederschrauben 15 und Rückzugfedern 26 in der Längsrichtung federnd damit verbunden, führt sich der Körper 5, der außerdem durch zwei Federkeile 22 gegen Verdrehung im Schaft gesichert ist. In den vorderen Teil des Körpers sind 4 Nuten eingearbeitet, in denen die Gewindeschneidbacken sichere Aufnahme und volle Anlage finden. Auf einem

Ansatz des Körpers drehen sich, soweit dies zum Öffnen und Schließen des Kopfes erforderlich ist, der innere und äußere Führungsring 3 und 4. Beide Ringe sind durch die Führungsschrauben 17 miteinander fest verschraubt. Die in den äußeren Führungsring eingearbeiteten Schließkurven liegen auf der ganzen oberen Breite der Schneidbacken an,

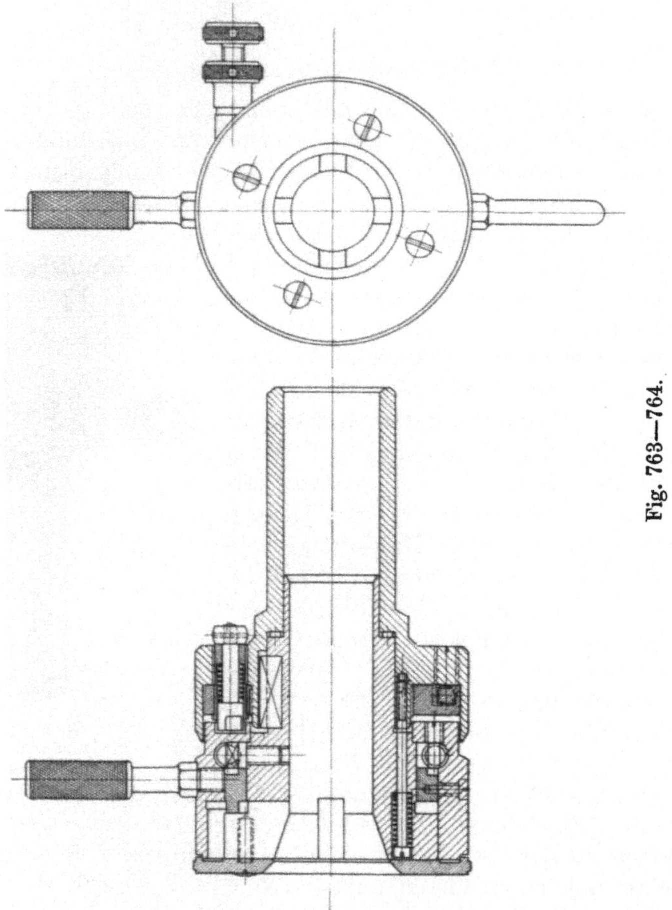

Fig. 763—764.

während die an dem inneren Führungsring befindlichen Öffnungskurven in eine an der hinteren Seite der Schneidbacken befindliche Nute eingreifen.

Der äußere Führungsring hat an seiner Rückseite eine Aussparung, in welcher die Raste 21 eingelassen ist. In den übrigen freien Teil der Aussparung greift der zweimal, und zwar ungleichmäßig abgeflachte Kopf des Haltestiftes 8, der die genaue Schlußstellung der Schneidbacken bewirkt. Zur leichteren Einstellung der zu schneidenden Gewindestärke sind am Umfang des äußeren Führungsringes Teilstriche mit den Endbezeichnungen stark-schwach und diesen gegenüber am Schaft ein Nullstrich eingearbeitet. Wird der Griff 9 umgedreht, so daß sich das Vorderteil von stark auf schwach verdreht, so schließen sich die Backen durch den ungleich abgeflachten Kopf des Haltestiftes noch etwas und das Gewinde wird schwächer. Diese Vorrichtung benutzt man zum Vor- und Nachschneiden starker Gewinde.

Zur Handhabung beim Schließen sind am Umfang des Schneidkopfes ein Schließgriff 13 sowie ein Anschlagstift 14 angebracht. Geschlossen wird der Schneidkopf durch Verdrehung seiner Führungsringe, bis der Haltestift in die Raste des äußeren Führungsringes einschnappt; dabei schieben die Schließkurven des äußeren Führungsringes die Schneidbacken nach innen. Dagegen ziehen die Öffnungskurven des inneren Führungsringes die Backen nach außen, wenn das Vorderteil des Kopfes zum Öffnen so weit vorgezogen wird, daß der Haltestift die Führungsringe freigibt. Das Öffnen bewirken zwei im äußeren Führungsring gelagerte Öffnungsfedern 23, die am Körper gegen zwei Federanlageschrauben 18 und im äußeren Führungsring gegen die Öffnungsfederschrauben 20 gleichmäßig drücken. Zwischen den

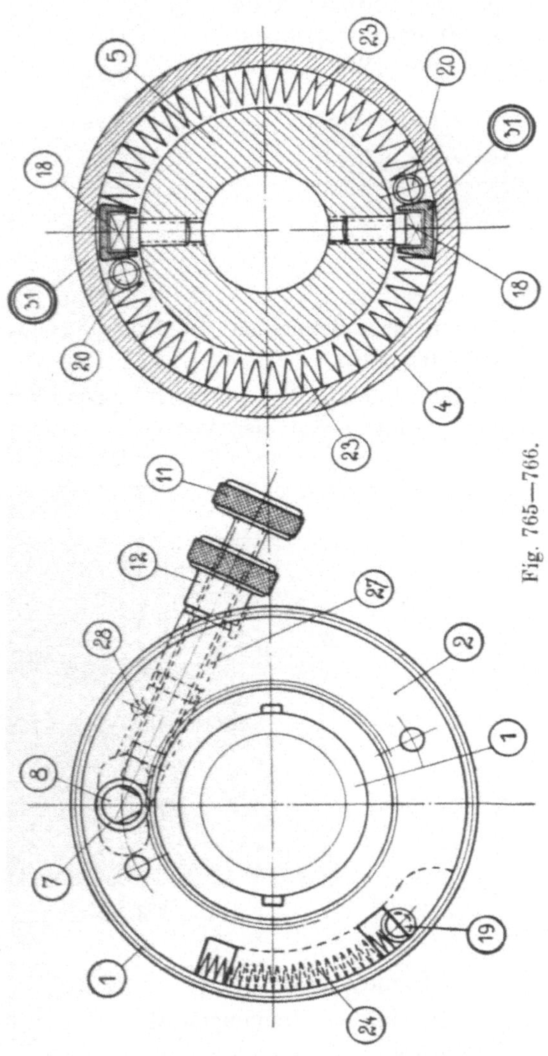

Fig. 765—766.

Öffnungsfedern und Schrauben liegen die Federstützen 31. Sie drücken die Federn beim Zusammensetzen des Kopfes in die richtige Lage und bilden Öffnungen, in die der Körper leicht eingelegt werden kann. Das Öffnen des Schneidkopfes geschieht selbsttä-

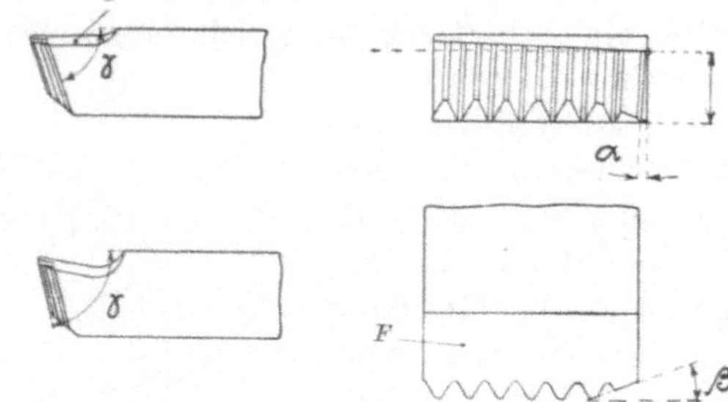

Fig. 767.   Fig. 768—771.

tig, wenn beim Schneiden die Vorwärtsbewegung des Schneidkopfes aufgehalten wird.

Die Schneidbacken werden in den Nuten des Kopfes von drei Seiten geführt. Mit der vierten, vorderen Seite liegen sie an dem gehärteten Deckel 6, der mittelst vier Deckelschrauben 16 am Körper befestigt ist und über den äußeren Führungsring greift.

Fig. 772.

Die Schneidbacken zeigen die Fig. 767—771.

Winkel α = Steigungswinkel.

Winkel β = Anschnittwinkel, oder Anschnitt der vorderen angeschliffenen Gewindegänge beträgt normal 20°, bei kurzem Anschnitt bis 35°, bei Trapez- und ähnlichem Gewinde 15°.

Winkel γ = Keilwinkel 72° für weiches Eisen, 74° für härteres Material, 75° für Temperguß und Stahl, 76° für Kupfer, 80° für Messing.

Fläche F = Schneidfläche der Backen, soll rechtwinklig zum Steigungswinkel α sein.

Fig. 773.

Schleifvorrichtung für die Gewindebacken ist in der Fig. 772 dargestellt.

Fig. 774.

Einige Anwendungsbeispiele des Schneidkopfes auf verschiedenen Automatensystemen zeigen die Fig. 773—774.

V. Werkzeuge für verschiedene Zwecke.

1. Innendreh- und Einstechwerkzeuge.

Ist eine Eindrehung oder ein Einstich in der Bohrung eines Arbeitsstückes zu bearbeiten, wie z. B. in Fig. 775 dargestellt, so

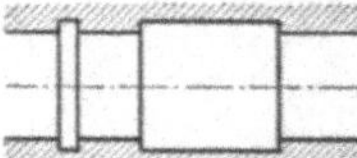
Fig. 775.

ist eine kombinierte Lang- und Planbewegung des Werkzeuges erforderlich. Diese wird herbeigeführt, indem je nach Art der Arbeit durch geeignete Kurven Revolverschlitten und Querschlitten auf das Werkzeug einwirken, indem z. B. die Langbewegung unterbrochen wird und eine Querbewegung eintritt usw.

Ein Werkzeug für Einstiche zeigt Fig. 776. Auf dem Halter ist ein Schieber mit dem Stahl geführt, welcher durch einen auf dem Querschlitten befestigten Bock mit Anschlagschraube quer verschoben wird.

Fig. 776.

Auf dem Halter A (Fig. 777 — 778) ist der Stahlhalter B um einen Zapfen drehbar. C ist eine an dem Stift F anliegende Blattfeder, die den Halter in seine Anfangsstellung zurückbringt.

In Fig. 779 wird das Werkzeug durch den Revolverschlitten vorgeschoben, bis sich der Halter d gegen das Arbeitsstück legt. Beim weiteren Vorgehen des Revolverkopfes verschiebt sich die

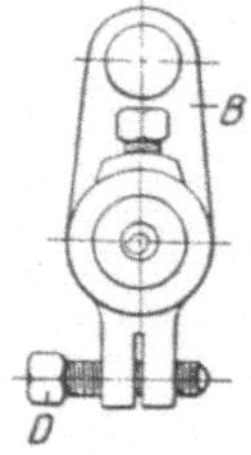
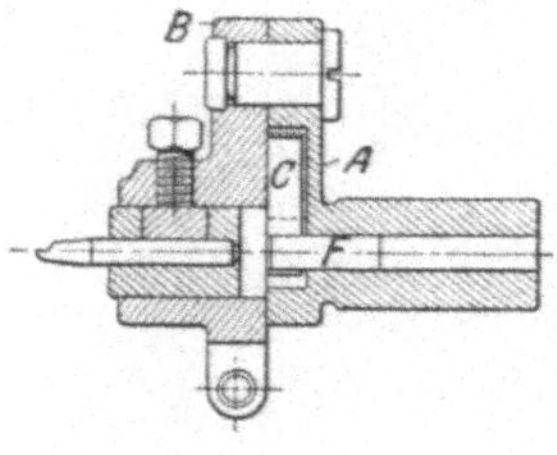
Fig. 777—778.

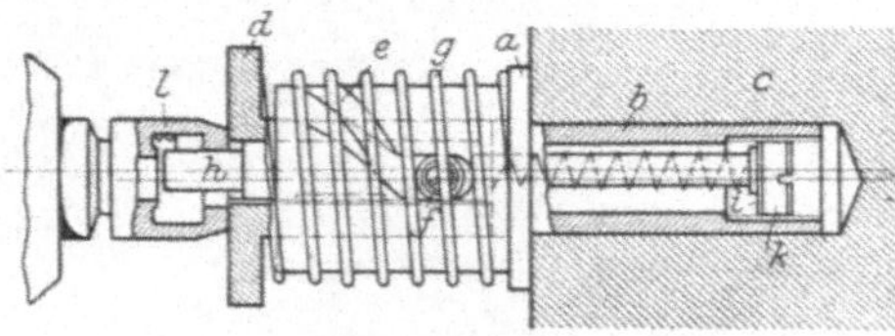
Fig. 779.

Rolle f in der spiralförmigen Nut des Körpers a, wodurch sich der exzentrisch gebohrte Werkzeughalter dreht und mit ihm das Werkzeug h. Dadurch wird von letzterem eine Nute eingestochen. Sobald nun die Rolle f am Endpunkt der spiralförmigen Nut angelangt ist, trifft eine Verlängerung *i* des Werkzeughalters *h* auf ein im Schaft *b* verstellbares Gewindestück *k*, welches das Werkzeug verschiebt und dadurch das Langdrehen bewerkstelligt (D.R.G.M. 526204 Pittler).

2. Kordierwerkzeuge

dienen zum Einwalzen einer geriffelten Oberfläche mit parallelen oder gekreuzten Riffeln (Fischhaut) in das Arbeitsstück. Das Werkzeug besteht in einer gehärteten geriffelten Rolle, welche entweder in der

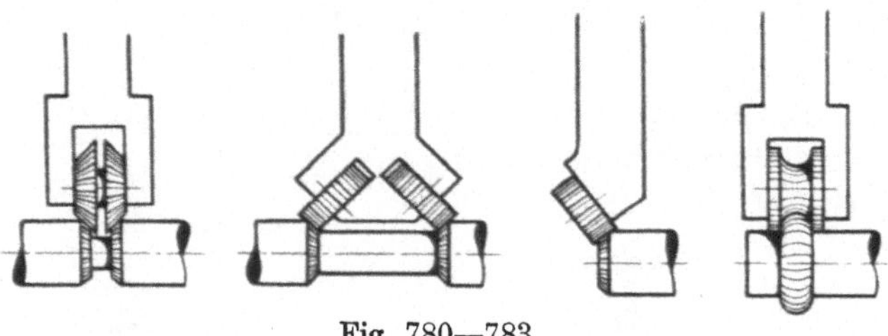

Fig. 780—783.

Längsrichtung oder in der Querrichtung gegen oder über das Arbeitsstück geführt wird.

Im ersteren Falle ist es im Revolverschlitten, im letzteren Falle

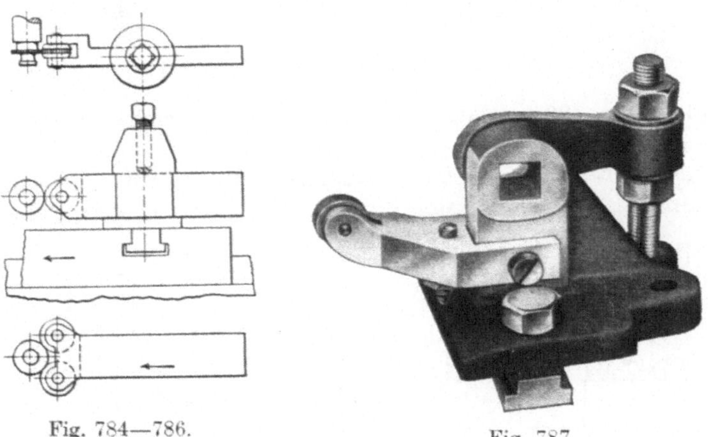

Fig. 784—786.

Fig. 787.

im Querschlitten befestigt. Manche Kordeloperationen erfordern auch eine zusammengesetzte Bewegung des Werkzeuges, indem es z. B. vom Revolverschlitten vorgeschoben und in einer bestimmten Stellung vom Querschlitten gegen das Arbeitsstück gedrückt wird.

Fig. 780—783 zeigt einige Kordieroperationen.

Fig. 784—786 einfaches, auf dem Querschlitten befestigtes Kordierwerkzeug mit a) einer und b) zwei Kordierrollen.

Fig. 787 einfaches, am Abstechhalter befestigtes Kordierwerkzeug.

Fig. 788 drehbar einstellbares, am Abstechhalter befestigtes Kordierwerkzeug.

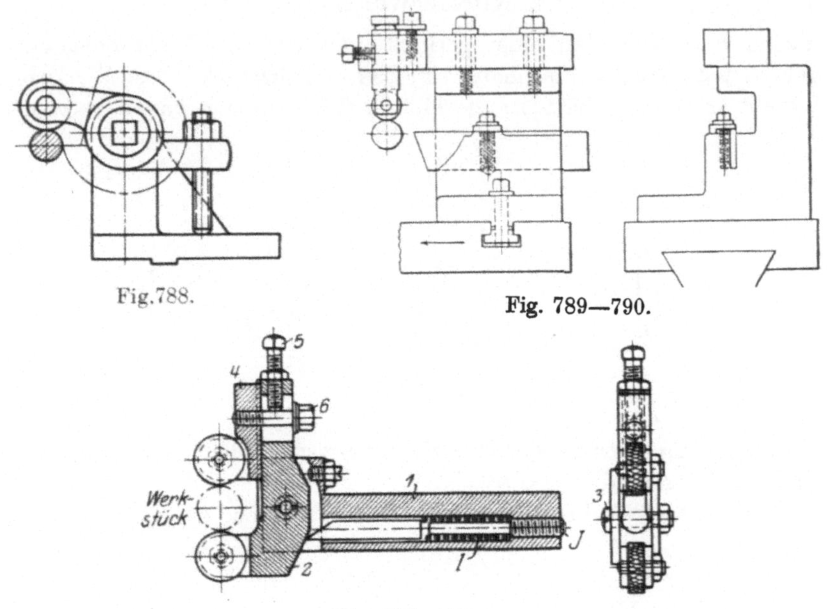

Fig. 788.

Fig. 789—790.

Fig. 791—792.

Fig. 789—790 vertikal einstellbares, am Abstechhalter befestigtes Kordierwerkzeug.

Fig. 791—792 pendelndes Kordierwerkzeug am Querschlitten. Im Halter 1 ist Bügel 2 um Bolzen 3 drehbar. Untere Rolle fest,

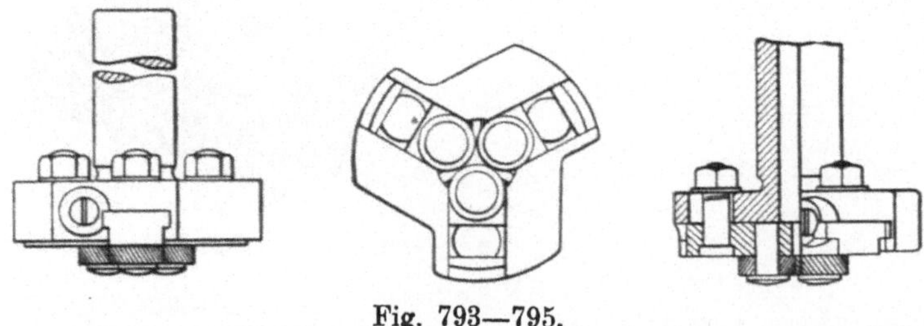

Fig. 793—795.

obere Rolle im Schieber 4 durch Schraube 5 einstellbar und Schraube 6 feststellbar.

Fig. 793—795. Im Revolverkopf sitzendes, axial vorgehendes Kordierwerkzeug mit 3 einstellbaren Rollen.

Fig. 796—797. Im Revolverkopf sitzendes Kordierwerkzeug mit 2 konischen Rollen für eine schräge Innenkordierung.

Fig. 798. Im Revolverkopf sitzendes Kordierwerkzeug mit konischer Rolle für eine Plan-Kordierung.

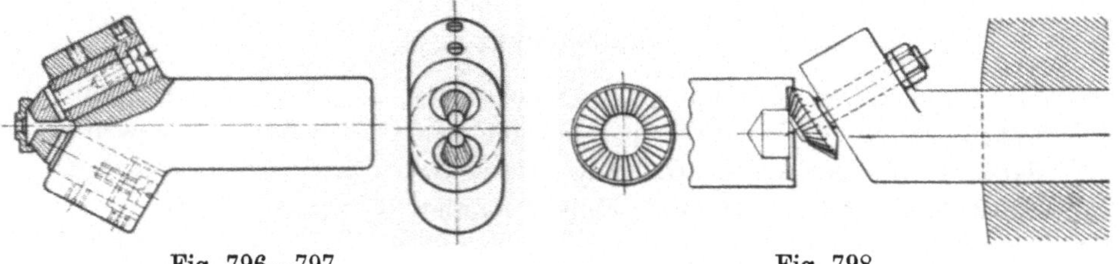

Fig. 796—797.   Fig. 798.

Fig. 799—800. Im Revolverkopf sitzendes, durch den Querschlitten betätigtes Kordierwerkzeug mit drehbarer Rolle. Auf dem

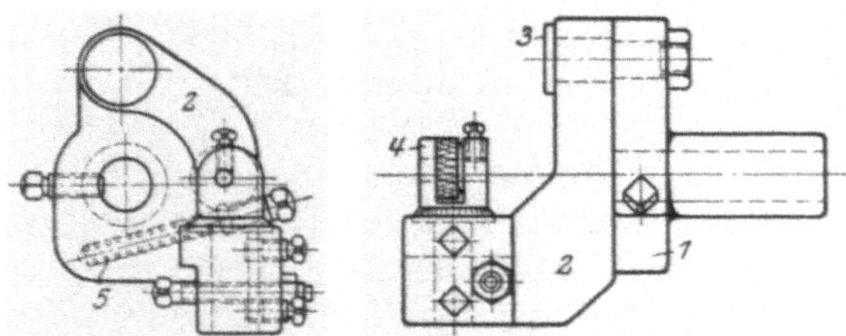

Fig. 799—800.

Schaft 1 ist Halter 2 um Bolzen 3 drehbar. Im Halter 2 ist Gabel 4 vertikal drehbar und feststellbar. Der Vorschub des Halters 2

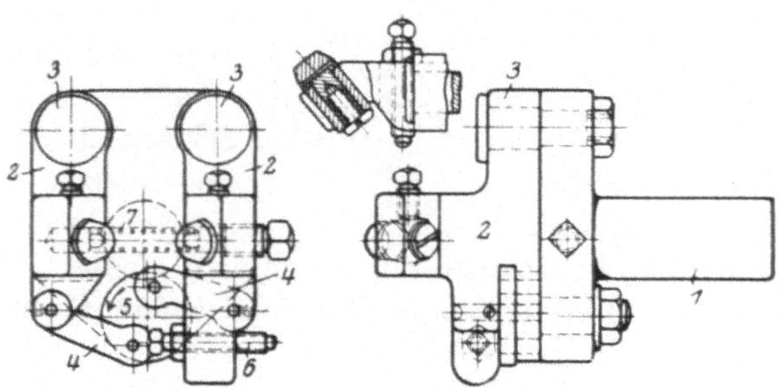

Fig. 801—802.

erfolgt durch Anschlag auf dem Querschlitten, der Rückzug durch Feder 5.

Fig. 801—802. Im Revolverkopf sitzendes, vom Querschlitten betätigtes Kordierwerkzeug mit 2 einstellbaren Rollen. An dem

Schaft 1 sind die Halter 2 um Bolzen 3 drehbar; sie sind verbunden durch Hebel 4 und Scheibe 5. Der Querschlitten stößt an die Stellschraube 6 und bewegt beide Rollen gleichzeitig nach innen. Die Feder 7 bringt die Rollen wieder nach außen.

3. Sonderwerkzeuge.

Handelt es sich um große Stückzahlen, so ist die Anfertigung selbst teurer Sonderwerkzeuge empfehlenswert, insbesondere wenn dadurch die fertige Bearbeitung des Stückes auf dem Automaten erzielt und eine zweite Aufspannung erspart wird.

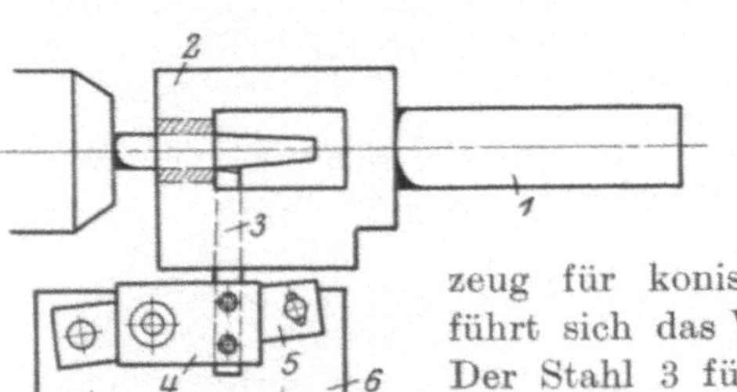

Fig. 803.

Aus der sehr großen Zahl derselben sind nachstehend nur einige Beispiele herausgegriffen.

Fig. 803 zeigt ein Werkzeug für konische Stifte. In dem Halter führt sich das Werkstück in einer Büchse 2. Der Stahl 3 führt sich in einem Schlitz des Halters und ist in dem Schieber 4 befestigt, welcher durch einen Gelenkbolzen auf einem einstellbaren, auf dem Teil 6 befindlichen Konuslineal 5 gleitet. Das Teil 6 ist auf dem Querschlitten montiert.

Fig. 804 zeigt ein gleiches Werkzeug für 3 Stähle, welche radial in dem Halter 1 gelagert sind und durch Drehung der Scheibe 2

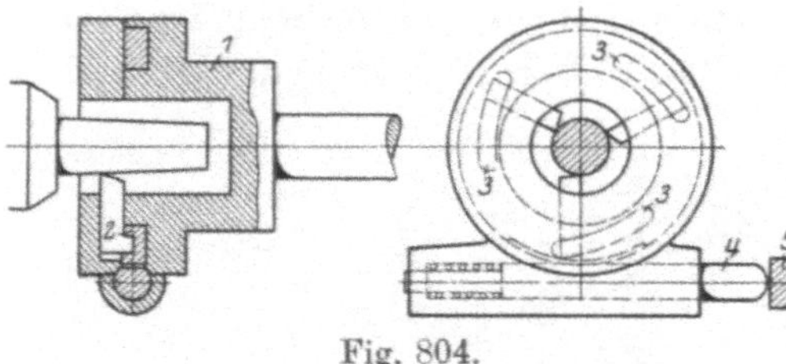

Fig. 804.

mit exzentrischen Nuten 3 radial verstellt werden. Die Drehung erfolgt durch den als Zahnstange ausgebildeten und in eine Außenverzahnung der Scheibe 2 eingreifenden Federbolzen 4, welcher an einen auf dem Querschlitten einstellbaren Konuslineal 5 entlang gleitet. Durch geeignete Form des letzteren können auch gewölbte Formen kopiert werden.

Fig. 588—591 zeigt ein früher bereits erläutertes Werkzeug zum Schneiden von Schraubenzähnen.

Fig. 805—811 stellt ein Werkzeug der Firma Brown & Sharpe dar zum Schneiden von Ölnuten in das Arbeitsstück Fig. 812.

Das im Revolverkopf befestigte Werkzeug geht vor und kommt mit dem Treiber 1 in Berührung mit dem Arbeitsstück. Derselbe dreht sich mit dem letzteren und überträgt die Drehung auf die Welle 2

und durch das Schraubenrad 3 auf das Schraubenrad 4 der Welle 5.
An die letztere ist exzentrisch die Stange 6 angelenkt, welche mit
dem Schieber 7 verbunden ist. Derselbe gleitet in einer Führung
des Hauptkörpers 8. In dem letzteren ist ferner der Körper 9 in

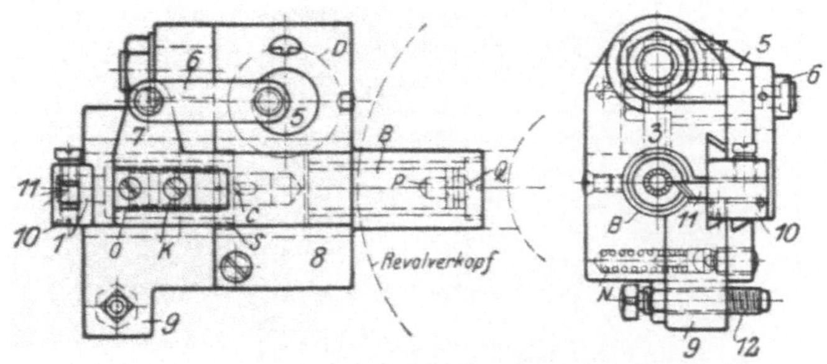

Fig. 805—806. Sonderwerkzeug zum Schneiden von Spiralnuten.

der Querrichtung schwenkbar befestigt, in einer Führung von 9
gleitet der Stahlhalter 10 mit dem Werkzeug 11, er ist durch den
Klotz 12 mit dem Schieber 7 verbunden. Sobald nun der Werk-

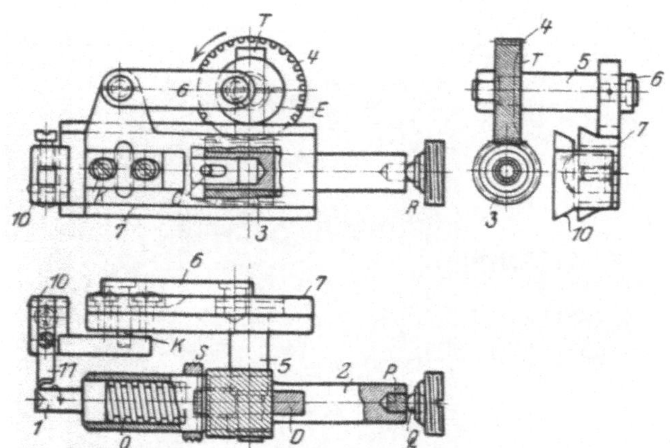

Fig. 807—809. Sonderwerkzeug zum Schneiden von Spiralnuten.

zeughalter mit dem Werkstück in Berührung kommt, geht der vordere
Querschlitten der Maschine vor, drückt gegen die Schraube 12 und
bewegt den Körper 9 mit dem Stahlhalter 10 senkrecht gegen das
Werkstück. Da infolge der Drehung der Welle 5 die Stange 6 dem
Schieber 7 gleichzeitig eine hin- und hergehende Bewegung erteilt,
schneidet der Stahl 11 eine Spiralnute (siehe Arbeitsplan Nr. XXIV).

Fig. 813 zeigt ein Werkzeug zum gleichzeitigen Innen- und Außen-
bearbeiten von Laufringen.

Fig. 810. Sonderwerkzeug zum Schneiden von Spiralnuten.

Fig. 811. Sonderwerkzeug zum Schneiden von Spiralnuten.

Im Revolverkopf sitzt der Halter 1 mit der um Punkt 2 drehbaren Klappe 3. Letztere trägt den Formstahl 4. Auf dem Querschlitten ist der Halter 5 mit dem Formstahl 6 befestigt. Wenn

der Halter 1 in die richtige Stellung vorgeschoben ist, bleibt der Revolverschlitten stehen, der Querschlitten geht vor und drückt mit der Schraube 7 die Klappe 3 nach vorne, wodurch gleichzeitig die

Fig. 812.

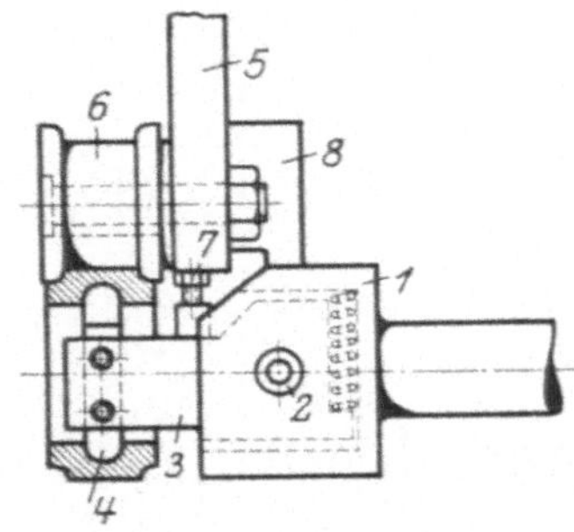

Fig. 813. Innen- und Außen-
drehwerkzeug.

innere und äußere Form bearbeitet wird. 8 ist ein Gegenlager, welches sich zum Schluß als Stütze gegen den Halter 1 legt, um einen glatten Schnitt zu erzielen.

Siebentes Kapitel

Einrichtung und Betrieb der Automaten.

I. Allgemeine Gesichtspunkte.

Die Notwendigkeit des Automatenbetriebes ist die natürliche Folge der heutigen Forderung, jedes Arbeitsstück möglichst schnell, dabei sauber und genau herzustellen.

Voraussetzung ist dabei eine weitgehende Normalisierung und Typisierung aller Teile, die eine Herstellung großer Stückzahlen gestattet. Bevor man sich daher entscheidet, das betreffende Teil auf dem Automaten herzustellen, sind folgende Fragen zu beantworten:

1. Genügt die Stückzahl oder nicht?

Dabei kann man als ungefähre Norm annehmen, daß bei Stücken mit langer Arbeitsdauer (ca. 15 Minuten und darüber) schon Stückzahlen von 300—400 genügen, bei Stücken mit erheblich kürzerer Arbeitsdauer dagegen Stückzahlen von mehreren Tausend in Frage kommen.

Im allgemeinen soll der Automat mindestens eine Woche auf ein Arbeitsstück eingerichtet sein, anderenfalls ist die Bearbeitung auf der Revolverbank vorzuziehen.

2. Ist das Material für Automatenbetrieb geeignet?

Hier ist festzustellen, daß die Praxis die rationelle Bearbeitung von Messing, Rotguß, Siemens-Martinstahl erwiesen hat. Bei Gußeisen ergeben sich bei nicht gutem, d. h. hartem und sprödem Material häufig Betriebsstörungen durch vorzeitige Abnutzung der Werkzeuge.

Ebenso ist Zinn und Zink, ferner auch Aluminium zur Automatenbearbeitung weniger geeignet, da dieses Material selten glatt abfallende Späne ergibt. Es „seift", d. h. die Späne kleben, setzen sich in den Werkzeugen fest und führen zu Störungen.

Mit anderen Worten: nur solches Material, welches auch bei der Bearbeitung auf der gewöhnlichen Drehbank keine erhöhte Auf-

merksamkeit des Arbeiters erfordert, eignet sich zur Automatenbearbeitung.

3. **Kann das Arbeitsstück auf dem Automaten ganz
oder annähernd ganz fertig bearbeitet werden?**

Am besten ist es natürlich, wenn das Arbeitsstück fertig, ohne
Notwendigkeit einer weiteren Operation auf einer zweiten Maschine
von dem Automaten fällt.

Insbesondere bei kleinen Arbeitsstücken ist zu untersuchen, ob
der Transport zu dieser zweiten Maschine, etwa einer Revolverbank,
die Kosten der Herstellung nicht so verteuert, daß die Bearbeitung
des Stückes auf der Revolverbank überhaupt rationeller ist (z. B.
kleine Schrauben, Muttern, Nippel usw., deren Herstellung nur Pfen-
nige oder Bruchteile von solchen kosten darf).

4. **Am besten ist es, vor der endgültigen Entscheidung
eine Rentabilitätsberechnung aufzustellen, etwa nach folgendem Beispiel:**

Es handelt sich um die Herstellung von Bolzen. Die gewöhnliche Leitspindeldrehbank schaltet bei diesem Arbeitsstück aus und
es ist die Arbeitszeit auf der Revolverbank und dem Automaten
festzustellen.

Diese ist bei der Revolverdrehbank und dem einspindligen Automaten ungefähr die gleiche, nämlich in diesem Falle 8 Minuten pro
Stück. Als Dauerleistung kann man für 100 Stück rund 13 Stunden
rechnen.

Als Lohnkosten ergeben sich daher bei der Revolverdrehbank
bei einem Akkordverdienst des Revolverdrehers von M. 1,50 pro
Stunde $13 \times 1,50 = $ M. 18,50 und bei dem Automaten bei einem
Stundenlohn eines ungelernten Arbeiters von M. 1,00, $13 \times 1,00$
$= $ Mk 13,00. Nun kann der Arbeiter aber 5 Automaten bedienen,
daher Mk. 13,00 : 5 = Mk. 2,60. Diese Stundenlöhne sind natürlich
je nach Zeit und Ort sehr verschieden und daher nur als Beispiel
zu betrachten.

Dieses für den Automaten günstige Verhältnis verschiebt sich
jedoch noch etwas bei der Feststellung der Selbstkosten.

Als Unkostenzuschläge kann man in der Regel bei der Revolverdrehbank $200^0/_0$ der Löhne rechnen, damit kommt man jedoch beim
Automaten nicht aus. Hier muß in dem Zuschlag die Amortisation
der 5 hochwertigen, von dem Arbeiter bedienten Maschinen berücksichtigt werden und man findet daher in der Regel Unkostenzuschläge
bis zu $400^0/_0$.

Trotzdem ergibt sich bei der Revolverbank $18,50 + 37$
$= $ M. 55,50 und bei dem Automaten $2,60 + 10,40 = $ M. 13,00, d. h.
ein Verhältnis von $55,50 : 13$ oder rund $4 : 1$ zugunsten des
Automaten.

II. Wahl des richtigen Automatensystems.

Zur Beurteilung der bestgeeigneten Maschine für ein Arbeitsstück ist maßgebend:

1. **Die Zahl der notwendigen Operationen.**
2. **Durchmesser und Länge des Arbeitsstückes.**
3. **Menge des zu verspanenden Materials.**
4. **Stückzahl der herzustellenden Arbeitsstücke.**

Zu 1—4. Bei einer geringen Zahl von Operationen kommen die automatischen Fassondrehbänke nach Fig. 5 in Frage, z. B. für Muttern, kurze Ringe und Schrauben bis etwa 35 mm ϕ.

Die Bearbeitung dieser Teile erfordert in der Regel nur eine Langdreh- oder Bohroperation. Eine etwa notwendige Gewindeoperation kann mit einer entsprechenden Vorrichtung vorgenommen werden. Da diese Maschinen einfach und schnell einzurichten sind, kommen auch kleinere Stückzahlen in Frage. Wächst die Stückzahl, die Zahl der Operationen und auch die verlangte Genauigkeit der Arbeit, so empfiehlt sich der Automat Fig. 8 und 10 und für kleinste Teile (Feinmechanik) der Automat Fig. 7.

Für größere Teile bis zu 80 mm ϕ kommt bei einer geringeren Zahl von Operationen der Automat Fig. 14, bei mehr, insbesondere Langdrehoperationen, die Automaten Fig. 6, 12, 13, 17 in Frage. Der letztere ist besonders für schwere Schnitte und große Spanmengen geeignet, ist einfach und schnell einzurichten und bedarf verhältnismäßig wenig Beaufsichtigung. Die Frage, ob ein Einspindel- oder Mehrspindelautomat gewählt werden soll, hängt ebenfalls von der Stückzahl ab. Bei kleineren Stückzahlen empfiehlt sich der schneller einzurichtende Einspindelautomat, bei größeren Stückzahlen der schneller arbeitende Mehrspindelautomat.

Bezüglich der Genauigkeit der Arbeit ist zu berücksichtigen, daß der Einspindelautomat genauer arbeitet. Fertige und auswechselbare Arbeit liefert der Mehrspindelautomat in der Regel nur dann, wenn das Arbeitsstück in der letzten Operation außen und innen gleichzeitig geschlichtet werden kann.

Bei der Wahl des Mehrspindlers ist zu beachten, daß der Automat Fig. 33 ebenso arbeitet wie der Automat Fig. 24, der letztere jedoch 4 Quersupporte besitzt, auf welchen die verschiedensten Vorrichtungen, z. B. zum Querbohren, Fräsen, Schlitzen usw. angebracht werden können.

Für Arbeiten mit vielen zentral auszuführenden Operationen ohne übermäßige Präzision ist der Automat Fig. 102 geeignet. Bei

Futterarbeiten eignet sich die Maschine Fig. 42 für kleine und mittlere Arbeitsstücke, insbesondere Armaturen und ähnliches. Für größere Stücke kommen die Maschinen Fig. 36 in Frage.

III. Fingerzeige beim Einrichten der Maschinen.

Das Einrichten der Automaten ist eine der wichtigsten, wenn nicht die wichtigste Arbeit überhaupt. Die Leistung der Maschine ist in vielen Fällen nicht von ihrer Konstruktion, sondern von der Einrichtung abhängig, und es ist häufig der Fall, daß ein Betrieb mit weniger modernen Maschinen bessere Resultate erzielt nur dadurch, weil er über erfahrene Einrichter verfügt. Aus dem Letztgesagten erhellt, daß das Einrichten lediglich eine Sache der Erfahrung ist und nicht aus einem Buche gelernt werden kann, es gibt jedoch eine Anzahl Punkte, die jeder Einrichter berücksichtigen muß.

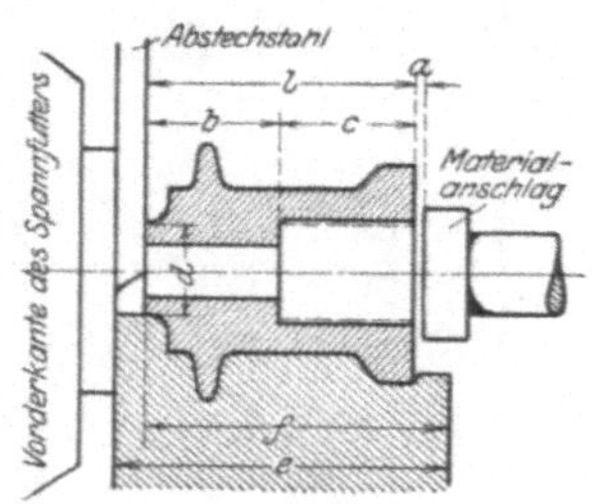

Fig. 814.

Dieselben sind nachstehend erläutert.

1. Vor dem Einrichten ist auf alle Fälle die Maschine zu untersuchen und festzustellen, ob:

    a) die Spindellager richtig einreguliert sind,

    b) die Schlittenführungen richtig eingestellt sind,

    c) alle Schmiereinrichtungen in Ordnung sind,

    d) die Werkzeuglöcher des Revolverkopfes sauber und in Ordnung sind und

    e) ob irgendein Teil der Maschine bei der letzten Arbeit beschädigt worden ist.

Alle diese Punkte müssen, wenn nötig, in Ordnung gebracht werden, da man sonst nach erfolgter Einrichtung Betriebsstörungen zu gewärtigen hat.

2. Vor dem Einrichten sind die einzelnen Operationen in einem Arbeitsplan festzulegen. Auch erfahrene Einrichter können dadurch Zeit sparen.

3. Die Schnittgeschwindigkeiten, sowie die Vorschübe für die einzelnen Operationen sind festzulegen und danach die zur Benutzung kommenden Kurven zu bestimmen.

Dabei kann man für geringe Stückzahlen vorhandene angenäherte Kurven benutzen, für große Stückzahlen empfiehlt sich jedoch auf alle Fälle die Anfertigung richtiger, dem gewünschten Vorschub entsprechender Kurven.

4. Alle noch von der letzten Arbeit benutzten Werkzeuge sind zu entfernen und die Maschine ist durch einen kurzen Leerlauf auf richtiges Funktionieren aller Teile zu prüfen.

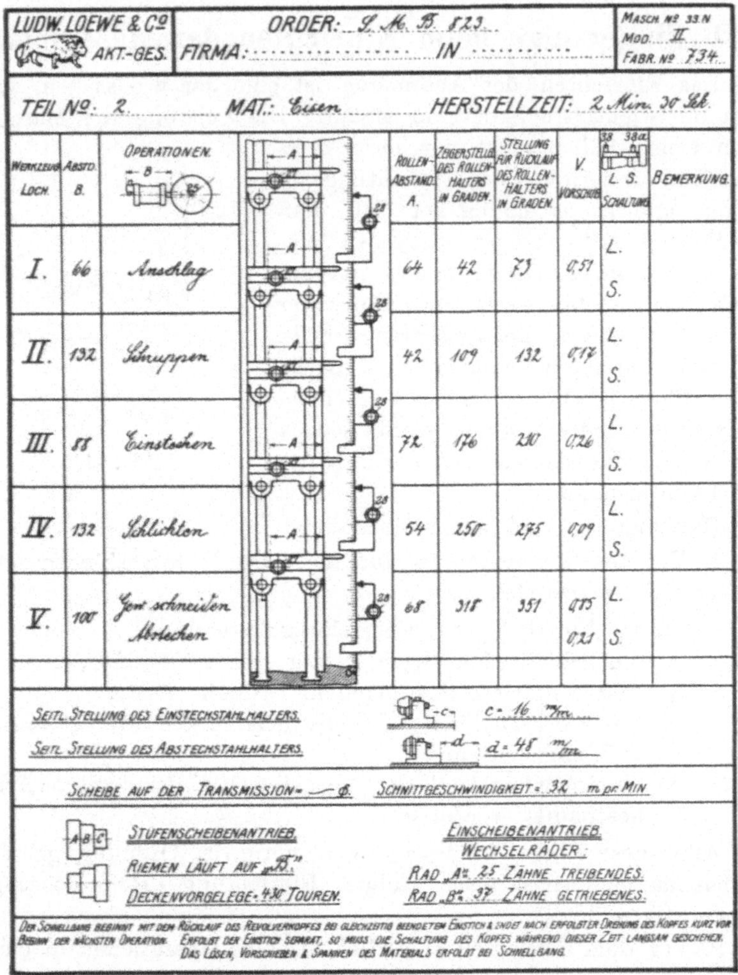

Fig. 815.

5. Man bringe die Werkzeuge nach dem aufgestellten Arbeitsplan auf die Maschine. Dabei kann man bei geringen Stückzahlen vorhandene Normalwerkzeuge benutzen, bei hohen Stückzahlen macht sich jedoch die Anfertigung von Spezialwerkzeugen bezahlt, welche sich für die betreffenden Operationen am besten eignen.

6. Die Einstellung der Werkzeuge erfolgt am schnellsten nach einem fertiggedrehten, im Futter eingespannten Arbeitsstück. Ist

ein solches nicht zur Hand, so stelle man zunächst den Abstechstahl
ein, und zwar möglichst dicht am Futter, hierauf ist von der
vorderen Kante des Abstechstahles die Länge des Arbeitsstückes

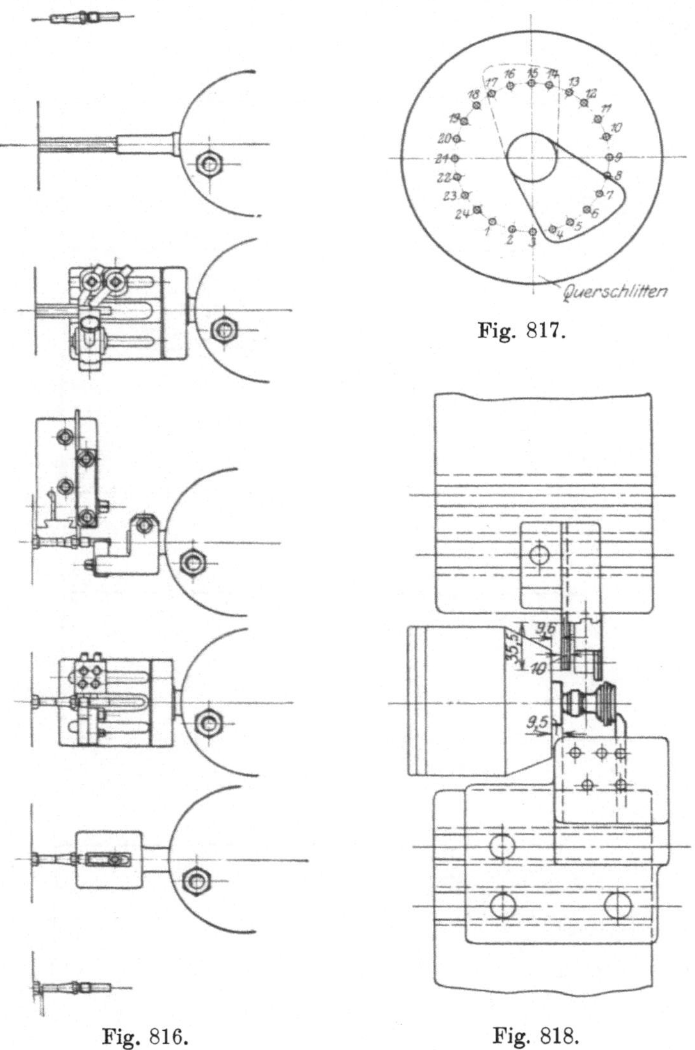

Fig. 817.

Fig. 816.

Fig. 818.

abzutragen und danach der Materialanschlag einzustellen (Maß l in
Fig. 814, S. 417), wobei das Maß a zuzugeben ist für die Bearbeitung
der vorderen Planfläche.

Hierauf erfolgt die Einstellung der übrigen Werkzeuge.

7. Nachdem das Arbeitsstück entfernt ist, drehe man den ganzen

27*

Arbeitsgang mit der Handkurbel durch, um festzustellen, ob die Werkzeuge nicht gegenseitig kollidieren.

8. Dann erfolgt die Grobeinstellung aller Anschläge und Kurven für Schnell- und Langsamgang, Rechts- und Linkslauf, Revolverkopf schalten usw.

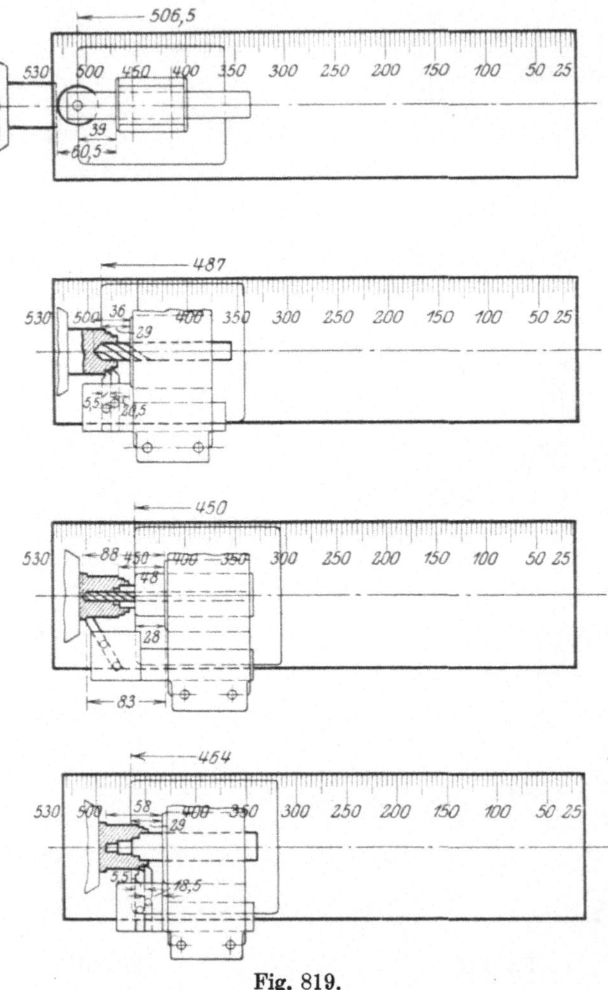

Fig. 819.

9. Nunmehr kann die automatische Arbeit beginnen. Nach dem ersten Arbeitsstück prüfe man die Maße und Toleranzen desselben. Die Werkzeuge müssen jetzt fein eingestellt werden, bis die verlangte Genauigkeit und Toleranz erreicht ist, was einem guten Einrichter etwa nach dem 5—6 ten Arbeitsstück gelungen ist. Die Kurven

und Anschläge müssen jetzt ebenfalls fein eingestellt werden, um die Totzeit auf ein Minimum zu reduzieren.

Bei der Aufstellung des Arbeitsplanes müssen folgende allgemein gültige Regeln beachtet werden.

10. Schrupp- und Schlichtoperationen sollen nicht gleichzeitig vorgenommen werden, d. h. es soll nicht ein Arbeitsstück z. B. in der Bohrung geschlichtet und gleichzeitig außen geschruppt werden, da die durch das Schruppen hervorgerufene Erschütterung ein sauberes Arbeiten des Schlichtwerkzeuges verhindert.

11. Nachdem innen geschlichtet ist, darf nicht außen geschruppt werden, oder umgekehrt, da beim Schruppen ein Verziehen des Arbeitsstückes eintreten kann. Es soll vielmehr nach Beendigung aller Schruppoperationen mit dem Schlichten begonnen werden.

12. Ist eine erweiterte Bohrung z. B. wie in Fig. 814 zu bearbeiten, so soll zuerst der größere Bohrer und dann der kleinere arbeiten. In diesem Falle hat der größere Bohrer den Weg c ($+$ Zugabe), der kleiner den Weg b zurückzulegen.

Würde zuerst der kleinere Bohrer arbeiten, so hätte er einen größeren Weg, nämlich $b + c$ zu machen.

13. Würde ein Arbeitsstück an der hinteren Seite (Futterseite) auf einen kleinen Durchmesser gedreht (d in Fig. 814) und vorne mit einem kräftigen Gewinde versehen, so muß das letztere geschnitten werden, bevor das Stück hinten gedreht und dadurch geschwächt wird, andernfalls liegt die Gefahr des Verdrehens und Verziehens vor infolge der starken Beanspruchung beim Gewindeschneiden.

14. Bevor ein Stück mit dem Formstahl bearbeitet wird, soll

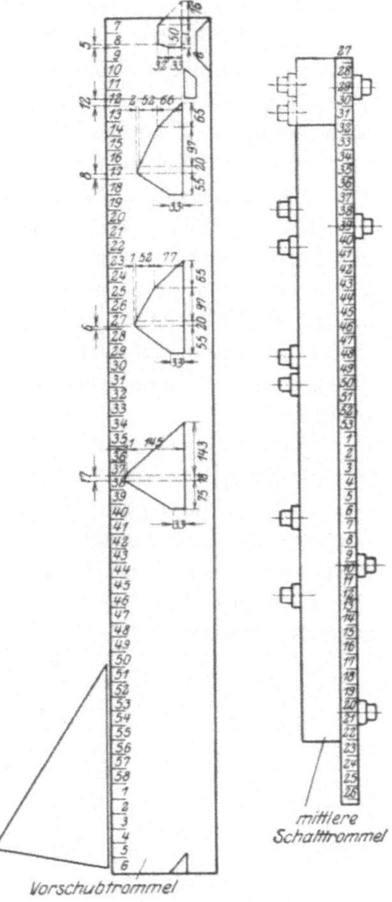

Fig. 820.

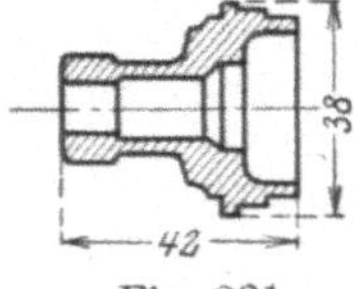

Fig. 821.

es mit einem leichten Span überdreht werden, damit der Formstahl nicht auf der Materialkruste arbeitet.

15. Bei genauen Arbeiten soll je ein Formstahl zum Schruppen und Schlichten vorgesehen sein.

16. Die Breite des Formstahles soll die Breite des Abstechstahles einschließen (Maß e in Fig. 814 und nicht Maß f). In diesem Falle hat der Abstechstahl nur den Durchmesser d zu durchstechen, anderenfalls den ganzen Materialdurchmesser.

17. Beim Arbeiten, insbesondere mit breiten Formstählen, muß die Anschlagschraube des Querschlittens so eingestellt werden, daß der Übertragungshebel des Querschlittens bei erreichter Tiefe auf Spannung steht. Dadurch wird erreicht, daß der Querschlitten, noch bevor die Rückzugkurve ihn erfaßt, zurückfedert. Anderenfalls würde der Formstahl in der Zeit von dem Verlassen der Vorschubkurve bis zum Erfassen des Hebels durch die Rückzugkurve auf der gedrehten Fläche schaben und keine saubere und blanke Fläche hinterlassen.

18. Nach erfolgter Einrichtung der Maschine empfiehlt es sich, die Stellung der Werkzeuge, sowie aller Anschläge und Kurven in einem Einstellungsplan festzulegen, damit bei späterer Einrichtung für dasselbe Arbeitsstück Zeit gespart wird. Solche Einstellungspläne sind beispielsweise in Fig. 815 für den Arbeitsplan Fig. 816 und für die Maschine Fig. 6 und ferner in Fig. 817—821 für den Arbeitsplan Nr. XXI und für die Maschine Fig. 17 gezeigt.

Leistungsberechnungen und Arbeitspläne.

Die genaue Berechnung der Leistung eines Automaten ist nicht ohne weiteres möglich bei dem Einkurven- und dem Mehrkurvenssytem, d. h. bei den Maschinen, bei denen die Bewegung der Steuerwelle während einer Umdrehung, also während der Bearbeitungsdauer eines Werkstückes, sich abwechselnd aus schnellem Schaltgang und langsamem Arbeitsgang zusammensetzt. Die Übergänge vom schnellen zum langsamen Gang und umgekehrt sind von der Genauigkeit der Einstellung der Schaltnocken abhängig, diese wiederum von der Sorgfalt des Einrichters. Man kann daher die Zeit für die reinen Arbeitsgänge aus der gewählten Schnittgeschwindigkeit und dem gewählten Vorschub berechnen, muß aber dann als Zuschlag die Totzeiten für Leerwege und Schaltungen schätzungsweise hinzufügen.

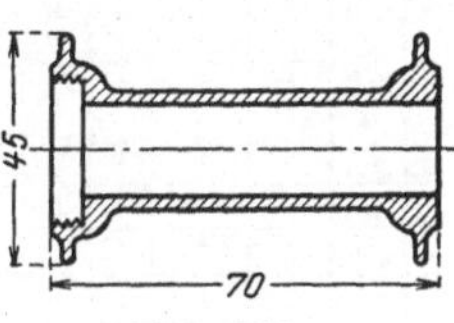

Fig. 822.

Beispiel: Die Bearbeitung einer Fahrradnabe auf einem Vierspindel-Stangenautomaten (Fig. 822).

Es kommt als Arbeitszeit nur diejenige für die längste Operation in Frage, da alle anderen in dieser Zeit vorgenommen werden.

Der größte Drehdurchmesser beträgt . . . . 45 mm
Der längste Arbeitsweg, da die Bohrung unterteilt ist . 40 „
Angenommene Schnittgeschwindigkeit . . . . 20 m/min
Vorschub der Werkzeuge pro Spindelumdrehung . . . 0,1 mm

Aus diesen Werten ergibt sich:

$$\text{Arbeitszeit} \quad t = \frac{40 \cdot \pi \cdot 45 \cdot 60}{20000 \cdot 0,1} = 169 \text{ Sekunden.}$$

Auf einfache Weise kann die Zeit aus der logarithmischen Tafel Fig. 823 ermittelt werden.

Die obere Zahlenreihe gibt den Arbeitsweg in mm an und stellt gleichzeitig die Schnittgeschwindigkeit in m/min dar.

Die linke senkrechte Zahlenreihe entspricht den minutlichen Umdrehungen der Arbeitsspindeln.

Die rechte senkrechte Zahlenreihe gibt die Vorschübe an.

Die nach rechts geneigten Geraden entsprechen dem Drehdurchmesser, die nach links geneigten Geraden dienen als Leitlinien.

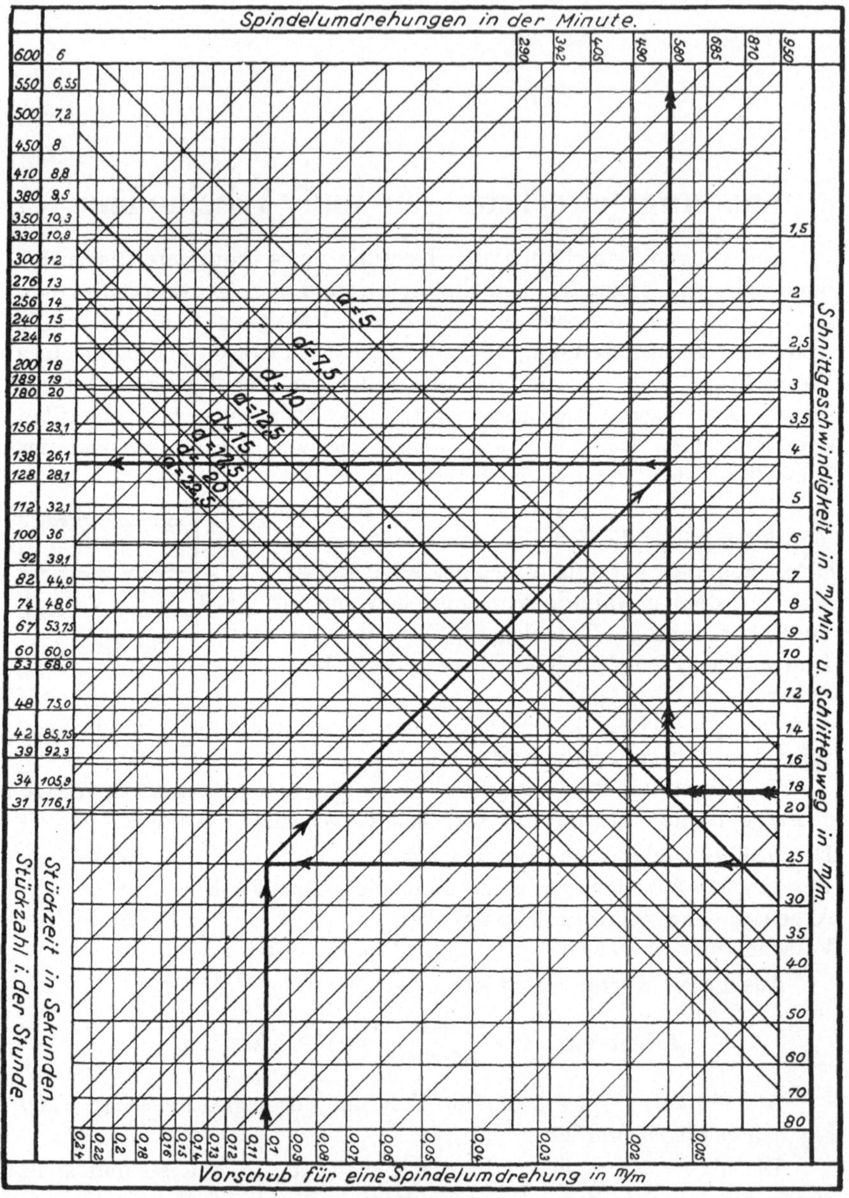

Fig. 823.

Die Stückzeit in Sekunden und die stündliche Stückzahl werden an den unteren Zahlenreihen abgelesen.

Beispiel:

Der größte Durchmesser beträgt . . . . 10 mm
Der längste Arbeitsweg . . . . 25 „
Angenommene Schnittgeschwindigkeit . . . . 18 m/min
Vorschub pro Spindelumdrehung . . . . 0,1 mm

1. Die Senkrechte (starker Doppelpfeil) durch die Zahl 18 (Schnittgeschwindigkeit) der oberen Reihe trifft die dem Durchmesser 10 mm entsprechende Gerade. Die dem Schnittpunkt zunächst liegende Wagerechte ergibt links für die Arbeitsspindeln 580 Uml./Min.

2. Die Senkrechte (einfacher Pfeil) durch die Zahl 25 (Arbeitsweg) der oberen Reihe trifft die dem Vorschub 0,1 mm entsprechende Wagerechte. Die dem Schnittpunkt zunächst liegende Leitlinie trifft die Wagerechte der Drehzahl 580. Die durch diesen Schnittpunkt gehende Senkrechte ergibt eine Stückzeit von 26 Sekunden und eine stündliche Leistung von 138 Stück.

Dies ist jedoch in beiden Beispielen die reine Arbeitszeit, zu der zunächst pro Stück die Schaltzeiten hinzugefügt werden müssen, und zwar etwa $10\,^0/_0$. Es ergibt sich daher zunächst eine Stückzeit von $26 + 2,6 = 28,6 = \sim 29$ Sekunden.

Auch die Stundenleistung ist für die Praxis nicht zutreffend, denn es muß bei dem besten Automaten mit kurzen Unterbrechungen gerechnet werden, z. B. für das Einbringen neuer Materialstangen, Schleifen der Werkzeuge usw.

Man nimmt daher die Stunde zu 50 Minuten an und es ergibt sich dann für das letzte Beispiel eine Stundenleistung von

$$\frac{50 \cdot 60}{29} = 104 \text{ Stück}$$

Es sei hier besonders betont, daß es ein betriebstechnischer Fehler ist, wenn versucht wird, die Leistung durch möglichste Steigerung in der Schnittgeschwindigkeiten und Vorschübe bis an die Maximalgrenze die Höhe zu schrauben, denn Unterbrechungen durch häufiges Schleifen und Abnutzen der Werkzeuge sowie sonstige Störungen sind die Folge.

Von zwei Automaten hat totsicher derjenige am Schluß des Jahres am meisten geleistet, der infolge mäßiger, die Werkzeuge normal beanspruchender Geschwindigkeiten und Vorschübe mit den geringsten Unterbrechungen gearbeitet hat.

Die Leistung eines so eingerichteten Automaten stellt trotzdem diejenige irgendeiner anderen Maschine in den Schatten. Bei dem Hilfskurvensystem kann die Stückzeit genau berechnet werden, da die Steuerwelle mit konstanter Geschwindigkeit rotiert. Durch die Wechselräder wird also die Zeit für eine Umdrehung der Steuerwelle, welche der Stückzeit eines Werkstückes, und zwar einschließlich der Schaltzeiten, entspricht, genau festgelegt. (Siehe Berechnungstafel Fig. 386.)

Die nachstehenden Seiten enthalten eine Anzahl Arbeitspläne mit Leistungsangaben, die der Praxis entnommen und erprobt sind.

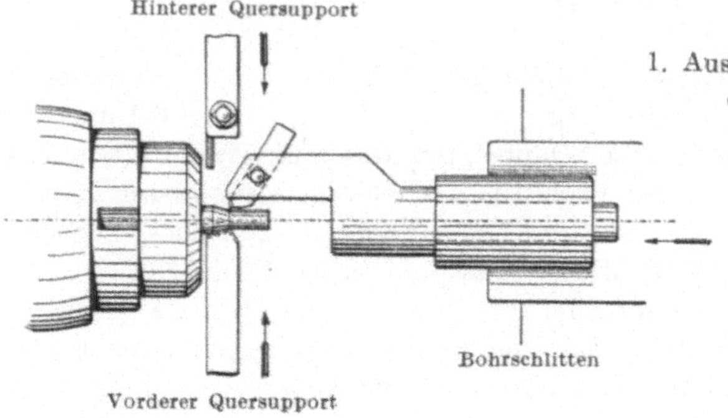

1. Ausstattung der Maschine:
ohne Apparate.

Arbeitsgang:

1. Material vorschieben.
2. Gleichzeitiges Arbeiten des Stahles vom vorderen Quersupport und vom Bohrschlitten aus.
3. Abstechen mittels Stahles vom hinteren Quersupport aus.

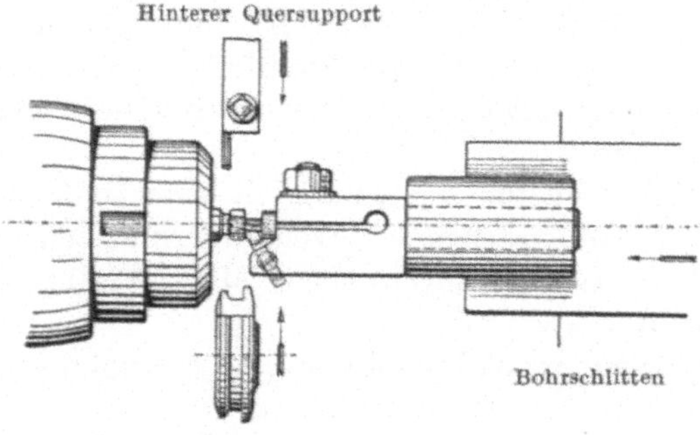

2. Ausstattung der Maschine:
ohne Apparate.

Arbeitsgang

1. Material vorschieben.
2. RunderFormstahl vom vorderen Quersupport, dann Bohren und Anfasen des Loches vom Bohrschlitten aus.
3. Abstechen mittels Stahles vom hinteren Quersupport aus.

Anm.: Muttern werden ohne Gewinde hergestellt.

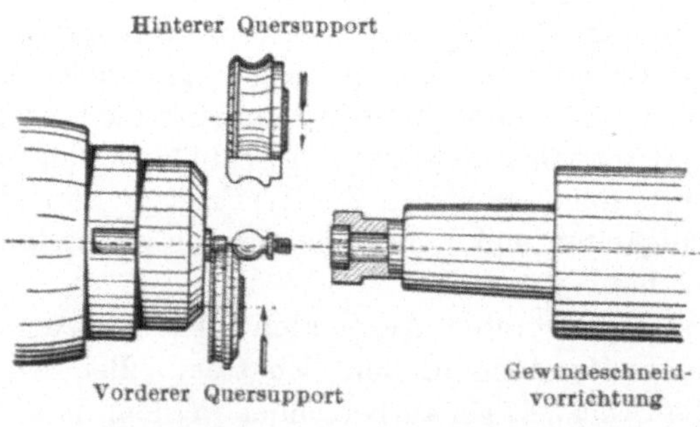

3. Ausstattung der Maschine:
Gewindeschneidvorrichtg.

Arbeitsgang:

1. Material vorschieben.
2. Runder Formstahl vom hinteren Quersupport aus.
3. Gewindeschneiden.
4. Abstechen mittels rundem Abstechstahl vom vorderen Quersupport aus. Dabei gleichzeitiges Vordrehen des Gewindeteiles für das nächste Arbeitsstück

Nr. I—III. Bearbeitung eines Kegelkopfbolzens, einer Sechskantmutter und einer Kugelkopfschraube auf der automatischen Fassondrehbank (Aktiengesellschaft Pittler, Leipzig).

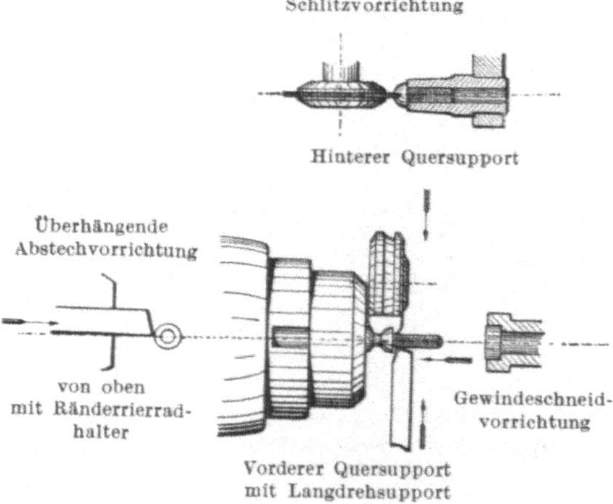

4. Ausstattung der Maschine
   Gewindeschneidvorrichtg.
   Langdrehsupport.
   Überhängende Abstech-
   vorrichtung.
   Einrichtung zum selbst-
   tätigen Schlitzen.

   Arbeitsgang:
   1. Material vorschieben.
   2. Langdrehen mittels Langdreh-
      support vom vorderen, und
      gleichzeitigem Formen des
      Kopfes mit rundem Formstahl
      vom hinteren Quersupport aus.
   3. Gewindeschneiden.
   4. Abstechen mit überhängender
      Abstechvorrichtung von oben
      und Aufnehmen des Werk-
      stückes mittels Zange zum
      Schlitzen.

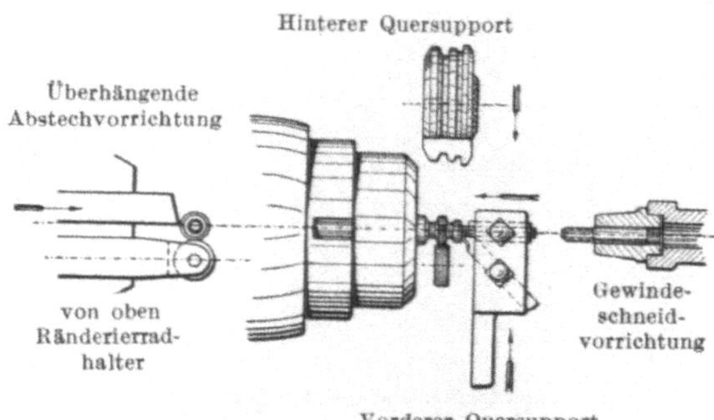

5. Ausstattung der Maschine:
   Gewindeschneidvorrichtg.
   Langdrehsupport mit
      Werkzeughalter.
   Überhängende Abstech-
   vorrichtung mit Rände-
   rierradhalter.

   Arbeitsgang:
   1. Material vorschieben.
   2. Formdrehen mittels runden
      Formstahles vom hinteren
      Quersupport aus.
   3. Bohren und Anfasen mittels
      Langdrehsupportes m. Werk-
      zeughalter.
   4. Innengewinde schneiden.
   5. Ränderieren und Abstechen
      von überhängender Abstech-
      vorrichtung aus.

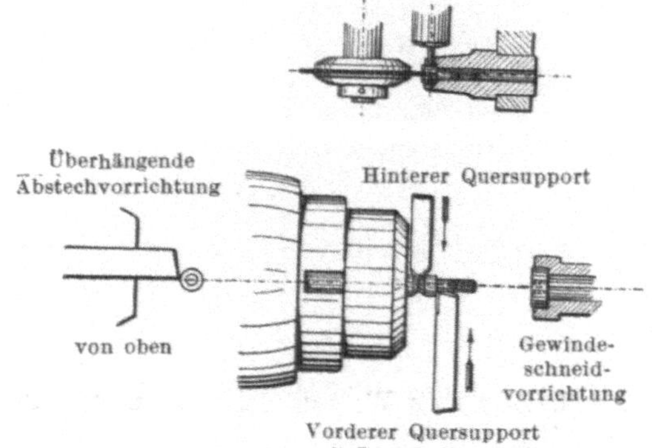

6. Ausstattung der Maschine:
   Gewindeschneidvorrichtg.
   Langdrehsupport.
   Überhängende Abstech-
   vorrichtung.
   Vereinigte Querbohr- und
   Schlitzvorrichtung.

   Arbeitsgang:
   1. Material vorschieben.
   2. Drehen des Schaftes mittels
      Langdrehsupportes vom vor-
      deren und Formen des Kopfes
      vom hinteren Quersupport aus.
   3. Gewinde schneiden.
   4. Abstechen von überhängender
      Abstechvorrichtung aus und
      Aufnehmen des Werkstückes
      mittels Zange zum Querbohren
      und Schlitzen.

Nr. IV—VI. Bearbeitung verschiedener Schrauben auf der automatischen Fassondrehbank (Aktiengesellschaft Pittler, Leipzig).

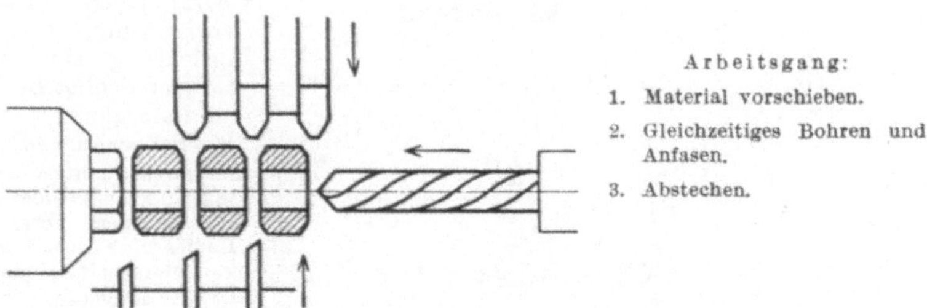

Nr. VII. Bohren und Abstechen von Muttern auf der automatischen Fasson-drehbank. (Das Gewinde wird auf einer Sondermaschine geschnitten.)

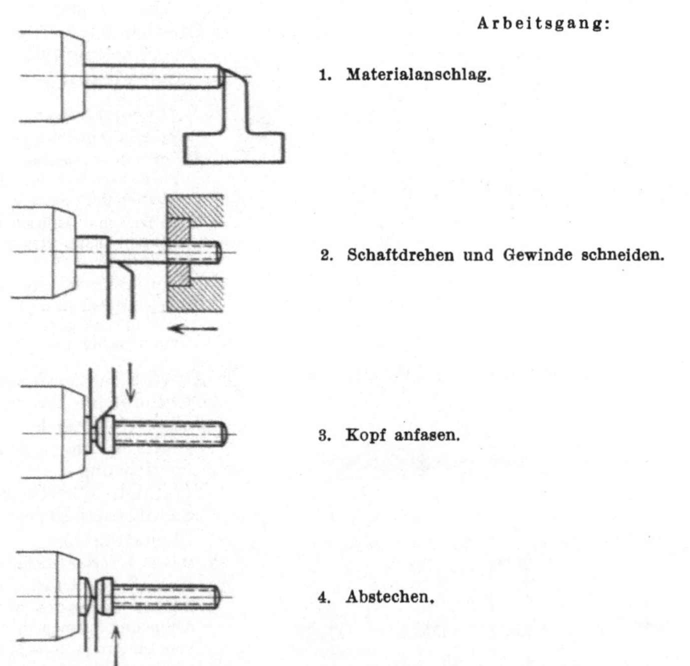

Nr. VIII. Bearbeitung einer Schraube auf dem Wuttig-Schraubenautomaten.

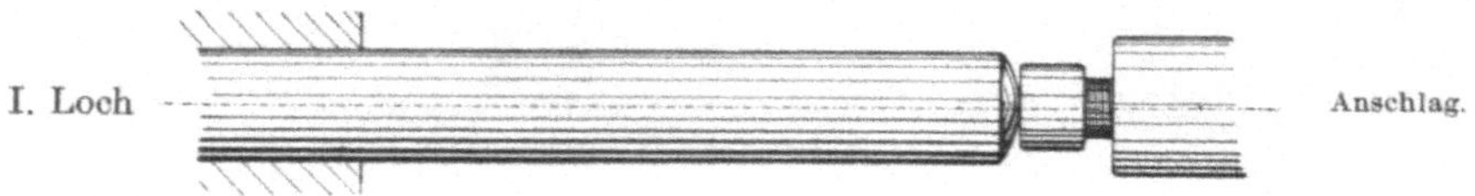

I. Loch   Anschlag.

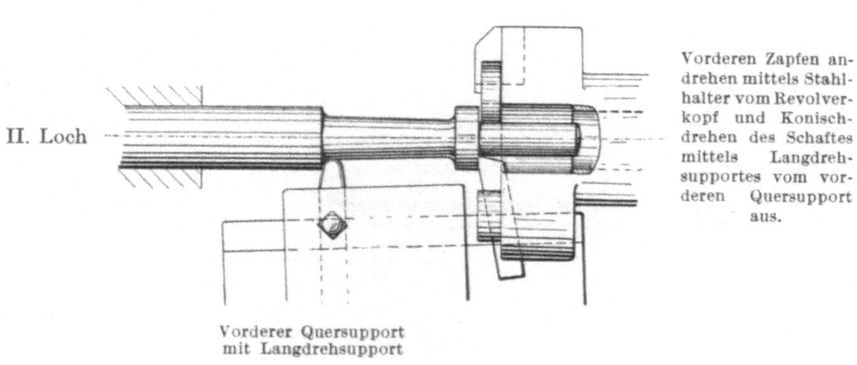

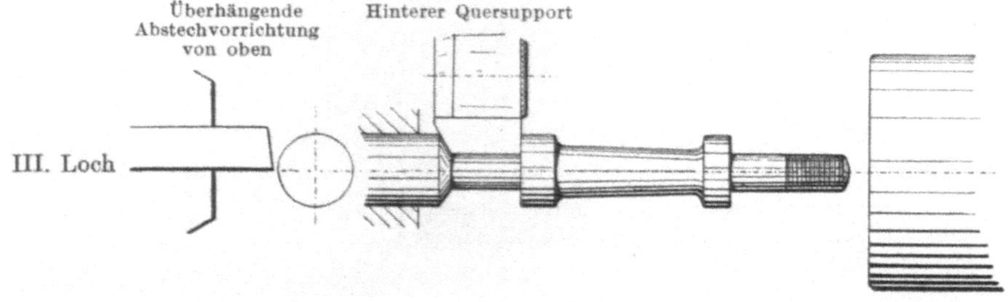

Formdrehen des hinteren Zapfens mittels runden Stahles vom hinteren Quersupport,
Gewindeschneiden mit selbstöffnendem Kopf oder Schneideisen vom Revolverkopf
und Abstechen mit überhängender Abstechvorrichtung von oben aus.

Nr. IX. Bearbeitung einer Säule auf dem Einspindelautomaten, System Dreiloch
(Fig. 47) (Aktiengesellschaft Pittler, Leipzig).

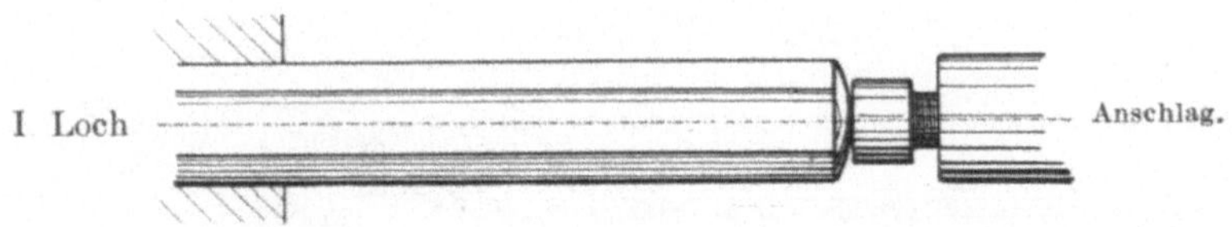

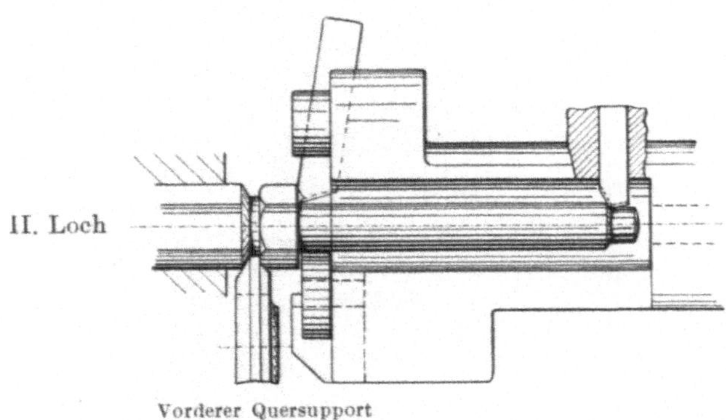

Drehen des Schaftes und des Zapfens mittels Stahlhalter vom Revolverkopf und Formen des Kopfes vom vorderen Quersupport aus.

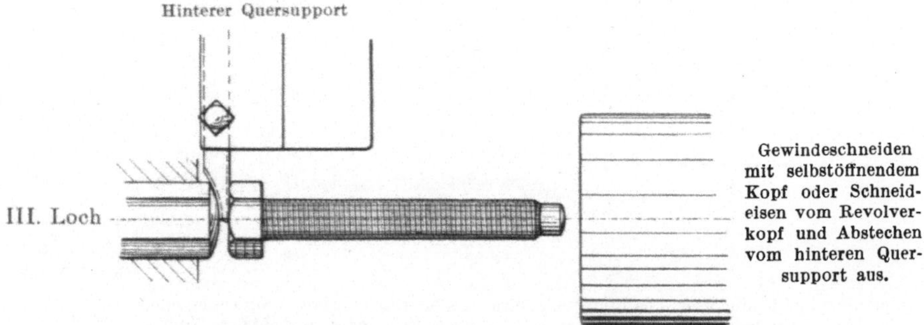

Gewindeschneiden mit selbstöffnendem Kopf oder Schneideisen vom Revolverkopf und Abstechen vom hinteren Quersupport aus.

Nr. X. Bearbeitung einer Schraube auf dem Einspindelautomaten, System Dreiloch (Fig. 47) (Aktiengesellschaft Pittler, Leipzig).

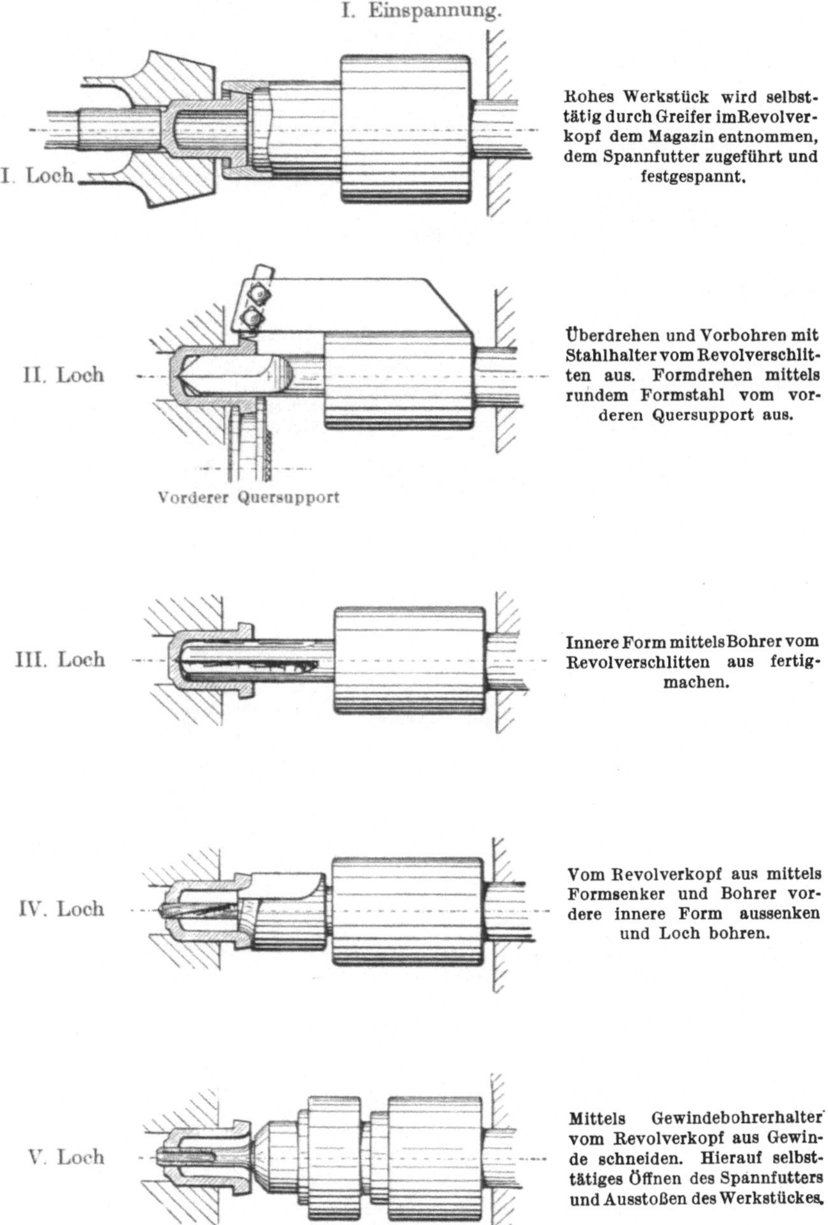

Nr. XI. Bearbeitung einer Kappe auf dem Einspindelautomaten (Fig. 13 oder Fig. 47) mittels Magazin (Aktiengesellschaft Pittler, Leipzig).

II. Einspannung.

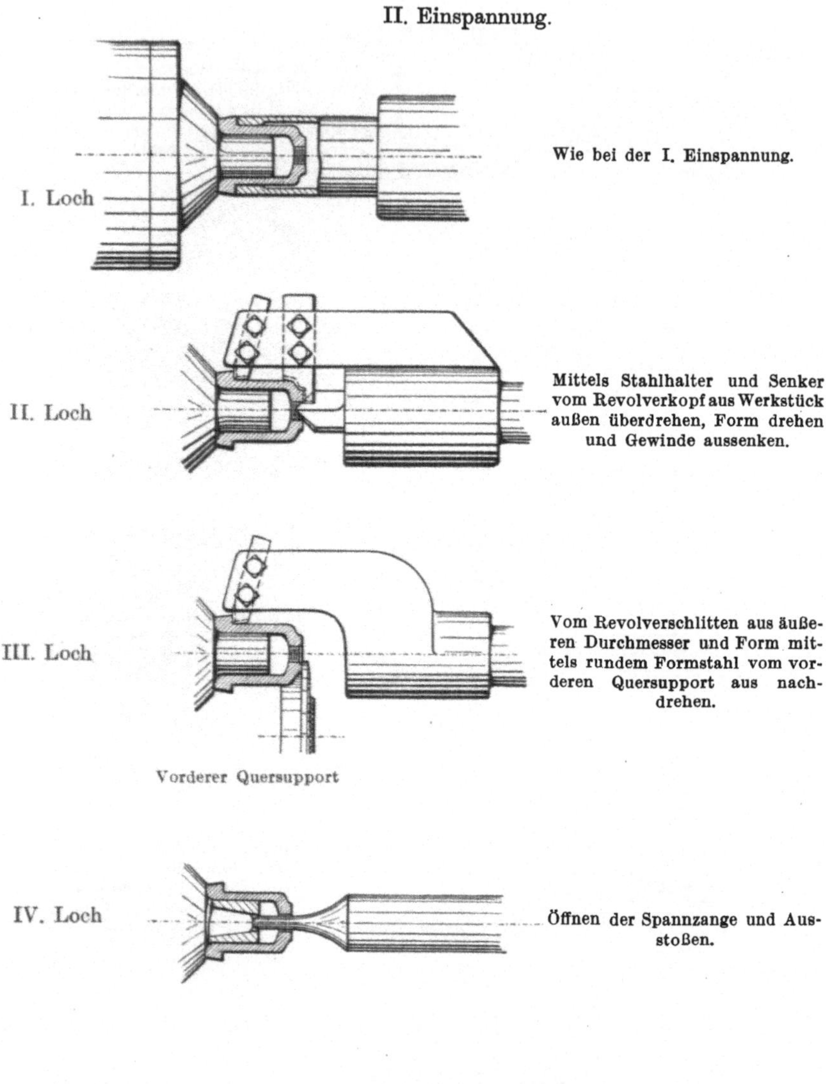

Nr. XII. Bearbeitung einer Kappe auf dem Einspindelautomaten (Fig. 13 oder Fig. 47) mittels Magazin (Aktiengesellschaft Pittler, Leipzig).

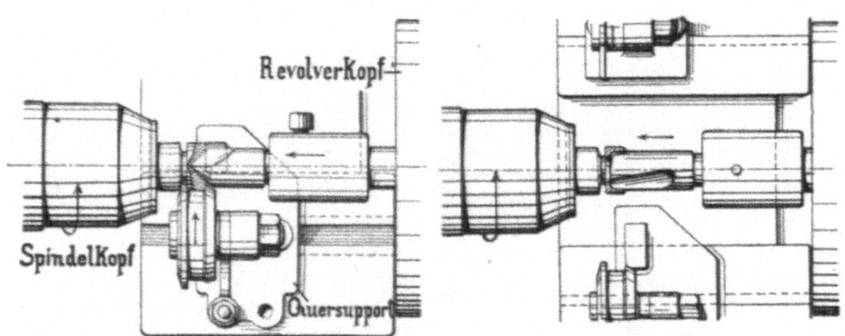

I. Die Stange wird selbsttätig bis an den Anschlag auf dem Quersupport vorgeschoben, dann angekörnt und gleichzeitig außen gedreht.

II. Mittels Spiralbohrer wird das Loch gebohrt.

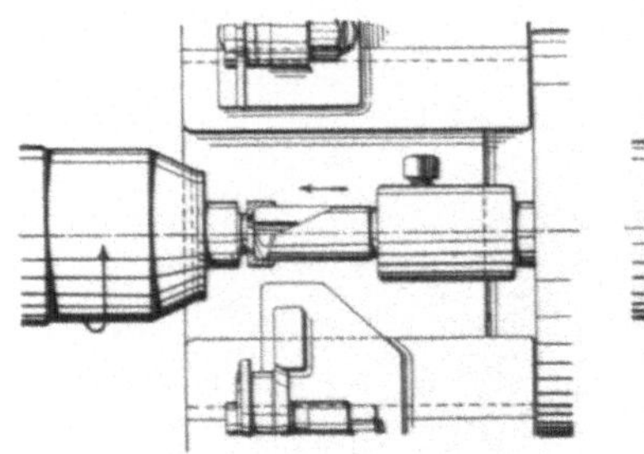

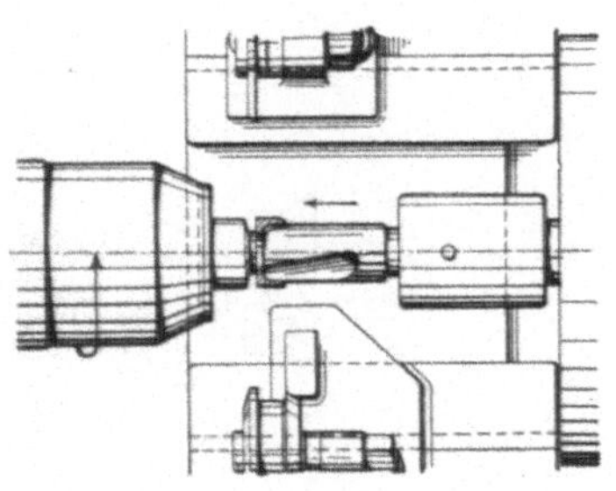

III. Der Kugellauf wird mittels hinterdrehten Bohrers vorgebohrt.

IV. Der Kugellauf wird mittels pendelnder Reibahle fertiggestellt.

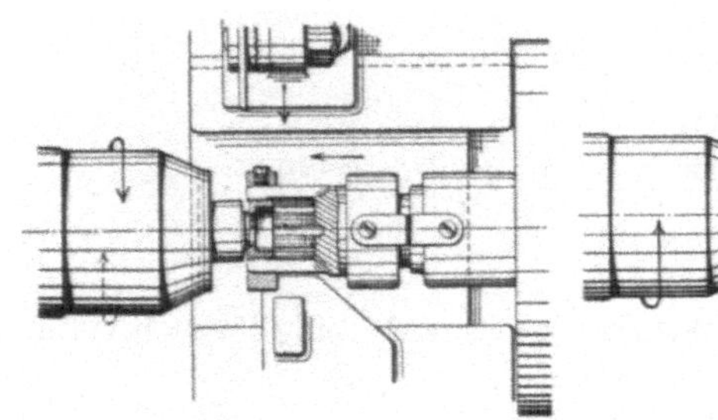

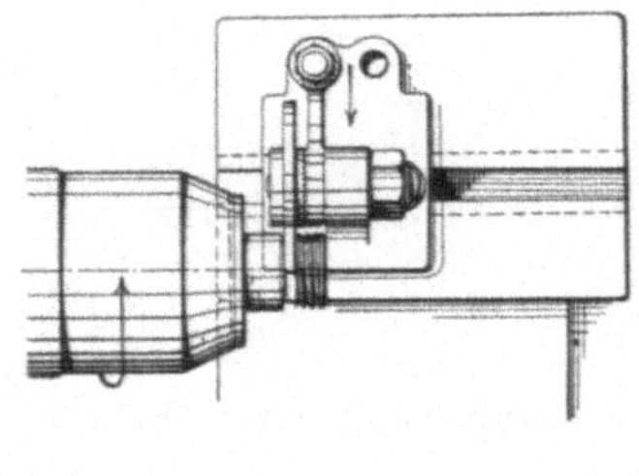

V. Das Arbeitsstück wird außen mit Gewinde versehen.

VI. Die Lagerschale wird von der Stange abgestochen.

Nr. XIII. Bearbeitung einer Lagerschale auf dem Einspindelautomaten (Fig. 13) (Aktiengesellschaft Pittler, Leipzig).

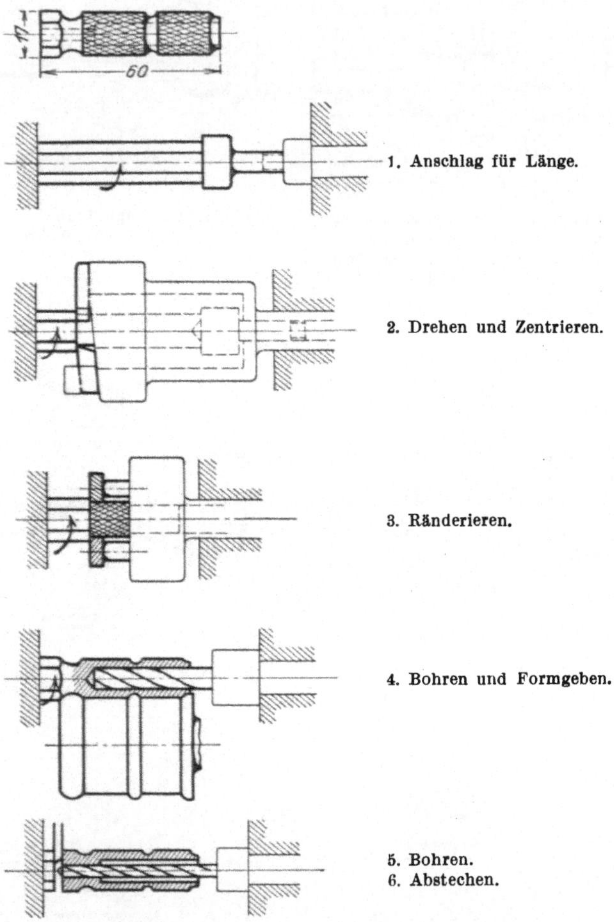

Nr. XIV. Bearbeitung eines Fahrradzapfens auf dem Einspindelautomaten (Fig. 13).

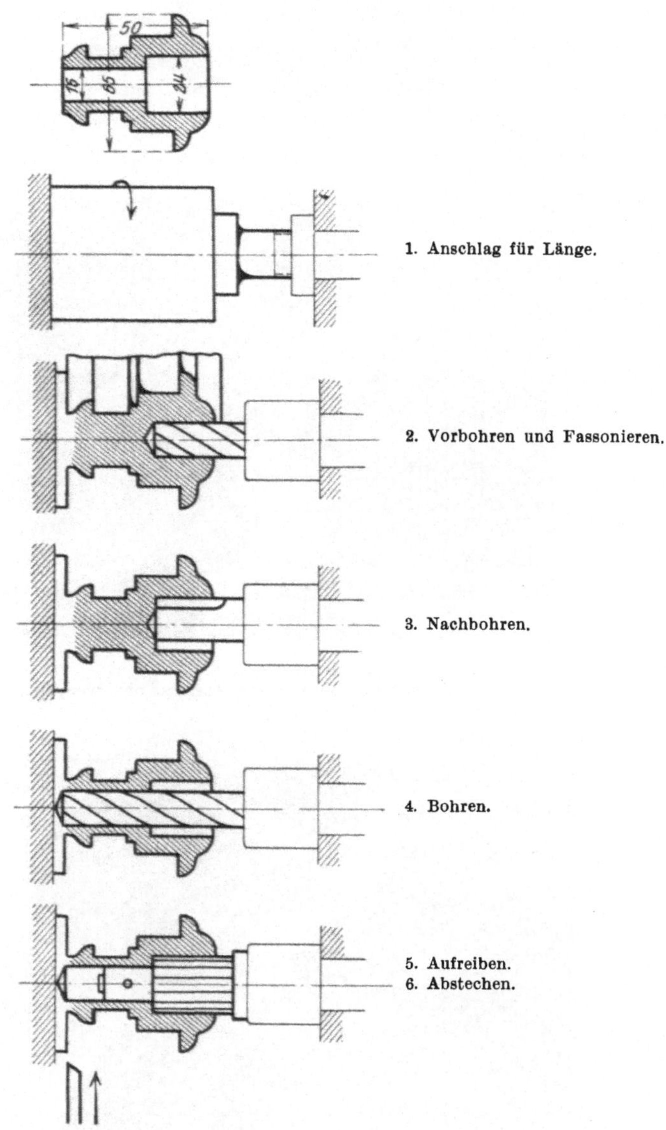

Nr. XV. Bearbeitung einer Zentrifugenschale auf dem Einspindelautomaten (Fig. 13).

1. Arbeitsgang.
Vorschieben der Materialstange bis zum Anschlag und Festspannen.

3. Arbeitsgang.
Einstechen zwischen den Radscheiben.

Nr. XVI.   Bearbeitung einer Getriebewelle auf dem Einspindelautomat (Fig. 17) (Böhringer).

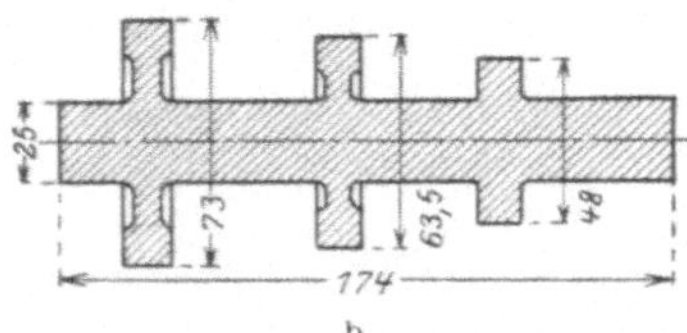

b

2. Arbeitsgang.
Drehen der Wellenabsätze,

4. Arbeitsgang.
Drehen der Aussparungen auf beiden Seiten der Radscheiben.

Nr. XVI. Bearbeitung einer Getriebewelle auf dem Einspindelautomat (Fig. 17)
(Böhringer).

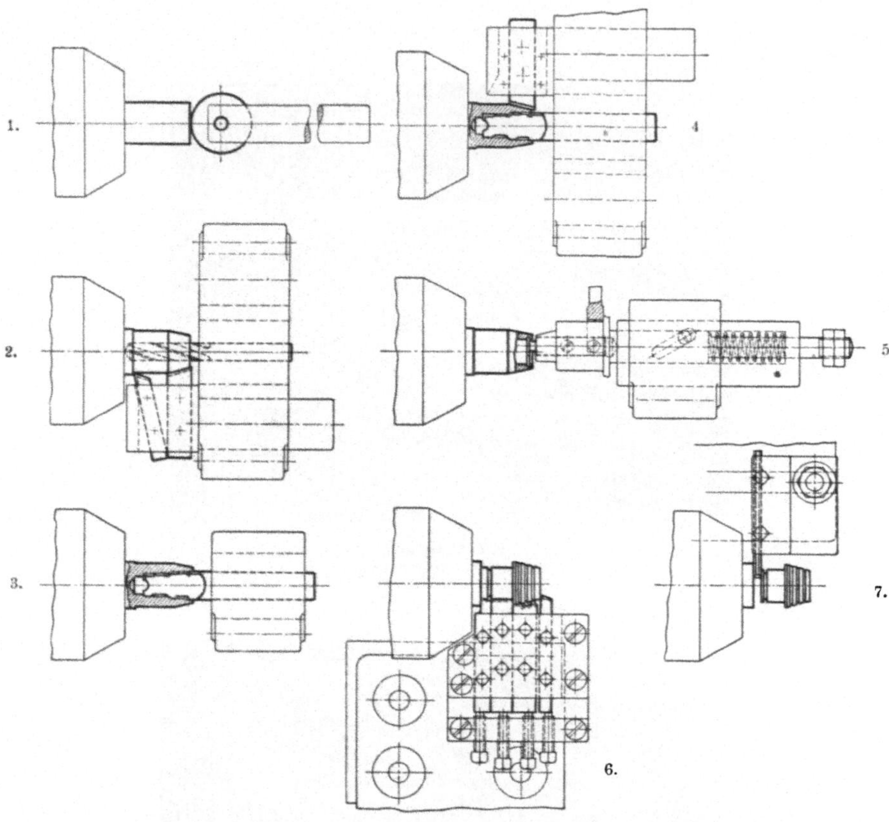

Nr. XVII. Bearbeitung eines Bremskonus auf dem Einspindelautomaten (Fig. 286)
(C. Hasse & Wrede, Berlin).

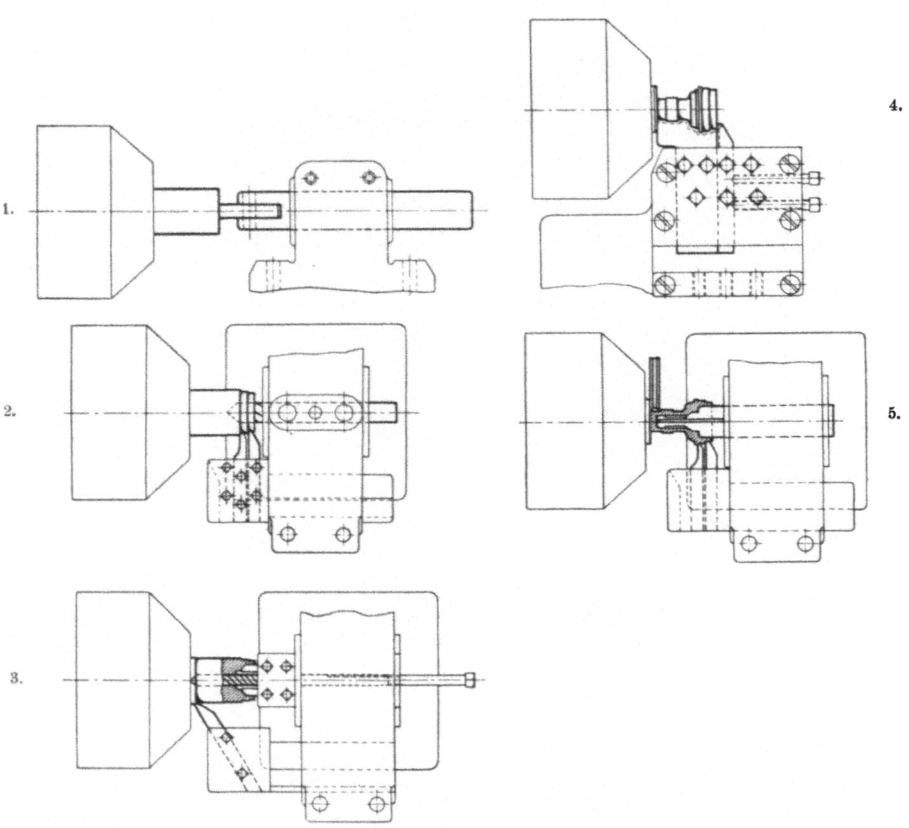

Nr. XVIII. Bearbeitung eines Fahrradnabenteiles auf dem Einspindelautomaten
(Fig. 286) (C. Hasse & Wrede, Berlin).

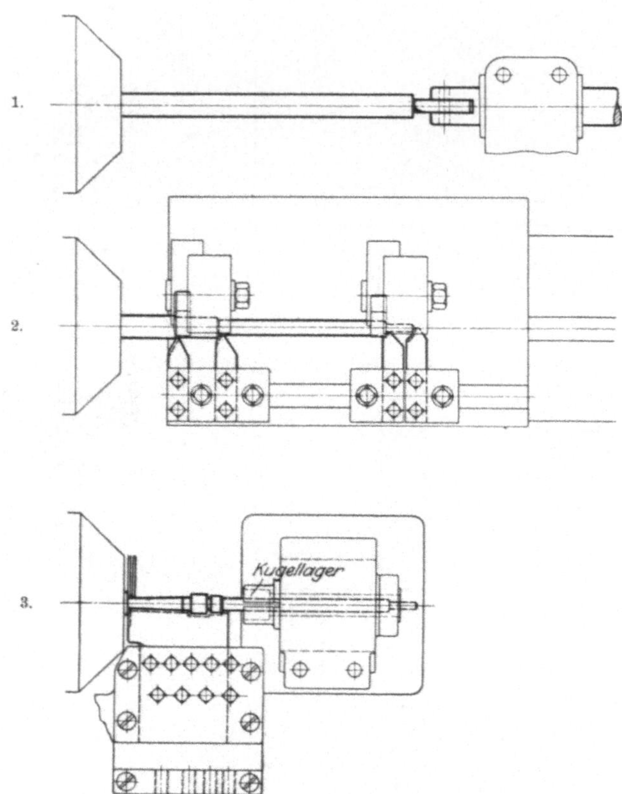

Nr. XIX. Bearbeitung langer Zentrifugenspindeln auf dem Einspindelautomaten
(Fig. 286) (C. Hasse & Wrede, Berlin).

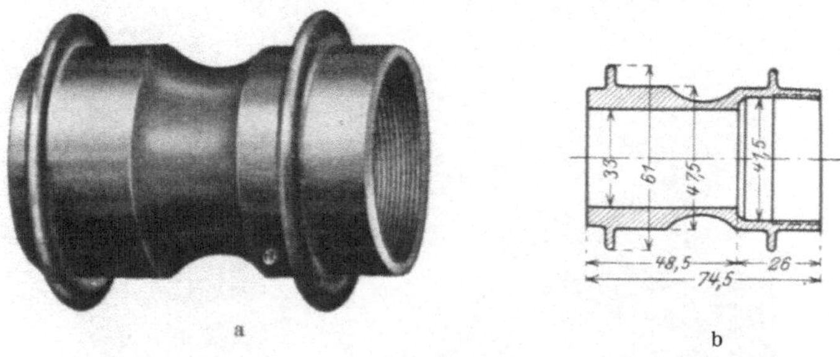

a   b

1. Arbeitsgang.
Vorschieben der Materialstange bis zum Anschlag und Festspannen.

2. Arbeitsgang.
Ausbohren, außen überdrehen und Drehen des Ansatzes.

Nr. XX. Bearbeitung einer Fahrradnabe auf dem Einspindelautomat (Fig. 17)
(Böhringer).

3. Arbeitsgang.
Drehen der inneren und äußeren Form und Schlichten der Außenseite.

5. Arbeitsgang.
Gewindeschneiden und Abstechen.

Nr. XX.   Bearbeitung einer Fahrradnabe auf dem Einspindelautomat (Fig. 17) (Böhringer).

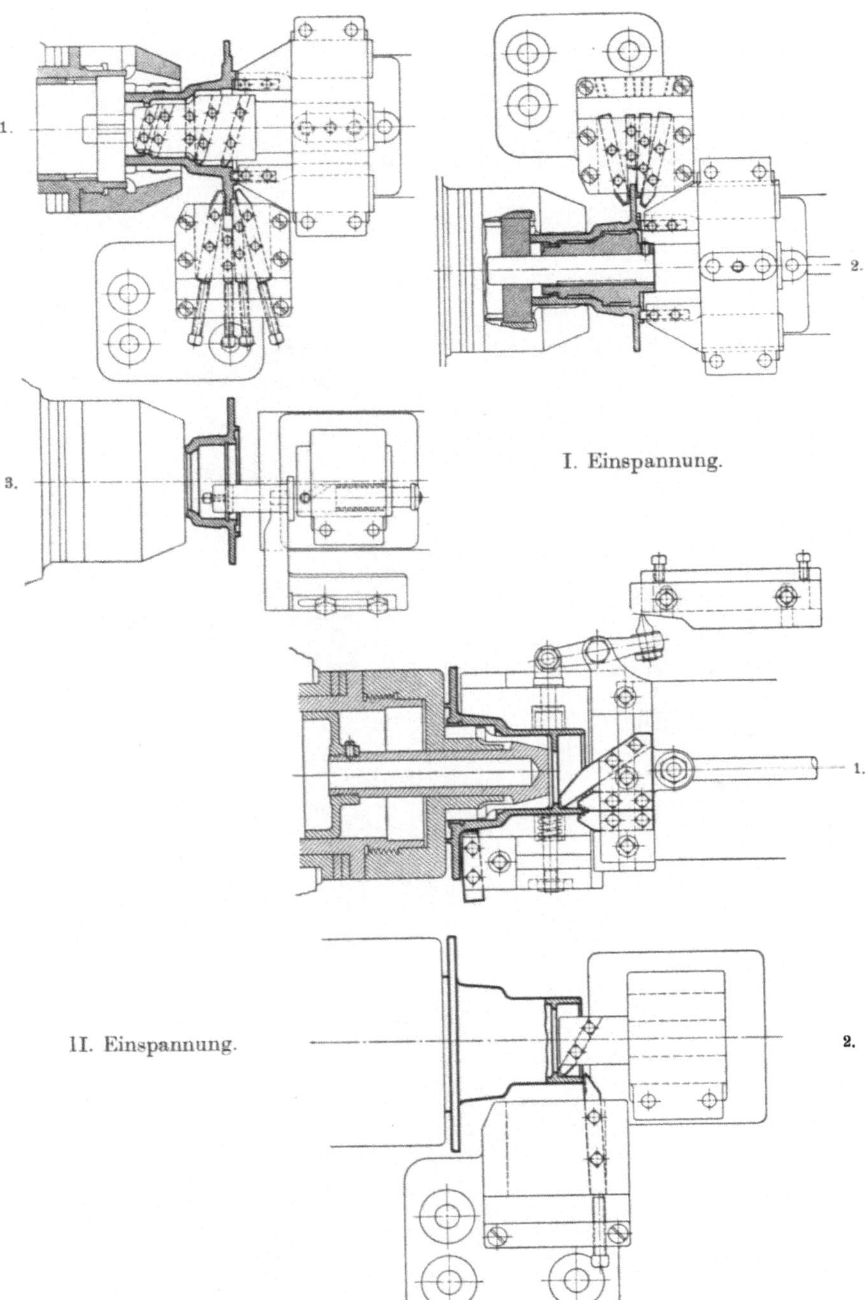

Nr. XXI—XXII. Bearbeitung einer Automobilradnabe (Schmiedepreßstück)
auf Einspindelautomaten (Fig. 286) (C. Hasse & Wrede, Berlin).
(Die Maschine arbeitet als Halbautomat.)

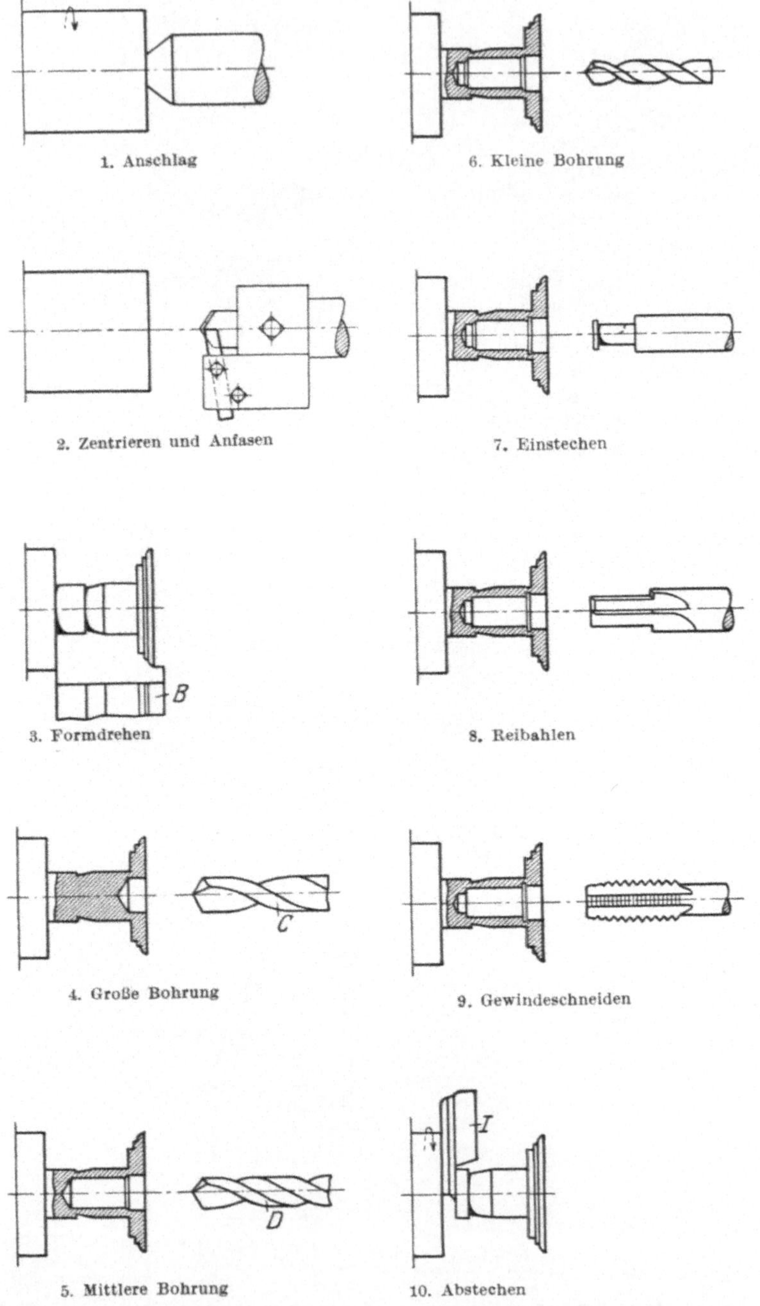

Nr. XXIII. Bearbeitung einer Hülse auf dem Einspindelautomaten (Fig. 8).

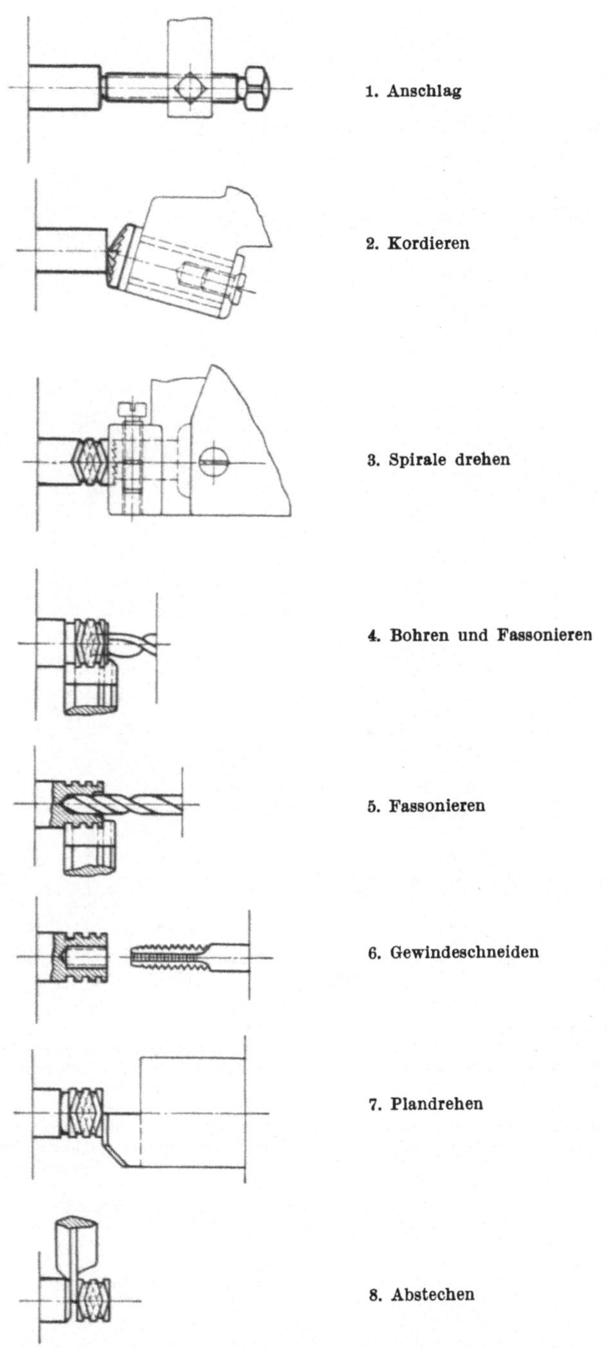

Nr. XXIV. Bearbeitung einer spiralgenuteten Rolle auf dem Einspindelautomaten (Fig. 8).
(Die 3. Operation zeigt das Sonderwerkzeug [Fig. 805 bis 806] in Tätigkeit.)

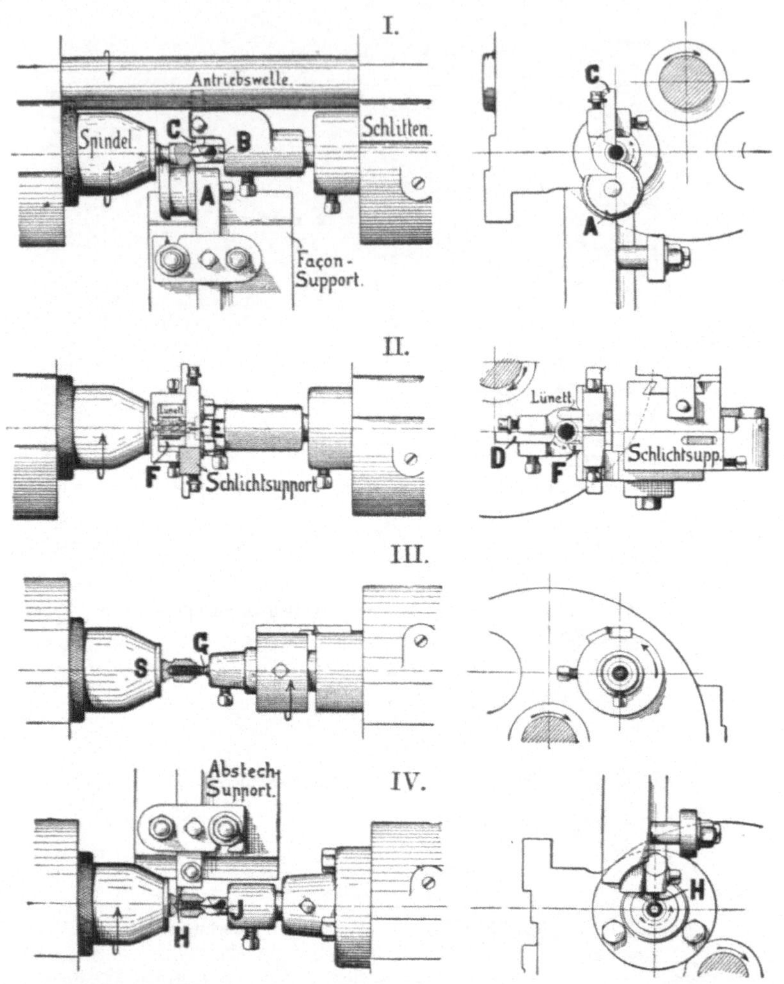

I Vordere untere Spindel:

Nachdem der Anschlaghebel sich zurückgestellt hat, dreht der vordere Formstahl A die Form vor, während der Ankörner B das Arbeitsstück anbohrt und der Drehstahl C vorn gleichzeitig gerade dreht.

II. Vordere obere Spindel:

Der Stahl D dreht das Arbeitsstück außen auf genaues Maß, während der Spiralbohrer E gleichzeitig das Loch bohrt. Der Schlichtstahl F schlichtet hierauf die Form des Kugellaufes. Ein Schlagen des Arbeitsstückes ist ausgeschlossen, weil alle Arbeiten gleichzeitig erfolgen.

III. Hintere obere Spindel:

Der Gewindebohrer G schneidet das Innengewinde. Die Arbeitsspindel S behält ihre ursprüngliche Drehungsrichtung bei, während sich der Bohrer G mit größerer Geschwindigkeit hineinschneidet.

IV. Hintere untere Spindel:

Der Abstechstahl H schneidet das fertige Arbeitsstück ab, während das Werkzeug J den vorderen Grat des Gewindes noch wegnimmt.

Nr. XXV. Bearbeitung einer Büchse mit Innengewinde auf dem Vierspindelautomaten (Aktiengesellschaft Pittler, Leipzig).

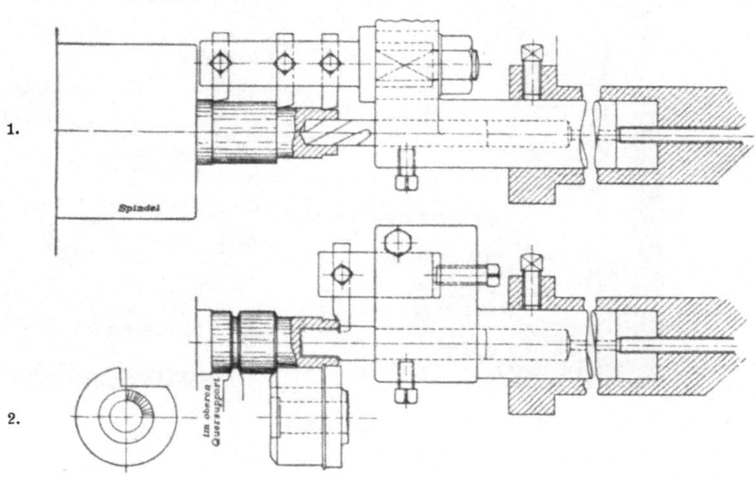

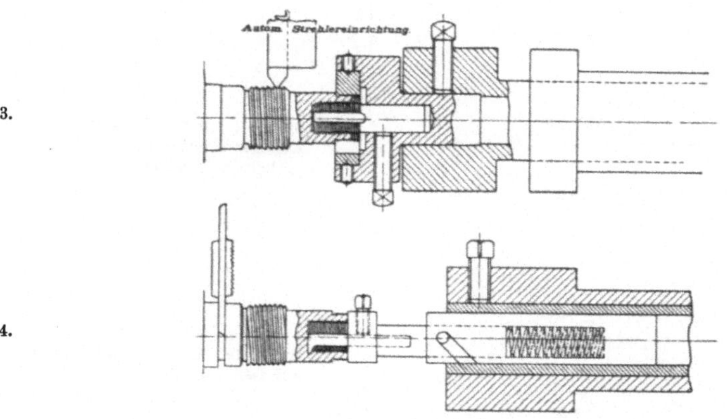

Nr. XXVI. Bearbeitung einer Büchse auf dem Mehrspindelautomaten (Fig. 241)
(Gildemeister & Comp. A.-G., Bielefeld).

(Die Operation 3 zeigt die Anwendung der automatischen Strählereinrichtung,
Fig. 536 bis 538.)

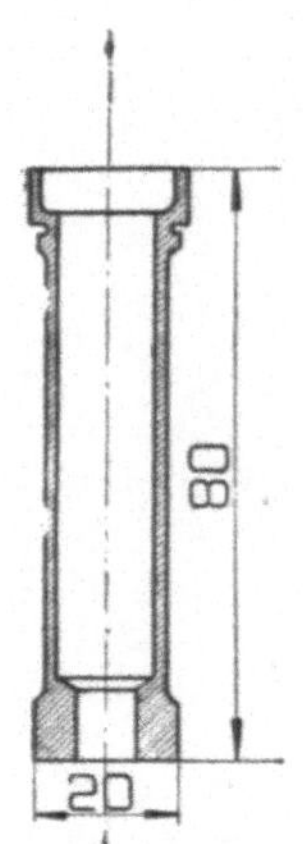

Arbeitsmuster.
Mat.: S. M. St.
Arb.-Zeit: 2 Min.

a

b

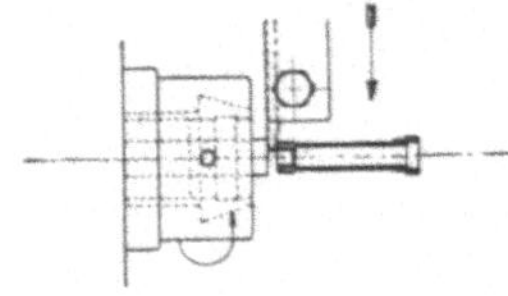

4. Spindel: Abstechen.

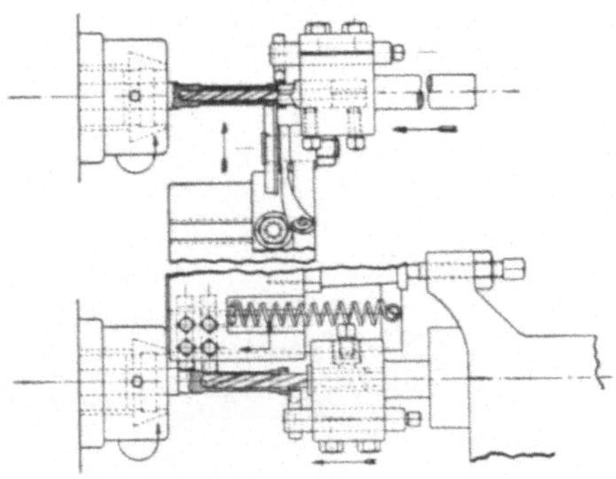

3. Spindel: Kleines Loch bohren, Kugellauf fertig bohren, außen schlichten, einstechen.

c

2. Spindel: Tiefer bohren, außen schlichten mit Langdrehapparat, auf Länge drehen.

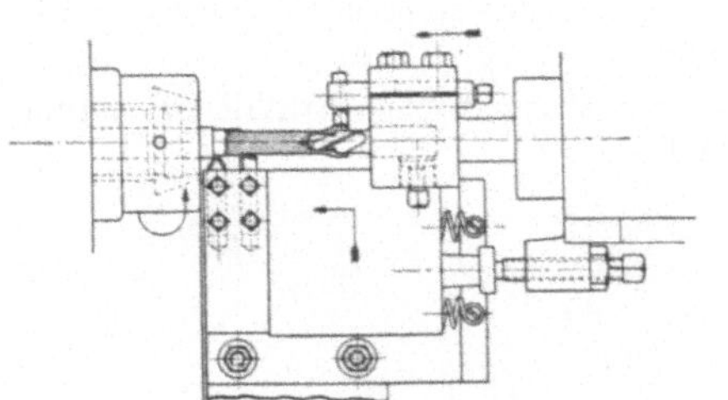

1. Spindel: Vorbohren, außen schruppen, mit Langdrehapparat.

Nr. XXVII. Bearbeitung von Pedalhülsen auf dem Mehrspindelautomaten (Fig. 241).

I. Aufspannung.

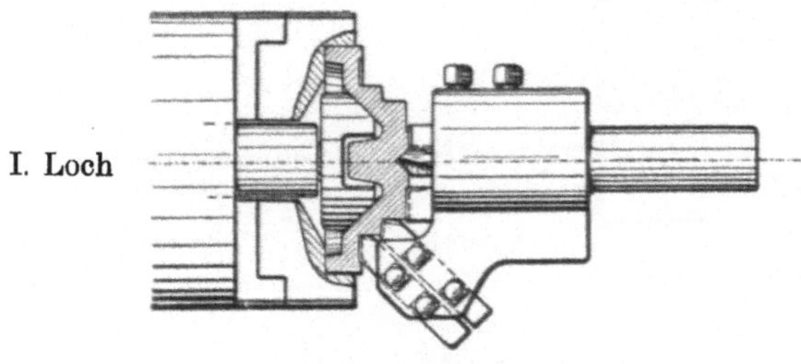

I. Loch   Einspannen. Vordrehen und Zentrieren vom Revolverkopf aus.

Hinterer Quersupport

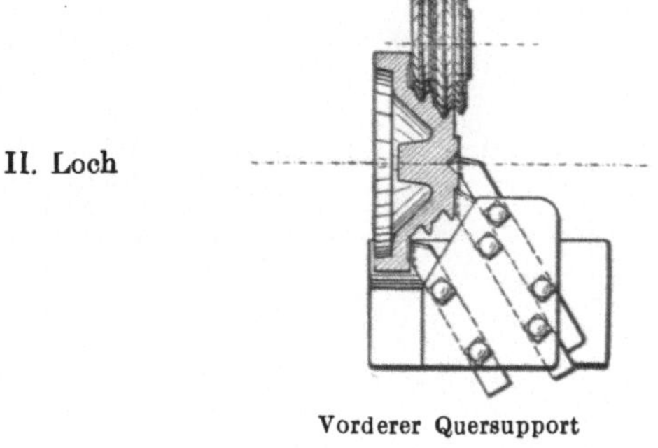

II. Loch   Nachdrehen vom vorderen und Rillen Eindrehen mit rundem Formstahl vom hinteren Quersupport aus.

Vorderer Quersupport

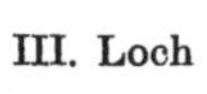 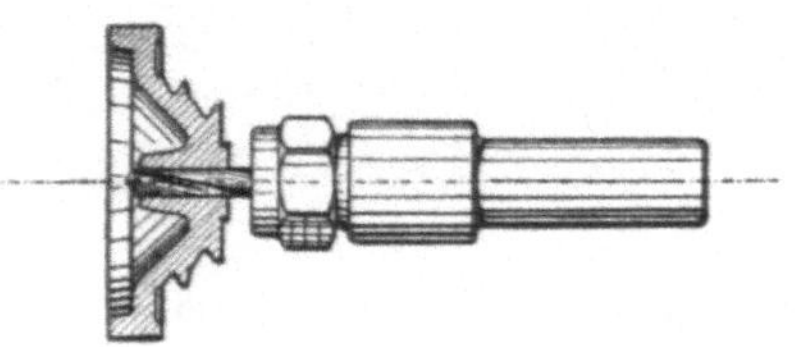

III. Loch   Bohren mit Schnellbohrvorrichtung vom Revolverkopf aus.

IV. Loch   Bleibt frei.

Nr. XXVIII. Bearbeitung einer Schnurscheibe auf einem als Halbautomat eingerichteten Einspindelautomaten (Fig. 12) (Aktiengesellschaft Pittler, Leipzig).

II. Aufspannung.   (Umspannen.)

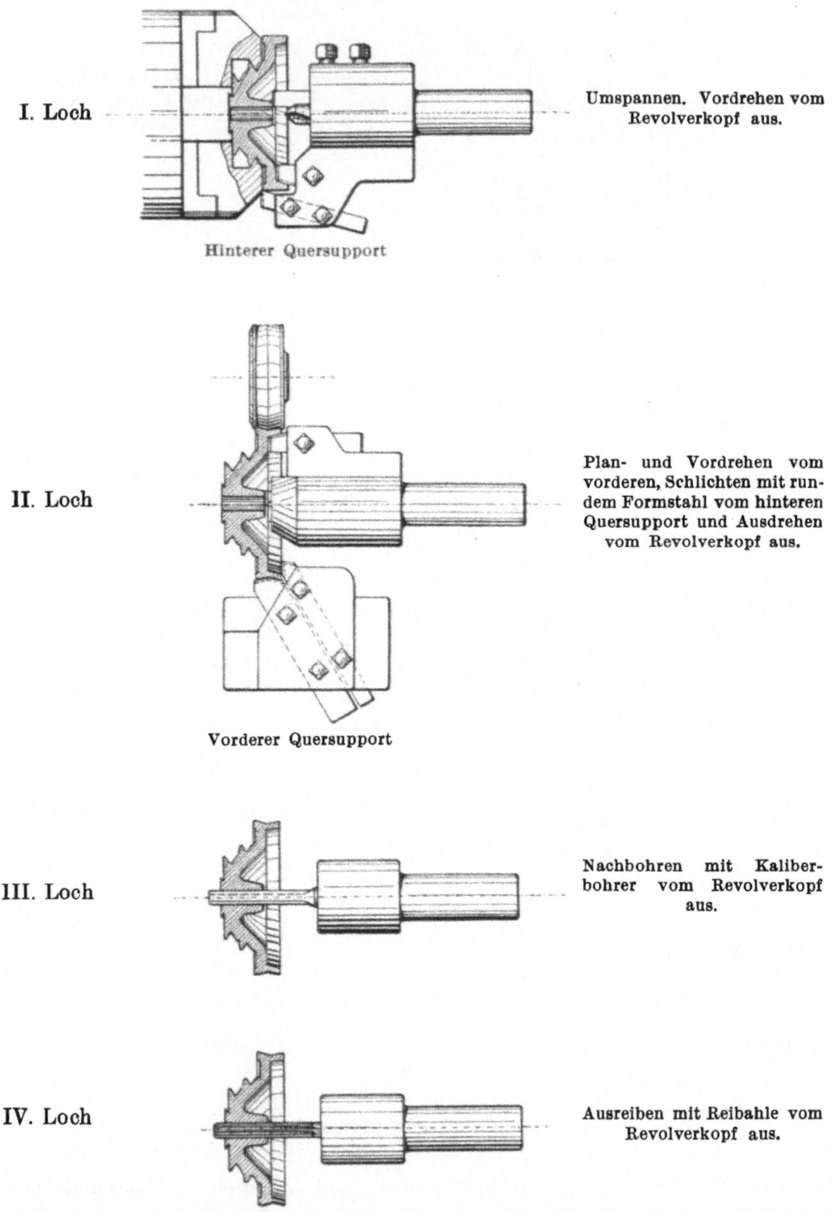

Nr. XXIX. Bearbeitung einer Schnurscheibe auf einem als Halbautomat eingerichteten Einspindelautomaten (Fig. 12) (Aktiengesellschaft Pittler, Leipzig).

1. Stufe

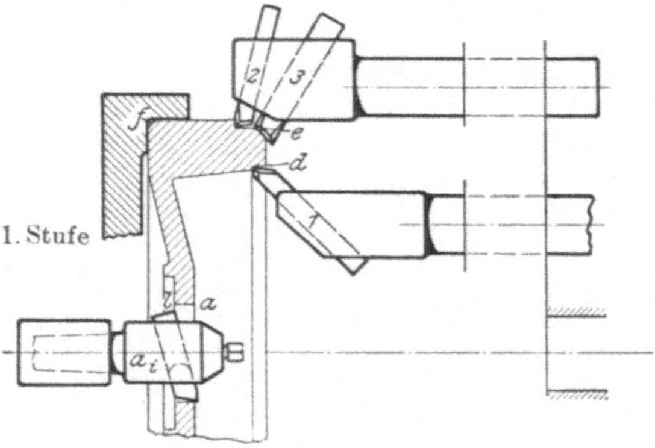

I. Aufspannung (Drei-backenfutter).

Außen- und Innenbearbeiten mit den Stählen 1, 2, 3, gleichzeitig Schruppen der Bohrung mit der Innendrehvorrichtung a_i.

2. Stufe

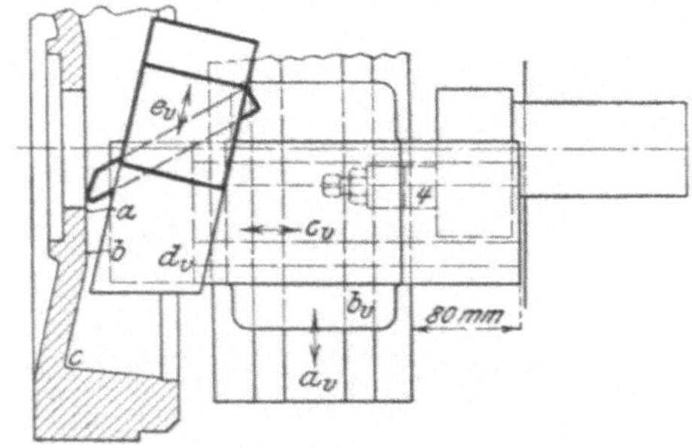

Drehen des Bodens mit einer auf dem vorderen Querschlitten sitzenden Plan- und Kegeldrehvorrichtung.

3. Stufe

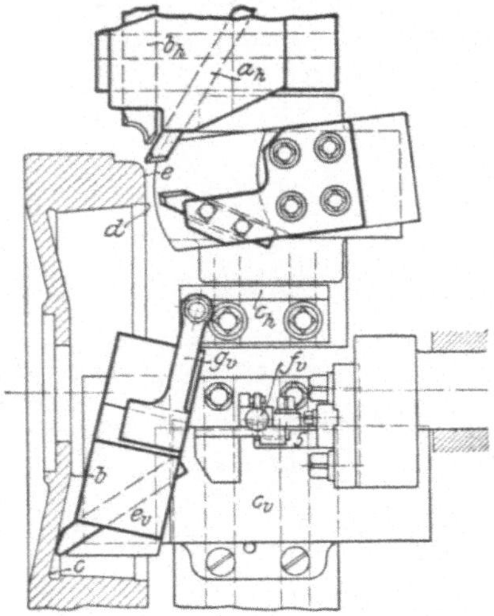

Drehen des Konus bc der Planfläche ed und der Rundung bei e, der hintere Querschlitten geht vor und schiebt den Schlitten e_v in Richtung bc vor.

4. Stufe

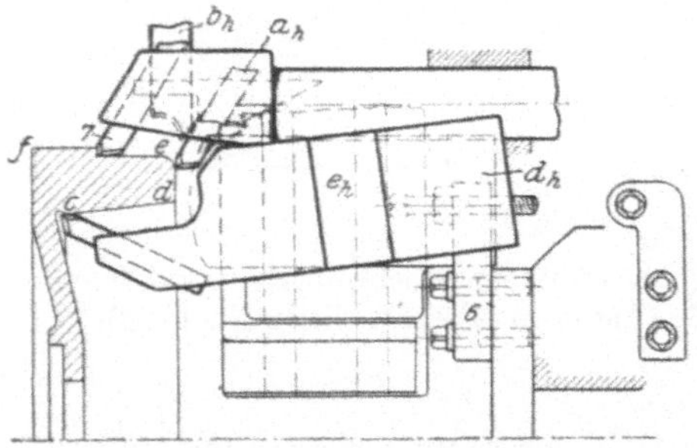

Drehen des Konus dc durch die auf dem hinteren Querschlitten sitzende Vorrichtung e_h und der Fläche ef.

Nr. XXX.   Bearbeitung eines Automobil-Schwungrades auf dem Halbautomaten (Fig. 36) (Aktiengesellschaft Pittler, Leipzig).

II. Aufspannung (Dreibackenfutter).

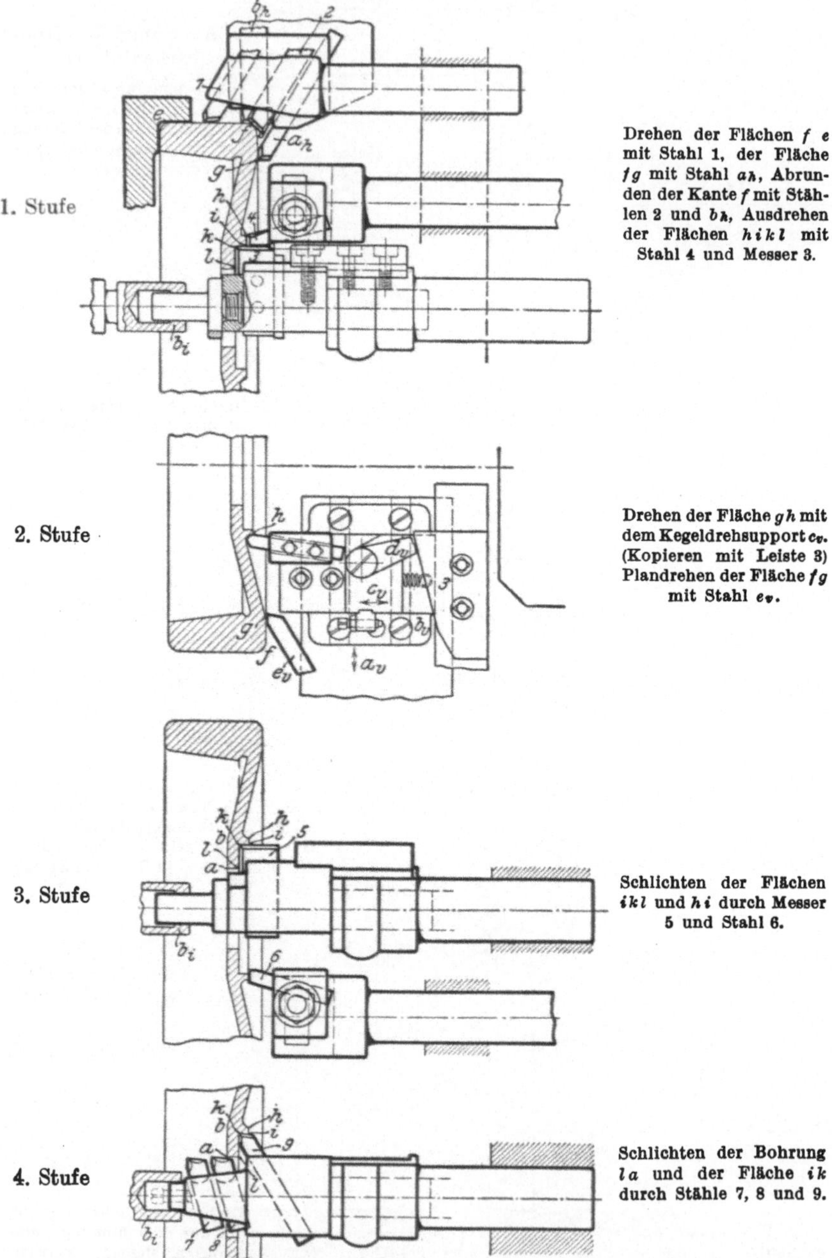

1. Stufe — Drehen der Flächen *f e* mit Stahl 1, der Fläche *fg* mit Stahl a_h, Abrunden der Kante *f* mit Stählen 2 und b_h, Ausdrehen der Flächen *h i k l* mit Stahl 4 und Messer 3.

2. Stufe — Drehen der Fläche *g h* mit dem Kegeldrehsupport c_v. (Kopieren mit Leiste 3) Plandrehen der Fläche *fg* mit Stahl e_v.

3. Stufe — Schlichten der Flächen *i k l* und *h i* durch Messer 5 und Stahl 6.

4. Stufe — Schlichten der Bohrung *l a* und der Fläche *i k* durch Stähle 7, 8 und 9.

Nr. XXXI.　Bearbeitung eines Automobil-Schwungrades auf dem Halbautomaten (Fig. 36) (Aktiengesellschaft Pittler, Leipzig).

III. Aufspannung (Aufspannplatte).

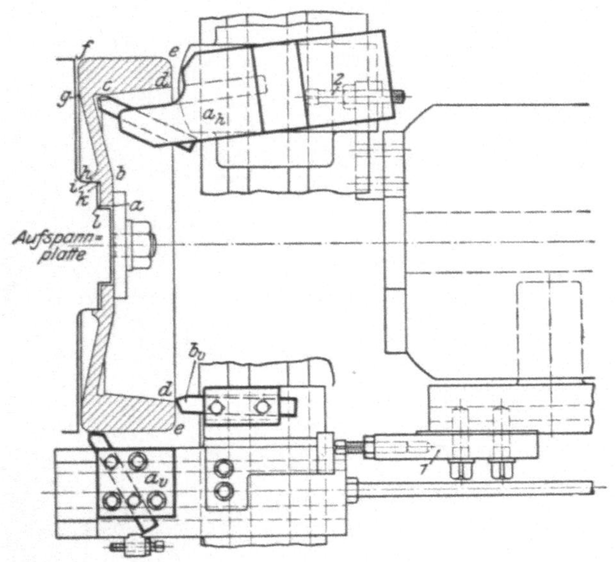

Schlichten der Fläche $d\,c$ mit der auf dem hinteren Querschlitten sitzenden Vorrichtung a_h, Schlichten der Planfläche $e\,d$ und des Außendurchmessers $e\,f$ mit der auf dem vorderen Querschlitten sitzenden Vorrichtung a_v.

Nr. XXXII. Bearbeitung eines Automobil-Schwungrades auf dem Halbautomaten (Fig. 36) (Aktiengesellschaft Pittler, Leipzig).

1. Aufspannung.

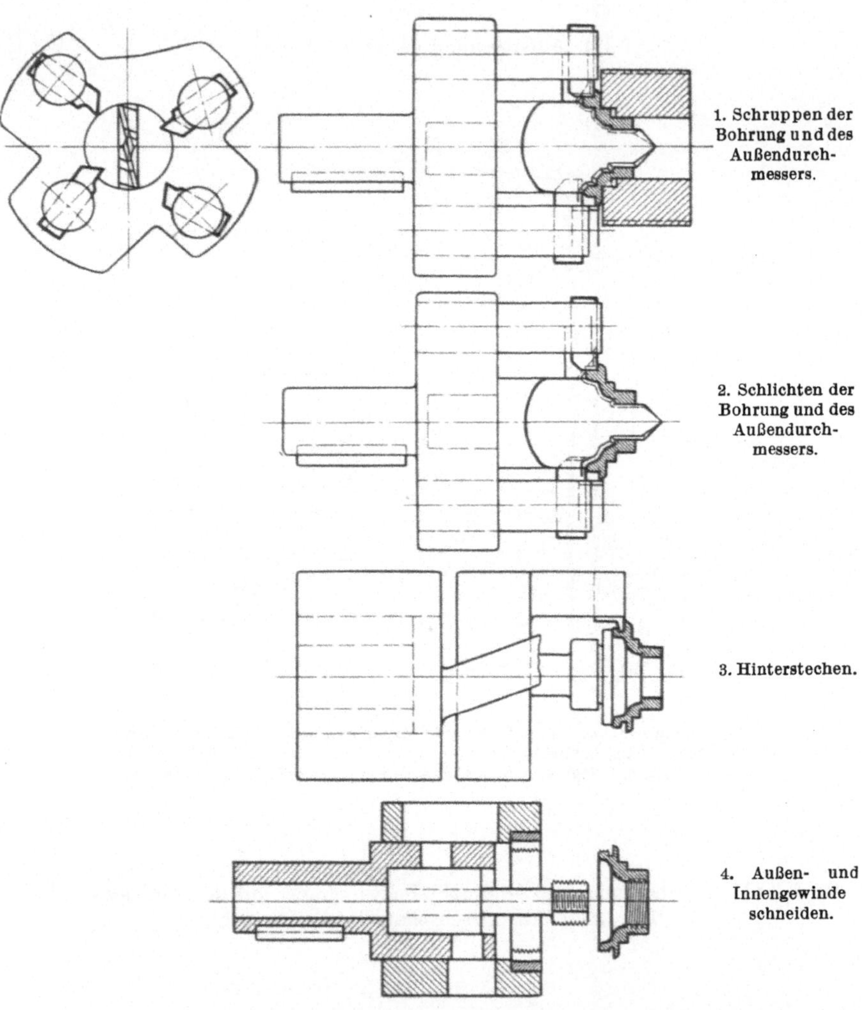

Nr. XXXIII. Bearbeitung von vier Verschraubungen gleichzeitig auf dem Vierspindelhalbautomaten (Gildemeister & Comp. A.-G., Bielefeld).

2. Aufspannung.

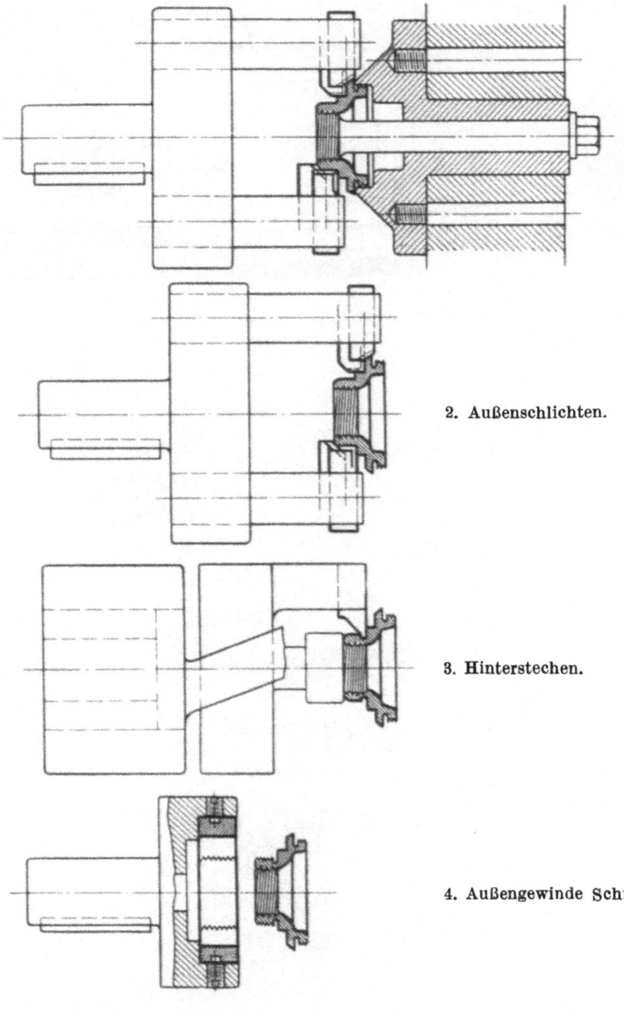

1. Außenschruppen.

2. Außenschlichten.

3. Hinterstechen.

4. Außengewinde Schneiden.

Nr. XXXIV. Bearbeitung von vier Verschraubungen gleichzeitig auf dem Vierspindelhalbautomaten (Gildemeister & Comp. A.-G., Bielefeld).

Arbeitsmuster.
Material: Messing.
Arbeitszeit: 25 Sekunden.

a

b

1. Aufspannung.

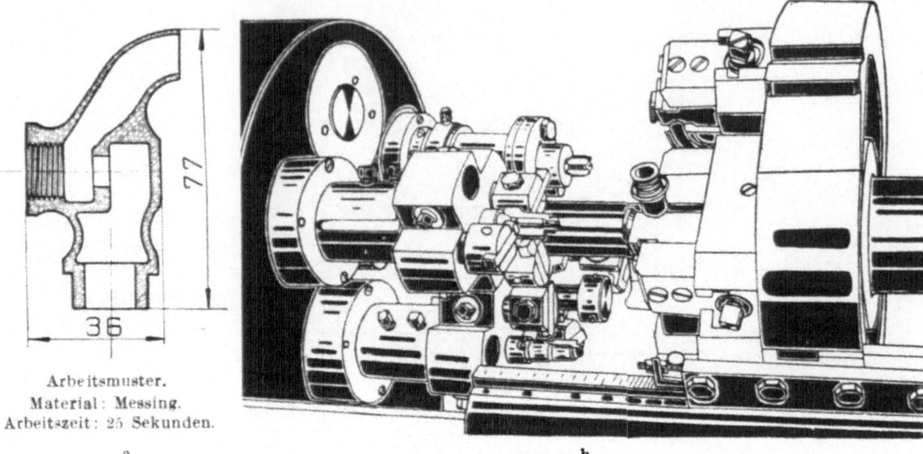

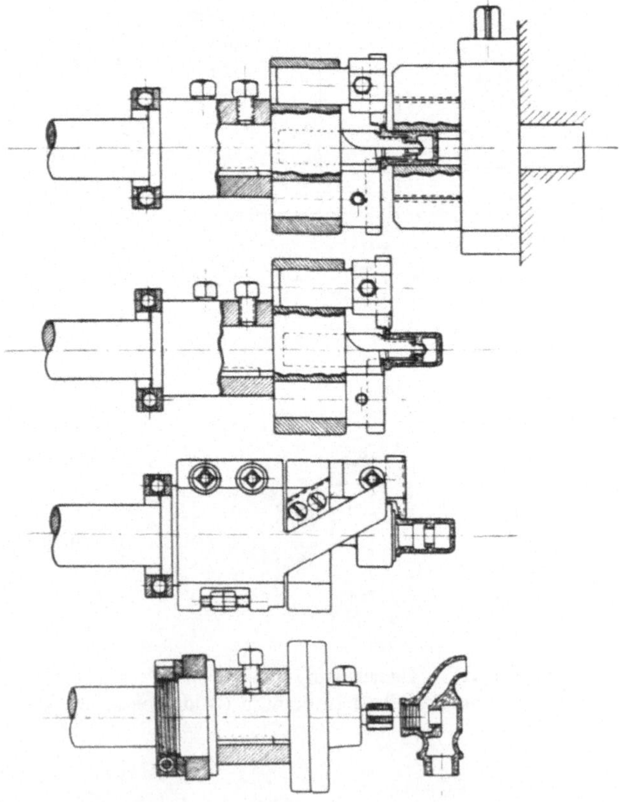

1. Spindel:
Schruppen, Vorbohren.

2. Spindel:
Schlichten, fertig Bohren.

3. Spindel:
Plandrehen.

4. Spindel:
Gewinde Bohren.

c

Nr. XXXV. Bearbeitung von Auslaufhähnen auf dem Vierspindelhalbautomaten (Gildemeister & Co. A.-G., Bielefeld).

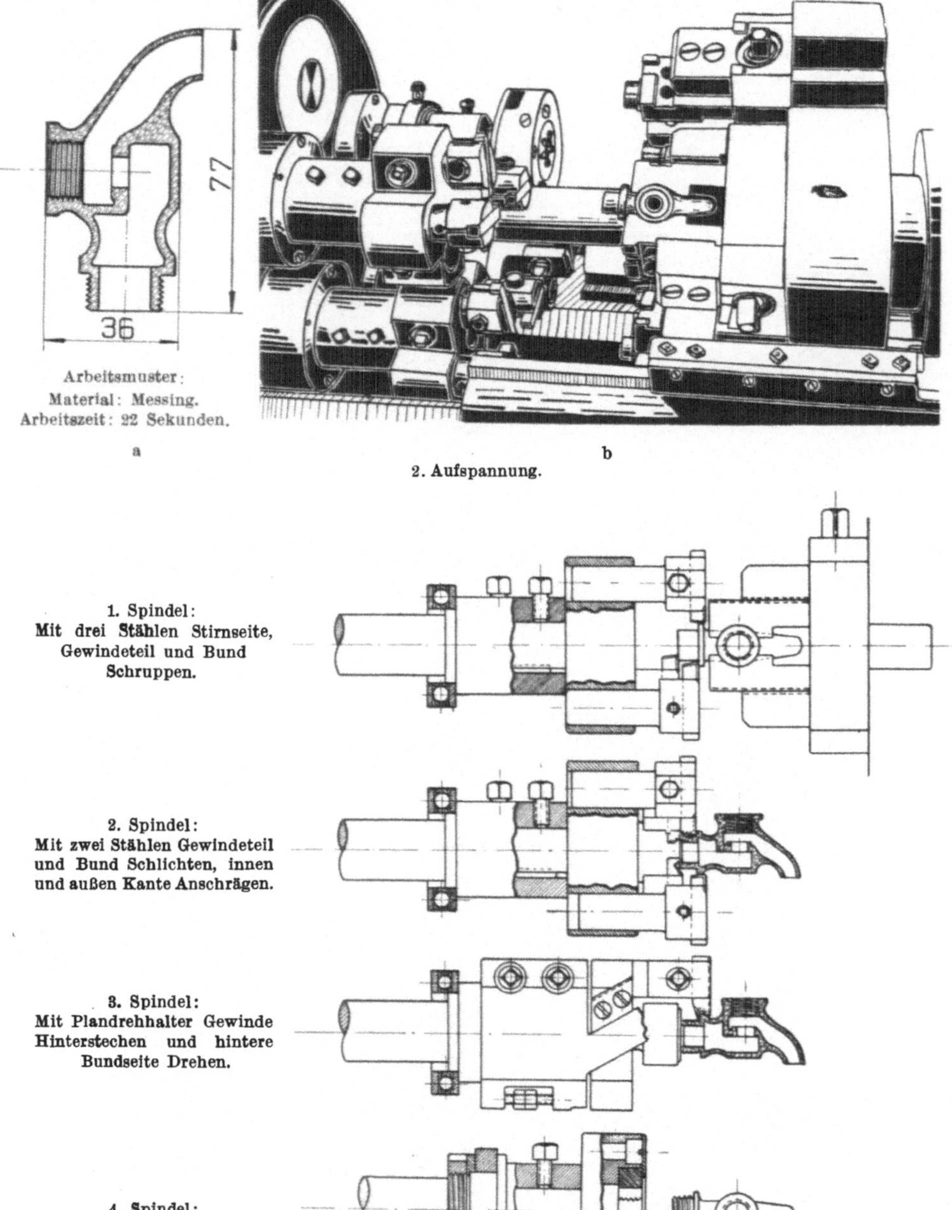

Nr. XXXVI. Bearbeitung von Auslaufhähnen auf dem Vierspindelhalbautomaten
(Gildemeister & Co. A.-G., Bielefeld).

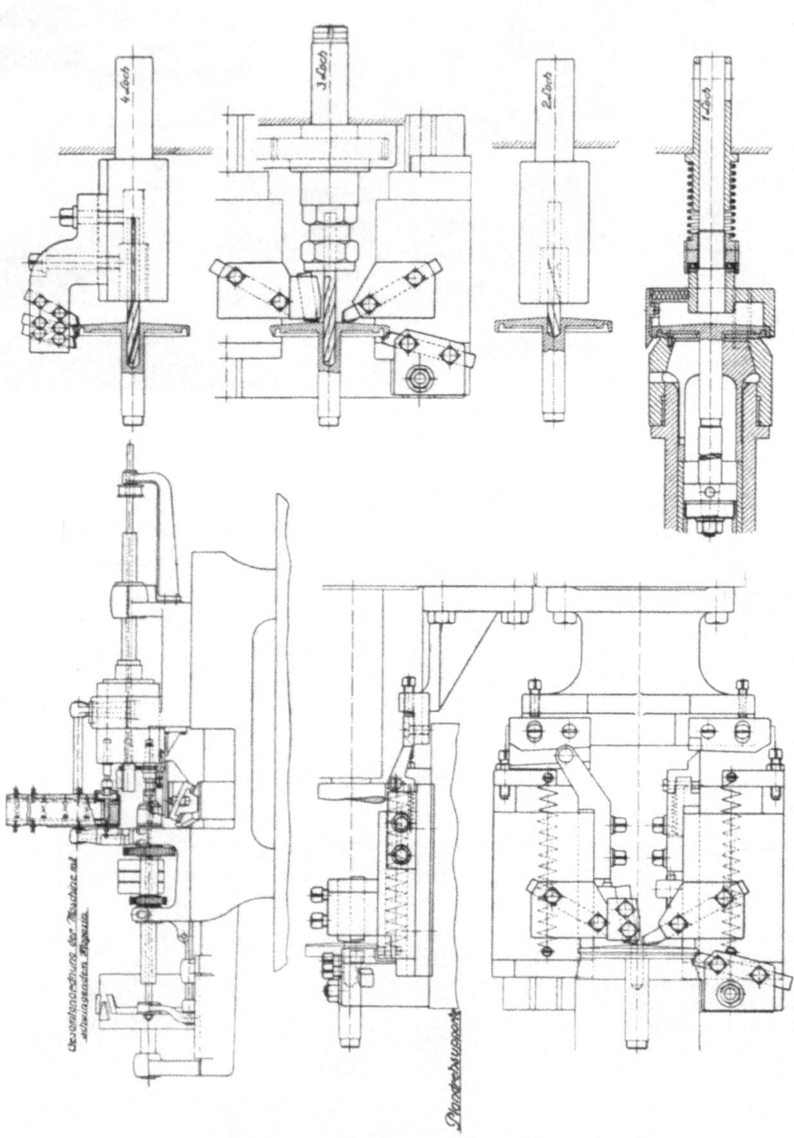

Nr. XXXVII. Herstellung eines Zentrifugentellers mit Verwendung des schwingenden Magazins auf dem Automaten Fig. 47 (Pittler).

Leistungstabelle 1.

Kopf ⌀ mm	4	4,5	5	5,5	6,5	7	8	8,5	9	10	12	13	14	16	17	18	22	24	27	30	33
Schaft ⌀ mm	2	2,3	2,6	3	3,5	4	4,5	5	5,5	6	7	8	9	10	11	12	14	16	18	20	22
Schaftlänge in mm →																					
3	410	370	308	287	246	225															
4	395	350	292	273	235	216	190	180	170												
5	381	325	278	260	224	206	179	172	162												
6	367	315	268	250	214	196	175	165	155	143	120										
7	352	305	259	242	207	191	170	160	151	140	117										
8	338	296	250	234	203	187	165	156	148	137	114	107	95								
9	324	288	244	229	197	182	160	152	144	133	111	104	94								
10	310	280	238	223	192	177	155	148	140	129	108	102	93	84	79,5						
12	295	262	225	210,5	181,5	167	145	139	132,5	122,5	103	97,5	91	80	76	68					
15	271	238	212	198	159	155	136	129	122	110	96	91	85	74,5	71,5	63,5	50				
18	248	225	199	185	158	144	126	120	114	106	89	84,5	79,5	70	67,5	59,5	46,3	39,5			
20	233	212	190	177	151	138	116	111	107	100	85	81	76	67,5	65	57	43,7	37,5	32,5	27,5	22,5
25	214	195	173	161	137	125	108	104	100	93	80,5	75	70	63	61,5	54	40,7	34,5	30	26,4	21,8
30	195	178	155	145	125	115	101	98	96	89	76	70,5	55	59,5	57	50	37,7	32	27,5	25,4	21,2
35	176	160	138	129	112	103	95	93	90	84	73,2	66,5	61,5	55,5	54,8	46,5	36,25	29,5	26,5	24,3	20,6
40			129	122	107	100	90	88,5	87	82	70,6	64	59,5	54	52,7	44,5	35	28	25,6	23,2	20
50						90	83	82	79,5	74	65,6	59	55,5	50	48,4	40,5	32,5	25,6	23,9	21,6	18,8
60						83	77	75	74.5	70	60,6	54,5	52	46	44,1	38	30	23,8	22,2	20	17,6
70							71	70	69	64,5	55,6	50,5	48	42,5	39,8	35,5	27,5	21,9	20,5	18,5	16,4
80									64	60,5	50,6	47	44,5	38,5	35,5	33	25	20,6	18,8	17	15,2
100											43	39,5	37	31,3	29,4	28	21,8	18,2	16,2	14,2	12,2
120																24,4	19,4	16,9	15	12,5	10,1
140																22,5	17,5	15,6	13,7	10,8	8

Netto-Stundenleistung bei Schraubeneisen.

Gewindelänge 2 bis 3 mal Schaftdurchmesser. Bei Stahl verringert sich die Leistung um 35%/$_0$, bei Messing erhöht sie sich um etwa 100%/$_0$.

Leistungstabelle I.

Bremstrommelbolzen.

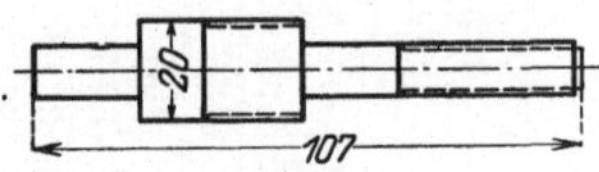

Herstellungszeit: 100 Sek.   Material: S. M. Stahl.

Pedalachse.

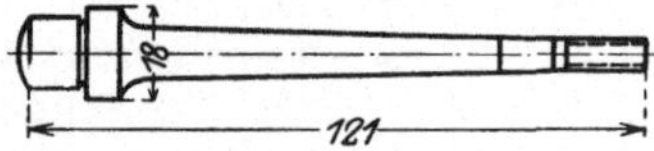

Herstellungszeit: 225 Sek.   Material: Stahl.

Bolzen.

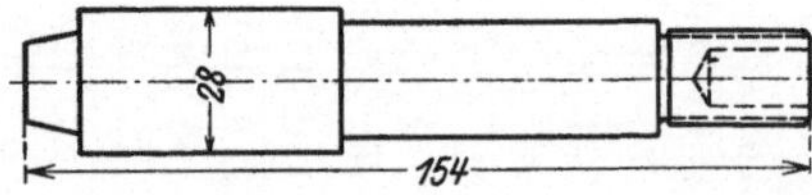

Herstellungszeit: 277 Sek.   Material: Eisen.

Leistungstabelle II.

Muster	Material	Herstellungszeit f. 1 Stück in Sekunden	Leistung in 1 Stunde
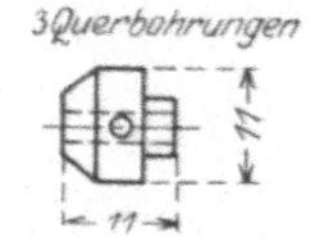	Messing	19	190 Stück
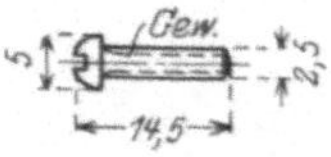	Stahl	35	103 Stück
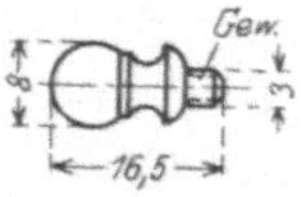	Messing	8,5	424 Stück
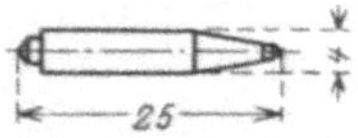	Eisen	15	240 Stück
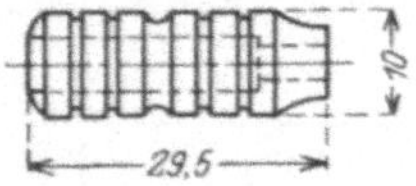	Eisen	75	48 Stück
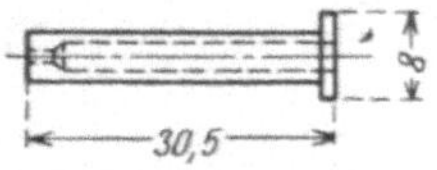	Messing	48	75 Stück
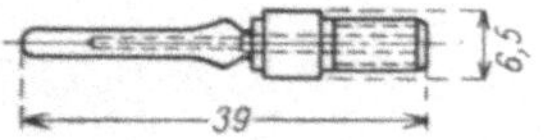	Messing	19,5	185 Stück
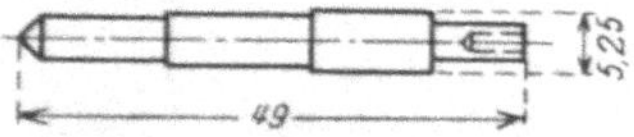	Nickel	103	35 Stück
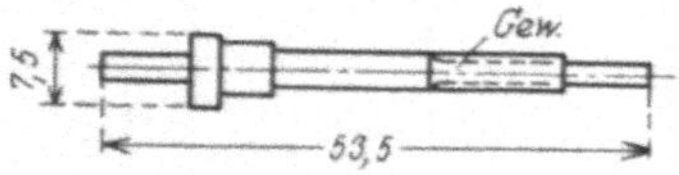	Messing	24	150 Stück
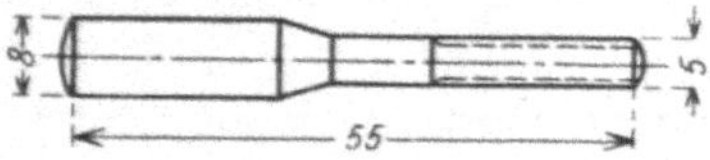	Stahl	96	37 Stück
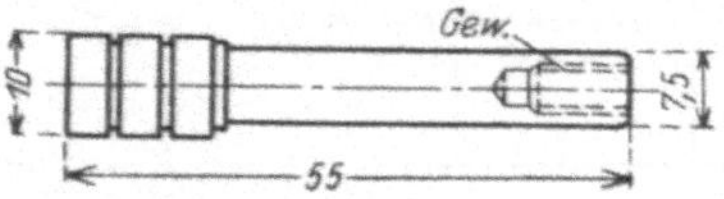	Messing	68	53 Stück

Leistungstabelle III.

№	Arbeitsmuster	Material	Arbeitsdauer	Maschine
19		Rotguß	2 Min.	042
20		Messing	2⅔ Min.	042
21		Messing	3 Min.	042
22		Preßstahl	4½ Min.	042
23		Grauguß	3 Min.	042
24		Temperguß	110 Sek.	042
25		Rotguß	¾ Min.	042
26		Messing	3 Min.	042
27		Grauguß	½ Min.	042

Leistungstabelle **IV.**

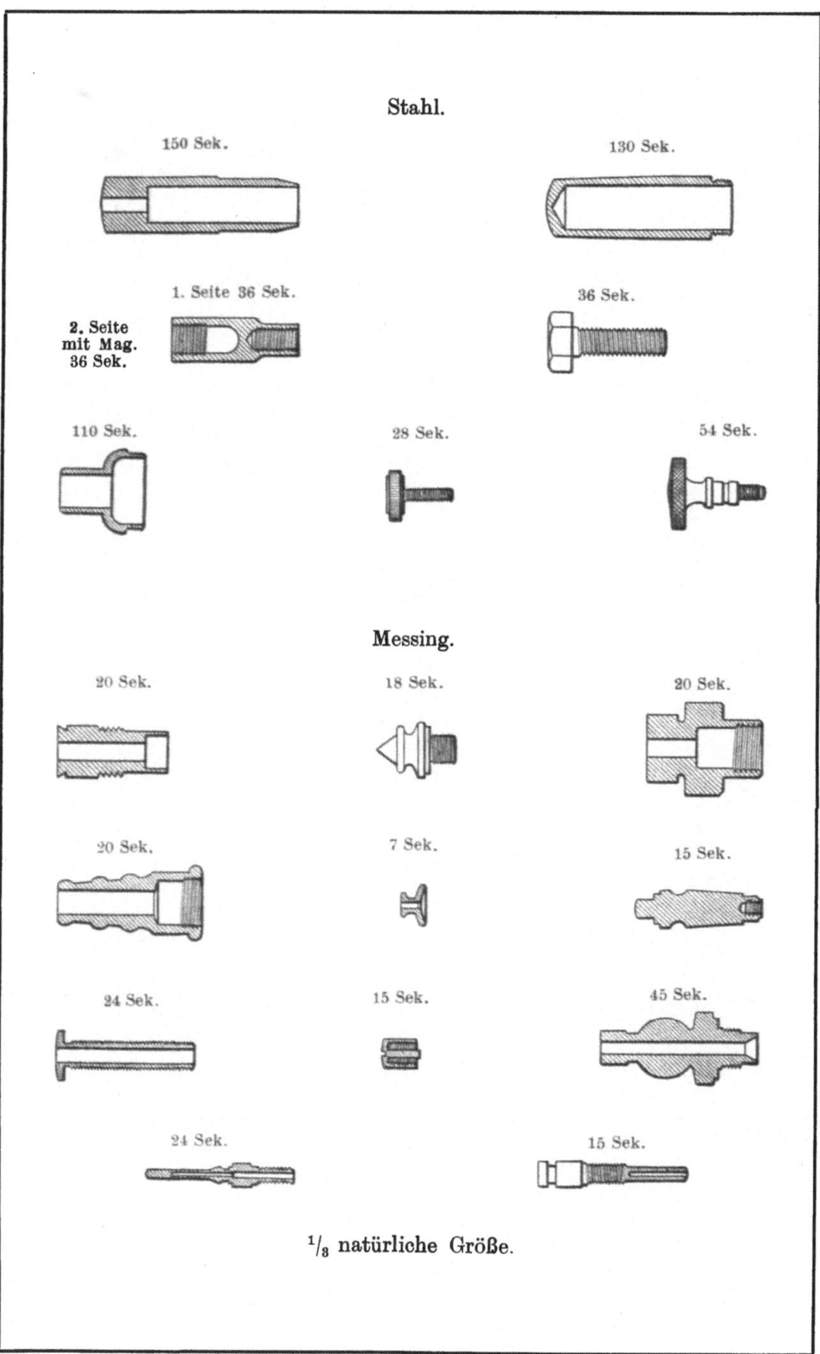

Leistungstabelle V (Hahn & Kolb, Stuttgart).

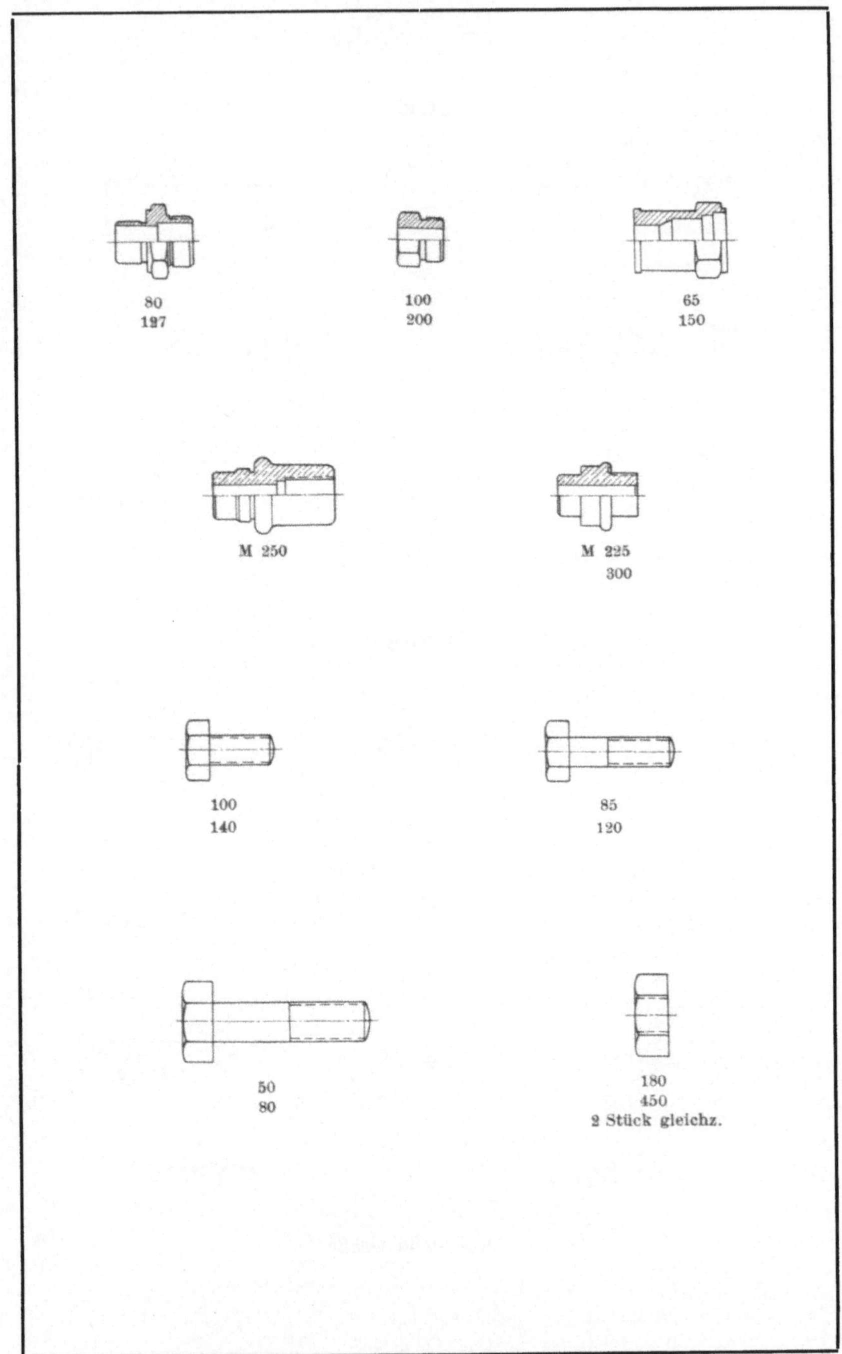

Leistungstabelle VI (A. H. Schütte, Köln-Deutz).

Nr.	Arbeitsmuster	Material	Arbeitsdauer	Maschine
10	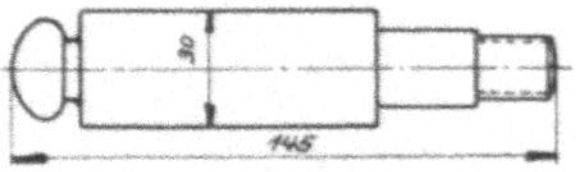	Flußeisen	$2^3/_4$ Min.	O X 35
11	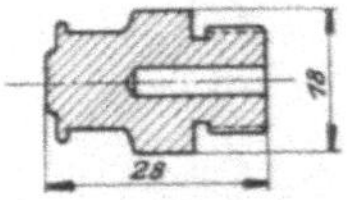	Weicheisen	30 Sek.	O X 35
12	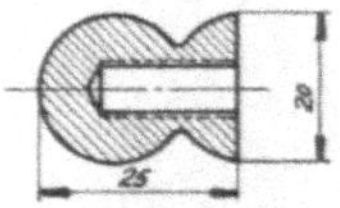	S. M. St.	20 Sek.	O X 35
13	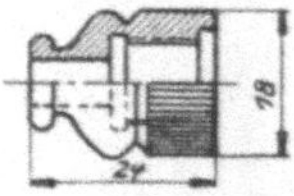	S. M. St.	30 Sek.	O X 35
14	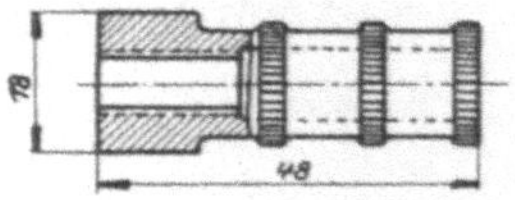	Weicheisen	50 Sek.	O X 35
15	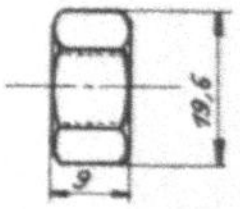	Messing	5 Sek.	O X 35
16	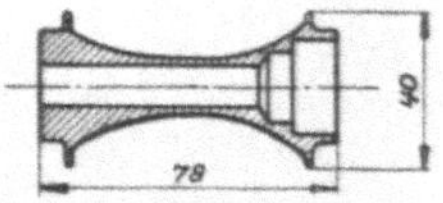	S. M. St.	3 Min.	O X 45
17	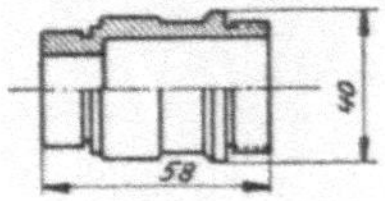	S. M. St.	100 Sek.	O X 45
18	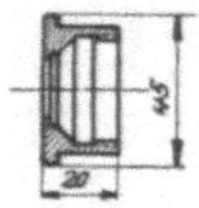	S. M. St.	55 Sek.	O X 45

Leistungstabelle **VII** (Gildemeister & Co. A.-G., Bielefeld).

Zahnrad.

Material: Chromnickelstahl-Gußstück
Maschine: New-Britain-Futterautomat Nr. 454
Spindelgeschwindigkeit = 69 Umdr. p. Min.
Vorschub = 0.33 mm/Umdr.
Kurve = 2″
Arbeitsvorgang: Bohren aus demVollen, Nachbohren und Aufreiben,
    Stirnseite Schruppen und Schlichten.

Leistung: 34 Stück pro Stunde.

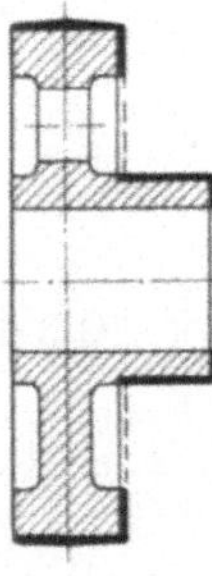

2. Folge

Spindelgeschwindigkeit = 69 Umdr. p. Min.
Vorschub = 0,25 mm/Umdr.
Kurve = $1^1/_8$″
Arbeitsvorgang: Schruppen und Schlichten des Außendurchmessers
    und des Nabendurchmessers, Schruppen und Schlichten der
    beiden Stirnseiten.

Leistung: 34 Stück pro Stunde.

Leistungstabelle VIII.

Das Einrichten von Automaten.

Erster Teil: **Die Automaten System Spencer und Brown und Sharpe.** Von **Karl Sachse.** Mit 50 Figuren im Text und 12 Beispielen. 68 Seiten. 1925. RM 1.80

Zweiter Teil: **Die Automaten System Gridley und Cleveland und die Offenbacher Automaten.** Von **Ph. Kelle, E. Gothe** und **A. Kreil.** Mit 53 Figuren im Text und zahlreichen Tabellen. 58 Seiten. 1926. RM 1.80

Dritter Teil: **Die Mehrspindel-Automaten, Schnittgeschwindigkeiten und Vorschübe.** Von **E. Gothe, Ph. Kelle, A. Kreil.** Mit 60 Figuren im Text und 20 Tabellen. 58 Seiten. 1927. RM 1.80

(Bilden Heft 21, 23 und 27 der Sammlung „Werkstattbücher", herausgegeben von Eugen Simon, Berlin.)

Vorrichtungen im Maschinenbau nebst Anwendungsbeispielen

aus der Praxis. Von Oberingenieur **Otto Lich.** Zweite, vollständig umgearbeitete Auflage. Mit 656 Abbildungen im Text. VIII, 500 Seiten. 1927. Gebunden RM 26.—

Zeitsparende Vorrichtungen im Maschinen- und Apparatebau. Von **O. M. Müller,** beratender Ingenieur, Berlin. Mit 987 Abbildungen. VIII, 357 Seiten. 1926. Gebunden RM 27.90

Elemente des Vorrichtungsbaues. Von Oberingenieur **E. Gempe.**

Mit 727 Textabbildungen. IV, 132 Seiten. 1927. RM 6.75; gebunden RM 7.75

Die Werkzeugmaschinen, ihre neuzeitliche Durchbildung für wirt-

schaftliche Metallbearbeitung. Ein Lehrbuch von Prof. **Fr. W. Hülle,** Dortmund. Vierte, verbesserte Auflage. Mit 1020 Abbildungen im Text und auf Textblättern, sowie 15 Tafeln. VIII, 611 Seiten. 1919. Unveränderter Neudruck. 1923. Gebunden RM 24.—

Die Grundzüge der Werkzeugmaschinen und der Metallbearbeitung. Von Prof. **Fr. W. Hülle,** Dortmund. In zwei Bänden.

Erster Band: **Der Bau der Werkzeugmaschinen.** Fünfte, vermehrte Auflage. Mit 457 Textabbildungen. VIII, 234 Seiten. 1926. RM 5.40; gebunden RM 6.60

Zweiter Band: **Die wirtschaftliche Ausnutzung der Werkzeugmaschinen.** Vierte, vermehrte Auflage. Mit 580 Abbildungen im Text und auf einer Tafel sowie 46 Zahlentafeln. VIII, 309 Seiten. 1926. RM 9.—; gebunden RM 10.50

Elemente des Werkzeugmaschinenbaues. Ihre Berechnung

und Konstruktion. Von Prof. Dipl.-Ing. **Max Coenen,** Chemnitz. Mit 297 Abbildungen im Text. IV, 146 Seiten. 1927. RM 10.—

Die Werkzeuge und Arbeitsverfahren der Pressen. Mit

Benutzung des Buches „Punches, dies and tools for manufacturing in presses" von **Joseph V. Woodworth** von Prof. Dr. techn. **Max Kurrein,** Oberingenieur des Versuchsfeldes für Werkzeugmaschinen an der Technischen Hochschule zu Berlin. Zweite, völlig neubearbeitete Auflage. Mit 1025 Abbildungen im Text und auf einer Tafel sowie 49 Tabellen. IX, 810 Seiten. 1926. Gebunden RM 48.—

Schriften der Arbeitsgemeinschaft Deutscher Betriebs-ingenieure.

Band I: Der Austauschbau und seine praktische Durchführung. Bearbeitet von zahlreichen Fachleuten. Herausgegeben von Dr.-Ing. **Otto Kienzle.** Mit 319 Textabbildungen und 24 Zahlentafeln. VIII, 320 Seiten. 1923.
Gebunden RM 8.50

Band II: Lehrbuch der Vorkalkulation von Bearbeitungszeiten. Von **Kurt Hegner,** Direktor der Ludw. Loewe & Co. A.-G., Berlin. Erster Band. Systematische Einführung. Zweite, verbesserte Auflage. Mit 107 Bildern. XII, 188 Seiten. 1927.
Gebunden RM 15.—

Band III: Spanabhebende Werkzeuge für die Metallbearbeitung und ihre Hilfseinrichtungen. Bearbeitet von zahlreichen Fachleuten. Herausgegeben von Dr.-Ing. e. h. **J. Reindl,** Technischer Direktor der Schuchardt & Schütte A.-G. Mit 574 Textabbildungen und 7 Zahlentafeln. XI, 455 Seiten. 1925.
Gebunden RM 28.50

Band IV: Spanlose Formung. Schmieden, Stanzen, Pressen, Prägen, Ziehen. Bearbeitet von Dipl.-Ing. **M. Evers,** Dipl.-Ing. **F. Großmann,** Dir. **M. Lebeis,** Dir. Dr.-Ing. **V. Litz,** Dr.-Ing. **A. Peter.** Herausgegeben von Dr.-Ing. **V. Litz,** Betriebsdirektor bei A. Borsig, G. m. b. H., Berlin-Tegel. Mit 163 Textabbildungen und 4 Zahlentafeln. VI, 152 Seiten. 1926.
Gebunden RM 12.60

Grundzüge der Zerspanungslehre.

Eine Einführung in die Theorie der spanabhebenden Formung und ihre Anwendung in der Praxis. Von Dr.-Ing. **Max Kronenberg,** beratender Ingenieur, Berlin. Mit 170 Abbildungen im Text und einer Übersichtstafel. XIV, 264 Seiten. 1927.
Gebunden RM 22.50

Die Gewinde, ihre Entwicklung, ihre Messung und ihre Toleranzen.

Im Auftrage von Ludw. Loewe & Co. A.-G., Berlin, bearbeitet von Prof. **Dr. G. Berndt,** Dresden. Mit 395 Abbildungen im Text und 287 Tabellen. XVI, 657 Seiten. 1925.
Gebunden RM 36.—

Erster Nachtrag. Mit 102 Abbildungen im Text und 79 Tabellen. X, 180 Seiten. 1926.
Gebunden RM 15.75

Namen- und Sachverzeichnis. Herausgegeben auf Anregung und mit Unterstützung der Firma Bauer & Schaurte, Neuß. III, 16 Seiten. 1927. RM 1.—

Die Dreherei und ihre Werkzeuge.

Handbuch für Werkstatt, Büro und Schule. Von Betriebsdirektor **Willy Hippler.** Dritte, umgearbeitete und erweiterte Auflage. Erster Teil: **Wirtschaftliche Ausnutzung der Drehbank.** Mit 136 Abbildungen im Text und auf 2 Tafeln. VII, 259 Seiten. 1923.
Gebunden RM 13.50

Über Dreharbeit und Werkzeugstähle.

Autorisierte deutsche Ausgabe der Schrift: „On the art of cutting metals" von Fred. W. Taylor, Philadelphia. Von Prof. **A. Wallichs,** Aachen. Vierter, unveränderter Abdruck. (5. und 6. Tausend.) Mit 119 Figuren und Tabellen. XII, 231 Seiten. 1920.
Gebunden RM 8.40

Einführung in die Organisation von Maschinenfabriken

unter besonderer Berücksichtigung der Selbstkostenberechnung. Von Dipl.-Ing. **Friedrich Meyenberg,** Berlin. Dritte, umgearbeitete und stark erweiterte Auflage. XIV, 370 Seiten. 1926.
Gebunden RM 18.—

Taschenbuch für den Fabrikbetrieb.

Bearbeitet von zahlreichen Fachleuten. Herausgegeben von Prof. **H. Dubbel,** Ingenieur, Berlin. Mit 933 Textfiguren und 8 Tafeln. VII, 883 Seiten. 1923. Gebunden RM 12.—